데이비드 윌콕의 동시성

The Synchronicity Key

데이비드 윌콕의

동시성

라의눈

하나인 무한한 창조자―의식, 에너지, 물질, 생명, 공간,
그리고 시간의 위대한 순환주기를 만들어내는 작가―이면서 지금은 잠시
인간의 모습으로 이 글을 읽고 있는 당신에게 바친다.

동시성은 행복한 우연
이상의 것이다

동시성은 행복한 우연 이상이다. 동시성은 우주가 연결되어 있기 때문에 나타나는 효과다. 동시성은 모든 것이 통합되고 연결돼 있는 전체의 한 부분임을 보여주는 증거다. 동시성은 생명에 대한 긍정이다.

내가 데이비드 윌콕을 처음 만난 것은 2008년이다. 에카르트 톨레Eckart Tolle, 에이브러햄 힉스Abraham-Hicks 등 위대한 사상가들을 내게 소개해 주신 영적靈的 구도자, 케이트 포스터Kate Foster 숙모님이 전화를 하셨고, 디바인코스모스닷컴DivineCosmos.com을 꼭 보라고 말씀하셨다. 케이트 숙모는 그것이 비범한 사고를 가진 사람에 의해 만들어지고 있는 것이 틀림없다고 말씀하셨다. 숙모는 나를 눈부시게 빛나는 영적 스승들에게 인도해 주었으므로 솔깃할 수밖에 없었다. 디바인코스모스닷컴 덕분에 나는 최근

들어서야 밝혀진 숨겨져 있던 세계에 눈뜨게 되었다. 그 세계는 의식意識의 세계다. 하지만 데이비드 윌콕을 독창적으로 만드는 것은 온 우주를 관통하는 하나의 의식이 존재한다는 핵심 통찰이다. 데이비드는 우주가 살아 있으며, 우리는 우주를 하나로 묶는 살아 있는 실의 한 부분이라고 믿는다. 얼마나 아름다운 생각인가?

세상에 찾고 구하는 사람들이 얻을 수 있는 정보는 아주 많다. 출판인으로서 나는 한도 끝도 없을 듯 보이는 자료들을 분석하고 정리해서 의미가 통하게 만드는 사람을 찾는 것이 일이다. 그런 사람을 찾게 되면 새로운 통찰을 친숙한 생각으로 표현하게끔 만들어 독자들을 초대할 수 있기 때문이다. 2013년 초에 돌아가신 케이트 숙모는 새로운 의식을 계발하고 책으로 만드는 데 쓸 수 있도록 유산을 남기셨다. 그렇게 해서 내가 데이비드와 함께 만든 책『소스필드』는 뉴욕타임스 베스트셀러가 되었고 전 세계에서 팔렸다. 이 책은 우리 우주 내에서 차지하는 인류의 위치에 관한, 거의 백과사전이라 할 만한 놀라운 작품이다. 소스필드는 즉각 해당 분야의 클래식이 됐고 내 생각에 이것은 새로운 운동Movement의 시작이었다.

『데이비드 윌콕의 동시성Synchronicity Key』은 그 운동의 진화된 버전이다. 소스필드와 마찬가지로 집중적인 조사와 대담하고 충만한 통찰력을 활용하지만, 이 숨겨진 과학이 사람들 개개인에게 어떤 영향을 미치는지를 특히 강조한다. 그리고 그런 이유로 해서 당신이 손에 들고 있는 이 책은 당신의 삶을 심오한 수준으로 변화시킬 능력을 갖고 있다.

데이비드는 신성한 광인狂人이다. 어떤 면에서는 영매이고, 어떤 면에서는 이야기꾼이면서, 동시에 암호 해독자이기도 하다. 그러면서 감히 엄두도 내기 어려운 삶의 까다로운 문제들에 겁내지 않고 도전하여 문제가 풀릴 때까지 눈을 떼지 않는 사람이기도 하다. 그는 탐색하고 발견하는 사람이고, 도저히 설명할 수 없을 것처럼 보이는 것을 설명해내는 남다른 재능이 있는 사람이다. 또한 그는 못 말리게 긍정적이고 낙관적이다. 그가 하는 연구 조사와 그가 사용하는 말들은 희망과 사랑을 전달한다. 케이트 숙모가 내게 데이비드의 웹사이트를 가리켜 보인 것은 단순한 우연이 아니었다. 데이비드와 내가 이 책을 내기 위해 함께 일한 것도 우연이 아니다. 당신이 이 책을 읽고 있는 것도 우연일 리 없다. 모든 것은 연결되어 있다. 어디서나 그렇다.

브라이언 타트Brian Tart | 더튼 출판사 대표이자 편집자

Chapter 01

살아 있는 우주 속
영혼의 여정

The Synchronicity Key

퀘스트

Quest

우리가 살아가고 있는 이 복잡한 세계를 새롭게 이해하기 위한 노력의 하나로 당신은 이 책을 들었을 것이다. 그리고 아마도 여러 해 동안 이 비슷한 책들을 섭렵했을 것이다. 이 책에 쓰인 말들이 진실이라면 머지않아 당신은 마음의 낙원으로 날아오를 것이며, 일상의 세계에서 당신을 괴롭히던 문제들로부터 해방될 것이다. 영감을 자극하는 아름다운 말들이 사랑의 폭포수처럼 쏟아져 내릴 것이고, 덧없는 줄 뻔히 알지만 막상 그런 순간이 오면 잠시나마 모든 것이 괜찮은 듯 느껴지기도 할 것이다.

의심할 바 없이 당신은 멋진 기억들을 갖고 있다. 어린 시절 예쁘게 포장된 선물을 여는 순간이라든지, 거의 불가능할 것 같던 상황에서 승리를 쟁취한 일, 눈앞에 펼쳐진 대자연의 장관에 넋을 잃은 경험, 갓 태어난 아기라는 믿기 어려운 마법, 혹은 신선한 사랑이 밀려들어와 숨이 멎을 듯했던 순간 같은 것 말이다. 그런 멋진 순간에 삶은 근사하고 우주는 경이롭기 그지없는 장소이다. 그리고 당신은 한껏 고무되어 미래를 낙관한다. 자신도 모르는 사이에 눈물이 흐를 수도 있다. 당신은 사랑받고 있으며 당신의 삶은 소중하고 삶에는 분명한 목적이 있는 것처럼 느껴진다. 당신은 자신이 좋은 사람이며, 자신에게 주어지는 모든 호의와 친절을 누릴 자격이 있음을 안다. 당신은 이 경험이 당신의 삶을 변화시켰다고 느낄 수도 있다. 이 경험은 당신에게 새로운 식견이나 관점을 제공했고, 종래의 방식과는 다르게 생각하는 법을 가르쳐 주거나 한때는 피할 수 없을 것으로 여겨졌던 함정을 모면하게 해준다. 진정한 행복이 당신 것처럼 보인다.

그런 다음 무슨 일이 생기는가? 조만간 비극이 당신을 엄습한다. 당신은 극심한 수모를 당한다. 일자리를 잃는다. 앞 차를 박는다. 공과금을 낼 돈도 없다. 집을 잃게 될까 걱정이다. 당신에게 끔찍한 건강상 위기가 닥치고, 당신은 병을 앓으며 고통스러워한다. 당신의 아기가 많이 아프다. 당신의 10대 딸은 경악할 정도로 당신을 증오한다. 사람들은 당신에게 창피를 주고 바보 취급하고 비웃는다. 당신이 가장 사랑하고 철석같이 신뢰하던 사람들이 등을 돌린다. 당신은 잔인하게 배신당했고 철저히 혼자 내버려졌다고 느낀다. 한때 당신이 사랑, 감사, 존경, 명예, 평화를 느꼈던 곳에는 이제 고통, 참담, 슬픔, 우울, 공포만이 가득하다. 이런 경험들을 받아들이고 도대체 무슨 일이 일어난 것인지 이해하기 위해 최선을 다하지만, 마치 자신이 끔찍한 벌을 받기 위해 선택된 것처럼 느껴진다. 어느 누구도 이렇게 심하게 고통 받은 적은 없을 것이다. 당신의 고통은 상상하기 어려울 정도로 큰 것이어서 다른 사람 누구라도 이런 고통을 당한다면 견디지 못하고 무너졌을 것이라 확신한다.

당신이 선택할 순간이다. 당신은 여전히 긍정적인 미래를 믿는가? 아직도 사랑을 믿고 다른 이를 돕는 일이 가치 있다고 믿는가? 비참함과 절망이 당신을 압도하게 놔두는가? 아니면 문제를 치유하고 세상을 더 나은 곳으로 만들 방법을 찾으려 애쓰는가? 당신이 세상을 사랑과 용서, 인정으로 대하면, 책임의 한계를 여전히 유지하고 당신이 조종당하는 것을 용납하지 않더라도, 개인 혹은 전 세계 차원의 상처가 결국에는 치유될 것이라 믿는가? 당신 가슴 속에 사랑이 있으면 그 사랑이 당신의 삶 속에 모습을 드러낼 것이라 느끼는가? 용서하고 잊을 수 있을 정도로, 다시 말해 내면의 고통을 진정으로 놓아버릴 수 있을 정도로 당신이 강하고, 당신 존재의 중심으로부터 삶은 멋진 것이고 당신은 가치 있는 존재이며 화내고 슬퍼할 필요가 없다고 믿는가? 아니면 위기가 덮치거나 다른 사람들이 당신을 경시할 때 좌절하고 마는가?

오르내리는 삶의 부침에 대응하는 방법 중에 사랑과 용서가 당신의 우선적 선택지라고 가정해보자. 우리가 다음 장에서 논할 영성靈性 문헌에서는 이것을 "긍정의 길the positive path" 혹은 "타인에 대한 봉사의 길the service-to-others path"이라 부른다. 이 길 위에서 우리는 내면에서 취하는 태도를 통해 사랑을 만들어내는 법을 배운다. 이 과정은 우리 삶의 모든 측면을 치유하고 재생하고 활성화할 수 있다.

당신이 할 수 있는 두 번째 선택은, 비극적 사건 각각에 대해서 "현실 세계"에서 끊임없이 일어나고 있는 끔찍한 일들의 최신판에 불과하다고 보는 것이다. 고통의 순간마다 당신은 삶의 긍정적 측면을 무시하면서, 냉소적인 자세로 인생은 엿같고 당신은 그 누구도 진정으로 신뢰한 적이 없으며, 사랑이란 사람들이 자기가 원하는 것을 얻기 위해 써먹는 헛소리이며, 당신이 확신을 가지고 아는 오직 한 가지는 당신이 죽을 것이고, 궁극적으

데이비드 윌콕의 동시성

로 우리 인간은 지구의 암 덩어리와도 같은 실패작일 뿐이라고 결론 내리는가? 다른 사람들이 사랑과 용서라는 어리석은 거짓말을 믿으면서 약하고 무지하고 무기력할 때, 당신은 세상이 실제로 어떻게 작동하는지를 배운 만큼 당신이 더 강인하고 지혜롭다고 느끼는가? 다른 사람들이 고통에 시달리는 모습을 보면서 웃음을 터뜨리는가? 사랑을 믿고 영적인 실재 spiritual reality를 신봉하는 사람을 조롱하는 것을 즐기는가? 당신은 세상을 "우리"와 "그들"이라는 두 개의 범주로 구분하는가? 당신의 집단에 속하는 사람들은 선하고, 그렇지 않은 사람들은 모두 악하며 거의 인간 이하라고 여기는가? 다른 사람들의 맹목성과 잔인성에 고통 당하는 일을 참고 견딜이유가 없는 만큼, 당신은 유용하고 안전하기만 하다면 거짓말을 포함해서 다른 사람들을 조종하고 통제하는 방법을 궁리하는가? 다른 사람들을 험하게 다뤄서 당신이나 당신 집단과 비슷해지도록 밀어붙이는 것은 그들의 취약성을 강인함으로 바꾸는 것이므로 궁극적으로 좋은 일이라고 믿는가?

앞으로 자세히 살펴보겠지만 이것을 "자신에 대한 봉사service to self", "부정적인 길", "통제의 길the path of control"이라 부를 수 있겠다. 이 또한 일상생활에서 에너지와 활력을 추구하는 또 하나의 수단이다. 그 길 위에 있을 때 우리의 최우선 관심사는 다른 사람들로부터 에너지를 흡수하는 것이다.

두 가지 다 아니라면, 당신은 세 번째 선택지를 취하는가? 어떤 경로도 부정하고 회피하는 선택 말이다. 당신은 얼굴 없는 공포, 견딜 수 없는 굴욕감, 그리고 나쁜 일이 끊이지 않고 반복해서 일어나는 것이 불가피해 보이는 현실 등, 그렇게 많은 불행과 함께하는 삶은 용납할 수 없다고 느끼는가? 당신의 마음은 작동을 중지하고 문을 닫아버리는가? 현실을 보지 말라고 스스로를 강제하는가? 자포자기하는가? 용기가 부족한가? 진실을 보는 일을 회피하기 위해서는 무슨 짓이라도 하겠는가? 최근에 일어난 이 충격적인 사건은 현실이 아니라고 자신을 설득하기 위한 방법들을 생각해 내면서, 당신과 마찬가지로 이 문제를 해결할 능력이 없기 때문에 당신이 지어낸 터무니없는 이야기를 지지해 줄 사람을 물색하는가? 비참함의 함 정에 빠져 있는 당신에게 내려올 구명의 동아줄을 필사적으로 찾는가? 당 신을 뚫어져라 응시하는 현실을 무시하는가? 당신은 그렇게 끔찍한 일들 이 일어나도록 허용하는 창조자를 받아들일 수 없는가? 당신은 스스로 털 고 일어나, 고통을 멈추고 단기간에 당신의 기분을 좋게 만들 무슨 일인가 를 하는가? 그 일이 결국에는 당신을 해칠 것이 뻔한데도? 일시적으로 당 신은 모든 것이 괜찮은 듯 느끼는가? 당신이 회피한 진실이 되돌아와 당신 을 덮칠 것이 분명한데도? 사랑의 길과 통제의 길 중 어느 쪽도 선택하지 않은 채 이런 경험을 되풀이하는 사람들은 "무관심이라는 싱크홀the sinkhole of indifference"[1]에 빠져 있거나 "진정한 무력감true helplessness"[2]의 상태에 있 는 것으로 여겨진다. 이런 상태는 다음 장에서 소개할 영적 문헌인 "하나 의 법칙Law of One" 시리즈에 잘 묘사되어 있다.

쾌락과 고통, 환희와 절망, 사랑과 공포, 호황과 침체, 행복과 고뇌, 용 서와 심판, 신뢰와 배신, 강점과 약점, "선"과 "악"이라는 하나의 주기cycle 를 통과해 나올 때마다 이런 선택들이 생겨난다. 곧 알게 되겠지만, 이 주 기는 모든 영화, 모든 예능, 오래된 신화학神話學이 전하는 위대한 이야기 에 다 포함되어 있다. 역사적 사건들의 영고성쇠榮枯盛衰에조차 해당되는 얘기다. 그러니 이 이야기가 생명의 책The Book of Life이다. 이것은 우리 모 두가 경험해온 위대한 이야기다. 이 이야기와 그 상황 속에서 어떤 선택을 해야 할지 우리는 본능적으로 알고 있다. 이 이야기는 독실한 신앙인에게

데이비드 윌콕의 동시성

설득력을 가지며, 무신론자나 불가지론자不可知論者들 또한 이 이야기에 끌리고 이 이야기로부터 추진력을 얻는다. 극장의 조명이 꺼지고 영화가 시작되면 우리는 자신을 내려놓고 어린아이처럼 순진한 호기심과 경이감으로 이야기에 빠져든다. 이런 의미에서 모든 영화, 연극, 텔레비전 예능, 신화는 일종의 영적인 의식spiritual ceremony일 수 있다.

이 영적인 의식儀式은 진실을 알고 있는 우리의 한 부분으로부터 뿌리 깊은 기억을 소환한다. 문제는 이 위대한 이야기의 개작된 현대판은 더 이상 이야기 속에 숨겨진 방대하고 심오한 진실을 드러내지 못한다는 것이다. 고금을 초월한 지혜의 위대한 정화精華가 참으로 발견되고 그 내용이 무엇인지 완전히 이해되기 전까지, 우리는 환희와 절망의 끝없는 주기들을 겪으며 고통받는 일을 계속할 것이다.

지금부터 하려는 이야기 중 가장 좋은 부분은 당신이 더 이상 고통에 시달릴 필요가 없다는 것이다. 일단 당신이 우주의 숨겨진 설계도를 이해하기만 하면 당신이 경험한 사건들의 의미를 깨닫게 되고 즉시 삶의 질을 개선할 수 있다. 이 영원한 지혜가 제공하는 정보가 살아 있는 생명체처럼 느껴질 수도 있다. 그 지혜는 번식 능력이 있는 씨앗처럼 수천 년까지는 아니더라도 수백 년 동안 잠들어 있을 수 있다. 당신은 이제 이 주기-소위 카르마의 수레바퀴라고 하는-를 이해하고 그 진정한 내용이 무엇인지, 왜 그런 일이 일어나는지 등을 알게 될 것이다. 일단 이 영원한 지혜의 가르침을 실천에 옮기기만 하면 당신은 그 주기의 정점에 도달할 수 있다. 이야기 안에서 가장 높고, 최선이고, 가장 행복하며 최고의 성공을 거두는 지점이다. 그리고 다시는 절망의 구렁텅이로 끌려 내려가는 일이 없을 것이다. 나약함, 고통, 슬픔, 굴욕, 배신, 분노, 공포의 세계에서 벗어나 행복, 풍요, 환희, 번영, 평화와 충만의 장소로 이동해 그곳에 머물 수 있다.

어떤 사람들은 느낌을 통해 모든 고통을 치유하고 영원히 지속되는 평화를 창조할 수 있다고 믿는다. 즐거움과 행복, 영감靈感에 고무되는 느낌을 추구하다 보면 어떤 문제에 대해서도 쓸 만한 해결책을 찾을 수 있으리란 가설假說이다. 하지만 느낌은 늘 상처받는다. 그리고 당신이 줄곧 좋은 느낌만을 원한다면, 지속적으로 실망할 수밖에 없다. 우리가 악착같이 쾌락을 추구할 때 슬금슬금 중독中毒이란 것이 영향을 미치기 시작한다. 중독으로 인해 치러야 할 대가가 치명적인 수준이 되는 중에도 쾌락을 추구하는 행동을 멈추지 못한다. 영원히 좋은 느낌에 대한 욕구는 사람들을 현실 회피와 현실 부정에 묶어버린다. 그 상태에서는 "사랑과 수용의 길"과 "조작과 통제의 길" 중에서 선택하는 일이 불가능해지거나 선택을 꺼리게 된다.

다른 사람들은 사고思考를 통해 미스터리를 해결할 수 있다고 믿는다. 삶은 거대한 퍼즐이고, 문제에 대해 충분히 오래 그리고 깊이 생각을 굴리면 어떤 경우에도 해결책을 발견할 수 있다는 믿음이다. 하지만 당신은 평생을 특정한 방식으로 생각하고 믿는 세상 안에서 살아왔다. 이런 조건화條件化는 매우 심도 있게 진행되어 우리는 너무나도 쉽게 그런 조건화의 상태로 되돌아간다. 영적인 구도求道의 길에서 꽤나 진전을 이룬 사람들조차 그렇다.

동물의 세계에서 집단에 밀착하느냐 못 하느냐는 말 그대로 죽고 사는 문제다. 만약 무리와 어울려 살기를 거부하고 아웃사이더가 된다면 당신이 오래 살아남을 가능성은 희박하다. 행동주의 심리학자들Behaviorists은 오래전부터 우리가 동물의 세계와 많은 공통점을 갖고 있다고 주장한다. 무리로부터 인정받고 무리에 동조하고 싶어 하는 욕구야말로 우리 행동에 가장 깊이 배어 있는 특징 가운데 하나다. 우리는 자신의 지식을 자랑스러워한다. 학교와 직장 모두에서 옳지 않은 생각을 가지면 실패하고 삶이 위협받을 것이라고 가르친다. 우리의 온전한 정체성正體性은 우리의 생각, 그리고 우리가 진실이라 믿는 지식을 중심으로 구축된다. 그 지식이 맞지 않는 것으로 판명되거나 그럴 위험에 처하면 우리는 견디기 힘든 부끄러움을 느낀다. 그리고 그 부끄러움은 재빨리 얼토당토않은 분노로 표출되기도 한다.

조금만 파고들면, 우리는 과거의 상처들에 강하게 영향받고 있다는 사실을 알 수 있다. 성인成人이 되기 전에 받은 상처인 경우가 많다. 내면에 품은 고통이 너무 강해서 우리의 모든 생각과 감정, 모든 행동에 영향을 미칠 수도 있다. 우리는 스스로가 무엇을 원하는지 잘 안다. 사랑받고 인정받는 것이다. 그렇지만 우리가 부정否定으로 깊이 들어갈수록―다시 말해 진실이 진실이 되지 않도록 강요할수록 문제들은 더 추악해진다. 우리의 삶 가운데 있는 사람들에게 제발 친절하게 대해 달라고 요구할수록, 혹은 상처받는 일을 피하기 위해 그들로부터 달아나 숨으려 할수록 더욱더 괴로워질 뿐이다. 지금부터 우리는 고통을 멈추는 데 효과적인 방법들을 알려줄 지혜의 가르침을 탐구하고자 한다.

──────── **역사의 주기**

『소스필드The Source Field Investigations』(한국어판)는 2011년 출간되어 독자들의 엄청난 호응을 얻었다. 3주 동안 뉴욕타임스 베스트셀러에 들었고, 판매 순위는 최고 16위까지 올랐다. 그런데 『소스필드』에 담지 못한 매혹적인 내용이 있었다. 바로 세계사의 중요한 사건들이 무작위로 일어나는 것이 아니라는 사실이다. 중요 사건들은 아주 정확한 시간 주기週期에 따라 사실상 반복되고 또 반복되는 중이다. 이렇게 주기에 맞춰 일어난 사건들은 하나의 이야기를 전해준다. 그 이야기는 전 세계를 품은 생명의 책인 셈이다. 이야기는 카르마의 수레바퀴가 상승하고 하강하는 고전적인 양상과 영웅의 여정Hero's Journey을 펼쳐 보인다. 영웅의 여정은 이 책에서 다루게 될 미스터리 중 하나다.

이 주기 중 하나가 고전적인 황도 12궁 시대Age of Zordiac의 2160년 주기다. 곧 알게 되겠지만, 백양궁시대Age of Aries에 속한 로마 역사상 가장 중요한 사건들은 2160년 후 아주 유사한 형식으로 쌍어궁시대Age of Pisces의 미합중국에서 출현한다.

1958년 초, 프랑스 학자 미셸 엘메Michèl Helmer와 프랑수아 마송François Masson은 숨겨져 있던 엄청난 진실을 공개했다. 그리고 나는 그들의 작업 결과를 오직 순전한 동시성에 의지해 발견할 수 있었다.[3] 러시아의 과학자 니콜라이 모로조프Nikolai Morozov는 독자적으로 반복되는 또 다른 패턴을 발견했다. 구약성서에 언급된 유대의 왕들과, 1000년 이상 시간이 지난 후 나타난 로마 황제들 사이에 정확한 일치가 있다는 것이다. 모로조프는 자신의 연구 결과를 아주 오래전인 1907년부터 『폭풍우 한가운데에서의 계시Revealation amid Storm and Tempest』라는 제목으로 공개하기 시작했다.[4] 마침내 그는 일곱 권의 방대한 시리즈에 "자연과학의 관점에서 본 인류 문화의 역사History of Human Culture from the Standpoint of the Natural Science"라는 부제를 붙여 1926년부터 1932년 사이에 발간했다. 1970년대 초, 아나톨리 포멘코Anatoly Fomenko 박사는 모로조프의 모형을 이용해 전 세계를 대상으로 하는 수준까지 극적으로 작업을 확장했다. 포멘코 박사는 이러한 패턴들이 기원전 4000년 이래로 기록된 역사 전반에서 반복된다는 사실을 발견했다. 이토록 놀랍고 신비한 증거들을 마주한 모로조프와 포멘코는 우리 역사의 많은 부분이 실제로는 역사가들에 의해 날조된 것이라 생각했다. 역사가들은 상이한 시대에 유사한 일련의 사건들을 적용한 것처럼 보였다. 모로조프와 포멘코에 따르면, 역사가들이 지도자, 도시, 나라들의 이름만 바꾸고 이야기의 중요한 세부 내용은 베껴 썼다는 것이다.

이 주기들은 엄청나게 신비한 것이어서 나는 그것을 설명하는 책을 별도로 집필할 필요가 있음을 절감했다. 어느 정도 가설을 갖고 있었지만, 나는 무엇이 이런 순환주기를 촉발하는지 완전히 확신하지는 못했다. 이 책에서 그 증거들을 남김없이 제시할 예정이다. 또한 이 주기들이 어떻게 발생하고 왜 발생하는지 설명하는 작업 모형도 제시할 것이다. 의심할 바 없이 이것은 지구상에 존재하는 생명의 위대한 신비 가운데 하나이고 ―일단 당신이 증거를 보고 나면 더욱더 그렇다― 그럼에도 불구하고 여전히 이해하기 어려워 보일 것이다. 우리는 "관습적인 현실conventional reality"에 길들여져 있어 주기적으로 순환하는 시간, 혹은 유사한 사건이 정기적으로 반복된다는 생각 같은 것은 꿈도 꾸지 않는다. 누군가 그런 주장을 한다면 조롱과 함께 즉각 묵살당할 것이 확실하다.

하지만 당신이 이 책을 끝까지 읽어낸다면 세상의 모든 것이 달리 보일 것이다. 그저 믿기 어려워 보인다는 이유만으로 신비를 피해선 안 된다. 그 증거는 이미 상당한 설득력을 갖고 있다. 하지만 이해를 위해서는 새로운 설명에 따라 우주에 대한 과학적 관점을 완전히 재구축해야 한다. 다양한 발견이 간과되었거나 충분히 조명받지 못했다. 우리가 새로운 정보를 접하기만 하면 우리의 전반적 세계관은 송두리째 변할 것이다.

어떻게 봐도 대중적인 개념이라 할 수 없지만, 우주 자체가 살아 있는 존재라는 광범위한 과학적 근거가 있다. 우주는 어마어마하게 크고 오직 하나뿐인 살아 있는 존재다. 그리고 우리는 우리가 믿고 있는 것보다 훨씬 더 강하게 이런 우주와 서로 연결돼 있다. 전체 우주를 생성하는 하나의 통합된 의식 에너지장conscious energy field에 대한 적절한 명칭은 "소스필드"라 할 수 있다. 이 새로운 과학 안에서 은하, 항성, 행성들은 상상할 수 없을 정도로 거대한 생명의 형태를 띠고 있다. 양자물리학의 기본 원칙은 생명이 없는 것으로 간주되는 원자와 분자들로부터 시작해서 DNA와 생물학적 생명체를 차례로 배열한다.

──────── DNA는 양자 파동에서 태어난다

생명이 어떻게 형성되는지를 비롯해서 생명 현상을 과학적으로 이해하기 위해서는 DNA 분자에 대한 이해가 필수다. 단일 세포에서 나온 DNA 한 가닥은 전체 유기체를 복제하기에 충분한 정보를 포함하고 있다. 새로운 과학은 DNA가 분자에서 시작되는 것이 아니라 하나의 파동에서 시작된다고 주장한다. 이 파동은 공간과 시간 내에 일종의 패턴으로 존재하며 전 우주에 속속들이 쓰여 있다.

텔레비전과 라디오 전파, 휴대폰과 광대역 인터넷 신호처럼, 우리는 이 새로운 모형 안에서 보이지 않는 유전 정보를 가진 진동파에 둘러싸여 있다. DNA를 만드는 이 작은 파동들 각각은 미시적 수준의 중력을 생성한다. 이 미세 중력gravitational forces이 주위에서 원자와 분자를 끌어들여 DNA를 구성한다. 만약 우리가 그 파동을 볼 수 있는 장치를 개발한다면, 각각의 파동은 그들이 형성할 DNA 분자의 정확한 에너지 형태의 복제複製

데이비드 윌콕의 동시성

라는 사실을 확인할 수 있을 것이다. 파동 속으로 끌려들어 오는 원자들은 자연스럽게 올바른 위치에 "떨어져" 들어간다. 산골짜기를 흐르는 물결에 휩쓸려 들어온 바위가 자연스럽게 계류의 바닥으로 굴러떨어지는 것과 같다. 단일한 DNA 분자들이 구축된 후에는, 앞과 동일한 미세 중력이 DNA 분자들의 군집clusters을 이루게 함으로써 더 큰 생명 형태를 통합하고 창조하기 시작한다.

활성화된 미세 중력을 포착한 과학자 중 하나가 세르게이 레이킨Sergey Leikin 박사다. 2008년 레이킨 박사는 여러 가지 유형의 DNA를 평범한 소금물에 넣고 각 유형별로 다른 형광색을 써서 식별 처리했다. 색깔로 식별된 DNA 분자들은 색종이 조각처럼 소금물 전체에 흩어졌다. 레이킨 박사를 놀라게 한 것은 이 분자들이 같은 유형끼리 결합하기 시작했다는 사실이다. 분자 수준의 작은 우주 안에서 분자들이 서로 만나는 것은, 우리 세계로 치면 수천 마일을 이동해야만 가능한 일이다. 얼마 지나지 않아 레이킨 박사는 전체 DNA 분자들의 군집을 볼 수 있었다. 각 군집은 동일한 색깔의 DNA 분자들로 이루어졌다.[5] 무엇이 어마어마하게 먼 거리를 극복하고 DNA 분자들이 함께 모이도록 끌어당겼을까? 레이킨 박사는 이 현상이 전기 부하에 의해 발생했을 것이라고 추정했지만, 다른 실험들은 이것이 전자기적電磁氣的 현상일 수 없음을 분명히 보여준다. 현대 과학이 알고 있는 에너지장 내에서라면 중력重力이 가장 유력한 답이 될 것이다.

2011년 노벨상 수상자인 뤽 몽타니에Luc Montagnier 박사는 수소와 산소 원자들로부터 DNA가 저절로 형성될 수 있음을 보여주었다. 수소와 산소 원자들 외에 다른 아무것도 필요하지 않았다. 몽타니에는 살균된 물이 들어 있는 밀봉된 시험관 옆에 소량의 DNA가 떠다니는 다른 시험관을 놓았다. 몽타니에 박사는 두 시험관을 7헤르츠의 약한 전자기장으로 대전시켰다. 그리고 기다렸다. 18시간 후 밀봉된 시험관에 작은 DNA 조각들이 자라났다. 재료라면 살균된 물뿐인데 말이다.[6] 물은 수소와 산소 원자로 만들어진다는 사실을 기억하자. 물보다 훨씬 복잡한 분자들을 재료로 만들어지는 DNA가 어떻게 만들어졌냐는 말이다. 이것은 과학 역사상 가장 중요한 발견 가운데 하나다. 그것도 노벨상을 수상한 생물학자가 발견한 것이다. 이 발견은 언론 매체를 통해 찔끔 보도되긴 했지만 사실상 완전히 무시되었다.

이 신과학新科學은 우주는 무슨 수를 써서라도 생물학적인 생명을 만들기 위해 끊임없이 음모를 꾸미고 있다는 사실을 알려준다. 생명이 존재할 수 없는 극한의 곳에서조차 우주는 생명을 피우고 싶어 한다. 우주의 어떤 곳에서든, 이렇게 숨어 있는 미세 중력 파동은 원자와 분자를 끌어모아 DNA를 만들기 시작할 것이다. 그 파동은 단세포 유기체에서 시작해 그 지역에서 번성할 수 있는 생명 형태를 만들어간다. 여기에 놀라운 발견이 있다. 영국의 천문학자인 프레드 호일 경Sir Fred Hoyle과 날린 찬드라 위크라마싱헤Nalin Chandra Wickramasinghe 박사는 우리 은하 내를 떠도는 먼지의 99.9퍼센트가 동결 건조 상태의 박테리아란 사실을 알아냈다.[7] 프레드 호일 경은 1980년 4월 15일 강연에서 이 새로운 발견에 포함된 총체적 의미를 밝혔다. 그 후 30년 이상이 지났지만 이 획기적 발견은 여전히 주류主流 과학으로 편입되지 못하고 있다.

미생물학은 1940년대에 시작됐습니다. 믿기 어려울 정도로 엄청난 복잡성을 가진 세계 하나가 그 정체를 드러내기 시작한 것입니다. 나는 미생물학자들이 한때는 자신들이 연구하는 미생물의 세계에는 우주적 질서가 존재할 필요가 없다는 인식을 가졌었다는 사실을 알고 놀랐습니다.

데이비드 윌콕의 동시성

현재의 세대가 태양을 중심으로 돌아가는 태양계를 당연시하는 것과 마찬가지로 미래 세대는 우주 수준의 미생물학을 당연하게 여길 것입니다.[8]

우리의 태양과 같은 항성stars들의 표면에서 소위 "태양풍solar wind"이라는 형태로 우리 은하 내의 먼지가 뿜어져 나오고 있다는 사실을 이미 알고 있다. 프레드 호일 경과 위크라마싱헤 박사가 발견한 대로 은하의 먼지 입자 가운데 99.9퍼센트가 미생물 유기체의 동결 건조된 형태라면, 모든 항성은 생명체를 만들어내는 공장인 셈이다. 각 항성의 불타는 표면에는 극도의 고온에서 번성하는 박테리아들이 끓고 있는 것이다. 항성 내에 있던 초고온 물질이 차가운 우주 공간으로 방출되면서 박테리아는 즉시 동결 건조되어 보존된다. 박테리아는 우주 공간을 표류하다가 결국 행성planets에 도달하고, 거기서 수분을 흡수하고 다시 가열된다. 그 후 박테리아는 독자 생존할 수 있는 유기체를 다시 형성한다. 과학자들은 밀폐된 핵 반응로nuclear reactor 안에서 박테리아가 번식하는 것도 관찰했다. 심지어 이 박테리아는 방사선을 먹고 산다.[9] 박테리아가 어떻게 핵 반응로 안에 존재하게 되었을까? 이제 우리는 이들 박테리아가 핵 반응로 안에서 저절로 형성되었으며, 방사선을 먹고 그 방사선을 다른 형태의 생명체들에게 해롭지 않은 물질로 분해하도록 맞춤형 설계되었다고 결론 내릴 수 있게 하는 충분한 과학적 정보를 갖고 있다.

우리는 조사 가능한 지구상의 모든 곳은 물론이고, 지표면 아래 2.8km 지점에서도 박테리아를 발견했다.[10] 찰스 다윈의 진화론에 기반한 오늘날의 과학적 관점에서 보면, 이 모든 박테리아는 지구에서 "무작위적으로 randomly" 진화했고, 그 모두는 단일한 원래의 세포로부터 온 것일 수밖에 없다. 과학의 새로운 관점 안에서 우주 자체는 살아 있는 생명체다. 우주가 미생물, 식물, 곤충, 어류, 파충류, 조류, 포유류를 포함하는 생명체를 창조할 수 있도록, 물리학의 기본 법칙들이 맞춤형으로 설계되는 것이다.

몇몇 과학자들은 광자光子: photon를 끌어들이는 활동을 하는 DNA를 포착하기도 했다. 광자는 우주 도처에서 가시광선을 만드는 에너지의 작은 묶음이다. 새로운 과학은 광자들이 기본적 건강과 DNA의 기능에 필수적이며 몸의 구석구석으로 정보를 보내고 받는 일에 사용되는 것이 분명하다고 밝힌다. 프리츠—알버트 포프Fritz-Albert Popp 박사가 발견한 대로, 분자는 마치 소형 광케이블처럼 자체 내에 1,000개까지 광자를 저장한다.[11] 광자들은 빛의 속도로 앞뒤로 움직이며 사용될 때까지 분자 내에 저장된다. 여러 획기적인 연구실 실험에서 그 전체 과정이 관찰된 바 있다. 그중 몇 가지 자료를 이 책에서 검토할 것이다.

1984년 러시아 과학자 페테르 가리아에프Peter Gariaev 박사는 아무 조작도 하지 않은 상태에서 석영 용기 내부에 들어 있는 DNA 분자가 방안에 있는 모든 광자를 흡수하는 것을 관찰했다.[12] 광자를 사람에 비유해 이 현상을 설명해보자. 커다란 경기장 한가운데 서 있는 사람이 경기장 안에 있는 모든 광자들이 자신에게로 휘어져 들어오게 만드는 것이다. 그러면 운동장 가운데 서 있는 사람의 몸만 환하게 빛나고, 경기장의 나머지 부분은 온통 깜깜해진다. 기존의 과학에서 빛을 휘게 만들 수 있는 것은 중력이다. 블랙홀 주위처럼 중력이 강한 곳에서는 빛이 휜다. 그러니까 DNA는 미세 중력 효과를 생성해서 빛을 끌어당기고 포획하는 것처럼 보인다. 레이킨 박사는 색깔을 입혀 구별한 DNA 분자들이 서로에게 이끌렸던 실험에서, DNA 분자들이 먼 거리를 극복하고 함께 모일 수 있게 만든 것은 전기 부하라고 생각했다. 하지만 전기 부하는 결코 공간 이동 중인 빛을 휘어지게 할 수 없다. 우리가 에너지에 의한 빛의 휨 효과를 볼 수 있는 유일한 장소는 블랙홀 주변이다.

정말로 큰 미스터리는 가리아에프 박사가 석영 용기에서 실험에 쓴 DNA를 끄집어낸 후 벌어졌다. 박사는 실험이 끝났으니 짐을 챙겨 집으로 돌아가야겠다고 생각했고, 가기 전에 마지막으로 한 번 더 현미경을 들여다보았다. 그는 아연실색했다. 여전히 소용돌이치고 있는 광자들이 보인 것이다. 정확히 DNA가 있었던 그 자리에서 광자들이 나선운동螺旋運動을 하고 있었다. 그 자리에 광자를 잡아두던 DNA가 사라지면 광자들도 즉각 사라져야 마땅하다. 하지만 광자들은 그 자리에 그대로 있었다. 일종의 역장力場: force field이다. 중력의 영향이 분명한 역장이 DNA가 있었던 바로 그 자리에 광자들을 붙잡아두고 있는 것이다.

가리아에프 박사와 그의 동료는 이것을 "DNA 유령효과DNA Phantom Effect"라고 불렀다. 내 생각에 이것은 과학 역사상 가장 중요한 발견들 중 하나다. 그 발견이 포함하고 있는 의미는 엄청나게 충격적이다. 그것을 인정한다면 많은 과학 "법칙들laws"을 완전히 다시 써야 한다. DNA는 광자들을 빨아들이고 분자 속으로 끌어들이는 에너지 형태의 힘을 만들어내지만, 그렇게 하기 위해 물질로 이뤄진 DNA가 꼭 필요한 것이 아니란 말이다. 보이지 않는 힘—일종의 파동—이 존재하고, 그 힘 스스로 빛을 끌어당기고 보존하는 것처럼 보인다. 물질로 된 DNA를 치워버려도, 파동은 여전히 물질 DNA가 존재하던 그 장소에 있으면서 자기가 모은 광자들을 계속 보존한다.

가리아에프 박사는 아주 차가운 액체 질소를 이용해 그 "유령"을 폭파할 수 있다는 사실을 발견했다. 액체 질소를 써서 유령을 폭파하면 광자들 모두 역장力場에서 자취를 감추곤 했다. 하지만 5분에서 8분 이내에 새로운 광자가 포획됐고 유령 전체가 다시 모습을 드러냈다. 여러 번 유령을 폭파시켜 광자들을 풀어주었지만 유령은 계속해서 다시 출현했고, 놀랍게도 30일 동안이나 존재했다.[13] 이 유령 효과는 어떤 형태의 전자기장으로도 설명할 수 없다. 정전기도 아니고, 라디오파나 플라스마plasma도 아니다. 이러한 일을 할 수 있다고 알려진 유일한 장場: field은 중력뿐이다. 게다가 이 현상은 중력에 대한 우리의 이해 수준이 아주 원시적이란 의미이기도 하다.

낙하하는 물체의 중력 가속도는 약 10미터(정확히는 9.80665미터)를 초秒의 제곱으로 나눈 것으로 알려져 있다. 우리가 알고 있기로는, 진공 상태에서는 깃털과 벽돌이 같은 속도로 떨어진다. 이제 우리는 그런 중력이 구조를 가질 수 있다고 생각한다. 양자 수준에서 말이다. 그리고 이 구조는 해당 영역에 물질로 된 실체가 없어도 동일한 장소에서 30일 동안 유지될 수 있다. 이 현상의 의미는, 중력이 존재하기 위해 물질로 된 실체가 필요하지 않다는 것이다. 중력은 우주 전체에 스며 있는 힘이다. 만약 중력이 DNA를 만드는 보이지 않는 파동을 갖고 있고, DNA가 지능을 갖춘 생명체를 만든다면, 중력 자체가 살아 있으며 지능을 가지고 있는 것이 틀림없지 않을까. 이러한 이유로 나는 중력을 소스필드Source Field라고 부른다. 우리는 양자 수준에서 소스필드를 붙잡을 수 있는 확실한 방법을 갖고 있다. 그리고 방금 그 방법 중 몇 가지를 당신에게 알려주었다.

DNA 유령이 발견된 것은 수십 년 전이지만 엄청나게 놀라운 함의를 가진 사건임에도 불구하고 세상에 알려지지 않았다. 일단 이 지식이 널리 받아들여지기 시작한다면 우리 사회의 모습은 완전히 바뀔 것이다. 이 지식은 또한 에너지 의학이라고 알려진 완전히 새로운 범주의 강력한 치유 기술로 나아가는 길을 열 것이다. 나는 이 주제에 대해 1,000편이 넘는 학술 문헌을 종합해서 『소스필드』에 담았다. 소스필드는 2011년 8월 출간되었고 그날 우리는 인터넷 매체인 「허핑턴 포스트Huffington Post」에 슬라이드 쇼를 공개했다.[14] 내게 허용된 용량은 슬라이드 13장뿐이었다. 그 안에 534쪽 분량의 내용을 요약해야 했다. 그레이엄 핸콕Graham Hancock의 말마따나 그것은 "장엄한magnificent" 일이었다. 슬라이드의 서문과 처음 다섯 섹션의 복사본을 이 장에서 소개한다. 명료하게 만들기 위한 최소한의 편집만 했다. 곧 보게 될 테지만 앞의 내용과 중복될 수 있음을 감안하기 바란다.

어떤 DNA 분자에 빛으로 새로운 지시를 투사함으로써 기존 DNA 분자의 구조를 완전히 바꿀 수 있다. 그 파동의 미세 중력이 DNA 내부의 원자들을 움켜잡을 것이고 그 원자들이 조립되어 새로운 배치를 완료할 때까지 주위에서 움직이게 만들 것이다. 이것은 종種: species의 진화를 설명하는 완전히 새로운 방식이며, 그 메커니즘이 제대로 작동한다는 사실이 실험실에서 이미 증명되었다.

──────── **소스필드 탐색**

UFO 현상과 위대한 고대문명의 수수께끼들을 이해하고 설명하기 위해 필요한 모든 과학이 『소스필드』에 공개된다. 고대 예언들은 미래에 황금시대Golden Age가 도래할 것이라 말했고, 미합중국 정부는 이 예언들을 다양한 형태의 은밀한 상징 속에 꽤 성공적으로 암호화해 왔다. 지금 우리는 하려고만 하면 반중력, 순간이동, 시간여행, 에너지를 사용한 DNA 진화, 의식 변환 등을 이용할 수 있고, 이제껏 그 누구도 꿈꾸지 못했던 세상을 창조할 수 있다.

공간, 시간, 물질, 에너지, 그리고 생물학적 생명체는 소스필드의 결과물일 것이며, 소스필드는 유한한 마음으로 헤아리기에는 너무나 방대한 수준에서 자기만의 고유한 방식으로 의식을 갖고 살아 있다. 대부분 주류 과학으로부터 수집한 1,000종 이상의 다양한 참고문헌이 주장에 설득력을 더한다.

─────── 의식Consciousness이란 무엇인가?

윌리엄 브로드William Braud 박사는 마음에서 마음으로 통하는 의사 전달이 아주 현실적이며 실험실에서 재현될 수 있다는 것을 증명하기 위해, 엄격하게 통제된 실험실 연구를 수행한 과학자 중 하나이다.[15] 실험 참가자들은 멀리 떨어진 곳의 완전히 격리된 장소에 있는 실험 참가자들의 피부 상태를 변화시킬 수 있었다. 영향을 받는 쪽 사람의 피부 위를 흐르는 총 전기량이 갑자기 급증하는 서지surge 현상이 관찰된 것이다. 이러한 전기 활동의 변화는 대개 사람이 흥분했을 때 일어난다. 하지만 이 실험의 경우, 반응한 사람은 무슨 일이 진행되고 있는지조차 모르는 상태였다.[16] 이런 실험들은 대부분 모든 전자기적 신호를 차폐遮蔽한 방에서 실시되었으므로, 이 현상이 기존의 스펙트럼 내에서 알려져 있는 어떤 에너지 파동으로도 설명될 수 없다는 사실을 증명했다.

1929년까지, 과학계에는 148건 이상의 "중복된 발견/발명"이 기록되어 있다. 복수의 과학자들이 독립적으로 획기적인 발견/발명을 했다는 말이다. 이런 사건들이 발생한 분야는 미적분학, 진화론, 컬러 사진, 온도계, 망원경, 타자기, 증기선 등 매우 다양하다.[17] 우리의 사고가 생각만큼 개인적인 것이 아니라는 사실의 방증이다. 어떤 문제를 해결하기 위해 우리는 지식의 저장소인 우주의 데이터 뱅크에 접속하고, 해당 정보는 마치 자신의 고유한 생각인 것처럼 우리 마음속에 출현한다. 앞에서 언급한 148건은 단지 같은 시점에 같은 사항에 대해 복수의 발명가들이 특허를 신청한 기록에 한정된 얘기라는 사실을 잊지 말자.

이는 초감각적 지각extrasensory perception이란 것이 우리 모두가 보유하고 있는 재능이라는 풍성하고도 근사한 증거이지만, 이 획기적인 연구들은 거의 알려지지 않았다. 조화로운 우리 우주의 기본 에너지는 어떤 방식으로든 의식을 가진 상태이지 않을까?

─────── **DNA는 생명체를 조립하는 에너지 파동?**

2011년 노벨상 수상자인 뤽 몽타니에는 "DNA 순간이동"을 보여주었다. 밀폐된 시험관에 들어 있던 평범한 물 분자가 조립되어 DNA가 만들어진 것이다. 살균된 물이 들어 있는 하나의 시험관을 극소량의 DNA 분자가 들어 있는 다른 시험관 옆에 놓고, 두 시험관 모두 7헤르츠의 약한 전류로 대전시켰다. 살균수가 들어 있던 시험관 내의 일부 수소 분자와 산소 분자들이 DNA로 바뀌었다. 이 변환 과정은 서구 과학계엔 여전히 미지未知의 상태로 남아 있다.[18] 프레드 호일 경과 찬드라 위크라마싱헤 박사는 은하계 안에 있는 먼지의 99.9퍼센트가 독특한 광학적 속성들을 갖는다는 사실에 주목했다. 이와 같은 효과를 만들어낼 수 있는 물질은 오직 동결 건조된 박테리아뿐이다.[19] 1980년 호일 경은 "현 세대가 태양을 중심으로 돌아가는 태양계를 당연시하는 것과 마찬가지로, 미래 세대는 우주

수준의 미생물학을 당연하게 여길 것이다"라고 말했다.[20]

다국적 제약회사 시바가이기Ciba-Geigy(현재 이름은 Syngenta)의 농업 부문은 놀라운 사실을 발견했다. 식물 씨앗들을 약한 정전기 전류에 노출시킴으로써 다양한 멸종 식물의 씨앗으로 변형시킬 수 있다는 것이다.[21] 이 과정을 통해 더 강하고 더 빨리 성장하는 밀, 멸종된 양치식물 종種, 가시가 있는 튤립을 만들어낼 수 있었다.[22]

이탈리아의 과학자 피에르 루이기 이기나Pier Luigi Ighina는 에너지를 이용해서 살아 있는 살구나무를 사과나무로 변환하는 데 성공했다. 가지에 달려 있던 살구는 단 16일 만에 사과로 바뀌었다. 이기나는 고양이에게서 얻은 DNA 파동 정보를 쥐에게 쏘기도 했다. 그러자 나흘 만에 쥐에게서 고양이의 꼬리 형태가 자라기 시작했다.[23] 중국인 과학자 쟝칸젱Dzang Kangeng 박사는 알을 품고 있는 암탉에게 오리의 DNA 파동 정보를 전송하기 위해, 마이크로파를 사용하는 장치의 특허를 받았다(N1828665).[24] 알의 대략 80퍼센트가 반은 오리이고 반은 닭인 모습으로 부화되었다. 페테르 가리아에프 박사는 도롱뇽의 알에 낮은 수준의 레이저를 조사하고 그 광선이 개구리 알 쪽으로 다시 향하도록 했다. 개구리의 수정란들은 건강하게 자라서 도롱뇽 성체가 되었다. 그들은 결코 개구리가 되는 과정으로 되돌아가지 않았고 그 후손들 역시 그랬다.[25]

─────── 은하계에 인간형 생명체가 존재하는가?

이러저런 과학적 발견 덕분에, 우리는 이제 인간 생명체가 은하계 혹은 우주 차원의 원형原型: template일 수 있다고 생각하게 되었다.

DNA의 양자적 속성으로 인해, 인간 생명체는 은하계 내의 물이 있는 행성이라면 어디나 출현할 수 있는 잠재력을 갖고 있다. 전 세계의 고대 문명 대다수가 인간처럼 생긴 "신들"이나 "천사들"과 교류하며 그들로부터 농업, 축산업, 말과 글, 건축, 수학, 과학, 도덕, 윤리, 더 사랑 넘치는 사람이 되는 법과 같은 영적인 가르침 분야에서 강력한 도움을 받았다는 사실을 기록으로 남겼다. 대부분의 고대 문명은 역사가 위대한 시간의 주기 안에서 움직인다는 것을 우리에게 가르쳤다. 마야의 달력, 힌두의 유가들, 황도 12궁 시대가 그렇다.

남아프리카의 보스콥Boscop를 비롯해 세계 곳곳에서 몹시도 이상한 인간 두개골이 발견되고 있다. 이 두개골의 용량은 보통 인간의 2배에 달하고, 크고 긴 두상에 어린아이와 같은 작은 얼굴을 하고 있다. 2009년 「디스커버Discover」지에 따르면 남아프리카에서 발견된 두개골은 극진한 예를 갖춰 매장되었다.[26] 기이하게 긴 편두형扁頭形 두개골은 페루, 볼리비아, 러

아케나텐Akhenaten과 네페르티티Nefertiti의 딸인
메리타텐Meritaten의 화강암 반신상

시아, 기타 지역에서도 발견되었고, 그중 일부는 박물관에 전시되어 있다. 이것은 초기 이집트 파라오의 두개골 형태와 아주 흡사하다.

──────── **진화의 추진체는 에너지 파동인가?**

데이비드 럽David Raup 박사와 제임스 셉코스키James Sepkoski 박사는 당시까지 수집된 모든 화석의 목록을 완성한 후, 지구 생명체의 진화에 2600만 년 주기가 있음을 발견했다.[27] 2600만 년마다 마치 폭발하듯 갑자기 엄청난 수의 새로운 종種이 출현한다. 수백만 년 동안 잠잠하던 끝에 일어나는 일이다. 당황한 연구자들은 그렇게 반복되는 패턴들을 제거하기 위해 열심히 연구했지만, 연구를 하면 할수록 패턴들은 더 분명해졌다. 최근에는 로버트 뮐러Robert Müller 박사와 로버트 로데Robert Rohde 박사

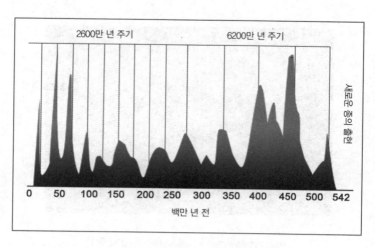

2600만 년 및 6200만 년 진화 주기를 합성한 그래프

가 같은 자료를 분석하여 2600만 년보다 더 큰 주기를 발견했다.[28] 이러한 주기적 사건들은 아마도 DNA를 다시 프로그래밍하는 은하銀河 차원의 에너지 파동에 의해 촉발되는 듯하다.[29]

윌리엄 티프트William Tifft 박사는 중심으로부터 느린 속도로 팽창하는 은하들 내에서 마이크로파 에너지들의 동심원 띠들을 발견했다.[30] 해롤드 아스덴Harold Aspden 박사의 독특한 물리 방정식에 의하면, 각각의 마이크로파 구역은 양자 수준에서 상이한 속성을 갖는다.[31] 이 발견 덕분에 우리는 지구의 장기적인 주기를 설명할 수 있고 측정 가능한 에너지 모형을 갖게 된다. 아마도 각 구역은 은하 자체 내의 거대한 지능적 패턴에 의해 DNA를 다시 쓰는rewrite 정보를 보유하고 있을 것이다. 생명체는 자연 법칙, 다시 말해 양자 역학 내에서 적용되는 "발생emergent 현상"에 따라 출현한다. 우주는 그 자체로 살아 있는 존재다. 생명체는 우주 어디에서나 어떻게 해서든 출현한다. 모든 생명체는 에너지와 같은 힘에 의해서 주기적으로 다시 프로그래밍되며, 실험실에서 재현할 수 있는 그 힘은 우주 어디에서나 지속적인 종의 진화를 만들어낸다.

──────── **의식을 가진 우주**

나는 우주가 살아 있을 뿐 아니라 의식을 갖고 있으며, 자신을 인식하고 있다고 확신한다. 우리의 삶에는 목적과 계획이 있고, 그 목적은 우리들 대부분이 이제껏 인식하고 있던 것보다 훨씬 위대하다. 그리고 우리는 절대 혼자가 아니다. 한 번의 생만 사는 것도 아니다. 우리가 환생을 되풀이한다는 부정할 수 없는 과학적 증거들이 있다. 또한 우리는 개

인사 내에서도 믿기 힘들 정도로 엄밀한 패턴으로 반복되는 수업 시간을 보내고 있다. 그렇다고 해서 이 어리석은 전쟁과 잔혹한 행위들이 계속될 필요는 없다. 다시 말해 전쟁과 잔혹 행위는 우리가 위대한 실재reality를 무시하고 탐욕과 공포 창조하기를 계속할 때에만 유지된다. 진실을 제대로 인식하는 데 종교는 필요치 않다. 우리가 한껏 믿고 의지하는 현대의 모든 과학보다 고대의 영적 전통이 훨씬 더 많은 지혜를 품고 있다는 사실을 알게 될 것이다.

동시성Synchronicity은 우리에게 더 위대한 실재를 탐험하라는 초청장을 보낸다. 동시성은 우주의 숨은 비밀에 이르는 문을 여는 열쇠다. 그것은 역사의 주기 내에서 거대한 규모와 측정 가능한 형태로 출현한다. 수천 년이 될 수도 있는 시간 단위로 아주 정밀하게 되풀이되는 사건들이 그것이다. 1996년 하나의 법칙Laws of One 시리즈라고 알려진 자료를 본격적으로 공부하게 되면서, 나는 이 같은 동시성 현상을 훨씬 더 많이 알아차리게 되었다.

2

◐

역사의 주기와
하나의 법칙

Law of One

　　　　　　　　　　　　　　　우주가 살아 있다면? 우리가 생명 없
는 물질로부터 DNA를 조립하는 보이지 않는 파동에 둘러싸여 있다면? 이
보이지 않는 힘들이 우리의 DNA를 다시 프로그래밍하는 중이고, 인간 진
화의 새로운 차원에 돌입하도록 우리의 등을 떠밀고 있다면? 행성의 진화
에 따른 변화에 조화되기 위해 우리 인류가 알아야 할 영적 가르침이 있다
면? 인류가 집단 수준에서 각성하여 서로를 상하게 하는 선택을 멈출 때까
지, 일련의 동일한 경험을 하며 삶을 되풀이하도록 보이지 않는 지성에 의
해 "프로그램된" 것이 우리가 겪는 역사적 사건이라면? 이런 집단적인 악
몽惡夢이 이유 있는 해프닝에 불과하며, 그 사건들에 대해 우리가 할 수 있
는 일이 있다는 사실을 알아차리도록 도움을 주겠다는 의도가 담겨 있다
면? 우리가 발견한 이 주기들 안에 가르침, 패턴, 이야기가 있다면? 그 이

야기 자체에, 전 세계에 만연한 악몽으로부터 우리 자신을 구함으로써 궁극에는 평화로운 삶을 영위하는 데 필요한 지혜의 가르침이 들어 있다면?

『소스필드』에서 공개한 것처럼, 우리가 유기체 우주 속에 살고 있다는 증거는 결정적이어서 반박할 여지가 없다. 이제 생명을 오직 지구 위에서만 발생하는 변칙적인 현상으로 보는 대신, 우주가 말 그대로 생명체들로 바글거리는 곳, 단세포 미생물로부터 이런저런 생명체를 거쳐 우리 인간처럼 지능과 지각이 있는 존재에 이르기까지 그야말로 온갖 생명으로 가득한 곳이라고 이해하기에 이르렀다. 더 근본적으로 생명의 본질은 에너지체이고, 생명이 존재하기 위해 생물학적 재료가 반드시 필요한 것은 아니다. 일단 이 사실이 널리 받아들여지기만 하면, 우주 자체가 살아 있는 존재이고 지성을 갖고 있다는 발견은, 지구가 둥글다거나 태양이 태양계의 중심이라는 이해를 무색하게 할 만큼 우리 과학사에서 가장 크고 획기적인 사건이 될 것이 틀림없다.

인간의 DNA 안에는, 우리가 의식과 마음의 핵심이라고 믿고 있는 두뇌 頭腦를 만드는 데 필요한 모든 정보가 들어 있다. 만약 살균된 순수한 물이든 시험관 안에서 DNA가 형성될 수 있다면, 유기체를 의식 있는 존재로 만드는 정보는 우리 주위의 모든 곳에 존재하는 것이 틀림없다. 라디오파나 위성 TV 신호, 광대역 인터넷이 그렇듯이 말이다. 의식과 DNA는 기본적으로 서로 얽혀 있다. 이런 모든 생각이 획기적이긴 하지만 이것은 우리 이야기의 시작에 불과하다. 어떤 의미에서 이 획기적인 생각들은 훨씬 위대한 미스터리의 길로 이끄는 빵 부스러기의 궤적과 같다.

──────── 하나의 법칙 시리즈

살아 있는 우주라는 모형의 출처는 "하나의 법칙" 시리즈이다. 5권의 책, 106개의 대화로 구성된 독특하고 비범한 이 자료는 1981년부터 1983년까지 이루어진 채널링에 의해 얻어졌다고 한다.[32] 대화는 물리학 교수인 돈 엘킨스Don Elkins 박사와 소위 더 높은 지성인 원천Source의 말씀을 전달하는 채널 역할을 하는 카를라 뤼케르트Carla Rueckert 사이에 이루어졌다. 채널링이 이루어지는 동안 카를라 뤼케르트는 무의식적인 트랜스 상태에 든다. 짐 매카티Jim McCarty 역시 세션마다 참석해서 모든 대화를 녹취했다. 카를라를 통해서 말하는 원천은 지구상에 한 번 인간들처럼 존재했지만 그 후 단일한 의식으로 융합된 대규모 인간 집단이라 할 수 있다. 바이블Bible의 견지에서 그들은 세라핌seraphim이나 케루빔cherubim으로 분류될 가능성이 높다. 지구에 출현했던 천사와 같은 유형 가운데 가장 진화된 것으로 여겨진다는 의미다. 천사angel라는 단어는 단순히 "전령messenger"을 뜻하는 그리스어 "aggelos"에서 유래했다. 이 존재들은 이미 피와 살로 이루어진 몸을 갖지 않으며 본질적으로 에너지 형태인 생명으로 진화했다.

하나의 법칙 시리즈에 따르면, 이 집단과 다른 천사 집단이 기독교를 비롯한 주요 세계 종교를 창조하는 일에 힘을 모았다고 한다. 그들은 결코 가르침이 다르다는 이유로 인간들이 서로 싸우게 하려는 의도를 가진 적이 없지만, 지금 우리에겐 38,380개의 기독교 분파와 10만 개의 다른 종교가 있다.[33] 하나의 법칙 시리즈에 출연하는 그 집단은 자신들이 "하나인 무한한 창조자One Infinite Creator에게 봉사하는" 일을 하고 있는 조직의 멤버라고 말했다. 그들은 분명히 지구에서 일어나는 우리 인류의 집단적 진화를 인도하고, 보호하고, 방향을 잡고, 관리하는 책임을 안고 있다. 맨 처음 세션에서 그들이 하나의 법칙을 정의할 때, 그들의 정체성에 대해서도 언급했다.

> 1.6 당신은 모든 것이고 모든 존재이며 모든 감정, 모든 사건, 모든 상황입니다. 당신은 통일체unity입니다. 당신은 무한입니다. 당신은 사랑/빛, 빛/사랑입니다. 그저 당신입니다. 이것이 하나의 법칙입니다.[34]

지금, 이 존재들은 자신들이 따르는 영적인 법칙들 때문에 모습을 드러내지 않은 채 있어야 한다. 자신들의 존재를 전 세계에 웅장하게 내보이는 전시물을 창조할 수도 없다. 자유의지가 그들이 준수해야 하는 우주적 법칙이기 때문이다. 우리가 그들이 존재한다는 사실을 인정하고 행성 차원에서 그들을 환영하는 수준에 이르기 전까지는, 모습을 드러내는 것이 허락되지 않을 것이다. 그들이 모습을 보이게 되면 우리 인류의 자연스러운 진화 과정이 방해받을 것이기 때문이다. 그러나 동시성은 그들의 존재 및 더 위대한 실재實在에 우리가 점진적으로 익숙해지도록 돕는 가장 일반적인 방법 가운데 하나다.

이미 경험해서 알고 있을 수도 있지만, 하나의 법칙과 관련한 토의를 시작하면 그것을 어떤 식으로 하더라도 점점 더 깊이 점점 더 빨리 미궁에 빠지게 된다. 1996년 하나의 법칙 시리즈의 책 다섯 권을 공부하기 시작한 무렵, 나는 3년에 걸친 집중적인 과학적 조사를 할 만큼 한 상태였다. 나는 즉각적으로 짜릿하고 감동적인 연결을 차례차례 만들어내기 시작했다. 나는 바로 알아차렸다. 하나의 법칙 시리즈는 실제 세계와 같으며, 말 그대로 로스웰 추락 사건에 필적하는 굉장한 것이었다. 아는 사람은 다 알지만, 로스웰 추락 사건은 알 수 없는 경로로 우리 세계에 출현해서 추락하고 그런 다음 조각조각 분해되고 연구된 인공물artifact에 관련된 것이다. 그 과정을 통해 우리의 과학과 기술 수준이 엄청나게 상승할 수 있었다. 텔레파시를 통해 원천source에 접속할 수 있다고 주장하는 사람들은 많다. 인터넷이 온 세상을 연결한 이후부터 특히 그렇다. 그러나 그 원천의 대부분은 상호 모순, 명백한 흠결 등등으로 아주 쉽게 조목조목 반박당할 수 있다. 하나의 법칙 자료material처럼 깊은 수준에서 거의 획기적이라 할 수 있을 정도의 입증 가능한 과학적 정보를 보여주는 원천은 다시 없다.

1996년 1월, 나는 하나의 법칙 시리즈를 공부하기 시작했다. 당시 나는 3년 이상 매일 아침 꿈을 기록 및 분석하고 있었고, 15년에 걸쳐 고대 문명, 대안 과학, 형이상학 관련 조사 연구를 수행했다. 하나의 법칙은 거의 즉각적으로 내 관심사들을 구체화시켰고, 내가 읽었던 내용들을 꿈도 꾸지 못했던 방식으로 한데 묶어 주었으며, 내 일생일대의 작업이 나아갈 미래상을 구현했다. 그로부터 채 1년이 지나지 않아, 나 역시도 원천과 접촉하는 심오한 개인적 경험을 할 수 있었다. 꿈을 통하기도 했고, 텔레파시를 통해 직접적으로 메시지를 전달하는 형태를 취하기도 했다. 그 시점에 나는 우주에 상위上位의 힘이 존재함을 이해하고 제대로 느끼게 되었다. 그 힘이 나와 접촉할 수 있도록 초대했고, 나는 하나의 법칙에서 말하는 영적인 수련을 기꺼이 그리고 엄밀한 자세로 따름으로써 바라던 결과들을 얻었다.

그때까지는 이론적인 연구였지만 이내 나는 한 페이지씩의 말을 생산하게 되었다. 그 말씀들The words은 아주 깊은 수준의 명상에서 나오는 것이었고, 소중한 영적 인도를 제공했으며, 깜짝 놀랄 만한 정확성으로 미래를 예언할 수도 있었다. 그것은 마치 전지全知: omniscient한 존재로 보일 정도였다. 나의 가장 깊은 신체적, 정신적, 감정적 문제들을 이미 아는 상태에서 말했고 그 문제들을 어떻게 치유해야 할지 분명히 보여주었다. 이들 "리딩readings"은 종종 나의 미래에 어떤 일이 일어날지 아주 정확하게 알았고, 이들 사건을 내가 어떻게 헤치고 나아갈 수 있는지도 알고 있었다. 이로 인해 나의 연구조사는 훨씬 개인적인 색채를 띠게 되었다. 나는 더 이상 다른 이들에게 일어난 접촉의 결과물을 연구하고 과학적 증거를 찾는 초연한 제3자가 아니었다. 내 자신의 삶 속에서 기이하고도 멋진 경험을 하는 중이었다.

내가 처음 하나의 법칙 시리즈를 읽기 시작했을 때는, 다음 페이지로 넘어가기 전에 충분히 편안해질 때까지 45분씩 강렬한 정신 집중을 해야 했다. 그렇지만 읽고 있는 내용에 대해 눈곱만큼도 실망하거나 지루하다고 느낀 적은 없었다. 그저 읽은 것을 이해하는 데에 긴 시간이 필요했을 뿐이다.

하나의 법칙 시리즈는, 지구상의 모든 인간이 본질적으로 동일한 마음을 공유하고 있다고 이야기한다. 우리가 감히 상상하는 것보다 훨씬 더 그렇다. 나는 몇 년 후 이 개념을 지지하는 인상적인 과학적 발견들을 만나도록 예정되어 있었다. 예를 들어 7천 명이 모여 사랑, 평화, 행복에 대해 명상하자, 전 세계의 테러가 72퍼센트나 감소했다. 7천 명이라는 작은 집단이 한 장소에서 비공개로 명상하자 지구의 전쟁, 범죄, 재난, 경제적 고통 수준이 두드러지게 낮아졌다는 것이다. 이 사례로 동료 연구가 수행된peer-reviewed 전문 연구가 이루어졌고 「범죄자 재활 저널Journal of Offender Rehabilitation」이라는 학술지에 논문이 게재되었다. 각종 주기와 트렌드, 날씨, 휴일 요인의 영향을 제거하고 나온 결과였다.[35] 1993년까지, 50개의 다양한 과학 연구가 이전 30년에 걸쳐 동일한 효과를 보여주었다. 사람들이 명상한 결과 전체적인 건강과 삶의 질이 개선되고 경기가 좋아졌으며 사고, 범죄, 테러가 감소했다.[36] 7천 명의 사람들이 명상하는 동안, 테러 행위에 가담했을 사람 4명 중 3명이 하지 않는 쪽으로 의사 결정을 했다는 것이다. 사람들의 생각과 감정은 스스로 믿고 있는 만큼 사적私的인 것은 아니었던 것 같다.

하나의 법칙 시리즈는 우주가 하나의 마음이고, 우주에는 "오직 동일 성identity이 있을 뿐"이며, 우리 각자는 하나이며 무한한 창조자One Infinite Creator의 완벽한 홀로그램 반영이라고 한다. 주류主流 과학은 우리에게 "태초"에 아무것도 없었다는 말을 믿으라고 한다. 간단히 말해서 "무無가 존재했고", 그 무無가 폭발했으며, 이 한 번의 폭발로 한 순간에 우주의 모든 물질과 에너지가 창조되었다는 것이다. 게다가 그 우주는 최초의 화려한 순간 이후 계속 회전 속도가 감소하면서 "열 사망thermal death"을 향해 가고 있다고 한다. 반면 하나의 법칙 시리즈는 새로운 물질이 끊임없이 형성되고 있으며, 공간과 시간이란 것은 본질적으로 환영illusions이며 오직 의식의 진화를 촉진하기 위해서 창조된 것이라고 가르친다.

이러한 철학적 개념들 외에도, 하나의 법칙이 전하는 이야기에는 옳고 그른 것이 분명한 구체적 측정 요소들이 풍부해서, 추가 연구에 따라 그 주장을 받아들이거나 기각할 수 있었다. 내가 하나의 법칙 시리즈를 처음 읽었던 시점에도, 하나의 법칙 모형의 타당성을 입증하는 수백 개의 획기적인 과학적 발견이 출현했고, 그 이후 하나의 법칙 모형을 지지하는 증거들이 매년 의미 있는 수준으로 증가했다. 이 새로운 데이터의 대부분은 하나의 법칙 시리즈가 처음 만들어졌을 때는 발견되지도 않았던 것들이다.

2003년 1월부터 다음해 10월까지, 나는 하나의 법칙 5권을 펴낸 창시자들founders과 함께 거주했다. 트랜스 상태에서 자신의 입을 통해 원천의 말을 들려준 경건한 기독교 신자 카를라 뤼케르트, 돈Don 박사, 그리고 대화를 녹취했던 짐 매카티가 그들이다. 그들의 자료material는 극도로 복잡했기에 끝내 대중의 큰 주목을 받지 못했고, 짐 매카티는 청구서에 결제하기 위해 잔디 깎는 아르바이트를 해야 했다.

2년 가까이 카를라와 함께 살았던 결과, 카를라가 하나의 법칙 자료로 사기를 쳤을 가능성은 전혀 없음을 증명할 수 있게 됐다. 카를라는 그녀가 이해하지 못했던 기술적 세부사항을 풀어내는 내게 박수 치고 환호했다. 하지만 이 자료를 7년 동안 집중적으로 공부한 후, 내가 비현실적인 기대를 했음을 인정하지 않을 수 없었다. 나는 그 말씀을 전해준 존재인 카를라가 최소한 어느 정도까지는 그 말들의 화신embodiment일 것이라 믿었다. 나는 분명 영웅을 기대하고 있었다. 나에게는 결여돼 있는 것을 갖고 있는 초인超人 말이다. 하지만 카를라는 그녀 나름의 많은 "왜곡들distortions"을 갖고 있었다. 여기서 왜곡이란 하나의 법칙 자료에서 사용되는 개념으로서의 왜곡이다. 누군가가 자신을 떠받들기라도 하면 카를라는 즉각 그런 숭배를 우습게 만들어버리곤 했다. 그렇게 함으로써 사람들을 당황시키고 웃음이 터지게 만들었다.

무엇보다 살아 있는 우주가 주는 흥미롭고 즐거운 부가 혜택이 있다. 일단 당신이 우주의 위대한 신비를 탐험하기 시작하면, 우주는 이미 당신에게 연결돼 있는 상태이거나, 그렇지 않다면 얼마 지나지 않아 당신과 연결되기 위해 손을 뻗어온다는 사실이다. 우주와 연결되는 사건은 종종 부정할 수 없고 매혹적인 방식으로 발생한다. 우주와 연결되는 경험 가운데 많은 것이 동시성의 범주로 분류될 수 있다. 그 이야기는 이 책의 다음 장에서 탐구할 것이다. 이 과정 중에 당신이 두려움을 느끼지 않도록 모든 노력을 기울일 것이다. 그러니 트라우마가 생길 염려는 전혀 없다. 환생이란 순환으로부터 당신 스스로를 해방시키는 일에 도움이 되리라는 궁극의 희망을 가지고, 당신이 느끼는 사랑, 기쁨, 평화, 행복을 증진시키는 것이 우리의 목표다. 동시성 역시 합리적으로 부정할 수 있는 여지가 있고, 그렇기에 당신은 자신이 옳다고 느끼는 대로 메시지를 받아들이거나 거부할 자유가 있다. 하나의 법칙에서 사용하는 용어 "자유의지free will"는 이 사랑 넘치는 우주 안에서 반드시 지켜져야 하는 가장 중요한 법칙이다. 이 책의 2장에서 카르마의 법칙이 신비하거나 비인간적인 것이 아님을 알게 될 것이다. 카르마의 법칙은 지구와 그 주위에서 작업하고 있는 엄청나게 다양한 비물질적 존재들의 도움에 의해 능동적으로 유지된다.

———— 우주에 의식이 있다는 과학적 증거

하나의 법칙 시리즈에 담긴 정보의 80퍼센트는 증명할 수 없는 철학적인 것이긴 하지만, 또 한편으로는 하나의 법칙이 주장하는 기본 원칙들 가운데 많은 것을 지지하는 방대한 양의 과학적 데이터도 있다. 이 새로운 과학적 데이터로 무장함으로써, 생명체가 은하계, 항성, 혹은 행성 수준에 도달할 때, 그 생명체는 내부에 갖고 있는 모든 의식과 정체성의 속성은 물론이고 그보다 훨씬 더 진화한 특징들을 갖는다는 생각과 그 생각의 타당성을 입증할 수 있다. 이 모형으로 보자면 우리는 우주에 대해 독립적이고 분리된 상태라기보다는 근본적으로 우주와 통합되어 있다. 또한 우리 마음에 떠오르는 생각들은 우리가 믿는 것보다 훨씬 덜 사적私的이며 오히려 공개적公開的이라 할 수 있다. 제임스 스포티스우드James Spottiswoode 박사는 "특이적 인지anomalous cognition" 혹은 초감각적 지각을 다룬 연구의 메타 분석에서, 우리의 위치가 은하계 중심과 특정한 각도로 정렬할 때 우리의 심령적 능력이 400퍼센트 이상 증가함을 알아냈다. 항성시LST: Local Sidereal Time로 13:30의 위치에 정렬할 때 사람들의 심령 능력은 정점에 도달했다.[37]

우리는 이미 7천 명의 사람들이 명상하면 지구상 대부분의 사람들에게 긍정적인 영향을 미쳐서 전 세계에서 테러가 72퍼센트나 감소하는 것을 보았다. 스포티스우드 박사가 발견한 것은 우리의 마음이 은하銀河 그 자체와 직접 연결되어 있다는 사실이다. 또한 우리의 DNA가 은하의 지성知性에 의해 창조되었다는 개념도 지지한다. 하나의 법칙 시리즈는 역사가 선형적線型的으로가 아니라 순환循環하는 방식으로, 주기週期를 가지고 움직인다는 것을 가리켜 보인다. 복수의 연구 문헌은 인간 진화를 이끄는 "25,000년 주기"를 주장한다. 나는 이 생각에 매료되어 이 주기가 무엇인지, 그리고 어떤 방식으로 출현하는지, 그로부터 우리가 무엇을 배울 수 있는지를 알아내려고 노력했다. 『소스필드』를 쓸 때도 이 수수께끼를 완전히 풀어내지 못한 상태였지만, 이제는 진짜 완전한 해결에 근접했다.

우리는 이미 항성의 표면이 살아 있는 미생물로 부글부글 끓고 있고, 거기서 우주 속으로 내던져진 미생물들은 동결 건조된 먼지 입자가 될 가능성이 많다는 것을 보았다. 만약 항성이 완전한 DNA를 갖춘 미생물을 만든다면 항성들 역시도 일종의 의식意識일 수 있다. 생명체는 그 자체로 의식이 있으니 말이다. 미생물은 극도로 복잡한 생명 형태 가운데 극히 작은 일부에 불과하다. 우리 피부에서 발견되는 박테리아가, 지능이 있고 스스로를 지각하는 유기체로서의 우리 정체성을 대변할 수 없는 것과 마찬가지로 말이다.

은하나 항성들이 "성격personalities"을 가질 수 있을까? 은하나 항성들

데이비드 윌콕의 동시성

이 그들 나름의 생각을 가질 수 있을까? 다른 구역의 은하와 항성들은 다른 생각을 가질까? 상이한 구역에서 가지는 생각들이 그들을 통해 움직이는 생명 형태 각각에 영향을 미칠 수 있을까? 이것이 정확하게 하나의 법칙 시리즈가 가르치는 내용이다. 그리고 이 새로운 생각들을 지지하는 아주 훌륭한 과학적 증거들도 있다. 우리는 이미 역사의 주기란 개념에 대해 이야기했다. 또한 유기체의 유전자 코드를 다시 쓰게 하는, 새로운 DNA 모형에 대한 증거도 제시한 바 있다. 이것은 정확하게 하나의 법칙 시리즈가, 우리 인류가 네안데르탈인으로부터 현생 인류인 호모 사피엔스로 진화한 메커니즘을 묘사하는 방식이다.

19.9 당신들이 체모體毛라고 부르는 것, 즉 몸을 보호하기 위해 옷처럼 덮여 있던 털이 없어졌고, 목소리 내는 것을 더 쉽게 하기 위해 목, 턱, 이마의 구조가 변했으며, 3차 밀도 [인간]에게 필요한 특성인 더 큰 두개골의 발달이 이루어졌습니다. 이것은 정상적인 변형이었습니다.[38]

19.10 [이 일은 일어났습니다.] 당신들이 알고 있는 바와 같이 한 세대와 2분의 1 안에서.[39]

이것은 인류학자들이 인간 두뇌가 갑자기 두 배로 커진 이유를 설명하기 위한 "잃어버린 고리missing link"를 왜 찾을 수 없는지를 설명한다. 하지만 유전적 진화는, 살아 있는 천체天體 에너지 시스템이 우리에게 영향을 미치는 방식 중에 아주 큰 규모와 장기간에 해당하는 단 한 가지 측면에 불과하다.

그러니 우리가 우주 공간을 부유하면서 우리의 생각과 느낌에 다양한 영향을 받는다고 말할 수 있지 않을까? 만약 이런 생각이 진실이면 어떻게 될까? 아직 과학이 이 같은 사실을 제대로 포착하지 못하고 있을 뿐이라면? 최소한 현시점에서는 그렇다면? 점성학Astrology은 우리 마음이 직접적으로 천체의 영향을 받는다고 이야기하는 강력한 학문 체계 중 하나다. 현대에 와서 많은 사람들에게 받아들여지지 않을 뿐이다. 점성학의 역사는 최소 오천 년 전인 바빌로니아 시대로 거슬러 올라간다. 현대 물리학과 천문학을 발달시킨 선구자들이라 할 수 있는 티코 브라에Tycho Brahe, 갈릴레오 갈릴레이Galileo Galilei, 요하네스 케플러Johannes Kepler, 피에르 카센디 Pierre Gassendi 모두가 진지하게 점성학을 과학의 한 분야로 취급했다.[40]

─────── **황도 12궁**

자, 이제 지구가 365일간 태양 주위를 도는 궤도를 하나의 원으로 그려보자. 그리고 태양은 우리의 생각과 느낌에 영향을 미치는 에너지 장을 만들어내는 중이라고 가정해보자. 이 에너지 장 내에서의 위치가 우리의 마음과 몸에 직접적인 영향을 준다고 가정하는 것이다. 태양 에너지 장의 서로 다른 구역이 우리로 하여금 상이한 방식으로 생각하고 느끼게 만든다고 가정해보자. 지구의 순환주기인 1년 동안 우리가 통과하는 태양의 에너지 장 내에 동일한 크기의 12개 구역이 있다고 가정해보자. 그리고 각 구역이 우리로 하여금 특정 방식으로 느끼게 만드는 고유의 "성격 personality"를 가진다고 가정해 보자. 이것이 황도 12궁에 대한 설명이다.

회의론자들은 곧바로 지적할 것이다. 어떤 과학적 방법을 동원하더라도, 특정 궁에서 태어나면 특정 유형의 성격을 갖게 된다는 것을 보장할

데이비드 윌콕의 동시성

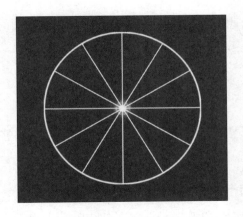

태양 에너지 장을 황도 12궁의 12개 시대로 구분한 것

수 없다고.[41] 하지만 여기에는 오해가 있다. 특정 궁을 특정 성격 유형과 짝짓는 것은 오직 "신문newspaper 점성학"뿐이며, 그것은 1930년 R. H. 네일러Naylor가 만들어냈다.[42] 영국의 점성학자인 네일러는 2류 신문에 기고한 칼럼에서 놀랄 정도로 정확한 예언을 했다. 영국 항공기가 위험에 빠질 것이라고 경고했는데, 영국 비행선 R101이 북 프랑스에 추락했던 것이다. 이 사건으로 네일러는 하루아침에 대중들의 폭발적 관심을 받게 됐다. 제대로 된 신문에 고정 칼럼을 얻고 싶었던 네일러는 고도로 단순화된 점성학 예언법을 고안한 선구자가 되었고, 황도 12궁의 각 궁별로 개별화된 성격을 묘사하게 되었다. 오늘날까지도 많은 잡지들이 네일러 방식의 점성학 예언을 독자들에게 제공한다.

하지만 진짜 과학은 그보다 훨씬 복잡하다. 사실 현대의 점성학자들은 네일러의 "신문 점성학"이 자신들의 점성학 분야에 심각한 타격을 주고 있다고 생각한다. 우리가 "궁signs"이리고 부르는 태양을 둘러싼 12개 구역은 우리에게 상호 간섭적으로 영향을 미치는 여러 요소들 중 하나에 불과하기 때문이다.[43] 만약 연관된 다른 행성들이 없다면 12개 구역의 지배력은 훨씬 강력했을 수도 있다.

──────── **행성과 위성이 미치는 에너지 차원의 영향**

"동시성synchronicity"의 아버지인 칼 구스타프 융Carl Gustav Jung 박사는 황도 12궁의 의미가 자의적인 것이 아니라, 인간 심리학의 백과사전적인 지식을 보여준다고 밝혔다. "점성학은 고대의 심리학 지식의 총합을 보여준다."[44] 각 궁은 성격의 구체적 유형이라 할 수 있는 원형archetype을 대표한다. 원형은 이 책의 뒷부분에 다시 나올 것이다. 원형 패턴은 하나의 법칙을 따르면서 은하 자체의 마음 안에 새겨져 있다.

만약 점성학의 궁들이 영향력을 갖는다면, 행성들과 위성들은 어떤가?

칼 구스타프 융 박사

우리에게 가장 가까운 이웃부터 시작하자. 달의 위치가 우리에게 영향력을 갖는다는 생각은 고대로부터 쭉 있어 왔고, 그런 생각이 '괴짜lunatic'란 말의 기원이다. 마이애미 대학의 심리학자 아놀드 리버Arnold Lieber 박사는 달의 영향력을 알아내기 위해, 15년 동안 마이애미-데이드Miami-Dade 카운티에서 일어난 1,887건의 살인 사건을 분석했다. 그 결과는 임상심리학 저널Journal of Clinical Psychiatry에 실렸다. 리버 박사가 발견한 것은 살인 사건 발생률이 달의 모양에 따라 등락을 거듭했다는 사실이다.[45]

톨레도 블레이드Toledo Blade라는 신문사 직원은 1990년 초부터 2001년 말까지 총 12만 건에 달하는 쿠야호가Cuyahoga 카운티 경찰의 보고 내용을 컴퓨터로 분석했다. 그리고 보름날 밤에는 폭력 범죄가 5.5퍼센트, 재산 범죄는 4.6퍼센트 증가한다는 사실을 발견했다.[46] 게다가 빈집털이는 16퍼센트, 체포에 저항하는 비율은 35퍼센트나 증가했다.[47] 2007년 영국 경찰은 범죄에 대한 자체 연구에서 유사한 결과를 얻었고, 보름날 경관을 추가 배치하기로 결정했다고 밝혔다.[48] 앤디 파Andy Par 경감의 말이다. "이 현상에 관심을 갖고 추가 조사를 할 연구원이 있는지 알아보려고 합니다. 추가 연구는 우리에게 도움이 될 것입니다."[49]

달의 모양과 폭력적인 범죄 사이에 유의미한 관련성이 있다면, 행성들의 위치 역시 우리의 생각과 느낌에 영향을 미칠 가능성이 충분하다. 1949년 초, 미셸 고클랭Michel Gauquelin은 역사적 인물 수천 명을 점성학으로 분석했고, 특정 유형의 사람들은 행성들이 특정 위치에 있을 때 태어나는 경향이 많다는 사실을 발견했다.[50] 고클랭은 완전한 회의론자의 자세로 분석을 시작했는데 실제 데이터가 처음의 가정과 정반대로 나타나 매우 놀랐다. 고클랭의 가장 유명한 발견은 화성 효과Mars effect다. 성공한 운동선수와 군인이 태어날 때는 화성이 "상승점rising point"이라고 알려진 동쪽 지평선

위에 출현하거나, "정점culminating point"이나 "중천점midheaven point"이라 알려진 바로 머리 위에 출현할 확률이 훨씬 높다는 것이다. 미셸과 그의 아내 프랑수아즈는 11개 직업군에 속하는 6만 명 이상의 사람을 분석했고, 5개 행성들과의 강한 연관성을 발견했다.[51] 수성은 정치인과 작가에게 영향을 주고, 금성은 화가, 음악가에게 영향을 미치고, 화성은 의사, 운동선수, 군인, 경영자, 정치인, 언론인, 과학자들에게 영향을 미친다. 목성은 배우, 군인, 경영자, 정치가, 언론인, 극작가들에게 영향을 미치고, 토성은 의사와 과학자에게 영향력을 발휘한다. 특정 행성들은 특정 직업과 부정적 상관관계를 보이기도 했다. 특정 행성이 보통보다 더 상승점이나 중천점으로부터 멀리 떨어져 있다는 뜻이다. 수성은 운동선수와 더 멀리 떨어지고, 화성은 작가, 화가와 거리가 멀다. 목성은 의사 및 과학자와 거리가 멀고, 토성은 배우, 기자, 작가, 화가와 거리가 멀다.[52] 이 결과들은 프랑스의 자료를 기초로 했는데, 고클랭은 미국과 기타 유럽인에 대해서도 같은 결론을 낼 수 있음을 입증했다.[53]

1991년 미셸 고클랭 사후에 쥐트베르트 에르텔Suitbert Ertel과 아르토 뮐러Arto Müller가 프랑스의 국립의학학술원 멤버들, 이탈리아 작가들, 독일 내과 의사들의 데이터를 이용해 수행한 연구에서 다시 한 번 그 타당성이 입증됐다.[54] 심지어 3개의 상이한 회의론자 집단이 각각 자체적으로 운동선수의 자료를 모아서 화성 효과의 타당성을 입증하기도 했다. 마지못해 인정한 경우도 있었다.[55] 고클랭이 연구 결과를 발표한 후 50년이 지나도록 어떤 회의론자도 그의 발견을 뒤집을 수 없었다.[56] 1996년 쥐트베르트 에르텔과 케네스 어빙Kenneth Irving이 함께 집필한 『집요한 화성 효과The Tenacious Mars Effect』에서 과학적 증거는 더 강력하게 그 효과를 증명했다고 밝혔다.[57]

사람들이 특정 사실fact을 믿지 않으려고 할 때 과학은 소용이 없다. 납득시키는 것은 거의 불가능하다. 회의론자들은 고클랭의 발견을 뒤집기 위해 적대적이고 애매한 방법을 사용하곤 했다.[58] 자신을 위협하는 대상이라면 그것이 뭐든 맹렬하게 공격하는 것이 인간의 천성이다. 올바르지 않은 뭔가를 열정적으로 신봉했다는 데서 오는 수치심은 참기 어렵기 때문이다. 특히 그 지식을 얻기 위해 수만 달러를 들이고 여러 해 동안 노력을 기울였다면 더욱 그렇다. 이것은 진정한 과학적 태도와는 정반대라 할 수 있다. 아무리 결과가 낯설고 이상해 보일지라도 데이터를 따라야 한다.

────── **인간 의식에 영향을 미치는 천체들**

『소스필드』에서 나는 우리의 집단 경험이 어떤 특정한 점성학적 요인들에 의해 영향 받을 수 있다는 과학적 증거를 제시했다. 예를 들자면, 러시아 과학자 알렉산드르 치제프스키Aleksandr Tchijevsky는 태양 흑점 주기가 문명의 흥망성쇠에 강력한 영향을 미친다는 결론을 보여주었다. 그는 기원전 500년부터 서기 1955년까지 거의 2500년 동안 존재했던 72개 나라의 갈등과 활력 수준을 연구했다. 연구에 포함된 사건들은 혁명, 폭동, 경제적 혼란, 원정, 이주 등이었다. 사건의 심각성은 얼마나 많은 사람들이 관여됐는지에 따라 평가되었다. 놀랍게도 가장 중요한 사건들의 80퍼센트가 태양 흑점 활동이 최고조에 이른 5년 동안 일어났다는 사실이 밝혀졌다.[59] 태양 흑점의 주기는 대개 11년 정도이지만 일정하지는 않다. 그럼에도 불구하고 치제프스키는 태양의 활동이 최대치일 때 지구상에 가장 중요한 사건의 80퍼센트가 발생했다고 주장했다. 이 주기가 절정에 있는 동안 증가된 태양 에너지 분출이 우리로 하여금 많은 양의 동요를 유발한 것 같았다.

　내가 소스필드를 집필할 당시에는 주기에 대한 수수께끼를 완전히 풀지 못했다. 그러다가 하나의 법칙에서 수수께끼를 풀 약간의 단서를 발견했다. 하지만 돈 엘킨스는 그것에 대해 자세히 물어보지 않았다. 2012년 10월 나는 새로운 사실을 깨닫게 되었다. 역사의 주기는 우리 태양이 25,920년 주기로 다른 항성의 궤도를 도는 것—과학자들이 쌍성 태양계binary solar system라 지칭하는—을 가정해야만 모형화될 수 있는 것이었다! 나는 진작부터 월터 크루텐덴Walter Cruttenden의 작업을 잘 알고 있었다. 그는 우리가 쌍성 태양계에 살고 있을 것이란 강력한 가설을 과학적으로 입증했다. 나는 그의 책에서 태양계 전체가 인접해 있는 또 하나의 항성 주위를 돌 수 있다는 구체적인 증거를 발견했다. 나중에 보니, 이 현상은 하나의 법칙에서 여러 페이지에 걸쳐 완벽하게 설명되어 있었다. 당시에는 이해하지 못해 수수께끼처럼 보였을 뿐이다.

　우리의 이웃 항성은 아마 갈색 왜성brown dwarf일 것이다. 이는 비교적 가까운 거리에 있음에도 불구하고 우리의 망원경으로는 잘 보이지 않을 것이란 뜻이다. 고대 신비주의 학파들은 종종 "검은 태양Black Sun"을 언급했다. 이것에 대해서는 4장에서 논할 것이다. 거의 보이지 않는 이 항성은 분명 측정 가능한 효과를 갖고 있다. 그 효과 중에는 중력으로 끌어당기는 것이 포함된다. 일부 과학자들은 우리 태양계 외부에 큰 중력을 가진 천체가 있다고 추측했다. 크루텐덴의 저서는 이 이웃 항성의 중력이 어떻게 지구의 회전축을 끌어당겨서, 현대 천문학자들이 "분점세차precession of the equinoxes"라고 부르는 25,920년 주기의 느린 요동搖動(물체가 일정한 평형 상태나 수치로부터 조금 벗어남—역주)을 만들어낼 수 있는지를 완벽하게 설명한다. 그리고 우리 태양계가 25,920년 걸려서 동반성Companion Star의 궤도를 도는 것에 의해 지구의 점진적 역회전 운동이 설명될 수 있다. 흥미롭게도 25,920년 주기는 역사적으로 "대년Great Year"이라 불린다.

역사학자 지오르지오 산티야나Giorgio de Santillana와 헤르타 폰 데헨트 Hertha von Dechend는 전 세계에 존재했던 30개 이상의 고대 문명이 이 대大 주기에 관한 복잡하고 기술적인 정보를 그들의 신화 속에 "암호화된" 형 태로 보존했음을 보여주었다.[60] 이는 절대 우연이 아니다. 나는 1995년 그 레이엄 핸콕Graham Hancock의 저서 『신의 지문Fingerprints of the Gods』[61]을 읽던 중에 이 미스터리에 관한 내용을 알아냈고, 이후 고대인들이 이 긴 주기에 왜 그토록 관심을 가졌는지 이해하기 위해 노력했다. 이 25,920년 주기를 12개 부분으로 나누면, 황도 12궁의 12시대가 나온다. 각 시대는 2,160년 이다.

마야인의 달력이 끝나는 시점인 2012년 12월 즈음에 우리는 쌍어궁雙魚 宮 시대Age of Pisces에서 벗어나 보병궁寶甁宮 시대Age of Aquarius로 진입했다. 이 "세차precession"의 25,920년 주기가 하나의 법칙이 말하는 "25,000년 주 기"라는 것은 거의 확실하다. 원천이 말한 25,000년 주기는 인간의 진화를 가리킨다. 이것은 하나의 법칙이 "연합Confederation"이라고 지칭하는 천사 들 또는 외계 인류 집단과 우리의 고대 문명이 접촉했고, 그들로부터 받은 정보의 핵심적인 부분이 고대 문명의 신화神話에 암호화되었음을 보여준 다. 이 고대의 미스터리들은 오늘날 우리의 기술에 도움을 받아 그 진실을 재발견하도록 하기 위해 심어진 것이다. 그런 맥락에서 "대년大年"은 우리 가 알아야 할 대단히 중요한 개념이다.

이 문제에 대해 오랫동안 숙고한 끝에, 마침내 나는 역사 자체를 반복하 게 만드는 힘들을 물리적으로 모형화할 수 있는 시스템을 발견했다. 이 시스템은 우리가 지성을 가진 우주에 살고 있고, 항성과 행성들이 우리의 마음과 몸에 영향을 주고 있다는 과학적 주장에도 완벽하게 들어맞는다. 우리 태양의 동반성은 에너지 장을 만들어내고 있고, 우리가 그 장을 지나갈 때 아주 구체적인 방식으로 우리에게 영향을 미친다. 이들 에너지 장은 우리의 DNA를 개정하는rewrite 일에 필요한 코드들도 운반하고 있는 듯하다. DNA를 개정함으로써 시간의 주기 중에라도 더 지적이고 진화된 존재가 될 수 있다는 의미다.

─────── **25,000년 주기에 대한 확고한 과학적 증거**

하나의 법칙이 이야기하는, 인간의 진화가 대략 25,000년 주기로 진행되고 있다는 개념을 지지하는 명백한 증거가 있다. 우선 네안데르탈인의 멸절(혹은 변환) 시기는 28,000년 전부터 25,000년 전 사이의 어느 때다.[62] 거기서부터 5만 년 전으로 거슬러 올라가면 마찬가지의 대규모 변화가 보인다. 그 이전까지는 지구에 사는 사람 누구도 조잡한 돌칼보다 정교한 도구를 쓰지 못했다.[63] 하지만 인류학자 존 플리지John Fleagle에 따르면, 오만 년 전의 초입에서 인류는 갑작스레 악기, 수공예품, 종교적 조각품, 작살, 화살촉, 바늘, 구슬을 꿰어 만든 장신구 등을 만들기 시작했다.[64] 또한 5만 년 전에는 인류에게 위협이 되는 대형 포유류들이 대량 멸종되었다. 대형 포유류의 멸종은 아프리카를 제외한 전 세계 모든 대륙에서 일어난 사건이다.[65] 다양한 인류 집단들이 갑자기 매우 창조적인 상태가 된 사건이 집단들 간의 상호 접촉에 의한 것이 아님은 분명한데도, 모든 집단의 인류가 동시에 대규모 지능 상승을 경험했던 것으로 보인다.

데이비드 윌콕의 동시성

─────── 4차 밀도로의 이동

이와 동일한 지능 상승 현상이 다시 일어나는 중이다. 입증 방법은 곧 논할 테지만 사실 놀랄 일은 더 있다. 우리가 곧 "4차 밀도fourth density"라 불리는 완전히 새로운 인간 진화의 수준으로 이행할 것이라고 하나의 법칙 시리즈가 말한 것이다. 하나의 법칙이 4차 밀도 인간을 설명한 것을 보면 분명 승천昇天: ascension한 존재를 묘사하고 있다. 그들은 소위 부활해서 모습을 나타냈다고 하는 예수와 닮았다. 이러한 진화의 도약을 통해, 티베트인들이 "무지개 몸Rainbow Body"이라 부르는 상태로 옮겨간 명상 수행자들의 사례가 수만 건 이상 기록되어 있다. 25,000년 주기는 명백히 전 지구적 차원에서 이런 변화 상태에 들어가도록 우리를 떠밀고, 역사상 반복되는 주기를 경험하도록 추동하고 있다.

미셸과 프랑수와즈가 밝힌 바와 같이, 역사의 각 주기가 "대년Great Year"의 주기로 완벽하게 나눠진다는 사실은 흥미롭다. 쌍성 태양계 모형은 이들 주기가 어떻게, 왜 발생하는지에 대해 효과적으로 설명한다. 우리 태양의 동반성同伴星이 만드는 에너지 장에 의해 생겨나는 간단한 기하학적 구조가 주기를 완벽하게 설명하는 것이다. 기본적인 역사 주기 중 하나가 황도 12궁에 따른 12시대다. 여기에 지구의 일 년 동안 나타나는 황도 12궁도 있다. 나는 쌍성 태양계 모형에 따라, 황도 12궁의 12시대가 다른 또 하나의 항성이 초래하는 것일 수도 있음을 깨달았다. 그 항성은 전통적인 점성학의 황도 12궁을 창조하기 위해 우리 태양이 만드는 에너지 장과 같은 유형의 에너지 장을 갖는다. 실제로 이 두 가지 황도 12궁 주기의 유일한 차이라면, 지구가 이들 항성 주위의 궤도를 한 번 공전하는 데 걸리는 시간일이다. 성간星間 척도상으로, 거기에는 동반성의 에너지 장을 간섭하는 다른 행성이나 큰 천체가 없기 때문에 12개의 2160년 구역은 전통적인 황도 12궁보다 훨씬 더 강력할 수 있다.

─────── **역사 주기에 대한 전통적인 사례들**

만약 평범한 미국인에게 역사가 반복되는 사례를 아느냐고 묻는다면 아마도 두 가지 사례를 떠올릴 것이다. 링컨Abraham Lincoln과 케네디John F. Kennedy 대통령의 죽음, 그리고 테쿰세의 저주Tecumseh's Curse이다. 회의론자들은 즉각 이 현상들을 평가절하하겠지만, 당신이 이 책을 완독한다면 다른 의견을 갖게 될 공산이 크다. 시간은 우리가 생각하는 것처럼 선형적인 것이 아니라 순환할지도 모른다. 하나의 주기에서 일어난 사건들은 다음 주기에서도 신비한 방식으로 우리의 생각과 행동에 영향을 미칠 수 있다.

링컨-케네디의 연결점

에이브러햄 링컨과 존 F. 케네디 사이에는 이상한 연결점들이 있다. 100년의 주기로, 다시 말해 100년의 시간 차로, 두 대통령과 주변 사람들의 삶에 특정 사건들이 일어난 것이다. 현시대 내의 역사적 주기들을 처음 발견했던 니콜라이 모로조프는 구약성서에 나오는 히브리 왕들과 그로부터 천년도 더 지난 후에 등장하는 로마 왕들 사이에 놀랄 만한 유사점이 있다는 사실에 주목했다. 링컨과 케네디의 경우, 두 사람을 연결하는 사건들이 늘 정확히 100년으로 맞아 떨어진 것은 아니지만, 거기에는 몇 가지 핵심

데이비드 윌콕의 동시성

적 유사점이 존재한다. 링컨은 1860년 대통령에 당선됐고, 케네디는 1960년에 당선됐다. 두 사람 모두 1846년과 1946년에 하원의원에 당선됐다. 두 사람 모두 부통령 지명에서 차점자였다(1856년과 1956년). 두 대통령에게 모두 존슨Johnson이라는 이름의 부통령이자 후계자(1808년생, 1908년생)가 있었다. 두 대통령 모두 흑인의 권리에 관심을 가졌다. 1863년 1월 1일, 링컨의 노예 해방 선언이 법제화되었고 그 법으로 노예 제도가 끝났다. "노예로 예속된 모든 개인들은 … 영원히 자유롭게 될 것이다. … 육군과 해군 당국을 포함하여 미국의 행정부는 그들의 자유를 인정하고 유지할 것이다."[66]

그로부터 100년 6개월이 지난 1963년 6월 11일, 케네디는 전 국민을 대상으로 인권 연설을 했다. "대통령은 모든 미국인의 투표권, 법적 지위, 교육 기회, 그리고 공공시설 출입을 보호하는 법률을 제정해 달라고 의회에 요청합니다. 하지만 법률 제정만으로는 인종과 관련된 국가적 문제를 해결할 수 없다는 것을 압니다."[67] 이 연설은 마틴 루터 킹 주니어Martin Luther King Jr.의 유명한 연설 "나에게는 꿈이 있습니다 Have a Dream"의 토대가 되었다. 킹 목사는 연설의 서두에서 링컨의 노예 해방 선언 이후 100년이 흘렀음을 언급했다.[68]

링컨과 케네디의 연결점들을 이해하기 위해서는 반드시 연방준비제도의 역사를 더듬어봐야 한다. 연방준비제도는 미합중국의 화폐를 인쇄하고 유통하는 책임을 지고 있다. 연방준비제도Fed: Federal Reserve System라는 용어는 좀 혼란스럽다. 미합중국 연방 정부의 일부가 아니기 때문이다. 점점 더 많은 사람들이 알아차리고 있는 중이지만, 그것은 국제적인 은행가들의 민간 컨소시엄이다. 영구적 지급 불능 및 금융 위기로 인해, 1913년 미합중국은 금융 시스템의 통제와 관리를 국제적인 은행가 집단에 양도했다. 합중국의 재무부는 연방준비제도의 은행가들에게 연방준비은행권을 유통시킬 권한을 주었다. 연방준비은행권이 바로 달러dollar이다.[69] 30년 이상 연방준비제도를 추적 조사해온 전 하원의원 론 폴Ron Paul에 따르면, 우리 이야기에서 궁극의 적대세력이 바로 이들이다. 폴은 지난 100년 동안 미국의 최대 문제들 중 많은 부분에 연방준비제도의 책임이 있다고 믿는 영향력 있는 인물들 중 하나다.

연방준비제도는 경제 위기 배후에 있는 주범이다. 아무 근거 없이 돈을 찍어내는 견제되지 않은 권력이 호황과 불황의 순환을 초래했고, 연이은 금융 버블을 만들었다. 1913년 연방준비제도가 만들어진 이후, 달러는 96% 이상 가치를 잃었으며, 앞뒤 가리지 않고 돈을 공급함으로써 이자율을 왜곡하고 국제적으로 달러의 가치를 잠식했다.[70]

링컨과 케네디 둘 다 연방준비제도를 창립한 은행가 집단과 맞붙어 싸우고자 했다. 그들의 손아귀에서 미국 통화를 되찾아 오기 위해 애쓴 것이다.[71] 물론 연방준비제도는 링컨 이후에 만들어졌지만, 1800년대에도 동일한 은행가들의 왕조가 작동하고 있었다. 1862년 2월 25일, 링컨 대통령은 「제1차 법정통화법First Legal Tender Act」을 재가함으로써 금이나 은의 뒷받침 없이 달러를 찍어낼 수 있는 권한을 미국 재무부에 부여했다.[72] 이 조치 덕분에 미국은 전례 없는 경제 성장을 이루었다. 미국의 인프라와 전쟁 부채에 투자했던 자금에 24~36퍼센트의 세율을 부과하려 했던 외국 은행들이 미합중국을 더 이상 통제할 수 없었기 때문이다. 미국 통화의 통제권을 재무부에 주려 했던 링컨의 행보는 외국 은행가 집단을 격노하게 만들었다.[73]

그로부터 거의 100년 후인 1961년 11월 28일 케네디 대통령은 미국 재무부의 은銀 판매를 전면 중지시켰다.[74] 이전까지 미국 재무부 금고의 은은 심각할 정도로 낮은 가격에 매각됐었다. 또한 케네디는 미국 재무부가 "은 증권silver certificates"을 인쇄하도록 하는 하원 결의안 5389의 초안을 만들었다. 이 은 증권은 연방준비제도의 통제를 완전히 벗어난 미합중국의 통화가 될 예정이었다. 케네디의 획기적인 법안은 1963년 4월 10일 하원을 통과했고,[75] 이어서 5월 23일에는 상원을 통과했다.[76] 케네디는 6월 4일 이 법안에 서명했고 그날 집행명령 11,110을 공표했다.[77] 연방준비제도의 어떤 조언이나 관리 감독을 받지 않고, 재무부 장관 재량으로 은 증권을 발행할 수 있도록 권한을 부여한 것이다. 1961년 재무부의 모든 은 판매를 중지시킨 것은 언뜻 연방준비제도에 특혜를 주는 것처럼 보였다. 하지만 재무부가 보유한 은은 케네디 정부가 연방준비제도의 통제를 완전히 벗어나 돈을 찍어내게 하는 담보물 역할을 했다.[78] 링컨 대통령이 지폐를 인쇄하기로 한 1862년 2월 25일과 케네디 대통령이 은 판매를 정지시킨 1961년 11월 28일은 90일 이내의 차이를 두고 백 년 주기와 겹친다.

링컨은 1865년 4월 14일, 케네디는 1963년 11월 22일 암살됐다. 백 년 주기에서 1년 반 이내의 차이다. 영웅적인 두 대통령 모두 금요일에, 부인과 동행한 상태에서, 머리에 총을 맞았다는 사실은 중요할 수도 있고 중요하지 않을 수도 있지만, 많은 문헌에서 자주 인용되는 내용이다. 다수의 독립적인 연구자들은 두 대통령의 암살이 외국 은행가들에게 맞섰기 때문일 것이라고 추정한다.[79] 링컨은 포드 극장에서 총격을 당했고, 케네디는 링컨 자동차에서 총에 맞았다. 링컨 차는 포드 자동차 회사에서 만든 것이다. 두 대통령의 암살자, 존 윌크스 부스John Wilkes Booth와 리 하비 오스왈드Lee Harvey Oswald의 이름은 세 부분으로 나뉘고 열다섯 글자이다. 물론 그

룻된 것으로 판명되거나 근거가 약한 연관성들이 제시되었고, 그로 인해 회의론자들이 전체 이야기를 "도시 괴담" 수준으로 평가 절하하는 빌미가 되기도 했다.[80]

테쿰세Tecumseh의 저주

1809년 미국이 서쪽으로 확장을 계속하고 있을 때, 윌리엄 헨리 해리슨 William Henry Harrison은 인디애나 준주의 지사였다. 그는 포트웨인 조약으로 여러 아메리카 원주민 부족들을 설득해 거대한 토지를 미국 정부에 양도하게 했다. 해리슨은 전쟁 중인 부족들이 서로를 배신하게 하고 그들의 땅을 아주 낮은 가격에 넘기게 했다. 웨아Wea족처럼 강한 부족에게는 뇌물을 쓰고, 키카푸Kickapoo족처럼 약한 부족에게는 조약을 받아들이도록 강요했다. 강요에는 위협, 폭력, 테러, 살인 등이 포함됐다. 쇼니Shawnee족의 지도자 테쿰세는 그들이 기만당하고 있으며 비윤리적인 책략에 의해 토지를 강탈당하고 있다고 느꼈다. 테쿰세는 동생 텐스콰타와Tenskwatawa와 힘을 모아 미국에 저항하는 아메리카 원주민 부족 동맹을 결성했다. 텐스콰타와는 군인이라기보다 영적인 지도자였는데 부족 사이에서는 "예언자 Prophet"라 불렸다.[81] 1811년 11월 7일, 텐스콰타와는 형의 군대를 이끌고 해리슨의 군대에 맞서 싸웠다. 마침 테쿰세는 새로운 동맹군을 모집하기 위해 다른 지역에 가 있었다.[82] 결국 탄약이 부족했던 아메리카 원주민은 전투에 패했다.

해리슨은 1840년에 대통령이 됐다. 그 시점에서 아메리카 원주민들은 자신들이 아주 나쁜 거래를 했다는 것을 깨달았다. 그들은 최고의 보물을 주어버렸고 그 대가로 받은 돈은 오랫동안 잊힌 상태였다. 예언자는 자신들의 땅을 **빼앗은** 자들에 대한 복수의 하나로, 해리슨과 미래의 미국 대통령들을 공개적으로 저주했다.[83] 0으로 끝나는 해에 선출된 대통령—해리슨이 딱 그 경우에 해당됐다—은 임기 중에 사망할 것이라고.[84] 이 저주가 효력이 있다면 실제로 20년 주기가 만들어진다. 수천 명의 사람들이 이 저주를 믿었다. 해리슨이 1841년, 즉 임기 중에 폐렴으로 사망함으로써 저주의 효력이 증명된 것처럼 보였다. 다음은 링컨이었고 패턴은 지속됐다. 시계처럼 정확하게 로널드 레이건Ronald Reagan과 조지 W. 부시George W. Bush 이전까지 쭉 이어졌다. 레이건과 조지 W. 부시는 암살 시도가 있었지만 살아남았다. 이 저주에 해당하는 해에 선출되어 임기 중에 사망한 대통령은 다음과 같다. 윌리엄 해리슨(1840년), 에이브러햄 링컨(1860년), 제임스 A. 가필드(1880년), 윌리엄 매킨리(1900년), 워렌 G. 하딩(1920년), 프랭클린 D. 루스벨트(1940년), 존 F. 케네디(1960년). 임기 중에 사망했지만 "저주받은" 해에 당선되지는 않았던 유일한 대통령은 자하리 테일러(1848년)이다.

1998년 나는 누렇게 색이 바랜 타이핑 원고를 입수했다. 1980년에 만들어진 이 원고에는 역사의 반복에 대한 놀라운 사례들이 즐비했다. 링컨-케네디 연관성이나 테쿰세의 저주를 훨씬 뛰어넘는 것들이었다. 모든 주기는 정확히 25,920년의 약수였는데, 정작 저자인 프랑수아 마송은 그 이유를 설명하지 못했다. 그럼에도 불구하고, 마송은 주기의 과학을 이용해 대담하게도 소비에트연방의 붕괴를 예언했다. 심지어 붕괴될 해까지 정확하게 맞췄다. 하지만 그의 원고는 1980년까지뿐이었다. 2010년 『소스필드』작업을 하면서 나는 그 데이터를 좀 더 상세하게 분석했다. 발견된 결과들은 매우 인상적이었다. 수백 년, 혹은 수천 년의 간격을 두고 믿을 수 없을 정도로 구체적인 연관성이 나타났다.

2011년 11월 말 『소스필드』가 출간된 직후, 나는 과도한 자신감으로 들떠 있었다. 새로운 책을 내기로 한 것이다. 나는 석 달 안에 새로운 원고를 완성할 수 있을 거라고 생각했다. 처음 생각한 제목은 "시간의 숨겨진 얼개The Hidden Architecture of Time"였다. 더튼 출판사의 대표인 브라이언 타트Brian Tart는 동시성이란 개념을 넣은 제목이 어떠냐고 제안했다. 나는 그런 제목이라면 역사의 순환주기 외에 다른 주제들도 논할 수 있을 것 같아서 그 제안을 받아들였다.

꿈에도 몰랐지만, 나는 곧 오늘날 지구상에서 가장 강력하고 부정적인 힘일지도 모를 것과 대면하게 될 참이었다. 그 부정적인 힘을 패퇴시키는 일에 참여할 기회를 갖게 되리란 것도 미처 알지 못했다. 이 흥미진진한 이야기를 하기 전에, 동시성의 역사와 과학이 어떻게 내 생활의 일부가 되었는지, 동시성 덕분에 어떻게 전 지구적인 적대세력Global Adversary과 맞설 자신감을 가질 수 있었는지 밝히고자 한다.

3

동시성이란
무엇인가?

      그래서 정확히 무엇이 동시성Synchroni-
city인가? 심리학에서 사용하는 동시성이라는 용어는 1920년대에 칼 구스
타프 융에 의해 만들어졌다.[85] 융은 정신분석 분야의 선구자 지그문트 프
로이트 아래서 공부했고, 결국에는 근본적인 견해 차로 프로이트를 벗어
나 독립했다. 프로이트의 견해는 훨씬 더 관습적이어서 융이 제안한 "집단
무의식collective unconscious" 같은 것을 믿지 않았다. 집단 무의식이란, 우리
모두가 마음속에서 모든 것을 공유하면서 근본적으로 연결되어 있다는 생
각이다.

  심리학에서 사용하는 동시성이라는 용어의 사전적 정의는 "인과적으
로 관련 없는 사건들의 동시 발생, 그리고 그러한 동시 발생이 단순한 우
연 이상의 의미를 갖는다는 믿음"이다.[86] 쉽게 말하자면, 직접적인 관련

이 없어 보이는 둘 이상의 사건이 정상적으로는 불가능해 보이는 방식으로 동시에 일어난다는 것이다. 융은 1920년대 초부터 이 개념을 언급했지만, 1951년이 되어서야 공식화하여 강의 속에 포함시켰다.[87] 그리고 1952년 그 개념의 본질적 의미를 규정하는 『동시성: 비인과적 연결 원리 Synchronicity: An Acausal Connecting Principle』를 발간했다. 이 저작물은 융 전집 제8권에서 찾아볼 수 있다.[88] 그는 동시성이 영적인 깨달음의 핵심 요소라고 믿었다. 융은 동시성이 에고 중심적인 생각에서 벗어나 우리 모두 더 밀접하게 연결되어 있다고 보는 관점으로 이동하게 만든다고 생각했다.

융이 당대 최고의 과학자들과 교류했다는 사실을 잊지 말자. 융은 앨버트 아인슈타인Albert Einstein 및 볼프강 파울리Wolfgang Pauli와 가깝게 지냈다. 아인슈타인은 더 설명할 것도 없겠고, 볼프강 파울리는 양자물리학의 창시자로서 노벨상 수상자다. 그가 서신을 주고받은 거장들 중에는 노벨상 수상자인 닐스 보어Niels Bohr와 베르너 하이젠베르크Werner Heisenberg 같은 물리학자들도 포함된다.

파울리는 양자물리학의 획기적 발견에 기여했는데, 파울리의 배타 원리 Pauli exclusion principle는 2개의 전자가 동시에 같은 공간에 있을 수 없다는 사실을 증명한 것이다. 융은 당대 최고의 과학 이론을 이용해 동시성을 과학적으로 설명할 수 있을 것이라 생각했다. 파울리는 동시성이란 개념에 매혹되었고 1952년에는 융과 함께 쓴 책에 동시성에 관한 논문을 싣기도 했다.[89] 파울리는 그때 이미 노벨상을 받은 상태였고, 그 후에도 마테우치 메달Matteucci Medal과 막스 플랑크 메달Max Planck Medal을 받았다.

융이 제시한 가장 고전적이자 개인적인 동시성 사례를 1952년 발간된 그의 대작에서 발견할 수 있었다.

상담 중에 한 젊은 여성이 내게 꿈 이야기를 하고 있었다. 꿈속에서 황금 풍뎅이golden scarab를 받았다는 것이다. 그때 나는 닫힌 창문을 등지고 앉아 있었는데 갑자기 등 뒤에서 어떤 소리가 들렸다. 부드럽게 두드리는 소리였다. 나는 몸을 돌려 곤충이 창의 유리를 두드리는 것을 보았다. 창을 열어 방안으로 날아 들어오는 곤충을 잡았다. 우리 위도에서 발견되는 황금 풍뎅이와 가장 유사한 곤충(스카라베이드 딱정벌레, 혹은 로즈 체이퍼)이었다. 그 녀석은 하필 이 특별한 순간에 평소의 버릇과는 반대로 어두운 방안으로 들어오려는 충동을 느끼고 있음이 분명했다. 나는 이러한 일이 이제까지 일어난 적이 없었고, 앞으로도 있기 어렵다는 사실을 인정해야 했다.[90]

파울리는 "물리학의 양심"이라고 칭송되었지만 모든 사람의 작업에서 흠결을 찾아내 물고 늘어지는 궁극의 회의론자였다. 그런데 강력한 동시성이 파울리 주변에서도 일어나고 있었다. 파울리가 동료들의 실험실을 방문할 때마다 실험 장비가 마치 자폭하듯 망가진 경우들이 기록으로 남아 있다. 이런 일이 너무 자주 일어났기에 결국에는 "파울리 효과Pauli effect"라고 불리게 됐다.[91] 1943년 노벨상을 받은 물리학자 오토 스턴Otto Stern은 정중하지만 단호하게 자신의 실험실에 파울리가 방문하는 것을 금했다. 두 사람은 친구 사이였지만, 파울리의 모습이 보이기만 하면 설비들이 망가질 확률이 매우 높았기 때문이다.[92] 파울리는 이런 사실에 매료되어 동시성을 주제로 한 1952년판 융의 책에 그 효과에 대해 썼다.[93]

1944년 융에게 심장마비가 왔고 그는 근사체험NDE: near-death experience을 하게 되었다(근사체험과 관련해서는 뒤에서 검토할 것이다). 융은 아름다운 빛의 현존 안에 자신이 존재한다는 것을 깨달았다. 그리고 집단무의식, 동시성, 원형들과 같은 개념을 구체화하는 많은 통찰을 갖게 되었다. 그는 특정 성격 유형이 우주의 마음 안에 있는 기본 요소이며, 점성학이 동시성의 유효한 형태임을 믿게 되었다. 강렬한 체험 후, 융은 점성학을 입증하는 과학적 증거를 찾아 나섰다.

그는 결혼한 483쌍의 출생 차트를 연구했고, 종래의 점성학에서 말하는 행복한 동반자 관계와 관련되는 3개의 결합Conjunctions(지구에서 관측할 때 두 개의 천체가 같은 적경이나 황경에 있는 것-역주)을 찾아냈다. 또한 이들 커플의 차트를 무작위로 짝지은 31,737개의 차트와 뒤섞었다. 융은 무작위로 짝지은 차트보다 결혼한 커플들에서 "행복한 관계"의 결합이 3배 이상 많이 출현했다는 사실을 알아냈다.[94] 더욱이 결혼에 최선인 것으로 간주되는 패턴은 실제 결혼한 커플의 차트에서 가장 자주 나타났고, 결혼에 최악인 것으로 여겨지는 패턴은 가장 적은 빈도로 발생했다. 융은 이런 일이 무작위로 일어날 수 있는 확률을 계산했는데 625만 분의 1이었다.[95]

융은 동시성을 "의미 있는 우연의 일치"라고 정의했다. 관련 없어 보이는 사건들의 불가사의한 동시 발생이라는 뜻이다. 이러한 경험은 현실 세계에 대해 가장 소중히 여기며 굳건히 붙잡고 있는 신념 체계를 정중히 깨뜨린다. 내 개인적 경험에 비추어 보면, 어떤 약물이나 어떤 사건도 동시성에 대한 경험이 몸, 마음, 영혼에 미치는 고도의 충격 이상을 줄 수 없다. 일단 그것이 일어나면 그것은 진짜다. 바로 현실이다. 멋지다! 극적인 경우, 숨도 쉬기 어렵다.

머리는 순수하게 황홀한 지복至福 속에서 폭발해버릴 것만 같다. 보이는 모든 것이 생기에 넘쳐 반짝인다. 현실은, 존재해서는 안 되는, 혹은 존재할 수 없는 보이지 않는 질서로 구체화된다. 당신이 뻔뻔하게도 당연시하던 세상은 그저 그림자에 불과하다. 감히 포착할 엄두도 낼 수 없었던, 보이지 않지만 장엄하기 그지 없는 진실의 그림자일 뿐이다.

———— 극적이고 개인적인 동시성 사례들

1992년 12월 21일, 마야 달력이 끝나기 정확히 20년 전이다. 집으로 돌아온 나는 고등학교 때부터 친한 친구들에게 지난 석 달 동안 약물을 전혀 하지 않았다고 말했다. 대학 2학년이 되었을 때, 나는 스스로 회복하는 쪽을 선택했고 매일 아침 지난밤의 꿈을 기록하고 있었다. 내가 청정한 상태에 머물 수 있도록 도움을 주는 이끔guide을 비롯해, 온갖 종류의 놀라운 일들이 꿈속에서 일어나고 있었다. 그중에는 우주에서 오는 희망의 메시지와 조만간 현실화될 미래의 예언들도 있었다. 친구들은 오래된 맥주의 악취와 담배 연기 사이로 나를 응시했고, 나는 그들에게 말했다. 나는 어떤 영적 목적을 위해 이곳에 있고 많은 사람들을 돕게 될 것이라고. 말을 끝내자마자 돌덩이 같던 침묵은 깨어지고, 총력을 다한 말의 공격이 시작됐다. 분명 나는 장래성 없는 일자리를 가지고 외롭고 힘들게 살 것이고, 못되고 매력 없는 여자와 결혼할 것이었다. 나의 삶은 성장할수록 점점 더 적대감만 키울 아이들을 위해 낭비될 것이고, 결국에는 요양원에서 내가 주의를 끌기 위해 신음해도 아랑곳하지 않고 다음 담배 피울 시간만 기다리는 직원들에 둘러싸여 죽게 될 것이었다.

이런 것인가? 이것이 삶이란 것인가? 내가 미친 걸까? 어쩌면 그들은 이렇게 잔인할 수 있는가? 그토록 오랜 시간을 함께했으면서 말이다. 기를 죽이려는 야유와 모욕뿐인 공격을 바라보면서 더 이상 참지 않을 거라고 몇 번이나 경고했지만, 그들은 점점 더 심하게 나를 공격했다. 나는 벌

떡 일어나 문으로 걸어 나왔다. 분노나 적의의 말은 하지 않았다. 다시는 그들에게 돌아가지 않을 참이었다. 내가 이 책을 끝낼 쯤에 그 친구들 중 하나와 다시 연결되었다. 20년 만에 처음이었다. 우리는 악의 없는 대화를 나눴고 서로를 용서하는 지점에 도달했다.

십 분쯤 걸은 후, 나는 친구가 사는 동네와 내가 사는 곳 사이의 갈림길에 섰다. 나는 완전히 망연자실한 상태에서 터져 나오는 눈물을 간신히 누르고 있었다. 나는 하늘로 손을 뻗어 이렇게 말하고 싶은 충동을 느꼈다.

당신… 당신이 누구든, 무엇이든 상관없어요. 당신이 거기 있는 줄 알아요. 당신이 내 말을 들을 수 있다는 것을 알아요. 내가 한 가지 이유 때문에 여기 있다는 것을 알아요. 나의 삶에는 목적이 있어요. 당신이 그것을 내게 보여주었잖아요. 나는 당신을 믿어요. 나는 내가 미치지 않았다는 것을 알아요. 나는 스스로 선택했어요. 나는 괴로움에 시달리는 다른 사람들을 돕는 일에 내 인생을 바칠 겁니다. 나를 도와주셔서 감사해요. 그리고 이제는 내가 당신을 돕고 싶어요.

그 말들이 내 마음속을 통과할 때 나는 밤하늘의 작은 별무리를 응시하고 있었다. "내가 당신을 돕고 싶어요"라고 말하는 그 순간, 황백색의 커다란 별똥별이 내 눈앞을 가로지르며 하늘에 긴 빛줄기를 그렸다. 이것은 진짜였고 절대였다. 부정할 수 없었다. 믿기 힘들 정도로 놀라웠다. 그것은 그때까지 내가 본 것 중에 가장 크고 밝은 별똥별이었다. 어린 시절 페르세우스 자리의 유성군이나 사자자리의 유성군을 지켜보면서 접이식 의자에 앉아 몇 밤을 자지 않고 버틴 끝에도, 그렇게 크고 밝은 별똥별은 보지 못했다. 내 몸속에서 불타오르는 황홀한 에너지가 어마어마하게 밀려와 치솟아 올랐고, 장엄한 영靈의 현존이 느껴졌다. 기쁨의 눈물이 얼굴을 타고 흘러내렸다. 나는 우주에 대고 말했다, 그리고 답을 얻었다. 그것은 내 삶에서 가장 심오한 경험이었고, 지금까지도 여전히 그렇다.

반복되는 숫자의 의미

이 결정적인 사건 이후, 호리병 속에 갇혀 있던 요정 지니가 밖으로 나왔고 동시성 사건이 미친 듯 일어나기 시작했다. 나는 이제 어디서나 반복되는 숫자의 패턴을 보고 있다. 무작위적으로 보게 되는 디지털 시계의 문자판 같은 것이 그 사례들 중 하나일 것이다. 예전에도 그런 일이 있긴 했지만 지금은 하루에도 몇 차례씩 일어난다. 나는 소파에 앉아 좋아하는 책들을 읽는데, 한 시간쯤이나 그보다 긴 시간을 책에 집중한 후, 문득 시계를 보고 싶은 충동에 떠밀린다. 그러면 나는 11:11, 12:12, 3:33, 5:55라든가 1:11, 2:22, 4:44와 같이 반복되는 숫자의 패턴을 보게 된다. 아주 강렬한 꿈을 꾸다가 깨어났을 때도 숫자가 반복되는 패턴 중 하나가 보인다.

이런 식으로 패턴을 보게 된 후부터 나는 초를 세기 시작했다. 그렇게 한 결과, 대개의 경우 시간 표시가 바뀐 직후에 시계를 보게 된다는 사실을 알 수 있었다. 나는 손목시계, 텔레비전 화면, 점수판, 자동차 번호판 등에서도 숫자의 반복 패턴을 보게 되었다. 대개의 경우 숫자 자체의 의미는 신경 쓰지 않았다. 그보다는 내가 방금 생각했던 내용에 대해 즉각적인 피드백을 주는 것으로 보였다. 내가 올바른 방향으로 가고 있고, 방금 한 생각이 내 영혼의 진보에 도움이 되는 이로운 생각이라는 것을 알게 해주는 것이다. 이 현상은 늘, 내가 긍정적이고 사랑스러운 생각을 할 때 일어나는 것 같았다. 내가 부정적인 생각 속으로 들어가면 동시성 사건이 중지되곤 했다. 혹은 숫자 패턴이 보이기는 하지만, 정확히 동시성의 표식으로 나타나는 시간의 1분 전 숫자가 보이곤 했다. 또 하나 주목하게 된 것은, 내가 섭생을 어떻게 하느냐에 따라 이 현상의 빈도가 결정되는 듯하다는 사실이다. 더 청정하고 건강한 음식을 먹을수록 동시성의 더 많은 피드백이 주어졌다. 가공식품, 유제품, 흰 밀가루, 정제 설탕을 많이 먹을수록 꿈을 기억하기가 어려워졌고 동시성을 경험하는 일이 적어졌다.

내 말이 믿기지 않을 수 있지만, 나는 끊임없이 시간을 체크하지도 않았고 이런 일이 일어나기를 기대하지도 않았다. 오히려 내가 그런 일을 기대하거나 시계를 자주 보면 그런 일이 절대 일어나지 않는 것 같았다. 사람들이 이 모든 일을 우연이라고 평가 절하할 것이란 것쯤은 나도 잘 안다. 사람들은 그런 일이 불합리하고, 터무니없으며, 바보 같다고 할 것이다. 대부분의 사람들은 모를 것이다. 동시성의 현대적 이론이, 회의론자들이 그 이론을 깎아내리기 위해 이용하는 바로 그 과학자들에 의해 발전되었다는 사실을 말이다. 하지만 그저 단순히 동시성을 알아차리는 상태가 되는 것만으로도 동시성 현상이 훨씬 더 자주 일어나기 시작한다. 그런 의미에서 동시성은 우주, 역사, 삶의 미스터리를 풀어줄 하나의 열쇠가 된다. 당신은 이 책을 읽기만 하는 것이 아니라 핵심 주제에 직접 참여하고 있기 때문이다. 의식 있는 우주는 당신이 자신의 존재가 진짜 무엇인지 알 준비가 되어 있다고 판단할 것이다.

총알 두 방!

초등학교 5학년 여름이 지나고 부모님이 이혼했다. 나는 음식을 먹는 것으로 그 트라우마를 극복하려 했다. 나는 급속도로 살이 쪘고 뚱뚱하다는 이유만으로 인기 없는 아이가 되었다. 나는 학교에서 가장 똑똑한 아이 중 하나였고, 다른 사람의 감정에 상처 주는 일을 절대 하지 않겠다는 완벽한 평화주의자였다. 뚱뚱한 몸, 지능, 감수성, 평화주의가 조합된 나는 따돌림과 괴롭힘의 이상적인 목표물이 되었다. 내 이마에는 지금도 움푹 팬 흉터가 있다. 10여 미터 앞에서 한 녀석이 야구 투수가 던지는 속도와 정확성으로 단단한 얼음 덩어리를 던진 것이다. 말도 못하게 통증이 심했다. 그 녀석은 울면서 가까스로 서 있는 나에게 비웃음을 날렸다.

내 왼쪽 귓불에도 동그란 모양의 상처 자국이 남아 있다. 마치 쿠키 커터로 찍어내듯, 텐트 폴대가 귀의 연골을 관통해 생긴 상처다. 친구가 장난으로 던진 폴대는 내 귀를 지름 1센티미터의 원형으로 완전히 뚫어버렸다. 내가 귀를 감싸 쥐고 고통의 비명을 지르며 마당을 달려가자 그 아이는 키우는 개를 시켜 나를 뒤쫓게 했다. 내가 눈물을 흘리며 주저앉은 후, 개가 내 손에 흐르는 피를 핥을 때까지 그 아이는 무슨 일이 일어났는지 알지 못했다. 이 사고로 응급 수술이 필요했고, 그 후 몇 달 동안 나는 큰 거즈를 귀에 붙이고 다녀야 했다. 학교 친구 몇 명은 나를 "비니Vinnie"라고 불렀다. 자신의 귀를 잘라 어떤 여자에게 우편으로 부쳤다고 알려진 빈센트 반 고흐Vincent Van Gogh를 지칭하는 별명이었다. 나는 재빨리 머리를 길러 상처를 가렸다.

1989년 열여섯 살의 나는 심각한 과체중이었다. 175센티미터 키에 몸무게가 102킬로그램이었다. 따돌림을 당하는 일에는 완전 신물이 난 상태였다. 나는 뼈를 깎는 아주 위험한 다이어트에 돌입했다. 아침으로 차가운 채소 주스 한 캔을 마시고, 수업 시간 사이에는 물만 마셨다. 그해 말, 정말이지 아무런 운동을 하지 않고도 38.5킬로그램을 감량했다. 하지만 집단 괴롭힘으로 생긴 마음의 상처는 그대로였다. 그로부터 5년 후인 1994

년 6월, 나는 대학생이 되었고 가장 친한 친구 주드Jude와 함께 그의 아파트에서 음악 앨범을 만드는 작업을 하고 있었다. 내 몸은 호리호리하면서 적당한 근육이 붙어 탄탄했고, 1년 반 동안 약을 끊고 지내는 중이었다. 나는 그때까지 여자 친구를 사귀어본 경험이 없었다. 따돌림을 당하던 시절에서 여러 해가 지났음에도 나는 여전히 데이트하자고 말할 용기가 없었다. 나는 방바닥에 놓인 차갑고 더러운 에어 매트리스 위에 누워 잠들기 위해 몸부림치는 중이었다. 주드는 내 오른쪽, 정상적인 자신의 침대에 누워 있었다. 주드의 아파트는 아주 작았다. 다른 방 소파에 주드의 사촌이 곯아떨어진 상태에서 내가 따로 잘 수 있는 방 같은 것은 없었다.

나는 그렇게 누워서 기이한 백일몽을 꾸었다. 괴물처럼 살찐 남자—분명 내가 어떻게 보였을지를 나타내는 캐리커처였다—가 나를 죽이겠다며 기를 쓰고 쫓아왔다. 도망치는 나의 허리 벨트에는 총이 있었다. 쫓아오는 그를 쏘아서 이 비참함을 끝낼 수 있다는 것을 알고 있었다. 한 방 쏘기만 하면 끝, 모든 문제가 영원히 해결될 것이었다. 하지만 무슨 이유에서인지 그렇게 하고 싶지 않았다. 그가 나를 해치려 악다구니를 쓴다 해도 말이다. 이 무시무시한 싸움은 격렬하게 계속되었고, 의식이 들락날락하는 동안 나는 있는 힘을 다해 계속 꽁무니를 뺐다. 내 옆에서 분명히 자고 있는 주드가 침대에서 몸을 돌리더니 선동하듯이 말했다. "쏴…, 그냥 쏴버려, 두 방!"

그 말에 나는 전기가 통하는 듯한 자극을 받았고 퍼뜩 정신이 들었다. 숨을 쉴 수가 없었다. 천장을 응시하니 모든 것이 생기로 은은히 빛나는 듯 보였다. 몸이 공중으로 떠오르는 것 같았다. 머릿속엔 오만 가지 생각이 들끓었지만 여전히 황홀했다. 주드를 깨워 방금 일어난 일을 알려주고 싶었다. 하지만 그렇게 하면 나와 주드는 다시 잠들 수 없을 것이다. 그때 우리는 간절하게 휴식이 필요한 상태였다. 버티고 버텨서 다음날 아침 주드에게 말했고 우리 두 사람 모두 그 사건이 암시하는 바를 되새기며 황홀해했다.

그 꿈은 내가 아직도 "그림자 자아shadow self"에게 지배당하고 있다고 말하는 듯했다. 체중을 감량하고 1년 반 이상 완전히 맑은 정신으로 있었으면서도, 나는 여전히 불안정해서 여자아이에게 데이트 신청조차 못하는 상태였다. 거부당하는 것이 너무 두려워 차라리 모든 문제를 총체적으로 회피하는 것이 더 쉽다고 느꼈다. 그런 식으로 회피하면 최소한 내 감정이 상처 입지는 않을 것이고, 괴롭힘 당하던 때처럼 느낄 필요도 없을 것이다. 그런데 나의 베프인 주드는 내 꿈을 실시간으로 보고 있었다. 나는 달리고 있었고, 거대한 남자는 나를 쫓아왔으며, 나는 총을 가지고 있었음에도 그를 쏘지 않는 쪽을 선택했고, 주드는 이 모든 것을 지켜보고 있었다. 이것이 암시하는 바는 이 사건들이 그저 내 마음 속에서만 일어난 것이 아니라는 것이다. 꿈은 공유된 공간 안에서 일어났다. 후일 나는 1976년에 몬터규 울만Montague Ullman 박사와 스탠리 크리프너Stanley Krippner 박사가 발표한 논문을 발견했다. 평범한 일반인이 각성한 상태에서 특정 이미지에 집중함으로써, 그 이미지를 꿈꾸고 있는 사람에게 보낼 수 있다는 내용이었다. 꿈꾸는 사람들은 전송자의 메시지와 직접 관련된 상징들을 자신의 꿈속에서 경험하게 된다. 이 매혹적인 결과는 100명이 넘는 참가자들에게서 반복해서 관찰되었다.[96] 아무튼 내 꿈은 아픔, 상처, 두려움, 매몰된 수치심을 떠나보내라고 말하고 있었다. 즉 오래된 고통에 시달리는 나 자신의 일부를 상징적으로 단호하게 죽여 없애라는 얘기 같았다. 그것이 뜻하는 바는 있는 그대로의 나, 남들의 생각과 무관하게 그냥 있는 그대로의 나 자신을 사랑하는 쪽을 선택하라는 것이었다. 두 달 후, 대학 4학년이

된 나는 아름다운 일본 아가씨 유미Yumi에게 마음을 열었고 우리는 사랑에
빠졌다. 유미는 내 푸른 눈을 무척 좋아했다. 어느 날인가 나는 내 눈이 진
짜란 것을 확인하라고 그녀 손으로 직접 내 안구를 만지게 해주었다.

중고차와 마이클 잭슨의 노래

"총알 두 방" 사건이 있고 일주일 후, 나는 여름 방학 중이었고 1년 반 넘
게 약을 하지 않은 상태였다. 부모님은 고2 때부터 여름방학 때면 내게 아
르바이트를 하라고 고집하셨다. 부모님의 뜻을 거스르고 고통받는 것보다
는 자전거를 몰고 빗속을 달리거나 공영버스를 타고 일하러 가는 편이 나
았다. 나는 노숙자들에게서 나는 악취와 그들의 흘끔거리는 눈길, 차를 몰
고 버스 정류장을 지나가면서 나를 없는 사람 보듯 흘려보는 넥타이를 맨
남자들의 눈길에도 익숙해졌다. 그러다가 아버지가 차를 사라고 2,000달
러를 빌려주셨다. 나는 낡아빠진 빨간색 스테이션 왜건에 고생고생해가며
전자제품 소매점에서 산 새 스테레오 시스템을 장착했다. 그 차는 꽤 커서
내 드럼 킷 일체를 포함해서 나와 주드의 음악 연주 장비들을 모두 실을
수 있었다. 미리 청소하고 세부 인테리어를 손봤기 때문에 차 내부는 완전
히 새 차 같았다. 내가 조용히 스테레오 시스템을 설치하는 동안 내 마음
속에서 마이클 잭슨의 노래가 울렸다.

"왜? 왜? 이것이 인간의 본성이라고 그들에게 말해. 왜? 왜 … 그녀는
내게 그랬을까, 왜?

[Why? Why? Tell'em that it's human nature. Why? Why … did she
do me that way?]

마침내 진실의 순간이 되었다. 나는 스피커의 마지막 전선을 스테레오에 연결하고, 전기 기술자들이 쓰는 검은 테이프로 연결 부분을 감았다. 스피커를 계기판에 밀어 넣고 ON 버튼을 눌렀다. 그러자 라디오가 웅웅거리며 살아났다. 그런데 정말 충격적이게도 스피커에서 내가 마음 속으로 들었던 노래가 터져 나왔다. 마이클 잭슨의 목소리는 몇 분의 1초의 오차도 없이 내가 마음 속으로 듣던 그 부분부터 이어졌다. 나는 치과에서 보철 치료를 받은 치아가 하나도 없어서, 치아가 라디오 역할을 해서 마이클 잭슨의 노래를 내 머릿속에 울리게 했을 가능성도 전혀 없다. 그 근처에서 누군가가 그 노래를 연주한 것도 아니었다. 라디오가 켜지기 전까지 마음 속으로 그 노래를 듣고 있던 시간은 최소 20분은 됐었다. 나는 어떻게 이런 일이 일어날 수 있었는지 알아내려 애쓰며 여러 달을 보냈다. 직선으로 흐르는 시간의 제약을 받고 있다고 믿는 우주 속에서, 자신을 둘러싼 더 큰 환경과 분리된 채 존재한다고 여기는 마음으로 이런 일을 지켜보니 더욱 불가사의했다.

동시성은 변덕스럽다. 늘 작동하지는 않는다. 동시성은 당신의 에고가 요구하는 바를 만족시키려고 있는 것이 아니다. 일단 동시성이 존재할 가능성을 인정하고 동시성을 처음 경험하고 나면, 당신은 동시성을 한 번 더 경험하게 해달라고 우주의 위대한 힘에게 간청할 수도 있다. 하지만 동시성은 자신이 정한 규칙만을 따른다. 시간은 상관없다. 다음번의 동시성 사건은 10년 후에 일어날 수도 있고 10분 후에 일어날 수도 있다. 나는 마음을 각성시키는 화학물질, 예컨대 카페인, 니코틴, 알코올 등을 완전히 끊고 섭식을 청정하게 하기 전까지는 동시성을 단 몇 번밖에 경험하지 못했다. 또한 동시성의 더 큰 의미는 그것이 처음 일어났을 때는 그리 분명치 않을 수도 있다는 것을 알게 되었다.

내 차를 몰아 아르바이트를 하러 가는 것은 멋진 일이었다. 버스를 세 번 갈아타고 두 시간 걸리던 출근길이 35분 운전으로 단축됐다. 하지만 그날 저녁 차에 시동을 걸자 엄청난 연기 구름이 차에서 뿜어져 나왔다. 그 연기는 내 차 뒤쪽의 사람들을 삼키면서 계속 뿜어져 나왔다. 나는 절망했다. 직장에서 알게 된 동료가 자신의 차로 나를 집까지 데려다 주었다. 차는 내가 사는 동네의 차고로 견인되어 돌아왔다. 견인 비용도 만만치 않았고 차는 도착 즉시 사망 판정을 받았다. 헤드 개스킷이 문제였다. 엔진 블록 전체에 균열이 가 있었다. 이런 차를 팔고 돈을 챙긴 중년 부부에게 소름이 끼쳤다.

나는 너무나 허탈했고 혼란스러웠다. 아버지에게 한 번 더 돈을 빌려줄 여유가 있을 리 없었다. 그리고 나는 학기 내내 공부해야 하는 학생이었으니, 원래 빌린 돈을 갚으려면 또 한 해를 일해야 한다는 계산이 나왔다. 그럼에도 나는 여전히 기적이 일어날 수 있다는 기대를 포기할 수 없었다. 그들은 정말 돈을 갖고 튀려 한 것이었을까? 이것이 마이클 잭슨이 노래한 "인간의 본성"이었나? 그 노래의 가사는 경고였던가? 아니면 나는 그 차를 살 때 중년 부부에게 느꼈던 좋은 분위기를 신뢰해도 될까? 조마조마한 이틀이 지나고, 그들로부터 차를 도로 가져가고 대금을 돌려주겠다는 연락을 받았다. 나는 안도한 나머지 울음을 터뜨릴 뻔했다. 그들은 솔직히 차가 곧 죽을지 몰랐다고 했다. 그렇게 문제가 생길 거라는 사실을 알기도 전에, 동시성은 모든 것이 다 괜찮을 것이라는 메시지를 준 것이다. 나는 인간의 본성에 영향을 미칠 수 있고 기적이 일어나게 만들 수도 있는 신비한 힘의 인도를 받고 있었던 것이다.

언제 어디서 동시성이 발생할지 예측하는 것은 불가능하다. 그러다가 어느 날 동시성이 발생한다. 그리고 그 짧고 애타는 순간, 당신은 무한에 가

데이비드 윌콕의 동시성

닿는다. 당신은 보이지 않는 것을 언뜻 포착한다. 그렇게 눈에 잡힌 것은 그것을 보는 눈만큼이나 실재한다. 그것을 듣는 귀만큼, 그리고 그것에 한껏 열중한 마음만큼이나 현실이다.

작은 새가 내게 말했다

동시성은 겉보기엔 관련 없어 보이는 사건들의 보이지 않는 연결이며, 절망 저 깊은 곳에서 출현하는 경우가 많다. 우리 모두는 알코올 중독 치료를 돕는 모임에서 "바닥bottom"이라 부르는 것들을 겪고 지나가야만 한다. 칼 융 박사를 추종하는 정신 분석가들은 그것을 "영혼의 어두운 밤dark night of the soul"이라 부른다. 우리가 이 경험을 통과해 갈 때, 그것은 마치 세상의 종말처럼 느껴진다. 하지만 우리는 그 상황을 우리의 고유한 진화 가운데서 훨씬 더 위대한 것으로, 또한 이어지는 여러 사건들 가운데 한 부분에 불과한 것으로 보도록 배울 수 있다. 이 경험은 행성 차원에서 집단적으로 일어나기도 한다. 그럴 때 우리는 거대한 전쟁, 재난, 혁명적 변화 등이 반복되는 주기를 겪는다. 역사를 통틀어 무작위적인 생각, 결정, 행위인 듯 보이는 것들은 드러나지 않은 대본을 정교하게 따른 것이다. 본질적으로 우리 모두는 그 대본을 알고 있으며, 계속해서 똑같은 이야기를 반복하는 창작물을 쉬지 않고 찾는다. 융 박사는 하나로 이어지는 여러 상징과 경험들이 시대와 지역을 넘어 일관성을 보인다고 밝혔다. 그런 것들은 원형archetype이라 불리는데, 정말 견뎌내기 어렵고 끔찍한 것들로부터 명징하고 고양된 초월의 순간까지 그 종류가 다양하다. 그런 원형들이 함께 모여서, 조지프 캠벨Joseph Campbell이 영웅의 여정Hero's Journey이라 부른 웅장한 깨달음의 이야기를 만들어낸다.

위대한 지혜와 이해를 향해 가는 나만의 영웅의 여정을 밟아오는 동안, 나는 수천 번은 아니더라도 수백 번 자존심이 망가지는 경험을 했다. 나는 사람들이 나를 배려해주기를 바랐고, 성인으로서의 책임을 두려워하곤 했다. 심리학 전공의 학사 학위를 받고 대학을 졸업할 때까지 나는 멋진 동시성을 많이 경험했지만, 고등학교 졸업 이후 4년 내내 대학 캠퍼스에 의지해서 살았다. 나는 꾸준히 월세를 내거나 정기적으로 식료품을 구입해 본 경험이 없었다. 나는 늘 계획대로 먹어야 했고, 내 식사 카드에 허용된 예산을 초과하지 않는지를 확인해야 했다. 졸업한다는 사실이 끔찍했다. 뉴욕에서 심리학 학사 학위를 가지고 제대로 급여가 보장되는 일자리를 얻을 가능성은 거의 없었기 때문이다.

나는 1995년 8월, 졸업 직후를 기억한다. 어머니는 내가 평생을 살았던 그 집에서 정말로 나를 쫓아낼 작정이었다. 어머니는 단호할 것이고 반발해봤자 씨알도 안 먹힐 것이 뻔했다. 내가 할 수 있는 일은 없을 것이다. 이제 나는 직장이란 늑대들의 세계에 나 자신을 던져 넣고, 암울한 수준의 봉급에 목을 매고 살아남기 위해 발버둥치게 될 것이다. 나는 진작부터 중산층과 하층 계급의 부를 체계적으로 파괴하는 강력하고 사악한 세력이 존재한다는 사실을 알고 있었다. 몇 년 동안 눌러왔던 불안이 솟아올라 끔찍하고 구역질나는 두려움이 되어 마음을 온통 사로잡았다. 어느새 나는 뒷마당 잔디 위에 널브러져 흐느끼고 있었다. 너무나 겁에 질려 다시는 일어나지 못할 것만 같았다.

그런데 어디선가 붉은 가슴을 한 작은 울새가 날아오더니 내 옆에 내려앉았다. 내 얼굴에서 60센티미터밖에 떨어지지 않은 거리였다. 새는 특유의 쫙쫙 하는 목소리로 이야기하기 시작했다. 나는 너무 외로웠고 심하게 겁을 먹어 혼란에 빠져 있었다. 새는 10분은 족히 넘는 시간 동안 머물렀

데이비드 윌콕의 동시성

고, 그렇게 내 옆에서 나를 응원하고 위로하기 위해 최선을 다하는 것처럼 보였다. 하지만 새의 몸짓은 나를 더 크게 흐느끼도록 만들었다. 믿기지 않겠지만 이것은 실제 상황이었다. 울새는 사람과 함께 살도록 길들여진 반려조가 아니라 완전히 야생의 새였다. 나는 완전한 절망에 빠져 누워 있었고, 보통은 생각을 하거나 느낌을 가질 거라고 기대조차 하지 않는 이 작은 새는 바로 여기에 있었다. 의심할 나위 없이 그 새는 내가 울고 있다는 것을 알아차렸고, 내가 혼자가 아님을 전하고 있었다.

새는 지저귀고, 머리를 까닥이고, 작은 다리와 날개를 움직이면서, 내게 마음을 쓰고 있음을 알리기 위해 최선을 다했다. 하지만 이 모든 경험이 너무 심오하고 기이하고 불가해했기 때문에 나는 금세 다시 흐느꼈다. 나는 알고 있었다. 이 새는 곧 다시 자연 속으로 사라질 것이었다. 나는 혼자서 가혹하고 인정머리 없는 세상살이를 이어가야 한다. 나는 극단적으로 취약한 느낌이었다. 자신이 할 수 있는 최선을 다한 새는 날아가 버렸다. 그리고 나는 다시 혼자였다. 하지만 나는 흐느낌을 그쳤고, 마음 속엔 방금 일어난 일에 대한 놀라움과 불가해한 느낌이 가득했다. 나는 일어나 집으로 들어갔고, 내가 살던 대학가 마을로 되돌아갈 수 있는지, 그리고 일자리를 얻을 수 있는지 알아보기 위해 전화를 걸기 시작했다. 일주일도 되기 전에 거주할 곳을 찾았고, 그 집으로 옮긴 지 하루도 되지 않아 일자리를 구했다.

동시성은 여러 가지 형태를 취한다. 내가 「상위 자아에 접근하기Access Your Higher Self」 비디오 시리즈에서 설명했듯이, 동시성은 "암호화encode"될 수도있다.[97] 당신이 어떤 특정 사건이나 상징을 의미 있다고 보기로 했다면, 메시지는 그 방식으로 당신과 의사소통할 수 있다는 의미다. 많은 사람들이 무작위적인 것처럼 보이는 다양한 장소에서 나타나는 특정 숫자를 선호한다. 혹은 바닥에 떨어진 동전을 메시지로 간주하기도 한다. 당신은 책을 한 권 뽑아 들고 아무 페이지나 펼쳐서 대답을 읽을 수 있다. 상징적 중요성을 갖는 생물이 출현할 수도 있다. 융의 사례에 나오는 풍뎅이와 매, 부엉이, 사슴, 코요테 같은 샤먼의 토템들이 그것이다. 당신은 복부, 심장, 머리와 같은 몸의 일부에 갑작스럽게 에너지가 밀려 들어오는 것을 느낄 수도 있다. 귀에 딸랑거리는 소리가 들릴 수도 있다. 마치 바늘에 찔린 것처럼 몸의 한 부분에 갑작스러운 통증을 느끼지만 통증의 분명한 이유나 원인이 없는 경우도 있다. 물론 텔레파시도 충분히 동시성 사건으로 분류될 수 있다. 문득 누군가가 떠올랐는데, 그때 그 사람으로부터 전화가 걸려오거나 거리에서 그 사람을 만나게 되기도 한다.

의심 많은 사람들은 동시성 이야기에 대해 조목조목 따지기 시작한다. 그것이 우연이라고 설명할 수 있는 뭐라도 찾아내기 위해서다. 당신이 거짓말을 하고 있다고 우기는 사람이나, 무슨 사건이든 "과학적" 설명이 가능하다고 고집하는 사람들과 이런 이야기를 나누는 것은 절망스러운 일이다. 물론 이 모든 경험들이 진정한 동시성일 리는 없다. 하지만 당신이 마음을 활짝 열수록 동시성이 일어날 확률은 높아진다. 마음 속에 의심이 일어나거든, 양자역학의 핵심 창시자인 앨버트 아이슈타인과 칼 융을 포함해서 고도의 과학적 사고방식을 가진 사람들이 동시성이란 주제를 논했다는 사실을 떠올리자. 나는 의심 많은 사람들을 아주 많이 목격했다. 그들을 설득하려고 하면, 오히려 자신이 모욕당했다고 느끼고 심하게 화를 내기도 한다. 하지만 당신이 "만약 그렇다면What if?"을 탐구하기로 작정하면, 얼마나 빨리 동시성이 일어나는지 확인하게 된다. 융이 말했던 것처럼, 이것은 당신이 영적으로 각성하는 시점이며 우주의 더 위대한 비전을 알게 되는 과정이다.

내가 두 권의 책을 집필하면서 필요한 자료를 수집할 때, 동시성과 직관은 매우 도움이 되는 도구였다. 종종 내가 꾸는 꿈들이 특별한 정보를 제공해주고, 나중에 인터넷 검색으로 증명되는 경우도 많았다. 이런 이야기들은 아주 많지만 아직 기본 수준에 불과하다. 그러니 동시성과 하나의 법칙 시리즈에 대한 연구를 통해 그 증거를 발견할 수 있었던 더 많은 질문을 시작해보자.

우주가 살아 있고 의식이 있는 존재라면 어떨까? 공간, 시간, 물질, 에너지, 생물학적 생명들이 이 어마어마하게 큰 유기체의 몸이라면? 삶의 궁극적 목적이 우리가 모두 하나라는 것—단일하고 광대한 동일성의 완벽한 반영이라는 사실—을 깨닫는 것이라면? 만약 우주의 모든 것이 정도의 차이는 있지만 모두 의식이 있고 살아 있다면—성간星間의 하찮은 가스, 먼지, 바위들까지도 의식이 있고 살아 있는 존재라면? 만약 양자역학의 기

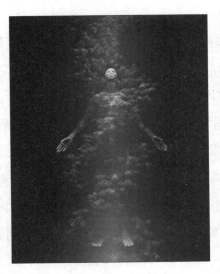

미세 중력장이 생명 없는 물질로부터 DNA를 구축한다.

본 법칙들이 DNA와 생물학적 생명을 만들어낸다면- 그리고 인간 형태가 우주 전반에 걸쳐 아주 보편적인 형태라면 어떨까?

만약 우리 모두가 자신의 가장 깊고 진실한 정체에 대해 의도적으로 설계된 기억 상실을 경험하고 있는 중이고 그 기억 상실, 혹은 망각은 우리가 계속 진화함에 따라 점차 엷어지고 깨지게 되는 것이라면? 예의 바름, 친절함, 인내, 사랑, 수용, 용서가 우리의 진실한 정체성과 최고의 조화를 이루게 만드는 열쇠라면? 이 의식 있는 우주는 우리에게 동시성-대부분 우연으로 치부되어 묵살당하는 이상한 사건들-을 통해 메시지를 보내고 있고, 그것은 우리로 하여금 최고의 진화 잠재력을 달성하도록 도우려고 하기 때문이라면? 우리는 과학의 열쇠들을 이용해 이 위대한 신비들을 풀어낼 수 있을까? 어떤 합리적 의심도 넘어서서 그 신비들이 진실임을 증명할 수 있을까?

─────── **순간을 총체적으로 경험하는 것이 깨달음**

『소스필드』에서 나는 우주의 가장 위대한 미스터리들 중 많은 것에 답하기 위해서 30년 분량의 조사 자료를 종합했고 1천 개가 넘는 학술 문헌을 제시했다. 하지만 그 후로 나는 사실만으로는 충분치 않다는 것을 깨달았다. 우주가 어떤 식으로 작동하는지를 진정으로 이해하기 위해서는, 우리의 연구를 생각과 느낌의 수준 이상으로 향상시키고, 직접적이고 개인적인 경험의 세계로 들어가야 한다. 동시성이 우주의 가장 위대한 미스터리를 풀어내는 열쇠가 되는 지점이 여기다.

느낌과 생각은 우리의 적이 아니다. 좋은 기분을 느끼고 싶다는 욕구에 아무 잘못이 없고, 생각을 이용해 위대한 신비를 풀려고 하는 일 또한 잘못이 없다. 하지만 고대의 영적인 가르침들은 우리에게 말한다. 머릿속을 침묵시키고, 가슴을 활짝 열고, 우리의 직관이 명상 상태의 깊은 이완 속을 통과해 흐를 때에만 진실에 도달할 수 있다고. 일단 우리가 머릿속과 가슴속에 이 사랑의 공간을 창조하게 되면 동시성이 출현할 수 있는 문을 여는 것이다. 만족한 느낌만을 추구하는 사람들은 결코 동시성을 경험하지 못한다. 생각은 잘 통제되고 있고, 생각하는 그 마음mind을 통해 모든 문제를 해결할 수 있을 거라고 믿는 사람들은 동시성이 자신들의 삶 가운데 들어오는 것을 허용할 수 없을 것이다. 그렇다 할지라도 우리의 짐을 내려놓고 지금 이 순간 속으로 이완해 들어가면, 다른 방식을 통해서는 생각할 수도 없고 느낄 수도 없는 답들을 얻을 수 있다. 이 주제에 대해 하나의 법칙이 언급한 부분을 인용한다. 1996년 내가 하나의 법칙 시리즈를 처음 읽었을 때, 이 문장이 내 마음속으로 뛰어들었다.

17.2 깨달음Enlightment은 순간의 문제입니다. 깨달음은 지적인 무한 intelligent infinity을 향해 열리는 것입니다. 깨달음은 자아self에 의해서, 자아를 위해서만 성취될 수 있습니다. 또 다른 자아Another self는 깨달음을 가르치거나 배울 수 없고, 오직 정보나 영감, 혹은 사랑, 미스터리, 미지의 것을 공유하는 일에 대해서만 가르치거나 배울 수 있습니다. [이것은] 다른 자아other-self로 하여금 손을 뻗게 만들고, 한 순간으로 귀결되는 추구의 과정을 시작하게 만듭니다. 그러나 언제 실체entity가 현재에 이르는 문을 열지 누가 알겠습니까?[98]

무수한 사람들이 우리가 집단적으로 생각하고 믿는 것의 "상자box"에 들어맞지 않는 경험들을 하고 있다. 융 박사는 풍뎅이가 자기 사무실을 방문한 것이 평생 한 번뿐인 사건이라고 했다. 하지만 이제는 그런 정도의 사건들이 점점 더 많이 일반인들에게 일어나고 있는 듯하다. 하루도 빠짐없이 수백 통의 편지가 내 웹사이트에 쏟아져 들어오는데, 그중 많은 내용이 우리가 당연히 여겼던 모든 것에 저항하는 놀라운 사건들을 묘사하고 있다. 동시성은 당신에게 고통스러운 질문을 하라고 요구한다. 동시성은 대부분의 과학자들에 의해 정교하게 짜맞춰진 세계관이, 완전히는 아니더라도 상당한 정도 옳지 않으며, 지금 이 시대엔 거의 이해되지 못하는 위대한 영적 현실 가운데 살고 있을 가능성에 대해 마음을 열도록 이끈다. 문명사회에 사는 우리의 가장 큰 맹점은 인간의 삶이 다차원적일 수 있다는 더 위대한 현실을 받아들이지 못하는 능력의 한계일 수 있다.

"나me"라는 개념은 매우 개인적인 동시에 아주 소중하다. 일단 동시성이 당신에게 일어나기 시작하면 당신은 질문할 수밖에 없다. "누가 이런 일을 하는 걸까?" 혹시 당신인가? 의식으로 알아차리지 못하는 어떤 차원의 당신이 그런 일을 벌이는 것일까? 무작위적으로 일어나는 것처럼 보이는 사건들을 보이지 않는 배후에서 관리하고 조정하는 "상위 자아Higher Self" 가 당신에게 존재하는 것일까? 죽음은 과거, 현재, 미래의 우주를 가능하게 하는 모든 의식, 존재, 각성을 완전히 잃는 어찌할 수 없는 경계선처럼 보일 수도 있다. 생명이 영원하고, 거기 죽음 너머에는 또 하나의 "나"—여럿까지는 아니더라도—가 있을 수 있다는 가능성은 상상하기 힘들 것이다. 만약 당신이 하나 이상의 정체성을 갖고 있고, 하나 이상의 각성된 의식을 갖고 있으면서, 드러나지 않은 영적인 목적을 위해 당신의 삶에 일어나는 사건들을 안내하고 있다면 어떨까? 만약 이렇게 생각하는 것이 훨씬 더 위대한 신비로 가는 디딤돌이라면?

하나의 법칙 시리즈는 오직 동일성identity만 있다고 말한다. 살아 있는 모든 존재들은 근본적으로 동일한 의식을 이용해서 생각하고, 느끼고, 행동한다. 우리 모두는 하나다. 개별성은 환상일 뿐이다. 우주가 자신을 경험할 수 있도록 하기 위해 그렇게 설계한 것이다. 자유의지와 외견상의 개별성 같은 것이 없었다면, 우리가 정말 누구인지를 잊어버릴 기회도 없었을 것이다. 만약 우리가 우주 의식에 전면적으로 접속할 권한을 자동으로 갖게 된다면, 삶은 금세 심심하고 지루해질 것이다. 우리의 "건망증forgetfulness"이 우리에게 이야기를 제공한다. 즉 어떤 퀘스트quest를 주는 것이다.

여러 생에 걸쳐 성장 목표로 삼을 뭔가를 주고, 달성하기 위해 노력할 목표를 준다. 더욱이 자유의지의 법칙은 우주 공통의 규범이다. 자유의지의 법칙은 일부 사람들에게, 고도로 부정적이고 조작적이며 남을 통제하는 데 능한 폭력적인 존재가 될 수 있는 길을 열어준다. 그들은 끔찍한 고통과 문제를 만들어낼 수 있고 실제로 그렇게 한다. 그렇지만 그런 행동은 우리가 성장하고 진화하기를 바라고, 고통에서 놓여나기를 원하며, 더 깊은 의미를 찾고자 하는 강한 동기를 제공한다. 하나임oneness의 개념은 결코 증명될 수 없다. 그것이 철학적 개념일 뿐 과학적 개념은 아니라 해도, 다양한 데이터들은 우주가 살아 있으며, 과학이 멈춘 곳에서 동시성이 시작된다는 사실을 가리킨다.

동시성에 대해서는 믿기를 거부하지만, 자신들의 목표 달성을 위해 정치와 금융, 언론을 조작하고 통제하는 부정적인 세력에 관해서는 인정하는 사람들도 있다. 이 부정적인 세력에 관한 많은 이야기들이 단지 음모론에 불과할까? 아니면 그 이상의 뭔가가 있는 것일까? 내가 직접 탐사한 바에 의하면 정말로 전 지구적 차원의 적대세력이 존재한다. 지구를 치유할 수 있는 유일한 길은 두려움을 놓아버리고 어둠의 인간 집단에 맞서는 것이다. 내 삶 가운데서 그렇게나 자주 일어났던 동시성의 힘이 아니었다면, 나는 이 퀘스트를 받아들이지 못했을 것이다. 다시 말해서 이 세계의 실질적이고 영구한 평화를 추구하는 160개국 이상의 동맹 세력들에게 탐사와 미디어 지원을 하겠다는 충분한 용기를 갖기는 어려웠을 것이다.

데이비드 윌콕의 동시성

4

◑

소시오패스
이해하기

우리는 대부분의 사람들이 다른 이들
에게 친절하고 최소한 긍정적인 의도를 갖고 있을 것이라 믿는다. 그렇게
믿는 것이 우리들의 천성이고 자연스럽다. 우리는 정부와 금융 시스템이
공정하고 평등하며, 일부 구성원의 탐욕과 부패를 제외하고 근본적으로
신뢰할 만하다고 믿고 싶어 한다. 하지만 전 세계적 차원에서 변화가 일어
나고 있다. 일부 사람들이 어둠 속의 엘리트 집단을 형성하여 정치, 금융,
언론을 멋대로 주무르고 있다는 사실에 점차 눈을 떠가고 있는 것이다.
2013년 4월 2일, 정치 분야에서 미국인들로부터 가장 높은 평가를 받는 여
론조사 기관 PPP는, 28퍼센트의 [미국인] 유권자들이 세계주의globalism를
표방하는 파워 엘리트가 독재적인 세계 정부, 혹은 신세계 질서를 통해 세
계를 지배하려는 음모를 진행하는 중이라고 믿고 있다고 밝혔다. 여기에

는 38퍼센트의 공화당/롬니Romney 지지자가 포함돼 있다.[99] 미국 대중의 거의 3분의 1이 전화 조사원에게 "위험한 엘리트 집단이 정말로 존재한다고 믿는다"라고 말했다는 사실을 감안하면, 우리가 다루는 이 주제는 더 이상 비주류가 아니다. 1992년부터 시작한 이론 연구와 문헌 조사를 통해, 나는 이 같은 어둠의 집단이 실제로 존재함을 확신하게 되었다. 그리고 어떻게든 이들의 행동을 멈춰야 한다고 마음먹었다.

2011년 11월 23일, 내가 이 책을 집필하겠다는 계약서에 사인하기 하루 전, 연방준비제도를 만든 국제적 은행 자본가를 비롯한 다국적 플레이어들을 대상으로 한 믿기 어려운 고소 건이 출현했다. 동남아시아에 본부를 둔 57개국 동맹 세력이 어마어마한 규모의 재산 반환—그 재산의 대부분은 황금이었다—을 요구했던 것이다. 그들은 연방준비제도가 자신들로부터 재산을 강탈했다고 주장했다.[100] 2013년 4월 현재, 동맹은 160개국 이상으로 확대됐다. 1999년 웹사이트를 시작한 이후 점점 더 대중의 눈에 띄는 인물이 된 결과로, 나는 고급 기밀 정보에 접근할 수 있었다. 즉 지구상에 자유와 평화를 회복하기 원하는 애국적인 고위직 내부자들로부터 신뢰와 신임을 얻은 것이다. 내부자들에 따르면, 160개국 동맹은 국내외의 모든 적에 맞서 미합중국의 헌정을 보호하겠다고 맹세한 미국 군대의 중요한 다수로부터 지지받고 있다. 내가 들은 바로, 미군의 일부 부대는 연방준비제도의 은행가들이 현대 세계의 정부에 어떻게 침투했는지 폭로하는 일을 100퍼센트 지지한다고 한다.

2013년 4월 15일, 또 하나의 대규모 금융 스캔들이 대중의 눈앞에 폭로됨으로써 그 추악한 진실은 더욱더 분명해졌다. 용기 있는 탐사 전문 기자 매트 타이비Matt Taibbi가 「롤링 스톤Rolling Stone」지에 기고한 글이다.

데이비드 윌콕의 동시성

로스차일드Rothschilds와 프리메이슨Freemasons, 일루미나티Illuminati라는 숨겨진 손의 존재를 믿는 세계의 음모 이론가들에게 우리 회의론자들은 사과해야 마땅하다. 당신들이 옳았다. 플레이어는 조금 다를 수 있겠지만, 당신들의 기본 전제는 옳다: 세상은 조작된 게임이다. 우리는 최근에야 이 사실을 알았다. 금융 쪽에서 상호 연관된 부패 스토리가 흘러넘쳐 세계 최대의 은행들이 가격 책정-쉽게 말해서 세상 모든 것의 가격을 결정하는- 중이라는 사실을 알게 되면서부터였다.

당신은 리보Libor 스캔들에 대해 들은 적이 있을 것이다. 리보 스캔들에서는 최소 3개-어쩌면 최대 16개-의 유명 은행, 규모가 커서 절대 망할 수 없는 은행들이 500조 달러를 상회하는 금융 상품의 이자율을 조작하고 있었던 것이다. 그 방자한 사기가 지난해 대중의 눈앞에 튀어나왔을 때, 그것은 따져볼 것도 없이 역사상 최대 규모의 금융 스캔들이었다. 매사추세츠 공과대학 교수인 앤드루 로Andrew Lo는 이렇게까지 말했다. "이 금융 스캔들은 시장 역사상 존재했던 모든 신용 사기를 왜소해 보이게 한다."

그것은 충분히 사악했다. 하지만 이제 리보에겐 쌍둥이 형제가 있는 것 같다. … 이 구조에 발을 담그고 있는 플레이어들 가운데 어느 누구도 놀라지 않는 것이 당연하다. … 그들은 동일한 초대형 은행들-거기엔 바클레이즈Barclays, 스위스은행UBS, 뱅크오브아메리카Bank of America, JP모간체이스JP Morgan Chase, 스코틀랜드왕립은행the Royal Bank of Scotland 등이 포함된다-이다. 리보 패널에 참가한 그들이 전 세계 이자율을 정한다. 사실 최근에는 이들 은행 중 다수가 하나 이상의 반경쟁적 조작행위에 대해 합의금을 지불했다. … 이것의 유일한 문제는 마땅히 받아야 할 관심을 받지 못했다는 것이다. 그 규모가 너무나 커서 일반인들이 알아차리기 어려웠기 때문이다.[101]

이들과의 전쟁은 전통적인 수단으로 치를 수가 없다. 초대형 은행들은 반격에 쓸 수 있는, 거의 무한대의 금융 자원을 보유하고 있기 때문이다. 동맹이 적대세력의 심각한 비밀을 동시에 체계적으로 폭로한 것은, 그들이 동맹에 해를 끼치지 못하도록 법적/금융적으로 차단하기 위한 더 큰 작전의 일부였고 핵심적인 부분은 바로 소송이었다. 이 소송은 1811년 11월 7일 아메리카 원주민 부족들이 결성한 예언자 동맹Prophet's alliance이 해리슨의 군대를 공격한 지 200년 16일 만의 일이다. 나는 책의 이 부분을 집필할 때까지 이 사실을 몰랐다. 1811년 아메리카 원주민들은 미국 정부에 강탈당한 방대한 토지의 반환을 요구했다. 2011년 동맹은 그들이 도둑맞았다고 생각하는 막대한 양의 황금을 돌려받고자 했다. 이 두 사건은 100년 주기를 두 번—혹은 20년 주기를 열 번 돈 상태에서 불과 16일 떨어져 있다. 이번 주기에서는 계획이 성공할지, 아니면 저번 주기에서 일어났던 것처럼 다시 먹잇감이 될지는 두고 봐야 한다.

다시 한 번 말하지만, 이 전투는 복합적이고 비치명적인 교전 수단을 통해 실행되어야만 한다. 은행 계좌 해킹과 삭제, 핵심 소송 제기, 부패 폭로, 자금 유입 차단, 대중 폭로를 통한 핵심 멤버들에 대한 위협 등의 수단을 총동원해 공격함으로써, 은행의 핵심 멤버들이 평화적으로 후퇴하도록 밀어붙여야 한다. 2011년 11월 23일, 닐 키넌Neil Keenan이란 국제적 사업가가 동맹의 아시아인 멤버를 대표해서 이 획기적 소송을 제기했다. 이는 모든 사람의 평화와 자유를 위해 금융 독재를 직접 공격하는 행동이었고,

의도적으로 케네디 대통령 암살 48주기에 시간을 맞춘 것이었다. 나는 기소일로부터 사흘 후 이 소송에 대한 상세한 비평 기사를 썼는데, 놀랍게도 동맹은 나와 직접 접촉해 추가 증거를 제공했다. 동맹이 내게 해준 이야기는 다음과 같다. 케네디 대통령이 연방준비제도 이사회의 통제를 벗어난 곳에서 은 증권을 인쇄하려고 했고, 미합중국의 헌정 회복을 돕기로 한 인도네시아의 수카르노Sukarno 대통령과 함께 계획을 수립했으며, 그런 움직임 때문에 케네디 대통령이 암살당했다는 것이다.

2011년 12월 초, 나는 동맹으로부터 매력적인 내부 정보를 입수했다. 그 내용의 많은 부분이 증명될 수 있었다. 이 정보에는 수백 건의 서류와 사진 원본이 가득한 보물 창고가 포함돼 있었다.[102] 문제는 바로 이것이었다: 이것이 진실이든 아니든 조사하기에는 너무 위험하다고 생각됐고, 기밀 수준이 너무 높고 복잡해서 일반 대중 가운데 어느 누구도 이것을 상세하게 정리해서 쓸 마음을 내기 어렵고 쓸 수도 없는 형편이었다. 동맹에 속한 정부 지도자들과 관료들은 그들이 전 지구적 차원의 적대세력에 맞선다면 가족이 해를 입을 것이란 말을 들었다고 했다. 내게도 그런 충격적인 내용의 이메일이 오자, 전 지구적 적대세력이란 주제로 책을 집필하는 작업에 들어가는 것 외에는 다른 생각을 할 수가 없었다. 나는 이 작전에 관여된 어떤 개인이나 집단으로부터 돈 한푼 받은 적이 없다. 진정한 독립성을 유지하기 위해서였고, 그렇기 때문에 나중에라도 내게 호의를 요구할 수 있는 사람은 아무도 없었다. 당시에 나는 이 일의 어려움과 엄청난 심각성으로 인해 이 책의 원고가 1년이나 늦어질 것이라고는 생각지도 못했다. 하지만 자유를 위해서라면 그 정도의 피해는 기꺼이 지불해야 할 사소한 대가처럼 보였다.

비록 전 지구적 적대세력이라는 아이디어는 대부분의 사람들에게 미친

생각으로 치부되었지만, 1992년 대학 시절 들었던 사회학 수업 이후 나는 줄곧 이 주제를 추적하는 중이었다. 이제 그 소송과 서류들은 매우 현실적이었다. 나는 깨달았다. 만약 부패를 폭로하고 세계를 바꾼다는 동맹의 계획이 성공적이었더라면, 이것은 모든 역사적 사건의 모체가 될 수도 있었다. 역사의 순환주기를 지켜보기만 하는 것이 아니라, 스스로 전 지구적 카르마의 바퀴가 돌아가는 한가운데로 뛰어들 기회를 잡는 것이다. 전 세계 국가의 대다수가 참여한 동맹이 서구 금융 시스템의 상층부를 장악하고 있는 세계주의자globalist 은행가들과 일전을 벌이는 중이다. 나는 카르마의 바퀴 배후에 있는, 시대를 초월한 지혜가 우리에게 전하는 내용을 이해했다. 이렇게 오르내리는 주기들이 가르쳐주는 교훈을 배운다면, 우리는 비참함과 고통이라는 동일한 결과를 되풀이하지 않고 카르마의 바퀴가 가장 높은 곳에 이르게 할 수 있다.

하나의 법칙 중에서 내가 제일 좋아하는 세 개의 인용문이 이 사실을 아주 잘 설명한다.

17.20 용서 속에, 행위의 수레바퀴 혹은 그대들이 카르마라고 부르는 것의 멈춤이 깃듭니다.[103]

18.12 타아他我: other-self를 용서하는 것이 자아自我를 용서하는 것입니다. 이 사실을 이해하면 의식 차원의 자아와 타아에 대한 전면적인 용서를 주장하게 됩니다. 자아와 타아는 하나이기 때문이죠. 그러므로 자아를 포함하지 않고서는 전면적인 용서는 불가능합니다.[104]

1.9 당신과 다른 사람들을 분리하는 구분이 우리에겐 보이지 않는다는

데이비드 윌콕의 동시성

점을 이해해야 합니다. 당신이 한 개인으로 투사한 왜곡과 다른 개인으로 투사한 왜곡… 그 사이에 어떤 구분이 있다고 보지 않습니다.[105]

『소스필드』에서 나는 "은폐된" 과학적 정보의 많은 사례들을 제시했다. 그중에는 프리 에너지 기술, 중력 차폐gravity shielding, 순간이동, 에너지 의학 등이 포함된다. 집단적인 무지에 의해서든, 의도적인 설계에 의해서든 간에, 세계를 바꿀 이들 발견은 미디어에 공개된 적이 없다. 소수의 사람들만이 그런 과학적 정보를 알고 있다는 얘기다. 나는 황금시대에 대한 고대의 비전이 현재의 우리 세계에서 전면적으로 실현될 수는 없다는 느낌을 갖고 있었다. 너무 많은 제도적 부패가 존재할 뿐만 아니라 프리 에너지를 절대 원하지 않는, 즉 석유회사 같은 존재들이 현 상태를 유지하기 위해 압력을 가하고 있기 때문이다.

1997년 새로운 에너지를 위한 연구소Institute for New Energy는 "미국 특허국이 3,000개가 넘는 특허 장치 혹은 신청서들을 비밀 유지 명령(Title 35, US Code −1952− Sections 181 – 188) 등에 따라 기밀로 취급하고 있다"라고 폭로했다.[106] 미국 과학자연맹Federation of American Scientists에 따르면 2010 회계년도 말, 은폐된 특허의 수는 5,135개로 늘어났다. 20퍼센트 이상의 효율을 실현한 태양 전지나, 70에서 80퍼센트 이상의 에너지 변환 효율을 보이는 전력 시스템도 예외가 아니다. 모두 자동적으로 "검토와 가능한 규제review and possible restriction"의 대상이 된다.[107] 2011년 11월 23일, 닐 키넌이 뉴욕 남부지방법원에 소송을 제기했고 곧이어 동맹이 내게 서류들을 보내기 시작했다. 나는 "확정: 금융 독재를 끝낼 수조 달러의 소송 Confirmed: The Trillion-Dollar Lawsuit that Could End Financial Tyranny"이라는 제목을 붙인 대규모 탐사 보고서를 쓰기 시작했다.[108]

복잡하고 다양한 논문들을 정리해 내 웹사이트 디바인코스모스Divine Cosmos에 올리면서, 이 주제에 대해 여러 해 동안 조사를 수행했고 내가 좀 더 유명해지자 고급 기밀 정보를 접했던 사람들과 닿게 되었다. 뻔한 거짓 말을 하거나 나를 조종하려는 사람과는 접촉을 끊었고, 마음으로부터 인 류의 행복과 번영을 바라는 듯 보이는 사람들과만 함께 작업했다. 일단 내 가 해야 할 질문이 무엇인지 확실해지자, 동맹은 다양한 내부자들을 통해 내가 말하고 있는 것이 진실이라는 것을 거듭거듭 확인해주었다. 참으로 거대한 비밀이 하나 있었다. 현대사에서 다른 무엇보다도 더 고급 비밀로 분류되고 철저하게 보호된 것 중 하나, 즉 미확인 비행물체UFO이다.

──────── 분리의 길

일반적인 사람들은 이러한 비밀을 받아들일 수 없을 것이다. 믿기 어려울 정도의 거대한 거짓말은 삶을 황폐화시키고 심각한 불안에 시달리게 만들어, 마침내는 무너져 내려 진실을 말하거나 아니면 스스로 목숨을 끊게 만들 것이다. 하지만 우리와 함께 사는 사람들 가운데 1퍼센 트 정도는 소시오패스다.[109] 인류 전체로 보자면, 이런 식으로 생각하고 느 끼고 행동하는 사람들이 실제로 존재한다는 사실을 이제 막 이해하기 시 작한 정도다. 집단적인 차원에서 우리를 치유하기 위해서는 부정否定을 돌 파하는 일이 아주 중요한 한 걸음이다. 소시오패스는 솔직히 자신들이 뭔 가 잘못된 행동을 하고 있다고 생각하지 않는다. 하나의 법칙에서 사용하 는 용어로는 "자신에 대한 봉사service to self"의 길, 또는 "분리의 길"이라고 알려진 것을 실행하는 중이다.

36.14 우리는 당신에게 상기시킵니다. 부정적인 길은 분리의 길입니다. 무엇이 최초의 분리인가요? 자아로부터 자아가 분리되는 것입니다.[110]

앞에서 나는 "부정적으로 분극화된polarized" 사람들이 대개 어떤 식으로 생각하고, 느끼고, 행동하기 쉬운지를 요약해 보인 바 있다. 이제 좀 더 상세히 검토해 보자. 하나의 법칙 시리즈는 긍정적인 길과 부정적인 길의 차이를 명료한 비유로 설명한다.

19.17 어떤 사람들은 빛을 사랑합니다. 다른 사람들은 어둠을 사랑합니다. 그것은 피크닉을 간 어린아이가 그러하듯이, 독특하고 무한하게 다양한 창조자가 여러 가지 가능한 경험들 중에서 어떤 것을 선택하고 즐기는가에 달린 문제입니다. 어떤 아이는 피크닉에서 햇살이 아름답고, 음식이 맛있으며, 놀이가 즐겁다고 느끼고 창조의 기쁨으로 빛납니다. 다른 아이들은 어둠이 달콤합니다. 다시 말해 피크닉은 고통이고 괴로움이며, 사악한 본성을 시험하는 일입니다.[111]

80.15 자신에 대한 봉사에 능숙한 이는 어둠에 스스로 만족할 것이며, 한낮의 빛을 움켜쥐고, 머리를 치켜들고 음울한 웃음을 지을 것입니다. 어둠이 더 좋은 것입니다.[112]

살아남기 위해서는 긍정적으로

　　　　　　하나의 법칙은 또 하나의 중요한 기준점data point을 가리킨다.
부정적인 길에는 하나의 실체entity가 진행할 수 있는 한계가 있으며, 한계
에 도달한 이후에는 긍정적인 길을 가야만 한다는 것이다. 긍정적인 길을
감으로써 다른 모든 사람에 대한 사랑, 용서, 감사를 전면적으로 통합할
수 있다. 그렇게 하지 않으면, 그 실체는 "영적인 엔트로피spiritual entropy"
라는 과정을 거쳐 순수한 에너지로 붕괴되어 존재하기를 멈추게 된다. 하
나의 법칙이 주장하는 우주론 안에서, 살아 있는 우주는 스스로를 일곱 개
의 주요 단계, 혹은 "밀도density"로 나눈다. 영혼 진화의 종합적인 시스템
을 만들기 위해서다. 이 과정을 수료하기 위해서 우리의 선형적linear 시간
으로 수백만 년이 걸릴 수도 있다.

　가시광선 스펙트럼 중의 일곱 빛깔—즉 빨강, 주황, 노랑, 초록, 파랑, 인
디고, 보라는 이 위대한 구조를 반영하는 거울 역할을 하도록 의도된 것이
분명하다. 단계 각각은 고유한 생명 형태가 거주하는 존재의 차원을 나타
낸다. 우리는 힌두교에서 차크라chakras라고 부르는 것들을 통해 이들 에너
지 단계와 연결된다. 차크라는 척추 아래에서 머리 꼭대기로 상승하는 에
너지 중심들이다. 우리는 지금 3차 밀도—노란색 광선, 태양신경총 단계—
에서 4차 밀도로 진입하는 중이다. 4차 밀도는 녹색 광선, 혹은 심장의 차
크라 단계다. 중요한 것은 부정적인 존재는 6차 밀도의 시작 부분을 결코
통과할 수 없다는 것이다. 6차 밀도는 두뇌 한가운데의 송과선(솔방울샘) 중
심에 위치한다. 모든 영혼은 7차 밀도에 도달한 다음에야 창조자와 전면적
으로 재통합할 수 있다.

36.15 6차 밀도의 부정적인 실체는 극도로 지혜롭습니다. 그 실체는 영적인 엔트로피가 일어나는 것을 관찰합니다. [다시 말해 자신의 영혼이 붕괴하는 것을 보는 겁니다.] 이는 6차 밀도와의 통합을 표현할 능력이 없는 것에 기인합니다. 그러므로 어느 지점에선가 창조자를 사랑하고, 창조자가 자아일 뿐만 아니라 그 자체로 타아이기도 하다는 사실을 깨닫게 되면, 이 실체는 의식적으로 즉각적인 에너지의 방향 전환을 선택하고, 그렇게 함으로써 진화를 계속합니다.[113]

36.12 부정적으로 방향을 정한 [실체들은], 우리가 아는 한, 결코 극복된 적이 없는 곤경에 처합니다. 5차 밀도의 졸업[이라고 알려진 진화 단계에 도달한] 후에 지혜는 얻을 수 있지만, 그 지혜가 동일한 양의 사랑과 짝을 이뤄야만 진화가 가능하기 때문입니다. 부정적인 길을 따를 경우에는 이 사랑/빛의 통합이 매우 어렵습니다. 그래서 6차 밀도의 초기에 있는 동안, 부정적으로 방향을 잡고 있던 사회 복합체는 잠재력을 해방시켜 6차 밀도의 긍정 속으로 도약하는 쪽을 선택합니다.[114]

47.5 6단계에서의 긍정적/부정적 분극성은 그저 역사가 될 것입니다.[115]

더 큰 의미로 보면 분극성은 없다: 우주 자체가 총체적 지향성이란 면에서 훨씬 더 긍정적이다. 4차, 5차, 6차 밀도에 도달한 시점에서, 부정적인 실체는 긍정적으로 나아갈 준비가 되어 있고, 자신이 창조한 부정적 카르마에 대한 무거운 대가를 치렀기에 그 실체는 완벽한 균형을 회복한다. 더이상의 부정적인 카르마는 필요치 않다. 이것이 중요한 점이다. 부정적인 실체들은 카르마 법칙의 적용이란 점에서 절대 예외가 아니다. 다른 실체들에게 한 모든 행위는 동일한 강도를 갖는 형태로 자신에게 돌아올 것이다. 이 과정은 2장에서 심도 있게 살펴볼 예정이다.

──────── **소시오패스 드러내기**

심리학자들이 "사이코패스psychopath" 혹은 "소시오패스sociopath"라고 지칭하는 강렬한 인성personality 유형에 속하는 사람들은 거의 완벽하게 다른 사람들에 대한 공감과 배려를 차단한 상태다. 그들은 대개 매우 심각한 고통이나 트라우마를 가지고 있기 때문에 다른 사람들의 느낌에 신경을 쓸 수 없거나, 최소한 자신이 선택한 집단 밖에 있는 사람들이 어떻게 느끼는지를 생각할 여유가 없다. 사실 그들은 다른 사람들을 조종하고 통제하는 데서 큰 쾌감을 얻는다. 그들은 종종 극도로 자기도취적이다. 정교하고 강력해서 절대 뚫리지 않는 방어기제를 갖고 있고, 자신이 다른 사람들에 비해 우월하다고 믿으며, 다른 사람들에게는 허용되지 않는 특혜와 특권을 자신만이 누릴 수 있다고 느낀다. 그들은 또한 고도로 외향적이고, 카리스마 넘치며, 다른 사람들을 끌어당기는 힘이 있을 수도 있다. 대부분의 사람들이 처음에는 이런 부류의 부정적인 측면을 알아채지 못한다. 자기 몰입 성향을 능숙하게 감추기 때문이다.

소시오패스는 언제 어디서나 어떻게든 지루함과 싸우고 뭐가 됐든 가능한 스릴을 추구한다. 많은 경우, 그들이 빠져드는 궁극의 마약은 다른 사람들을 지배하는 권력이다. 권력을 가지면 가질수록 더 많은 권력을 원한다. 내면의 허전함이 채워지지 않기 때문이다. 예를 들어 연쇄 살인범은 다른 이들의 생명을 빼앗는 일에서 고도의 쾌감을 느끼므로 결국 잡힐 줄 알면서도 살인을 되풀이한다. 소시오패스들은 다른 사람들의 생명력을 서서히 고갈시킨다. 그들은 내면의 핵심에서 깊은 절망에 빠져 있으므로 스릴을 한 번 더 얻기 위해 기꺼이 자신의 목숨을 걸고, 때로는 기꺼이 목숨을 버리기까지 한다.

일부 전문 점성술사들은 출생 시 별의 배열에 따라 연쇄 살인범을 알아낼 수 있다고 주장한다. 유명한 점성가 캐롤린 레이놀즈Carolyn Reynolds는 「풀리지 않는 신비Unsolved Mysteries」라는 텔레비전 프로그램의 PD로부터 20개의 출생 차트를 건네받았다. PD는 20개 차트 중에 연쇄살인마 4명을 포함시켰다. 즉 제프리 다머Jeffrey Dahmer, "샘의 아들"이라 불린 데이비드 버코위츠David "Son of Sam" Berkowitz, "밤의 스토커"라 불린 데이비드 라미레즈David "the Night Stalker" Ramirez, 에드 켐퍼Ed Kemper였다. 전에 이 살인범들의 차트를 연구한 적이 없고, 각각의 차트가 누구의 차트인지도 모르는 상태에서 캐롤린 레이놀즈는 정확히 살인마 네 명의 출생 차트를 잠재적인 연쇄 살인자의 차트로 지목했다.[116] 또 한 명의 점성가인 에드나 롤란드Edna Rowland는 캐롤린 레이놀즈와 유사한 실험에 관여했고, 수많은 차트들이 무작위로 제시되는 중에 연쇄 살인범 여섯 명의 차트를 정확히 가려내는 데 성공했다. 이 내용은 『살인자가 될 운명: 점성학이 설명하는 연쇄 살인자 6명의 프로파일Destined for Murder: Profiles of Six Serial Killers with Astrological Commentary』이라는 제목으로 출간되었다.[117]

소시오패스는 부정적인 길로 향하는 성향을 가진 사람의 가장 극단적 사례다. 데일 카네기Dale Carnegie는 자신의 책에서, 연쇄 살인범을 비롯해 사형수 감방에 갇혀 있는 범죄자들은 자신이 선량한 사람이며 잘못한 것은 아무것도 없다고 우긴다고 한다.[118] 소시오패스적으로 행동하는 사람들은 도덕, 윤리, 양심 등을 이용당할 수 있는 약점이라 생각한다. 그들은 격정적인 욕구를 가지고 있고 그것이 다른 사람들을 지배하도록 만든다. 맥스웰 C. 브리지스Maxwell C. Bridges는 소시오패스의 사고방식을 좀 더 알기 쉽게 표현했다.[119]

전체 인류 가운데, 남성 3퍼센트 정도와 여성 1퍼센트가 소시오패스다. … 그들은 자신의 행동 중 올바른 행동과 그릇된 행동을 분별할 수 있다. 하지만 자신이 그릇된 행동을 할 때 전혀 불편한 감정을 갖지 않는다. 그들은 … 양심에 얽매이는 사람들을 얕잡아 보고 경멸한다. 진실은 '자신이 편한가, 편하지 않는가'에 달린 문제이고, 자신에게 이익 되는 쪽으로 얼마든지 왜곡할 수 있는 것이다.

소시오패스 중 많은 사람이 마음이 내킬 때는 매력적이고 쾌활하다. [동시에] 제지나 간파당할 위험 없이 제멋대로 할 수 있을 때는 교묘하게 사람을 농락하고 악랄하게 행동한다. 그들은 양심에 따라 행동하는 사람들의 보디 랭귀지와 얼굴 표정을 마치 책 읽듯 "읽어낸다". 소시오패스는 감정을 속일 수 있고, 자신은 결코 느낀 적 없는 동정과 호의를 타인으로부터 끌어낼 줄 안다. 목적을 가지고 먹잇감을 유혹해서 착취하고 고의로 상처 입힌다. 그들에게는 사람들을 이용하고 버리는 것이 휴지를 뽑아 쓰고 버리는 것과 다르지 않다.

그들의 두뇌는 도덕적 양심과 사랑이라는 무한하고 잠재의식적인 계획에 선점되어 있지 않기 때문에, 반영구적 권태라는 끔찍한 짐을 지고 있다. 그리고 그 권태는 연속된 위험 행동과, 자기보다 열등한 양심적인 사람들에 대한 조종(고문, 모욕, 배신 등)에 의해서만 해소될 수 있다. 그들은 대개 외롭고 쓸쓸한 노년을 맞게 되는데, 가족을 포함해서 모든 사람이 그들에게서 등을 돌리고 관계를 끊는다. 그들 중 많은 수가 살해당하거나, 그들에게 당한 피해자 중 누군가의 막강한 보호자에 의해, 혹은 다수의 복수자에 의해 사회적으로 궤멸된다. 사랑하는 사람들에게 둘러싸여 침대에서 죽음을 맞는 소시오패스는 거의 없다.[120]

———— **소시오패스적 행동들의 방향 재설정**

사람들은 천성적으로 어느 정도의 소시오패스적 성향을 가진다는 것을 지적해야 할 것 같다. 우리 모두는 다른 사람에게 잔인해질 수 있고 그들의 감정을 묵살할 수도 있다. 그러면서도 여전히 자신은 100 퍼센트 좋은 사람이라고 생각하기도 한다. 데이비드 리켄David Lykken 박사는 겁 없고, 공격적이며, 감각 자극을 추구하는 것과 같은 소시오패스 성향을 갖는 아이들을 좀 더 긍정적 방향으로 향하게 만드는 것이 가능하다고 결론 내렸다.[121] 적응 심리학Psychology of Adjustment을 통해 배운 바로는, 훌륭한 양육을 위해서는 일관된 "처벌 패러다임punishment paradigm"이 필요하다. 그러면 아이들은 그 안에서 허용과 금지의 경계가 어디에 위치하는지를 정확히 알 수 있다. 아이들은 경계를 넘을 때마다 그 결과로 동일한 처벌이 돌아올 것이라는 사실을 잘 알고 있어야 한다. 응석을 받아주는 허용적인 양육—부모는 아이의 불량 행동에 압도당하며, 그 불량 행동을 처벌함에 있어서 항상 일관된 기준을 적용하지도 못한다—은 실제로 아이에게 가장 큰 피해를 주는 아동 학대 형태 중 하나이다.

성인이 되었다 해도, 적절한 환경이 갖춰지면 소시오패스에 해당하는 행동 특성들은 긍정적인 특징으로 변환될 수 있다. 스코트 O. 릴리엔필드

Scott O. Lilienfeld가 이끄는 연구팀은 "두려움 없는 지배 근성"을 비롯한 소시오패스의 행동 특징을 밝혀냈다. 또한 이 특징들의 긍정적 측면에 초점을 맞추면 매우 뛰어난 리더가 창조될 수 있다는 사실까지도 알아냈다.[123] 뛰어난 리더라면, 명확한 사고 능력과 함께 위기 시에 노련하게 대중을 이끄는 능력도 갖추어야 한다.[123]

존 F. 케네디는 "두려움 없는 지배 근성"를 가지고 있으면서 많은 사랑을 받은 지도자들 중 한 사람이다. 스티브 잡스Steve Jobs 역시 이런 특징들을 많이 가졌다. 그는 지나치게 과격하다고 알려지긴 했지만, 그럼에도 불구하고 여러 가치 있는 혁신을 만들어냈다. 릴리엔필드 팀의 연구 결과를 깔끔하게 정리한 문장을 소개한다: "두려움 없는 지배 근성은 정신질환과 관련된 대담성을 반영하는데, 이는 대통령의 국정 수행, 리더십, 설득력, 위기 관리, 의회와의 관계, 동맹 변수 … 등과도 결부돼 있다. 두려움 없는 지배 근성 … 이는 무모한 범죄성과 폭력에 기여하거나, 혹은 위기에 맞서는 능숙한 리더십에 기여할 수 있다."[124]

모든 사람이 다 긍정과 부정 사이의 스펙트럼 위에 있으며, 이런 사실을 받아들이는 법을 배우는 것이 영적 각성을 위한 매우 효과적인 수단이 될 수 있다. 소시오패스 성향을 갖고 있다고 해서 다 "사악"하거나 희망이 없는 것은 아니지만, 대부분의 극단적 경우에는 집중적인 재활이 필요하다. 여기에는 실제로 성격 변화가 조금이라도 일어날 때까지는 어떻게든 다른 사람들을 해치지 않도록 완벽하게 방지하는 일이 포함된다. 대부분의 사람들은 소시오패스와 무관하지만, 그럼에도 불구하고 여전히 많은 사람들이 자기도취적이고, 교활하고, 강압적이다. 특히 어떤 식으로든 모욕당했거나 감정적으로 상처받았다고 느낄 때 더욱 그렇다.

———— 부富와 권력이 소시오패스 방향으로 이끈다

특별한 점성학적 배열이나, 출생 때부터 나타나는 특질에 대한 유전적 지표가 없는 사람에게서도 소시오패스와 같은 태도와 행동들이 발달할 수 있다. 상당한 정도의 부와 권력을 획득한 사람들은 소시오패스적 성향을 발달시킬 가능성이 높다. 튼튼하고 애정 어린 토대가 없을 때 더욱 그렇다. 세속의 권력을 보유하고 있을 경우의 문제는, 다른 사람들이 당신의 권력을 나눠 받고 싶어 한다는 점이다. 당신의 친구 중에 명성과 부富를 갖고 있는 사람이 있다고 해보자. 사람들이 당신에게 접근해올 것이다. 그들은 단지 당신 친구에게 도달하는 수단으로 당신에게 접근해서 수작을 붙여온다. 당신이 더 많은 돈과 권력을 가질수록, 당신이 만나는 모든 사람이 당신을 이용하겠다는 꿍꿍이를 갖고 있는 것처럼 보일 것이다. 모두가 당신의 돈을 원한다. 모든 사람이 당신을 이용해서 소위 성공을 향해 나아가고 싶어 한다. 물론 이렇게 표현하는 것은 과장이 분명하고, 실제 모든 사람이 다 이런 식으로 행동하지는 않는다. 그렇지만 이렇게 보인다는 것은 확실하다.

서민들은 부와 권력을 갖고 있는 사람들을 미워하기 마련이다. 부와 권력을 가진 사람을 헐뜯고 미워하는 행동을 통해 자신들의 보잘것없는 삶을 그나마 좀 괜찮다고 느낄 수 있기 때문이다. 하지만 당신이 큰 집과 좋은 자동차, 그리고 매일 밤 고급 레스토랑에서 식사하고 호화로운 휴가를 즐기기에 충분한 돈을 가지고 있다고 해도, 행복은 여전히 선택 사항이지 보장된 것이 아니다. 만약 당신과 상호 작용하는 사람들이 당신을 교묘하게 조종해서 당신으로부터 이득을 취하려고 끊임없이 노력한다면, 그런 상황에서 행복을 선택하기란 아주 어려울 수 있다. 사랑이 없으면 물질 세계의 보물들은 아무 의미가 없다. 비틀즈가 "I Want to Hold Your Hand(네 손을 잡고 싶어)"를 발표한 후 세상의 관심과 인기를 한몸에 받고 있을 때, 폴 매카트니Paul McCartney는 파리에 있는 조지 5세 호텔의 피아노 앞에 앉아 있었다. 새로운 히트곡을 써야 한다는 엄청난 압박감을 느끼면서 그는 "Can't Buy Me Love(내게 사랑을 사줄 수는 없어요)"라는 노래를 작곡했다.[125] 부와 성공이 당신이 찾고 있는 사랑을 사줄 수는 없으며, 사실상 그 반대의 결과가 초래된다는 것을 담담하게 이야기하는 노래다.

많은 복권 당첨자가 결국엔 불행해지고 복권 당첨이 자신의 일생에 일어났던 일 중 최악이라고 느끼게 되는 이유다.[126] 전직 아동보호소 직원인 산드라 헤이즈Sandra Hayes는 직장 동료 몇 명과 함께 2,240만 달러의 파워볼Powerball 잭팟에 당첨됐다. 그녀는 세금을 제하고 일시불로 600만 달러 조금 넘게 수령했다: "나는 사람들의 욕구와 탐욕에 시달려야 했어요. 그들은 돈을 가지기 위해 기를 써요. 그것이 엄청난 감정적 고통의 원인이에요. 이렇게 모질게 구는 사람들이 바로 당신이 깊이 사랑했던 사람들인 거예요. 그들은 흡혈귀로 돌변해서 나로부터 생명력을 빨아들이려고 악다구니를 썼어요."[127]

─────── **평범한 사람들을 대상으로 한 소시오패스 행동 연구**

1971년 필립 짐바르도Philip Zimbardo 박사는 일명 "스탠포드 죄수 실험"이라 불리는 연구를 계획했다. 그 연구는 소시오패스적 행동이 발달하는 또 한 가지 방식을 이해하는 단서를 제공했다. 짐바르도 교수 팀은 스탠포드대학 안의 조던 홀Jordan Hall 지하에 임시 감옥을 설치하고 실험 참가 자원자를 모집했다. 참가자들은 무작위적으로 감방에 갇히는 죄수 혹은 감방을 지키는 간수가 될 것이며, 실험에 참가한 학생들에게는 하루에 15달러씩 2주 동안 수당이 지급될 예정이었다. 70명의 실험 자원자들에게 심리 검사와 면담이 실시되었고, 그들 중 가장 정상적이며 건강하다는 판정을 받은 24명이 선발됐다. 1971년 8월 17일 일요일, 팔로 알토 Palo Alto의 진짜 경찰관이 죄수 역할을 맡게 된 젊은이 9명의 집을 방문해 그들을 "체포했다". 참가자들 중 몇몇은 이웃과 친구들이 놀라서 지켜보는 가운데 수갑을 차고 집을 나섰고, 그 장면이 카메라에 녹화됐다. 그들은 호송되어 실제 감옥에 이름을 올린 다음, 눈을 가린 채 차에 태워져서 스탠포드 대학 내에 만들어진 감옥으로 이동했다. 간수 역할을 맡은 학생들에게는 제복이 지급됐고, 그들의 역할은 폭력을 사용하는 일 없이 감옥을 유지하고 통제하는 것이란 지시사항이 주어졌다.

그런데 시간이 갈수록 간수 역할의 참가자들은 점점 더 잔인해졌다. 특히 실험 둘째 날, 죄수 참가자들이 반란을 일으킨 후부터 더 심해졌다. 죄수들의 반란을 평정한 후, 간수들의 강압적인 공격, 모욕, 비인간화 사례가 증가했다. 간수들은 죄수들을 압박하여 손으로 변기를 닦게 하거나 모멸적인 대본을 연기하게 했다. 연구팀이 자신들의 행동을 관찰하지 않을 것이라 여기는 한밤중에 최악의 학대가 일어났다. 9명의 죄수는 심각한 스트레스를 받았고, 이를 견디지 못한 5명을 예정보다 빨리 풀어줄 수밖에 없었다.

실험 시작 5일째, 필립 짐바르도 박사의 여자 친구인 크리스티나 마슬라크Christina Maslach가 실험 진행 상황을 보기 위해 현장에 나타났다. 그녀는 스탠포드 대학에서 박사 학위를 받은 후, 버클리 대학에서 조교수로 일하고 있었다. 그녀는 곧바로 두려움에 사로잡혔다.[128] 감방의 간수 역할을 맡은 사람 중 하나인 "매력적이고, 재미있고, 똑똑한" 청년과 대화를 시작한 지 얼마 안 되어서였다. 크리스티나는 여기 오기 전에 다른 연구자로부터 들은 얘기가 있었다. 간수 역할을 하는 사람 중 특히 더 가학적인 사람이 있는데, 모두들 그를 존 웨인John Wayne이란 별명으로 부른다는 것이었다. 크리스티나는 자신이 방금 대화를 나눴던 친구가 존 웨인이란 사실을 알게 되었던 것이다: "그는 완전히 바뀌었어요. 그는 지금 미국 남부의 억양으로 말하고 있는데, 나와 대화할 때는 전혀 들어보지 못한 것입니다. 움직이는 것도 다르고 말하는 방식도 달라요. 억양만 달라진 것이 아니라 죄수들과 상호 작용하는 방식도 달라졌어요. 마치 지킬 박사와 하이드 같아요. … 정말 놀랐습니다."[129]

그때 한 죄수가 화장실에 가는 길에 존 웨인과 마주쳤고, 존 웨인은 그 죄수를 밀어 넘어뜨렸다. 연구자들이 주변에 없을 때였다. 마슬라크 박사는, 취침 전에 간수들이 자기가 담당하는 죄수들의 머리에 종이 봉지를 씌우고 화장실로 데려가는 것을 보았다. 동료 연구자는 이 다음 일어날 일이 마슬라크 박사의 속을 뒤집어 놓을 것이라고 놀렸다. 그날 밤, 마슬라크 박사는 짐바르도 박사와 격렬하게 싸웠고, 그에게 실험의 중단을 요구했다. 짐바르도 박사는 깨달았다. 어느새 자신과 동료들 역시 간수들과 마찬가지로 죄수들에 대한 공감을 잃어버린 상태였던 것이다. 다음날 실험이 종료됐다. 마슬라크와 짐바르도는 1972년 결혼했고, 마슬라크는 버클리대학의 정교수가 되어 비인간화에 관한 연구를 수행했다. 스탠포드 대학 신문에 실린 마슬라크 박사의 말은 오늘날의 세계에도 여전히 시사하는 바가 크다.

"나는 간수들에 대한 면담을 시작했습니다. 진짜 간수들도 면담하고 응급 의료 구호에 종사하는 사람들도 면담했어요. 그 면담으로부터 직무 탈진burn-out에 대해 내가 수행한 많은 연구 주제들이 구체화되었습니다." 그녀의 연구는 다른 사람들을 구호하고 치료해야 할 책임을 맡은 사람들이 어떻게 그들이 보살피는 사람들을 물건 보듯 하게 되는지를 살펴본다. "사람들을 물건 보듯 하게 되면, 어떤 경우에는 정말 무감각하고, 무정하며, 잔혹하고 비인간화된 방식으로 행동하게 됩니다."[130]

흥미롭게도 1965년, 짐바르도 교수의 친구인 스탠리 밀그램Stanley Milgram 역시 비슷한 함의를 갖는 획기적인 심리학 실험을 수행한 바 있다. 실험에서는 흰 가운을 입은 연구자가 실험에 참가한 사람들에게 할 일을 지시한다. 실험 참가자가 할 일은 낯선 사람이 질문에 바른 응답을 하지 못하면 전기 충격을 가하는 것이다. 낯선 사람은 옆방에 있지만, 실험 참가자는 원웨이 미러를 통해 그 낯선 사람의 행동을 모두 보고 들을 수 있다. 실제로 충격이 발생하는 것은 아니었지만 전기 충격이 주어진 것처럼 보일 때 낯선 사람들은 고통스러워하고 비명을 질렀다. 실험 참가자가 "이렇게 해도 괜찮은 거냐"라고 물을 때마다, 연구자들은 "실험은 계속되어야만 한다"는 말뿐이었다. 전기 충격의 강도가 높아짐에 따라 낯선 사람은 정말 죽을 것 같이 비명을 질러댔다. 그럼에도 불구하고 참가자의 3분의 2가 '위험-심각'이라고 명확하게 표시된 최대 전력량의 전기 충격—놀랍게도 무려 750볼트였다—을 생전 처음 본 사람에게 가했다.[131] 실험이 끝난후, 실험 내용에 대한 설명을 듣고 참가자 대부분이 자신의 어두운 잠재력에 경악했다. 짐바르도와 밀그램의 실험으로 인해 윤리 규범을 해치는 심리학 실험을 금지하는 법안이 통과되었다.

앞의 실험들은 보통 사람들이 특이한 환경에 처할 때 쉽사리 다른 사람들에게 비인간적인 만행을 저지를 수 있다는 사실을 보여주었다. 특히 권력을 가진 특정 역할들에는 그것에 어울리는 특정 행동들이 수반되는 것 같다. 누군가가 부富와 권력을 획득하고 공동체의 더 부유하고 권력 있는 사람들과 정기적으로 상호 작용하게 되면, 그들의 사고방식과 감정, 행동들을 쉽게 받아들일 수 있다. 초기에는 부와 권력을 가진 사람들이 보이는 특정 태도나 행동을 마음에 들어 하지 않겠지만, 밀그램의 전기 충격 실험이 시사하는 바와 같이 함께하는 사람들의 의지에 복종하고 싶은 욕구는 아주 강력하다.

─────── **방관자 효과와 엘비스-마릴린 신드롬**

방관자 효과 역시 보통 사람들이 소시오패스나 할 법한 행동을 할 수 있음을 보여준다. 평범한 사람들이 단지 어떤 집단에 속하게 되는 것만으로 소시오패스처럼 행동한다. 1964년 3월 13일, 키티 제노비스 **Kitty Genovese**가 연쇄 강간범이자 살인범의 칼에 찔려 사망했다. 이 사건 초기에 추정된 숫자들은 다음과 같다. 최소 30분 동안 피해자는 비명을 지르며 도움을 호소했고, 38명의 목격자가 이 일을 인지했지만 그들 중 아무도 이 사건에 개입하지 않았고 경찰을 부르지도 않았다. 이 와중에 키티를 공격한 범인은 현장에서 도망쳤고 키티는 사망했다. 아메리칸 사이콜로지스 트**American Psychologist**의 조사에 따르면, 세부 사항 중 일부는 언론 매체에 의해 과장됐을 가능성이 있다. 최소한 목격자 1명은 경찰에 신고한 것이 확실하고, 일부 사람들은 비명을 듣기는 했지만, 실제로 무슨 일이 일어나고 있는지 볼 수 없었다.[132] 그럼에도 불구하고 이 사건의 요점은 '사람들이 좀 더 빨리 사건에 개입했더라면 막을 수 있었던 사망 사건이 많았다'라는 것이다. 1968년 존 달리John Darley와 빕 라타네Bibb Latané는 이러한 현상을 연구하기 위해 실험실 연구를 수행했고, 그 결과는 그들의 가설을 강력하게 지지했다.[133] 1969년 이후 실행된 달리와 빕의 실험 가운데 하나에서, 주변에 많은 사람이 있을 때는 40퍼센트의 사람들만이 '넘어져서 울고 있는 것이 분명한' 여자에게 도움을 제공했다. 반면 주변에 자신을 제외하고 아무도 없을 때는 울고 있는 여자를 목격한 사람의 70퍼센트가 신고하거나 직접 도움을 주기 위해 나섰다.[134]

대중에게 유명한 인물이 됨으로써 심각한 탈진이 일어날 수도 있다. 유명 인사와 연예인들이 우울증이나 불안 장애를 앓는 경우가 많은 이유가 이것이다. 이런 상황을 설명하기 위해 나는 엘비스-마릴린 신드롬Elvis-Marilyn syndrome이란 용어를 고안했다. 우리는 물질 세계의 열매를 욕망하라고 배운다. 그러나 20세기를 풍미한 한 남자와 한 여자는 비참하다 할 정도로 우울했고, 심각하게 약물에 의존하다가, 결국 약물 과다 복용으로 인한 사망으로 생을 마감했다. 분명한 사실에도 불구하고 많은 사람들은 여전히 돈과 권력의 환상을 믿는다. 이 유명 인사들 수준의 돈과 명성을 가지면 역대 최고 수준의 행복을 누리게 될 거라고 믿는 것이다. 또한 열심히 일할수록 더 많은 혜택을 누린다는 사실을 인정하기보다는 하루아침에 성공했다는 식의 헛소리 같은 신화를 믿고 싶어 한다.

──── 생명 에너지를 흡수하는 과학

파워볼 복권 당첨자 산드라 헤이즈는 자신이 갑자기 600만 달러를 얻게 되자, 그녀의 친구들은 "생명력을 빨아먹으려고 악다구니 쓰는 흡혈귀들"이 되었다고 말한다. 산드라는 그들이 자신의 생명력을 고갈시키고 있다고 느꼈다. 이 개념을 이해하기 위해서는 반드시 몇 가지 새로운 과학 데이터를 검토해봐야 하겠지만, 생명력을 빨아들인다는 개념이 단순한 비유를 넘어설 수 있다는 사실을 알아야 한다.

우리는 앞에서 DNA가 빛을 생명력의 1차 원천으로 사용하는 것을 보았다. 페테르 가리아에프 박사는 DNA 분자가 작은 석영 용기 안에 있는 모든 광자photon를 흡수하는 것을 발견했다.[135] 전통 물리학에서 빛을 휘게 하는 힘은 중력이 유일하고, DNA 유령 효과를 일으키는 힘은 외견상 중력인 것처럼 보인다. 이것은 중력이 DNA를 창조하는 것까지는 아니더라도 DNA가 중력 에너지의 보이지 않는 파동에 강하게 영향받고 있다는 사실을 긍정하는 증거이다.

DNA는 빛을 흡수하고 전달하는 것으로 보인다. 빛의 흡수와 전달은 DNA 기능 가운데 일부다. 일단 이 지식이 널리 알려지면 다양한 분야에서 큰 효과를 발휘할 것이다. 의약, 치료, 심리학은 물론 갈등 해소에도 효과를 볼 수 있다. 소시오패스 성향을 가진 사람들은 다른 사람의 에너지를 빨아들이기 위해 이 시스템을 사용하는 것 같다. 물론 사실 입증을 위해서는 추가적인 과학 데이터가 필요하다. 이 시스템은 단순하고 의식적인 의도에 의해 효과를 발휘하므로, 우리가 일상생활에서 활용하기 위해 그 어떤 과학적 지식도 필요하지 않다. 그것이 어떻게 효과를 발휘하는지 신경 쓸 필요가 없다는 뜻이다. 뉴턴이 떨어지는 사과를 보고 중력을 "발견"하기 전에도 중력은 작용하고 있었던 것과 마찬가지다.

가리아에프 박사가 몰랐던 사실이 있다. 이미 1970년대에 프리츠-알버트 포프Fritz-Albert Popp 박사가 암의 잠재적 원인 규명을 위한 연구을 하다가, DNA가 광자를 저장한다는 사실을 발견했다는 것이다. 포프 박사는 다양한 형태의 모든 생명체가 자신들의 DNA 안에 광자들을 흡수하고 있다는 것을 알아냈다. 또한 특정한 경우, 유기체들 사이에 빛이 교환된다는 사실을 관찰했다. 물벼룩의 일종인 다프니아의 경우, 한 마리가 빛을 뿜으면 근처에 있던 다른 다프니아들이 그 빛을 흡수했다. 작은 물고기 종에서도 같은 결과가 관찰됐다.[136] 그 광자들은 마치 지성을 갖고 방향을 찾는 것처럼 보였다. 어디로 가야 할지 아는 상태에서 하나의 유기체에서 다른 유기체로 인도되는 모습이었다.

포프 박사가 에티디움 브로마이드ethidium bromide라는 화학약품으로 DNA 분자를 깨뜨리자, 일천 개 가량의 광자가 홍수처럼 쏟아져 나왔다.[137] 이는 각각의 DNA 분자가 축소된 형태의 광섬유 케이블과 동일함을 시사한다. 광자들은 DNA 내부에서 빛의 속도로 앞뒤로 움직이며 몸이 필요할 때까지 기다린다. 포프 교수는 이 광자들이 신체적 건강 상태와 밀접하게 연관돼 있다는 사실도 알아냈다. 약해지거나 질병에 걸린 몸의 부위에서는 DNA에 저장된 빛의 양이 상당한 정도 낮은 수준을 보였다. 혹은 빛이 거의 없는 상태이기도 했다. 또 한 가지 매혹적인 관찰 결과가 있다. 스트레스를 겪을 때, 우리의 DNA는 점점 더 많은 빛을 내놓고 빠르게 어두워진다는 사실이다. 스트레스는 몸의 조직에 손상을 야기한다. 치유가 필요할 때, 우리의 DNA는 광자를 방출해 그 빛이 수리가 필요한 부분으로 갈 수 있게 한다.

이 분야에서 또 한 명의 위대한 선구자는 글렌 라인Glen Rein 박사다. 그는 우리가 다른 사람의 DNA에 얼마나 많은 빛을 저장할 것인지를 통제할 수 있다는 사실을 발견했다.[138] 사랑과 돌봄에 관한 생각들은 치유 반응을 창조하며 DNA 내의 광자 숫자를 증가시킨다. 반면 갑작스러운 분노와 공격성은 분자 바깥으로 빛을 끌어낸다. 이 연구에서 사용한 DNA는 인간 태반에서 추출한 조직으로, 완전히 다른 사람의 신체로부터 온 것이었다. 라인 박사의 연구에 참여한 사람들은 그 DNA를 치료할지 말지를 의식적으로 통제할 수 있었다. 참여자들이 태반의 DNA를 치료하겠다고 의도하자 광자의 수가 증가했다. 반면 그들이 사랑하는 마음에 집중하긴 하지만 그 마음을 DNA로 향하지 않았을 때 DNA 내부의 광자 수는 변하지 않았다.

──────── 사랑, 빛을 운반하는 힘

우주는 오직 하나뿐이고 살아 있는 존재라고 재해석하면, 우주의 모든 측면이 살아난다. 우주는 생물학적인 삶을 영위하는 존재로 구축된다. 양자 수준에서 그렇다는 말이다. 그러니 빛은 당연히 그 자체로 살아 있다. 이것은 하나의 법칙 시리즈 뒷부분에서 내가 찾아낸 또 하나의 과학적 개념이다.

41.9 가장 단순하고 분명하게 나타난 존재가 빛입니다─혹은 당신들이 광자라고 부르는 것입니다.[139]

이 새로운 모형에서, 하나의 광자는 우리가 알고 있는 것보다 훨씬 많은 정보를 저장할 수 있다. 그중에는 해당 유형의 유기체를 만들어낼 수 있는 완벽한 유전 암호도 포함된다. 아주 먼 거리를 가로지르는 동안에도 유전 정보는 하나의 광자 내에 부호화되어 보존될 것이다. 우주 공간을 횡단하는 이동도 광자의 내부 구조를 교란하지 못한다. 또한 빛은 생명 에너지의 소중한 원천을 제공함으로써 생물학적 유기체를 생생하고 건강하게 유지시켜 준다.

살아 있는 우주라는 이 모형 안에서, 빛 역시도 한 지점에서 다른 지점으로 이동하는 지성적 수단을 필요로 한다. 라인 박사의 과학적 실험은, 우리가 누군가를―혹은 살아 있는 생물학적 물질에 관해― 생각하자마자 우리의 몸과 우리가 주의를 집중하는 대상 사이에 터널이 만들어진다는 것을 알려준다. 빛은 즉시 터널을 통해 나아간다. 이 에너지 형태의 통로는 눈에 보이지 않으며 이제까지 과학적으로 측정된 적이 없다. 하지만 다수의 반복 가능한 실험실 실험에서 관찰된 결과들을 설명하기 위해서는, 이론 차원에서 통로들이 존재해야만 한다. "에너지 생물학energetic biology"이라는 이 새로운 모형 안에는 두 가지 상이한 힘이 작용하는 것처럼 보인다. 그 가운데 하나는 빛이다. 빛은 생명력의 원초적인 힘을 제공한다. 또 한 가지 힘은 빛의 모양을 만들고, 본뜨고, 방향을 잡아서 눈에 보이지 않는 터널을 통과하게 한다. 지금 당장은 이 얘기가 이상하게 들리겠지만 나는 그 힘을 "사랑"이라고 지칭한다.

이 경우에 사랑은 눈에 보이지 않는 터널을 닮은 구조물을 생성하고, 빛이 다양한 거리를 가로질러 이동할 수 있게 한다. 우리의 생각이 이 터널들을 창조한다. 우리가 누군가를 생각할 때마다 소스필드Source Field 안에서는 우리와 그 사람 사이에 자동적으로 하나의 터널이 생성되고, 광자들이 그 터널을 통해 이동하기 시작한다. 광자들은 우리의 생각에서 나온 정보에 의해 암호화될 수 있다. 이것이 텔레파시를 통한 의사소통의 실질적 메커니즘이다. 또한 사랑은 DNA 유령 그 자체를 만드는 힘이기도 하다. 이 에너지가 DNA 분자 안에 광자들을 잡아둘 수도 있고, 그 광자들을 DNA 분자 밖으로 보내는 터널을 생성할 수도 있다.

─────── **남성과 여성이라는 원형archetype, 그리고 우주 에너지**

　　철학 용어에서 빛과 사랑이라는 두 가지 힘은 성性: gender에 대비될 수 있다. 빛은 광자에 원초적인 힘을 제공하고 바깥으로 쏘아져 나가는 남성적인 힘이다. 사랑은 빛의 모양을 만들고, 본 뜨고, 방향을 잡는 여성적인 힘이다. 심리학적으로 우리는 이 두 원형 간의 균형이 필요하다. 보다 건강한 삶을 위해서 말이다. 하나의 법칙이 주장하는 철학에 따르면, 우리가 생물학적 생명체에서 보게 되는 양성兩性은 우주 내에 존재하는 에너지의 기본 구조가 홀로그램적으로 반영된 결과이다. 이것은 하나의 법칙 시리즈의 92번째 세션에서 설명된다. 원천source은 해답을 완전히 드러낼 생각이 없다는 점을 명심하자. 말인즉슨 우리 스스로 이 수수께끼를 풀어야 한다는 뜻이다.

> 92.20 손을 뻗는 것은 남성의 원칙, 손 뻗어주기를 기다리는 것은 여성의 원칙으로 보일 수 있습니다. 남성과 여성의 양극성 시스템이 갖는 풍요로움은 흥미롭습니다─우리가 더 이상 언급하지는 않겠지만, 학생들에게 좀 더 숙고해 보기를 권합니다.[140]

세션 67에서, 돈 엘킨스는 남성 원형과 여성 원형의 본질에 관해 전해 듣고 나름으로 이해한 바를 요약하였다. 그는 전기 부하가 음극에서 양극으로 흐른다는 것 외에는 남성과 여성, 빛과 사랑이 서로 다른 에너지적 성질을 갖는다고 생각하지 않았다. 그렇다고 하더라도 다음의 진술은 돈 엘킨스가 들었던 바를 반영하는 것이 틀림없다.

67.28 아버지 원형은 남성 혹은 전자기 에너지의 양극이 갖는 성격에 부합하며, 능동적이고 창조적이며, 빛을 냅니다—마치 우리 은하계의 태양처럼 말이죠. 어머니 원형은 여성 혹은 전자기 에너지의 음극이 갖는 성격에 부합하며, 수용적이거나 끌어당깁니다—마치 우리의 지구와도 같습니다. 지구는 태양의 에너지를 받아들이고, 3차 밀도의 생식력을 통해 생명을 출현시킵니다.[141]

만약 당신의 꿈에 출현하는 상징들을 분석함으로써 자신이 겪게 될 수도 있는 투쟁의 더 깊은 의미를 이해하고 싶다면, 남성 원형과 여성 원형을 이해하는 것이 중요해진다. 대부분의 남자는 자신의 여성적인 측면을 보다 완전하게 발달시킬 필요가 있다. 그리고 결국은 여자와의 관계에 휘말림으로써 여성적 측면을 발달시키는 법을 배우게 된다. 한편 여자들은 정반대의 이유로 남자들에게 끌린다고 할 수 있다. 자신의 남성적 측면을 발달시켜야 하기 때문이다. 종종 어떤 남자는 남성적이기보다 훨씬 여성적일 수 있다. 그런 남자는 대개 과도하게 남성적인 여자에게 끌린다. 누군가에게 성적 매력을 느끼는 것은, 가장 많은 것을 배울 수 있는 사람들에게로 우리를 이끄는 잠재의식의 작용인 경우가 많다. 온화하고 수동적이며, 문제에 휘둘리고, 불안에 빠지기 쉬운 사람들은 강인하고, 두려움 없고, 지배적이며, 자기도취적인 성격 유형을 보이는 사람에게 저항하기 어려운 성적 매력을 느낀다. 이와 같은 관계는 자기도취적인 사람 쪽이 변화를 거부할 경우 양쪽 모두에게 극도로 고통스러운 지옥이 될 수 있다.

치유와 몰입

자신과 다른 사람과의 사이에 생각으로 터널을 창조하면 광자들이 교환되는데, 그 흐름은 양방향이다. 우리가 다른 사람을 치유할 때, 우리는 치유가 필요한 사람의 몸안으로 더 많은 광자를 보낸다. 하지만 우리가 에너지를 흡수할 때는 다른 누군가의 몸에서 적극적으로 광자들을 끌어당긴다. 누군가에게 분노를 향하게 하면, 자동적으로 터널이 형성되고 우리는 즉각 터널을 통해 광자들을 끌어당기려고 애쓴다. 이것이 성공하기 위해서는 그가 죄의식, 두려움, 수치, 슬픔, 분노, 혐오, 충격 등과 같은 부정적 감정을 느끼게 만들어야 한다. 만약 그가 부정적 감정에 빠져들지 않고 사랑 가득하지만 견고한 상태를 유지한다면, 그 사람의 생명 에너지는 보호될 것이고 아무것도 잃지 않는다. 이것은 당신이 자신의 생명 에너지를 보호하기 원하다면 숙달해야 할, 하나의 법칙이 전하는 가장 중요한 가르침 중 하나다.

만약 우리가 누군가의 에너지를 성공적으로 흡수하고 있다면—다시 말해 화를 내는 우리 앞에서 누군가가 위축된다면— 그때 우리는 그 사람의 전신에 퍼져 있는 DNA의 광자 저장고에서 빛을 끌어내고 있는 것이다. 이렇게 함으로써 우리는 즉각적으로 활용할 수 있는 에너지의 원천을 획득한다. 그 결과, 우리는 더욱 정신이 기민해지고 힘이 충만하게 된다. 하지만 이런 행위는 자신을 회복시키는 방법 중에서 가장 냉정하고, 얄팍하고, 공허한 것이다. 우리가 진정한 사랑을 느낄 때 저절로 채워지는 풍요로움과 공교함이 결여된 것이다. 하나의 법칙에서 사용하는 용어로 설명하자면, 다른 사람 누군가로부터 에너지를 흡수하는 것은 부정적인 길이다—그리고 예외 없이 당신이 다른 사람들로부터 취한 것은 머지않아 마찬가지

방식으로 빼앗기게 될 것이다.

이러한 메커니즘은 정확히 글렌 라인 박사가 자신의 DNA 실험에서 관찰한 것이다. 화가 난 사람들은 인간 태반에서 추출된 DNA로부터 광자를 끌어냈다. 반면 사랑을 느끼는 사람은 그 DNA 속으로 광자를 보낼 수 있었다. 아직까지 우리는 이 에너지의 터널을 측정한 적이 없고, 우리의 생각이 어떻게 자동적으로 터널을 생성하는지도 모르지만, 그 메커니즘에 따른 결과들에 대해서는 상세한 기록이 이뤄지고 있다.

──────── **부를라코프Burlakov의 물고기 알 실험**

러시아 과학자인 A. B. 부를라코프 박사는 물고기 알 실험을 통해 이러한 개념을 지지하는 추가 증거를 제공했다. 그는 오래되고 성숙한 알들을 어리고 새로운 알들 앞에 놓았는데, 오래된 알들은 말 그대로 어린 알들의 건강할 권리를 빼내갔다. 곧 어린 알들에게 명백한 건강 문제가 나타나기 시작했다. 시들시들하고 변형되고 죽기까지 했던 것이다.[142] 더 오래되고 강한 알들은, 더 어리고 약한 알들로부터 생명력을 빨아들이고 있는 것처럼 보였다. 이와 동일한 메커니즘에 의해 우리가 다른 사람들에게 건강을 전달하는 일도 가능할 것이다. 이 실험에서 어린 알들을 아주 조금만 더 성숙한 알들 가까이 놓았을 때, 어린 알들의 성장이 가속화됐다—옆에 있는 성숙한 알들의 발달 수준에 도달할 때까지 가속화된 성장은 지속되었다.[143] 흥미롭게도, 알들이 위치한 공간 사이를 유리판으로 막으면 이러한 치유 효과 혹은 악화 효과들이 완전히 차단됐다. 유리가 자외선을 차단한다는 사실에 기인하는 것이 거의 확실하다. 유리는 강한 알들이 약한 알들에게서 광자를 뽑아내는 데 작용하는 미세 중력장을 차단하지 못한다. 그래서 미세 중력장의 영향을 받는 약한 알들은 여전히 자신들의 광자를 토해낸다. 그렇지만 일단 방출된 광자들은, 유리에 부딪혀 방사됨으로써 약한 알들에 다시 흡수된다. 그러므로 더 강한 알들로부터 오는 중력의 힘이 약한 알들의 광자를 계속 끌어내더라도 에너지는 변함이 없는 것이다.

───────── **치유: 과학적 연구들의 메타 분석**

다니엘 베노Daniel Benor 박사는 영적靈的 치유에 관련된 191개의 다양한 연구를 분석했다. 그 연구들은 살아 있는 조직의 치유에 관한 것이었다. 치유는 다양한 생명체를 대상으로 시도됐는데, 그 생명체에는 인간뿐만 아니라 식물과 동물, 박테리아, 조류藻類도 포함되었다. 그런데 정말 놀랍게도 191개 연구 가운데 64퍼센트에서 의미 있는 효과를 볼수 있었다. 그중에는 뉴욕과 로스앤젤레스처럼 상당히 떨어져 있는 사람이 다른 사람을 치료한 경우도 있었다.[144]

생각과 감정들―특히 사랑―의 방향을 생명체 쪽으로 향하게 하는 즉시, 우리는 광자들이 통로로 사용할 수 있는 터널의 문을 연다. 치유에 관한 대부분의 과학적 연구에서 이러한 효과는 아주 일관되었고 분명하게 관찰되었다. 무엇보다 중요한 사실이 있다. 하나의 법칙에서 사용하는 용어로 표현하자면, 당신이 누군가를 치료할 때 자신의 생체광자biophotons를 전혀 희생할 필요가 없다는 것이다. 당신은 우주의 에너지가 당신을 통해 흐르도록, 빛을 모으는 렌즈처럼 행동하면 된다. 이 내용은 하나의 법칙 시리즈의 세션 66에서 아주 명료하게 표현된다.

66.10 치유자는 치유하지 않습니다. 명백한 치유자는 지성적인 에너지의 한 채널이고, 그 에너지는 실체가 자기 자신을 치료할 기회를 부여합니다. … 이는 당신들 문화의 전통적인 치유자에 대해서도 진실입니다. 치유자들이 치유를 책임지는 것이 아니라 치유 기회의 제공만 책임진다는 사실 한 가지만 깨달아도, 그들이 지고 있는 어마어마한 책임감으로부터 자유로워질 수 있을 것입니다.[145]

4.14 더 흥미로운 사실은 자신의 삶과 일치하지 않는 일을 하는 사람들은 무한 의식의 에너지를 흡수하는 데 다소 어려움을 겪을 수 있습니다. 그들은 스스로의 내면에서 부조화를 보고 다른 사람들과의 사이에서 부조화를 일으키는 등 심각한 왜곡 상태를 겪을 수 있다는 것입니다. 심지어는 치유 행위를 그만둬야 된다고 판명나기도 합니다.[146]

———— 사랑과 빛에 대해 하나의 법칙이 알려주는 것들

하나의 법칙 시리즈는 빛이 살아 있다고 말한다. 광자는 우주 안에서 가장 기본적인 생명 형태이며, 이제 우리에겐 그 사실을 증명할 과학이 있다. DNA 유령—즉 사랑이라는 여성적인 힘—은 빛을 둘러싸고 빛을 조성shape하는 소용돌이vortex 에너지다. 우리의 온 우주는 빛과 사랑으로 지어진다. 빛과 사랑은 "지성적인 무한intelligent infinity"이 지성적인 에너지intelligent energy가 된 다음 자신을 드러내는 원초적 발현이다. 사랑과 빛의 후손은 물질과 생명이며, 사랑과 빛의 모든 후손은 본질적으로 살아 있는 존재다. 그들 간의 관계를 드러내는 핵심 구절을 소개한다.

13.9 빛…은 물질物質이라고 알려진 것을 짓는 벽돌이고, 그 빛은 지성知性을 갖고 있는 동시에 에너지로 충만해 있습니다.[147]

2.4 그 돌들은 살아 있습니다. 이 점을 당신들 문화의 [사람들은] 이해하지 못했습니다.[148]

64.6 우리가 이해하는 것은 빛 이외에 다른 물질은 없다는 사실입니다.[149]

28.5 질문: 무엇이 빛을 응축하여 물리적 혹은 화학적 요소를 만들었나요?
답: … 그것을 가능하게 하는 사랑이라고 알려진 초점의 기능을 숙고해 볼 필요가 있습니다.[150]

27.13 사랑은 빛을 이용합니다. 그리고 빛의 방향을 잡아주는 힘을 갖고 있습니다.[151]
6.4 그 환상[즉, 당신의 물질 우주]은 빛을 재료로 창조됩니다. 더 정확하지만 이해하기는 어렵게 표현하자면, 빛/사랑으로 생성됩니다.[152]

1.6 당신은 모든 것이며 모든 존재, 모든 감정, 모든 사건, 모든 상황입니다. 당신은 단일성입니다. 당신은 무한입니다. 당신은 사랑/빛, 빛/사

랑입니다. 그저 당신입니다. 이것이 하나의 법칙입니다.[153]

──────── 원격투시 연구와 부정적인 길에 대한 추가 통찰

사랑에 의해 창조된 소용돌이(=볼텍스)는 우리가 주의를 다른 곳으로 돌릴 때 우리로부터 밖으로 확장되고, 이 채널을 통해 빛이 전송된다. 이 효과는 먼 거리에서도 발생할 수 있다. 중국과 미국 양국에서 수행된 원격투시 연구에서, 실험 대상자는 멀리 떨어진 지역을 직관적으로 지각하고 정밀하게 관찰하도록 훈련받았다. 그가 목표 대상을 정밀하게 관찰하는 동안, 실내에 있으므로 완전한 어둠 속에 있어야 할 목표 대상 주변에 광자光子들이 출현했다. 광자의 양은 정상적인 배경일 경우보다 일천 배까지 급증할 수 있었다.[154] 이런 효과는 그가 멀리 있는 목표 대상에 주의를 집중했을 때 형성된 터널에 의해 초래되는 듯하다. 우리 모두는 이러한 터널을 만들어낼 능력을 갖고 있다. 유체이탈을 경험할 때도 우리는 이와 동일한 터널들을 실제로 보게 된다. 많은 사람들이 자신의 아스트랄체와 물질 육체를 연결하는 은줄silver cord을 보았다고 보고했다.

우리가 다른 사람에게 생각을 집중할 때마다, 우리는 광자들을 교환하는 데에 쓸 수 있는 도관導管을 연다. 이 터널을 통해 어떤 사람에게 에너지를 보낼 수도 있고, 그 에게서 에너지를 뽑아낼 수도 있다. 사랑에 대해 생각함으로써 생명 에너지에 불을 붙이고 자신의 DNA를 광자로 채울 수 있다. 명상적이고 고양되어 있으며 지복에 잠긴 상태에서 우리는 자신의 DNA 안쪽으로 신선한 광자들을 끌어들이는 다수의 미세 터널을 개통한다. 이것이 플라시보 효과에 대한 과학적 설명이다. 단지 우리가 치유될 것이라고 믿기만 하면 실제로 치유 반응이 생겨난다.

하지만 소시오패스는 사랑이란 감정에 벽을 쌓고 이를 약점으로 간주한다. 그 결과 소시오패스의 육체적 건강과 주의 집중 능력은 약화되고, 그들이 살아 있다고 느낄 수 있는 유일한 방법은 다른 사람들의 에너지를 빨아먹는 것뿐이다. 그들은 다른 사람을 공격하고, 무시하고, 화를 내고, 수치심과 굴욕감을 준다—그러면서 더 크고 심각한 희생과 양보를 끝없이 요구한다. 소시오패스는 선량한 마음을 가진 사람에게 도발해 그들의 부정적 반응을 유도한다. 소시오패스는 자신이 얻을 수 있는 에너지와 생명력의 가장 큰 원천 중 하나가 다른 사람이 자신에게 용서를 구걸하는 상황임을 잘 알기 때문이다. 보통의 경우는 다른 사람이 친절과 자비를 간청할 때, 우리는 상처 입힌 사람에게 자신의 생명 에너지를 쏟아붓는다. 그렇게 함으로써 상대의 기분이 나아지기를 바라면서 말이다.

그러나 막강한 소시오패스의 경우, 아무리 많은 에너지를 취하더라도 여전히 에너지에 목마르고 배고프다. 그들이 자기 스스로에게 사랑을 허락하기 전까지는 결코 진정한 행복을 느낄 수 없을 것이다. 그들에게 사랑이란 자신의 경계벽을 낮추고, 자신의 민감한 핵심 주위에 구축해 놓은 강고한 방어기제를 스스로 해체하는 것과 관련된 것이다. 그들은 잘 알고 있다. 만약 자신이 겪어온 통렬한 아픔과 감정을 있는 그대로 느끼도록 스스로에게 허용하면, 이제까지 남들에게 했던 것과 똑같이 자신의 생기를 빼앗길 수 있다는 사실 말이다. 그들에겐 너무나 끔찍한 일이다. 소시오패스는 절대로 타인을 신뢰하지 않기 때문이다. 그러나 시간이 흐르면 그들도 사람들 대부분이 천성적으로 착하며, 자신들을 해칠 생각이 전혀 없다는 사실을 배울 수 있다. 소시오패스들도 사랑하는 마음과 그 행동이 주는 이점을 받아들이기 시작한다.

데이비드 윌록의 동시성

전 지구 차원의 공적公敵, 또는 하나의 법칙에서 "부정 지향의 엘리트 negative elite"라 칭하는 집단은 사람들의 주의를 집중시켜 수백만 명의 에너지가 주는 영향을 느낄 목적으로, 의식적/무의식적으로 세상의 권력과 특권을 추구하는 이들이다. 소시오패스와 마찬가지로 "부정적인 길"을 가는 사람들은 다른 사람을 사랑하고 받아들이고 용서하는 일에 엄청난 저항감을 갖고 있다. 따라서 사랑으로부터 필요한 에너지를 얻을 방법을 찾아보지도 않는다. 그들은 대중의 환호, 칭송, 숭배를 추구한다. 그러면서 자신에게 쉽게 기만당하는 사람들을 비웃는다. 다행인 것은 우리가 부정을 돌파한 후에 "부정 지향 엘리트"의 가장 큰 비밀을 폭로하게 되면, 그들의 통제와 조작질에 대항하는 면역력을 가질 수 있다는 사실이다. 지구 차원의 적대세력이 자기들의 계획대로 성공하기 위해서는 대중의 무지가 필수적이다. 일단 "임계치critical mass"를 넘어서는 사람들이 깨어나 적대세력이 누구이고, 무슨 짓을 하고 있는지를 깨닫게 되면 확률적으로 그들의 패배가 확실해진다.

◔

5

전 지구 차원의
적대세력

심성이 선한 사람들이 돈과 권력을
얻은 후에 어떻게 극도로 부정적인 행동을 하게 되는지에 대해서라면 이
제까지 수많은 연극, 소설, 영화, 드라마들이 파헤쳐왔다. 대중들이 궁금
해 하는 것은 과연 어떤 사람들이 전 세계 차원의 엘리트를 형성하고 있
느냐는 것이다. 2011년 노팅엄 트렌트대학Nottingham Trent University의 클
라이브 보디Clive Boddy 박사는 「세계 금융 위기의 기업 사이코패스 이론The
Corporate Psychopaths Theory of the Global Financial Crisis」이란 제목으로 동료 심
사를 받은 논문을 썼다.[155] 그리고 미첼 앤더슨Mitchell Anderson은 그 연구에
관한 자신의 평가를 한 신문에 기고했다.

사이코패스의 극히 일부만이 영화에서 흔히 다루는 폭력적인 범죄자

가 된다. 대부분의 사이코패스들은 더 효과적으로 타인을 조종하기 위해 사람들과 섞여 살면서 자신의 행동 특성을 감추려고 노력한다. 이 두려운 상황은 인류 역사 내내 있어온 것이다. … 과학자들은 보통 전체 인구의 약 1퍼센트가 사이코패스라고 믿는다. 정상으로 보이는 미국 시민 가운데 300만 명 이상의 도덕적 괴물이 있다는 뜻이다. 현대 기업에서 상부 관리자층으로 올라갈수록 사이코패스의 비율이 더 증가한다는 새로운 증거가 속속 드러나고 있다. 놀라운 일이 아닌 것이, 대형 상장회사에서는 개인의 잔인함과 권력에의 집착이 강력한 자산으로 간주되어 왔기 때문이다. (일부 작가들이 믿고 있듯 대기업들은 이미 사이코패스가 된 지 오래다.)

그렇지만 외부로 보이는 모습과 실적은 별개의 문제다. 사이코패스는 종종 외향적이고 매력적이면서 자기 홍보에 탁월하다. 그들은 또한 전형적으로 끔찍하기 짝이 없는 관리자들이다—동료를 괴롭히고 자신의 행동을 감추기 위해 혼란한 상황을 만들어낸다. 그들이 조직의 간부가 되면, 그들이 보이는 정신병리는 그들에게 합법적으로 요구되는 어떤 일을 하는 것이 생화학적으로 불가능하다는 의미를 갖는다. 즉, 다른 사람들을 대표해서 신뢰성 있게 행동하는 것이 그들에게는 불가능한 일이다. …

보디 박사는 기업들이 비교적 안정적인 체제를 유지하면서 변화했기 때문에 사이코패스들이 자신을 감추기 어려운 시간을 보냈을 것이라고 시사한다. 유동적인 조직에서는 이들이 모습을 감추기가 훨씬 쉽다는 말이다. …

보디 박사는 현재 높은 비용이 들어가는 대중적 긴급 구제는 문제를 해결할 희망이 없다고 본다. 만약 세계 금융기관의 상층부에 사이코패스들이 자리하고 있다면, 그들의 유전적 결함은 탐욕이 한계를 모르고 날뛰도록 영향을 미칠 것이기 때문이다. 그들은 반사회적이고 무자비한 행동을 계속할 것이며, 이러한 행동은 막강한 기업의 영향력에 의해 증폭되고 그들이 대표하고 있는 기관들—그리고 아마도 전 세계의 경제가 붕괴될 때까지 지속될 것이다.[156]

─────── **거대한 비밀 밝혀내기**

미국의 금융 시스템이 1913년에 사유화됐다는 사실을 확인하면 거대한 비밀이 조금 더 드러나기 시작한다. 미국에서 돈을 찍어낼 권리는 민간 은행가들 집단에 양도됐다. 그들 중에는 로스차일드 가문과 록펠러 가문 등이 포함되었는데, 그들은 스스로를 연방준비제도라 지칭했다.[157] 또한 연방준비위원회의 은행가 가문들이 국제결제은행BIS을 결성함으로써 세계 최초의 "범세계적 중앙은행"이 태어났다.

2011년 9월 19일, 스위스의 제임스 글라트펠더James Glattfelder 박사가 이끄는 연구팀이 놀라운 사실을 증명했다. 전 세계에서 발행된 돈의 80퍼센트가, 은밀하게 감춰진 "거대 기업들의 겸임이사interlocking directorates"를 통해 돈세탁되어 연방준비제도의 주머니로 들어가고 있다는 것이다.[158] 거대 기업 가운데는 거대 미디어 복합 기업도 포함돼 있었다. 연구팀은 슈퍼컴퓨터를 이용해 전 세계의 상위 3700만 개 기업과 개인 투자자들의 데이터베이스를 분석했는데, 충격적이게도 단지 737개 기업이 전 세계에서 발생하는 수익의 80퍼센트를 버는 어떤 네트워크를 통제하고 있었다. 이 정보는 데이터 속에 깊이 숨겨져 있어서 그것을 발견하기 위해서는 슈퍼 컴퓨터의 힘을 빌려야 했다. 더 충격적인 사실은 이 초거대 실체들에 속하는 기업들의 75퍼센트가 금융기관이라는 점이다. 여기에는 바클레이즈

데이비드 윌콕의 동시성

Barclays, JP모간 체이스JPMorgan Chase & Co., 메릴린치Merrill Lynch, 스위스 은행UBS, 뉴욕은행Bank of New York, 도이치뱅크Deutsche Bank, 골드만삭스 Goldman Sachs, 모건 스탠리Morgan Stanley, 뱅크 오브 아메리카Bank of America 등이 포함되어 있고, 이들 모두는 소위 연방준비제도의 회원이다.[159] 연방 준비제도를 움직이는 실제 은행들의 정체가 공식적으로 드러난 것은 이번 이 처음이다. 내가 대화를 나눈 대부분의 연구자와 내부자들은 누가 주요 플레이어인지에 대해 의견이 일치했다. 이 상위 은행가들이 누리는 통제 의 정도는 과학적 사실이다. 음모론이 아니란 말이다. 그리고 그것이 전부 도 아니다.

하원의원 앨런 그레이슨Alan Grayson, 전 하원의원 론 폴Ron Paul, 그리고 타계한 상원의원 로버트 버드Robert Byrd는 2011년 연방준비제도에 대한 의 회의 회계 감사를 강행함으로써, 연방준비제도가 26조 달러에 달하는 미 국 납세자들의 돈을 비밀리에 양도했다는 사실을 밝혀냈다. 무려 26조 달 러를 정부도 아닌 연방준비제도 이사회의 상위 은행들에게 스스로 지급했 다는 것이다. 명분은 긴급 구조였다.[160] 긴급 구조 자금을 받은 은행들은 미국 내에 기반을 두지도 않았다. 만약 그 돈이 미국 국민에게 돌아갔다면 아마 기적을 이룰 수도 있었을 것이다. 이 충격적인 숫자는 그해 전 세계 국민총생산GDP의 3분의 1이 넘는 액수였다. 금융기관의 탐욕은 너무 크 고, 그들이 해온 도박은 그 규모가 너무 거대해서, 이 어마어마한 금액도 겨우 그들을 연명하게 하는 수준에 불과했다. 나는 160개국 동맹이 제공 한 정보로부터, 2008년의 금융 붕괴는 연방준비제도라는 도당徒黨을 쓸어 내기 위해 동맹 내 멤버들에 의해서 직접 기획되고 실행된 것이라는 사실 을 알게 되었다. 동맹 가운데 그 누구도 연방준비제도 이사회가 자신들의 부패한 금융기관들의 도산을 막고 위기에서 벗어나기 위해 천문학적 액수의 구제금융을 만들어낼 것이라고는 상상도 하지 못했다고 한다. 하지만 그들은 그 짓을 했다.

이것이 진실이라고 믿기는 힘들지만, 전 세계 부富의 80퍼센트를 통제하는 초거대 실체 147개와 자기 조직의 연명을 위해 만들어낸 26조 달러의 긴급 구제금융은 모두 사실인 것으로 밝혀졌다. 우리는 흔히 소시오패스가 단독으로 움직일 것이라 생각하지만, 권력은 본질적으로 몹시 위계적이다. 나는 이 집단을 깨고 나와 자유를 얻었거나 내부에서 집단을 와해하기 위해 적극적으로 일하는 사람들과 대화를 해왔다. 내가 들었던 공통된 내용은 이렇다. 부유하고 힘있는 사람들은, 세속적인 부를 획득하면 자동적으로 다른 사람보다 더 똑똑하고, 더 강인하고, 더 나은 사람이 된다고 믿는다는 것이다. 부유하고 힘있는 사람에게 협조하면서 그 위계 내에서의 지위를 받아들이기만 하면, 더욱더 부유하고 힘있는 사람이 될 수 있다는 말이다.

비밀이 엄수되기 때문에, 진정으로 소시오패스적인 행동을 할 마음이 없는 사람들은 더 높은 조직의 상부에서 무슨 일을 벌이고 있는지 절대 알아낼 수 없다. 조직의 목표를 위해 무슨 일이라도 하겠다는 용의와 가차 없는 행동은 진급으로 보상된다. 조직의 상층부로 올라가면 갈수록, 그 집단은 더욱 더 독일 군국주의 나치의 면모를 닮아 갈 것이다. 사실상 나치당이 우리가 다루는 실체들로부터 자금을 지원받았다는 부정할 수 없는 증거가 있다. 이 주제는 3장에서 자세히 다루려고 한다.[161] 1917년에 시작된 볼셰비키 혁명 역시 연방준비제도의 은행가들이 자금을 조달했다. 이 이야기는 G. 에드워드 그리핀G. Edward Griffin의『지킬 섬에서 온 생명체The Creature from Jekyll Island』[162]와 앤서니 C. 서튼Antony C. Sutton의『월스트리트와 볼셰비키Wall Street and the Bolshevik Revolution』[163]에서 전말을 확인할 수 있다. 나는 이 전체 시스템이 지금 무너지고 있는 중이라고 믿고 있다. 그리고 그것이 내가 이 주제에 대해 이야기하고 있는 이유이기도 하다.

──────── 에너지 흡수의 과학

전직 CIA 요원인 클리브 백스터Cleve Backster 박사는 거짓말탐지 검사의 프로토콜을 표준화한 사람이다.[164] 백스터 박사의 발견은 지구적 적대세력이 지금 무슨 일을 하고 있는지 이해하는 일과 직결되어 있다. 거짓말탐지기는 인체 피부의 전기 전도의 변화를 측정한다. 하지만 다른 생명 형태의 전기 활성도 역시 측정할 수 있다. 1966년 백스터 박사는 자신이 키우고 있던 식물(드라세나)에 거짓말탐지기 전극을 연결해서 반응을 측정했다. 식물도 인간과 비슷한 반응을 하는지 확인하고 싶었던 것이다. 놀랍게도, 식물은 지속적이고 복합적인 전기 활동을 보여주었다. 일견 무작위적인 듯 보이기도 하지만 급등과 급락을 거듭하면서 인간의 반응 패턴과 유사한 파동을 보인 것이다. 백스터 박사는 거짓말탐지기 검사의 핵심은 검사받는 대상자와 대치하면서 위협을 가하는 것이라고 알고 있었다. 즉 "당신은 총을 쏘아 당신의 아내를 살해했나요?"와 같이 피검자가 위협이라고 느낄 만한 질문을 하는 것이다. 피검자는 아니라고 말하지만 전기 활동이 큰 반응을 보이기 시작한다면—다시 말해 우리가 비명을 지르거나, 충격을 받거나, 화를 내거나, 겁을 먹고 얼어붙을 때 보이는 것과 같은 반응을 보인다면, 피검자가 거짓말을 하고 있다는 증거로 간주한다. 백스터 박사는 성냥불을 켜서 식물의 잎 한 장을 태우는 선명한 영상을 마음 속에 떠올렸다. 그러자 식물은 매우 심하게 "비명을 지르기" 시작했다. 이 반응은 백스터 박사가 실제 행동으로 옮기기 전에 일어났다. 결국 그는 성냥을 켜서 잎 한 장을 태웠다. 그 식물은 계속해서 비명을 질러댔고, 백스터 박사가 방을 나가서 그 구역을 완전히 떠난 후에야 겨우 비명을 멈추고 잠잠해졌다.

본질적으로 이 "경계 시스템"은 상시 작동하고 있으며, 살아 있는 모든 것들 사이에서 집단의식集團意識을 형성한다. 백스터 박사는 집에서 키우던 드라세나를 시작으로 다양한 식물들을 검사했고, 이후엔 박테리아, 달걀, 동물 세포, 그리고 인간 세포들에도 거짓말탐지기 검사를 했다. 그 결과, 한 유기체가 스트레스, 통증, 공포, 위험을 느끼면, 일종의 에너지 신호가 방출되어 주위에 있는 다른 모든 생명 형태에게로 보내진다는 사실이 밝혀졌다. 백스터 박사가 깊이 잠들어 있는 고양이를 놀라게 해서 깨우자, 그가 키우던 화초인 아프리칸 바이올렛이 비명을 질렀다.[165] 백스터가 박테리아를 끓이거나 독살할 때는 다른 박테리아가 비명을 질렀다.[166]

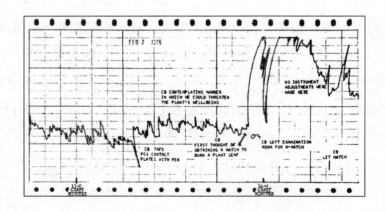

잎을 태우겠다는 백스터 박사의 생각에 반응을 보인
식물(드라세나)의 전기 활동 그래프

1969년에는 예일 대학교 대학원생들 앞에서 시범을 보였다. 한 학생이 거미 한 마리를 탁자 위에 놓고 움직이지 못하게 손으로 막고 있다가 손을 치워 길을 열어주자 거미는 필사적으로 달아나려 했고, 거미가 움직이기 직전에 근처에 있던 아이비가 비명을 질렀다.[167] 관상어 사료로 사용되는 브라인 쉬림프brine shrimp를 끓는 물에 부어 넣는 실험에서는, 한밤중이라 건물에 아무도 없었음에도 근처에 있던 식물들이 비명을 질렀다.[168] 달걀들을 한 개씩 차례로 삶는 실험에서는 나머지 다른 달걀들이 비명을 질렀다.[169] 2차 세계대전 중에 격추당할 뻔했던 경험을 가진 조종사의 조직 샘플은 격추 영상을 볼 때 비명을 질렀다. 이는 인간을 대상으로 한 많은 실험 사례 중 하나에 불과하다.[170] 우주비행사였던 브라이언 오리어리Brian O'Leary 박사는 항공편으로 480킬로미터 거리를 여행했고, 여행 중에 스트레스를 받을 때마다 그 시간을 모두 기록했다. 실험실에 남겨둔 오리어리 박사의 조직 세포는 정확히 박사가 스트레스를 받은 시각에 비명을 질렀다.[171]

─────── **모든 생명체를 연결하는 거대 네트워크**

앞에서 프리츠-알버트 포프 박사가 스트레스에 관해 발견한 것을 잊지 말도록 하자. 우리가 스트레스를 받자마자, 우리 DNA 안에 있는 광자의 양이 갑자기 줄어들고 눈에 띄게 어두워진다. 이것은 아주 흥미로운 가능성을 시사한다. 앞에서 우리는 두 사람 사이에 형성될 수 있는 에너지 터널에 대해 이야기했다. 그 에너지 터널 안에서 광자들은 생명 에너지는 물론이고 정보까지도 교환한다. 이제 우리는 새로운 가능성을 눈앞에 두게 됐다. 만약 모든 생물학적 생명체가 이와 동일한 터널들에 의해 상호 연결되어 있다면 어떨까? 우리가 아직 이해하지 못한 물리학 법칙의 한 부분으로서, 우리 주위에 있는 모든 생명 형태 각각과 우리를 연결하는 에너지 터널들의 거대한 망web이 존재한다면? 우리가 갑작스러운 스트레스를 받는 동안, 이 에너지 터널들로 이루어진 총체적 네트워크를 통해 경고 신호를 담은 생체 광자biophotons를 방출한다면?

각 세포는 46개의 염색체chromosome로 이루어지고, 각 염색체는 두 개의 염색분체chromatid로 구성된다. 염색분체가 곧 DNA 분자다. 즉 하나의 세포에는 92개 DNA 분자(미토콘드리아의 DNA는 제외)가 들어 있다. 미토콘드리아의 DNA는 세포의 유형에 따라 달라진다. 우리의 몸은 10조 개의 인류 세포, 그리고 인류의 것이 아닌 90조 개의 미생물 세포를 갖고 있는 것으로 추정되어 왔다. 이 말이 의미하는 바는, 우리 몸의 세포―오직 염색체―내에 최소 920조 개의 DNA 분자를 갖고 있다는 것이다. 각 DNA 분자는 일천 개의 광자를 잡아놓고 있다. 이렇게 큰 숫자에 이르러서야 우리가 보유하고 있는 에너지 자원이 얼마나 대단한 것인지 알게 된다. 우리 몸 안에서 최소 92경 개의 광자들이 빛의 속도로 휙휙 돌다가, 스트레스를 받는 순간 한꺼번에 수백만 개에서 수십억 개까지의 광자가 샤워의 물줄기처럼 쏟아져 나온다는 말이다. 전체가 92경 개라는 사실을 감안하면 수십억 개의 광자가 방출된다 해도 작은 흠집조차 만들 수 없을 정도이다.

프리츠―알버트 포프 박사는 스트레스를 받는 동안 DNA 안의 광자들이 갑작스러운 감소를 보인다는 사실을 알아냈다. 클리브 백스터 박사는 스트레스가 어떻게 구역 내에 있는 모든 생명체들에게 경고 신호를 방출하는지를 보여주었다. 백스터 박사는 이 스트레스로 인한 경고 신호가 어떤 경로를 따라가는지 확인할 수 없었다. 하지만 이제 우리는 그 신호에 광자가 이용된다고 믿어도 될 강력한 이유를 갖고 있다. 광자는 생명을 가진 모든 것들을 연결하는 소스필드Source Field 안의 에너지 터널을 통해 이동한다. 분명한 것은 이 에너지 터널이 물리적 거리에 의해 제약받지 않는다는 점이다. 브라이언 오리어리 박사의 세포는 박사가 미국 캘리포니아 주의 샌디에고에서 애리조나 주의 피닉스까지 500킬로미터 가까운 거리를 여행하는 동안, 본체가 충격을 받은 순간들을 정확히 포착했다.

그러므로 우리는 안심하고 결론 내릴 수 있다. 우리가 어떤 특정한 사람에게 주의를 집중하면, 기본적으로 존재하는 터널을 통해 그 사람에게 광자들이 전송된다. 우리가 이 터널을 통해 어떤 한 사람에게 주의를 집중하기만 하면 그 힘은 강력해지는 것으로 보인다. 글렌 라인 박사의 실험에 참가했던 사람들은, 사랑의 감정에 집중함으로써 DNA를 치료할 수 있었다. 반면 실험 참가자들의 주의가 다른 곳을 향해 있을 때, 그 DNA는 새로운 광자들을 얻지 못했다.

──────── **윌리엄 브로드 박사의 응시에 대한 연구**

윌리엄 브로드 박사는, 그저 누군가를 응시凝視하는 것만으로 사람들의 몸이 흥분된 반응을 일으키도록 자극할 수 있다는 사실을 증명했다. 시선이 직접 닿지 않는 먼 거리에서도 두 사람의 개인 사이에 그런 일이 가능하다. 이는 우리가 이야기하고 있는 에너지 메커니즘과 동일한 체계에 의해 일어날 가능성이 매우 높다. 브로드 박사의 실험에서, 한 남성은 숨겨진 비디오카메라가 장치된 작은 방에서 긴장을 푼 상태로 잡지를 읽고 있으라는 지시를 받았다. 피부에 전기 활동을 모니터하는 전극이 부착된 상태였다. 다른 방에서는 자신이 촬영되고 있는지도 모른 채 의자에 앉아 잡지를 보는 남자의 영상이 CCTV 화면에 나오고 있었다. 컴퓨터에 의해 생성된 무작위적인 순간에 그 방에 있는 사람들에게 텔레비전 화면에 나오는 남자의 얼굴을 의도적으로 응시하라는 지시가 떨어졌다. 놀랍게도 응시를 당하는 순간, 다른 방에 있는 남자의 피부에 갑작스러운 충격 반응이 나타났다. 59퍼센트의 확률이었다. 여자들을 대상으로 한 실험에서도 같은 결과가 나왔다. 아무리 반복해도 결과는 같았다. 이는 완전히 무작위적인 확률이라 할 수 있는 50퍼센트에 비해 9퍼센트나 높은 수치다. 이 수치가 그리 높지 않은 것처럼 들릴지 모르겠지만, 통계적으로는 매우 의미 있는 수치다. 다양한 참가자 집단을 대상으로 실험을 반복했지만, 결과는 아주 일관되게 나타났다.[172]

자신에게 무슨 일이 일어나고 있는지를 의식적으로 인식하든 그렇지 못하든, 세속적인 권력과 인기를 추구하는 사람들이 숨기고 있는 진짜 비밀이 이것이다. 2001년 4월, 내가 미국에서 가장 인기 있는 심야 라디오 프로그램인 코스트 투 코스트Coast to Coast 쇼에 나갔을 때, 이천만 명으로 추정되는 사람들이 그 프로그램을 청취했다. 쇼가 진행되는 동안, 그리고 특히 쇼가 끝난 직후, 나는 믿을 수 없을 만큼 막대한 양의 에너지가 내 몸 안으로 쇄도하는 것을 느꼈다. 증가한 심장 박동과 호흡 횟수, 그리고 수시로 밀려오는 아찔한 흥분을 억제하기 어려웠다. 마치 마약과도 같았다. 나는 더 이상 마약을 하지 않았고 그럴 생각도 없었기에, 그 상태가 혼란스럽고 불쾌했다. 해변을 이리저리 걸으며 그 느낌을 떨쳐버리려 애썼지만, 긴장을 풀고 이완하는 것이 불가능했다. 몇 시간이 지나서야 흥분이 가라앉았다. 마치 격렬한 운동 후에 느끼는 성취감과 도취의 느낌을 일컫는 러너즈 하이runner's high 같은 상태였다. 이것은 나만의 느낌이 아니었다. 나는 이 힘이 심각하게 오용될 수 있다는 것을 깨달았다. 그 후 여러 해 동안, 나는 사람이 많이 모이는 회의나 대중 홍보 행사를 조심했다. 내가 그런 흥분을 잘 통제할 수 있을 정도로 성숙했다는 것을 확신할 때까지는 그렇게 할 것이다. 긍정적 사람이라면 자신을 고양시키는 무대 공연을 통해 설익은 원초적 에너지를 유익한 에너지로 변환하는 이상적 반응을 할 수도 있다. 하지만 나는 정치가, 군대 지휘관, 기업의 대표, 그 외의 유명한 사람들—예컨대 배우, 뮤지션 같은 이들이 위험한 상황에 처해 있다는 사실을 깨달았다. 권력은 아주 실제적이고 중독성이 강하다. 당신에게 주의를 집중하는 사람들 각각이 당신에게 에너지를 보내고 있다.

———— 화폐는 지도자들에게 경의 표하기

이 에너지 전달 시스템은 인류 진화의 모든 시기에 걸쳐 존재해온 것이 분명하다. 자신의 얼굴을 화폐에 박아 넣은 지도자들 역시 자신들이 지배하는 백성들이 그 화폐를 사용할 때마다 전송되는 에너지를 획득했을 것이다. 대중 집회에서 열정적인 연설을 하는 것처럼 많은 사람과 대면하는 상황이 이 에너지 전달 시스템을 훨씬 강력하게 만드는 것은 사실이다. 구텐베르크Gutenberg가 인쇄기를 발명한 후인 1439년 초 즈음에, 지도자들의 초상을 인쇄해 대중에게 살포할 수 있게 되었다. 이것은 의미 있는 정도의 에너지 전송을 만들어 내기에 충분했다. 이 시스템에서 사진은 또 한 번의 양자도약일 것이다. 지도자의 얼굴 영상이 선명해질수록 에너지 전송이 더욱 효과적일 확률이 높아진다. 일단 라디오와 텔레비전 생방송이 실현되자 수백만 명의 사람들이 동시에, 그것도 실시간으로 한 사람에게 집중하는 일이 가능해졌다. 만약 특정 영화배우가 영화를 통해 수십만, 수백만 명의 사람에게 노출된다면, 그는 관객들로부터 어마어마한 양의 에너지를 계속해서 공급받고 있는 중이다. 하나의 법칙 세션 93, 97, 55로부터 인용한 아래의 글은 부정적인 것과 긍정적인 것, 양극성의 차이를 아주 간결하게 요약한다.

93.3 극성을 보는 또 한 가지 방법에는 방사/흡수의 개념이 포함됩니다. 긍정적인 것은 방사放射하고 부정적인 것은 흡수합니다.[173]

97.17 왼손[부정적 극성]은 영靈의 힘을 흡수하려고 하고, 자신이 필요한 경우에만 영을 마주합니다.[174]

55.3 부정적 극화는 타아他我: other-selves의 복속이나 노예화를 통해 크게 촉진됩니다.[175]

다른 사람을 통제하고 조종하면 삶이 훨씬 쉬워지는 것처럼 보일지도 모른다. 하지만 하나의 법칙 세션 52부터에서 인용하듯이, 그렇게 하면 우리가 환생해서 우리가 창조한 사건을 당하는 쪽에서 다시 경험할 필요가 생긴다. 환생에 대해서는 이 책 2장에서 더 자세히 다룰 것이다.

52.7 통제는 규율, 평화, 계몽으로 가는 지름길처럼 보일 수도 있습니다. 하지만 이런 통제 자체가 추가적인 환생 경험의 가능성과 필요성을 강화합니다. 완벽한 자아에 대한 통제 혹은 억압과 균형을 맞추기 위해서입니다.[176]

데이비드 윌콕의 동시성

─────── **'동물의 왕국'의 유물**

  자연이 긍정적인 목적으로 이러한 에너지 교환 시스템을 확립했다고 확신한다. 최소한 원래는 그랬을 것이다. 만약 당신의 종족이 동굴에 살면서 온기를 보존하기 위해 옹기종기 모여 있는데, 검치호랑이가 먹이를 찾아 동굴 입구에 나타나면 어떻게 할까? 사람들을 보호하기 위해 누군가가 나서서 호랑이와 싸울 것이다. 이런 행동을 하는 존재는 대개 종족 중의 우두머리 수컷alpha male이고, 아마도 그는 용맹한 전사들을 이끌고 다른 종족과의 전투에도 뛰어들 것이다. 그 수컷 외의 다른 모든 사람들은 두려움으로 움츠러들고 얼어붙을 것이다.

  이런 식으로 생사가 걸린 끔찍한 스트레스를 겪는 동안, 그들의 DNA는 엄청난 양의 광자를 방출한다. 분명 그런 위기 때마다 수십억 개 이상의 광자를 내놓았을 것이 틀림없다. 이 광자들—생명, 건강, 활력의 정수는 종족의 안전을 지키기 위해 나가 싸우는 전사들에게로 직접 쏘아져 들어갔을 것이다. 라인 박사가 발견한 사실을 잊지 말자. 그는 다른 사람의 몸으로부터 얻은 광자에 의해서도 DNA의 빛이 증가하는 것을 측정했다. 이러한 에너지 전송이 일어나는 동안 동굴 입구에서 싸우는 전사들은 자신의 몸이 훨씬 강인해지고 움직임도 더 빨라졌다고 생각할 수 있다.

  이와 동일한 시스템이 작동하는 곳이 바로 대중 집회이다. 대중 집회는 인류 문명이 시작될 때부터 이어져 온 일이다. 2011년 나는 디트로이트 타이거즈Detroit Tigers의 플레이오프 전에 초대받았다. 나는 팬이 아니었으므로 경기 결과가 어떻게 나오든 상관이 없다고 느꼈다. 경기장의 다른 사람들과 달리 내 입장은 애매했다고 할 수 있다. 하지만 나는 곧 관중이 가득 들어찬 스타디움으로부터 엄청난 에너지가 내게 쇄도하는 것을 느꼈다.

그러자 몸이 흥분되는 느낌은 물론이고 마음도 행복에 도취된 듯 느껴졌다. 특히 홈 팀의 타자가 친 공이 멀리 날아가며 홈런이 될 것처럼 보였을 때, 내 몸과 마음은 순수한 황홀경으로 치달았다. 스타디움에 있는 거의 모든 사람들의 눈이 날아가고 있는 공에 집중됨으로써, 집단 전체의 주의가 하나로 모이는 강력한 초점이 생겨났다. 공이 외야를 넘어갈 때 관중들은 자리를 박차고 일어나 길길이 뛰며 환호했다. 나는 야구장에 들어온 지 10분 만에 내가 야구를 정말로 좋아하게 됐다는 사실을 발견했다.

이 경험은 놀라웠다. 내가 알게 된 새로운 과학의 관점에서 생각해보니, 사람들이 "팀 스피릿team spirit"이라 부르는 것이 직접적인 에너지 요소를 갖는다는 사실을 깨달았다. 군중의 에너지는 개개인이 혼자서 낼 수 있는 것보다 훨씬 더 많은 활기를 주었다. 그 맛에 사람들은 관중의 일원이 되기 위해 기꺼이 수백 달러를 내고 티켓을 산다. 이것으로써 스포츠 팀이 홈에서 더 좋은 경기력을 보이는 이유를 설명할 수 있을 것 같다. 홈 팀의 팬들이 경기장을 가득 채우고 승리를 기원하면, 홈 팀 선수들은 상대 팀 선수보다 훨씬 강한 생체 광자의 빛줄기를 받게 될 것이 틀림없다. 홈 팀 선수들은 훨씬 강해지고 기민해지며 훨씬 큰 지구력을 갖게 된다.

─────── **권력: 소시오패스가 선택하는 궁극의 마약**

우리는 보통 다른 사람들을 사랑하고 지지함에 따라 자신의 생기를 재충전한다. 다른 사람을 사랑하고 지지하면 대개는 같은 사랑과 지지가 자신에게 돌아온다. 스포츠에서의 집단 응원은 혼자서 하는 것보다 훨씬 많은 생기와 활력을 만들어내는 것이 분명하다. 7000명의 사람들이 깊은 명상에 들자, 지구상의 개개인을 고무해서 전 세계에 걸쳐 테러의 72퍼센트가 감소됐다는 사실을 잊지 말자. 하지만 전 인구의 1퍼센트를 차지하는 진짜 소시오패스는 자신을 사랑으로부터 철저하게 격리한다. 최소한 그들은 자신 외에는 그 누구도 사랑하지 않는다. 늘 지루해하고 우울해하면서, 물불 가리지 않고 스릴만을 좇는 쓰레기 같은 아드레날린adrenaline 중독자가 되어 더 빠른 스피드, 더 많은 힘, 더 많은 흥분, 더 큰 위험만을 찾아다닌다. 힘과 흥분, 위험으로부터 스릴을 얻기 위해 다른 사람을 해치거나 위협하는 것은 그들에게 아무 일도 아니다. 다른 사람들을 지배하는 힘, 다른 사람들로부터 그들이 빨아들이는 에너지는 말 그대로 아편처럼 되어 간다. 누군가를 조종하려는 노력이 성공할지 실패할지 모르는 상태에서 작업할 때 느끼는 스릴은 소시오패스에게 어마어마한 양의 아드레날린 러시rush를 일으킨다. 성공하는 경우, 자신들이 굴욕을 주고 패배시킨 사람으로부터 생명력을 뽑아내어 자신의 생명력을 충전한다.

소시오패스들이 만든 하나의 집단이 무자비하게 세속의 권력을 추구하면서, 그 집단 내에서 우위를 차지하기 위해 투쟁하며 위계적인 시스템을 만들어 왔다고 생각해 보자. 그들의 궁극적 목표는 지구 전체를 자기들 손아귀에 넣고 통제하고 조종하는 것이다. 그들은 자신들이 가장 강력하고 지혜로우며 영적으로도 가장 앞서 있다고 느끼기 때문에, 스스로 권력을 가질 자격이 있다고 여긴다. 그들은 본능적으로 알고 있다. 사람들이 정신적 외상(트라우마)을 입었을 때 생명 에너지를 방출하며, 그렇게 방출된 에너지는 그들을 보호하기 위해 개입하는 우두머리 수컷에게 전송될 것이라는 사실을 말이다. 대부분의 사람들에겐 상상도 하기 어려운 일이지만, 소시오패스들은 단지 사람들이 트라우마를 겪게 하기 위해 전쟁과 같은 대량 살상 혹은 잔혹 행위를 얼마든지 할 수 있는 존재들이다. 대량의 정신적 외상은 어마어마한 생명 에너지를 방출하게 만든다. 소시오패스 엘리트가 사람들을 보호하는 용감하고 고상한 존재로 개입한다면, 사람들이 방출한 생명 에너지를 쉽게 빨아들일 수 있다. 그러면 파워 엘리트의 가장 강력한 목표는 지구상에서 지속되는 확실한 역할을 즐기는 것이 된다. 돈을 통제하고 정치와 군대와 언론을 조종하는 그들에게 효과적으로 맞설 존재는 없다. 그렇게 성공하면, 소시오패스들은 정신적 외상을 입은 피해자들로부터 끊임없이 공급되는 생명 에너지를 즐길 것이다. 그리고 이것 역시 우리에게 불평등을 종식하고 타인을 돕도록 고무하는 중요한 영적 성장의 기회를 제공한다. 이 같은 생각은 하나의 법칙 세션 97에 분명하게 설명되어 있다.

> 97.16 외견상 부정적인 경험의 열매가 타인에 대한 봉사 성향을 개발하는 데 도움이 되는 경우를 자주 볼 수 있습니다.[177]

─────── 전쟁 당사자 양쪽 모두에게 자금 제공하기

전 세계적 적대세력의 가장 은밀한 비밀을 이해하기 위해서, 제1차 세계대전과 제2차 세계대전 모두 정교하게 설계된 지독한 사기극이라는 넌더리 나는 생각을 검토해야 한다. 당신은 이 글을 읽기가 힘들 것이다. 어쩌면 갑자기 피곤해져서 다른 일을 하고 싶을 수도 있다. 이것은 아주 정상적인 자기 보호 반응이다. 당신의 몸은 공포와 충격 속으로 들어가기를 원하지 않는다. 몸이 충격과 공포를 경험할 때 생명력을 잃게 되리라는 것을 알기 때문이다. 이렇게 갑작스러운 강렬한 탈진脫盡의 느낌은 아주 효과적으로 작용해서, 우리로 하여금 고통스러운 사건과 맞닥뜨리는 일을 회피하게 만든다. 하지만 우리가 변화를 이루기 위해서는 이미 일어났던 일에 대해서도 무엇이, 왜 일어났는지를 이해하는 것이 중요하다. 부정하며 머물기보다는 진실을 아는 편이 훨씬 안전하다.

만약 두 번의 세계대전에서 동일한 국제적 은행가 집단이 공공연하게 양쪽 편에 자금을 제공했다면 어떨까? 전쟁에 나선 병사들과 그들을 지지하는 국민, 그리고 다른 국가의 지도자들이 전쟁을 하는 진정한 이유가 있다고 믿었다면 어떨까? 그렇게 많은 사람들이 전쟁의 정당성을 믿었는데 사실은 그들 모두 속았을 뿐이라면 또 어떨까?[178] 아마도 이는 전 세계적 규모의 사회병질sociopathy을 보여주는 궁극의 사례일 것이다. 다시 말해 '전 세계적인 적대세력'이라는 용어에 어울리는 행동이었다. 대중이 대량의 공포에 빠져들 때, 그들은 훨씬 큰 에너지를 자기들의 지도자에게 보낸다. 지도자들이 보호해주기를 간절히 원하면서 말이다.

도대체 어떤 인간 집단이 그런 짓을 할 수 있다는 말인가? 그리고 그보다 더 중요한 것은, 왜 그런 짓을 하는가? 그들의 행동은 너무나 충격적이고 너무나 반역적이어서 생각하기조차 끔찍하다. 그렇게나 거대하고 서로 연결돼 있으면서 은폐된 부정적인 힘이 오늘날의 세계에 존재한다는 생각을 검토하는 것은 아무래도 안전하지 못하다고 느껴진다. 사랑 충만한 신을 믿는 사람들은 자신들이 살고 있는 세계가 그렇게 포악한 힘에 의해 조종되고 있다는 사실을 용납할 수 없다. 어떤 정치 및 금융상의 목적 달성을 위해 수백만 명의 목숨을 희생시킨다는 것은 한마디로 미친 짓 아닌가? 그런 짓을 공공연히 저지른다면 그것은 궁극의 악의 형상이 아니면 무엇일까? 이렇게 거대한 비밀을 아는 사람은 과연 어떻게 그 비밀을 지킬 수 있을까? 어떻게 우리는 그 비밀을 모를 수가 있는가? 나는 광범위하고 검증 가능한 증거들을 눈앞에서 보면서도, 어떻게 해서든 그것을 비웃고 회피하려고 안간힘을 쓰는 사람들을 많이 보았다. 그들은 '사실일 수도 있다'라고 말하는 사람을 거칠게 공격한다. 이런 노력은 전적으로 자신들에게 공포를 느끼는 대상이 만들어낼 생명 에너지의 손실을 막기 위함이다. 하지만 동시성은 인생이 결코 공포와 파멸뿐인 것은 아니라는 생각을 개인적으로 입증하게 해준다. 우주는 행복하고 경이로운 곳이다. 우주에는 사랑이 있고, 우리에게는 진실을 알아내고 우리 행성 지구를 변화시키기 위해 일할 책임이 있다.

──────── **에너지 시스템으로서의 '의식'**

하나의 법칙 시리즈는 지구상에 있는 부정 지향의 엘리트에 관해 아주 상세하게 파고든다. 그들이 사람들을 조종하고 통제하는 길을 추구하는 과정에서, 의식적으로든 무의식적으로든 사람들로부터의 에너지 전송을 어떻게 추구하는지를 자세히 설명한다. 에너지와 관련된 시스템으로서 의식은 전기와 흡사한 것으로 묘사된다. 이 내용은 세션 19에 등장한다. 여기서 우리는 행성과 위성들의 위치 역시도 지구상에 있는 어떤 특정인의 의식과 생명력에 강한 영향력을 갖는다는 사실을 상기하게 된다.

19.19 질문: 나는 이것이 아주 중요한 요점이라고 믿습니다. … 비유하자면, 전기에는 양극과 음극이 있습니다. 이 2개의 극에 더 많은 전하를 걸수록 전위 차는 커지고, 물리적으로 말하자면 일할 수 있는 능력도 커

집니다. 이것이 우리가 이곳에서 의식 안에 갖고 있는 것에 대한 가장 정확한 비유인 듯합니다. 맞요?

답: … 정확히 옳습니다. … 지적인 에너지에 의해 상호작용하는 많고도 많은 전자기장으로부터 물리적 [신체] 복합체가 단독으로 생성됩니다. … [당신은] 마음 복합체에 의해 생성되는 온갖 종류의 생각들에 영향 받고, 신체 복합체의 왜곡에 의해서 영향 받으며, 수많은 형태를 취하는 실체인 소우주들 사이에 존재하는 아주 많은 관계들에 의해서 영향 받습니다. 다시 말하자면, 당신들이 별이라고 부르는 것들을 바라봄으로써 그 소우주를 표현하기도 합니다. 각각의 별들은 개별적 왜곡에 의해 실체의 전자기 망에 진입하는 에너지 빛줄기를 방사함으로써 … 점성학이 활약하는 부분은 여러 개의 뿌리 가운데 하나의 뿌리에 비유될 수 있습니다.[179]

———————— 양 효과Sheep Effect

동물의 왕국을 관찰하면, 지금 우리가 갖고 있는 행성 수준의 문제들에 대한 중요한 통찰을 얻을 수 있다. 몸이란 것에서 우리와 동물은 공통점이 많으니 말이다. 부정 지향의 엘리트들은 자신들의 집단 내에서는 스스로를 늑대 무리라 칭하면서, 일반 대중에게는 양인 것처럼 꾸미는 경우가 많다. 나는 몇 년 간의 명상 끝에 이러한 표현 뒤에 숨어 있는 더 깊은 의미를 꿰뚫어볼 수 있었다. 당시 나는 한 여성에게 전문적인 상담을 해주는 중이었는데, 그녀는 문제를 바로 볼 수 없을 정도로 겁에 질려 몸부림치고 있었다. 해결책은 간단해 보였다. 나는 그녀 스스로 문제를 말할 수 있도록 시도했는데 믿을 수 없을 정도의 강력한 저항에 직면했다. 마침내 나는 그녀에게 물었다. 만약 당신이 실제로 공포를 마주하게 된다면 어떤 일이 일어날 것 같으냐고. 그녀가 대답했다. "그것이 나를 철저하게 파괴할까 두려워요. 내가 그 문제를 흘깃 보기만 해도 나를 향해 돌격해 올 것 같이 느껴진다고요. 결국 난 죽게 될 거예요."

당신은 안전한 곳에 있으며, 어떤 문제든 당신이 해결해 나갈 수 있도록 내가 도울 것이라고 안심시키자, 그녀는 문제에 대해 말할 수 있게 되었다. 그리고 문제를 입 밖으로 꺼내자 그녀의 기분은 훨씬 나아졌다. 그녀는 곧 해결책이 아주 단순하며 두려워할 것은 아무것도 없음을 깨달았다. 나는 그녀가 동물적이고 원시적인 본능을 경험했다는 사실을 알아차렸고, 그것에 대해 좀 더 알고 싶어졌다.

양은 무리를 지어 생활하는데, 그 이유 중 하나는 안전에 유리하기 때문이다. 양이 늑대를 발견하면 즉시 도망갈 것이라 생각하기 쉽지만 그것은 진실이 아니다. 동물들은 공포에 얼어붙는 경우가 많다. 자동차 전조등 불빛에 드러난 사슴의 행동이 그렇다. 사슴은 달리는 차로부터 벗어날 시간이 충분한데도 그러지 못한다.

양은 늑대가 무리를 포위하고 있다는 것을 금세 알아차리고 겁에 질린다. 하지만 머리를 숙이고 아무 일도 없는 것처럼 행동한다. 그들은 풀을 뜯어먹으면서 문제를 회피하려고 애쓴다. 때로는 늑대들이 그 자리를 떠날 수도 있다. 하지만 양들이 도망가기 시작하면 늑대는 반드시 공격해올 것이다. 양들은 결코 늑대의 공격을 막을 수 없다. 그러나 항상 이 원칙을 깨는 개체가 하나씩은 있기 마련이다. 그 양은 머리를 들고 늑대의 무서운 얼굴을 보며 눈을 맞춘다. 이제 늑대는 발각됐고 공격을 해야 한다. 늑대의 불타는 눈길은 자신을 발견한 양의 눈에 고정되고, 시간의 흐름은 느려지다가 아예 멈추는 것 같다. 늑대를 응시하고 있는 양은 공포로 인해 최면에라도 걸린 듯 마비된 채로 늑대와의 눈 맞춤을 풀지 못한다. 이 마비는 단지 몇 초 동안 지속된다. 하지만 그 양은 가장 늦게 도망가게 되고 늑대는 곧 따라잡는다.

다른 양들은 정확히 무슨 일이 일어났는지를 안다. 이 친구가 다시 그것을 증명했다. 무리를 포위해 들어오는 늑대를 쳐다보는 것은 죽음이다. 눈을 부릅뜨고 공포를 바라보는 순간, 공포가 당신을 압도할 것이다. 이것은 일반적으로 우리가 잠재의식 속에 갖고 있는 본능이지만, 엄청나게 다양한 할리우드 영화들이 이러한 정신적 조건화를 강화해 왔다. 나는 그것을 양 효과Sheep Effect라고 부른다.

우리는 영화 속 인물들과의 동일화를 즐긴다. 살인자 악당이 등장하는 공포 영화에는 침대 밑과 같이 훌륭한 은신처를 찾는 장면이 자주 나온다. 살인자가 방 안을 걸어 다니는 동안 영화는 긴장감으로 달아오른다. 피해자가 할 수 있는 일은 눈을 감는 것뿐이고 그러면 무사할 것이다. 그러나 도저히 그럴 수가 없다. 그녀는 봐야만 한다. 결국 그녀가 눈을 뜨고 밖을 살펴보는 순간, 살인자의 발이 눈앞에 있다. 그녀는 소스라치며 침대 바닥에 머리를 부딪힌다. 살인자가 침대를 옆으로 치우면 배경음악은 무시무시한 불협화음으로 치솟는다. 그녀는 가장 끔찍하고 소름 끼치는 죽음을 맞이한다. 살인자의 칼날은 현대판 늑대의 이빨이다. 다시 한 번 말하지만, 이런 영화를 볼 때 당신은 조건화되고 있다. 그 조건화가 전하는 메시지는 이렇다. "보지 마라, 보면 죽는다, 우리가 원하는 것을 하게 놔둬라, 당신이 운이 좋다면 우리는 당신을 해치지 않고 내버려 둘 것이다."

이러한 원시적 본능은 많고 많은 할리우드 영화에 의해 강화된다. 이는 우리가 긍정적인 길을 선택하지 않을 때, 또는 우주를 보호받는 사랑스러운 장소라고 느끼지 않을 때 일어나는 일이다. 우리가 두려움 없는 지배 욕구를 발달시키거나, 자신의 이익을 위해 환경을 조작하고 통제하려는 부정적인 길을 선택한 것도 아니다. 우리는 두려움에 직면했을 때 정신적으로 기절하도록 훈련되어 왔다. 우리는 진실을 보는 것을 거부함으로써 세상이 우리가 원하는 대로 될 것이라고 강변한다. 우리는 수적 우위에 있으므로 행성 차원에서 두려움을 버리는 것이 매우 중요해진다. 수백만 명의 사람들이 지금 이 문제에 대해 탐구하고 있고 각종 사회관계망 서비스를 통해 진실을 폭로하고 있다. 몰래 뒤따라와서 문을 두드리는 일도 없고, 번호판 없는 차량을 타고 추적하는 정부 요원도 없으며, 한밤중에 납치되는 일도 없다. 진실은 이제 널리 퍼져서 '빅 브라더'라는 신화는 유지될 수 없게 되었다. 일단 우리가 수적 우위에 있음으로써 발휘할 수 있는 힘을 깨닫기만 하면 된다. 설사 주류 언론이 그 문제를 논하지 않는다고 해도, 부정 지향 엘리트들의 행위가 계속 은폐될 가능성은 없다. 나는 우리가 티핑 포인트tipping point에 매우 가까워졌음을 느낀다.

─────── **마법의 인쇄기로 세계 지배를**

만약 두 차례의 세계대전에서 전쟁 당사자 양측이 모두 동일한 국제 은행가들로부터 자금을 지원받았다면, 정말로 그들은 무슨 짓을 한 것일까? 내가 무삭제본 전자책 『금융 독재Financial Tyranny』에서 밝힌 것처럼 목표는 세계 지배다.[180] 권력은 마약이고 불사의 엘릭시르elixir이며, 권력을 향한 소시오패스의 갈증은 결코 충족되지 않는다. 세계 지배의 열쇠는 세계 금융의 지배이다. 미국 달러와 같은 "세계 준비 통화global reserve currency"—그 가치를 보증하는 것은 허풍뿐이다—를 만들어냄으로써, 인위적으로 돈의 가치를 올리거나 내릴 수 있다. 전 하원의원 론 폴의 주장대로 바로 이것이 연방준비제도가 지난 세기 동안 해온 짓이다.

만약 어떤 나라가 상당한 양의 금을 보유하고 있다면—개인들이 소유하든 중앙은행이 보유하든— 그 나라는 전 세계 단일 통화 계획을 철저히 무력화할 수 있다. 가치를 보증하는 것이라곤 화폐 발행 정부의 "신뢰와 신용faith and credit"뿐인 화폐보다는 금으로 상환할 수 있는 화폐를 더 선호하는 것이 당연하다. 그러니 실효성 있는 세계 지배를 위해서는 "마법의 인쇄기"의 앞길을 방해할 가능성이 조금이라도 있는 모든 나라, 집단, 개인으로부터 체계적으로 금을 훔치고 약탈할 필요가 있다. 일단 당신이 아무 근거 없이 돈을 찍어낼 수 있게 되면, 그것은 지상에서 가능한 궁극의 마술 속임수를 실현하는 것이다. 당신은 종이 쪼가리에 숫자를 찍어 누군가에게 넘겨주고, 그 반대급부로 실물 재산을 얻는다.

─────── **연방준비제도가 주장하는 "안전한 보관"이란?**

두 차례의 세계대전 중에 침략을 받았던 대부분의 나라들은 국가 중앙은행이 파괴되고 거기 보관된 금이 약탈당하는 경험을 했다. 그 나라들 가운데 어떤 나라도, 이 전쟁에서 맞선 양쪽 진영이 실제로 같은 사람들에게 자금을 지원받았다는 사실을 알아차리지 못했다. 그런 일은 상상조차 할 수 없었다.

침략을 두려워했던 많은 나라들이 미합중국 내의 연방준비제도에 금을 예치했다. "안전한 보관"을 위해서였다.[181] 「러시아 투데이Russia Today」가 인용한 다음의 글은 이 상황을 아주 깔끔하게 설명한다.

> 뉴욕 연방준비은행이 보유한 금괴 6,700톤의 가치는 3조 6,850억 달러
> 다. 하지만 뉴욕 연방준비제도의 말에 따르면 이렇다: "우리는 금을 소유
> 하고 있는 것이 아니다. 우리는 단지 관리인일 뿐이다." 60개 자주 독립
> 국과 몇 개의 조직을 대리해서 금을 "안전하게 보관 중"이란 얘기다. 그
> 들에 따르면, 뉴욕 연방준비제도의 맨해튼 지하 금고에 저장된 금 중 약
> 98퍼센트가 외국의 중앙은행에 속한 것이다.[182]

이런 식의 계획은 우스꽝스럽고 뻔뻔하며 도대체 가능할 것처럼 보이지
도 않는다. 이 계획을 적절하게 설명하기 위해서는 별도의 책 한 권이 필
요할 것이다. 그리고 그것이 내가 이 책의 원고를 완성하기 전에 『금융 독
재』와 몇 가지 다른 보충 연구를 집필한 이유다. 세계의 금을 손아귀에 넣
는 것은 우리가 카발Cabal이라 부를, 그리고 다른 많은 사람들이 일루미나
티Illuminati라 부르는, 이 어둠의 집단의 주요 목표였다. 첫 번째 목표에 버
금가는 중요성을 갖는, 이 집단의 두 번째 목표는 국제적인 연합체를 만들
어내는 것이었다. 그것들은 결국 단일 세계 정부에 의해 관리되는 새로운
세계 질서 속으로 통합될 것이다. 그리고 카발이 단일 세계 정부를 지배한
다는 그런 시나리오다. 여기 하나의 법칙 세션 11과 세션 50에서 인용한
두 개의 글은, 부정을 지향하는 일루미나티의 사고방식을 보여준다.

> 11.18 [부정적인 길을 시도하는] 사람들은 … 하나의 법칙을 '자신에게
> 봉사하는 것'이라고 자기 나름으로 독특하게 이해하고는, 그 특별한 이해
> 에 따른 태도와 철학을 전파합니다. 이들이 엘리트가 됩니다. 이렇게 해

서 나머지 행성 실체들이 자유의지에 의해 노예가 되는 조건을 만들려고 시도합니다.[183]

50.6 부정적으로 방향이 잡힌 존재는 자신의 존재에 의미를 부여하는 힘을 발견했다고 느끼게 될 것입니다. 이는 긍정적으로 극화된 존재가 느끼는 것과 정확히 같습니다. 이 부정적인 실체는 이러한 이해를 타아들other-selves에게 제공하기 위해 안간힘을 쓸 것입니다. 대개의 경우 엘리트와 제자를 양성하고, 자신들의 이익을 위해서 타아他我를 노예화하는 일의 필요성과 정당성을 교육하는 과정을 통해 자신이 이해한 바를 타아들에게 제공합니다. 따라서 타아들은 부정적인 실체에 의존하고 그의 지도와 지혜를 필요로 하는 존재로 인식됩니다.[184]

─────── **국제결제은행의 비밀**

만약 두 차례의 세계대전이 세계의 중앙은행들에 침입해서 약탈하는 일을 은폐하기 위해 갈등과 폭력, 유혈을 이용한 상상할 수 없는 규모의 "마술과도 같은 속임수"라면, 그렇게 약탈한 금과 보물들은 지금 어디로 갔을까? 약탈한 금은 국제결제은행The Bank for International Settlements, BIS이라 불리는 국제적 복합 기업에 비밀리에 "예치"되었다. 국제결제은행을 만든 것이 연방준비은행이다. 연방준비은행은 전 세계적 규모로 금융 시스템의 지배를 확장하는 방법을 찾고 있었다. 각국의 지도자들은 그 은행에 무엇을 예치하든 여전히 지도자들의 소유이고, 그 나라의 통화 가치를 보증하기 위해 비밀스럽게 이용될 것이란 말을 들었다. 어떤 국가의 중앙은행이 찍어내는 화폐는 그 나라 소유의 귀금속들에 의해 뒷받침되고 있으며, 그 귀금속들은 국제결제은행에 예치되어 있다. 게다가 그 국가들에겐 연방준비제도의 채권이 제공되었다. 그 액면가는 천문학적이었는데 이것은 모두 그들이 "예치"한 금을 담보로 발행된 것이다. 종잇조각 하나가 1억 달러 혹은 10억 달러의 가치를 가질 수 있었다. 그리고 그 종잇조각은 분명히 연방준비제도 은행에서 금으로 교환할 수 있을 것이다. 2011년 12월 1일, 나는 연방준비은행 채권 수백 장의 사진-그 채권들이 들어 있는 상자와 궤들의 사진도 같이-을 전송받았다. 그리고 얼마 후 전 세계 특종을 기록했다.

액면가 10억 달러인 이른바 연방준비제도의 채권

데이비드 윌콕의 동시성

세계의 지도자들은 왜 이토록 우스꽝스럽게 들리는 계획에 동의했을까? 그들은 왜 자신들의 금고를 비우고 거기 있던 보물들을 연방준비제도가 운영하는 비밀스러운 세계은행에 "예치"했을까? 틀림없이 각 지도자들은 1776년 애덤 스미스Adam Smith가 저술한『국부론The Wealth of Nations』을 읽어 보라는 요청을 받았을 것이다.[185] 동맹이 말해준 바에 따르면, 카발 도당은 애덤 스미스에게 특별히 이 책을 쓸 것을 지시했고 그는 후한 대가를 받았다. 스미스는 책에서 대량의 금이나 보물을 어떤 나라 혹은 민간 집단이 보유하게 되면 세계는 절대 평화와 번영을 누릴 수 없을 것이라고 주장했다. 그리고는 그 이유를 몇 가지 들었다.

예를 들어, 중앙은행에 금을 보유하는 나라는 다른 나라의 침략 목표가 될 것이다. 자국 화폐의 가치를 자국이 얼마나 많은 금을 보유하고 있는지로 측정한다고 해보자. 만약 그 금을 도둑맞게 된다면 그 나라의 경제는 완전히 붕괴할 것이다. 가장 폭력적이고 강한 나라들이 가장 부유한 나라가 될 것이다.

또 한 가지 주장은 어떤 나라 안에서 더 많은 사람이 출생하거나 이주해서 인구가 증가하는 상황을 가정한다. 일단 이들이 일을 하게 되면 새로운 부를 창조할 것이며, 정부는 인플레이션을 막기 위해 더 많은 돈을 찍어야 할 필요가 생긴다. 만약 그 나라 돈의 가치가 금에 기반한다면, 노동자가 늘어날수록 국가 경제의 붕괴 위험이 증가한다. 경제가 성장하는 속도에 맞춰서 금 공급량을 증가시킬 수 없다면, 동일한 양의 금을 구입하기 위해 점점 더 많은 돈이 든다는 얘기다. 이런 상황은 마침내 파국적인 디플레이션을 초래할 것이다. 이런 사례는 바이마르 공화국Weimar Republic of

Germany에서 볼 수 있었는데, 빵 한 덩이를 사기 위해 외바퀴 손수레 가득한 돈이 필요했었다.

─────── ## 전 세계에 걸친 대규모 은행 강도질

대작 『황금의 전사Gold Warriors』[186]에서 스털링 시그레이브 Sterling Seagrave는 1895년에 대규모로 금이 징발되기 시작했다고 밝혔다. 1895년 일본은 한국을 침략해서 한국의 중앙은행을 약탈했다. (동맹에 따르면, 일본이 1868년 메이지유신 이래로 대영제국 대리국 자격으로 군대를 무장하고 자금을 조달했다고 한다.) 월스트리트에서 자금을 빌린 볼셰비키는 1917년부터 1922년까지 소비에트연방을 수립하는 동안 러시아의 금을 몰수했다.[187] 그렇게 몰수한 금은 비밀리에 연방준비제도에 넘겨졌다. 금을 양도하려 하지 않는 사람들에게는 무력을 써서 금을 강탈했다. 1920년대와 1930년 대에 수행된 황금 백합 작전Operation Golden Lily을 통해, 일본은 정말이지 산업의 규모로[188] 중국과 아시아의 금을 깡그리 털었다. 그렇게 모은 금은 비밀리에 연방준비제도에 양도되었다.

1933년 4월 5일, 미국에서는 대통령령 6102가 통과되면서 사적인 금 소유는 불법이 되었다.[189] 이 명령을 위반하면 10,000달러 이하의 벌금이나 10년 이하의 금고형으로 처벌될 수 있었다. 일본이나 볼셰비키와 마찬가지로, 독일 나치와 미국 역시 제2차 세계대전 중에 점령한 나라들의 중앙은행에서 금을 약탈했다. 이렇게 해서 연방준비제도/국제결제은행으로 금이 집결했고 이후 종적이 묘연해졌다. 그렇게 강탈한 금 중 많은 부분은 동남아시아 전역의 벙커에 매장됐다. 나와 대화를 나눈 내부자에 따르면,

데이비드 윌콕의 동시성

최종적으로 국제결제은행에 들어간 금의 85퍼센트가 아시아에서 약탈한 것이라고 한다. 그리고 여기에 핵심이 있다. 금이 없다면 그 어떤 국가도 "신뢰와 신용" 말고는 아무것도 보증하는 것이 없는, 지폐를 마구 찍어대는 마법의 인쇄기에 대항할 수 없다. 허공에서 돈을 찍어낼 수 있는 집단이라면 실제로 무한한 힘을 가질 수밖에 없다.

이것이 음모론으로 치부하고 묵살해 버릴 엉뚱한 이야기로 들리는가? 혹은 굉장한 정치 스릴러 영화처럼 꾸며낸 이야기로 들리는가? 그렇다면 당신이 전적으로 옳다. 누구라도 그렇게 볼 것이다. 하지만 내 이야기는 모두 엄밀하게 입증 가능한 정보에 근거하고 있다. 나는 19년 이상 이 주제에 대해 조사/연구한 내용과 내부자들로부터 들은 증언을 『금융 독재』에 기록했다. 그리고 2012년 1월 13일부터 무삭제 원본을 내 웹사이트에 게시했다.[190] 이것은 아주 스트레스가 심한 작업이었다. 내가 이 책에서 쓴 내용은 UFO를 다룬 내용보다 기밀 등급이 훨씬 높다는 얘기를 들었다. 그것은 내가 죽음의 위험 앞에 있다는 뜻이었다.

─────── 삶과 죽음

2011년 12월 중순, 나는 고위직 정보원으로부터 나에 대한 살해 위협에 대해 전해 들었지만 조사를 멈추지 않았다. 2주가 지난 2011년 12월 31일, 데이비드 허츨러David Hutzler가 동맹으로부터 나온 중요한 정보를 내게 보내주었다. 한 웹사이트Unwanted Publicity Intelligence에 은폐된 자료와 관련된 귀중한 기밀 자료들이 있으니 들어가 보라는 것이었다. 거기에는 연방준비제도의 채권들을 찍은 사진부터 안전한 보관을 위해서 매장된 상자와 궤들의 사진이 있었다. 그로부터 일주일 후인 2012년 1월 6일, 데이비드 허즐러와 그의 아들은 자신의 집에서 여러 발의 총탄을 맞고 숨졌고 집은 불탔다.[191]

이 시점에 이르기까지 나는 20년 동안 매일 아침 꿈을 기록했고 그로부터 많은 도움을 얻고 있었다. 내 꿈 가운데 많은 것이 조사를 계속하라고 나를 재촉했다. 그리고 그렇게 하면 내가 보호받을 것이라는 점을 분명하게 가리켜보였다. 이런 메시지는 계속해서 발생되는 경이로운 동시성에 의해 지지되었다. 나는 지금 세상에서 가장 위험하고 파괴적인 세력들에 직접 맞서고 있다. 대부분의 사람들은 꿈에도 이런 생각을 해보지 못했을 것이다. 연방준비제도를 지배하는 하나의 통합된 집단이 있고, 그 집단이 연방준비제도를 통해 미국을 움직이고, 영국, 소비에트연방, 일본, 이탈리아, 나치당, 그리고 몇몇 유럽의 선도 국가들까지 좌지우지하고 있다는 생각은 도저히 감당이 안 될 것이다.

나는 어마어마한 신념의 벽을 뛰어넘어야 했다. 그리고 목숨을 걸어야 했다. 만약 내가 느낌을 믿었다면, 이런 식으로 일하는 것은 느낌이 좋지 않다고 결론 내렸을 것이다. 만약 내가 생각을 신뢰했다면, 이런 생각 전체가 제정신이 아닌 것이라고 결론 내렸을 것이다. 하지만 나는 나의 꿈들과 끊이지 않고 일어나는 동시성을 믿었고, 깊은 내면―나의 핵심―의 목소리를 들었을 때 이것들이 모두 옳다는 사실을 알았다. 데이비드 허즐러와 그의 아들은 내게 넘긴 정보 때문에 살해됐지만 나는 조사를 완결해야 했다. 그들이 세상을 떠나고 일주일 후인 2012년 1월 13일, 나는 완결된 조사 결과, 즉『금융 독재Financial Tyranny』를 세상에 내놓았다.[192]

나는『금융 독재』때문에 이 책의 집필을 시작조차 할 수 없었다. 방대한 자료를 꿰고 있었지만『금융 독재』를 출간한 이후 일 년 동안, 아무리 애써도 슬럼프를 깨고 나올 수 없었다. 나는 내 자신의 개인적 여정에 포함된 몇 가지 요소들을 공유하고자 했고, 그래야 한다고 강하게 믿었다. 그러나 『금융 독재』와 관련된 자료 조사에 들어가자, 사악한 협박 메일이며 댓글의 수가 증가하기 시작했다.

그리고 2012년 4월, 나의 친구가 비극적이고 폭력적인 죽음을 당했다. 바로 내 집에서 모퉁이 하나를 돌면 나오는 곳에서였다.[193] 누가 그런 일을 벌였는지 입증할 방법은 없다. 지금까지도 너무나 슬프다. 죽은 친구의 지갑에 운전면허증이 있었음에도 불구하고 경찰은 사체의 신원을 즉시 확인하지 않았다. 이런 비극을 겪고 나서도, 나는 내게 오는 모든 메일을 읽는 일을 멈추지 않았다. 나를 겨냥해서 쓴 증오 가득하고 냉소적이며 모욕적인 편지를 최소 두 개 이상 읽지 않고 넘어가는 날이 없었다. 이런 편지는 전체 메일 가운데 1퍼센트도 되지 않는 것이었지만, 나는 그 모든 메일을 하나도 빼놓지 않고 다 읽으면서 그들의 주장으로부터 무엇이라도 도움이 되는 것을 찾아내려고 노력했다. 2012년 6월에는 고급 기밀로 분류된 정보에 접근할 수 있는 나의 내부자 정보원 중 하나가 기이한 생물학 무기에 중독된 상태로 사망했다.[194]

나는 여전히 내게 오는 험악한 편지들을 빠짐없이 읽는 일을 계속했다. 내가 말하는 것이라면 뭐든 믿기를 거부하는 사람들도 있었지만, 나는 사람들이 목숨을 잃었으며 위험이 아주 실제적이라는 사실을 알고 있었다. 2012년 8월, 나는 회의론자들이 보내는 끊임없는 증오와 분노의 세례를 더 이상 참고 받아들일 이유가 없다는 결론에 도달했다.

내 친구의 비극적인 죽음 이후, 나는 모든 증오가 멈추기를 바랐다. 내가 이 행성을 위해 최선을 다하고 있는 중일지라도 비난받고 모욕당하는 일을 피하기 위해 할 수 있는 일을 해야겠다고 느꼈다. 나는 새 책에서는

나 자신에 대해 입도 뻥긋하지 않기로 단단히 결심했다. 내가 쓴 책에서
내 자신의 경험에 대해 언급한 내용을 찾아 삭제했다. 그렇게 개인적인 경
험들을 삭제하고 대신 과학적으로 완벽한 역작을 만들기 시작했다. 확고
한 팩트로 뒷받침되지 않음으로써 조그만 구멍이나 허점을 남기는 바보짓
은 하기 싫었다. 나를 증오하고 책을 공격하는 사람들에게 그 어떤 빌미도
제공하지 않는 방법이라고 생각했기 때문이다. 그러나 나는 계속해서 어
마어마한 스트레스에 시달렸고 작가의 벽이라고 하는 총체적 슬럼프에서
벗어날 수가 없었다.

2012년 9월 2일 시작한 캐나다 로키산맥에서의 안식일을 연장했고, 그
러면서 책을 끝내게 되기를 희망했다—그리고 책을 끝내기로 약속했다. 그
런 대규모 프로젝트를 완료하지 못하고 머릿속에 담고 있는 데서 오는 스
트레스는 굉장했다. 내 몸과 마음이 갈가리 찢기는 듯했다. 정신 차려 보
니 나는 글을 쓰기는커녕 어느새 공들인 애도의 과정을 밟고 있었다.[195] 마
침내 나는 『금융 독재』 조사로부터 내가 느꼈던 모든 스트레스와 고통을
내려놓는 데 필요한 시간과 공간을 확보했다. 비극적인 죽음들, 미수에 그
친 살해 기도들, 그리고 죽이겠다는 협박, 그 모든 것들을 내려놓고 나 자
신의 내면에서 스스로 균형을 이룬 평화의 장소로 복귀했다. 나는 여러 해
만에 처음으로 하나의 법칙 시리즈를 읽고 다시 숙고하는 데 많은 시간을
할애했다.

이제 내 숙제를 끝마치고 나니, 사람들과의 새로운 연결이 폭발적으로
생겨났다. 그리고 작업에 대한 열정이 다시 불타올랐다. 그 새로운 인간관
계가 지금 이 책을 쓰는 데 직접적인 도움이 되었다.

──────── 생각과 느낌만으로는 아무것도 해결되지 않는다

집으로 돌아온 다음 나는 빅터 버논 울프Victor Vernon Woolf 박사와 오랜 시간 대화했다. 버논 박사는 홀로다이내믹스holodynamics 이론의 창시자이자 열 권의 책을 쓴 저자였다.[196] 버논 박사는 외상 후 스트레스 증후군post-traumatic stress disorder, PTSD의 전문가였고, 전통적인 정신분석과는 완전히 다른 혁신적인 방법을 사용해서 치료했다. 버논 박사의 기법은 러시아 자연과학학술원Academy of Natural Sciences에서 개발한 것인데, 버논 박사 그룹은 일백 개가 넘는 러시아 도시에 지부를 만들었다. 600명이 넘는 공인 홀로다이내믹스 교사들이 불가해한 트라우마에서 벗어나도록 도움을 주었다. 냉전이 끝나고 소비에트연방이 해체되는 기간에 버논 박사의 기법은 러시아 정부의 최고위층 인사들에게까지 전해졌다.

개인 차원에서든 행성 차원에서든, 생각과 느낌은 결코 우리의 문제를 해결해 줄 수 없다는 점을 지적해 준 버논 박사에게 감사한다. 문제의 해결은 오직 존재being를 통해서—이 순간의 완전하고 직접적인 경험에 대해 깨어 있음을 통해서만 가능하다. 그렇게 순간의 경험에 총체적으로 깨어 있을 때에만 우리는 해묵은 통증을 방출하고, 모든 문제에 대한 답을 볼 수 있고, 그냥 놔두면 영구화될 수 있을 트라우마를 치료할 수 있다. 내 경우는 동시성의 "의미 있는 우연meaningful coincidence"이 영광과 경이로 충만한 현재의 순간에 집중하게 만드는 가장 일관된 힘이었다.

버논 박사와의 대화가 마무리될 즈음, 나는 본질적으로 엄밀하게 과학적인 책을 쓸 필요가 없다는 사실을 깨달았다. 내가 뒷걸음질쳐서 존재의 장소로 들어갔을 때, 나는 내 평생의 삶이 내게 답을 보여주고 있었다는 사실을 깨달았다. 그 가운데 몇 가지는 반드시 경험되어야만 하는 것이다.

동시성은 생각을 초월해서 우리를 곧바로 영의 세계로 데려다준다.

─────── **여기 기사騎士가 온다**

　　　　　　마침내 내가 해야 했던 일을 직시하고 작가의 슬럼프에서 벗어난 지 2주가 되지 않아서, 나는 러시아 정부의 간섭을 전혀 받지 않고 운영되는 REN-TV와 연결됐다. REN-TV의 시청자는 러시아와 예전 소비에트연방에 속했던 나라들에 걸쳐서 1억 3800만 명에 이른다고 한다. 정말 놀랍게도 그들은 『금융 독재』를 읽었을 뿐만 아니라 그것을 걸작이라 평가하고, 책에서 다룬 주제를 중심으로 총 3시간짜리 다큐멘터리를 제작하는 중이었다. REN-TV는 내 책을 상세히 공부한 후에 논쟁의 소지가 많은 주제에 대해 몇 가지 질문을 추렸고, 그것에 대해 내가 답하는 것을 촬영했다.

　이 다큐멘터리가 방영된 2013년 1월 16일, 독일은 연방준비제도를 향해 300톤의 금을 되돌려달라는 충격적인 요구를 했다. 또한 프랑스 은행에 보관된 총 374톤의 금도 돌려달라고 강력하게 주장했다.[197] 금융계의 시각에서 보자면 거의 전쟁 선포였다. 이는 영국의 정치가이자 유럽의회 European Parliament 멤버인 니겔 파라지Nigel Farage의 2012년 12월 14일 인터뷰에 대한 인증이기도 했다: "조지 오웰이 『1984』에서 묘사한 일들이 실현되는 중이다. 미국의 논객 중에는 금 보관과 그 현실성이란 점에서 거대한 사기가 진행되고 있을지도 모른다고 지적한 사람들이 있다."[198]

　내가 동맹과 접촉한 바에 따르면, 영국 주류 정치가의 이 말은 카발을 격노하게 했고 동시에 두렵게 만들었다. 카발은 완전히 공황 상태에 빠졌다고 한다. REN-TV의 두 번째 다큐멘터리 「그림자 금Shadow Gold」은 2013년 1월 30일에 방영되었다. 여기서는 첫 번째 다큐멘터리에서 다뤘던 것보다 더 상세하게 『금융 독재』에 실린 자료를 인용했다.[199]

2013년 2월 4일 비밀 해커 집단인 어내니머스Anonymous가 연방준비제도 간부들의 4,000여 개에 달하는 계좌로부터 얻은 정보를 웹상에 공개했다. 거기에는 개인 접촉 정보, 휴대폰 번호, 계좌 로그인, IP 주소, 자격증 등이 포함돼 있었다.[200] 소셜 뉴스 웹사이트인 레딧Reddit의 한 사용자가 그 번호로 전화를 걸었고, 연방준비제도 경영자의 전화번호가 맞다고 확인되었다. 그런 종류의 통제 상실이 일으킨 파문은 심각했다.[201]

몇 주 후, 핵심 내부자 한 명은 어내니머스 그룹이 미국 군대 내의 컴퓨터 전문가들과 공동으로 작업하고 있다고 밝혔다. 연방준비제도가 해킹된 후 정확히 24일이 지났을 때, 교황 베네딕트Benedict 16세가 사임했다. 600년 넘는 기간 동안 한 번도 일어나지 않은 사건이었다. 그날 저녁 바티칸의 돔 지붕 꼭대기를 벼락이 때렸다. 이 사건은 사진과 동영상으로 찍혔다. 나는 이것이 놀랄 만큼 강력한 동시성의 사례가 전 지구적 규모로 일어난 것이라고 보고 내 웹사이트에 글을 게시했다.[202]

벼락이 탑을 때리는 사건은, 하나의 법칙 시리즈에서 은하의 마음에 청사진의 형태로 기록돼 있다고 말하는 22개 원형 중 하나다. 이 원형은 우리 모두가 겪고 지나가야 하는 것으로서, "영혼의 어두운 밤dark night of the soul"이라고도 알려져 있다. 이 원형과 연결된 이미지는 벼락이 탑을 때리고 왕과 여왕이 죽음에 이른다는 것이다. 벼락의 타격은 우리 일상에 개입해서 부패하고 타락한 것을 파괴하는 우주 에너지를 대표한다. 타락한 것은 무엇이든 예외가 없다. 정부, 종교, 군대, 금융, 언론… 뭐가 됐든 부패한 것은 벼락을 피할 수 없다. 지금 이 순간은 카르마의 바퀴 중 맨 밑바닥을 대변한다—우리가 저지른 모든 부정적인 일들이 우리 생애 중에 우리에게 되돌아온다.

독자들이 지금부터 읽게 될 내용은 정치적 음모론을 훨씬 초월한다. 나는 확신한다. 이것은 우리의 행성 지구가 평화, 번영, 고도 의식으로 대표되는 황금시대로 진입함에 따라 우리의 영혼이 진화하게 된다는 더 크고, 더 본질적인 이야기의 일부라고. 하나의 법칙 시리즈가 말하는 "부정 지향의 엘리트"는 우리가 믿도록 유도되어 온 현실이 하나의 환상이며 진실은 소설보다 훨씬 더 기이하다는 사실에 눈을 뜨도록 우리를 돕는다.

데이비드 윌록의 동시성

Chapter 02

마법의 세계로
들어가기

The Synchronicity Key

6

카르마는
실재한다

          카르마의 수레바퀴가 회전하는 동안, 우리는 삶이 우리에게 제공해야 하는 가장 높은 곳과 가장 낮은 곳을 경험한다. 우리의 삶은 끊임없이 기쁜 일과 슬픈 일 사이를 오가고, 쾌락과 고통 사이를 순환하고, 성취감과 낭패감 사이를 돌고 돈다. 우리가 겪는 사건들은 너무 아프고 충격적이어서 때로 우리는 진실 중에서도 가장 위대한 진실에 눈을 감는다: 우리가 살고 있다고 생각하는 그 세계가 환상illusion이라는 사실 말이다. 삶은 무작위가 아니다. 행위에는 결과가 따른다. 우리는 진공眞空에 사는 것이 아니다. 사적私的인 생각이란 없다. 우리는 여기서 서로 사랑하는 것을 배운다. 우리가 다른 사람에게 주는 것은 무엇이 됐든 결국 우리에게 돌아올 것이다. 우리가 내보낸 대로 돌려받는 것은 중력gravity이 우리를 땅에 묶어두는 것만큼이나 불가피하고 일관된

데이비드 윌콕의 동시성

것이다. 이미 진실을 본 사람에게는 명백한 사실이다. 마치 유치원 수준의 영적 가르침처럼 보인다. 하지만 진실을 보고 싶어 하지 않는 사람에게는 이보다 터무니없는 일이 없다.

고대 산스크리트어에서 karmen은 "행위", "결과", "운명"을 의미한다. 그 말은 행위action와 반응reaction, 즉 원인과 결과를 모두 지칭한다. 힌두어에도 karma란 단어가 나타나는데 "일work"과 가까운 의미로 사용되고, 영혼의 차원에서 지고의 참된 정수精髓와 재결합하기 위한 노력과 관련된다.[203] 카르마Karma는 "돌아가는 것은 돌아온다"라는 개념을 한 단어로 간단하게 표현한 것이다. 즉 우리가 무엇을 창조하든 우리는 그것을 경험하게 된다. 우리에게 일어나는 많은 사건들—가장 멋진 것부터 가장 비참한 것까지—은 결코 무작위적random이지 않다. 늘 보이지 않는 힘이 작용하면서, 다음 순간 우리 삶에서 펼쳐질 모든 것의 모양을 만들고 배열한다. 카르마는 우주 어디에서나 인정되고 유지되는 "자유의지"의 법칙을 강화하고 지지하는 것이 분명해 보인다. 우리가 다른 사람의 자유의지를 존중하고 지지하면 우리는 사랑을 선택하는 것이고, 다른 사람의 자유의지를 조종하고 조작한다면 통제의 길을 선택한 것이다. 우리가 생각하고, 말하고, 행하는 모든 것은 보이지 않는 차원에서 항상 평가되고 있다. 그 평가 기준은 우리가 사랑을 선택했는지 아니면 통제를 선택했는지이고, 평가자는 우리 자신 혹은 타인들이다.

우리들의 삶 가운데서 일어나는 모든 사건은 우리가 한 선택의 결과다. 만약 당신이 다른 사람들에게 모욕을 주고 무례하게 굴고 비하하기를 선택한다면, 그것과 아주 유사한 한 무더기의 사건들이 당신에게 일어나게 된다. 카발 내에 있는 사람들이 무슨 수를 쓰더라도 이 영구한 시스템에서 자유로울 수 없다. 당신이 고통을 일으키면 당신은 고통 받는다. 다른 사람들의 느낌을 부정하면, 다른 사람들이 당신의 느낌을 부정할 것이다. 당신이 사랑을 창조하면, 다시 말해 사랑을 창조하는 것이 불가능해 보이거나 무지의 소산인 듯 보이는 때에도 사랑을 선택한다면, 사랑은 정말로 당신에게 돌아올 것이다. 무엇보다 총체적인 카르마의 수레바퀴는 용서를 통해 멈춘다. 카르마에 의해 경험하게 되는 당혹스러운 사건들은 계속해서 되풀이된다. 우리 모두는 하나이며 오직 동일성이 있을 뿐이라는 우주의 가장 큰 가르침을 깨칠 때까지.

당신이 이 새로운 현실reality을 숙고하고, 무엇보다 먼저 당신의 삶 가운데서 그것이 일어나는 것을 관찰하면, 우리 중 그 누구도 이 회계 시스템의 예외가 될 수 없다는 사실을 깨달을 것이다. 우리가 믿든 안 믿든, 우리는 카르마의 수레바퀴에서 헤어 나올 도리가 없다. 당신이 카르마를 알아차리게 된다면, 자신의 삶 가운데서 수천 번까지는 아니더라도 수백 번은 카르마가 시연되는 것을 관찰할 수 있을 것이다. 카르마가 너무나 뻔히 보이는 경우에조차 사람들이 너무나 완강하게 카르마를 보지 않으려 하는 것은 그저 놀라울 뿐이다.

─────── **이번 생에 뿌리고 이번 생에 거둔다**

몇 년 전 나는 심오한 카르마의 사례에 대해 들은 적이 있다. 그 상황이 그토록 비극적이지만 않았다면 거의 농담 같은 이야기다. 내 친구 하나는 이제 걸음마를 배우는 아기를 포함해 두 아이를 키우는 싱글맘이었다. 그녀는 살기 위해 풀타임으로 일해야 했고 아이들은 어린이집에 맡겼다. 당시 그녀를 도와줄 여력도 없었지만 그녀 역시 내게 어떤 금전적 도움도 요청하지 않았다. 아이들의 아빠는 가족을 팽개치고 집을 나갔고, 법원에서 양육비를 지급하라는 명령을 받은 상태였다. 아이 아빠는 일할 기분이 아니라는 이유로 아무 일도 하지 않았고 몇 달 동안 양육비를 한푼도 보내지 않았다. 그녀는 법적인 조치를 해야 할지 고민 중이었다. 그러던 중 아이 아빠가 꽤 큰 액수를 일시불로 지급하기로 약속했다. 자신의 아버지에게 돈을 빌렸던 것이다. 그는 바로 돈을 전해주러 오겠다고 그녀에게 말했다.

그 후 이틀 동안 아무런 소식이 없었다. 마침내 연락이 왔고, 그는 차에 두었던 돈을 도둑맞았다고 했다. 그는 이제 아이 엄마에게 돈을 줄 필요가 없다고 느낀다고 했다. 끔찍한 범죄를 당했으므로, 같은 액수의 돈을 벌어야 한다고 강요해서는 안 된다는 것이 그의 말 같지도 않은 주장이었다. 그는 자신이 타고 온 새 차를 무슨 돈으로 샀는지를 묻는 질문엔 대답하지 않았다. 그리고 그날 밤 그의 새 차는 미끄러져서 언덕 아래로 떨어졌고 차는 수리가 불가능할 정도로 부서졌다. 아이 아빠는 크게 다친 곳이 없었지만, 사고의 여파로 그 전까지는 불가능해 보였던 의사소통이 촉발되었다. 그의 아버지가 그녀에게 연락을 취했던 것이다. 그는 자신이 아들에게 돈을 주었으며 아들이 그 돈으로 새 차의 계약금을 지불했다고 확신했다. 이 일 이후 부자 사이에 무슨 일이 있었는지는 모르지만 아름다운 일은 아닐 것이다.

다른 사례도 있다. 나는 버지니아 주의 버지니아 비치Virginia Beach에 살았던 적이 있는데, 그곳은 F18 제트기가 기지에 착륙하기 위해 접근하는 비행 경로 아래에 위치한다. 매일 아침 8시부터 밤 10시까지 비행 소음이 이어졌다. 나는 입주 계약서에 서명할 때까지, 집세가 그렇게 저렴한 이유를 짐작도 못 했다. 옆집에 사는 커플은 심각한 알코올 중독이었다. 매일 밤 그들은 테라스에 나와 술을 마셨고 서로에게 고래고래 욕설을 퍼붓곤 했다. 밤마다 그 커플이 싸우는 소리를 들어야 하는 스트레스는 엄청났다. 내 몸이 발기발기 찢기는 느낌이었다.

어느 날, 그 커플의 침실에 커다란 보아뱀이 나타났다. "이것이 어떤 의미일까요?" 그 집 여자가 내게 물었다. "의미가 있고말고요, 보려고만 하면 보일 거예요." 내가 대답했다. 나는 이 뱀이 나타난 것이 동시성의 발현이라고 보았다. 그 후 나는 끔찍한 악몽에 시달렸다. 꿈속에 유령 같은 여자가 출현했다: "유령이 나타나면 모든 것이 느려지면서 정지하는 것처럼 보이곤 했다. 그 장면은 매우 극적이어서 소름 끼치는 배경음악에 터널 속 같은 장면이 공포 영화처럼 느껴졌다."[204]

꿈속에서 아무도 그녀를 보려 하지 않았다. 그녀가 자해 행동을 하리라는 것을 알면서도 그녀가 존재한다는 사실도 인정하려 하지 않았다: "그녀는 내 앞에서 자신의 몸을 난도질하고 있었는데 그 모습이 그냥 슬퍼만 보였다. 피가 튀고 살점이 날아다녔다. 나는 그녀가 무엇 때문에 그렇게 화가 났는지 궁금했지만, 그녀와 어떻게도 연결할 수 없었다. 나 말고는 그녀를 볼 수 있는 사람이 아무도 없는 것 같았다."

시간이 흐르자 그녀는 사람들이 자신을 볼 수 있게 만들었다. 하지만 여전히 완벽하게 무시되었다: "그녀가 자신의 몸을 끔찍하게 난도질하는 내내 사람들 눈을 똑바로 들여다보는데도, 사람들은 마치 그녀가 거기에 존재하지 않는 것처럼 행동하려고 애썼다." 마침내 나는 알아챘다. 그녀는 자해 행위를 함으로써, 사람들이 부정적인 행동에서 깨어나게 하려 한 것이다. 꿈속에서 만난 그녀의 마지막 모습은 아주 극적이었다: "그녀는 프라이팬을 가지고 있었는데, 프라이팬에서 불길이 솟아오르고 있었다. 그녀는 자기가 주장하는 바를 증명하기 위해 여러 번 프라이팬에 머리를 박으려고 했다." 그때 나는 그녀가 카르마를 상징한다는 사실을 깨달았다: "그녀는 그 장면을 통해 사람들이 자신에게 이런 끔찍한 일을 하고 있다는 것을 투사했다. 사람들이 스스로에게 정확히 똑같은 위해를 가할 수 있다는 사실을 깨우쳐주기 위함이었다.[205]

비명 소리는 거의 매일 밤 끊이지 않고 이어졌다. 2000년 1월 24일까지 말이다. 그날 밤, 그 커플의 집 위층에 살고 있는 남자가 담배를 끄지 않은 채 잠이 들었고 곧 불길이 번졌다. 나는 현관문 밖에서 들리는 비명 소리에 잠에서 깼다. 소방대원들이 불길과 싸우는 동안 그저 그들의 집이 불타는 것을 멀거니 지켜보는 수밖에 없었다. 결국 소방대원들은 집의 맨 꼭대기부터 물을 흠뻑 뿌려야 했다. 그 결과 불길과 연기에 파괴되지 않고 그나마 남아 있던 모든 것이 망가졌다. 그 커플은 갖고 있던 모든 것을 잃었고 그들을 다시 볼 수 없었다. 나는 사건이 나기 한 달 전에, 꿈이 이 모든 사건을 세세한 부분까지 정확하게 예언했다는 사실을 즉각 알아차렸다.[206] 내 꿈은 그 커플의 집에 일어난 불이 그들이 매일 밤 서로를 향해 펼쳐내던 분노와 폭력의 가시적 발현이었음을 알려주었다. 우주는 그들의 주의를 끌려고 애썼다. 그것도 아주 극적인 방식으로.

─────── **샤머니즘의 비밀들**

내 경험 속에서 나쁜 카르마는 아주 쉽게 확인할 수 있게 되어, 나는 거의 항상 내 생각들과 그 결과로 생기는 경험들 간의 인과관계를 알아볼 수 있다. 내가 이 시스템을 확인하고 나쁜 카르마가 얼마나 자주 내게 영향을 미치는지를 알아보게 된 티핑 포인트가 있다. 호세 스티븐스Jose Stevens와 레나 스티븐스Lena S. Stevens가 쓴 『샤머니즘의 비밀: 당신 안의 영력 깨우기Secrets of Shamanism: Tapping the Spirit Power Within You』를 읽었을 때였다.[207] 심리학 박사와 그의 부인에 의해 이 시스템이 아주 명료하고, 정확하고, 신뢰할 수 있는 방식으로 설명되자, 나는 이것이 실재할 가능성에 마음을 열게 되었다. 당시 나는 겨우 열여섯 살에 불과했지만, 이지식은 곧바로 심오한 통찰과 개인적인 경험을 생성하기 시작했다.

그 후 24년 동안 말 그대로 나는 수천 건의 사례를 경험했다. 내가 누군가에 대해 상냥하다고 할 수 없는 생각을 하고 분노와 심판의 느낌에 집중하도록 허용하면, 그에 수반되는 결과는 언제나 갑작스러운 사고나 부상이었다. 자신이 휘두른 칼에 베이고, 자신의 발끝에 차이고, 자신이 쓰는 불에 몸을 덴다. 포크를 잘못 물어 이가 상하거나 혀를 물어 피 맛을 본다. 잡고 있던 컵을 놓치는 바람에 가장 아끼던 컵이 싱크대 안에서 박살난다. 면도하다가 얼굴을 베고 가시가 박힌다. 테이블 모서리에 있던 무거운 책에 부딪히고, 그 책이 떨어져 발등을 찍는다. 샤워 중에 미끄러져서 팔꿈치를 부딪힌다. 기름이 잔뜩 묻은 음식 접시가 미끄러져 내가 제일 좋아하는 셔츠와 바지가 초토화된다. 내게 떠오르는 생각을 극도로 조심함으로써—그리고 다른 사람을 대할 때는 특히 더 주의함으로써— 더 심각한 형태의 사고와 부상을 가까스로 피해왔다. 하지만 많은 사람들이 내가 여기에 늘어놓은 것보다 훨씬 강력한 카르마의 돌풍을 경험한다.

스티븐스 박사 부부의 설명처럼, 사고가 일어나기 직전에 당신이 무엇을 생각하고 있었는지를 기억하는 것이 열쇠다. 훈련을 통해 직전의 생각을 신뢰성 있게 기억하게 되기 전까지는, 사고 자체로 인해 집중력을 잃기 쉽다. 당신의 주의는 방금 당신 마음에 난입한 이 새로운 문제를 향해 돌진한다. 당신의 심장은 펄떡거리고, 호흡은 빨라지고, 피가 왈칵 머리로 쏠리고, 의식 과잉 상태가 되면서 대개의 경우 짜증이 난다. 갑작스러운 분노와 좌절이 사고 직전에 당신이 하고 있던 생각들을 즉각 지워버린다. 이와 비슷한 일이 일어날 때마다 어떻게든 이 고통스럽고 짜증 나는 사건이 당신의 주의를 흩뜨리지 못하게 해야 한다. 가능한 한 평정을 유지하고, 당신의 생각을 기억하도록 최선을 다해 보자. 조금만 연습하면, 당신의 생각과 경험들 사이의 인과관계가 보일 것이다. 내가 예로 든 경우처럼 모든 카르마가 즉각적이지는 않더라도, 놀랄 정도로 많은 경우에 즉각적이라는 사실을 알게 될 것이다.

이처럼 대부분의 나쁜 카르마는 내 몸의 움직임에 의해 초래된다는 점을 지적해 두는 것이 중요하다. 의식 차원에서는 나쁜 카르마를 알아차릴 수 없지만, 내 잠재의식은 고통스러운 사건이 일어나게 만드는 데 직접적으로 관여하는 듯 보인다. 즉 내 몸은 특정한 방식으로 움직이도록 영향을 받는다. 내가 전혀 의식하지 못하는 사이에 아주 조금씩 주변 물건들을 건드리거나 밀친다. 그러면서 나는 손가락을 베었고, 불에 뎄고, 좋아하는 유리컵을 깨고, 샤워하다 미끄러졌다. 동물이 도로로 뛰어들거나, 벌레가 물거나, 먼지가 눈으로 날아 들어오는 것과 같은 다른 사건들은 본질적으로 살아 있는 우주 안에 우리가 존재하기 때문에 생기는 결과일 것이다. 엄청나게 다양한 비물질적 실체들이 공모하여 우리가 깨어 있도록 돕는 한편, 환경에 개입해서 이들이 우리에게 보내는 메시지가 잘 전달되도록 할 수도 있다. 내 친구의 전 남편 사례는 잠재의식에 작용하여 차 바퀴를 급작스럽게 움직이게 해서, 자신의 새 차가 도로 아래로 굴러떨어지게 만든 것일 수 있다.

일단 자신이 날마다 하는 경험을 연구하기 시작하면, 어떤 유형의 경험들이 당신에게 일어나는지를 알아차릴 수 있다. 나쁜 카르마는 매우 짜증스럽고, 보이지 않는 힘으로부터 심판받고 비난받는 것처럼 느껴질 수 있지만, 아주 매혹적일 수도 있다. 당신이 알고 있다고 생각하는 세계는 당신이 실제로 살고 있는 세계가 아니다. 당신이 의식 수준에서 무엇을 믿든, 당신의 일부는 잠재의식 수준에서 윤리와 도덕의 절대적 규범을 갖고 있다. 당신은 싸우고, 고함치고, 다른 사람을 비난하고, 자신을 희생자로 만들 수도 있지만, 그래 봤자 아무 쓸모가 없다. 당신은, 자신이 좋은 사람이고 다른 사람을 위해 좋은 일을 많이 했으니 이런 나쁜 카르마를 받을 이유가 없다고 정당화할 수도 있지만, 그러거나 말거나 나쁜 카르마는 여전히 일어난다. 조만간 당신의 자만심은 몇 단계 아래로 떨어질 것이다. 그러면 불평을 그치고 나쁜 카르마와 그 이면에 있는 자비를 함께 이해하려는 노력을 시작하게 될 것이다. 카르마는 결코 좋은 일처럼 보이지 않겠지만, 이 영원한 지혜는 답을 가지고 있다.

─────── **예호슈아와 지옥, 구원, 영원, 죄에 대한 가르침**

대부분의 성경 학자들은 예수의 가장 정확한 이름에 대해 의견의 일치를 보인다. 원래의 아람어Aramaic로 예슈아Yeshua라는 것이다.[208] 이것이 그리스에서는 이에소우스Iesous가 되고, 그것이 변해서 영어의 지저스Jesus가 된다. 하나의 법칙 시리즈에 따르면 가장 가까운 발음은 예호슈아Jehoshua다.[209] 많은 기독교인들은 믿고 있다. 예호슈아가 지옥이 있다고 가르쳤다고 말이다. 아마도 지구의 땅 밑에 있을 그 지옥에서는 기독교로 개종하지 않은 사람들이 불의 호수에서 영원히 고통받을 것이라고 한다. 하지만 내 생각으로는, 사랑을 가진 살아 있는 우주 안에서는 어떤 영혼이 영원히 학대받기 위해 선택되는 일 따위는 일어나지 않을 것 같다. 우주에는 오직 동일성Identity이 있을 뿐이고 그 동일성의 핵심은 사랑이기 때문이다. 이제 성경 학자들 사이에서는 단순히 당대의 지배적인 의견을 믿기보다는 경전 원본으로 돌아가 직접적인 증거를 찾아보려는 새로운 움직임이 나타나고 있다.

W. L. 그레이엄Graham의 웹사이트 Bible Reality Check는 기독교도라면 누구나 마땅히 알아야 할, 놀라울 정도로 포괄적인 학술 자료들을 게시하고 있다. 그레이엄은 기독교도이고 핵심 종교 원리들을 지지한다. 그는 대부분의 기독교도들이 가진 믿음과 현대의 언어학 연구 및 성경에 대한 학술 연구가 발견한 것들 사이의 핵심적인 차이에 대해 밝혔다. 「지옥의 존재에 반하는 사건A Case Against Hell」이라는 논문에서 그는 지옥이라는 개념은 매우 빈약한 증거로부터 만들어졌고 구약성경에서부터 전혀 증거가 없다고 주장한다.[210]

오늘날 대부분의 성경에서 "지옥Hell"으로 번역되는 히브리어 셰올sheol의 의미는 "무덤"이다. 셰올이란 말은 구약 전체를 통틀어 겨우 31회 출현한다. 셰올, 즉 무덤은 어떤 삶을 살았는가에 관계없이 사람이면 누구나 반드시 가게 되는 곳이다. 신神은 아담과 이브에게, 선과 악의 지식의 나무 Tree of Knowledge of Good and Evil 열매를 먹으면 지옥에 간다고 경고하지 않았다. 단지 그런 행동이 죽음을 부를 것이라 말할 뿐이다. 카인Cain은 지옥에 관해 경고받지 않았고, 소돔과 고모라도 지옥과는 관계가 없다. 모세가 받은 십계명에도 지옥이 있을 것이라는 경고가 없다. 모세의 율법에 육백 번 넘게 나오는 경고, 법, 규칙들 가운데도 지옥을 빙자한 경고는 한마디도 없다. 윌리엄 바클레이, 존 A. T. 로빈슨, F. W. 파라르, 마빈 빈센트 등 저명한 성경 학자들은 현대적인 지옥의 개념이 예호슈아 시대의 히브

리어나 그리스어 문헌에 나타나지 않는다는 것에 의견이 일치한다.[211]

신약성경에서 예호수아는 그리스어인 게헨나Gehenna를 사용해 우리가 부정적인 행동—자신에게 봉사하는 행동—을 하면 어떻게 되는지를 묘사하였다. 게헨나가 처음 언급된 것은 마태복음 5장 22절, 5장 29~30절의 산상수훈Sermon on the Mount에서다. 예호슈아는 다른 사람을 바보라고 부르는 것과 같은 단순한 일로 인해 우리가 게헨나의 위험에 처한다고 경고한다. 현대 기독교인들은 결코 그런 흔해 빠진 모욕이 영원히 지옥에서 불타야 하는 죄가 될 것이라고 믿지 않는다. 하지만 그런 내용이 마태복음에 존재한다. 게헨나가 "지옥"으로 번역되기 때문이다. 사람들은 성경을 읽으면서 그 내용 자체로 옳고 그름을 숙고하거나, 예호슈아 등이 실제로 한 말의 본래 의미를 분석하기보다는, 이미 자기가 믿고 있는 것을 확인하려고 한다. 중요한 것은 게헨나의 어근이 "지옥"의 의미로 번역되지 않는다는 것이다. 구약성경 히브리어 버전에서 ga ben Hinnom은 '히놈의 아들의 골짜기'란 의미다.

물론 이 골짜기는 끔찍한 곳이었다. 그곳은 원래 올빼미 신인 몰로크Moloch에게 아이들을 희생양으로 바치는 장소였다. 그 후 의식儀式을 위한 살인은 중단되었고 게헨나는 도시 전체를 위한 쓰레기장이 되었다. 일상적으로 시신들을 비롯한 온갖 종류의 오물이 그곳에서 불태워졌다. 그러므로 게헨나는 불을 통해 땅을 청소하고 정화하는 데에 필요한 곳이었다. 이것이 예호슈아가 사용하던 은유의 더 깊은 의미일 것이다. 세계영어사전World English Dictionary에서 Gehenna의 세 번째 정의는 "통증과 고통의 장소 또는 상태"이다.[212] 그러므로 예호슈아가 누군가를 바보라고 부르는 행동이 게헨나를 겪게 만든다고 말한 것은, 타인에게 고통과 괴로움을 초래하면 정화의 한 형태로서 당신의 삶에도 비슷한 고통과 괴로움이 올 것이라는 뜻이었다. 아직도 많은 사람들이 카르마를 "태워 없애야 한다"라고 말하는데, 이것은 예호슈아가 사용하는 상징성과 직접적으로 이어지는 듯하다. 카르마의 개념도 "심은 대로 거두리라"(갈라디아서 6장 7절)라는 고전적인 문구로 표현되었다. 그러므로 게헨나는 예호슈아가 자주 사용하는 상징과 은유가 대단히 잘못 해석된 것으로 볼 수 있는 사례다.

이것은 그레이엄과 다른 성경학자들이 "지옥의 개념이 전적으로 조작된 것이며 본문에 의해 뒷받침되지 않는다"라고 논쟁하기 위한 시작일 뿐이다. 신약성경의 또 다른 주요 사례가 있다. 사도행전 20장 27절에서 사도 바울은 신의 모든 조언을 밝혔다고 선언하지만, 편지에서 지옥이 언급되지 않는다. 유일한 예외가 있기는 하다. 고린도전서 15장 55절에서 예호슈아가 지옥을 정복했다고 말했다는 바울의 인용이 있는데, 여기서 그리스어는 "사망grave"으로 번역한다. 이는 원래 구약성경에서 "지옥"으로 오역한 "sheol"이라고 씌어져 있었다.

마찬가지로 구원받다saved라는 용어도 오해되어 왔다. 신약성경 그리스어판에서 구원받다saved에 해당하는 단어는 sozo 및 soteria이다. 이 단어들은 위험으로부터 구출되고, 해방되고, 치유되고, 구원받는다는 개념을 포함한다. sozo와 soteria라는 단어는 그리스어 신약성경 전체에 걸쳐 다양한 맥락에서 나타난다. 예호슈아가 우리에게 주는 영적인 가르침이 게헨나의 위험으로부터 우리를 구원하고 해방시킨다고 봐야 한다. 다시 말하자면, 영적인 가르침은 지상에 존재하는 생명이 우리에게 가르치려 하는 것이 무엇인지를 밝힘으로써, 카르마의 불길로부터 우리를 구해줄 수 있다.

또 하나 자주 오해되는 단어가 영원eternity이다. 구약성경의 단어는 olam인데, 이것은 성경에서 영원보다 짧은 시간을 가리키고 있다. 즉 왕의 생애, 요나Jonah가 고래 뱃속에서 보낸 시간, 인간이 지상에 존재하는 기간, 아이가 성전에서 보내기로 되어 있는 시간, 하인이 주인을 위해 일할 것으로 예상되는 시간, 그리고 다윗이 이스라엘의 왕이 되려고 했던 시간 등이 해당된다. 이 사례들은 각각 특정한 시간의 주기를 가리킨다. 그리스어에서 olam과 동등한 단어가 aion이다. aion은 "시대age" 혹은 시간의 순환/주기cycle를 의미한다. 현재 우리가 쓰고 있는 영어 단어 eon이 여기서 온 것이다. "시대age"는 잠재적으로 황도 12궁 시대 중 하나를 포함할 수 있지만 영원보다는 훨씬 짧은 시간 주기를 가리킨다. 성경은 같은 주기가 반복되는 것을 aionian 및 aionios라는 단어로 표현한다. 신약성경 시대부터 어떤 그리스 문서에서도 aion이라는 단어가 "영원eternity"이나 "영구히 forever"를 의미하지 않았다. 플라톤, 아리스토텔레스, 호머, 히포크라테스, 그리고 그리스의 많은 다른 학자들이 훨씬 짧은 기간을 나타내기 위해 aion이라는 단어를 사용했다.

죄sin란 단어는 신성한 법칙의 위반이란 의미로 해석된다. 특히 도덕이나 종교 원리를 의도적으로 어기는 것을 가리킨다.[213] 기독교 신자가 아닌 사람에게는 상당히 시대에 뒤떨어진 단어이지만, 죄sin는 다른 사람의 자유의지를 침해하는 어떤 것이 될 것이다. 그러므로 예호슈아의 본래 메시지는 다른 사람의 자유의지를 어기면 주어진 시간의 주기 동안 정화의 주기를 거쳐야만 한다는 것이다. 이것은 "영원히 지옥에서 불태우겠다"라는 현대의 오역誤譯과 매우 다르다. 일단 당신에게 무슨 일이 일어나고 있는지를 이해하고, 본질적으로 이러한 카르마와 관련된 사건들에 연료를 공급하는 것이 사랑임을 깨닫기만 하면, 당신은 이러한 불행, 괴로움, 고통 Gehenna의 순환aionios을 되풀이해야 하는 상황으로부터 구원받을sozo 수 있다. 카르마의 수레바퀴를 멈추게 하는 열쇠는 용서다.

정부 권력 강화 수단으로서의 종교

어쩌다 이런 오역誤譯이 만들어졌을까? 기독교는 나라가 쇠퇴해 가는 중에도 권력을 다투던 제국帝國의 정부로부터 후원받은 종교였다. 예호슈아의 가르침을 막을 수는 없었으므로, 제국이 취할 수 있는 최선의 조치는 현존하는 다량의 문서들을 모두 압수해 하나로 통합하고 그 출처를 신의 확실한 말씀이라고 선언하는 것이었으리라. 이것은 정확히 서기 325년 로마의 콘스탄티누스 1세Emperor Constantine I가 니케아 공의회Council of Nicaea를 통해서 한 일이다. 콘스탄티누스 1세의 뜻에 반하는 것으로 여겨지는 것은 무엇이든 신약성경 밖으로 추방되었고, 이렇게 삭제된 것 중에는 예호슈아와 함께 걸으면서 그의 가르침을 목격한 사람들이 쓴 일련의 복음서가 포함된다. 카발에서 일했던 내부자들의 말에 따르면, 콘스탄티누스 1세는 구약과 신약에서 언급된 '아버지 신'이 자신이며, 자신이 예호슈아보다 우월하다고 믿었다고 한다. 카발의 무리는 기독교에 대해 매우 부정적이므로, 그 구성원들은 자부심을 갖고 이 고대의 비밀을 공유하고 있다. 대학원 수준의 신학 교과서는 콘스탄티누스 1세가 평의회 투표에서 이기고 의견을 달리하는 두 주교를 내쫓았을 때 신의 뜻에 따랐는지 여부에 대해 여전히 논쟁 중이라고 한다. 어니스트 스콧Ernest Scott이 쓴 『비밀의 사람들The People of the Secret』에서 이 사건에 대한 아이로니컬한 인용문을 볼 수 있다.

평의회의 결론이 성령이 감응한 결과라고 하려면 만장일치가 필수였다. 만장일치와 신의 승인은 콘스탄티누스 개인에게 중요한 관심사였다. 그는 반대 의견을 가진 두 명의 주교를 회의에서 제외시키는 간단한 방법으로 두 조건 모두를 확실히 충족시킬 수 있었다. 따라서 그 후 1,500년 동안 기독교의 기준점은 노골적인 정치적 권모술수에 의해 결정된 것이라 볼 수 있다.[214]

영원한 지옥불의 개념은 어떤 저항도 용납하지 않는 종교를 세우려는 정부에 매우 유용하다. 교회와 국가를 병합하는 것 또한 사람들이 면죄부免罪符를 사거나 십일조를 바치는 형태로 높은 세금을 내도록 하는 최선의 방법이다. (기독교의 경우, 교회와 국가의 병합이 AD 720년이 되어서야 성공적으로 이루어졌다.) 사람들이 남에게 해를 끼쳤다고 느낄수록, 그들은 천국에서 영원을 보내기 위해 더 많은 돈을 지불하기로 결심할 것이다. 그렇게 하지 않을 경우 감당해야 할 영원한 고통이 두렵기 때문이다. 이는 또한 성전聖戰이란 개념을 정당화하는 데 사용될 수 있다. 기독교를 빙자하여 종교와 정부를 병합한 집단이 하는 일을 믿지 않는다면 영원한 공포와 고문을 예약한 것이다. 만약 적이 영원한 공포의 장소로 가게 될 것을 믿는다면, 당신은 그들을 인간人間이 아닌 것으로 분류했기 때문에 그들에게 가하는 말도 안 되는 잔혹 행위를 정당화할 수 있다.

─────── **유일한 창조자의 메신저**

하나의 법칙 시리즈는 예호슈아의 가르침을 지지했다. 또한 예호슈아의 임무는 우리 행성을 감시하는 천사 비슷한 집단에 의해 온전히 승인되었다고 했다. 가르침이 왜곡될 것이라는 점은 늘 알려져 있었지만, 그 메시지의 핵심은 너무나 순수해서 여전히 선이 악을 능가할 것으로 판단되었다. 예호슈아의 임무는 우리의 진화를 돕는 훨씬 더 큰 집단의 노력으로 계획되었다. 하나의 법칙 시리즈는 또 말한다. 자신이 분리된 존재가 아니라 유일한 창조자의 구현이었다는 사실을 깨달음으로써 예호슈아는 "지적인 무한intelligent infinity"으로 진입했다. 예호슈아는 인간 진화의 다음 단계인 "빛몸light-body" 형태로 들어간 것이다. 하나의 법칙은 이 과정을 수확harvest이라고 한다. 이 용어의 의미와 성경 속 인용에 대해서는 4장에서 설명할 것이다.

17.11 [예호슈아는] 가능한 한 순수한 방법으로 사랑의 진동을 나누기 위해 이 행성계에 들어가고자 했습니다. 따라서 그는 이 임무를 수행할 수 있는 허가를 받았습니다. [예호슈아는] 지극히 긍정적으로 극화되었습니다. 그는 하나의 실체가 아니라, 그가 사랑으로 간주한 유일한 창조자의 전령傳令으로 작용한다는 것을 깨달았습니다.[215]

11.8 여덟 번째 차원, 또는 지적인 무한 차원으로의 진입은 마음/몸/영 복합체[즉, 사람]를 수확하도록 합니다. [즉, 다음 단계의 인간 진화에 도달할 수 있습니다.] 마음/몸/영 복합체가 원하면 주기 중에 어떤 시간/공간에서나 수확될 수 있습니다.[216]

─────── 관계에서의 카르마

우리 삶에서 동시성이 그러한 것과 똑같이, 어떤 카르마는 마치 마술과도 같은 방식으로 나타난다. 고통스럽고 어려운 일은 우리가 다른 사람에게 고통을 준 직후에 일어난다. 살아 있는 우주와 그 전령 messenger들은 이러한 사건들이 이해되고, 그것들을 야기한 행동들과 명확하게 연관되도록 하기 위해 최선을 다한다. 그런데 본질적으로 훨씬 더 장기적이고 외관상 평범해 보이는 다른 형태의 카르마가 있다. 바로 우리와 함께 살아가는 사람들이다. 그들은 우리에게 가장 강력한 카르마를 제공하는 경우가 많다. 우리가 그들의 감정을 상하게 할 때 우리는 보통 논쟁, 갈등, 불일치, 그리고 대립을 경험한다. 때때로 압도하는 고독, 절망, 우울, 분노, 질투를 경험할 수도 있다. 뒤에서 보게 되겠지만, 더 큰 의미에서 우리가 경험하는 관계들 중 처음인 것은 거의 없다. 수천 년은 아닐지 몰라도, 적어도 수백 년 동안 겪었던 문제들을 지금 다시 연구하고 있을 가능성이 크다.

하나의 법칙은 1%의 소시오패스들을 비롯해서 부정적으로 방향을 잡은 사람들이 우리 삶에서 하는 역할에 독특한 관점을 제공한다. 즉 어떤 사람이 현실의 삶에서 극도로 냉혹하고 교활하고 폭력적이라 하더라도, 높은 차원에서 그는 자신이 누구이고 여기서 무엇을 하고 있는지 충분히 알고 있다. 우리는 뒤에 나올 "사후생 알아보기Mapping Out the Afterlife"를 통해 이 개념에 찬성하는 주장을 탐구할 것이다. 의식의 수준에서는 모를지라도, 그 또는 그녀는 남에게 상처 주는 일을 할 때조차 봉사를 행하고 있는 것일 수 있다.

만약 당신이 고의로 다른 사람을 해친다면 어떻게 될까? 당신 자신의 카르마는 완전히 부정적인 일을 하는 다른 누군가에 의해 균형을 이룰 것이다. 그러나 그 사람이 당신의 카르마를 균형 있게 만들었다 해도, 그는 이런 상처를 주는 행위를 한 것에 대해 아무 일 없이 지나가지 못한다. 비록 당신이 카르마와 관련된 의미에서 고통스러운 경험을 끌어당겼다고 하지만, 당신의 삶에 출현하는 사람들 각각은 자신의 행동에 대해 전적인 책임을 진다. 궁극적으로 우리 모두는 사랑하는 법을 배워야 하고, 이런 일이 우주 전체에 걸쳐 일어나면서 우주는 다시 하나가 되어 또 하나의 존재 주기를 끝내게 될 것이다. 세계적인 차원에서, 반사회적 권력 엘리트 집단은 모두를 위한 강력한 카르마의 거울을 만들고 있다. 하나의 법칙에서 쓰는 용어로 말하자면, 그들은 우리가 자유의지를 통해 집단적으로 끌어들인 것에 대해서만 그들의 일을 할 수 있다.

다른 사람을 대하는 방식에 있어서, 대부분의 사람들은 날마다 부정적인 것과 긍정적인 것 사이를 오락가락한다. 모든 사람은 고의적이든 무지 때문이든 타인에게 극심한 아픔과 괴로움을 줄 수 있는 잠재력을 가지고 있다. 우리는 종종 자신의 이러한 측면들을 간과하고 우리가 전적으로 훌륭하다고 믿고 싶어 한다. 다른 사람들이 부정적인 행동에 이의를 제기하면, 우리는 그것을 부정함으로써 우리가 상처 줄 일을 했다는 사실을 인정하지 않을 수도 있다. 우리는 가족, 친구, 동료들에게 비밀을 지키라고 강요하면서, 다른 사람들로부터 우리의 행동을 숨기려 할지도 모른다. 은폐된 비밀과 은밀한 계획을 가진 권력 엘리트들은 우리 자신의 삶 속에서 이러한 현상을 보여주는 세계적인 거울 역할을 한다. 궁극적으로 우리는 이러한 세계적인 문제들로부터도 배워야 한다. 숨겨진 비밀의 파괴적인 측면과 웃는 얼굴로 쏟아내는 정치인들의 거짓말을 관찰함으로써, 우리는 자신의 삶에서 하지 말아야 할 것을 배우고 다른 사람들을 돕도록 영감을 받는다. 이러한 영향력이 없다면 우리는 급속한 영적 성장을 이룰 가능성이 훨씬 줄어들 것이다.

모두가 하나임을 자각하기

우리는 각자 별개의 몸 안에 살고 있다는 착각에 빠지기 쉽다. 물리적인 차원에서, 당신의 몸은 다른 신체와 분리되어 있다. 넘어지면 아프다. 만약 다른 사람이 넘어지면, 당신이 그 사람과 공감하는 것을 선택하지 않는 한, 당신의 몸은 신체적 고통을 느끼지 않는다. 하지만 더 깊은 차원에서 보면, 시대를 초월한 영원한 지혜는 우리 모두가 하나임을 드러낸다. 이를 깨닫기 위해서는 어떤 교과서나 경전도 필요치 않다. 명상 속으로 깊이 들어가 지금 이 순간과 지금 이 순간이 진정으로 의미하는 것에 대해 완전히 각성함으로써 우리 모두가 하나라는 진실을 명백하게 만들 수 있다.

당신의 의식意識은 다른 사람과 분리되어 있지 않다. 더 평온해지고 더 이완할수록 진실은 더욱 분명해질 것이다. 당신은 카르마의 수레바퀴를 이해하고 모든 조각들을 한데 모아 수수께끼를 풀 수 있다. 당신은 스스로를 치유하는 방법을 볼 수 있고, 당신에게 보여지고 있는 교훈을 터득할 수 있다. 더 이상 같은 주기를 끝없이 반복할 필요가 없다.

카르마에 대한 이러한 논의는 더 이상의 설명이 필요 없는 초급 수준의 영성 개념으로 볼 수도 있겠지만, 이것이 우리 탐사의 핵심이다. 벌써 비아냥거리는 웃음이 터졌을지도 모른다. "그건 불가능할 뿐만 아니라 말도 안 돼. 방금 네가 한 말은 산타클로스를 믿는다고 하는 것이나 마찬가지야. 과학아, 날 좀 도와줘. 이 녀석은 멍청이야." 사실, 과학은 우리의 삶이 이런 식으로 돌아간다는 것을 증명하는 일에 아주 쓸모 있는 도구다. 획기적으로 새로운 과학 개념이 받아들여지기 전에 심하게 저항받고 조롱당한다는 사실을 기억하자. 우리가 알고 있다고 생각하는 세계와 진정한 현실 세계와의 차이가 너무나 커서, 그것을 보기 위해서는 사람들에게 거부와 조롱을 당하는 엄청난 공포를 헤쳐 나가야 한다. 이 주제에 대해 말하는 것은 쉽지 않다. 하지만, 이야기를 가볍고 재미있게 끌고 가면서 듣는 사람들에게 믿으라고 강요하지 않는다면, 대부분의 사람들은 그 이야기의 진가를 알아본다. 특히 할리우드는 이것을 확실히 이해하고 있다.

현대 세계에서 우리가 당연히 여기는 것 중 많은 것이, 불과 몇백 년 전만 해도 미친 것으로 여겨졌을 것들이다. 과거로 가서 그들에게 현대식 스마트폰 같은 것을 보여주었다고 해도, 그들은 터무니없고 회의적인 설명을 찾아낼 것이다. 당신은 처음에 미친 것 같다거나 터무니없다고 생각했던 개념을 공부하는 편이 결국은 훨씬 더 행복하고 성취감을 주는 삶의 열쇠가 될 수 있다는 것을 깨닫게 될 수도 있다. 고대 힌두교의 베다 경전이 "삼사라samsara"라고 불렀던 것, 즉 기쁨과 재앙의 끝없는 상하 순환으로부터 마침내 자신을 해방시킬 수도 있다.

─────── **가능성을 생각해 보자**

지구 위의 삶은 광활하고 세밀하게 균형을 이루고 꼼꼼하게 유지되는 환상이고, 훈련을 통해 영적으로 숙달되기 위한 학교라고 생각해보자. 이러한 환상은 진보된 수많은 지적 실체들에 의해 인도되고 감시된다고 생각해보자. 자신이 아무리 똑똑하다고 생각하더라도, 적어도 지금 이 시간에는 우리에게 가능한 최고의 상태보다 훨씬 더 똑똑한 사람들이 있다고 해보자.

우리가 생각하고 말하는 모든 것이 그들에게 매 순간 알려진다고 생각해

보자. 그들이 우리에게 가장 큰 사랑과 연민을 가지고 있다고 해보자. 그들은 우리가 겪었던 모든 것을 깊이 이해한다고 해보자. 우리가 누군가를 상대로 저지른 흉악한 범죄를 그들이 진정으로 용서했다고 해보자. 우리 중 아무도 할 수 없을 것 같을 경우에도 우리를 부끄러워하거나 무시하지 않았다고 해보자.

우리가 타인의 자유의지를 침해할 때 그들이 카르마라고 하는 정화淨化의 불을 관리한다고 해보자. 이러한 관리는 우리가 완벽한 균형을 되찾을 수 있도록 절대적인 사랑과 존경으로 행해진다. 일단 카르마를 갚고 나면, 다른 사람들을 조종하고 통제하기보다는 언제나 남을 돕고 사랑할 수 있기 때문에 다시는 두려움을 느낄 필요가 없다고 해보자. 우리가 계속해서 긍정적인 선택을 한다면, 우리의 삶에서 새로운 부정적 카르마가 만들어질 필요가 없다고 해보자. 그러면 우리는 매우 실질적인 건강보험의 형태로, 그렇지 않았다면 일어났을 수 있는 고통스럽고 파괴적인 일들로부터 적극적으로 보호받게 될 것이라고 가정해보자. 우리는 스스로 만들어낸 좋은 행위의 결과에 대한 긍정적인 보상을 받기 시작할 것이다.

그들은 우리가 이 경험을 마스터하기 위해 취해야 할 조치가 무엇인지 정확히 알고 있다고 해보자. 지구상의 생명체와 우리에게 일어나는 사건들이 무작위로 나타나는 것처럼 보이게 하기 위해 그들이 많은 노력을 기울인다고 해보자. 그것이 너무 명백하게 보인다면 우리는 아무것도 배울 수 없을 것이기 때문이다. 그들이 우리를 위해 지치지 않고 일하고 있으며, 우리 중 아무도 그들이 누구이고 무엇을 하고 있는지 이해하지 못하더라도 계속 일하는 것을 기뻐한다고 해보자. 그들이 하는 일의 많은 부분이 다른 사람들의 행동에 무의식적으로 영향을 주고 지구상의 사건들을 세심하게 조정하는 것이라고 해보자. 생명의 책이나 영웅의 여정과 같은 일관된 이야기를 통해 우리를 이끌어주는 위대한 시간의 주기가 있다고 해보자.

　당신이 그들을 인정하고 당신의 삶 속에서 영원한 지혜의 가르침을 실천함으로써 당신이 그 의사소통을 다룰 만큼 성숙하다는 것을 보여준다면, 그들은 당신에게 기꺼이 말할 준비가 되어 있다고 해보자. 동시성이란 당신에게 자신들의 존재를 인식시키기 위해 사용하는 디딤돌이라고 해보자. 시간의 흐름에 따라 당신이 완전한 진실을 인식하도록, 점진적인 속도로 끊임없이 카르마를 창조하는 시스템을 훨씬 행복하고 영감을 주는 용도로 사용하는 것이 동시성이라고 해보자.

　당신이 이러한 개념을 받아들일 준비가 되었든 안 되었든 상관없이, 우리가 육체적인 죽음 후에도 살아남으며 이미 지구상에서 여러 생애를 경험했다는 과학적인 증거는 차고 넘친다. 이러한 전생의 기억은 기억상실이라는 베일에 의해 감추어져 있다. 물론 최면 퇴행과 같은 특정한 방법을 이용해 베일을 관통하는 것이 가능할 수도 있다. 이미 밝혀진 것처럼, 우리가 타인에게 취하는 어떤 행동은 하나의 생애에서 청산하거나 상쇄할 수 없을 정도로 충분히 극단적이다. 영혼으로서의 우리에게 유용한 영적 수준에 도달할 때까지, 이러한 청산 행위의 상환을 미룰 수 있는 시스템이 바로 환생이다.

7

환생의
과학

당신은 태어나기 전에 어떤 형태로든 살아본 적이 있는가? 육체가 죽은 후에도 당신의 삶은 계속될 것인가? 당신은 오직 하나의 삶을 사는가? 아니면 영혼의 진화 과정이 여러 개의 화신incarnation을 통해 펼쳐지는가? 버지니아 의대 정신의학과 교수인 이안 스티븐슨Ian Stevenson 박사는 전 세계 3천 명 이상의 아이들을 인터뷰했는데, 그 아이들은 전생을 아주 상세하게 기억하고 있었다. 그가 엄청난 작업을 완성하는 데는 40년이 넘게 걸렸다. 아이들의 기억은 이름, 날짜, 장소, 물건, 역사적 사건 등 대단히 구체적이었다. 스티븐슨 박사는 놀라운 끈기로 세세한 부분까지 주의를 기울여 아이들이 말하는 것들의 사실 여부를 철저하게 확인했다. 그는 반복하고 반복해서 아이들의 기억이 놀라울 정도로 정확하다는 것을 알아냈다. 나이 많은 친척을 추적하고, 예전에 살던 집을 방문했으며, 오래된 상처가 다시 까발려졌고, 진실은 체계적으로 밝혀졌다. 레바논에서 온 소녀 하나는, 그녀가 주장하는 전생으로부터 25명의 이름과 관계를 기억해냈다.[217] 버지니아 대학의 아동 및 가족 정신의학 클리닉Child and Family Psychiatric Clinic 의사인 짐 터커Jim Tucker 박사는 수년간 스티븐슨 박사와 함께 일하며 연구를 지속했다. 터커 박사는 "환생 reincarnation이 이런 사례들에 대한 가장 유력한 설명"이라고 말했다.[218]

터커 박사는 자신의 저서 『생 후의 생Life After Life』에서 스티븐슨 박사가 조사한 강력한 사례 2500건에서 얻은 풍부한 증거와 자신이 조사한 새로운 프로필을 제시한다. 아이들은 보통 2~3세 전후해서 전생을 기억하기 시작하며, 그들의 기억은 보통 7~8세가 되면 희미해진다. 어떤 경우에는 아이들이 예전 이름으로 불러 달라고 주장했고, 그들이 전생에 대해 말한 아주 구체적인 세부사항은 결국 옳은 것으로 판명되었다. 과학적인 방법으로 훈련받은 소아정신과 전문의로서, 터커 박사는 입증 가능한 증거를 중시한다. 많은 아이들이, 전생에 치명상을 입었던 정확한 위치에 선천적 특징이나 결함을 가지고 있었다. 터커 박사는 이 아이들이 자신의 전생이라고 주장하는 사람들과 닮았다는 사실을 확인하기 위해 현대의 안면인식 顔面認識 소프트웨어를 활용했다.[219] 그는 이 주제에 대한 주류 과학자들의 적대감과 회의감을 분명히 알고 있었다. 유전학, 생물학, 진화학, 신경학, 의학 그리고 현대 세계에서 존중받는 다른 많은 개념들은 이 새로운 정보를 통합하기 위해 철저히 재검토되고 다시 연구되어야 할 것이다.

만약 우리의 "새로운" 물질적 신체가 전생에 갖고 있던 얼굴과 닮았다면, '인간으로서의 우리가 누구인가' 하는 정체성의 문제는 한 생에서 다른 생으로 옮겨 가는 에너지와 관련된 측면이 있음을 시사한다. 다시 말해, 영혼이라고 지칭되는 이 에너지적 특성은 우리 몸의 얼굴 특징을 형성하고 주조鑄造할 뿐만 아니라 선천적 특징이나 기형奇形이라는 방식으로 치명적인 상처를 다시 만들어낼 수도 있다. 따라서 영혼은 DNA의 구조와 기능에 직접적인 영향을 미친다. 우리는 이미 실험실에서 이것이 가능하다는 것을 확인한 생물학 실험을 보았다. 페테르 가리아예프 박사가 실험을 통해 개구리 알을 도롱뇽 알로 변형시킨 것처럼, 어떤 특정 유기체는 에너지만으로 재구성할 수 있다. 같은 방식으로 우리의 영혼은 화신化身으로 사용할 신체의 DNA를 변형시켜, 우리의 얼굴 생김새가 한 생에서 다음 생으로 이어지도록 한다.

우리가 부모로부터 물려받는 유전적 특징과 한 생애에서 다음 생으로 환생할 때 더 깊은 차원의 영혼이 갖는 특징 사이에는 늘 혼합이 있을 것이다. 이것은 짐 터커 박사가 기록한 많은 사례에 대해 과학적인 설명을 제공한다. 아이들은 자신이 전생에 다른 사람이었던 것을 기억했고 법의학 소프트웨어를 사용하여 분석한 결과, 그들의 얼굴은 그들 전생에 가졌던 몸(화신)의 얼굴과 일치했다.

환생을 자연스럽게 받아들이는 문화 속에서, 아이들은 과거의 삶을 훨씬 더 잘 기억할 가능성이 높았다. 환생을 믿지 않는 부모들은 자녀가 특이한 기억을 말할 때 그것을 무시했을지도 모른다는 것을 암시한다. 캐롤 보우먼Carol Bowman은 『전생: 전생의 기억이 당신의 아이에게 영향을 미치는 방법Children's Past Lives: How Past Life Memories Affect Your Child』에서 이 개념을 탐구했다.[220] 캐롤 보우먼이 그 주제에 끌린 것은 자신의 아들에게 닥친 위기 때문이었다. 그녀의 아들은 만성 습진을 앓았고 시끄러운 소리에 대한 심각한 공포증을 갖고 있었다.

임상 최면술사 노먼 잉게Norman Inge가 최면 퇴행을 시도하자, 아이는 남북전쟁에 참전했던 포괄적인 기억을 떠올렸다. 그의 설명은 대단히 구체적이었고, 전문 역사학자는 아이가 절대 알 수 없는 많은 세부사항을 사실로 검증했다. 아이가 과거의 트라우마를 기억해내자 치료를 통해 습진과 소음에 대한 두려움이 완전히 사라졌다. 그 후 캐롤 보우먼은 집이 불탈지도 모른다는 공포증을 갖고 있던 딸을 치유하기 위해 같은 방법을 사용했다. 곧 책의 독자들로부터 편지가 쇄도했고, 이로써 캐롤은 연구할 수 있는 새로운 사례들을 풍부하게 확보할 수 있었다. 독자들의 편지에서 캐롤이 주목한 일관된 주제는, 가족의 일원으로 다시 환생하는 사람들에 관한 것이었다. 구체적 내용에 대한 과학적 조사와 후속 조치를 통해 이들 사례의 상당수가 사실로 검증되었다. 이 연구는 그녀의 두 번째 책인 『천국에서 돌아오다: 당신의 가족 안에서 다시 맺어진 사랑받는 친척들Return from Heaven: Beloved Relatives Reincarnated Within Your Family』에 실려 있다.

환생에 대한 과학적인 연구는 그것이 어떤 합리적인 의심도 넘어서는 진실한 현상이라는 것을 증명했다. 살아 있는 우주의 새로운 과학은 생명체를 본질적으로 에너지와 같은 것으로 본다. 또한 생물체는 우리 모두가 갖고 있는 더 깊고 비물리적인 측면의 투영이라고 간주할 수 있게 하는 광범위한 기준을 제공한다. 얼굴 생김새와 반점birthmark은 우리 DNA의 에너지 파동에 의해 직접 조각될 수 있다. 서구 사회는 주류 사상에 역행하는 새로운 사상을 수용하는 일에 매우 더디다. 특히 기존의 전통적인 과학자들 대부분으로부터 참이라고 인정받지 못하는 경우에는, 비록 증거가 극도로 포괄적이더라도 오랜 기간 받아들여지지 않는다.

서구세계에서 환생을 폭넓게 포용하기 어렵게 만드는 가장 큰 장애물 중 하나는 기독교 신앙이다. 심지어 적극적인 기독교 신자가 아니더라도 "잠재의식상의 유대교적-기독교적 편견subconscious Judeo—Christian bias"에 여전히 영향을 받는 경우가 많다. 구약과 신약 모두에서 환생은 보편적인 믿음이었기 때문에, 환생을 부정하는 현대 기독교의 입장은 정치적 음모가 진실을 모호하게 만드는 또 한 가지 영역에 속한다.

─────── **환생과 기독교**

환생은 영원히 지속되는 흉측한 고문 장소, 즉 지옥를 무효로 만든다. 만약 이번 생에서 세상이 우리에게 가르치려고 했던 교훈을 마스터하지 못한다면, 우리 영혼은 항상 (다음 생이라는) 또 다른 기회를 갖게 될 것이다. 모든 영혼은 인간 진화의 다음 단계로 나아갈 때 끊임없이 게헨나—즉 정화의 불—를 통과해서 움직인다. 영원한 용서에 대한 지식은 로마제국과 같은 고착된 권력 구조에 대한 위협으로 보였을 것이고, 당연하게도 로마제국은 가능한 한 최대한으로 국민을 통제하고 싶어 했을 것이다. 서기 553년 제2차 콘스탄티노플 공의회에서, 로마 정부는 공식적으로 환생의 개념을 믿거나 가르치는 것은 불법이라고 선언했다. 이 법을 지키지 않으면 추방과 파문이 이어질 것이었다. 당시에 추방과 파문은 확실한 죽음을 뜻했다. 정확한 칙령은 다음과 같다: "누군가 영혼의 환상적인 전재前在를 주장한다면, 그리고 그 뒤에 오는 말도 안 되는 복원復元을 주장한다면, 그를 저주하는 존재가 되게 하라."[222] 로마 정부의 주장은 서기 1274년 리용 의회가 죽음 후에 영혼은 즉시 천국이나 지옥으로 간다고 포고했을 때 더욱 강화되었다. 그 후 서기 1439년 피렌체 평의회는 거의 똑같은 문구로 이 칙령을 재확인했다.

그러나 서기 1세기에 활동한 유대인 역사학자 플라비우스 요셉푸스Flavius Josephus는 유대인의 인기 종파인 바리새파Pharisees가 환생을 믿었다고 기록했다. 요셉푸스에 따르면, 긍정적인 삶을 살았던 사람들의 영혼은 "다른 몸으로 옮겨가므로" "되살아나 한 번 더 살 수 있는 힘"을 갖게 된다. 사도 바울은 기독교로 개종하기 전에 바리새파 사람이었다. 청교도 종파인 사두개파Sadducees는 환생의 개념을 거부하고 무덤을 뜻하는 세올에 대한 정통 유대교 신앙만을 지지했다.

더 강력한 증거는, 바울 이후 기독교 교회의 첫 번째 위대한 아버지로 여겨지는 오리겐Origen(185~254)과 그의 스승인 알렉산드리아의 클레멘트로부터 나왔다. 오리겐은 예호슈아 가르침의 직접적이고 구전적인 전통을 계승하고 이 지식을 토대로 영적 신학을 구축했다. 환생은 오리겐 신학의 중요한 측면이었다. 오리겐과 그의 스승인 클레멘트는 사도들을 통해 전해진 예호슈아의 은밀한 가르침을 받아들이는 것에 대해 기록했다. 그들은 환생과 선재先在: preexistence가 예호슈아의 가장 중요하고 비밀스러운 가르침 중 하나라고 강력히 주장했다. 오리겐의 글에서 인용한 아래 문구는 오리겐의 관점을 깔끔하게 요약하고 있다: "영혼은 시작도 끝도 없다. … [영혼들은] 전생의 승리로 강화되거나 전생의 패배로 약해진 채 이 세상에 오게 된다."[223]

——— **삭제 위기에서 살아남아 환생을 증빙하는 문헌들**

신약성경은 서기 325년 로마의 콘스탄티누스 1세가 이끄는 니케아 공의회의 다양한 문서로부터 수집된 것이다. 몇 가지 복음서가 포함되지 않았기 때문에, 그 과정에서 환생에 대한 언급이 많이 사라졌을 가능성이 매우 높지만, 그럼에도 불구하고 환생은 당시에 널리 알려진 개념이 분명했던 만큼 여러 개의 설득력 있는 문구가 삭제를 피해 살아남았다. 이 주제만을 연구한 몇몇 작가들이 상당한 분량의 책을 썼지만, 여기서는 그들이 발견한 많은 사례 중 극히 일부만을 제시할 것이다. 우리의 첫 번째 인용구는 마태복음 16장 13~14절에서 따온 것인데, 여기서 우리는 "인간의 아들Son of Man 예호슈아는 다른 생애에서는 누구였는가?"라고 공개적으로 추측하는 것을 볼 수 있다.

> 예수께서 가이사랴 빌립보 지방에 이르러 제자들에게 물어 가라사대, 사람들이 사람의 아들을 누구라고 하느냐.
> 제자들이 답하여 가로되, 세례 요한이라고 하는 사람도 있고, 엘리야라고 하는 사람도 있고, 예레미야나 예언자 가운데 하나라고 하는 사람도 있나이다.

요한복음 9장 1~3절은 예호슈아와 제자들이 대화하는 내용인데, 환생이 마치 절대적이고 잘 알려진 사실인 양 언급된다.

> 예수께서 길 가실 때에 날 때부터 소경된 사람을 보신지라. 제자들이 물어 가로되, 랍비여 이 사람이 소경으로 난 것이 뉘 죄로 인함이오니이까. 자기오니이까, 그 부모오니이까.
> 예수께서 대답하시되, 이 사람이나 그 부모가 죄를 범한 것이 아니라 그에게서 하나님의 하시는 일을 나타내고자 하심이니라.

예호슈아는 제자의 질문을 중단시키거나 가로막지 않았다. "잠깐만, 얘들아, 그건 말도 안 되는 질문이야. 사람이 어떻게 태어나기 전에 죄를 지을 수 있느냐?"라는 식으로 말하지 않았다. 그 질문을 즉각 받아들여, 이 특별한 경우에 그 남자는 분명히 자신의 초점을 내면으로 돌리겠다는 동기로 눈이 머는 것을 선택했기에 영적인 길을 포용하게 될 가능성이 더 높다고 밝혔다. 성경에서 환생을 벗겨내기 위한 무자비한 편집에서 살아남은 또 하나의 중요한 구절이다.

또한 마태복음 11장 11~15절에서 예호슈아는 세례 요한이 예언자 엘리야의 환생임을 직접 확인했다. '귀 있는 자는 들으라'라는 구절을 통해 예호슈아는 비밀의 가르침 중 하나를 폭로하고 있다.

> 내가 진실로 너희에게 말하노니 여자가 낳은 자 중에 세례 요한보다 더 큰 이가 일어남이 없도다. … 그리고 만일 너희가 즐겨 받을진대 오리라 한 엘리야가 곧 이 사람이다. 귀 있는 자는 들을지어다.

누가복음 9장 7~8절을 보면, 오늘날 타블로이드판 신문들이 유명 인사의 삶을 취재하는 것과 거의 같은 방식으로 세례자 요한이 전생에 누구였는지를 알아내려고 많은 사람들이 적극적으로 노력했다는 것을 알 수 있다.

> 분봉왕分封王 헤롯이 모든 일을 듣고 심히 당황하여 하니, 이는 혹은 요한이 죽은 자 가운데서 살아났다고도 하며, 혹은 엘리야가 나타났다고도 하며, 혹은 옛 선지자 하나가 다시 살아났다고도 함이라.

에드가 케이시의 유산

현대의 그 어떤 윤회와 역사의 순환에 대한 논의도, 직관적 수단을 통해 검증 가능한 풍부한 정보를 제공한 에드가 케이시Edgar Cayce(1877~1945)의 유산을 언급하지 않는다면 불완전할 것이다. 고객의 이름과 주소(리딩이 진행되는 동안 고객이 케이시 측에 미리 제출한 주소에 있겠다고 동의하는 것)만으로, 케이시는 고객의 증세를 정확하게 진단하고 효과적인 치료법을 처방하곤 했다. 육체와 관련된 문제들은 정신적인 문제와 연관되어 있는 경우가 많았고, 완전한 치유를 할 수 있도록 몸과 마음, 영靈으로 환자를 치료할 수 있는 조언이 주어졌다.

케이시가 이러한 의학 진단과 처방을 수행하는 동안에는 본인 자신의 의식이 없었다. 케이시와 함께 일하는 동료들은 조심스러운 프로토콜에 따라 케이시를 깊은 트랜스 상태에 빠지게 만들었다. 케이시가 완전히 의식을 잃으면, 그(?)가 말하기 시작했고, 전지全知한 것처럼 보이는 지성을 발휘했다. "원천source"은 케이시가 평소 말하는 방식과 전혀 다른 언어를 사용했으며, 하나의 법칙이 그렇듯 쫓아가기 어려운 경우도 많았다. 케이시는 독실한 기독교 신자였으므로 처음부터 그의 리딩readings은 기독교에 강하게 초점을 맞췄고, 그로 인해 케이시의 리딩 자료를 불쾌하게 생각하는 독자들도 꽤 있었다.

케이시는 자신의 행위를 사이킥 리딩psychic readings이라는 새로운 용어로 불렀다. 1922년 10월 10일자 「버밍엄(앨라배마) 포스트 헤럴드」 기사에 따르면, 케이시는 그때까지 8,056회의 리딩을 했다고 한다. 그때까지의 모든 기록은 비극적인 주택 화재로 소실되었고 문서화된 기록은 거의 만들어지지 않았다. 1923년 9월 10일, 글래디스 데이비스Gladys Davis가 케이

데이비드 윌콕의 동시성

시의 전속 속기사로 팀에 합류한 후부터 케이시의 모든 리딩이 체계적으로 보존되기 시작했다.[224] 1923년 9월 이후, 14,879회의 판독이 실시되어 문서화되었다. 그러니 리딩의 총계는 22,000회가 훨씬 넘는다. 그러나 여전히 1922년 10월부터 1923년 9월 사이에 실시된 리딩에 대해서는 제대로 된 기록이 없으며, 이 기간 동안 케이시는 유명해졌고 리딩을 의뢰하는 의뢰인들도 폭발적으로 증가했다. 지나 서미나라Gina Cerminara 박사는 『윤회의 진실Many Mansions』(한국어판)에서, 에드가 케이시의 실제 리딩 횟수를 25,000회 정도로 추정했다. 정말 놀라운 수치가 아닐 수 없다.

1967년 에드가 케이시가 사망한 지 22년이 지난 시점에 『에드가 케이시 독본Edgar Cayce Reader』이 출판되었다.[225] 그 책의 서문에서는 그때까지 케이시에 대해 저술한 10권의 책이 100만 부 이상의 판매고를 올렸다고 밝혔다. 1998년 폴 K. 존슨Paul K. Johnson은 뉴욕 주립대학과 함께 『에드가 케이시 평전Edgar Cayce in Context』을 출판했다. 그 책에서 존슨은 "[케이시]는 미국에서 지난 2세기 동안 가장 위대한 종교 혁신자들에 필적할 만한 문학적 영향력을 행사했다"라고 썼다.[226] 그뿐만이 아니다. 케이시는 1960년대에 시작된 뉴에이지New Age와 전일적 건강 운동holistic health movements을 고무시킨 공로도 상당한 인정을 받고 있다.

1942년 토마스 서그루Thomas Sugrue가 집필한 『에드가 케이시There Is a River』(한국어판)라는 제목의 전기가 출판된 후, 케이시는 전 국민적인 관심의 대상이 되었다.[227] 이어서 1943년 9월, 한 잡지에 『버지니아 해변의 미라클 맨Miacle Man of Virginia Beach』이라는 제목의 기사가 실리자, 케이시는 그에게 도움을 요청하는 25,000여 통의 편지를 받았다. 쇄도하는 편지를 노끈으로 묶어 보관해야 했고, 이 우편물 뭉치들은 개봉도 못한 채 그의 집 벽에 줄지어 놓였다.[228] 케이시는 자기 자신에 대해 행한 리딩에서 많은 리딩을 하는 것이 건강상 매우 위험하다는 경고를 받았음에도 불구하고, 리딩 횟수를 가능한 한 최대한도까지 늘렸다. 아침에 4회, 오후에 4회, 하루 총 8회의 리딩을 하는 무리한 일정을 소화했다. 편지의 답을 기다리고 있을 의뢰인들의 요구에 최대한 부응하기 위해서였다. 이렇게 애를 썼지만 케이시의 리딩을 기다리는 대기자 명단은 1년 반 이상 쌓여 있었고, 싫은 소리를 하지 못하는 성격이었던 케이시는 녹초가 되었다. 건강이 나빠지는 것을 알면서도 쉬지 못했던 그는 결국 잡지 기사가 나온 지 1년 3개월 만인 1945년 1월 3일 사망했다. 그에게 온 편지에는 현금이 동봉된 것이 많아서, 케이시 사망 후 케이시의 팀원들이 사람들의 돈을 돌려주기까지 또 여러 해가 걸렸다.

전형적인 케이시의 리딩에서는, 그의 잠재의식적 마음의 어떤 측면이 의뢰한 사람에게로 직접 이동해서 그 사람의 몸을 확대와 축소를 해 가면서 검사하고, 진단하고, 치료 방법을 권했다. 케이시의 전기라 할 수 있는『에드가 케이시』(한국어판)에도 실린 극적인 사례가 있다. 케이시는 오랫동안 다리 통증에 시달리던 소년에게 "스모크 오일Oil of Smoke"이란 것을 처방했는데, 어떤 약사도 그것이 뭔지 알지 못했고 약국의 어떤 카탈로그에서도 찾을 수 없었다. 결국 약사들은 케이시의 리딩을 비웃게 되었다. 그런데 케이시가 다시 리딩을 한 결과, 켄터키 주 루이스빌Louisville의 특정 약국에 그 약이 있다는 것이었다. 전보를 통해 그 약국의 지배인에게 약을 요청하자 지배인은 그런 제품에 대해 들은 적도 없고 당연히 재고도 없다는 답장을 해왔다. 케이시는 또 다시 리딩을 했고 그 내용은 매우 구체적이었다. 아래는 웨슬리 해링턴 케첨Wesley Harrington Ketchum 박사의 말이다.

우리는 세 번째 리딩을 했다. 이번에는 루이스빌의 약국 뒤쪽에 있는 선반이 거론됐다. 그곳에서 또 다른 조제용 물질-그것의 이름이 언급되었다- 뒤에 "스모크 오일" 한 병이 있다는 얘기였다. 나는 루이스빌 약국의 지배인에게 전보를 통해 리딩 내용을 전했고 "찾았습니다"라는 답이 왔다. 며칠 안에 약이 도착했다. 제조 회사는 이미 폐업했으며, 병은 오래되어 지저분했고 라벨은 희미했다. 하지만 그것은 바로 리딩이 말한 "스모크 오일"이었다.[229]

회의론자들은 "스모크 오일"이라는 말로 케이시의 신용도를 오늘날까지 공격하고 있다. 그것이 "스네이크snake 오일"과 비슷하게 들리기 때문이다. 그러나 더 많은 연구를 통해, 우리는 스모크 오일이 케이시의 리딩 수년 전에 너도밤나무 크레오소트creosote에 사용된 이름 중 하나였다는 것을 알게 되었다.[230] 미국 보건복지부는 이 치료법에 대해 다음과 같은 전통적인 용도를 인용하고 있다.

너도밤나무 크레오소트는 살균제, 설사약, 기침 치료제로 사용되어 왔다. 과거에는 나병, 폐렴, 결핵 치료에도 너도밤나무 크레오소트를 먹거나 마시는 일이 있었다. 오늘날 미국에서는 더 나은 약으로 대체되어 의사들이 거의 사용하지 않으며, 미국의 기업체에서 더 이상 생산하지 않는다. 지금도 한방요법으로 쓸 수 있으며 일본에서는 거담제, 완하제로 쓰인다. 너도밤나무 크레오소트의 주요 화학 성분은 페놀, 크레졸, 과이어콜이다.[231]

케이시가 눈을 감고 소파에 누워 리딩을 하는 동안, 그의 속기사인 글래디스 데이비스가 받아썼고, 케이시는 받아쓰기한 것을 점검해서 철자가 잘못된 것이 있으면 수정을 하곤 했다.[232] 케이시가 고객과 같은 장소에 있을 때, 그의 원천source은 고객들의 마음을 읽고 그들이 소리 내어 말하기 전에 그들이 생각하고 있는 질문에 답하곤 했다.[233] 케이시가 깨어 있는 인격일 때는 영어로만 말했지만, 그의 원천은 고객들의 모국어로 대화를 나누거나 그들을 웃게 하는 재치 있는 짧은 얘기들을 전하곤 했다. 케이시는 리딩하는 동안 24개 이상의 다른 언어로 유창하게 말한 것으로 추정된다.[234] 그의 원천은 우리 모두가 이렇게 할 수 있는 잠재력을 가지고 있다고 계속 강조했다.

케이시의 의학적 조언은 공식 의료기관이 포기한 환자들을 기적적으로 치유하는 경우가 많았다. 그의 리딩이 조언하는 치료법은 특별했다. 예컨대 베이킹 소다와 카스토르 오일castor oil과 같이 아무도 상상조차 하지 않던 성분들을 혼합한 약을 써서 사마귀를 치료하는 데 성공하는 식이었다.[235] 캐나다인 가톨릭 신부의 간질병이 치료되었고, 오하이오 주 데이튼 고등학교를 졸업한 청년의 관절염이 치료되었다. 뉴욕 치과의사의 2년 동안 망치로 때리는 듯 괴로웠던 두통이 2주 만에 완전히 사라졌다. 피부경화증scleroderma[236]이라고 알려진 수수께끼의 질환을 앓던 켄터키의 젊은 여성 뮤지션은 1년 만에 치료되었다. 그녀의 병은 병원에서도 치료를 포기한 상태였다. 대개 불치병으로 여겨지는 유아 녹내장을 가진 필라델피아에 사는 소년이 완전한 시력을 되찾았다.[237] 최면에서 깨어나면 케이시는 최면 중에 자신이 한 말을 전혀 기억하지 못했다. 깨어 있을 때의 그는 아리송하고 어색하며, 성경의 킹 제임스 버전과 닮은 장황한 문장을 사용했다.[238] 한편 리딩은 재치 있는 유머 감각을 보여주었고, 에드가의 깨어 있는 자아와 같은 현실적인 성격도 지니고 있었다.[239]

환생에 대한 케이시의 리딩

1923년 8월 10일, 아서 래머스Arthur Lammers는 트랜스 상태의 케이시에게 특별한 질문을 했다. 그가 전생에 지구에 살았던 적이 있는지 물어본 것이다.[240] 놀랍게도 래머스는 케이시에게 수도승으로 보낸 전생을 포함해 세 번의 전생이 있고, 현재의 성격은 바로 전의 생에 강하게 영향 받았다는 말을 들었다. 이로 인해 깨어 있을 때의 케이시에게 심각한 위기가 초래됐다. 에드가 케이시는 독실한 기독교 신자였고, 기독교인들은 윤회를 믿지 않기 때문이다. 케이시는 교회의 공식적인 교리를 반박하고 싶지 않았다. 그러나 그때까지 20년 이상 사람들을 돕는 데 있어서 리딩의 효과를 눈으로 확인했으며, 리딩이 진정으로 유익하다는 것을 부인할 수 없었다.

시간이 흐르면서, 그는 윤회가 현실이라는 것을 받아들이게 되었다. 1923년 윤회가 처음 언급된 획기적인 사건 이후 그의 리딩이 고객들의 전생에 대한 광범위하고 상세한 정보를 제공했기 때문이다. 케이시의 리딩에 따르면, 평균적인 사람은 아마도 35~40가지의 다른 전생을 가지고 있었다.[241] 케이시의 리딩 가운데 2,500회 이상이 전생을 다루었고, 몇 년의 간격을 두고 리딩한 경우에도 세부적인 내용이 늘 일관성을 유지한다는 사실이 확인된 것이다. 리딩에 포함된 잘 알려져 있지 않았던 역사적 세부 사항들은 정확한 것으로 밝혀졌다. 한 의뢰인은 전생에 자신이 '스툴 디퍼stool-dipper'였다고 말했는데, 케이시도 그 말이 무슨 뜻인지 몰랐다. 백과사전에서 이 용어를 찾아보고서야 마녀로 지목된 사람들을 의자에 묶어 차가운 물에 담갔다 뺐다 하며 고문하는, 미국 마녀 사냥 시대 초기의 고약한 풍속을 지칭하는 낡은 표현이라는 것을 알게 되었다.[242]

케이시의 리딩은 종종 고객들이 전생에 사용했던 정확한 이름을 알려 주었고, 때때로 이 이름들은 검증이 가능했다. 극적인 사례들 가운데 하나는 법적으로는 맹인이 되기 시작했지만 리딩의 제안에 따라 한쪽 눈의 시력을 어느 정도 회복할 수 있었던 고객이다. 이 고객은 철도와 남북전쟁에 관심이 많았는데, 케이시가 그에게 "라이프 리딩"을 해주었을 때 그가 남북전쟁 당시 남군 사령관 로버트 E. 리Robert E. Lee 장군 휘하의 군인 바넷 세이Barnett Seay였다는 말을 들었다. 바넷은 철도에서 일하며 버지니아 주의 헨리코 카운티Henrico County에 거주했다. 이 리딩은 세이의 삶에 대한 기록이 버지니아에서 아직도 발견될 수 있다고 말했다. 의뢰인은 확인차 버지니아 주 헨리코 카운티를 처음 방문했지만, 법원 직원으로부터 최근 많은 기록이 버지니아 주 역사도서관의 고기록부Department of Old Records로 넘어갔다는 말을 들었다.[243] 결국 세밀한 검색을 통해 케이시의 의뢰인은 리 장군 휘하 군대의 기수였던 바넷 세이의 기록을 찾아냈다. 기록에 의하면, 세이Seay는 21세였던 1862년에 입대했다.[244] 세이는 독특하고 드문 성姓이어서 이 사례가 우연일 가능성은 극히 적었다.

─────── **역사 주기에 따른 집단 환생**

리딩을 계속하면서, 케이시의 팀은 역사상 특정 장소와 시간의 패턴이 반복된다는 것을 알게 되었다. 이것은 어떤 특정 국가나 지역에 사는 사람들이 공통된 유산을 공유하고, 자신의 공동체에 속한 사람들과 함께 환생할 수도 있다는 흥미로운 가능성을 시사했다. 리딩에 대한 추가 연구는 실제로 이런 일이 일어난다는 사실을 확인해 주었다. 케이시의 고객 거의 대부분은 미국 백인이었다. 반복되는 패턴의 한 가지 일반적인 예는 잃어버린 아틀란티스Atlantis 문명의 사람들이 미국에서 대규모로 환생했다는 것이다. 그들은 과학 기술이 고도로 발달했던 아틀란티스에서의 경험에서 얻은 자원을 좀 더 긍정적으로 활용할 수 있을 것이란 희망을 가지고, 예전과 비슷한 경험을 재현할 수 있을 만큼 발전된 세상에 다시 등장할 필요가 있었던 것으로 보인다. 지나 서미나라 박사의 『윤회』(한국어판)에서 인용한 다음의 구절이 이를 잘 설명해준다.

많은 사람이 비슷한 역사적 배경을 지니고 있었다. 실제로 그들의 전생을 거의 일정한 틀에 맞출 수 있을 것 같았다. 가장 흔히 나타나는 틀의 하나는 '아틀란티스-이집트-로마-십자군 시대-초기 식민지 시대'의 순서였고, 다른 하나는 '아틀란티스-이집트-로마-프랑스의 루이 14세, 15세, 16세 시대 및 미국의 남북전쟁 시대'라는 계열이다. 물론 거기에는 조금씩 다른 것도 있고, 또 중국·인도·캄보디아·페루·노르웨이·아프리카·중미·시실리·스페인·일본 등이 나타나는 경우도 없진 않았지만, 대개의 리딩은 앞서 말한 두 유형에 속했다.

케이시는 어떤 시대의 영혼은 보통 그 후의 생에서도 함께 환생하며, 그 사이의 몇 세기 동안은 다른 무리의 영혼이 육체로 태어난다고 생각했다. 다시 말하자면 영혼의 무리들이 번갈아 지상에 출현한다는 설명이다. 마치 공장 노동자들이 교대 근무를 하듯 영혼도 질서와 리듬을 가지고 번갈아가며 지상에 나타나 진화해 나가는 것이다. 따라서 오늘날 지상에 있는 영혼들은 역사상 과거의 어떤 시대에도 함께 생존했을 가능성이 크다. 또 가족관계·우정·같은 취미 등으로 긴밀하게 연결되어 있는 영혼들은 전생에서도 동일한 유대로 이어져 있었던 것으로 보인다. 케이

시에게서 리딩을 받은 사람들도 뭔가 그런 방식으로 서로 연관되어 있다고 여겨진다.[245]

환생에 대한 과학적 증거의 대부분이, 자신들이 전생이라고 주장하는 것에 관해 정확히 기억하는 아이들에게서 나왔다는 점을 고려하면 집단 환생을 과학적으로 입증하기는 어려울 것이다. 아이들은 자신이 전생에 누구였는지는 기억할 수 있지만 "질서 있고 리드미컬한 변화"를 통해 그들의 화신을 지배하고 있을 수도 있는 살아 있는 우주 내의 더 큰 패턴에 대해서는 알지 못한다. 그러나 케이시의 리딩은 매우 다양한 방법으로 정확성을 증명하기 때문에 입증의 부담이 덜하다. 그 자료들은 시간의 시련을 견뎌냈으며, 아직도 열린 마음을 가진 학자들에게는 매우 신뢰할 수 있는 자료로 여겨진다. 뒤에서 살펴보겠지만, 역사가 매우 정확한 주기로 반복되는 것처럼 보이는 주된 이유 중 하나는 아마도 환생 때문일 것이다. 지나 서미나라 박사는 다음에 인용된 구절에서 역사 주기에 대한 케이시의 생각에 동의한다: "역사의 모든 시기에는 우리가 카르마를 경감輕減하는 데 필요한 적절한 도구가 있다."[246]

케이시의 리딩은 황도 12궁 시대뿐만 아니라 25,920년이라는 "시대의 대주기Grand Cycle of the Ages"에 대해 이야기했고, 따라서 환생을 촉발하는 에너지 구조를 형성하는 주기라는 생각을 직접적으로 지지했다. 이런 조직적이고 반복적인 사건 패턴은 영혼들이 언제 환생하고 무엇을 기대하는지 알고 있는 상태에서, 집단으로 환생할 수 있게 해준다. 영혼은 대규모 집단으로 다시 출현함으로써 개별적인 카르마는 물론 집단적인 카르마를 해결할 수 있다. 사회 공동체로서 그들에게 제시되는 교훈을 얻을 때까지, 같은 사람들과 계속해서 같은 스토리 라인을 경험해 나간다. 이것은 우리가 뒤에서 영웅의 여행에 대해 논할 때 훨씬 더 명확해질 것이다. 역사가 순환주기를 따른다면 거기에는 이유가 있고, 우리가 그것을 이해하려고 노력하는 것 역시 아주 괜찮은 생각일 것이다. 만약 우리가 따르고 있는 시나리오가 있다면, 우리는 이 전쟁과 잔혹 행위들이 계속 반복되지 않도록 그 대본에 숙달할 필요가 있지 않을까?

───────── **전생 카르마의 구체적인 사례들**

일련의 구체적인 사례를 통해, 케이시의 리딩은 환생의 이유와 필요성에 대해 많은 것을 밝혀주었다. 우리의 행동에 따른 결과가 있다는 사실은 금세 분명해진다. 우리가 누군가에게 충분히 친절하지 않을 때, 이번 삶에서는 비슷한 종류의 고통스러운 사건을 경험할 준비가 되어 있지 않은 것일 수도 있다. 우리의 영혼은 그런 경험을 통해 더욱 부정적이 되는 것을 피하기 위해, 영적인 차원에서 충분히 성숙했다고 느낄 때까지 가장 강력한 형태의 카르마를 실행하지 않기도 한다. 우리가 경험하는 카르마는 반드시 우리가 타인에게 한 짓을 정확히 복사하듯 이루어지는 것이 아니지만, 최소한 우리가 유발한 원래의 상처와 상징적으로 관련되어 있다. 심리학자 지나 서미나라 박사는 『윤회』(한국어판)에서, 에드가 케이시가 리딩으로부터 발견한 매혹적인 사례들을 여럿 제시한다.

시각장애인으로 태어난 한 대학 교수는, 복원이 절망적이라는 의료 전문가들의 결론에도 불구하고, 케이시가 알려준 치료를 통해 왼쪽 눈의 시력을 10% 정도 회복했다. 그는 기원전 1,000년 경 페르시아에서 경험했던 전생에서 불에 달군 쇠막대로 적의 눈을 지져서 멀게 하는 야만족의 일원이었다는 얘기를 들었다.[247] 이는 매우 흥미로운 사실이다. 케이시의 리딩은, 그의 카르마를 청산하기 위해 그가 계속 맹인이 될 필요는 없다는 것을 보여주기 때문이다. 일단 무슨 일이 일어났는지, 자신을 용서하기 위해 무엇을 이해해야 하는지를 알게 되자, 그는 자신의 상태를 직접적으로 개선시키는 지식을 얻을 수 있었다.

또 다른 케이시의 고객은 빵과 곡식을 먹을 때마다 재채기를 하는 40세의 여성이었다. 그녀는 신발 가죽과 안경의 플라스틱 테를 만질 때마다 왼쪽 옆구리에 심한 통증을 느꼈다. 어떤 의사도 그녀를 도울 수 없었다. 그녀가 스물다섯 살이 되자 몇 번의 최면 치료를 받았고 그 후 6년 동안 이런 문제들이 사라졌다. 그러나 그 후 통증이 재발했다. 에드가 케이시의 리딩은 그녀가 전생에 화학자였고 가려움증을 유발하는 화학물질을 만들어냈다고 말했다. 그녀는 또한 독성 화학물질을 개발했다고 한다. 그녀가 선택한 "카르마의 경감 방법"은 이 기괴한 알레르기 질환을 갖는 것이었다. 케이시의 리딩은, 그녀의 알레르기 항원 물질은 그녀가 전생에 만든 독을 품고 있는 가죽 주머니를 포함해 다른 사람들을 고문하고 죽일 때 사용했던 화학물질들과 직접적으로 관련이 있다고 말했다.[248]

또 다른 의뢰인은 자신이 프랑스 루이 13세의 수행 비서이자 경호원이었으며 대식가大食家였다는 말을 들었다. 그 결과 35세의 나이로 케이시에게 왔을 때, 그는 한 끼 먹은 음식을 소화하기 위해 몇 시간씩 기다려야만 하는 평생을 괴롭히는 소화 장애를 겪고 있었다. 그는 특정한 조합으로 된 특별한 음식만 먹을 수 있었다.[249]

서미나라 박사가 "상징적 카르마symbolic karma"라고 부르는 또 다른 경우가 있다. 한 내과 의사는 어린 시절부터 빈혈에 시달렸던 어린 아들을 위해 리딩을 원했다. 다섯 번을 소급한 전생에서 이 소년은 페루에서 무력으로 권력을 잡았고 독재 정권을 확립하기 위해 많은 피를 흘린 화신化身을 가지고 있었다. 빈혈은 현생에서 그를 매우 쇠약하게 만들었다. 이전까지 그가 누렸던 육체적인 힘과는 거리가 멀었다.[250] 끊임없이 호흡 곤란 문제를 겪는 어떤 천식 환자는 그가 다른 생에서 다른 사람을 질식하게 했다는 말을 들었다. 심한 난청에 시달리는 한 의뢰인은, 유혈 낭자한 프랑스 혁명 기간 동안 귀족이었던 자신이 생사의 기로에서 도움을 요청하는 타인의 말을 듣기를 거부했다는 이야기를 들었다.[251]

─────── **누군가를 조롱한 카르마는 결코 가볍지 않다**

예호슈아는 단순히 누군가를 바보라고 부르는 것만으로도 게헨나의 불을 붙이기에 충분하며 정화淨化가 필요하다고 했다. 이와 같은 모욕은 특히 인터넷상에서 아주 사소한 것으로 보일 수 있다. 그럼에도 불구하고, 케이시의 리딩들은 다른 사람을 조롱하는 것이-특히 그 과정에서 사람이 고통받거나 죽는다면- 강한 카르마의 반향을 일으킬 수 있음을 보여주었다. 서미나라 박사의 책 5장의 제목은 "비웃음의 카르마The Karma of Mockery"이다. 중증 장애를 가진 사람들은 다른 생애에서 동일하거나 유사한 장애를 가진 사람들을 조롱했다는 일곱 가지 사례가 기록되어 있다. 이 가운데 여섯 건은 끔찍한 죽음을 오락으로 본 로마의 야만적인 기독교도 박해와 연관되어 있다. 그중 세 건의 사건에는 소아마비가 관련되어 있었는데, 의뢰인들은 그때 로마 콜로세움에서 굶주린 사자에 의해 죽음의 고문을 당해서 불구가 된 사람을 비웃었던 적이 있었다는 것이다.[252] 로마에서 한 소녀가 사자의 발톱에 옆구리가 찢기는 것을 보며 웃었던 한 여성은 이번 생에 고관절 결핵을 가진 화신으로 돌아와 걸을 수 없게 되었다.[253] 또 다른 여성은 내분비선의 불균형으로 상당한 비만 상태였다. 그녀는 전전생에 아름다운 몸매를 가진 로마의 운동선수였고, 살찐 사람들을 일상적으로 조롱했었다고 한다.[254] 또 다른 의뢰인은 자신이 프랑스 궁정의 풍자 화가였고 동성애 스캔들을 폭로하는 것을 즐겼다는 말을 들었다. 그는 이번 생에 강렬한 동성애 충동을 가지고 돌아왔다.[255] 지나 서미나라 박사가 책에서 인용하는 다음 글은 타인에 대한 조롱이 얼마나 비싼 대가를 불러올 수 있는지를 보여준다.

비웃음에는 돈 한푼 들지 않지만, 언젠가 반드시 지불되어야 한다는 심리적 가격 면에서는 매우 값비싼 오락물일지도 모른다. 에드가 케이시의 리딩은 이런 방향으로 눈에 띄게 잘못을 저지르는 사람들에게 날카롭고 노골적인 경고를 준다.[256]

───── **카르마는 기억이다**

열한 살 소년은 어릴 때부터 만성적인 야뇨증夜尿症 문제를 겪었다. 그의 부모는 치료법을 찾기 위해 여러 해 동안 유명한 의사들을 찾아다니며 갖가지 시도를 해봤지만 아무 소용이 없었다. 그러다가 소문을 듣게 된 부모는 케이시를 찾아와 소년의 리딩을 의뢰했다. 라이프 리딩에 따르면 소년의 전생은 초기 청교도 시대, 즉 마녀 재판 시대의 교회 전도사였고 마녀 혐의자를 의자에 묶어 연못에 처넣는 형벌을 적극적으로 집행했다는 것이다.[257] 이러한 고문 끝에 혐의자들은 대부분 익사했다. 만약 고문에서 살아남는다면 그것은 마녀로서의 초자연적인 힘 때문이라고 여겨졌으므로 어쨌든 사형에 처해졌다.

흥미롭게도 소년의 만성적 야뇨증 문제를 해결하기 위해 처방된 치료법은, 소년이 잠들었을 때 그의 어머니가 느리고 단조로운 목소리로 긍정적인 말을 반복하는 것이었다. 그 말은 다음과 같았다. "너는 착하고 친절하다. 너는 많은 사람들을 행복하게 할 것이다. 너는 네가 만나는 모든 사람들을 도울 것이다."[258]

소년은 거의 9년 만에 처음으로 그날 밤 침대에 실수하지 않았다. 어머니는 몇 달 동안 매일 밤 이런 암시를 계속했고, 야뇨 문제는 다시 돌아오지 않았다. 다음엔 일주일에 한 번으로 암시를 줄였는데도 문제는 반복되지 않았다. 소년의 어머니는 동화나 기적을 믿는 사람이 아니었다. 그녀는 변호사로서 지방 검사 사무실에서 일하고 있는 능력 있는 전문가였다. 소년은 성장하면서 남들에게 유달리 관대해졌으며, 존슨 오코너 인간공학 실험실 검사Johnson O'Connor Human Engineering Laboratory test 결과, 극도의 내성적 성격에서 "완벽하게 잘 적응된 외향적 성격"으로 변모했다.

서미나라 박사는 카르마의 중요한 한 측면은 '다른 삶에서 행한 행동에서 우리가 느끼는 죄책감과 수치심을 심리적으로 이월하는 것'이라고 결론짓는다. 케이시의 리딩에서 자주 언급되는 것 또한 같다. 카르마는 기억의 기능이며, 이 같은 순환을 멈추게 하는 열쇠는 과거에 타인에게 행했을지도 모르는 일에 대해 스스로를 용서하는 것이다. "용서 속에 카르마의 수레바퀴의 멈춤이 있다." 자신을 용서하는 것은 타인을 용서하는 꼭 그만큼 중요할 수 있다. 의식적으로 우리는 전생을 전혀 기억하지 못할 수도 있지만, 우리의 잠재의식은 분명히 우리가 정확히 누구였으며 다른 사람들에게 어떤 행동을 통해 상처를 주었는지에 대한 지식을 갖고 있다. 우리들 중 상당수는, 절대적인 의미에서 필요한 균형이 달성된 지점을 훨씬 넘어서서도 잠재의식적으로 자신을 벌한다. 케이시의 리딩에 있어서 매우 중요한 점 한 가지는, 대부분의 사람들이 환생과 카르마를 논하는 것에 익숙하지 않다는 것이다. 일단 진정으로 자신을 사랑하고 인정하며 타인을 존중으로 대할 수 있게 되면, 자신의 카르마를 청산하여 균형을 잡고 필요 없는 엄청난 고통을 없앨 수 있다. 반사회적 인격장애자(=소시오패스)와 같은 진짜 뻔뻔한 사람들도 카르마에서 예외가 아니다. 자유의지는 우리 모두가 온전하게 지켜내야 하는 균형의 절대적 기준이다.

──────── 유예된 카르마

지나 서미나라 박사의 책은 흥미로운 또 하나의 주제인 "일시 중지된 카르마"를 다룬다. 케이시의 리딩에 따르면, 우리가 다른 사람의 자유의지를 심각하게 침해했다면 그 카르마를 청산하는 데 적당한 상황이 오기까지 수백 년을 기다려야 할 수도 있다. 더욱 중요한 것은 영적인 관점에서 우리가 더 이상의 고통을 겪지 않는 동시에 다른 사람들에게 추가로 상처를 주는 일 없이 그 상황을 헤쳐 나갈 수 있을 만큼 충분히 강해져야 한다는 점이다. 타인에게 상처를 주게 되면 더 많은 카르마가 청산을 요구할 것이기 때문이다.

의식적인 차원에서는 이 개념이 상당히 혼란스러워 보일 수도 있다. 하지만 우리가 맞닥뜨린 도전들을 용감하고 명예롭게 헤쳐 나가는 것 말고 달리 할 수 있는 일이 없다는 것만큼은 분명하다. 우리가 겪고 있는 것처럼 보이는 외견상의 부당함에 대해 아무리 분노할지라도, 영적인 차원에서 우리는 카르마를 이행하고 빚을 갚을 것이다. 우리가 감당할 수 없을 때 부채負債가 상환되지 않도록 하는 동시에 그 부채로부터 이익을 얻을 수 있도록 하기 위해, 우리는 모든 노력을 기울이고 있다. 서미나라 박사는 그녀의 책에서 케이시가 실행한 리딩의 바탕에 깔려 있는 가르침을 다음과 같이 명료하게 표현했다: "모든 사람들이 하나의 생生에서 진정한 그리스도 의식의 본질인 '모든 것을 바쳐 모든 것을 포용하는 사랑'을 성취할 수 있을 만큼 영적으로 충분히 진화하는 것은 아니다."[259]

─────── 전생이 우리의 인성에 강한 영향을 미친다

케이시의 리딩에 따라, 우리의 성격 중 얼마나 많은 부분이 전생의 경험에 의해 영향 받은 것인지를 발견하는 것도 흥미롭다. 극도의 편견을 가진 백인 우월주의자의 경우, 다른 전생에서 흑인 병사들에게 투옥되어 고문당하고 구타당해 죽었고, 여러 생에 걸쳐 쌓아온 유색 인종에 대한 증오심도 있었다. 한 반유대주의 신문 칼럼니스트는 팔레스타인의 사마리아인으로 전생을 보냈는데, 전생에서 그는 유대인 이웃들로부터 자주 격렬한 공격을 받았다. 서른여덟 살의 미혼 여성은 아주 깊은 차원에서 남자를 믿을 수 없었고 영속적인 관계를 맺지 못했다. 전생에 그녀는 십자군 전쟁에 참여했던 남편에게 버림받은 적이 있었다.[260]

다른 종교에 매우 포용적인 한 여성은 일찍이 십자군 원정대의 일원이었으며 이슬람교도들 사이에 살아본 경험으로 그들이 친절하고 자비롭고, 용감하며, 이상주의적이라는 사실을 알게 되었다. 이 경험이 긍정적인 영향을 미쳐서 그녀의 종교적 관용은 여러 생애를 거치며 이어졌다. 또 다른 케이시의 고객은 모든 종교를 심하게 불신했는데, 한때 십자군 전쟁에 참가했던 그는 사람들이 갖는 종교적 이상과 그들의 실제 행위가 다르다는 사실에 강한 혐오감을 느꼈다.

─────── **생애 사이를 차단하는 것은 왜 필요한가**

서미나라 박사는 『윤회』에서 이러한 환생 이론에 반대하는 사람들이 자주 하는 불평을 다룬다. 그들은 자신이 다른 생에서 한 일에 대해 책임을 지는 것은 공평하지 않다고 느낄지도 모른다. 만약 당신이 다른 부모, 다른 문화, 다른 경험으로 다른 성격을 갖고 있다면, 왜 당신이 여기서 다른 생에서 한 일에 대해 책임을 져야 하는가 말이다. 분명한 답은, 우리가 깨어 있는 의식적인 마음에서 누리고 드러내는 성격은 우리의 영구한 정체성 가운데 극히 일부에 지나지 않는다는 것이다. 지나 서미나라 박사의 다음 인용구에서 알 수 있듯이, 우리의 진정한 정체성은 많은 부분 베일로 가려져 있다: "영원한 정체성identity은 무대 밖에 있는 배우처럼 모든 과거를 기억한다. 그 영원한 정체성이 개별 인성人性을 취하는 순간, 배우가 역할을 맡는 것처럼, 자연의 보호 조항에 의해 이전에 배웠던 것 전체, 혹은 원리들을 기억하는 것이 금지될 수 있다.²⁶¹

이는 하나의 법칙 시리즈에서 "베일링veiling"이라 불리는 매우 중요한 요점이다. 하나의 법칙은 현재 우리의 존재 수준인 "3차 밀도"를 "선택the Choice"이라 칭한다. 즉 4차 밀도로 이동하기 위해서는 '타인에 대한 봉사의 길'과 '자신self에 대한 봉사의 길' 중 하나를 분명히 선택해야 한다. 은하계의 통일된 마음을 "로고스the Logos"라고 한다. 만약 우리가 처음부터 로

고스의 존재를 알아차리고 우리의 영혼 진화를 위한 웅장한 설계를 인식한다면, 결코 아무것도 배우지 못할 것이다. 이렇게 베일로 가리면 진실을 보기 어렵지만, 진실을 보는 것이 불가능한 것은 아니다.

21.9 3차 밀도의 실체는 [그들의 전생을] 잊어버림으로써, 새롭게 개별화된 의식 복합체에게서 혼란이나 자유의지의 메커니즘이 작동할 수 있도록 해야 합니다.[262]

77.14 [3차] 밀도보다 상위 수준에서는 로고스의 설계에 대한 인식이 남아 있습니다. 3차 밀도의 선택 과정의 일부로서 꼭 필요한 베일은 필요 없습니다.[263]

81.32 질문: 이 특별한 [우주 존재의 주기]에서 베일링과 자유의지를 확장하는 실험은, 막 시작되었거나 형성되는 중인 많은 은하계에서 거의 동시에 출발했을 것이라고 추측합니다. 이 가정이 옳은가요?
답변: … 당신의 말이 정확히 옳습니다.[264]

82.29 [3차 밀도에서 4차 밀도로] 문턱을 넘는 것은 어렵습니다. 각 밀도의 가장자리에는 저항이 있습니다. 3차 밀도의 경계를 넘어서고자 하는 실체들은 믿음의 능력이나 의지를 이해하고, 자양시키고, 발전시켜야 합니다. 숙제를 하지 않는 실체들은, 아무리 친절하다 해도 건널 수 없을 것입니다.[265]

83.18 베일의 관통은 보상을 요구하지 않는 오로지 배려뿐인 사랑인

녹색 광선 활동의 잉태에서 뿌리 내리기 시작할 것입니다. 이 경로를 따를 경우, 숙련된 실체가 태어날 때까지 상위 에너지 센터를 활성화하고 결정화해야 합니다. 다소 차이는 있더라도 숙련자 안에는 베일을 해체할 수 있는 잠재력이 있습니다. 즉, 모든 것이 다시 하나로 보여질 수 있습니다. 타아other-self는, 만약 당신이 그것을 그렇게 부른다면, 베일의 관통을 향하는 이 특별한 경로의 일차적 촉매입니다.[266]

───────── **함께 환생하는 그룹들**

당신과 각을 세우는 사람들은 물론이고 당신이 알고 사랑하는 사람들은 이전에도 여러 생을 함께했을 것이다. 서미나라 박사는 케이시의 가르침을 매우 웅변적이고도 간결하게 요약했다: "어떤 결혼도 완전히 새로운 시작은 아니다. 오래전부터 시작된 연재소설의 한 에피소드일 뿐이다."[267]

우리가 영위하고 있는 현재의 많은 부분이 과거에 영향 받고 있기 때문에, 친구든 가족이든 아니면 로맨틱한 연인이든 간에 그 어떤 중요한 관계도 처음으로 엮인 것이 아니다. 우리는 직관적으로 이전에 여러 번 함께 살았던 사람에게 이끌려 자신의 문제를 해결하려고 한다. 마크 레너Mark Lehner가 쓴 고전적인 책『이집트의 유산The Egyptian Heritage』은 이집트/아틀란티스 시대에 대한 고도로 포괄적인 조사로서, 200명 이상의 케이시 최측근들이 등장한다. 수십 가지 다양한 사례의 리딩으로부터 수집된 이 시기에 대한 상세한 정보들은 이 다양한 등장인물들이 이후의 삶에서 어떻게 환생했는지를 보여준다.[268]

W. H. 처치W. H. Church가 쓴 『에드가 케이시의 생애들The Lives of Edgar Cayce』이란 책은 다소 읽기 어렵지만, 케이시의 환생에 대해 리딩들이 보여주는 관점에 관한 한 가장 매혹적인 책 중 하나다.[269] 처치는 케이시의 생애에 존재했던 사람들이 어떻게 여러 가지 맥락을 거듭하며 케이시와 함께 환생해 왔는지에 대한 매혹적인 이야기를 추적한다. 여기서 에드가 케이시의 13가지 다양한 전생이 제시되었다. 그 가운데 12개의 전생은 케이시의 리딩으로부터 직접 나왔고, 다른 하나의 생은 케이시가 꾼 꿈으로부터 나왔다. 추가적으로 미래에 출현할 두 개의 화신化身이 제시된다. 미래의 화신 가운데 하나는 1998년 버지니아 비치에서 모습을 드러내고, 다른 하나는 서기 2158년에 출현한다.

케이시가 자신의 전생들을 기록한 전체 목록은 다음과 같다. 약 5만 년 전 이집트의 영적인 통치자인 토트 헤르메스Thoth-Hermes와 함께 대 피라미드를 설계했다고 알려진 이집트의 존경받는 사제이자 왕 라 프타Ra Ptah; 소돔 사람들에게 경고하기 위해 나타난 이름 없는 천사; 페르시아의 전사戰士이자 왕인 우즐트Uhjltd─그에 대한 역사적 흔적은 사라졌다; 극도의 공포의 순간에 자살한 그리스 군인 제논Xenon; 유명한 학자이자 기하학의 아버지라 불리는 피타고라스Pythagoras; 그리스 화학자 아르미티디데스Armitidides; 누가복음을 쓴 키레네의 루키우스Lucius of Cyrene; 히스파니올라Hispaniola에 살았던 무명의 아라와크Arawak 인디언; 자신에게 봉사하는 길을 택했던 무명의 영국인 화신 존 베인브리지John Bainbridge, 그는 동일 가문의 증조부와 증손자로 태어났는데 알코올 중독자였고 자신의 심령 능력을 도박판에서 카드를 속이는 일에 사용했다; 남자 후계자가 왕위에 오르는 것을 막기 위해 다섯 살 때 살해된, 루이 14세의 딸 그라시아의 사생아 랄프 달Ralph Dahl; 미국 출신의 남북전쟁에 참여한 군인; 1998년의 이름 없

는 삶; 그리고 서기 2158년의 이름 없는 생애.[270]

이 삶의 시간표에서 보게 되는 여러 가지 흥미로운 사실 가운데 하나는, 영혼이 성숙과 진화의 수준에서 어떻게 오르내리느냐는 것이다. 제논으로서의 자살과 같이 트라우마가 되는 사건이나 아라와크 인디언으로서 행했던 여러 부정적인 사건들은, 그것들을 평화적으로 해소하기 위해 여러 개의 화신이 필요한 파급 효과를 불러올 수 있다.

존 베인브리지는 케이시의 전생이라고 주장된 다른 역사적 인물들과 같은 맥락에서 볼 때 일관성이 없고, 그런 점에서 케이시 전생의 역사 중 가장 놀라운 화신이다. 1700년대에 그는 같은 가문 출신의 영국인으로 태어났고, 새로운 개척지를 탐험하기 위해 미국으로 건너갔다. 노름꾼이자 바람둥이, 술고래였고, 야바위 노름은 물론 카드 게임에서도 심령 능력을 이용해서 사람들을 속였다. 분명 그는 이런 생활 방식을 너무 좋아했기에 같은 식의 자신에 대한 봉사를 반복하기 위해 다시 환생했다. 이 같은 생활은 엄청난 카르마를 낳았지만, 그의 영혼은 그 카르마를 가장 극적인 방법으로 해결할 수 있는 기회를 만들었다. 베인브리지로서의 삶의 마지막에 끔찍한 기근이 왔다. 그는 자신이 굶어 죽어가고 있음을 깨달았다. 자신이 가지고 있는 음식이 마지막이며 그것으로는 오래 버티지 못하리라는 것도 알고 있었다.

베인브리지는 한 어린 소년이 굶주리고 있는 것을 보고 아이에 대한 연민으로 가슴이 활짝 열렸다. 자신의 음식을 소년에게 준다면, 소년은 살아남을 기회를 가질 수도 있고 최소한 소년이 큰 고통에 시달리지 않을 수도 있다는 사실을 깨달았다. 그는 가지고 있던 마지막 음식을 소년에게 주었다. 소년은 한없이 고마워하며 울음을 터뜨렸고 베인브리지도 함께 울었다. 그 후 얼마 안 가서 베인브릿지는 죽었다. 케이시의 리딩은 충만한 애정으로 이 순간을 이야기했다. 이 한 번의 이타적 봉사 행위, 즉 소년이 살 수 있도록 자신의 삶을 포기하는 행위로 인해 두 차례의 생애에 축적한 부정적인 카르마를 깨끗이 지울 수 있었다는 것이다. 이는 분명히 극단적인 경우이고 카르마를 경감하는 더 온화한 방법들이 많이 있지만, 어떤 영혼들은 이와 같은 공격적인 방법을 선호한다. 이타적 봉사는, 영혼의 전반적인 성숙 수준과 진화라는 측면에서 영혼들이 잃어버렸던 것을 되찾을 수 있는 길을 바로 열었고, 이어지는 에드가 케이시의 생애에 훨씬 더 큰 심령 능력이 발현될 수 있게 해주었다.

한 생에서 다른 생에 걸쳐 일어나는 온갖 다양한 구성들에 대한 연구는 방대하다. 우리 모두는 분명 함께 환생을 거듭하는 "영혼 그룹soul group"을 가지고 있는 듯하다. 우리는 사후세계로 이동할 때마다 우리의 영혼 그룹과 다시 만난다. 한 생과 다음 생 사이의 이 불가사의한 중간 지점을 이해하는 것은 동시성과 역사의 순환, 그리고 환생에 대한 탐구에 필수적이다. 사후생afterlife에 대해 얻을 수 있는 정보는 대부분의 사람들이 짐작하는 것보다 많으며, 그 내용은 구체적이고 상세하다. 죽은 후 우리에게 일어날 수 있는 일의 진실을 배우게 되면, 우리가 이번 생에서 성취하고자 하는 목적과 우리 삶의 동시성, 카르마와 관련된 사건들이 어떻게 막후에서 관리되고 있는지에 대한 더 큰 이해를 얻게 된다. 그래서 우리의 일상생활에서도 유용한 심오한 통찰을 얻을 수 있다.

8

사후생 Afterlife
알아보기

환생reincarnation이란 것이 많은 위대한 세계 종교들이 인정하는 과학적 사실이라면, 실제로 우리가 한 생에서 다음 생으로 옮겨 가는 동안에 어떤 일이 일어나는가? 생과 생 사이에는 아무런 의식이나 경험이 없으며 그저 하나의 몸에서 튀어나와 다른 몸으로 불쑥 들어갈 뿐인가? 아니면 정교한 사후세계가 있고, 거기서 우리의 다음 화신을 계획하는 데 도움이 되는 모든 경험들을 완성하는 것일까? 이 생애들 사이에도 "베일veil"이 끼어드는가? 우리는 진정한 정체성을 향해 좀 더 완전한 단계로 나아가는가? 우리는 지구상의 다양한 역사의 순환 과정에서, 삶으로부터 무엇을 배우려고 하는지 포괄적으로 이해하고 있는가? 우리는 어떻게 교훈을 얻고 미래의 생에서 얻게 될 화신으로 어떻게 베일을 관통할 수 있을지에 대한 계획을 세우고 있는가? 이는 우리 모두가

216 데이비드 월록의 동시성

결국에는 직면해야 할 운명에 대해 과학적 연구가 중요한 빛을 던진 또 다른 영역이다.

임상적 죽음은 심장 박동, 호흡, 그리고 모든 뇌파 활동이 정지하는 것을 말한다. 뇌파가 없다면, 최소한 전통적인 생물학의 기준에서 사고력은 존재하지 않아야 한다. 일단 뇌사腦死 상태가 되면 뇌에서 아무런 전기적 활동도 일어나지 않는다. 종래의 인습적인 과학자들은 이 전기적 활동이 의식의 근원이며, 그것 없이는 아무 생각도 하지 못한다고 믿는다. 그럼에도 불구하고, 많은 사람들이 임상적으로 죽은 것으로 선고된 후부터 소생하여 다시 그들의 몸으로 돌아올 때까지 있었던 일련의 지속적인 경험을 보고한다. 사후생에 대한 아무런 사전 지식이 없는 사람이 보기에도, 전 세계에서 발견된 보고들 간에는 놀랄 만한 유사성이 있다. 샘 파니아Sam Parnia 박사와 사우샘프턴Southampton 대학 연구진은 죽음에 가까운 경험, 즉 임사체험NDE에 대한 광범위한 연구를 했고 그들 사이에서 많은 공통점을 발견했다. "독립된 연구자들에 의해 수행된 최근 연구들은 심장마비와 임상적 사망을 겪는 사람 중 10퍼센트 내지 20퍼센트가 명쾌하고 체계적인 사고 과정, 추론, 기억 그리고 때로는 죽음에 직면하는 동안 일어나는 일에 대한 상세한 기억을 보고한다는 사실을 보여주었다."[271]

네덜란드의 심장 학자 핌 판 롬멜Pim van Lommel 박사는 1969년 임상적 사망 중 터널, 빛, 아름다운 색을 보고 멋진 음악을 들었다는 환자의 경험을 접한 후, 임사체험에 대한 역대 최대 규모의 병원 기반 연구를 실시했다. 이는 레이몬드 무디Raymond Moody 박사의 획기적인 책 『다시 산다는 것Life After Life』(한국어판)이 출간되기 7년 전의 일이다. 그 후 반 롬멜 박사는 더 이상은 임사체험에 대해 연구하지 않았는데, 1986년 임상적으로 죽은 6분 동안 일어난 놀랄 정도로 상세한 임사체험 이야기를 읽고 연구를 재개했다. 다음은 그의 고백이다.

이 책을 읽고 나는 심장마비 이후 살아남은 환자들을 인터뷰하기 시작했다. 놀랍게도 2년 동안 약 50명의 환자들이 그들의 임사체험에 대해 내게 말해주었다. 1988년 우리는 10개의 네덜란드 병원에서 344명의 심장마비 생존자들에 대한 전향적 연구prospective study를 시작했다. 62명의 환자(18%)가 사망 당시를 어느 정도 기억하고 있다고 보고했다. 임사체험 환자의 약 50%는 자신이 죽어 가는 것을 알아차렸고 혹은 긍정적인 감정을 가지고 있었다. 30%는 터널을 통과했고, 천체 경관을 관찰했으며, 혹은 죽은 친척들과의 만남을 가졌다. 임사체험 환자의 약 25%는 유체이탈을 경험했고, "빛" 또는 특정한 색상과 의사소통했다. 13%는 생애를 되돌아보는 경험을 했고, 8%는 경계border를 경험했다.

임사체험을 한 환자들은 죽음에 대한 두려움을 보이지 않았고, 사후세계를 강하게 믿었으며, 삶에서 무엇이 중요한지에 대한 통찰이 달라졌다: 삶에서 중요한 것은 자신과 타인, 그리고 자연에 대한 사랑과 연민이라는 통찰을 갖게 된 것이다. 그들은 이제 자신이 타인에게 하는 모든 일, 즉 증오와 폭력은 물론 사랑과 연민까지 결국 자신에게 되돌아올 것이라는 우주의 법칙을 이해했다. 놀랍게도, 직관적인 느낌이 증가했다는 증거가 빈번하게 존재했다.[272]

판 롬멜 박사가 62건의 임사체험을 연구한 바에 따르면, 우리는 사후생으로 이동할 때 우리가 누구인지 그리고 우리가 여기서 정말로 무엇을 하고 있는지 알고 있는 것처럼 보인다. 우리는 카르마의 법칙을 충분히 알고 있으며, 서로 사랑하는 법을 배우기 위해 여기에 있다는 것을 알고 있다.

가끔 우리가 한 일을 후회할 수도 있지만, 우리는 마음을 여는 법을 배우려는 바람으로 같은 수업을 다시 받기 위해 돌아오는 일에 집중하고 있다.

웹사이트 니어데스닷컴Near-Death.com은 임사체험의 실체에 대한 51가지 다양한 증거들의 목록을 제공한다.[273] 케네스 링Kenneth Ring 박사가 행한 연구에서, 사람들은 자신의 임상적 사망 기간 동안 일어났던 일을 목격했다고 보고했다. 보고된 사건들 가운데 일부는 뇌파 활동, 심장 박동, 호흡이 완전히 끊기고 나서 수술실에서 벌어진 사건들이었다. 또한 그들의 몸이 있었던 곳에서 상당히 멀리 떨어진 곳에서 일어난 일들을 관찰하고 기억하기도 했다. 그들은 사람들의 말과 행동에 대한 구체적인 기억을 되살렸고, 그것들은 나중에 사실로 입증되었다. 정말 놀랍게도, 몇몇 사람들은 사랑하는 사람들 앞에 유령으로 나타났다. 그들은 이 유령 같은 형태로 사랑하는 사람들과 충분한 대화를 나눌 수 있었다. 환자가 소생한 후 확인해 보면 환자와 가족의 말이 일치했다.[274]

이 데이터는 매우 설득력이 있다. 우리는 법정에서 증거를 확립하기 위해 목격자 증언을 사용한다. 목격자의 증언은 누군가에게 종신형을 선고하거나 심지어 사형을 선고하도록 할 수도 있다. 그러나 임사체험에 있어서는 목격자의 증언이 일관되게 무시되고, 의심받으며, 종종 터무니없이 회의적인 설명이라는 식으로 공격받는다. 무신론자의 입장에서 볼 때, 이러한 공격은 데이터가 주도하는 진정한 과학의 정신보다는 종교적인 광신에 가깝다.

마이클 뉴턴 박사, 사후세계의 모형을 구축하다

　　　　　　　마이클 뉴턴Michael Newton 박사는 20세기의 가장 영향력 있는 연구자 중 한 사람이 될 것이 확실하다. 그는 겨우 열다섯 살때부터 최면술사로 일하기 시작했다. 뉴턴 박사는 살을 빼거나 담배를 끊는 것과 같은 목표를 위해 행동 패턴을 바꾸도록 도움을 주는 기술인 최면 암시暗示를 통해 다양한 심리 장애를 치료하는 전문가가 되었다. 뉴턴 박사의 의뢰인들이 종종 자신들의 전생을 보게 해달라고 요청했지만 그는 항상 거절했다. 그는 열렬한 회의론자였고 윤회나 사후세계를 믿지 않았다.

　그런데 뉴턴 박사의 이러한 관점은 평생 몸의 오른쪽에서 만성적인 고통을 겪고 있는 환자와 작업하면서 바뀌기 시작했다. 최면 상태에서 박사는 환자에게 고통을 더 악화시키라는 지시를 내렸다. 고객이 통증 수준을 관리하고 통제하는 것을 배우는 데 도움이 되는 일반적인 기술이다. 고객은 이 연습을 할 때 일관되게 칼에 찔리는 이미지를 사용했다. 뉴턴 박사는 칼이란 상징의 기원에 대해 물었고, 그는 주저 없이 제1차 세계대전 동안 프랑스에서 총검에 의해 살해되었다고 말했다. 상세한 내용은 흥미로웠고 고객은 이 방향으로 치료해보자고 뉴턴 박사를 격려했다. "처음에는 어떤 주체가 현재의 필요, 믿음, 그리고 공포를 통합하게 되면 기억의 환상을 만들어낼 것이라고 우려했다. 하지만 우리에게 깊이 자리 잡은 기억들은 매우 현실적이며, 무시할 수 없을 정도로 그것과 연결된 과거의 경험들을 드러낸다는 사실을 깨닫기까지는 오래 걸리지 않았다."[275]

　뉴턴 박사는 최면 상태에 있는 사람들은 꿈을 꾸거나 환각을 일으키지 않으며 이 상태에서는 거짓말을 할 수 없다고 설명한다. 그들은 잠재의식 속에서 보고 듣는 것은 무엇이든지 그대로 보고한다. 최면 상태에서 자신이 보고 있는 것을 잘못 해석하는 것은 가능하지만, 진실이라고 느끼지 않는 것을 말하지는 않는다는 의미다.

나는 이 일을 하면서 일찍이 신중한 교차 검증의 가치를 배웠고, 누가 나를 기쁘게 하기 위해 그들의 영적인 경험을 속였다는 증거를 발견하지 못했다. 사실 최면 대상자들은 그들의 진술에 대한 나의 잘못된 해석을 고치는 데 주저하지 않는다. … 내 사건 파일들이 늘어나면서, 나는 시행착오를 통해 정신세계에 대한 질문들을 보다 적절한 순서로 할 수 있게 되었다.[276]

나는 어떤 사람이 무신론자인지, 신앙심이 깊은지, 혹은 그들이 적절한 초월의식 최면 상태에서 어떤 철학적 신념을 갖고 있는지는 중요하지 않음을 알게 되었다. 그들의 보고에서는 모든 것이 일관성이 있었다. … 나는 많은 사례들을 축적했다. 정신세계에 대한 전문 연구가 진행된 몇 년 동안 나는 사실상의 은둔 생활을 했다. 심지어 형이상학적 주제의 책을 다루는 서점에도 들르지 않았다. 외부의 편견으로부터 절대적인 자유를 원했기 때문이다.[277]

뉴턴 박사의 흥미로운 관찰 가운데 하나는, 사람들이 "초월의식 superconscious" 상태에 있을 때, 사후세계에서의 경험에 대해 그다지 상세하게 밝히고 싶어 하지 않는다는 것이다. 그들은 마치 살아 있는 세계의 사람들은 그들의 지식에 제한적으로 접근해야 한다는 윤리 강령을 따르는 듯했다. 뉴턴 박사는 점차 모든 사람들이 겪는 경험의 패턴을 파악했고, 사후세계에 익숙해지자 그들이 사용하는 용어로 말할 수 있게 되었다. 따라서 뉴턴 박사의 고객들은 박사를 충분히 믿을 수 있었고, 그들이 알고 있는 것을 박사와 공유하는 작업을 편안하게 느끼게 되었다. 뉴턴 박사는 고객들의 보고에 믿을 수 없을 정도로 일관성이 있다는 사실을 발견하고 상당히 놀랐다. 실제로 깨어 있는 삶에서 서로 만난 적이 없는 고객들이, 사후세계에서 마주친 것들에 대해 동일한 용어, 구어적 표현, 혹은 그래픽적인 묘사나 표현을 자주 사용했다.[278] 이것은 모든 사람이 같은 순서와 같은 단계를 경험했다는 사실과 함께 일단 최면을 통해 초월의식 상태에 들어가면 우리 모두가 사후세계를 아주 잘 알고 있다는 것을 시사했다.

흥미롭게도, 뉴턴 박사는 어떤 고객도 연구로 확인된 모든 단계를 모두 다 그에게 설명할 수는 없다는 사실을 발견했다.[279] 고객들은 그 과정 중의 어떤 단계에 뛰어들어 그곳에 머물거나 몇 가지 다른 단계를 통과해서 앞으로 나아가는 것 같았다. 뉴턴 박사가 사후세계 여행에 대한 완전한 개요를 구축하기 위해서는 많은 고객들을 인터뷰함으로써 자료가 보강되어야 했다. 모형 구축을 위해서는 여러 해에 걸친 많은 임상 경험과 연구가 필요했다.

뉴턴 박사의 첫 번째 책『영혼들의 여행Journey of Souls』(한국어판)은 죽음의 시작부터 최종 환생까지 10개의 명확히 구분되는 단계를 안내한다. 그 것은 죽음과 떠남, 영계로 가는 관문, 귀향, 오리엔테이션, 이동, 실습, 생애 선택, 새로운 육체 선택, 출발 준비, 재탄생이다.[280] 엄밀히 말하자면 생애 선택과 새로운 육체 선택은 뉴턴 박사가 만든 모형에서 동일한 단계에 속하며, 사후생 가운데서 상대적으로 동일한 위치에서 발생하지만, 그 경험은 각각에 대해 별도의 장을 할애하는 것이 온당할 만큼 충분히 다르다. 뉴턴 박사가 제공하는 전반적인 정보의 본체는 우리가 살고 있는 더 큰 현실을 이해하는 데 매우 매력적이고 필수적이므로, 이제부터 우리는 이 단계들과 그 길에서 마주치게 될 모든 경험들을 살펴볼 것이다.

1단계: 죽음과 떠남

당신은 당신의 몸 위에 떠 있는 자신을 발견한다. 당신의 몸 주위에는 당신의 죽음을 슬퍼하고 있는 사람들이 보인다. 당신은 단지 다른 형태를 취했을 뿐 여전히 그곳에 있다는 것을 그들에게 전하려고 애쓰는 자신을 발견한다. 아무리 애써도 그 노력은 성공하지 못한다. 곧 당신은 자신을 육체로부터 멀어지게 하는 끌어당김을 느낀다. 자유로움과 찬란한 빛의 황홀한 느낌이 있다. 어떤 사람들은 그들 주위를 온통 에워싸고 있는 빛을 보는 반면, 다른 사람들은 멀리 있는 빛을 보고 그 빛을 향해 끌어당겨지는 감각을 느낀다. 이것이 터널 끝에 있는 빛을 향해 어두운 터널을 통과한다고 하는 흔한 효과를 만들어낸다.[281]

어떤 사람들은 육체의 죽음 후에 자신의 몸 가까이에 머무르는 것에 관심이 없다. 그들은 사후세계로부터의 강력한 끌어당김을 느끼면서 자신이 그것을 경험하게 될 때까지 얌전히 기다리고 싶어 하지 않는다. 다른 많은 사람들은 장례식 직후까지, 우리 시간으로 며칠 동안 지구 주위에 머물 것이다. 뉴턴 박사의 연구에 참여한 사람들은 사후세계에서는 매우 가속화된 시간 감각을 가지고 있으며, 우리가 며칠이라고 생각하는 것이 그들에게는 단지 몇 분에 불과할 수도 있다고 밝혔다.[282] 대부분의 사람들은 자신의 시신이 매장되는 것을 보는 데 관심이 없다. 그들은 살아 있는 우리가 경험하듯이 감정을 경험하지 않기 때문이다. 하지만 그들은 친구와 친지가 보내는 존경과 찬사를 감사하게 여긴다.

이 단계에서, 사람들은 전생에 그들이 누구였는지 그리고 어디에 살았는지에 대한 구체적인 세부사항들을 보고할 수도 있다. 뉴턴 박사의 말에 따르면, 평균적인 사람들은 종종 검증될 수 있는 전생의 날짜와 지리적 위치를 밝히는 놀라운 능력을 가지고 있다. 그 장소의 이름이 시간이 지남에 따라 변하더라도, 구체적인 세부사항은 일관되게 옳다는 것이 증명되었다.[283] 이는 이안 스티븐슨 박사와 짐 터커 박사가 철저한 환생 연구 및 케이시의 리딩에 나타난 사례들을 분석하여 얻은 결과와 일치한다.

2단계: 영계로 가는 관문

뉴턴 박사가 말하는 두 번째 단계는 영계로 가는 관문이다. 여기서 우리는 어두운 터널을 보고 그 안으로 들어가 마침내 빛에 도달한다. 모든 사람이 같은 방식으로 이 일련의 사건을 경험하는 것은 아니다. 터널은 그들의 몸 바로 위에 나타나기도 하지만, 터널이 지구 위 높은 곳에 나타나서 터널로 가기 위해 높이 날아올라야 하는 경우도 있다. 대부분의 경우 터널은 우리가 지구를 떠난 후 빠르게 나타난다. 오직 심란心亂한 영혼들만이 얼마 동안이 됐든 그들의 몸 근처에 머무르려고 한다. 전생을 경험한 횟수가 적은 젊은 영혼들은 경험 많은 영혼들보다 출발할 때까지 시간이 조금 더 걸릴 수도 있다. 전생 경험이 많은 영혼일수록 신속하게 자구를 떠나 출발하는 경향이 있다.

터널을 벗어나자마자 친구와 친척들이 기다리는, 키 큰 풀이나 들꽃들이 흐드러진 들판에 도착한다는 흔한 고정관념은 경우에 따라서는 일어나기도 했지만 결코 표준은 아니었다. 하지만 이 시점에서 모두가 놀랄 만큼 고양시키는 환영歡迎을 경험하는 것 같다. 대부분의 사람들은 처음 영계靈界를 접할 때, 다소 혼란스러워하며 그들이 보고 있는 형태, 색깔, 에너지를 어떻게 해석해야 할지 자신 없어 한다. 자기가 보고 있는 것을 이해하고 어떤 방식으로든 구체적으로 최면술사에게 설명할 수 있게 되기까지는 시간이 다소 필요할 가능성이 크다. 사망한 후 거의 즉시, 대부분의 사람들은 아름다운 음악이나 소리 진동을 듣는데, 그것은 그들이 사후세계로 들어가는 초기 단계를 거치는 동안 계속해서 들린다. 일부 사람들은 서로 다른 활동이 일어나고 있는 것처럼 보이는 에너지의 층을 본다고 보고한다.

뉴턴 박사의 책에서 케이스5로 지칭된 사람은 터널에서 나오자마자, 압도적으로 크고 믿을 수 없을 정도로 아름다운 비전vision을 보았다고 보고했다. 그는 멋진 크리스탈로 만들어진 큰 "얼음 궁전"을 목격했다. 그는 대부분의 크리스탈이 회색이나 흰색이지만 반짝이는 모자이크 색도 보인다고 말했다. 그에게는 이 멋진 도시가 끝나는 곳이 보이지 않았다. 도시는 영원히 펼쳐지는 것 같았다. 그가 보고 있는 것의 끝 모를 크기와 범위, 웅장함은 도대체 그런 것이 가능할 것이라고 생각하기도 힘들 만큼 굉장했다.[284] 각자가 전혀 다른 비전을 경험할지라도 늘 장엄한 광경을 목격한다. 우리는 먼 곳의 멋진 성탑을 볼 수도 있고, 광활한 푸른 하늘의 아름다운 무지개를 볼 수도 있고, 화려한 풀꽃들이 수놓은 바람 부는 들판을 볼 수도 있다. 흥미롭게도, 이 장면들은 한 영혼이 많은 생을 거치는 동안 일관성을 유지하는 것 같다. 뉴턴 박사는 이러한 장면들이 우리가 영계에 도착했을 때 익숙하고 편안함을 느낄 수 있도록 돕기 위한 장치라고 해석했다. "잊을 수 없는 집, 학교, 정원, 산, 바닷가" 등이 우리의 삶에서 사랑받은 기억들과 관련해서 펼쳐진다는 것이다.[285] 이 장면은 사후세계의 여행 단계 중에서 매우 다양한 모습을 보여주는 유일한 부분이다. 이 단계 이후부터 영혼에게서 관찰되는 것들은 훨씬 더 표준화된다.[286]

우리는 이 부분에서, 우리가 죽는 즉시 모든 것을 알 수는 없다는 사실을 알게 된다. 우리는 여전히 혼란스럽고, 슬프고, 당황스럽고, 일어난 일에 충격을 받을 수도 있다. 이렇게 슬픔과 혼란을 겪을 때, 대개는 사후세계에서 우리를 이끄는 주요 안내자가 우리에게 접근한다. 그는 우리의 신입 인사와 오리엔테이션을 진행하는 데에 도움을 주는 사랑 넘치는 사람이다. 우리의 안내자는 인내심과 전문 지식을 가지고 우리가 느끼는 감정들이 어떤 것이든 헤쳐 나가도록 도와준다. 젊은 영혼들은 이런 식으로 인도될 가능성이 크지만, 경험이 많은 노련한 영혼들은 자신이 어디에 있는지를 기억해내고 어디로 가는지도 안다. 영혼들이 미처 트라우마에서 벗어나지 못한 경우에도, 그들의 주위에서 보이는 것들의 아름다움과 장엄함에 확실하게 매료된다.

3단계: 귀향Homecoming

뉴턴 박사의 사후세계 지도상의 3단계는 "귀향Homecoming"이라고 불린다. 이때 우리는 최초의 안내자뿐 아니라 우리와 가까운 사람들로부터 보다 격식을 갖춘 형태로 영계로 돌아온 것에 대해 환영을 받는다. 가까운 사람들은 빛을 발산하는 에너지 덩어리로 나타나는 경우가 많지만, 새로운 환경에 익숙해지도록 돕기 위해 우리가 친숙하게 느끼는 얼굴을 투사하기도 한다. 전생에 가졌던 얼굴은 이론적으로 한 영혼이 사후세계에서 취할 수 있는 무한한 수의 형상들 가운데 하나일 뿐이다. 에너지로 된 우리의 몸은 생각에 완벽하게 반응하기 때문이다.

뉴턴 박사가 발견한 또 한 가지 매우 흥미로운 사실은 그의 두 번째 책 『영혼의 운명Destiny of Souls』(한국어판)에서 보다 자세하게 설명되는데, 이곳에서 우리는 현재 지구상에 살아 있는 사람들도 만나게 된다는 것이다. 비록 그들의 육체가 지구상에 살아 있다 할지라도, 그들은 사후세계에 남아 있는 에너지로 된 몸도 가지고 있다. 이는 대부분의 사람들이 갖고 있는 환생에 대한 생각과는 사뭇 다르다. 뉴턴 박사의 고객들은 우리는 어떤 경우에도 전체 본질의 일정 비율만을 인간의 형태로 투영한다고 거듭거듭 밝혔다. 나머지는 우리가 하는 일을 지도하고 관찰하기 위해 사후세계에 남아 있다. 이 이야기는 뉴턴의 두 번째 저서에서 "영혼의 분할과 재통합" 이란 제목 아래 설명되어 있다.[287] 평균적으로 말하자면, 어린 영혼은 에너지의 50~70%를 (지상의 삶에서 사용하는) 육체에 투입하고, 더 성숙한 영혼은 25% 이하를 투입한다.[288]

뉴턴 박사의 설명에 따르면, 우리가 투입하는 에너지의 양보다는 영혼의 지혜와 경험의 질과 정교함이 더 중요하다. 때문에 성숙한 영혼은 사후세계에 더 많은 유연성을 남겨두고 지상의 육체에 더 적은 에너지를 사용하면서도 더 잘 해낸다. 매우 야심 찬 일부 영혼들은 그들의 진화에 극적인 박차를 가하기 위해 동시에 두세 개의 육체적 화신으로 분화하기도 하고, 그들 영혼의 정수 가운데 10%만 사후세계에 남겨두기도 한다. 일단 이런 길을 택한다면, 물질로 된 행성에 살아 있는 내내 그 몸들을 끌고 다니면서 돌봐야 한다. 뉴턴 박사는 대부분의 영혼들이 이 같은 전략의 어리석음을 재빨리 알아채고, 안내자에 의해 그렇게 하지 말라는 경고를 받으며, 한두 번만 시도해 보면 다시는 하지 않게 된다는 사실을 발견했다. 물론 현존하는 화신이 사라지기 훨씬 전에 영혼이 자신을 새로운 신체에 투영하는 중복도 일어날 수 있다. 이는 환생이란 개념을 생각해 본 적이 있는 사람 대부분이 갖는, 선형적線型的 계획에 따라 영혼과 화신이 일대일로 대응한다는 환생 개념을 보기 좋게 뒤집어엎는다.

우리는 영혼이 자신의 에너지 100%를 육체에 투사한다면, 말 그대로 뇌의 전기 화학 회로를 태워버릴 것이란 사실을 알게 된다. 게다가 뇌는 영혼의 힘에 완전히 예속될 것이고, 하나의 법칙 시리즈에서 우리 진화의 필수적인 측면으로 언급되는 베일도 사라질 것이다. 영적인 기억상실이 없다면, 우리는 성장할 잠재력을 갖지 못한다.

그러므로 귀향 단계에서는 예외 없이, 지상에서 육신을 갖고 살아가는 사람들을 포함해 자신이 알고 있으며 가장 사랑하는 사람들을 보게 된다. 이 단계에서 수많은 포옹과 울음 속에서 믿을 수 없는 사랑, 수용受容, 소속감을 느낀다. 이는 우리에게 엄청나게 긍정적인 영향을 미치고 이 새로운 세계로 가는 길을 아주 편안하게 만들어준다. 또한 이 시점에서 우리는 이 사람들 각각과 공유한 여러 생애를 매우 분명하게 기억한다. 우리가 얼마나 여러 차례 환생을 거듭했는지, 그리고 같은 사람들과 얼마나 여러 차례 상호작용해 왔는지를 깨닫게 되면서, 우리의 모든 생애들이 함께 어우러지기 시작한다.[289]

그러나 우리가 살인이나 자살과 같이 타인이나 자신에게 가해지는 잔혹 행위를 저질렀다면, 안내자와 단 둘이서만 재활을 거치고 다음 화신을 재빨리 계획할 수도 있다. 이 모든 것은 『영혼의 여행』(한국어판) 4장 '잃어버린 영혼' 편에서 논의된다.[290] 이런 과정을 겪는 사람들은 항상 인내와 사랑으로 받아들여진다. 대부분의 사람들이 배운 것처럼 고통과 숙청의 불타는 세계 따위는 없다.[291] 하지만 결국 그들은 자신이 다른 사람에게 상처 입힌 방식을 되새기고, 그들의 입장이 되어 다시 살아보는 경험을 한다. 자신의 행동으로 인해 상대가 어떻게 느꼈을지를, 당하는 입장이 되어 직접 경험해 보는 것이다. 하나의 법칙 시리즈는 자살이 매우 나쁜 생각임을 명백히 보여준다. 자살한 사람들은 그런 일을 하지 않으면서 배웠어야 할 교훈을 경험할 수 있도록 많은 치유 작업과 새로운 헌신이 필요해진다.[292] 폭력적이고 비윤리적인 행위들을 저지른 경우에는, 우리가 사랑으로 처리한다면 카르마의 균형을 이룰 수 있는 어려운 인생의 사건들을 선택할 필요가 있다. 만약 우리가 이런 유형의 심각한 손상을 입은 채 사후생으로 들어온다면, 친구나 사랑하는 사람들과 다시 어울릴 기회를 갖기 전에 꽤 많은 시간을 고립된 채 보낼 수 있다. 게다가 자신의 그룹에 다시 돌아갈 수 있게 되더라도 세심한 감독을 받는다.[293]

뉴턴 박사의 피술자被術者 가운데 한 사람인 케이스10은, 가장 최근 생에 한 소녀를 심하게 상처 입힌 결과로 자신의 영혼 그룹과 다시 연결되지 않았다고 보고했다. 그는 안내자와 함께 집중적인 개인 교습을 거쳐야 했고, 육체적으로 학대받고 잔인한 대우를 받는 여성으로 빠르게 환생하는 길을 택했다. 이런 처지를 경험하는 것이 어떤 느낌인지 이해하기 위함이다. 이후의 생애에서 그는 타인을 해치려는 경향이 훨씬 덜해질 것이다.[294] 그는 사후세계에서 심판받지 않았고, 물질세계인 지구에서의 목표가 무엇인지 깨달았다. 만약 우리가 선택했던 교훈을 배우지 못한 것을 알게 된다면, 우리의 안내자들과 협력해 균형을 되찾을 수 있는 최선의 방법을 결정할 수 있다.

귀향 단계에서 만난 사람들을 먼 거리에서 보는 것 외에 더 이상의 교류가 없을 수도 있다. 우리가 영혼으로 더욱 진보함에 따라, 귀향 단계에서 거창한 환영 행사가 필요하지 않으며 신속히 우리의 영혼 그룹soul group에 합류하기 위해 나아가는 것이다. 이런 경우 우리는 파도와 같은 빛의 띠를 따라 꽤 자연스럽게 이끌려 가는 듯하다.

이 시점에서 뉴턴 박사는 사후세계에 완전한 사고思考의 공유가 존재하고 모든 사람들 사이에 텔레파시를 통한 의사소통이 일어나지만, 여전히 두 개인이 서로 접촉함으로써 사적인 대화를 하는 것이 가능하다는 점도 밝힌다. 뉴턴 박사의 피술자 대부분은 이 친밀한 논의의 내용에 대해 어떤 세부사항도 누설하기를 꺼렸다.

4단계: 오리엔테이션

일단 "귀향" 과정을 거치면, 흥미로운 일련의 경험을 통해 우리의 방향을 정립하고 사후세계에 친숙해진다. 이 단계에서는 대개 우리의 안내자가 밀접하게 관여한다. 이 과정의 처음이자 가장 중요한 부분은 우리가 육체적 삶에서 가지고 온 정신적 충격을 씻어내는 에너지 형태의 치유다. 뉴턴 박사는 이를 병원에 입원하는 것과 비슷하다고 생각했고, 박사의 고객들은 이를 설명하기 위해 일관되게 비슷한 단어와 구절을 사용한다. 가장 흔한 것이 "치유의 장소the place of healing"이지만, 방chamber, 정박지berth 또는 단기 체류 구역stopover zone이라고도 보고한다. 일단 병원 같은 방에 도착하면, 뉴턴 박사가 "치유의 샤워the shower of healing"라고 부르는 과정을 거친다. 대개는 안내자가 이 과정을 지도한다. 우리는 특정한 빛의 방으로 옮겨가고, 마치 빛줄기처럼 우리를 통과하는 액상 치유 에너지의 흐름으로 목욕한다. 뉴턴 박사의 많은 고객들은 그 감각이 하루의 힘든 일을 마치고 하는 샤워와 비슷하지만, 그 효과는 훨씬 더 깊다고 보고했다.

다수의 영혼들, 특히 새로운 영혼들은 매우 긍정적이고 사랑스러운 마음 상태로 지상에 와서 공평하게 대우받기를 기대한다.[295] 하지만 사람들이 얼마나 잔인하고 서로에게 상처 줄 수 있는지를 깨달으면서 충격을 받는다. 부정적이고 불쾌한 기억, 두려움, 걱정은 이렇게 치유의 샤워를 통해 씻겨 내려간다. 우리는 다시 온전함을 느낀다. 우리는 힘을 얻고, 새로워지고, 회복되어 마침내 전생에 대한 감정적 굴레나 앙금을 내려놓을 수 있게 된다.

오리엔테이션의 2단계는 안내자와의 충실한 상담 과정이다. 안내자는 우리가 어떻게 살아왔는지, 우리가 태어나기 전에 선택했던 것처럼 스스로의 기대에 부응했는지 생각해보도록 질문을 던진다. 이 과정은 온화하고 부드럽게 진행된다. 냉혹하거나 비난하는 말투나 태도가 사용되지는 않지만, 우리에겐 여전히 정직하고 자기 성찰적이고, 철저할 것이 요구된다. 우리의 안내자는 이미 우리의 강점과 약점, 공포와 집착을 알고 있으며, 우리가 노력을 계속하는 한 우리와 함께 작업할 의향이 있다. 사후세계에서는 즉각적인 텔레파시가 가능하다는 피할 수 없는 현실 때문에 무엇을 숨기는 것은 불가능하다. 이러한 과정은 종종 특정한 방에서 진행되는 것처럼 보이며, 그 방은 지구상에서의 삶에서 알게 된 장소와 유사할 수 있다.

특정한 사람들은 이 상담 과정을 훨씬 더 힘들어 하기도 하는데, 이는 영혼의 전반적인 성숙도에 따라 달라진다. 위대한 겸손이 요구되며, 정도의 차이는 있지만 우리는 여전히 몸을 가지고 살아 있을 때의 성격을 경험한다. 우리는 총체적으로 영혼의 완벽한 상태에 도달한 숭고한 존재가 아니다. 우리는 욕망, 욕구, 갈망을 가지고 있다. 우리는 당황하고, 어색해하고, 두려워하고, 실망할 수도 있다. 그래서 확실히 이 과정은 쉽지 않지만 자주 필요하다. 삶에서 우리가 긍정적인 선택을 하도록, 우리의 안내자가 텔레파시로 영향을 미치려 했던 여러 가지 방식도 알아차리게 된다. 동시성이 그 중요한 예다. 더 나아가기 위해서는, 우리가 그러한 메시지를 어떻게 무시했는지, 그리고 그 대신에 왜 약하고, 무지하고, 두려움 속에서 행동하기로 선택했는지를 솔직하게 인정해야 한다. 이 모든 과정은 나중에 일어나는 훨씬 더 중요한 미팅을 위한 사적인 준비 작업이다.

5단계의 끝에서 많은 영혼들은 마스터 회의Council of Masters, 혹은 원로 회의Council of Elders라고 부르는 매우 진화된 그룹과의 회합을 갖는다. 더 앞선 영혼들은 오리엔테이션 단계에서 어떠한 상담도 필요치 않고 그저 그들의 궁극적인 목적지로 나아간다.

5단계: 이동Transition

일단 우리가 치유의 빛으로 목욕하고, 충분히 마음이 열리고 정직하게
되면, 우리는 안내자와 함께 하는 초기 상담 시간을 보낸 뒤에 뉴턴 박사
가 "이동Transition"이라고 부르는 단계를 통과한다. 우리가 이 단계에서 경
험하는 비전은 사후세계를 통과하는 여행 중 가장 숨 막히는 장관壯觀일 것
이다. 우리는 마치 기차역이나 지하철 환승역처럼 수많은 영혼들이 오고
가는 광경을 볼 수 있는 거대한 지역으로 이동한다. 사후세계에는 중력이
작용하지 않기 때문에 영혼을 최종 목적지로 인도하는, 에너지 터널들의
거대한 망網이 있는 경우가 많다.

뉴턴 박사의 피술자 중 한 사람은 이 지역을 거대한 마차 바퀴의 허브hub
라고 불렀다. 일단 목적지까지 가는 터널에 도달하면 바퀴에서 벗어나 바
퀴살 하나를 타고 내려가기 시작한다. 대부분의 사람들은 이 단계에서 눈
앞에 보이는 것에 흥분하며 자신들이 "빛의 선lines of light"을 따라 여행하
고 있음을 깨닫는다. 여기엔 어둠이 없다. 모든 것이 다양한 밝기로 빛나
고 있다. 대개 이쯤에서 우리는 이 터널을 통해 궁극의 목적지에 도착하면
우리가 가장 사랑하는 사람들과 다시 만나게 될 것이라는 사실을 분명히
알게 된다. 우리가 그들을 생각하기만 하면, 실제로 터널을 떠나기 전에
텔레파시로 그들과 연결되어 우리가 생각한 형태의 초기 만남을 경험한
다. 그들은 우리와 상대적으로 동일한 수준의 영혼 진화 단계에 있고, 사
후세계에서 서로의 경험으로부터 배운다. 우리는 종종 꽤 많은 양의 유머
를 곁들여가며 의견을 교환한다.

단테의 천국 중 하나를 그린 동판화. 구스타프 도레*Gustave Doré* 작품.

이 단계에서 우리는 마음대로 움직일 수 없다. 우리가 앞으로 나아감에 따라 터널은 자연스럽게 구부러진다. 뉴턴 박사의 피술자들은 더 높은 수준의 실체들이 이동을 안내하는 책임을 맡고 있다고 말한다.[296] 이러한 실체들은 흔히 "관리자the directors" 또는 이와 유사한 용어로 불린다. 터널을 통과하면서 우리는 다른 사람들이 모여 있는 수많은 종착지들을 본다. 이 지역들은 빛의 덩어리나 송이처럼 보인다. 꽃이 피거나 열매를 맺는 식물처럼, 우리가 여행하고 있는 터널이라는 줄기로부터 자라난 꽃봉오리처럼 보이는 것이다.

그러나 일단 자신의 지역에 도착해서 그곳으로 들어가면, 지구상에서의 경험에 비추어본다면 훨씬 더 전통적인 모습인 경우가 많다. 마을, 학교, 정겨운 집, 우리가 안전하다고 느끼게 해주는 랜드마크 등 우리에게 익숙한 넓은 지역을 보게 될 것이다. 이제 우리는 영혼 그룹의 사람들과 재회한다. 영혼 그룹의 사람들은 생애마다 다른 역할을 하면서 우리와 함께 환생을 계속하는 영혼들이다. 다양한 생애에서 그들은 부모, 연인, 형제, 교사, 동료, 또는 친구로 출현한다. 지구상에 인간의 형태로 화신을 내보낸 구성원들은 반쯤 잠든 상태인 것처럼 보이기도 한다. 어둑어둑한 빛을 발산하고 조용한 편이다. 우리에게 간단히 인사할 수도 있지만 혼자 있으려는 경향을 보인다. 이 단계에서 우리 대부분은 누가 지상의 몸 안에 있고 누가 생애 사이의 사후세계에 있는지를 바로 알아차린다. 사랑하는 사람들과 다시 연결되고 친숙한 환경을 즐긴 후에, 우리는 원로회의의 회합에 출석할 준비가 된다. 뉴턴 박사의 두 번째 책 『영혼들의 운명』(한국어판)은 5단계 끝에 수행되는 그룹 상담에 대해 자세히 설명한다. 그 과정은 우리가 안내자와 함께 수행한 최초의 상담과 유사하다. 이제는 고도로 진화된 존재들에게 우리를 설명하고 해명할 의무를 이행한다.

6단계: 실습Placement

5단계 끝의 그룹 상담을 마치면 실습Placement 단계로 이동한다. 이곳에서 다양한 크기의 친숙한 그룹들과 다시 어울려 지낸다. 여기서 우리는 학교와 같은 환경으로의 복귀를 경험한다. 교실은 매우 아름답거나 우리가 지구에서 가장 좋아하는 장소의 경관을 보여줄 것이다. 여기서 서양인들은 그리스 신전을 주요 장소로 선택하는 경향이 있다. 우리는 비슷한 진화 상태에 있는 가장 가까운 친구들과 함께 공부한다. 이 그룹은 3명에서 25

명까지의 영혼으로 구성되는데, 일반적으로 15명 내외다.[297] 이 그룹은 흔히 이너 서클Inner Circle이라 불리며, 여러 생을 거치는 동안 한결같은 상태를 유지한다. 뿐만 아니라 우리와 함께 화신을 경험하는 훨씬 큰 2차 영혼 그룹과도 어느 정도의 접촉을 갖는다. 뉴턴 박사는 2차 집단에 속하는 영혼들이 최소 일천 명은 되고 종종 그보다 훨씬 클 수도 있다고 말한다. 뉴턴 박사의 관찰 결과와 케이시의 리딩에서 발견한 것을 종합하면 우리는 마을, 도시, 국가 또는 민족 전체가 집단을 이루어서 서로 다른 지역과 시대를 통해 거듭 함께 움직일 수 있다는 사실을 알게 된다. 뒤의 3장에서 탐구할 내용이지만, 이러한 시대는 우리가 마침내 교훈을 얻어서 더 이상 육체적 화신을 지속할 필요가 없어질 때까지 매우 정확하게 반복되는 역사적 사건들의 주기로 조직된다.

우리는 이 학교 환경에서 실제로 작업을 수행한다. 뉴턴 박사의 고객들이 흔히 "생명의 책life book"이라 부르는 것을 가지고 작업이 이루어진다. 처음에는 이것이 커다랗고 가죽으로 제본된 서양의 전형적인 책의 형상으로 나타나지만, 일단 책을 펼치면 첨단의 홀로그래피 투영 기술과 흡사한 방식으로 작동한다. 책의 각 "페이지"는 우리 삶에서 주어진 시간을 나타낸다. 책을 통해 우리는 살면서 겪었던 모든 다양한 경험들을 생생하게 세부사항까지 검토한다. 이 과정은 종종 우리 자신이 검토 중인 장면에 직접 투사되어 들어가는 것으로 끝난다는 점에서 가상현실과 매우 유사하다. 우리와 상호작용하는 사람들의 마음속에 투사되는 것에 특히 중점을 두는데, 우리가 어떤 식으로든 상처를 주거나 고통을 느끼게 만들었던 경우에는 특히 더 그렇다. 이제 우리는 그들에게 가장 고통스러운 사건들을 포함해 우리가 그들에게 겪게 했던 모든 사건들을 직접 경험하게 된다. 하나의 법칙 시리즈에 따르면, 우리가 육체를 가지고 살아 있는 동안 다른 사람들을 다치게 했던 사건들을 기억하고 우리가 한 짓에 대해 우리 자신을 용서한다면 이 과정은 현저하게 단축될 것이다.

실습 단계 전체가 우리의 삶을 검토하고 다른 사람들을 해친 것에 대해 자신을 용서하는 어려운 작업으로 이루어진 것은 아니다. 다양한 진화 수준의 영혼이 모여 즐거운 활동을 하는 레크리에이션 시간도 있다. 우리의 생각과 감정을 완전하게 통합하고 에너지를 투사하기 위해 다른 사람들과 원을 만드는 작업도 할 수도 있다. 다른 사람들과의 그러한 상호작용에는 노래나 그에 상응하는 에너지 요소가 포함될 수 있다. 우리는 더 높은 진화 상태에 있는 우리의 안내자들과 교류하며 공동체 의식을 느끼기도 한다.

영혼의 일곱 가지 수준 | 이 단계쯤에서 뉴턴 박사는 사후세계를 경험하고 있는 영혼들이 일곱 가지 수준을 갖고 있음을 발견했다. 영혼들은 자신의 에너지 몸이나 그 주변의 색들을 묘사한다. 레벨1은 흰색, 레벨2는 불그스름한 노란색, 레벨3은 노란색, 레벨4는 파란색이 미량 섞인 노란색, 레벨5는 밝은 파란색, 레벨6은 어두운 푸른색이 도는 자주색purple, 레벨7은 자주색이었다. 자주색은 아주 드물었다. 뉴턴은 레벨1을 초급, 레벨2는 중하급, 레벨3은 중급, 레벨4는 중상급, 레벨5는 상급, 레벨6은 최상급으로 간주한다. 한 피술자는 레벨6을 "현자賢者: the sages", 레벨7은 "원로元老: old ones"라고 표현했다. 레벨7인 존재는 거의 볼 수 없고 매우 신비롭다. 뉴턴의 독창적이면서 헌신적인 관찰과 하나의 법칙 시리즈가 말하는 일곱 개의 밀도 사이에는 깜짝 놀랄 만한 일치점이 있다. 뉴턴 박사에 따르면, 자신에게 상담을 의뢰한 피술자의 42%가 레벨1, 31%는 레벨2, 17%는 레벨3, 9%는 레벨4, 1%만이 레벨5였다고 한다.[298]

원더러Wanderers | 뉴턴 박사에게 최면 퇴행을 시술받은 사람 중 레벨6
은 전무했다. 박사는 레벨5의 영혼들이 지구상에 사는 동안, 어떤 형태로
든 사회적 불의social injustice를 완화하기 위해 일하거나 돕는 일을 하고 있
다는 사실을 발견했다. 이들은 친절과 침착함, 안정감을 발산하며 사리사
욕에 따른 행동을 하지 않는다.[299] 뉴턴 박사의 피술자들 가운데 레벨6 이
상의 존재가 없는 것은, 이 수준 이상의 사람들은 최면 요법을 원하지 않
기 때문일 것이다. 하나의 법칙 시리즈는 4차, 5차, 6차 밀도의 사람들을
비롯해 더 높은 수준의 영혼들이 종종 육체의 화신을 취하는 경우 "원더
러Wanderers"라고 칭했다. 다음 인용문을 볼 때, 하나의 법칙 시리즈에서는
왜곡이라는 단어가 나쁜 의미가 아니라는 점을 지적해 두는 것이 중요하
겠다. "지적인 무한intelligent infinity" 이외의 것은 그것이 뭐가 됐든, 우주를
형성하는 순수한 자각pure awareness을 왜곡한 것이다. 그러므로 우주, 시
간, 빛, 물질, 에너지, 생물학적 생명은 모두가 왜곡이고, 마찬가지로 우리
가 하는 선택은 모두 왜곡이다. 어떤 왜곡은 우리를 통합unity에 더 가까워
지게 하는 반면, 다른 왜곡은 우리를 통합에서 더 멀어지게 한다. 모든 원
더러의 목표는 우리가 진정 누구인지 기억하도록 돕는 것이다.

12.26 질문: … 당신은 원더러에 대해 얘기했습니다. 원더러는 누구인
가요? 그리고 어디에서 오는 건가요?

답: … 가능하다면 해변의 모래를 상상해보세요. 모래알만큼 수없이
많은 것이 지적 무한의 원천입니다. 사회적 기억 복합체[보통 5차 밀도나
6차 밀도에 머무는 집단 영혼]가 그 욕망에 대한 완전한 이해에 도달했
을 때 그가 얻은 결론은, 비유적으로 표현하자면, 도움을 청하는 타인에
게 손을 내미는 방향으로 왜곡된, 타인을 위한 봉사에 대한 갈망일 수 있

습니다. 당신이 슬픔의 형제자매Brothers and Sisters of Sorrow라 부르는 이 실체들은 이러한 슬픔의 부르짖음을 향해 나아갑니다. 이러한 실체들은 무한한 창조의 모든 범위에서 왔으며, 이 왜곡 속에서 봉사하고자 하는 갈망으로 함께 묶여 있습니다.

질문: 그들 중 지금 지구상에 화신으로 있는 사람은 얼마나 됩니까?

답: … 행성의 진동을 가볍게 하기 위한 집중적인 필요로 인해 이 시기에 대량으로 탄생한 사람들이 유입되었으므로 그 숫자는 대략적인 것입니다. … 그 수는 6천 5백만 명에 가깝습니다.

질문: 그들 대부분이 4차 밀도에서 오나요?

답: … 4차 밀도에서 오는 원더러는 거의 없습니다. 대부분은 이른바 6차 밀도에서 옵니다. 봉사하고자 하는 욕망은 엄청날 정도로 마음의 순수함으로 왜곡되어야 하고, 당신이 무모함이나 용기라고 부를 수도 있는 것을 향해 왜곡되어야 합니다. … 원더러의 어려움/위험은 임무를 잊어버린 채 카르마를 더하는 방식으로 관여하게 되고, 따라서 혼란의 종식을 돕기 위해 화신했으면서 오히려 대혼란에 휩쓸리게 될 수도 있다는 점입니다.

질문: 그들이 카르마에 관여하기 위해 무엇을 할 수 있습니까?

답: 의식적으로 사랑이 결여된 방식으로 다른 존재와 작용하는 실체는 카르마에 관련될 수 있습니다.

질문: 대부분의 원더러들이 3차 밀도인 지구에서 육신에 병을 갖게 되

나요?

답: 세 번째 밀도의 진동 왜곡과, 보다 짙은[높은] 밀도의 진동 왜곡 사이에 편차가 극심하므로, 원더러는 일반적인 법칙에 따라, 어떤 형태의 장애, 어려움 또는 심각한 소외감을 가지게 됩니다. 그중 가장 흔한 것이 소외감으로, 이른바 성격 장애를 통해 행성의 진동에 대항해서 적대적으로 반응하는 것입니다. 또한 알레르기allergies와 같은 신체 복합체의 질병은 행성의 진동에 적응하는 데 어려움이 있음을 보여주는 표식입니다.[300]

자연이 누구라고 생각하나요? | 우리가 중급 이상 고급 수준의 영혼이 되어가면, 실습 단계에서 원래의 본거지로부터 벗어나 이국적인 장소로 과감히 나가볼 수 있다. 『영혼들의 여행』(한국어판)에서, 한 피술자는 "창조創造와 비창조非創造의 세계"라고 부르는 것에 대해 매혹적으로 언급하고 있다.[301] 그곳은 마치 지구와도 같은 3차원적이고 물리적인 세계로 생물학적 생명이 막 태동하고 있다. 레벨4에 도달한 영혼은 이런 세계를 방문하기 시작한다. 뉴턴 박사에게 최면 시술을 받은 전체 피술자를 분석했을 때, 현재 지구상에 있는 영혼 10명 중 1명이 생애와 생애 사이의 사후세계에서 이러한 활동을 추구한다. 피술자 가운에 한 사람은 그 행성들을 "지구2"라고 명명했다. 이러한 영혼들은 그 행성에서 생명체를 설계하는 일에 참여한다. "지구2"는 지구보다 더 크고 다소 추우며 지구보다 물이 적다고 한다.

그 행성들은 "휴가를 즐기는 장소"로 여겨지지만 그곳으로 여행하는 것은 가치 있는 목적에 봉사하기 위해서다. 다시 말해 우리는 생명 그 자체의 공동 창조자가 되는 것을 배운다. 우리는 자신의 영혼 에너지를 집중함으로써, 몸을 가진 살아 있는 유기체를 형성할 수 있다. 이 과정에서 우리는 언제든 선생님들의 도움을 요청할 수 있다. 특별한 피술자인 케이스22는 가스 증기를 사용하여 물을 만들거나 먼지, 물, 공기, 불을 결합하여 바위를 만드는 등 기본적인 요소들만 가지고 일했다고 한다. 그의 영혼 에너지는 가열, 압력, 냉각을 조작할 수 있었다. 그는 사후세계에서 돌을 만드는 과정에 대해 "미묘하지만 지나치게 복잡하지는 않다"라고 묘사했다. 뉴턴 박사가 돌을 창조하는 것은 자연이라고 하자 그는 웃으면서 이렇게 대꾸했다. "자연이 누구라고 생각하십니까?"[302]

영계에서의 이름이 넨텀Nenthum인 케이스22는 식물 개발에도 힘쓰고 있었지만, 아직 제대로 창조할 정도의 정교함은 갖추지 못했다. 때때로 다른 누군가가 보기 전에 식물을 창조하려는 시도가 만들어 놓은 결과물을 해체하기도 했다. 자기 보호와 자부심의 한 형태였다. 원하는 결과를 얻기 위해 화학 원소를 결합하기에는 그의 에너지가 "미미한 정도로 모자랐기" 때문인 것으로 보인다. 뉴턴 박사의 연구는 비록 레벨4의 영혼부터 이 창조 과정을 탐구할 수는 있지만, 레벨5에 도달할 때까지는 생물체의 발달에 실질적인 공헌을 할 수 없다는 것을 밝혀냈다.

케이스23으로 알려진 레벨5의 피술자는 약물 남용 상담사로 일하는 30대 중반의 여성이었다. 그녀는 많은 "지구형 행성"에서 생명을 창조하는 노련한 전문가였으며, 이미 다양한 해양 생물 형태를 창조하는 수준까지 발전했다. 그녀는 영혼들이 처음 창조를 배우는 생물학적 생명체는 미생물이라고 밝히며, 이것이 "매우 배우기 어렵다"라고 했다.[303] 그녀는 해조류와 플랑크톤과 같은 해양 생물체들부터 시작해 물고기와 같은 더 복잡한 생물체들도 창조할 수 있게 되었다. 뉴턴 박사는 그녀의 말에 흥미를 느껴 다음과 같은 질문을 했다.

　　뉴턴: 실제로 생명을 창조하는 데 능숙해진 영혼은 세포를 분열시키고
　DNA에 지시를 내릴 수 있어야 할 것입니다. … 원형질 속에 에너지 입자
　를 보내는 일을 당신이 한다는 건가요?
　　S: 우리는 그렇게 하는 법을 배워야 해요. 맞아요, 태양 에너지로 그것
　을 조정해요. … 각각의 태양은 주변 세계에 다양한 에너지 효과를 발휘
　해요.[304]

　생물학적 생명체를 창조하는 이 독특한 에너지 시스템에 대해서는 이미
논의한 바 있다. DNA는 양자 파동quantum wave으로 볼 수 있고, 생명체 내
에서 양자 역학의 기본 법칙이 적용되는 새로운 과학적 발견에 의해 그 타
당성이 검증되었다. 뉴턴 박사 본인은 이런 내용에 대해 전혀 알지 못했지
만, 그가 찾아낸 결과는 새로운 과학적 발견에 의해 검증되었다. 이는 뉴
턴 박사가 수행한 작업의 전반적 신뢰도를 높여준다. 이 놀라운 대답을 들
은 후, 뉴턴 박사는 걱정이 되었다. 만약 개개의 영혼이 특정 행성에서 수
백만 년 동안 살아갈 생명체를 창조하는 데 참여한다면, 그 행성의 전반적
인 진화 과정을 방해할 수 있지 않을까 하는 우려였다. 그러자 케이스23은
이러한 생명 생성 활동은, 영혼이 점점 더 성장해서 창조자의 살아 있는
화신이 되는 우주에서, 그 우주가 갖고 있는 공동 창조라는 본성의 자연스
러운 일부라고 말했다. 더 높은 수준의 영혼들은 모든 것이 순조롭고 유익
한 방향으로 진행되도록 이 과정을 주의 깊게 지켜본다.
　우리는 또한 더 큰 그룹의 진화된 영혼들이 본격적으로 별을 만들 수 있
다는 사실을 알게 된다. 케이스23은 자신이 이미 "가열되고, 고도로 농축

된 물질의 작은 묶음"을 만들고 있다고 밝혔다. 그녀는 뉴턴 박사에게 말했다. 자신의 창조물이 완성되었을 때 뉴턴 박사가 보게 된다면 태양계의 미니어처처럼 보일 것이라고.[305] 그녀는 이미 농구공만 한 태양과 구슬만 한 행성들을 만들 수 있었다. 레벨7에 속하는 "원로들"의 집중된 에너지는 물리적 우주와 공간 자체를 만들기 위해 필요하다.[306] 이것은 우리에게 살아 있는 우주를 보는 매우 흥미로운 방법을 제공한다. 즉 행성과 항성들이 진화된 영혼의 집중된 생각과 에너지에 의해 창조될 수 있다면, 그 진화된 영혼들은 지구상에서 화신을 경험할 수도 있는 것이다. 하나의 법칙 시리즈로부터 가져온 아래의 인용문들은 뉴턴 박사가 피술자들로부터 들은 이야기의 의미를 더욱 명료하게 해준다.

13.16 [행성을 창조하는 일의] 각 단계는 알아차림의 발견discovery of awareness에 따른 지적인 무한성을 재현합니다. 행성 환경에서는 당신이 혼돈chaos이라고 부르는 에너지에서 모든 것이 시작됩니다. 혼돈은 무한성 내에서 목표 없이 무작위적으로 움직이는 에너지입니다. 당신들이 이해할 수 있는 용어로 표현하자면, 천천히, 스스로를 알아차리는 자각自覺의 초점이 형성됩니다. 이렇게 하여 로고스Logos[은하의 마음]가 움직입니다. 빛은 어둠을 형성하고, 공동 창조의 패턴과 진동의 리듬에 따라 특정 유형의 경험을 구성합니다. 이는 의식consciousness의 밀도인 1차 밀도에서 시작됩니다. 다시 말하자면 1차 밀도는 불과 바람, 존재의 각성awareness of being 등으로부터 배우는 광물과 수서 생물의 밀도입니다. 여러분이 원한다면, 1차 진동의 광물이나 수서 생물, 2차 밀도의 존재 안이나 위에서 움직이기 시작하는 낮은 수준의 2차 밀도 존재… 그들 사이의 차이를 상상해 보십시오. 이 운동이 2차 밀도의 특징입니다. 즉 빛과 성

장을 향한 안간힘입니다. … 2차 밀도는 3차 밀도를 향해 안간힘을 쓰는데, 3차 밀도는 자기 의식self-consciousness이나 자각self-awareness의 밀도입니다.[307]

82.10 하나인 본래 생각The One Original Thought은 이전의 모든 것의 수확입니다. 이 용어를 사용해도 된다면, 창조자에 의한 창조자의 경험입니다. 창조자가 자기 자신을 알겠다고 결심하면서, 하나인 무한 창조자One Infinite Creator의 영광과 권능으로 가득 찬, 당신이 인식하기로는 우주나 우주 밖이 분명한, 물질 충만한 공간 속에 자신을 생성합니다. 점차적으로 한발 한발 창조자는 자신을 알게 되고, 본래의 말과 생각에 덜 참여하게 됩니다. 이것은 하나인 본래의 생각을 다듬기 위한 것입니다. 창조자는 정확하게 창조하지 않습니다. 자신이 경험한 만큼입니다.[308]

51.10 창조자는 우리가 말한 바와 같이 대우주macrocosm와 소우주microcosm라는 두 가지 본질을 갖습니다. 즉 지성을 가진 강화되지 않은 무한성, 이것이 거기 존재하는 전부임을 이해해야 합니다. 자유의지는 우리 모두의 창조자와 우리 자신을, 의지를 가진 지적 무한성의 공동 창조자로서 강화해왔습니다.[309]

75.25 각자의 자아가 창조자라고 인식하는 것은 좋습니다. 따라서 창조자로서의 겸손한 자기애自己愛에 의한 자아의 지지支持를 포함하여 각자가 각자를 지지할 수 있습니다.[310]

74.11 인격 훈련의 핵심은 다음 세 가지입니다. 첫째, 자신을 알라. 둘

째, 자신을 받아들여라. 셋째, 창조자가 되어라. 이것이 성취되었을 때, 세 번째 단계는 가장 겸손하게 모두를 섬기는 봉사자를 만듭니다. 인격이 투명하고, 타인을 완전히 알고 받아들이는 단계입니다.[311]

18.13 모두는 하나의 창조자에게 봉사합니다. 창조자는 존재하는 모든 것이니, 창조자가 아니라면 달리 봉사할 것이 없습니다. 창조자에게 봉사하지 않는 것은 불가능합니다. 이 봉사에 대한 왜곡은 그야말로 다양합니다.[312]

우주적 진실의 잔재미 | 비록 이런 생각이 하나의 법칙 시리즈에서 반박되고 있기는 하지만, 뉴턴 박사의 고객들은, 영혼이 우리 은하계 전역과 어쩌면 그 너머의 행성을 방문할 수 있다고 밝혔다. 많은 영혼들이 특정 행성에 호감을 갖고 계속해서 그 행성으로 돌아온다.[313] 대부분의 사람들은 최면 상태에서 다른 세계에서의 삶에 대한 어떤 명확한 기억도 되살릴 수 없다. 오직 앞선 극소수의 고객만이 이 정보에 접근할 수 있다. 우리의 안내자에 의해 정신적 차단막이 만들어져, 우리가 긍정적인 방법으로 사용할 수 있는 능력을 넘어서는 정보를 기억하지 못하게 될 것이란 것이 뉴턴 박사의 추정이다.

한 중급 고객은 지구상의 삶에서 벗어나 다른 곳에서 환생하고 싶었다. 그는 인간과 비슷한 지적 존재들이 사는 세계로 보내졌다. 그들은 작고 두툼한 체격이었고 웃을 수 없는 흰 분필 같은 얼굴을 하고 있었다. 그들은 우리가 웃는 것처럼 웃을 수 없었고 사려 깊고 침울했다. 그 고객은 결국 그가 있을 곳이 아니란 결론을 내렸고, 한 번의 생애 후 지구로 돌아가기로 결정했다.

자연의 스타게이트, 혹은 "시간의 문time doors"도 이 지점에서 논의되는데, 자연의 통로는 우주 전체에 존재하고 영혼들은 일상적 여행의 기본 형태로 이용하고 있다. 영계에서는 과거, 현재, 미래가 하나의 연속체다. 몇 년은 몇 초만큼 빨리 지나갈 수 있고 그동안의 사건들은 마치 동영상을 빨리 감기 하는 것처럼 관찰될 수 있다. 영계에서 다른 시간으로 여행하는 것은 한 장소에서 다른 곳으로 여행하는 것만큼이나 쉽다. 『소스필드』의 후반부는 '시간이 3차원인 평행현실이 어떻게 존재하는지'를 설명하는 데 집중하고 있다. 이는 다시 하나의 법칙 시리즈에서의 복잡한 논의에 바탕을 둔다.

뉴턴 박사는 시간time과 지속기간duration이 함께 만들어져서 영혼들이 일정한 비율로 진화를 경험할 기회를 갖게 되었다고 결론짓는다. 과거, 현재, 미래가 한꺼번에 접근 가능하다면, 우리가 성장하는 데 도움이 될 신비도, 놀라움도, 문젯거리도 없을 것이다. 하지만 영계에서는 우리가 "전체상overview"을 조망한다는 관점에서 우리의 더 큰 현실을 지각할 수 있어야 한다. 그래야 한 생에서 다음 생으로 이어지는 중에 어디에서 같은 실수를 반복하는지 알 수 있고, 우리가 이러한 어려움들을 극복하는 데 도움을 줄 다음 생의 과업을 설계할 수 있다.

뉴턴 박사의 연구와 하나의 법칙 시리즈 사이에는 또 다른 흥미로운 연결고리가 있다. 사후세계 내의 "영적 물질"에 대한 논의다. 하나의 법칙이 사용하는 용어로 표현하자면, 존재의 수준은 "차원"이 아니라 에너지 밀도에 의해 측정된다. 사후세계에서는 이러한 밀도를 짙고 옅음이란 물리적인 형태로 경험할 수 있다. 뉴턴 박사의 고객들 역시 정확히 같은 현상을 보고하였다. 즉 어떤 형태의 영적 물질이 더 가볍고 무겁다거나, 더 두껍고 얇다거나, 더 크거나 작다고 표현한 것이다.

우주의 박동 | 사후세계에서 테세Thece라고 불린 뉴턴 박사의 고객은 우주가 팽창과 수축의 순환[314]을 통해 움직인다고 묘사했는데, 이는 하나의 법칙 시리즈에 직접적으로 반영되어 있다. 또한 우리는 우주의 진정한 중심은 없다고 들었다. 다시 말해서 우주의 중심은 우리 주위에 있고, 어떤 장소에서도 발견될 수 있으며, 심장의 박동과 같은 기능을 한다. 시간과 공간은 모두 이러한 규칙적인 리듬으로 움직인다. 그러므로 우주 전체에서 주기의 순환은 온갖 다양한 규모와 지속기간의 수준에서 일어날 것이다. 그리고 주기의 순환은 심장 박동 같은 리듬에 의해 움직인다. 하나의 법칙 시리즈는 현실의 본질을 정확히 다음과 같이 묘사한다.

27.6 지적인 무한성은 중심 태양에서 시작되는 거대한 심장처럼 리듬이나 흐름을 가지고 있습니다. 당신이 생각하거나 이해하는 바와 같이, 극성polarity이 없고 유한성finity이 없는 존재의 물결로서의 움직임은 불가피합니다. 즉, 방대하고 고요한 것이 바깥으로 바깥으로 고동치고, 초점이 완료될 때까지 바깥쪽으로 안쪽으로 집중합니다. 초점들의 지성이나 의식은 그들의 영적 본성이나 질량이 그들을 안쪽으로 안쪽으로 안쪽으로 안쪽으로 안쪽으로 불러들이는 상태에 다다릅니다. 모든 것이 합치될 때까지 말입니다. 이것이 당신이 이야기했던 현실의 리듬입니다.[315]

27.13 사랑… 사랑은 지적인 무한성을 이용한 다양한 창작물의 위대한 활성제activator이자 원초적 공동 창조자입니다. 사랑은 빛을 사용하며 그 왜곡 속에서 빛을 지휘하는 힘을 가지고 있습니다. 따라서 진동 복합체 [당신의 인간 형태와 같은]는 그 통일성 속에서 창조의 역순을 반복합니다. 그러니 만약 당신이 이 비유를 사용한다면, 진동 복합체는 위대한 심

장 박동의 리듬이나 흐름을 보여주고 있습니다.[316]

실습 단계에서 영혼들은 레크리에이션이나 휴식의 일환으로 다양한 자연 환경이나 삶의 형태에 자신을 투영할 수 있다. 바위는 밀도의 느낌을 주고 나무는 강력한 평온함을 전달한다. 물은 유동적 응집성을 느끼게 해준다. 나비는 영혼으로 하여금 아름답고 자유롭다고 느낄 수 있게 하고, 고래는 영혼이 강력하고 거대하다고 느끼도록 돕는다.[317] 여행의 실습 단계만큼이나 즐거운 것은 조만간 우리가 진지하게 다음 생을 계획해야 한다는 것이다. 뉴턴 박사의 경험에 따르면, 영혼은 최소한 레벨5에 도달할 때까지 물질적 신체를 갖는 환생을 멈출 수 없다.

7단계: 생애 선택

영계를 떠나는 것은 끔찍하게 어려운 과정이 될 수 있다. 아픔, 괴로움, 배신, 좌절로 가득할지도 모를 세계로 돌아가기 위해, 스스로 사랑, 평화, 지혜, 행복의 세계를 떠나야 하는 것이다. 어떤 영혼들은 그들이 할 수 있는 한 오랫동안 이 과정에 저항하지만, 머지않아 그들은 그렇게 해야 한다. 그들이 살아왔던 세계가 더 이상 육체적 인간의 삶을 영위할 수 없게 되었을 경우 다른 세계로 이동한다.[318] 하나의 법칙이 밝히는 바에 따르면, 지구가 4차 밀도로 완전히 전환된—2011년 이후 100년 내지 700년이 지난 시점일 것으로 추정된다— 후에도 진화하고 성장하기 위해 여전히 3차 밀도의 화신이 필요한 사람은 자연스럽게 지구가 아닌 다른 세계로 옮겨 갈 것이다.

케이스24의 피술자는 그가 다음 생에 지구로 돌아오지 않을 것임을 보여준다. 그는 명확히 말했다. 미래에 일부 지구인들은 다른 행성으로 옮겨지고 지구는 덜 붐빈다는 것이다.[319] 뉴턴 박사의 피술자 가운데 몇 명이 같은 내용을 말했다. 뉴턴 박사의 작업에서 나오는 "행성 도약"의 개념은, 하나의 법칙 시리즈가 3차 밀도에서 4차 밀도인 "녹색 광선의 삶"으로 이동한다고 말한 것과 정확하게 일치한다. 뉴턴 박사가 녹색을 제외한 무지개 스펙트럼의 모든 색을 고객의 영혼에서 관찰했다는 사실도 주목할 만하다. 하나의 법칙이 설명하는 바에 따르면, 지구가 녹색 광선 수준으로 양자 도약을 한 후에야 지구의 거주자에게 "활성화"가 시작될 수 있다. 활성화란 거주자의 영혼이 녹색 광선 밀도로 완전히 이행하는 것을 말한다. 우리는 이 과정을 4장에서 논의할 것이다. 청색 광선과 인디고 광선에서 온 더 높은 수준의 실체들은 대개 원더러로서 지구를 방문한다. 이는 그들 자신의 진화를 대폭 가속화하는 동시에 지구를 돕는다.

　환생의 간격에 대한 뉴턴 박사의 연구는 케이시의 리딩에서 발견한 것과 거의 유사한 관점을 반영한다. 뉴턴 박사는 신석기 시대에는 영혼들이 수백 년 내지 수천 년 간격을 두고 환생했다는 것을 발견했다. 일단 인류가 농경과 가축 사육을 시작한 후에 환생은 더 자주 일어나기 시작하지만, 생애와 생애 사이는 여전히 500년 정도의 간격이 있었다. 뉴턴 박사의 피술자들은 서기 1000년에서 1500년 사이에는 평균적으로 200년에 한 번 환생해서 살았고, 1700년 이후에는 100년에 한 번 환생했다. 1900년대에 들어오자 영혼들이 한 세기에 한 번 이상 환생하는 것이 매우 흔한 일이 되었다. 이 모든 연구 결과는 우리가 케이시의 리딩에서 본 것과 깔끔하게 일치한다.

운명의 링 | 환생 선택 단계에서 우리가 해야 할 주된 임무는 뉴턴 박사

의 고객들 중 일부가 "운명의 링Ring of Destiny"이라고 부르는 곳에 가는 것이다. 그것은 종종 밝은 빛의 구체 모양으로 나타난다. 이 단계에서 우리는 다음 생을 긍정적으로 생각하면서 밝은 희망과 높은 기대감으로 가득차 있고, 진정한 영적 성장의 가능성에 대해 설렌다. 일단 여기까지 오면 미래 지향적인 조종석에 발을 들여놓은 것처럼 느껴진다. 다양한 화면들이 우리 주위를 떠다니면서, 우리가 다음번 화신을 위해 선택할 수 있는 다양한 삶에 대해 시각적으로 보여준다. 우리는 삶에서 일어날 다양한 사건들을 검토하기 위해 빨리 감기와 되감기를 할 수 있는 제어판을 갖고 있다. 스크린은 빛의 구체 안에서 역동적이고 유동적인 움직임을 보인다. 검토를 위해 하나의 화면을 세우면, 그 스크린은 우리를 향해 흘러오고, 근처의 다른 스크린은 멀어져 간다. 우리는 이런 장면들에 우리 스스로를 투사하여 마치 그것이 실제로 일어나는 것처럼 경험할 수 있는 기회를 가진다. 우리 인식의 일부는 여전히 제어판에 남아 있지만, 경험의 대부분은 화면 안에서 일어난다.

선택 가능한 각각의 일생은 다양한 사건들을 가지고 있으며, 어떤 것들은 장애와 같이 까다롭거나 어려울 수 있다. 이런 사건들은 본질적으로 우리가 영혼으로서 성장하고 진화하는 것을 돕기 위한 것이다. 우리는 예정된 사건에 따라 선택을 해야 하는데, 우리가 실제로 그 지점에 도달하면 어떤 결정을 할지 확신할 수 없다. 이 생에서 미래로 나아갈 때 그 결정들이 어떤 결과를 가져올 것인지를 보는 것은 허용되지 않는다. 그 결과를 추측해볼 수는 있지만, 그러한 선택에 따라 펼쳐지는 미래의 현실이 우리에게 보이지 않는 데에는 온당한 이유가 있다. 만약 우리가 일어날 사건과 선택의 결과를 알 수 있다면 우리가 주어진 삶을 선택함으로써 가능해지는 진정한 자유의지와 학습 경험은 사라질 것이다. 운명의 링 안에서 진행되는 전형적인 인생 선택 과정은 네 가지의 다른 삶 중에서 하나를 선택하는 것이다.[320] 이 단계에서는 우리의 안내자들도 입을 다문다. 우리는 그모든 과정을 혼자서 해낸다.

폭력에 따른 죽음, 혹은 갑작스럽고 치명적인 질병에 의한 죽음으로 끝날 생애를 자원하는 영혼도 있다. 한 피술자는 겨우 일곱 살 때 죽을 미국인디언 소년이 되는 운명을 선택했다. 학대받고 굶주린 아이로서의 짧은 삶은 그에게 겸손에 대한 빠른 교훈을 주었고, 이는 엄청난 카르마를 매우빨리 태워버리는 데 도움이 되었다.[321] 또 다른 피술자는 다른 세 명의 영혼 그룹 멤버들과 함께 나치의 다하우Dachau 강제 수용소에 화신하는 것을선택해 아이들을 위로하고 아이들이 살아남을 수 있게 노력할 기회를 잡았다. 그녀는 자신의 임무를 용감하게 완수했고, 그 과정에서 의심의 여지없이 엄청난 양의 긍정적인 카르마를 만들어냈다.[322] 영혼은 자신의 운명을 무모하게 선택하지 않는다는 것을 명심하자. 영혼은 그런 과업을 다룰만큼 강하다고 느낄 때에만 그 과업들을 선택한다. 물론 이러한 과업이 항상 계획대로 진행되지는 않는다. 하지만 영혼들은 가장 높고 가장 훌륭한의도를 가지고 환생에 임한다.

8단계: 새로운 육체 선택

마이클 뉴턴 박사는 "새로운 육체 선택"을 별도의 단계로 간주하지 않는다. 이 과정 역시 환생을 선택하는 '운명의 링' 안에서 진행되기 때문이다.하지만 뉴턴 박사는 별도의 장을 할애해서 이 부분을 다루고 있고, 육체의선택은 우리가 어떤 삶을 선택할 것인지에 대한 의사결정 과정에 큰 영향을 미친다. 이 단계에서는 조종석과 같은 구역에 떠다니는 스크린을 통해,

우리가 선택할 수 있는 다양한 신체들을 볼 수 있다. 즉 그 신체는 어떤 모습이고, 우리에게 어떻게 느껴질 것이며, 어떻게 기능하는지, 그리고 우리가 경험하게 될 생물학적 연령의 다양한 수준에서 그들이 어떻게 생각하는지를 볼 수 있다. 모든 인간의 몸은, 그것이 어떻게 보이든, 영혼이 신중하게 선택한 결과물이다. 각 신체의 세부사항에 많은 시간과 관심이 집중된다. 성급한 결정 같은 것은 없다. 일반적으로 우리가 다음 생에 깃들 신체에 대해 생각하는 것은 이 단계가 처음이 아니다. 우리는 종종 더 초기의 단계에서부터 우리가 어떤 신체를 선택할 것인지에 대해 숙고하면서 시간을 보내고, 우리의 안내자와 영혼 그룹의 사람들과 함께 그 선택에 대해 대화를 나누곤 한다.

뉴턴 박사는 우리가 살면서 겪는 대부분의 큰 부상은 이 단계에서 선택된다는 것을 알아냈다. 몸을 선택하는 것은 주어진 일생 동안 몸에 어떤 일이 일어날 것인지에 대한 완전한 인식과 함께한다. 다시 말하지만, 우리는 이러한 사건들이 우리의 인격을 어떻게 형성할 것인지 정확하게 알 수 없다. 각각의 몸은 그에 수반되는 어려움을 가지고 있다. 만약 최근 생이 비교적 쉬웠다면, 더 많은 도전을 보여 줄 몸과 삶으로 돌아올 것을 선택할 수도 있다. 뉴턴 박사의 연구는 다양한 종류의 신체적 장애는 거의 예외 없이 우리의 영적 진화를 가속화한다는 것을 밝혔다.[323]

레스: 바이킹의 카르마 순환 | 뉴턴 박사의 책에 등장하는 케이스26은 영혼이 육체를 선택하는 것이 생애마다 얼마나 극단적으로 다를 수 있는지를 보여 준다는 점에서 흥미롭다. 케이스26의 피술자는 키가 크고 운동도 잘하며 균형 잡힌 몸매의 여성이었는데, 그녀는 평생 재발하는 다리 통증을 겪었다. 의사들은 그녀의 고통에 대해 어떤 의학적인 이유도 찾을 수

없었고, 그녀는 통증만 잡을 수 있다면 최면요법을 포함한 어떤 방법이라도 시도해보겠다고 생각했다. 뉴턴 박사는 고통의 근본 원인이 전생에 있을 수 있다고 생각해서 그녀에게 최면 퇴행을 시도했다. 초의식 상태에서 그녀는 운명의 링에 서서 지구상에서 가장 강하고 가장 건강한 신체 중 하나에 깃들어 사는 생애를 선택한 자신을 발견했다.

그녀는 위계적 통제로 고통받는 로마 병사와 자유자재로 날뛰면서 원하는 것은 뭐든 하는 레스Leth라는 이름의 바이킹 중에서 선택할 수 있었다. 그녀는 레스를 선택했고, 서기 800년경 잔인하고 강력한 남자로 세상에 왔다. 영혼으로서 그녀는 육체의 힘과 술, 싸움, 약탈, 성적性的 정복 등을 포함한 모든 물질적 쾌락을 추구하는 경험을 즐겼다. 레스는 병을 앓지 않았고 상처를 입어도 육체적으로 별 통증을 느끼지 않았으므로 두려움이 없었다. 그는 지치지 않고 음식과 술, 싸움, 약탈, 섹스를 추구했다. 그 시대의 사람들은 대부분 비슷한 행동과 태도를 가지고 있었기에 레스는 유별나게 공격적이거나 부정적인 영혼으로 눈에 띄지도 않았다. 그럼에도 불구하고, 그가 다른 사람들의 자유의지에 끼친 침해는 강력하게 되돌아왔다. 그가 레스로서 만들어낸 카르마를 청산할 수 있을 만큼 강해질 때까지 여러 번의 생애를 기다려야 했는지도 모른다.

이 사건을 통해, 어린 영혼들은 카르마의 법칙을 이해하지 못하는 경우가 많다는 것을 알 수 있다. 만약 어린 영혼이 다른 사람들을 다치게 하는 일과 관련된 삶을 살고 싶어 한다면, 안내자들은 그 결과를 뻔히 알면서도 그렇게 하도록 허락할 수 있다. 그들에게 새로운 삶과 새로운 신체를 선택할 기회가 주어지지만, 그들이 더 발전할 때까지는, 자신의 신체에 반드시 일어나야 하는 사전 프로그램된 재난이 자신이 이전에 했던 선택의 직접적인 결과라는 것을 깨닫지 못할 수도 있다.

데이비드 윌콕의 동시성

뉴턴 박사가 이 여성에게 반복되는 다리 통증의 원인을 탐구해 보라고 하자, 그녀는 즉시 가장 최근의 전생인 여섯 살 소녀 애슐리Ashley가 되었다. 애슐리는 레스로 살았던 생애 후 천년도 더 지난 시점인 1871년 미국의 뉴잉글랜드에 살고 있었다. 애슐리는 짐과 사람을 가득 실은 마차를 타고 가다가 갑자기 문이 열리는 바람에 마차 밑으로 굴러떨어졌다. 그리고 무거운 마차 뒷바퀴가 그녀의 허벅지 위로 지나가면서 뼈가 부러졌다. 의사들의 오랜 치료에도 불구하고 애슐리의 다리는 제대로 낫지 않았다. 그녀는 여생 동안 목발에 의지해 살았고 다리가 자주 붓는 고통을 겪다가 1912년 비교적 젊은 나이에 죽었다. 그때까지 그녀는 불우한 아이들을 위해 책을 쓰고 가르치기도 했다. 따라서 영혼으로서 많은 양의 긍정적인 카르마를 만들 수 있었다.

사후의 영혼 상태에서 그녀는 정신 집중의 힘을 계발하는 데 도움을 주기 위해 이러한 상처를 선택했다는 것을 깨달았지만, 레스로서 다른 사람들에게 저지른 일에 대한 카르마의 균형 맞추기라는 점을 이해하지는 못한 것 같다. 애슐리로서의 일생 동안 그녀는 대부분의 시간을 침대에서 보냈고, 읽고 쓰고 의사소통하는 방법을 배웠다. 사후세계의 영혼 상태에서, 그녀는 선택된 시간에 마차 사고가 일어나도록 하기 위해 자신이 직접 작업했다는 것을 알 수 있었다. 영계에서 사전에 계획한 대로 중요한 사고를 일으키기 위해서는, 그녀의 영혼과 몸이 잠재의식 수준에서 텔레파시를 통한 공동 작업을 해야 한다. 또한 그녀는 사고 순간을 알고 기대하도록 잠재의식 속에 기억 태그tag를 장치했었다. 사고를 피하는 것을 선택할 수 있었던 기간이 있었지만, 그녀는 사고를 겪는 쪽이 자신이 할 수 있는 최선의 조치임을 알고 있었다. 그녀는 다른 신체 부상을 선택할 수도 있었지만, 걷기 능력을 제한한다는 이유로 특별히 이 사고를 선택했다. 그래야 오랜 기간 깨지지 않는 고독한 상태를 가질 수 있을 것이므로 더욱 충실하게 마음을 발전시킬 수 있을 것이다. 그녀는 그 경험을 잘 활용했다. 유일한 문제는 그녀가 그 생애 동안 지나치게 탐닉적이었고 과잉 보호를 받았다는 것이다.[324] 뉴턴 박사는 최면 상태에서 다리 통증에 대한 잠재의식 상의 기억을 완전히 제거해 주는 둔감화 시술을 통해 그녀를 달랠 수 있게 해주었다. 후일 그녀는 뉴턴 박사에게 다리 통증은 재발하지 않았으며 테니스를 즐기고 있다고 알려왔다.

뉴턴 박사는 영혼과 육체 사이에 "에너지의 손잡기"가 이루어져야 한다고 밝혔다. 영혼의 영향이 없다면 개인은 무엇에도 흥미를 느끼지 못할 것이며, 본성상 상당히 원초적이고 감정에 지배될 것이다. 영혼은 어떤 사람이 외향적인지 내향적인지, 그가 감정적인 사람인지 지적인 사람인지, 그 사람이 본질적으로 이성적인 사람인지 이상주의적인 사람인지를 결정한다. 우리가 갖는 성격 속성의 상당수는 한 생에서 다음 생으로 이월되지만 신체 자체, 그 몸이 갖는 유전 특성, 그리고 몸이 경험한 것들의 결과도 성격에 거꾸로 영향을 미친다.

어떤 영혼들은 자신의 태도와 행동이 타인에게 입힌 상처에 대해 온전히 책임지게 될 줄 알면서도, 계속해서 비판적이고 지배적이고 냉정한 사람으로 되돌아가는 것을 선택한다.[325] 이런 영혼은 다른 사람들에게 카르마와 성장 경험을 제공하고, 종종 다른 사람들이 그들의 빚을 청산하는 일을 도와주어야 한다. 어떤 영혼들은 자신의 삶에 강인하고 억센 사람이 있어야 한다는 점을 깨닫는다. 그렇지 않으면 자신이 주변의 모든 사람을 지배하고 조종하게 될 것이기 때문이다. 이처럼 지배적이고 냉정한 성격 유형을 가진 영혼은 주어진 생에서 선택한 육체와 뇌에 자신의 영혼을 합치시키는 데 있어 다른 사람들보다 어려움을 겪는 것으로 보인다. 몸이 엄청난 스트레스나 강한 감정을 겪고 있을 때, 영혼은 종종 그 몸에 메시지를 전달하지 못하거나 큰 영향을 미치지 못한다.[326]

9단계: 출발 준비

이 단계에서 우리는 운명의 링을 떠나, 대개는 영혼 그룹에 속하는 사람들, 즉 우리의 삶에서 핵심적인 역할을 할 사람들과 집중적인 구상 회의를 갖는다. 사후세계의 이 단계는 우리가 논의하는 주제와 매우 관련이 깊다. 우리가 경험하게 될 수많은 동시성들은, 우리가 특정한 시간에 특정한 단계를 밟도록 하기 위해 이 시점에서 계획된다. 더 높은 수준의 안내자는 우리가 이러한 중요한 순간들을 헤쳐나가는 데 도움이 될 상징과 사건을 계획함으로써 도움을 준다. 만약 우리가 누군가와 관계를 맺기로 선택한다고 해보자. 우리는 의도적으로 특정한 장소, 그들이 착용할 특정한 물건, 그들이 건넬 재미있는 이야기, 배경에 깔릴 특정한 음악 등, 우리가 그를 처음 보게 될 때 나타날 상징들을 신중하게 계획할 수 있다. 우리는 이 단계에서 단서들을 빠짐없이 외우기 위해 고군분투한다. 그렇게 함으로써 우리는 그 단서들이 보일 때 무엇을 해야 할지 알게 된다. 우리가 환생해서 육체에 들어가 있을 때 이런 신호들이 나타나면, 대개는 일련의 사건들에 숨겨진 주도면밀한 계획을 기억하진 못할 테지만, 기억 촉발 장치 memory trigger는 우리에게 특정한 결정을 내리도록 북돋는다.

케이스28의 남자는 어렸을 때 만나게 될 여자가 반짝이는 은색 펜던트 목걸이를 하고 있고 펜던트 위에 햇빛이 부서지도록 하자는 출생 전의 약속을 설명했다. 그가 고향 마을에 태어났을 때, 은색 펜던트의 여자가 매일 마을의 거리를 거닐었다. 그녀를 처음 만났을 때, 그가 영계에서 의도

했던 것처럼 펜던트에 햇빛이 반사되었고 그것이 기억의 방아쇠를 작동시켰다. 그는 왜 이렇게 강력하게 끌리는지 의식적으로 알지 못한 채 그녀에게 다가갔고, 즉시 친구가 되어 대화에 빠져들었다. 그는 가족이 이사하기 전 잠깐 동안만 그녀를 알고 지냈음에도 불구하고, 다른 사람을 존중해야 한다는 매우 귀중한 교훈을 배울 수 있었다.[327]

출발 준비 단계를 거치면서 영혼이 우리와 소통하기 위해 사용하는 동시성과 직감에 대한 감수성과 저항의 수준을 어느 정도로 계획할지 고민할 수도 있다. 단지 우리가 하려고 하는 특정한 하나의 결정을 강화하기 위해, 우리의 삶에서 동시성으로 나타날 몇 개의 기억 태그들을 층층이 배치할 수도 있다. 케이스28의 영혼은 그의 아내가 되기로 선택한 여자를 만날 때 경험하게 될 다수의 촉발 장치를 묘사한다. 영계에서 두 사람은 이런 식의 기억 촉발 장치에 동의했고, 그 일이 제대로 일어날 수 있도록 협력하기로 했다. 그에게 기억을 촉발하는 장치로는 작은 종소리나 차임벨 소리를 떠올리게 하는 그녀의 웃음소리, 그녀와 처음 춤을 출 때 알아차릴 익숙한 향수 냄새, 그리고 그녀의 눈이 어떻게 보일지 등이 포함되어 있다. 그녀가 선택한 기억의 방아쇠는 그의 큰 귀, 그와 처음 춤을 출 때 그녀의 발등을 밟는다는 사실, 그리고 그를 처음 포용할 때의 구체적인 느낌 등이 포함되었다.

우리가 구상한 대로 정상 궤도를 따라갈 수 있도록 동시성들을 계획한 후, 재탄생 단계로 가기 전에 원로회의와 다시 회합을 갖는다. 이 회합은 우리의 목표를 상기시키고 다음 생에 이상을 고수하는 것이 얼마나 중요한지를 일깨워주기 위한 것이다. 뉴턴 박사의 피술자가 보고하는 바에 따르면, 원로들은 모두 머리털이 없고 타원형 얼굴에 높은 광대뼈, 그리고 작은 이목구비를 하고 있어서, 마치 특정 유형의 외계인과 유사하다고 한다.[328] 단지 그들은 많은 외계인 보고서들이 말하는 검은 타원형 눈이 아니라 우리와 비슷한 눈을 하고 있다. 원로들에게서는 신성神性이 강하게 느껴진다. 이 만남은 인내심을 갖고 우리의 가치를 지키며, 어려운 상황 속에서도 자신을 신뢰하고 분노와 부정성에 빠져들지 않도록 북돋는 마지막 격려 연설과 비슷하다. 또한 우리는 긍정적인 힘의 폭발로 나타나는, 에너지 형태의 격려를 받을 수도 있다.

10단계: 재탄생

뉴턴 박사가 밝힌 마지막 단계는 재탄생이다. 원로회의와의 회합 이후 어떤 영혼들은 환생하기 전에 조용해지고 내성적이 되는 반면, 다른 영혼들은 친구들과 농담을 주고받으며 환생에 대해 부담을 갖지 않는 태도를 보인다. 마침내 출발하게 되면, 우리는 빛을 발하는 에너지 구역을 통과해서 아래로 급락急落하는 느낌을 갖는다. 우리는 또 다른 어두운 터널을 볼 수 있다. 단지 이번에는 그 터널을 통해 지구를 떠나는 것이 아니라 반대로 지구로 돌아가고 있는 것이다. 터널을 빠져나가자마자 우리는 새로운 엄마의 자궁에 자리 잡은 아기의 몸속에 있는 자신을 발견한다.

아기는 다섯 살이 되어 학교에 입학할 때까지, 길고 짧은 기간 동안 몸을 떠날 수 있을 만큼 충분한 유연성을 갖고 있다. 다른 시대에 살았던 곳을 방문하기 위해 친구들과 여행을 즐길 수도 있다. 아기가 어떤 신체적 위험이나 고통에 처하는 순간, 우리는 즉시 그 문제를 처리하기 위해 몸속으로 돌아온다.[329] 아기의 몸 안에 있는 동안, 우리는 자신의 영혼 에너지를 육체적 몸의 뇌와 통합하는 작업을 한다. 또한 아기에게 가족 간의 관계를 원만히 하는 데 도움이 되는 일을 시킬 수도 있다. 만약 어머니와 아버지가 싸우고 있다면, 그들을 다시 긍정적인 생각으로 돌리기 위해 두 손으로 얼굴을 만지거나, 미소를 짓거나, 옹알이를 하는 것과 같은 귀여운 행동을 할 수도 있다. 필요할 때 아기를 웃게 하는 것은 영혼의 힘이다.

──────── 환생을 위한 마스터 파일로서의 역사의 순환

살아 있는 우주에 대한 과학적인 증거는 상당히 광범위하다. DNA와 생물학적 생명체는 양자 물리학의 법칙에 따르는 것처럼 보이고, 시간과 방법을 가리지 않고 어떻게든 "창발創發: emergent 현상"으로 나타난다. 별과 행성은 우리가 알거나 모르거나 상관없이 모든 의식意識에 강한 에너지적 영향을 미친다. 우리의 깨어 있는 인격은 육체와 영혼의 융합에 의한 결과로서, 우리는 같은 교훈을 얻기 위해 많은 다른 화신들을 거친다. 우리는 각 생애마다 대부분의 친구들을 볼 수 있도록 계획하고, 잠재적으로 수십만 명 정도의 사람들로 이루어진 집단 내에서 환생한다. 우리는 카르마라는 공통의 유대를 통해 그 집단과 결속하며 인생의 흥망성쇠, 고점과 저점, 승리와 재난 속을 계속 헤쳐 나가야 한다. 이러한 2차 집단 내에서 우리는 집단적으로 더 사랑 넘치고 긍정적인 선택을 하게 될 때까지 같은 경험을 반복한다. 우리의 경험은 이 책의 3장에서 탐구할 예정인데, 매우 정확한 시간 주기로 구성된다.

역사는 반복된다는 말은 흔하지만, 내가 이 놀라운 자료들을 직접 경험하고 그것이 진실인지 확인하기 전까지는, 나도 우리의 경험이 얼마나 체계적인지 전혀 몰랐다. 세계적인 사건들은 불가능할 정도로 복잡한 요인들에 의해 형성되는 완전히 무작위적인 사건처럼 보인다. 그러나 우리가 겪는 모든 경험은 일생에 걸쳐 '영웅의 여정Hero's Journey'이라고 알려진 영적 진화의 숨겨진 모형template에 의해 인도되고 있음이 밝혀지고 있다. 하나의 법칙 시리즈는 이러한 경험을 은하의 성격을 드러내는 "원형적原型的: archetypical 마음mind"이라고 부른다. 하나의 법칙 시리즈의 네 번째이자 마지막 책은 거의 전적으로 이 은하의 마음을 연구하는 데 집중하고 있다.

90.14 원형적인 마음은 모든 경험을 알려 주는 마음의 일부입니다. 이는 특정 로고스[우리의 은하]에 의해 만들어지고 이 로고스에서만 특별한 우주적, 혹은 총체적 마음에 대한 정제물들refinements의 저장소라고 한 앞서의 정의定義를 상기하기 바랍니다. 따라서 [원형적인 마음]은, 가장 깊지는 않지만 분명 어떤 면에서는 가장 쓸모 있는 정보를 갖고 있는, 마음의 뿌리 가운데 하나로 볼 수 있을 것입니다. 상기해야 할 또 다른 뿌리는 인종이나 행성 차원의 마음인데, 그것들은 어느 정도까지 각 실체의 개념화에 대해 알려줍니다. …

각각의 로고스[은하계]는 창조자에 의한 창조자의 경험을 보다 웅변적으로 표현하기를 원합니다. 활짝 펼쳐진 공작의 꼬리 깃털처럼, 원형적인 마음은 창조자를 패턴으로 표현하는 능력을 강화하고자 합니다. 다시 말하자면 창조자의 모든 측면은 생생하고 올바르며 정연한 아름다움으로 빛납니다.[330]

이러한 영웅담은 현존하는 모든 영화와 텔레비전 쇼에 활용된다. 그리고 내가 엄청난 고통과 괴로움 끝에 알게 된 것이 있다. 원형적인 마음을 광범위하게 연구하지 않고서는 할리우드에 팔 수 있는 시나리오도 쓸 수 없다는 사실이다.

9

영웅, 그리고
그의 이야기

　　　　　　　　　　　　과학과 영靈은 마침내 서로를 따라잡
았다. 기계 안에 유령이 있다. 지구상의 생명체는 많은 사람들이 생각하는
것처럼 절대로 무작위적이거나 무계획적이지 않다. 동시성은 우리의 진정
한 정체성을 일깨우기 위해 매일매일 사용되는 강력한 수단이다. 또한 동
시성은 우리가 곧 논의할 역사의 순환주기 가운데에서 훨씬 더 큰 규모로
일어나고 있다. 만약 뉴턴 박사의 연구가 정확하다면, 우리의 많은 경험들
이 죽음 이후에 돌아갈 영계靈界로부터 조정되고 있다. 영계의 조정을 받는
경험들에는 우리의 역사에서 믿을 수 없을 정도로 정확하게 반복되는 아
주 정확한 시간 주기週期가 포함될지도 모른다. 특히 물질적인 증거에 굶
주린 사람들에게 이 증거들은 우리를 둘러싸고 있는 더 큰 현실에 눈뜨게
해주는 강력한 도구가 될 수 있다. 이러한 주기는 수백 년 또는 수천 년이

될 수 있으며 놀랍도록 정확하고 효과적으로 작동한다.

이 새로운 과학에서는 행성, 항성, 은하를 포함한 모든 것이 살아 있다. 양자에서 은하계에 이르기까지 우주의 각 차원은 숨겨진 에너지 구조를 갖고 있는데, 이는 우리의 자유의지에 직접적으로 영향을 미치는 심장 박동에 의해 움직인다. 하나의 법칙 시리즈에 따르면, 우리 몸의 심장 박동은 우리를 둘러싸고 있는 더 큰 현실의 홀로그램 거울이 되도록 의도한 것이다. 우리가 하나의 행성으로서 다양한 에너지 구역을 부유할 때, 각각 다른 영향을 경험한다. 우리의 생각과 행동은, 가장 부정적인 사람들 사이에서 출현하는 생각과 행동조차도 이 숨겨진 시간의 구조에 의해 인도되고 있다. 여기는 동시성이 진정한 과학이 되어, 개인적이고 주관적인 영역에서 벗어나 지구적이고 증명 가능한 세계로 발을 내딛는 곳이다. 이러한 역사의 순환을 이해하기 위해서는 우선 그들이 "생명의 책"이라고 부르는 이야기를 우리에게 들려주고 있다는 사실부터 포착해야 한다. 각각의 영혼은 희망과 절망의 주기를 겪으며 나아가고 있다. 카르마의 수레바퀴는 전혀 무작위가 아니다. 아주 정밀한 일련의 경험들, 즉 위대한 이야기다. 위대한 이야기는 우리가 그것을 마스터할 때까지 이 생에서 다음 생으로 이어진다.

이 이야기는 세계의 모든 신화神話 속에 기록되어 있고 역사적 사건의 주기에도 등장한다. 당신이 본 모든 영화와 텔레비전 쇼도 이 이야기에 바탕을 두고 있다. 나는 매우 어려운 개인적인 경험을 통해 이 사실을 알게 되었다. 일단 우리가 세계적인 카르마의 수레바퀴의 구조와 기능을 이해하게 되면, 우리는 그것이 인류의 완전한 영적 깨달음과 황금기를 창조할 수 있는 힘을 가지고 있다고 결론 내릴 수 있다.

고난의 학교

2005년 나는 로스앤젤레스에서 열린 '의식적 생활 엑스포 Conscious Life Expo'에서 난생처음 강연을 했다. 곧바로 버트 레이놀즈Burt Reynolds, 돌리 파튼Dolly Parton, 실베스터 스탤론Sylvester Stallone 등 A급 배우들과 작업했던 할리우드 제작자가 내게 접근해왔다. 양자 에너지 파동에 의해 DNA가 형성된다는 개념 등에 대한 다큐멘터리 영화를 만들면 사람들에게 도움이 되고 상업적으로도 큰 성공을 거둘 수 있다는 얘기였다. 솔직히 꿈에도 생각지 못한 일이었다. 나는 그때도 켄터키 주의 밀턴Milton에 있는 L/L Research 소유의 멋진 땅에서 불과 2.5킬로미터 떨어진 곳에 침실 세 개짜리 집을 빌려서 살고 있었다. L/L Research는 하나의 법칙 시리즈를 제작한 곳인데, 거기서 일했던 자원봉사자들은 내 집을 살 만한 곳으로 여겨서, 아니 적어도 샤워를 하고 대화를 나눌 수 있는 곳으로 생각해 찾아오곤 했다. 밀턴은 조용하고 따분한 마을이었다. 집 주변에서 일어난 가장 큰 사건이라면 이웃집 개가 너무 많이 짖는다거나 옆집 목초지에서 소들이 울타리를 부수고 나온 일 정도였다. 나는 온전히 은둔 생활을 즐겼다. 유일한 인간적인 상호작용이라면 우체국이나 식료품점의 사람들, 자원봉사자들, 그리고 당시 나의 유일한 수입원이었던 꿈의 해석을 위해 나를 불러낸 고객들 정도였다.

나는 에드가 케이시 스타일의, 깊은 트랜스 상태에서 직관적인 리딩을 해주었다. 그런데 고객과 만나는 날이면 그들에 관한 꿈을 꾸게 된다는 사실을 알게 되었다. 꿈속에서 그들의 가장 깊고 어두운 그림자를 마치 내게 일어나는 일처럼 체험하곤 했다. 그들에게 내가 꾼 꿈을 설명하면 고객들이 울기 시작하는 것은 꽤 흔한 일이었다. 나는 1998년부터 2005년까지

데이비드 윌콕의 동시성

이와 같은 리딩을 500회쯤 했고 99퍼센트의 만족도 평가를 받았다. 하지만 이 상황을 관리해 줄 사람이 없었기에 이 일은 매우 소모적인 것이 되어갔다. 또한 엄청난 대기자 명단으로 인해 내가 편하게 할 수 있는 것 이상의 일을 해야 했다. 어떤 고객들의 꿈은 너무 강렬해서 정체성의 상실을 느끼기까지 했다. 나는 이 고통스러운 꿈이 나에 대한 경고인지 단지 고객들의 상태를 반영한 것인지 알 수 없었다. 나는 꿈을 리딩해주는 일을 그만두고, 한꺼번에 많은 사람들을 도울 수 있는 일에 집중해야 한다고 생각했다. 할리우드 제작자가 제안한 영화가 그 핵심이었다.

나는 수많은 인터넷 웹사이트에서 편집한 9피트 상당의 제본된 책들뿐 아니라, 내가 매일 일기에 저장해 둔 수많은 링크와 발췌문들을 샅샅이 조사했다. 2005년 9월 초까지, 하루에 14시간이라는 강행군 끝에 내가 살아 있는 우주에 대해 연구했던 모든 것들을 기본 자료로 요약했고, 이 자료에 의지해 새로운 다큐멘터리 영화를 만들겠다는 의욕을 불태웠다. 나는 이 영화를 컨버전스Convergence라고 부르려고 했다. 1996년부터 꿈에 이 이름이 등장하기 시작했다. 그때 연구들은 결국 당신이 읽고 있는 이 책과 『소스필드』에 정리되었다.

같은 해 9월, 우리는 이 프로젝트를 위해 한 여성 감독을 충원했다. 할리우드 스타들과 연줄이 있고 로스앤젤레스에서 영화학과 교수로 일했던 그녀는, 허구의 줄거리를 바탕으로 만들어지는 장편 영화가 다큐멘터리보다 훨씬 효과적일 것이라고 제안했다. 나는 시나리오 작업에 대해서 아무것도 몰랐고, 프로젝트를 시작한 후 15개월 동안 이 주제에 관한 책을 여러 권 분석하면서 시간이 부족하다는 생각을 했다. 결국 내가 1년간 리딩을 하지 않고 지내기에 충분한 돈이 조달되었고, 2006년 1월 나는 로스앤젤레스의 시끄러운 저층 아파트로 이사했다. "사업 중" 상태가 되자, 1년 내내 좋은 시나리오라고 생각하는 것을 쓰는 데 심혈을 기울였다. 이 작업은 우리의 첫 번째 감독을 포함한 공동 작가와 함께 이루어졌지만, 초기에는 우리 직원 중 누구도 전문가가 아니었고 그들은 모두 다른 직업을 가지고 있었다.

내가 쓴 대본을 읽은 소감을 알려달라고 했을 때 노골적인 비웃음과 조롱을 당했다. 비웃음과 조롱은 반복되고 또 반복되었다. 이런 태도가 업계 표준인 것은 분명했다. 회합에 한 번 참석했던 어머니는 상당히 당황해하셨다. 우리가 새로 고용한 감독과는 얼마 못 가서 헤어졌다. 그 후 우리는 회사를 접고 각자 뿔뿔이 찢어졌다가 완전히 다시 시작해야 했다. 이 반복되는 고통의 순환은 나에게 귀중한 경험이 되었다. 내 자신의 창작물에 과도한 애착을 가짐으로써 그들의 어떤 비판도 야만적인 인신공격으로 받아들였다는 사실을 깨닫자, 나는 내 자신과 자존심을 내 창조의 결과물과 명확하게 분리하는 법을 배워야 했다. 하지만 여전히 나는 성과를 내야 한다는 엄청난 압박감을 느끼고 있었다. 당시 나는 매일 똑같은 전화를 받았다. "오늘 무엇을 했고 몇 페이지나 했느냐?"로 요약될 수 있다. 심지어 전화를 받는 대신 터치폰 전화 시스템을 이용해서 내가 매일 쓴 페이지 수만 입력하면 된다고 농담을 하기도 했다.

뭐라도 성과를 내야 한다는 믿을 수 없을 정도의 압박감은 나에게 강력한 불안, 깊은 우울증, 심지어 편집증과 무력감을 안겨 주었다. 나는 매일 대본을 완성하기 위해 얼마나 열심히 일하고 있는지에 대해 이야기할 거리가 있는지 확인해야 했다. 카르마에 대해 충분히 알고 있었으므로 나는 정말로 거짓말을 할 생각이 없었다. 나는 내 웹사이트에 아무것도 쓰지 않았고, 기본적으로 온라인상의 다른 사람들의 삶에 기여하는 일은 아무것도 하지 않았다. 완벽한 외로움이 느껴졌다. 내가 어떤 사람이었는지에 대한 평가는 내가 시나리오를 쓸 수 있는지 없는지를 중심으로 돌아가는 것 같았고, 모든 투자자들이 내가 그 일을 해낼 수 있기를 바라고 있었다. 총체적 배신감과 극도의 굴욕감을 느끼다가 회복되고, 다시 그런 배신감과 굴욕감이 커져 가는 주기가 끝없이 반복되었다. 나는 대본을 마감하거나 다시 쓰기 위해 몇 주 혹은 몇 달 동안 가혹하게 짓눌리는 압박감과 육체적, 감정적 피로를 무릅쓰고 일했지만, 돌아오는 반응은 한결같았다. "끔찍하군. 바보 같아. 유치해. 웃기네. 이거 누가 쓴 거야? 이번엔 그나마 나쁜 정도지, 끔찍하기까진 않네. 이 따위 것으로는 영화 학교 입학시험 통과도 어려울 거야." … 정말일지도 몰랐다.

뼈를 깎는 입문식이 계속되면서, 나는 대본을 쓰는 작업을 아주 신비한 일처럼 느끼게 되었다. 나의 지적인 능력과 작가로서의 배경에도 불구하고 노련하고 효과적인 시나리오로 보이는 것을 만들어낼 수 없었다. 나는 누군가가 그 대본을 좋아할지 싫어할지에 대해 아예 감이 없는 것 같았다. 새로운 등장인물, 새로운 아이디어, 그리고 새로운 공동 작가와 함께 몇 번이나 처음부터 다시 시작할 수밖에 없었다. 결국 나는 영화학과 교수 하나가 계속해서 내 대본을 가장 많이 비판하고, 그의 의견이 명백히 가장 큰 비중을 차지한다면, 다음 버전은 그를 고용해서 나와 함께 공동 집필하게 하자고 말했다.

─────── **동시성 덕에 간신히 곤경에서 벗어나다**

이런 일들을 겪은 직후인 2007년 초, 나는 산타 모니카Santa Monica의 소음에서 벗어나 조용한 토팡가Topanga 산으로 거처를 옮겼다. 동시성과 꿈을 통해 얻은 안내가 나를 새로운 장소로 이끌었고, 나는 지금도 이곳에 살고 있다. 어느 날 나는 동시성과 꿈이 나의 일에 대해 구체적으로 언급해 준다는 사실을 알게 되었다. 내가 로스엔젤레스에 살면서 영화를 찍게 될 것이라고 정확하게 보여주는 꿈도 꾸었다. 내가 교류하고 있던 등장인물들이 분명하게 묘사되었고, 실패한 각본으로 인해 내가 느낀 고통 역시 깜짝 놀랄 만큼 구체적으로 표현되어 있었다.

나는 아주 많은 좌절과 수많은 막다른 골목들을 겪고 나서야 비로소 내가 살아야 할 곳으로 인도되었다는 사실을 깨달았다. 나는 해변에 있는 산타 모니카에 자리 잡아야 한다고 확신했지만, 뭔가 일이 되려고 할 때마다 재난이 닥쳤다. 내가 가기 몇 분 전에 내 뒷 순번이던 부동산 중개업자들이 새치기를 하기도 했다. 한번은 내가 완벽한 장소를 찾았다고 생각하고 말 그대로 마지막 전화를 걸려고 수화기를 드는 순간, 새 한 마리가 창문에 아주 세게 부딪치더니 죽어버렸다. 나는 몹시 좌절했다. 나는 살기 좋은 곳이 필요한데 시간이 부족했다. 지금 살고 있는, 미쳐버릴 것 같은 집에서 일 년 더 살아야 한다는 사실에 우주를 저주했다.

마침내 나는 동시성이 내 계획에 개입하고 있다는 데에 생각이 미쳤다. 나는 영감을 얻기 위해 하나의 법칙 시리즈로 돌아갔다. "나무가 우거진 주변"이 영적인 일을 하기 위한 최고의 장소라는 말을 기억해낸 것이다.[331] 그때 친구 하나가 구글 어스Google Earth에 대해 이야기했다. 나는 구글 어스에 로스앤젤레스를 띄워놓고 그 주변 지역에서 나무가 가장 많은 곳을 찾았다. 곧바로 그곳이 토팡가Topanga라는 것을 알아냈다. 2000년 초부터 2년여 간 버지니아 해변에서 살았던 시절에, 내 전 여자 친구는 우리가 로스앤젤레스의 토팡가 협곡Topanga Canyon으로 이사해야 한다고 주장했다. 나는 그녀에게 "잊어버려! 나는 절대로 거기에서 살지 않을 거야!"라고 3

년 동안 말했었다. 지금은 내가 가야 할 올바른 장소가 토팡가인 것처럼 보였다. 당시 내가 그녀에게 심한 좌절감을 주었음에도 불구하고 동시성은 줄곧 그녀를 통해 작용하고 있었던 것이다.

나는 재빨리 토팡가의 집들을 물색하기 시작했다. 나는 넉넉한 개인 공간을 원했지만 일단 방 하나가 있는 저층 주택을 알아보기로 했다. 집을 보러 가기로 한 전날 밤 잠자리에 들었을 때, 나는 그곳에 가지 않기로 마음먹었다. 다시 저층에 있을 생각을 하니 견딜 수가 없었다. 1년 내내 파티, 소리 지르는 아이들, 자동차 경적, 짖는 개들, 내 창문을 들여다보는 사람들, 매일 아침 8시 30분에 식기세척기를 내 머리 위에서 돌려대는 위층 여자 등, 아래층에 사는 처지에서 겪어야 하는 혼란들을 견뎌왔다. 그 집을 보러 가느니 차차리 집에서 자는 편이 더 나을 것 같았다. 그날 밤 내가 깊이 잠들어 있는 동안, 내 손이 침대 머리판에 부딪쳐 고통 속에 잠을 깨었다. 이런 일은 처음이었다. 손가락 마디에 붉은 자국이 났지만 가까스로 다시 잠이 들었다. 늦은 아침, 잠결에 전화벨 소리를 들은 것 같아 전화를 받기 위해 손을 내밀었다. 마치 꿈의 환각 속에 있는 듯했다.

그러나, 가슴은 두근거리고 정신은 말똥말똥했다. "그래, 좋아, 토팡가에 있는 집을 보러 가겠어." 차를 몰고 가는 내내 나는 부정적이었고 줄곧 혼잣말을 했다. "그건 그냥 제껴 버리고 동네만 살펴봐야지." 운전 거리는 생각했던 것보다 훨씬 길었고, 나는 그 집이 문명으로부터 얼마나 멀리 떨어져 있는지를 생각하며 점점 비관적이 되어갔다. 그러다 마침내 진입로에 다다랐을 때, 검은 SUV가 언덕을 내려오고 있었다. 동시에 언덕을 올라갈 공간이 부족했기에 나는 계속 갈 수밖에 없었다. 검은 SUV에는 내가 너무 늦는 바람에 떠나는 부동산업자가 타고 있었다. 내가 차를 몰고 올라갔을 때 주인은 여전히 그곳에 있었고, 금세 그와 친해질 수 있었다. 집을 보고 나는 깜짝 놀랐다. "맙소사, 이 집을 얻기 위해서라면 무슨 짓이라도 할 거야"라는 쪽으로 바뀐 것이다. 사람들은 산타 모니카에서 주차할 자리를 얻기 위해 말 그대로 잔혹 행위를 저지르곤 했다. 나는 평생 그렇게 많은 딱지를 받은 적이 없었다. 하지만 지금 나는 스물다섯 대의 차를 주차할 수 있는 거대한 진입로를 보고 있다. 나는 완전히 매료되었다.

이사하고 나니 기분이 더 좋아졌다. 멋진 집에서 전망 좋은 침실을 사용하고 있었는데, 한 집에 사는 동료는 한 달에 2, 3주는 여행하느라 집을 비우곤 했다. 마침내 나는 로스앤젤레스에서, 켄터키주 밀턴에서 느꼈던 평온함을 재현할 수 있었다. 더욱이 지금이 훨씬 더 좋았다. 나는 세계 엔터테인먼트 분야의 수도 격인 도시에 살고 있고, 훨씬 더 많은 청중들에게 내 작품을 알리는 일에 집중할 수 있었기 때문이다. 나는 내 웹사이트에 다시 글을 쓰기 시작했다. 나는 꿈과 리딩들을 기록한 8년 묵은 카세트 녹음을 옮겨 적으면서, 그 집에 대한 아주 많은 세부사항이 이 녹음들 속에 정확히 담겨 있었다는 사실을 발견하고 황홀해했다. 경사진 진입로, 산의 경치, 비상하는 매, 그리고 지금 이 집에서 교류하고 있는 사람들의 성격까지 모두 담겨 있었다. 녹음된 "꼭 그대로" 되었던 것이다. 나란 존재의 어떤 부분은 마치 로드맵인 것처럼 나의 미래를 분명하게 읽을 수 있었다. 나는 그 로드맵이 어디를 향해 가고 있는지 몹시 궁금했다.

─────── **구조Structure: 쇼 비즈니스의 가장 큰 비밀**

당시 로스앤젤레스의 일류 영화 학교 수석 교수를 우리의 스토리 컨설턴트로 고용했다. 그는 우리의 주 1회 모임에서 공동 작업으로 대본을 집필했다. 나는 그가 가장 좋아하는 장르가 스파이 심리 스릴러란 사실을 금방 눈치 챘다. 이 장르는 마지막에 가장 통찰력 있는 시청자들만이 결말을 짐작할 수 있는 복잡한 이야기를 큰 반전으로 마감하는 것 같지만, 일단 도착하고 보면 그게 또 말이 되는 법이다. 그는 "구조structure"라고 부르는 신비한 것에 대해 이야기하기 시작했는데, 그것은 명백히 모든 시나리오의 기본이었다. 처음엔 그들이 무슨 말을 하는지 전혀 몰랐지만, 나는 곧 시나리오에 과학이 있다는 것을 알게 되었다. 무작위적인 것도 아니었고, 재능 있는 특정 작가만이 가질 수 있는 신비한 힘도 필요치 않았다.

내가 이제까지 영화들을 보면서 깨달았던 것보다 훨씬 더 많이 영화 각본들은 공식formula을 따르고 있으며, 그것을 공식이라고 부르는 것은 완전히 금지되어 있었다. 그렇게 하는 것은 신성모독이었다. 하지만 비밀을 폭로하는 시나리오 작성에 관한 책들은 많았다. 이전에 내가 쓴 대본들에 쏟아졌던 비판에 깊은 상처를 받았던 나는 가장 믿을 만하다고 생각되는 시나리오 작성에 관한 책들을 집어삼키기 시작했다. 그 책들 각각은 내게 동일한 기본 개념에 대한 새로운 관점을 제공했다.

연말이 되자 할리우드의 은어들을 익혔다. 덕분에 거물들과 그들만의 용어를 써가며 대화하고 존경을 표할 수 있게 되었다. 나는 이 지식을 「2012년의 수수께끼The 2012 Enigma」라는 동영상을 제작할 때 써먹었다. 이것이 2012년 구글에서 가장 많이 본 동영상 1위에 오르고, 영화 「콘택트Contact」의 주요 저자인 짐 하트Jim Hart가 보게 될 것이라고는 생각하지 못했다. 짐 하트는 스티븐 스필버그Steven Spielberg, 프랜시스 포드 코폴라Francis Ford Coppola를 비롯한 A급 감독들과 함께 일했을 뿐 아니라, 나는 시나리오 작성에 대한 초기 시도의 모형으로 콘택트를 사용했다. 자신을 컨버전스 작가로 채용하고 싶은지 문의하는 짐의 메일을 받고 나는 망연자실했다. 우리는 얼마 지나지 않아 2010년 초에 그를 합류시킬 수 있을 만큼 충분한 돈을 조달했고 처음부터 다시 시작했다. 내가 이 책을 완성할 시점에, 그는 우리가 일류 제작사로부터 받은 제안들을 바탕으로 우리 시나리오의 최종 초안을 완성하고 있다.

시나리오 작성의 기술을 공부하면서 코미디, 드라마, 스릴러, 호러, SF, 로맨스 등 우리가 사랑하는 거의 모든 영화가 정확히 같은 이야기를 하고 있다는 사실을 발견하고 충격을 받았다. 놀랍다. 모든 영화는 명백한 결점을 지닌 주인공이 열정적으로 원하는 어떤 것을 위한 여정에 들어가도록 한다. 코미디 영화에서조차 주인공은 목표를 추구하기 위해 시련의 시간을 겪는다. 실제로 이 구조에서 벗어나는 영화들이 없진 않겠지만, 모든 할리우드 스튜디오 임원들은 어떤 영화든 이 구조를 따르고 있을 것으로 기대한다. 이러한 게임의 규칙을 따르지 않는 대본을 쓴다면, 투자를 받기 어려울 것이다. 이러한 구조와 고대 신화와의 연관성에 관한 최고의 책은 짐 하트의 오랜 친구이자 동료인 크리스토퍼 보글러Christopher Vogler가 쓴 『신화, 영웅 그리고 시나리오 쓰기The Writer's Journey: Mystic Structure for Writers』일 것이다.[332] 획기적인 이 책은 원래 디즈니의 중역들을 위해 준비한 간략한 브리핑 문서를 각색한 것이다.

사람들이 지갑을 열어 표를 행사한다는 것은 시간이 증명해주었다. 그들은 몇 번의 새로운 변주나 더 많은 양의 시각적 흥분과 함께 같은 이야기를 반복해서 들려주는 것을 선호한다. 당신은 그 지침에 따라 당신의 창의성을 표현해야 한다. 일단 구조를 이해하고 나면, 역대 최고의 흥행작인 제임스 카메론James Cameron의 「아바타Avatar」가 그 지침들을 어떻게 묘사하고 있는지 쉽게 알 수 있다. 이제 나는 이야기를 만드는 배경을 이해하게 되었기에 영화에 몰입하기가 어려웠다. 보글러의 책에 나오는 구조를 꼼꼼하게 따른 흥행작 두 가지가 「스타워즈Star Wars」의 원작과 「매트릭스 3부작The Matrix trilogy」의 원작이다. 디즈니의 「라이온 킹The Lion King」 또한 보글러의 청사진에 따라 작업했다. 아바타의 스토리라인이 「늑대와 함께 춤을Dances with Wolves」이나 「포카혼타스Pocahontas」와 비슷하다는 사실을 알아차린 사람은 거의 없었다.

─────── **조지프 캠벨, 모든 신화 속의 원형을 드러내다**

할리우드는 어떻게 이 지점에 이르렀을까? 모든 이야기는 시작, 중간, 끝의 3막으로 나눠진다. 그리고 이 기본적인 구조를 처음 밝힌 사람은 아리스토텔레스다. 전통 연극에는 커튼콜이 존재한다. 이 시간을 이용해 관객들은 화장실에 가고 배우들은 휴식을 취하며, 무대 담당자들은 무대 장치를 재배치한다.

1856년 막스 뮐러Max Müller가 자신의 고전 『비교 신화Comparative Mythology』에서 고대 서사시 스토리의 유사점을 발견하면서 스토리텔링의 숨겨진 DNA가 드러나기 시작했다. 비교 신화에 대한 연구는 1949년 조지프 캠벨이 『천의 얼굴을 가진 영웅The Hero with a Thousand Faces』을 발표하면서 결실을 맺었다. 놀라울 정도로 방대한 이 책에서 캠벨은 전 세계, 모든 다양한 시기 신화의 철저한 분석을 통해 그들이 놀랄 만큼 유사하다는 것을 발견했다. 캠벨은 전체적인 이야기를 "영웅의 여정Hero's Journey"이라 부른다. 그것은 우리가 매일같이 우리의 두려움, 우리의 약점, 우리의 한계를 극복하며 앞으로 나아가는 방법이다. 영웅의 여정은 궁극적으로는 우리들 진화의 청사진이며 황금시대로 가는 길이다. 매력적이고 믿을 만한 시나리오를 쓰는 사람이라면 본인이 의식하든 의식하지 않든, 영웅의 여정이라는 이야기 구조를 활용하고 있다.

캠벨에게 영향을 미친 사람은 칼 융이다. 융은 다양한 고대 신화가 원형archetypes이라고 부르는 특정한 진행형 테마를 가지고 우리의 꿈속에서 계속 반복된다는 사실을 발견했다.[333] 이러한 원형들은 매우 구체적이어서 사람들은 자신이 고대 신화의 예술 작품을 그려내고 있다는 것을 깨닫지 못한다. 아마존의 한 평론가는 이를 이렇게 요약했다: "가장 중요한 원형은 그림자Shadow(다른 사람들에게 숨기는 자아의 열등한 측면), 아니마/아니무스Anima/Animus(우리 욕망의 대상), 그리고 현명한 노인Wise Old Man, 혹은 멘토(예를 들면 교사, 치료술사)로 나타난다. 또한 융은 어머니 원형과 아이 원형에 대해 논하며 수많은 다른 원형이 존재한다고 지적한다. 원형과 강하게 동일시할 경우 정신적 문제를 초래할 수도 있다."[334]

이 평론가가 놓친 또 다른 핵심 원형은 "돌아온 탕아Prodigal Son"다. 아들은 결국 최악의 상황을 두려워하며 돌아오고, 자신이 내내 사랑받았다는 사실을 깨닫는다. 그는 완전히 용서받고 크게 환영받는다. 하나의 법칙 시리즈는 훨씬 더 구체적으로 총 22개의 원형이 있다고 밝힌다. 즉 마음의 진화를 위한 7개, 육체의 진화를 위한 7개, 영靈의 진화를 위한 7개의 원형이 있으며, 마지막 하나의 독립적인 원형은 돌아온 탕아를 상징한다. 또한 이 마지막 원형은 퀘스트를 막 시작한 어릿광대로 알려져 있다.[335] 원형들 22개 각각에는 그것을 설명하기 위한 상징적인 이미지가 주어졌고, 이는 타로 카드에서 주요 아르카나Arcana가 되었다. 우리 은하의 마음이 최고의 영적 코스를 설계하는 방법을 점차 인식하게 되면서 이러한 원형들이 발달하게 된 것이다.

91.18 원형들은 한 번에 개발된 것이 아니라 차근차근 발달하였습니다. 당신이 이 공간/시간대에서의 순서를 아는 것처럼, 이것은 순서대로가 아니라 다양한 순서대로입니다.[336]

조지 루카스는 스타워즈의 세계를 구축하는 데 도움을 준 영감의 원천으로 조지프 캠벨을 꼽는다: "내가 『천의 얼굴을 가진 영웅』(한국어판)을 발견한 후 30년 동안, 그것은 계속해서 나를 매혹시키고 영감을 주었다. 조지프 캠벨은 수백 년의 시간을 꿰뚫어보면서, 우리 모두가 이야기를 듣고 스스로를 이해하려는 기본 욕구에 의해 연결되어 있음을 보여준다. 한 권의 책으로서, 이것을 읽는 것은 멋지다. 인간의 상황에 대한 조명으로서, 이것은 하나의 계시啓示다."[337]

조지 루카스가 "인간의 상황에 대한 조명이자 계시"라고 말한 것은 정확히 무슨 뜻이었을까? 이 시점에서 "회의론자 탱크Skeptic Tank"란 제목의 웹사이트를 운영하는 프레드릭 L. 라이스Fredric L. Rice를 소환하려 한다. 그의 글이 무신론자Atheist2라는 하위 폴더에서 발견되므로 그의 신념은 분명하다. 독실한 회의론자, 무신론자인 라이스는 캠벨 작품의 중요성과 그것이 현대사회에 미친 영향력을 평가하면서 놀랄 만큼 솔직한 고백을 한다. 그는 『천의 얼굴을 가진 영웅』이 20세기의 가장 영향력 있는 책이 될 것이라고 믿는다. 그는 캠벨의 서사시가 영화 제작과 스토리텔링에 큰 영향을 끼쳤음을 인정한다. 조지 루카스, 스티븐 스필버그, 프랜시스 포드 코폴라 같은 영화 제작자들은 조지프 캠벨이 밝힌 고대의 이야기 패턴에 큰 빚을 지고 있다.

[캠벨의 책]에 나오는 생각들은 피라미드보다 더 오래되었고, 스톤 헨

지보다 더 오래되었으며, 초기의 동굴 그림보다도 더 오래되었다. 캠벨이 기여한 것은 아이디어를 모으고, 알아차리고, 그것들을 명확하게 설명하는 것이었다. 그는 처음으로 그 패턴을 폭로했다. 모든 이야기 뒤에 숨어 있는 패턴… 그가 세계의 신화를 연구한 결과 발견한 것은 그 신화들은 기본적으로 동일한 이야기라는 것이다. 다시 말해 동일한 패턴이 무한히 변형되면서 끝없이 다시 말해지고 있다. …

캠벨은 칼 융의 학생이었고 『천의 얼굴을 가진 영웅』에 포함된 아이디어들은 융 학파의 것이라고 일컬어진다. 이 책은 우리 모두의 꿈과 모든 문화의 신화 속에서 끊임없이 반복 출현하는 등장인물/특징들을 지칭하는 "원형Archetypes"을 바탕으로 한다. 융은 이러한 원형들이 인간 마음의 반영이라고 믿었다. 즉, 우리의 마음은 삶의 드라마를 연기하기 위해 이러한 캐릭터들로 나뉜다. 젊은 영웅, 현명한 노인, 모습을 바꾸는 여인, 어둠의 적대세력 등, 영웅 신화의 반복되는 등장인물들은 인간 마음의 원형과 동일하다. … [모습을 바꾼다는 것은 감정 상태의 변화를 말한다. 신화적인 이야기에서 형태상의 물리적 변화로 묘사될 수도 있다.]

『천의 얼굴을 가진 영웅』의 모형을 기반으로 구축된 이야기들은 집단 무의식 내의 보편적인 원천에서 나온 것이고 보편적 관심사를 반영하므로 모두가 공감하는 호소력을 가지고 있다. 그 이야기들은 "내가 왜 태어났는가? 내가 죽으면 어떻게 되는가? [그리고] 어떻게 하면 삶의 문제를 극복하고 행복해질 수 있을까?"와 같은 보편적인 질문들을 다룬다.[338]

독실한 회의론자이자 무신론자인 라이스가 '집단 무의식 속의 보편적 원천'을 운운하다니 놀랍다. 비록 그는 인간이 몸과 마음을 가진 결과라는 식의 생물학적 현상으로 설명할 테지만, 아무튼 '보편적인 원천'이란 개념은 획기적인 것이다. 우리의 잠재의식적 마음은 우리가 계속해서 똑같은 이야기를 듣고 싶어 하게 만들 만큼 우리에게 강한 영향을 미치고 있다. 아서 C. 클라크Arthur C. Clarke는 2001년 각본 작업을 하면서 『천의 얼굴을 가진 영웅』을 연구했다. 그는 캠벨의 책이 "매우 자극적"이란 사실을 발견했다.[339] 크리스틴 브레넌Kristen Brennan은 조지프 캠벨의 연구와 그영향에 대한 수년간의 고단한 연구를 요약해 스타워즈 웹사이트에 올렸다.

1949년 조지프 캠벨(1904~1987)은 자신의 저서 『천의 얼굴을 가진 영웅』으로 큰 반향을 일으켰다. 이 책은 독일의 인류학자 아돌프 바스티안 Adolph Bastian(1826~1905)의 선구적인 업적에 기초한 것인데, 그는 세계 각국의 신화가 동일한 "기본적인 생각들"에서 만들어졌다는 개념을 처음 제안했다. 칼 융(1875~1961)은 이에 개인의 무의식과 집단 무의식의 구성요소라고 믿었던 "원형archetypes"이라는 이름을 붙였다. 융은 세상 모든 사람들이 '영웅', '멘토', '퀘스트'가 무엇인지에 대한 기본적인 잠재의식 모형을 타고났으며, 그래서 같은 언어를 구사하지 않는 사람들도 같은 이야기를 즐길 수 있다고 믿었다.

융은 이 원형이란 아이디어를 정신질환자들의 꿈과 비전 속에서 의미를 찾는 방법으로 발전시켰다. 누군가 거대한 사과 파이가 자신을 쫓아오는 꿈을 꾼다면 어떻게 도울 수 있을지 알기 어렵다. 그러나 그 거대한 사과 파이가 그 사람의 그림자이고 모든 공포를 상징한다고 이해할 수 있다면, 요다Yoda가 다고바Dagobah에게 루크Luke를 안내한 것처럼 심리치료사도 그 두려움을 헤쳐 나가도록 도울 수 있을 것이다. 사람을 컴퓨터로, 우리의 몸을 하드웨어로 본다면, 언어와 문화는 "소프트웨어"인 셈이다. 언어와 문화는 모든 호모 사피엔스에게 공통적으로 나타나는 일종의

내장된 "운영 체제"로써 사람, 장소, 사물, 경험을 원형의 형태로 분류하여 세계를 해석한다.[340]

우리는 우리 안에 내장된 "작동 시스템"이 있고, 같은 이야기를 계속 반복해서 듣고 싶어 하는 시들지 않는 욕구가 있다는 사실을 깨닫지 못하고 있다. 우리는 매일같이 TV와 영화를 보면서, 끝없는 변주곡을 들려줄 것을 천진난만하게 요청한다. 이것은 캠벨의 위대한 공헌이다. 그는 회의론자인 라이스로 하여금 『천의 얼굴을 가진 영웅』이 20세기의 가장 영향력 있는 책이 될 것이라고 결론짓게 만들었다.

─────── **영화의 흥행 수익을 정확히 계산하는 법**

할리우드는 이 이야기 구조를 얼마나 많이 사용하는지 대중에게 알리지 않는다. 그럼에도 불구하고, 이 숨겨진 구조는 얼마나 많은 사람들이 영화를 보기 위해 돈을 지불할 것인가에 막대한 영향을 미치고 있다. 딕 코파켄Dick Copaken과 그의 친구 닉 미니Nick Meaney는 어떤 영화가 얼마 만큼의 기간에 얼마나 많은 돈을 벌 것인가를 정확하게 예측하는 컴퓨터 프로그램을 개발했다.[341] 그들은 슈퍼컴퓨터의 "신경망"이라 불리는 일종의 AI를 활용해 시나리오를 분석한다. 2013년 5~6월호 「더 이코노미스트: 인텔리전트 라이프The Economist: Intelligent Life」에 이러한 내용이 소개되었다.

어떤 스튜디오의 일을 맡았을 때, 미니가 가장 먼저 하는 일은 대본에서 끌어낸 수천 가지 요소들을 정량화하는 것이다. 명백히 나쁜 놈들이 있는가? 주인공과 얼마나 공감할 수 있는가? 조력자가 있는가? 그런 다음 이러한 요소들의 복잡한 상호작용을, 흥행작으로 알려진 이전 영화들에서의 해당 요소들 간의 상호작용과 비교한다. 마지막 계산되는 것은 이 영화가 벌어들일 기대 수익이다. 이 추측은 83%의 사례에서 총액 기준 1,000만 달러 이내의 오차를 나타냈다. 미니는 모든 면에서, 또는 최소한 예술의 수익 창출 역량이란 점에서 가치를 판단하는 알고리즘을 가지고 있는 것이다.[342]

일부 영화 비평가들은 이 모든 생각이 미친 짓이라고 생각한다. 코파켄과 그의 동료들을 사기꾼 예술가라고 확신하고,[343] 이런 시도의 성공 가능성을 믿지 않는다. 하지만 진실은 간단해 보인다. 우리 모두는 캠벨과 다른 이들이 발견한 것과 같은 "운영 체제"을 공유하고 있으며, 영화가 그것을 드러낼수록 더 성공하게 될 것이다. 2006년 뉴요커에 실린 말콤 글래드웰Malcolm Gladwell의 논문에서 퍼온 인용문은 이런 내용을 멋지게 요약하고 있다.

2003년 여름, 코파켄은 워너브라더스 유럽 지사의 임원인 조시 버거 Josh Berger에게 접근했다. 유럽에서… 그들은 16개의 텔레비전 파일럿 프로그램을 신경망을 통해 [분석했다]. 그리고 각 쇼의 최종 관객 수를 예측했는데, 6가지 사례에서 해당 쇼에 채널을 고정한 미국 가정의 수를 0.06% 이내의 오차로 맞췄다. 16개 사례 가운데 13개 시청률 예측치의 오차는 2% 이내였다. 버거는 털썩 주저앉았다. 그는 이렇게 회상한다. "그것은 누군가 당신에게 '우리는 당신에게 라스베이거스의 카드 카운팅 기술을 보여줄 것이다'라고 말하는 것과 같았다. 그럴 정도로 고품질이었다."[344]

99.94퍼센트의 초기 정확도 등급은 어떤 정상적인 기준을 적용해서 평가하더라도 매우 인상적이다. 그리고 그것이 전부가 아니다.

그 후 코파켄은 또 다른 할리우드 스튜디오에서, 미개봉 영화 9편의 분석을 의뢰받았다. 그 스튜디오는 특정 영화가 1억 달러 이상의 수익을 올릴 것이라 예측했고, 코파켄 팀은 4천 9백만 달러라고 분석했다. 결과적으로 그 영화는 4천만 달러도 벌지 못했다. 많은 예산이 투입된 또 다른 영화 한 편에 대한 코파켄 팀의 수입 추정치 오차는 120만 달러 이내였다. 많은 영화에서 그들의 추정치는 놀랄 만큼 실제 결과에 근접했다. 스튜디오의 한 고위 임원은 "그들의 예측치 오차는 기본적으로 몇 백만 달러 이내에 있었다"라고 말했다.[345]

이런 대단한 성공 요인은 무엇이었을까? 이야기를 계속 들어보자.

스튜디오의 다른 임원이 말했다. "무엇보다 그들이 영화에서 중요하다고 생각하는 것들에 감명 받았다. 그들은 소재가 사랑 이야기인지 여부와 장소에 신경 썼다. 그리고 줄거리와 관련된 매우 구체적인 것들이 결정적으로 결과에 영향을 미쳤다. 매우 객관적으로 느껴졌다. 그들은 주인공이 톰 크루즈인지 톰 존스인지에 대해서는 별로 신경 쓰지 않았다. 언제나 패턴이 있는 법이다." 그는 말을 이어갔다. "돌아오고, 또 오고, 또 오고, 또 하고, 항상 통하는 어떤 이야기들이 있다. … 내가 놀라워하는 것은 이런 것들이 다시 출현하는 일관성이다."[346]

거기 열쇠가 있다! 어떤 이야기가 되살아난다. 줄거리에 관한 매우 구체적인 사항들이 영화가 얼마나 성공할지를 결정한다. 비교 신화학, 특히 조지프 캠벨의 작품이 해답을 제시한다. 할리우드는 이미 이 지침을 따르기 위해 최선을 다하고 있다. 하지만, 할리우드는 이 이야기가 모든 것 중 가장 중요한 요소라는 것을 완전히 깨닫지는 못한 듯하다.

─────── **우리는 어떤 식으로 이야기를 하는가?**

시나리오 작성법에 대한 책들 대부분은 요점에 동의하는 것같다. 그 개념들 중 일부는 극히 기초적이다. 이야기는 시작, 중간, 끝맺음─다시 말하자면 설정, 갈등, 해결 구조를 가지고 있으며 이러한 단계를 제1막, 제2막, 제3막이라고 부른다. 앞에서 말했듯이 이런 구분은 아리스토텔레스까지 거슬러 올라간다. 옛날의 무대극은 연극 사이에 커튼 브레이크가 있었다. 커튼이 닫히면 관객들은 볼일을 보고 배우들은 휴식을 취하고 무대엔 새로운 세트가 설치된다. 그러다가 커튼이 다시 열리고 다음막이 시작된다. 물론 현대 영화들은 더 이상 이런 일을 하지 않지만, 여전히 각본에 있어 막간의 단절은 존재한다.

혹시 팔릴 수 있는 영화 대본을 쓰고 싶은가? 그 분량은 대략 120페이지정도가 되어야 할 것이다. 비록 몇몇 스튜디오들은 블레이크 스나이더의 책『Save the Cat!: 흥행하는 영화 시나리오의 8가지 법칙Save the Cat!: The Last Book on Screenwriting You'll Ever Need』(한국어판)에 설명된 바와 같이 110페

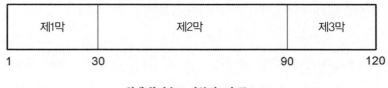

제1막	제2막	제3막
1 30	90	120

현대 할리우드 각본의 3막 구조

이지 안에 일련의 사건이 일어나기를 원할 테지만 말이다.[347] 각 페이지는 대략 화면에서 1분 정도가 소요된다. 제1막은 30쪽, 제2막은 60쪽, 마지막 제3막은 30쪽이다. 매우 구체적인 이야기 포인트가 이러한 각각의 행위에서 일어나야 하고, 우리는 또한 각각의 행동을 거치면서 전체적인 풍경과 사건의 속도가 변하는 것을 보게 된다.

드문 예외가 있긴 하지만, 성공적인 상업 영화들은 대부분 명백한 결함을 지닌 캐릭터를 주인공으로 시작한다. 이 캐릭터가 자신이 세상에서 가장 원하는 하나의 목표를 이루기 위해 개인적인 약점을 극복하면서 겪는 변화에 관한 모든 것이 스토리가 된다. 우리 모두는 본능적으로 이 개념에 공명한다. 이는 우리가 사후의 영혼 상태에서 설정한 목표에 대한 집단적이고 잠재의식적인 기억으로 보인다. 우리는 더 큰 수준의 영적 성숙을 이루기 위해 성장하고 진화하며, 우리의 결점을 통과하기 위해 여기에 있다는 깊고 잠재의식적인 지식을 가지고 있다.

만약 당신이 한 명 이상의 주인공으로 대본을 쓰려고 한다면 그것은 훨씬 더 어렵다. 그리고 정말로 잘 쓰지 않는 한, 당신의 대본은 팔리지 않을 것이다. 여러 명의 주인공이 각자의 이야기를 통해 각자를 인도하는 수렴된 운명을 가진다는 삽화적 이야기episodic narrative를 쓸 수도 있다. 하지만 두 시간짜리 영화에서는 성공하기 어렵다. 이 작업이 까다롭고 힘든 이유 중 하나는 캐릭터(=등장인물) 개발에 있으며, 캐릭터 개발이야말로 아마추어와 프로를 구분하는 열쇠다. 누구나 이야기의 구조 안에서 숫자로 그림을 그리는 방법의 기본을 배울 수 있다. 업계의 거물들이 진정으로 보고 싶어 하는 것은 이야기를 살아나게 하는 설득력 있고 믿을 수 있는 캐릭터들이다. 초기 몇 년 동안 나도 여러 번 지적받았던 문제이기도 하지만, 아마추어 시나리오 작가들의 수준을 들통나게 하는 고전적 한계들 가운데 하나가, 각 등장인물들의 대사가 한 사람이 쓴 것처럼 읽힌다는 것이다.

영화를 볼 때, 우리는 주인공이 누구인지 알아내려고 한다. 일반적으로 주인공이란 우리가 처음 만나는 사람으로서 흥미로운 무엇인가를 말하거나 행동으로 보여주는 사람이다. 초반에는 무의식적으로 주인공의 결점을 찾는데, 그 결점으로 인해 우리는 영웅과의 동일시에 들어간다. 이는 우리가 "이야기에 사로잡히는" 90분 동안 우리의 정체성을 그 캐릭터로 옮겼다는 것을 의미한다. 만약 구조가 따라주지 않는 탓에 영웅과의 동일시가 이루어지지 않는다면, 우리는 이야기에 몰입하지 못하고 밖으로 빠져나올 것이다. 이것은 죽음의 키스다. 마법의 주문이 깨진 것이다. 우리는 영화를 보고 있다는 것을 깨닫고, 무엇이 마음에 들지 않는지 분석하기 시작한다. 심지어 웃으면 안 되는 순간에 웃기까지 한다. 관객들은 휴대폰을 꺼내 친구에게 보지 말라고 메시지를 보낸다. 비평가들은 혹평한다. 영화는 실패했다.

———— 입문의 위대한 여정, 개인 및 전 세계적으로

영화 속 영웅이 그의 결점이나 약점에 맞서야 할 때, 우리는 그가 영화 안에서 입문식을 겪을 것이란 사실을 알고 있다. 해피 엔딩 영화에서는 영웅이 승리하고, 누아르 영화에서는 영웅의 결점이 승리하지만, 어느 쪽이든 영웅은 변혁을 겪는다. 영화는 캐릭터의 변화에 관한 이야기다. 그것은 진화에 관한 이야기다. 우리가 엉망진창 망가지는 주기週期를 겪는다 할지라도, 그래서 상황이 안 좋은 상태로 끝난다 할지라도, 우리는 그 주기를 처음부터 다시 시작해야 한다. 문자 그대로 죽고 다시 환생하지만, 같은 교훈을 다시 되풀이할 뿐인 경우에 해당한다. 영화와 TV 쇼에서 등장인물들이 겪는 순환은 우리가 여러 생에 걸쳐 숙달해야 할 경험들이다. 그 이야기가 모든 사건의 전 범위에 걸쳐 펼쳐지는 것을 봄으로써, 희망컨대 우리의 삶에서도 적용할 수 있는 새로운 지혜의 감각과 고무된 느낌을 갖게 된다. 우리는 자신 안에서 이와 같은 주기를 확인하고 그 주기들을 헤쳐 나가는 방법에 대한 통찰력을 얻는다.

고전적인 할리우드 스토리라인을 다양한 주기별로 국가들의 흥망성쇠에 비유할 수도 있다. 처음 시작한 국가는 명백한 결점을 가지고 있고, 확실한 적이 대두하고, 적과 싸우는 동안 고군분투하며, 종종 자신들의 결함에 압도당해 소멸한다. 대표적인 예가 큰 번영을 누리면서도 자원을 보존할 줄 모르는 나라일 것이다. 그들의 적수, 혹은 적대세력은 국가의 부를 과도하게 소비하는 탐욕스러운 집단처럼 단순할 수 있다. 자원이 고갈되면 국가 경제는 붕괴된다. 이는 분명 "우울한" 결말을 가진 이야기일 것이다. 그러나 부패한 정부가 봉기로 정복되고 그 자리에 보다 긍정적인 정부가 등장한다면, 그것은 "기분 좋아지는" 결말로 보일 수도 있다. "4차 밀도" 즉 지구상의 황금시대라는 아이디어는 전 세계적인 "기분 좋아지는" 결말을 맞이할 것이다. 우리가 마침내 핵심을 얻고 우리가 원하는 결과를 만들 수 있을 만큼 충분히 용감해지기 위한 주기週期를 거치면서 말이다.

10

영웅담의
제1막과 제2막

        1막에서 영웅은 평범한 세계에서 출발한다. 영웅에게 일어나는 모든 일, 모든 대화들은 그 평범한 세계를 반영한다. 중요한 포인트는 평범한 세계가 영웅의 에고를 대표한다는 것이다. 즉 결점을 가진 초보적인 마음이다. 우리는 용기의 부족, 지성의 부족, 순진함, 이기심, 탐욕 등 영웅의 약점을 분명히 볼 것이다. 블레이크 스나이더는 영웅에게 특히 "교정이 필요한 6가지Six Things That Need Fixing"를 처음 5페이지에 넣으라고 권하고 있다.[348] 또한 그는 "테마 진술Theme Statement"을 삽입하라고 한다. 등장인물은 영화의 주제가 되는 문장을 아무렇지도 않게 말하는데, 영화의 나머지 부분은 이를 증명하기 위해 시작된다. 현대 영화에서 이것의 가장 명백한(그러나 "숨겨진") 예는 「매트릭스」의 시작이다. 영화에서 메스칼린 중독자 초이Choi는 우리의 영웅 네오Neo에게 말한다. "할렐루야. 넌 내 구세주야, 내 개인적 예수 그리스도야." 초이는 방금 건네받은 컴퓨터 디스크 때문에 네오에게 감사를 표하는 듯하지만, 사실 여기에 테마 진술이 조심스럽게 삽입되어 있다. 물론 시청자들은 무의식적으로 그것을 알고 있다. 테마 진술을 둘러싼 장면과 사건들은 이 영화가 전달하고자 하는 메시지를 더욱 확고히 할 것이다.

그 후, 종종 "도발적 사건Inciting Incident"이라 불리는 중요한 계기가 우리의 영웅을 위대한 퀘스트quest로 이끈다. 액션 영화에서 이것은 종종 갑작스러운 비극으로, 우리의 영웅이 매우 사랑하는 누군가, 혹은 무엇인가가 파괴된다. 로맨스에서는 우리의 주인공이 새로운 연애 대상을 처음 보는 순간이다. 영웅이 이 위대한 퀘스트에 뛰어드는 동기는 복수, 사랑, 정의, 미스터리, 탐욕일 수 있지만, 그것은 늘 우리가 쉽게 알아볼 수 있는 것이다. 그것은 영웅이 지금 세상에서 가장 원하는 것이기도 하다. "도발적 사건"은 대개 영화의 주제와 영웅의 평범한 세계를 설정한 후에 상업적인 대본 12페이지 정도에서 일어난다. 지정학에서의 도발적 사건은 진주만 폭격이나 9.11 테러와 같이 전쟁을 촉발하는 불똥이다. 상업 영화의 시작을 보면 뭔가 큰일이 다가오고 있음을 알 수 있고, 이것은 항상 영웅의 여정에 우리의 주인공을 밀어넣는 자극적인 사건이 된다. 중요한 것은 기본적인 감정적 욕구와 그 욕구를 충족하기 위한 영웅의 몸부림에서 나온 이 퀘스트가 매우 원시적이라는 사실이다. 하지만 진짜 핵심은 따로 있다. 이 퀘스트가 영웅으로 하여금 자신이 원하는 것을 얻기 위해 자신의 최악의 결점을 마주하게 하고 그 결점들을 물리치게 할 것이라는 점이다.

우리가 논의하게 될 역사의 맞물린 주기들 내내, 도발적 사건은 종종 전쟁을 유발하는 불똥이 되기도 하지만, 긍정적인 사건이 될 수도 있다. 우리는 전기의 발견과 같은 놀라운 발전이 일어나는 것을 볼 수 있다. 그것은 우드스톡woodstock 같은 대규모 공개 모임일 수도 있고, 눈부신 영감을 주는 예술 작품이거나 존경 받는 새로운 지도자의 당선일 수도 있다. 또한 주기cycle는 서로 겹칠 수 있기 때문에, 한 주기의 웅장하고 고양된 결말이 다른 주기를 유발하는 사건이 되기도 한다.

——————— 논쟁, 멘토, 마법의 선물

"도발적 사건" 이후 영웅이 퀘스트에 나설지 말지를 결정하는 시점에서 절망적 논쟁의 기간이 존재한다. 대부분 영웅은 이 결정에 대한 장단점을 따져보고, 산만해지고, 우왕좌왕하면서 약 18페이지를 보낸다. 여기는 종종 멘토나 현명한 노인 캐릭터가 귀중한 조언을 하기 위해 첫 등장하는 곳이기도 하다. 우리는 잠재의식 차원에서, 그들이 사후세계에서 우리를 돌보는 주요 안내자임을 인식한다. 그리고 사후세계에 머물러 있는 우리 영혼의 본체는 각 화신을 통해 우리를 조종한다. 우리는 멘토로부터 마법의 선물이나 부적을 받는데, 받는 당시에는 중요해 보이지 않지만 나중에 우리의 생존에 매우 중요한 도구가 된다. 스타워즈에서 오비완 케노비Obi-Wan Kenobi가 루크에게 아버지의 광선검을 전하는 순간을 생각하면 된다. 마법의 선물은 물리적인 대상이 아니라 우리의 영웅이 그 퀘스트를 추구하도록 고무하는 결정적인 진술이나 계시일 수도 있다. 또는 영웅의 마음에 심어져 나중에 매우 중요하게 쓰이는 정보일 수도 있다. 『신화, 영웅 그리고 시나리오 쓰기』(한국어판)에서 크리스토퍼 보글러는 이것이 "마법의 무기, 중요한 열쇠나 단서, 마법의 약이나 음식, 또는 생명을 구하는 조언"이 될 수 있다고 말한다.[349] 영계에서 그 마법의 선물은 우리가 계획하고 있는 동시성과 "기억의 촉발 장치"로 볼 수 있을 것이다. 동시성과 기억의 방아쇠는 우리가 삶의 중요한 순간에 중요한 퀘스트를 떠맡도록 격려한다. 역사의 위대한 순환은 모든 것이 조직화된 상태를 유지하기 때문에, 우리는 특정한 사건이 특정한 시간에 일어날 것임을 알고, 그에 따라 우리의 경험을 매우 정확하게 계획할 수 있다.

이야기의 패턴을 따르기 위해서, 우리의 영웅은 통제할 수 없는 상황에 의해 어쩔 수 없이 떠밀리기보다는 용감하게 그 퀘스트에 나서기로 결정해야 한다. 우리는 퀘스트에 참여하고 그것이 부과하는 시간표를 따르기로 의식적인 결정을 내린다. 멘토의 지혜와 지도는 우리가 이 귀중한 결정을 하는 데 도움을 준다. 만일 우리가 영웅의 여정이 던지는 이 도전을 받아들이지 않는다면, 우리는 그 모든 결점을 안고 다시 자아의 평범한 세계로 빠져들어, 끊임없이 똑같은 상처와 공포를 되풀이하며 지루한 생활을 이어갈 것이다. 우리 중 많은 이들이 자신의 삶에서 퀘스트에 실패한다. 우리는 편집증적이고, 두려워하고, 결과에 대해 불신한다. 만약 우리가 충분히 용감하다면 자신의 성취에 만족하지 못할 것이다. 영화와 텔레비전 쇼는 "만약?"이라는 질문을 던지게 해준다. 만약 우리가 그 믿음의 도약을 할 만큼 대담하게 우리가 원하는 것을 추구한다면? 장편 영화에서 우리의 영웅이 퀘스트에 뛰어들 것이라는 사실은 지당하다.

──────── **제2막 휴식**

우리의 영웅이 마침내 퀘스트에 착수하면, 우리는 2막의 휴식을 갖는다. 상업용 대본에서 이것은 30페이지 전후에서 일어난다. 우리의 영웅은 이제 흥분과 동시에 매우 도전적인 새로운 경험의 세계로 들어가야 한다. 현대 로맨스 영화에서는 이때부터 두 인물의 관계가 흥미로워지고 새로운 감정이 밀려든다. 고대 신화에서 신비로운 일은 대개 마법의 세계에서 일어난다. 현대 영화는 이런 신비한 면을 벗겨내곤 하지만, 지구상 인간의 삶보다 오래된 고대 구조에서는 마법의 사건이 이야기의 필수 요소다. 훌륭한 감독들은 이 마법의 세계에 들어서는 순간, 영화의 전체적인 모습과 느낌, 다시 말해 색, 질감, 장소, 캐릭터, 음악 등 모든 것을 바꿀 것이다. 우리는 새로운 친구들을 만나고 나중에 우리의 퀘스트 완수에 도움을 줄 친구들과 동맹을 발전시키기도 한다. 우리가 지금까지 환생에 대해 배운 내용을 감안할 때, 마법의 세계는 적어도 그 핵심 형태 중 하나로 사후세계를 대변하는 듯하다. 우리 모두는 잠재의식에서 사후세계를 기억하기 때문에, 영화에서 진정한 마법을 그려낼 때 본능적으로 진정한 고향으로 돌아간 것처럼 느낄 가능성이 크다.

한 국가의 역사 순환에서 제2막은 국민이 마침내 전쟁에 돌입하겠다는 결정을 수용하는 것일 수 있다. 이로써 그들을 도전과 두려움, 새로운 우방과 친구, 사악한 적들, 신의 가호를 비는 기도, 평범한 세계의 안전과 안보를 파괴하는 예상치 못한 재난의 이상한 세계로 빠져들게 한다. 이 퀘스트의 단계는 더 긍정적인 방법으로 나타날 수 있다. 만약 전구의 발명처럼 획기적 기술이라는 형태로, 도발적 사건과 마법의 선물이 함께 나타난다면, 이 새로운 발명은 놀라운 기술에 의해 변형된 세계에 대한 퀘스트를 불러올 수도 있다. 그럴 경우 제2막은 사회에 나타나는 기술의 초기 단계를 대변할 것이다. 물론 기존 사업을 유지하고자 하는 부패한 산업의 로비처럼 변화를 거부하려는 투쟁도 있을 것이다. 한때 우리의 구세주로 여겨졌던 기술 자체가 가장 큰 적으로 변할 수도 있다. 발견의 여정은 마법의 세계를 창조하지만, 여전히 도전으로 가득 차 있다.

미국의 철도 역사를 영웅의 여정 이야기에 대입해보자. 원하는 것은 동서를 잇는 대륙 횡단 철도이지만, 현실은 아메리카 원주민들의 격렬한 반대였다. 서부 이주에 대한 진짜 위협은 집단적인(국가적인) 이야기뿐만 아니라 많은 개인적인 이야기들로 옮겨갔다. 그것이 승리였는지 비극이었는지는 당신이 누구와 대화를 나눴는지에 따라 다르다. 그리고 언제 대화가 이루어졌는지에 따라서도 다르다.

——————— **네메시스**Nemesis

마법의 세계에 들어서면 그 초기 단계에서, 블레이크 스나이더가 "기분풀이 장난Fun and Games"이라고 부르는 것을 만나게 된다.[350] 이 지점에서 우리는 숨을 가다듬고 퀘스트에 초집중했던 마음을 잠시 풀어놓으며, 새로운 존재 상태의 모든 경이와 기쁨을 체험한다. 영화에서 가장 재미있고 기억에 남는 장면들 중 대부분이 이 부분에서 나오는데, 종종 영화의 홍보용 영상에 등장하기도 한다. 모든 것이 더할 나위 없이 좋아 보인다. 이는 카르마의 수레바퀴의 정점과 비슷해 보이며, 상황은 점점 더 좋아진다. 하지만 페이지가 넘어갈수록, 우리는 점차적으로 모든 것이 좋지는 않다는 것을 깨닫게 된다. 만약 우리가 1막에서 알아내지 못했다면, 이 부분에서 우리의 퀘스트를 가로막고자 하는 어둡고 위험한 적수가 있다는 사실을 발견한다.

조지프 캠벨은 문턱의 수호자Guardian of the Threshold를 가리키는 용어로써 네메시스Nemesis를 사용했다. 이는 본질적으로 우리의 목표를 달성하도록 이끄는 문턱을 가로막는 우리 성격의 한 부분을 상징한다. 고대 신화에서 문턱의 수호자는 드래곤이다. 일단 드래곤이 지키는 문턱을 넘어서면 초의식 마음의 순결한 상태를 상징하는 처녀, 또는 우리의 상위 자아와 다시 만남으로써 찾게 될 지혜의 풍요로움을 상징하는 금金, 그리고 사후 세계를 발견하게 된다. 조지 캠벨은 진짜 보물은 "불멸의 엘릭시르Elixir of Immortality"—우리의 평범한 세계를 변화시킬 수 있는 마법의 동반자나 실체, 또는 지식의 조각—라고 말한다.[351] 네메시스는 대개 다양한 동맹군, 즉 "미니언들minions"을 가지고 있어 우리가 보물을 찾는 동안 이들과 충돌할 수밖에 없다. 우리 내부에서 네메시스는 에고ego를 상징한다. 오만하고 강력한 우리의 에고는 영혼의 속삭임을 거부하는데, 영혼의 속삭임은 우리에게 더 큰 진실, 사랑, 의미를 찾는 우리의 퀘스트를 계속하라고 촉구한다.

세계적인 차원에서 카발이나 소위 일루미나티는 궁극의 세계적 적대세력Global Adversary을 상징한다. 춥고 어두운 인터넷의 웅덩이 속에서 더 많은 바위를 뒤집을수록 우리는 그 밑에 숨어서 꿈틀거리는 생물들을 더 많이 발견하게 된다. 우리는 이미 마법의 세계로 들어섰고 퀘스트를 수행 중이다. 우리는 진실을 알고 싶은데 진실은 점점 더 기묘해지고 있다. 우리가 이러한 소름 끼치는 기사를 읽고, 불온한 라디오 쇼를 듣고, 훨씬 더 불안한 유튜브 영상을 보고, 양 효과Sheep Effect의 희생양이 되어 외면하는 일을 그만두기로 결정한다면, 주류 언론의 거짓말과 속임수에 의해 만들어지고 지탱되는 세계가 현실이 아니라는 것을 깨닫게 된다. 저 밖에는 더 깊은 무언가가 있다. 일루미나티라는 드래곤은 불멸의 엘릭시르를 지키고 있는 것일 수 있다. 여기서 불멸의 엘릭시르가 상징하는 것은 무엇일까? 자발적 치유, 무한한 자유 에너지, 반중력antigravity 비행, 순간이동, 우주여행을 가능하게 하고 모두를 위한 놀라운 번영을 줄 수 있는, 인류의 친척뻘인 외계인들로부터 건네받은 기술이다.

우리가 은폐된 현실에 맞서는 것은 두려운 일이지만, 일단 드래곤을 물리치기만 하면 무엇이 기다리고 있는지도 잘 알고 있다. 꿈도 꾸지 못했던 수준의 자유, 평화, 새로운 기술, 화합이다. 그러나 이 정보를 얻는 길은 위험으로 가득하다. 모든 사람이 우리를 믿지는 않을 것이다. 가족과 친구들이 등을 돌릴지도 모른다. 우리가 이 정보를 소유하는 것을 원치 않는 어둠의 힘이 우리의 삶을 방해할지도 모른다. 우리는 자신도 모르는 사이 영웅의 여정을 거치고 있고 카르마의 수레바퀴를 돌고 있다. 예호슈아가 말한 게헨나의 불처럼 우리가 지금 겪는 도전과 두려움은 우리의 카르마를 태우고 있다. 사랑과 용서를 통해 완전한 자기 긍정에 이르게 되면 두려움에 시달릴 필요가 없으며, 카르마의 수레바퀴는 마침내 가장 높고 가장 보람 있는 지점에 머무를 것이다. 네메시스는 보잘것없는 것이 되어 사라지거나, 우리를 따라서 변화한다.

우리의 이야기에서 네메시스는 에고의 또 다른 이름인 영웅의 그림자 hero's shadow를 대표할 수밖에 없다. 이는 더 큰 영적 현실을 부정하는 우리의 일부이다. 고대의 이야기에서, 가장 어두운 순간에 영웅 자신의 에고가 거울에 비친 이미지가 바로 네메시스다. 어떤 시나리오에서는 네메시스와 영웅을 같은 캐릭터로 굴린다. 이 두 캐릭터를 합친 경우라면, 영웅에게서 부정적인 감정이 솟아나 그것에 사로잡힐 때 네메시스가 출현한다. 마지막에 큰 반전이 올 때까지 네메시스의 정체가 드러나지 않을 수도 있다.

어느 쪽이든 구조에 따라 상업적인 대본을 쓰려면, 당신의 네메시스는 우리에게 영웅의 결점을 과장해서 보여줘야 한다. 네메시스는 영웅의 거울 이미지다. 그들은 퀘스트가 거부되고, 영웅이 자신에게 봉사하는 가장 부정적이고 이기적인 선택을 할 경우 어떻게 되는지를 보여준다. 영혼의 차원에서 우리 모두는 이기적인 선택이 우리가 피하고자 한 바로 그것이라는 사실을 잘 알고 있다. 우리는 여러 생 동안 주요 위기 지점에서 더 사랑에 가까운 결정을 내리도록 우리 자신을 이끌어 왔다. 만약 네메시스가 이기게 내버려둔다면 우리는 환생을 계속하며 같은 실수를 반복할 것이다. 우리는 네메시스가 우리 내면에 존재한다는 것을 잘 알고 있지만, 그러한 개인적 약점을 뛰어넘고 자신과 타인을 받아들이고 보호하는 법을 배우면서, 마침내 인간의 몸으로 겪어내는 생의 매 주기가 우리에게 가르치려는 위대한 승리를 달성하게 된다. 영웅은 마침내 숙적과 맞설 용기를 얻고 투쟁을 통해 치유된다. 이런 현상은 전 지구적인 차원에서도 나타나고 있다. "양 효과"에서 놓여남에 따라, 우리는 처음으로 진정한 영적 성숙에 발을 들여놓는다. 전 지구적인 유년기에서 벗어나 진정한 지구 차원의 성인기로 나아가는 것이다.

이 "영웅 vs. 네메시스"의 대립이 시청자의 깊은 잠재의식의 근원에 도달하고 사후세계에서의 여정과 연결되도록 하기 위해서는, 시나리오 작가가 상징성에 대한 건전한 이해를 가져야 한다. 꿈이 어떻게 작용하는지를 아는 것은 확실히 도움이 된다. 모든 등장인물, 모든 설정, 모든 사물, 그리고 모든 사건이 꿈을 꾸는 사람을 반영한다. 훌륭한 시나리오는 관객들로 하여금 꿈인 줄도 모르고 꾸는 꿈처럼 쓰여진다. 모든 등장인물은 은밀하게 주인공 성격 구조의 일부를 대표한다. 여기에는 우리가 알기 전부터 영웅을 알고 있던 조수, 즉 창window 캐릭터가 포함된다. 조수는 지금 일어나고 있는 일과 직접 연결되는 것으로서, 영웅이 과거에 했던 말이나 행동들에 대해 우리에게 더 많은 것을 가르쳐 주는 귀중한 피드백을 준다. 조수 또한 영웅의 결점을 대변할 수 있고, 영웅이 퀘스트 중에 시도하는 변화에 저항할 수 있다. 댄 데커Dan Decker의 저서『각본의 해부Anatomy of a Screenplay』는 영웅이 갖는 정신의 세 가지 주요 측면으로서 영웅-조수-네메시스의 위대한 삼위일체에 초점을 맞추고 있다.[352]

─────── **영화 에일리언: 영웅을 반영하는 네메시스의 사례**

영웅을 반영하는 네메시스의 가장 확실한 사례 중 하나를 리들리 스콧Ridley Scott의 영화『에일리언Alien』에서 찾아볼 수 있다.『시나리오 성공의 법칙Crafty Screenwriting』(한국어판)에서, 저자인 알렉스 엡스타인Alex Epstein은 이 영화가 어떻게 위대한 고대의 서사를 다시 한 번 이야기해 주는지에 대한 훌륭한 리뷰를 제공한다.[353] 영화 속에서 시고니 위버Sigourney Weaver가 연기한 영웅은 심각한 문제에 직면해 있다. 그녀의 부하 중 한 명은 얼굴에 고약한 외계 문어 같은 것을 달고 있었다. 시고니 위버는 그를 구하기 위한 어떤 시도도 하지 않고, 자신과 선원들의 생명을 보호하기 위해 그의 목숨을 희생하기로 결정한다. 그녀의 부하 중 공격적인 승무원 하나가 그녀의 권위를 뭉개고 그를 들여보낸다. 끊임없이 고조되는 긴장감이 서서히 끓어오르다가 남자의 얼굴에서 고약한 문어 같은 것이 떨어져 나온다. 그때 그의 가슴에서 외계인이 터져 나와 도망치고 그는 죽어버린다. 이 외계 생명체는 곧 완전한 성체로 성장하며 거의 모든 사람들을 죽인다.

영화의 주인공은 자신의 우주선 외부에 있는 무고한 사람들의 생명을 존중하지 않았다. 그들이 감염되지 않았음이 거의 확실한데도, 그녀는 단지 우주선의 안전을 확실히 하기 위해 추호의 망설임도 없이 그들을 죽이려 했다. 외계 생명체 에일리언은, 억제되지 않은 에고가 점점 더 악화되면 도달하게 될 과장된 버전을 보여준다. 그것은 자신을 제외한 다른 아무도 돌보지 않고 모두를 죽인다. 결국 위버의 캐릭터는 에일리언과 직접 맞서야 한다. 적을 물리치기 위해서는 자신의 가장 큰 결점을 버려야 하는데, 여기서 결점이란 자신을 위해 타인의 생명을 희생시키고자 한 의지다. 위버는 혼자라면 쉽게 탈출할 수 있었음에도 불구하고, 어린 소녀와 고양이를 구하기 위해 엄청난 위험을 무릅쓴다. (블레이크 스나이더가 자신의 책에 『Save the Cat!: 흥행하는 영화 시나리오의 8가지 법칙』이란 제목을 붙인 이유가 이것이다.) 우리의 영웅은 자신의 목숨을 담보해 타인의 생명을 구하려고 했다. 이것이 전체 퀘스트가 궁극적인 목표로 설정한 결정적 성격 변화와 영적 깨달음이다. 이 이야기는 우리에게 에일리언의 그림자는 사라질 수 있다는 것을 말해준다. 그녀는 이제 상대가 자신에게 가르치던 교훈을 배울 수 있다. 전체 퀘스트에서 가장 중요한 부분인 용기 있는 사랑, 수용, 타인에 대한 용서에 대한 돌파구가 마련되었고 이는 확고한 행동으로 바뀌었다.

———— 카르마의 수레바퀴는 멈추지 않는다

우리는 자신의 삶에서 이러한 드라마들을 연기한다. 만약 우리가 스스로를 사랑하고 존중하지 않는다면, 우주가 우리를 따뜻하고 편안하게 해주기 위해 사랑스럽고 존경스러운 사람들을 무더기로 보내주지는 않을 것이다. 우리 삶에 출연한 사람들이 처음에는 더할 나위 없이 친절해 보일지 모르지만, 우리는 곧 그들이 배신하고 적의 역할을 하는 것을 봐야 할지도 모른다. 통계적으로, 우리가 만나는 사람 중 1~3퍼센트는 소시오패스일 것이다. 만약 우리가 성장하고 진화하기를 원치 않음으로써 특정 교훈을 끌어들이고 있다면, 등장하는 소시오패스의 수는 더 많아진다. 우리는 그들이 왜 우리를 해치려 하는지 이해하려고 애쓰고, 어떡하면 그들을 변화시킬 수 있을지 알아내려고 노력한다. 하지만 그러거나 말거나 그들은 우리에게 예상할 수도 없는 어려움을 줄 것이고, 우리는 이야기의 특정 부분을 반복하고 또 반복한다.

이런 주기 속에서 겪는 감정적 고통은 상상하기 어렵다. 당신이 진정으로 두려움에 맞서면서 당신의 삶에서 네메시스를 제거할 만큼 충분한 용기를 얻을 때까지, 결코 퀘스트를 끝낼 수 없다. 다른 사람들은 아무렇지 않게 당신의 감정을 상하게 하는데, 당신은 타인의 감정을 상하게 하는 것을 두려워할 수도 있다. 당신이 그들에게 줄 수 있는 최고의 선물은 의외로 간단하다. 그들이 당신을 더 이상 조종하지 못하게 함으로써, 다른 사람들을 존중하는 법을 배우게 하는 것이다. 이것이 그들이 교훈을 얻을 수 있는 유일한 방법이다. 더 높은 영혼의 차원에서 그들은 당신에게 크게 감사할 것이다. 그들이 다시 환생하고, 고통 받고, 다시 악역을 해야 하는 운명으로부터 구해주는 것인지도 모른다. 당신을 조종하려는 그들의 시도를 사랑으로 차단할 때, 그들은 새롭고 훌륭한 통찰력을 얻을 기회를 얻는다. 사후세계에 있는 그들의 영혼, 안내자, 이너 서클, 그리고 확장된 가족으로서의 친구들과 서포터들은 한결같이 그들에게 고통이 반복되지 않기를 빌고 있을지도 모른다.

11

두려움 마주하기와
퀘스트 완수

잠재의식 차원, 혹은 영적인 차원에서 영화를 관람하면 매우 만족스럽다. 영화들은 우리의 영웅을 영혼 진화의 주기들을 거치는 군더더기 없이 잘 짜인 여행으로 데려간다. 우리가 동일한 그룹의 사람들과 함께 환생을 되풀이하면서 여러 생애에 걸쳐 함께 작업한 결과와 비슷하다. 적들이 우리에게 주는 교훈을 진정으로 마스터할 때까지, 우리의 삶 가운데 존재하는 더 익숙한 적은 시시때때로 새로운 적으로 대체된다. 자신 및 타인에 대한 사랑이야말로 불멸의, 그리고 궁극의 엘릭시르이고, 네메시스 캐릭터들은 우리를 가로막고 우리가 일관되게 사랑을 느끼고 함께 나눌 수 없도록 한다. 우리가 일어서서 그들과 맞설 수 있을 만큼 강해질 때에야 큰 돌파구가 생겨난다. 우리는 시간이 선형적線型的으로 진행하는 것으로 이해하지만, 영적인 측면에서 보면 시간은 반복하는 순환주기에 따라 움직인다. 이러한 시간의 순환은 카르마의 수레바퀴, 혹은 영웅의 여정을 담은 이야기인 생명의 책Book of Life이라고 불린다. 우리는 삶 속에서 사랑의 교훈을 배우려 노력하면서 이러한 주기를 헤쳐 나아간다.

———————— **수레바퀴의 회전**

우리는 자신의 주요 결함에 대한 의식적 각성이 거의 또는 전혀 없는 상태에서, 기분이 좋아진다. 우리는 이기적이고 자기도취적이며, 겁쟁이에 무책임하고 철부지일지도 모른다. 우리는 스스로 무슨 짓을 하는지 모르는 사이에 다른 사람의 감정을 짓밟을 수도 있다. 우리는 타인을 진정으로 사랑하고 받아들이는 법을 배운 적이 없었을 수도 있다. 매일같이 실수를 되풀이하며 사는 것이 평범하고 정상적인 세계로 여겨진다. 하지만 바퀴가 돌기 시작하면서 우리의 평범한 세계는 곧 유발사건inciting incident으로 인해 혼란에 빠진다. 무의식에서 튀어나온 무언가가 가슴을 철렁하게 만들고, 우리로 하여금 위대한 퀘스트에 나서도록 촉구한다. 우리가 이 새로운 목표를 적극적으로 추구하면서 2막이 시작되고 우리는 갈등에 빠진다. 위대한 퀘스트가 진행되고 있는 것이다. 우리는 원하는 것을 얻기 위해 열심히 싸워야 한다. 그러면 시간의 수레바퀴는 우리를 가장 낮은 지점으로 데려간다. 우리는 다시 기어나와 말로 하기 어려운 비참함을 겪으면서 결국 다시 한 번 정상頂上으로 오르는 길을 헤쳐 나아가는 수밖에 없다.

이것이 모든 위대한 스토리텔링의 기반이다. 또한 이야기 자체에 깊이 숨겨진 논리다. 영화 각본은 시간의 바퀴를 세 개의 섹션, 혹은 3막으로 나눈다. 즉 시작–중간–종료 또는 설정–갈등–해결이다. 할리우드 시나리오에서, 밑바닥에서 다시 올라가는 것은 아래로 내려가는 것보다 훨씬 짧게 묘사된다. 제2막은 영웅이 퀘스트 완수를 위해 적과 맞서기로 결정하는 궁극적인 용기의 순간까지를 구축한다. 이 대결은 결코 쉽지 않다. 2막이 끝날 무렵, 영웅은 카르마의 수레바퀴상 최하지점最下地點에 도달한다. 이 지점은 "영혼의 어두운 밤"이라고도 알려져 있다. 우리 모두는 각자의 삶에서 이런 무력하고, 두렵고, 절망적인 순간을 겪는다. 부정적인 카르마가 가장 심하게 우리를 때리는 시기다. 우리는 사고를 겪고, 배신을 당하고, 직업, 돈, 친구, 건강을 잃고, 모든 것을 잃었다고 느낀다.

앞에서 말했듯이, 하나의 법칙 시리즈에서 내가 가장 좋아하는 인용구는 다음과 같다. "용서 안에서는 카르마의 수레바퀴가 멈춘다In forgiveness lies the stoppage of the wheel of karma." 일단 당신을 해치고 배신하고 경멸해 온 사람들을 당신이 용서할 수 있다면, 바퀴는 더 이상 같은 순환의 주기로 당신을 계속 끌고 내려갈 이유가 없다. 당신의 삶은 끊임없이 고통스러운 적과의 투쟁에 의해 정의되지 않는다. 당신의 에고ego가 쇼를 지속하지 않는 것을 선택했으므로, 더 이상 당신의 삶에 네메시스 캐릭터를 끌어들일 필요가 없는 것이다. 쓰라리고 고통스러운 투쟁과 위험 없이, 당신이 인생에서 가장 원하는 것이 출현한다. 이런 일은 세계적인 차원에서도 가능하다. 카르마의 수레바퀴는 정상에 올라 그곳에 머무를 것이므로, 우리는 가능한 한 최고, 최선의 수준으로 계속 기능할 수 있다.

나는 이 같은 용서의 실천이 정말 효과가 있다는 것을 개인적인 경험으로 알고 있다. 일단 정상에 머무를 수 있게 되면, 당신은 훨씬 더 많은 행복과 정신적 성취도를 누릴 수 있는 시간대에 자신을 열어 놓는다. 개인뿐만 아니라 국가나 문명에도 같은 논리가 적용된다.

─────── **세계적 사건에 작용하는 주기 관찰하기**

다시 이야기 구조로 돌아가자. 궁극의 밑바닥에서 올라오기 위해서는 자신의 가장 깊은 결점, 즉 가장 강력하고 가장 일관된 약점과 마주할 만큼 자신을 사랑하고 존중해야 한다. 당신은 에고가 가장 소중하게 여기는 모든 것을 걸어야 한다. 만약 당신의 주된 결점이 용기 부족이라면, 당신은 그 결함을 풀어주고 퀘스트를 완수하기 위해 자신 안에 있는 용기의 핵심을 찾아야 한다. 누군가를 진정으로 사랑하기에는 내면의 고통이 너무 크다는 것이 당신의 주된 결점이라면, 문턱을 통과해서 자신이 추구하는 행복을 얻기 위해 가슴을 열어야 할 것이다. 당신의 주된 결점이 책임감 부족 및 아이처럼 순진한 상태에 머물고자 하는 욕구라면, 당신의 원대한 꿈과 야망을 실현하기 위해 진실되고 영적인 어른이 되어야 할 것이다.

20.25 당신네 실체들 가운데 가장 큰 무리는 스스로가 끝나지 않는 유년기幼年期에 있음을 발견합니다.[354]

시간의 대순환주기에서, 전 세계적인 수준에서 반복되는 패턴은 영웅의 여정 스토리라인에 정확히 맞아떨어진다. 리더의 미숙함은 종종 그들에게 투표한 사람들 내부의 발전이 부족하다는 사실의 반영이다. 하나의 정치 집단이 그들의 신념을 거부하는 사람을 용납하지 않겠다는 극단적이고 종교적인 원칙으로 정체성을 구축한 사례는 무수히 많다. 집단들은 자신의 모습을 도깨비집의 거울에 비치는 것처럼 투영하는 또 다른 집단과 대결한다. 각각의 국가는 자신을 영웅으로, 상대국을 네메시스로 보고 스스로 카르마의 수레바퀴를 돌린다. 양쪽 모두 그들 나름으로 타당한 이유를 가지고 있을지도 모르지만 더 큰 의미에서는 누가 옳은가?

인종적, 종교적 고정관념들은 대개 적의 부정적 측면을 과장하기 위해 양쪽 모두가 사용한다. 그렇게 함으로써 그들은 상대를 인간 아닌 것으로 치부한다. 1970년대의 유년 시절과 1980년대 후반의 10대 시절, 언론들이 러시아 사람들을 머리가 나쁘고, 로봇처럼 뻣뻣하며, 무위도식하는 게으른 사람으로 묘사했던 것을 확실히 기억한다: 못생기고 사마귀투성이인 데다 땀도 많은 뚱뚱한 여성들로 이루어진 군대, 그들은 똑같은 회색 옷을 입고 바닥을 걸레질한다. 분명한 메시지는 그들이 불임不姙이고 색깔이 없으며, 인간미 없고, 군국화軍國化된 삶을 영위하고 있으며, 악의 제국과 벌일 핵전쟁에서 사상자가 되어도 무방한 존재라는 것이었다. 정부가 상대편을 악당으로 그리는 일에 성공하면, 사람들은 더 이상 "적"이 다치거나 학대받거나 고문당하거나 죽는 것이 중요하다고 여기지 않는다. 이렇게 되면, 모든 사람들의 균형을 맞추고 다른 사람을 사랑하고 존중해야 한다는 기본적 가르침을 위해 미래의 순환주기가 필요해진다.

많은 사례 중 하나가 초기 미국의 개척자들이 아메리카 원주민들을 어떻게 보았는지, 반대로 아메리카 원주민들은 유럽에서 들이닥친 침략자들을 어떻게 보았는지, 그리고 현재 존재하는 존경과 감사의 수준은 어떻게 차이 나는지에 대한 것이다. 제임스 캐머런James Cameron의 영화 아바타Avatar는 이 오래된 갈등을 매우 잘 표현했고 의심할 여지 없이 그것이 영화가 성공한 주요 이유이다. 우리 모두는 살아남기 위해 행성 차원의 더 큰 단합으로 나아가야 한다는 것을 알고 있다. 황금시대란 마침내 우리가 서로에게 적대감을 투사하지 않게 되는 시기를 말하는 것일 수도 있다. 집단적으로 표현하자면, 우리 모두가 그저 친절해지는 법을 배우게 된 때를 상징할 수도 있다.

─────── **4개의 동등한 부분**

영화 각본의 기본 요소로 돌아가 보자. 네메시스 병정들과의 전투와 많은 "입문 경험들initiation experiences"과의 싸움은 2막 전체를 통해 점점 더 어려워져야 한다. 또한 120페이지 분량의 각본 한가운데에 영웅의 거짓 승리 혹은 거짓 패배가 있는 봉우리, 즉 중간점이 있어야 한다. (우리는 잠시 후에 그것을 탐구할 것이다.) 이것은 결국 이야기 전체를 4개의 동등한 부분으로 나누게 되는데, 구성상 주요 포인트는 30페이지, 60페이지, 90페이지에 있다.

아나톨리 포멘코Anatoly Fomenko 교수가 발견한 위대한 역사의 순환(뒤에서 보게 될 것이다)도 4개의 동등한 부분으로 나뉜다. 할리우드 공식인 그 구조가 이야기를 네 개의 동등한 부분으로 나누게 된 것은 아마도 그것이 정확

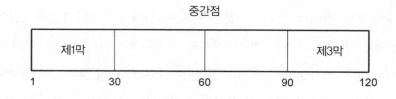

4개의 동등한 부분으로 구성된 할리우드 시나리오 구조의 다이어그램

히 역사적 사건들이 진행되는 방식이기 때문일 것이다. 하지만 주기 내에서는 사건들이 한 사람의 생애를 훨씬 뛰어넘는다. 주기의 진행에 따라 어떤 국가나 정치적 상황 속에서 완전한 과정이 이루어지는 것을 보기 위해서는 하나 이상의 육체적 삶을 경험해야 할 수도 있지만, 어느 정도 잠재의식 차원에서 우리는 그 이야기의 흐름을 알고 있는 것으로 보인다. 어떤 주기는 완료까지 2,000년 이상이 걸린다.

중간점은 페이지 수로 볼 때 대본의 정확한 한가운데에서 발생한다. 영웅이 대적大敵을 마주하지 않아도 이 시점에서 사태는 평화적으로 해결된 것처럼 보일 수 있고(거짓 승리), 또는 그 퀘스트를 완수할 수 없으며 패배가 확실하고 물러날 때인 것처럼 보일 수도 있다(거짓 패배). 중간 지점이 어느 쪽에 치우치든 기본 개념은 항상 같다. 영웅은 적과 마주하고 싶지 않지만, 본질적으로 그 퀘스트를 완수할 뾰족한 수가 없다. 일단 이 현상을 연구하고 훈련받은 눈으로 영화를 보기 시작하면, 당신이 좋아하는 영화 가운데 이 스토리라인을 따라 정확하게 구조화된 영화가 얼마나 많은지 알고 깜짝 놀랄 것이다.

──────── **영웅의 여정의 개인적인 사례**

당신이 우리 이야기 속의 영웅이라고 해보자. 그리고 당신의 명백한 결점이 도로에서 무책임하고 급하게 운전하는 것이라고 해보자. 유발사건은 당신이 차를 세우고 경찰관이 벌금 딱지를 끊는 순간이 될 수 있다. 제2막은 자신 내부의 논쟁을 멈추고 벌금 딱지와 싸우겠다는 결정을 내릴 때 시작된다. 이제 딱지를 물리치는 것이 당신의 퀘스트다. 당신은 사건에 대해

멋쩍은 웃음과 두려움으로, 다양한 사람들과 많은 이야기를 나눈다. 당신은 법정에 경찰관이 나타나지 않으면 범칙금을 내지 않아도 된다는 사실을 알고 결국엔 법정에 나가기로 한다. 경찰관이 오지 않는다고 생각한 그 순간이 거짓 승리를 경험하는 중간점이다. 즉 당신이 자유라고 확신하는 순간 경찰관이 걸어오는 것을 보게 될 것이다. 당신은 재판을 받고 적수인 판사와의 최후 대립을 견뎌야 한다. 이를 한 나라의 역사로 확장해보자. 적이 새로운 기습 공격으로 훨씬 더 맹렬하게 돌아오기 위해 항복한 것처럼 보일 때, 거짓 승리가 일어날 수 있다. 이 벌금 딱지 이야기의 큰 교훈은 판사가 당신에게 유죄를 선고한다는 것일 수도 있지만, 결과적으로 당신은 속도를 줄이고 느긋하게 운전하는 법을 배울 것이다. 이는 실제로 타인의 목숨뿐만 아니라 당신의 목숨까지 구하는 결과를 가져온다. 극적인 장면은 법정에서 맞게 되는 외견상의 손실이 어떻게 당신의 궁극적인 구원이 되었는지를 드러낸다.

──────── 영혼의 어두운 밤: 모든 것을 잃다

네메시스와의 마지막 대결이 계속되면서 영웅의 입문 경험은 점점 악화된다. 전체 이야기에서 결정적인 순간, 즉 제2막이 끝날 무렵으로 이어지는 것이다. 그것은 "영혼의 어두운 밤" 또는 블레이크 스나이더가 "모든 것을 잃다All Is Lost"라고 묘사한 것으로 알려져 있다.[355] 이쯤 되면 영웅은 완전히 패배한 듯 보이고, 퀘스트는 성취할 수 없는 것처럼 여겨진다. 희망이 없다. 스나이더가 말하는 소위 "죽음의 조짐Whiff of Death"도 엿보인다. 모든 영화가 이 시점에서 영웅에게 육체적 죽음의 위협을 경험하게 만드는 것은 아니지만, 어떤 영화든 예외 없이 영웅의 목표가 완전히 달성 불가능하다고 느껴지는 장면이 있다. 스나이더는 이 부분이 가능한 한 가장 깊은 의식 수준에서 전달되도록 하기 위해 구름, 날아가는 새, 혹은 흙구덩이와 같이 죽음을 상징하는 장면을 삽입할 것을 권한다.

　로맨스 영화에서 모든 것을 잃는 지점은 영웅이 그의 연인과 도저히 만날 수 없을 것처럼 만드는 끔찍한 사건이 될 수 있다. 우리는 이 문제가 어떻게 해결될지 전혀 모른다. 모든 영화에서 가장 많은 눈물을 짜게 되는 순간이다. 어렸을 적에 영화 E.T.를 봤다. 나는 눈물을 흘리지 않도록 스스로를 훈련시켰지만, 영화 속에서 E.T.가 죽어 가고 그를 구할 방법이 아무것도 없다는 생각이 들자 내 눈에서는 하염없이 눈물이 흘렀다. E.T.가 죽었을 때 나는 아기처럼 소리를 질렀다. 내 주위에 있던 대부분의 아이들이 그랬듯이 말이다.

　이것은 우리의 영웅에게 가장 어두운 순간, 그리고 퀘스트가 완전히 실패한 결말처럼 보이지만, 상징적인 의미에서 이 시점에서 진짜 죽는 것은 에고ego다. 많은 영화들은 이 부분을 마지막 한 방울까지 짜낸다. 종종 각본의 약 5페이지 분량을 할애해 영웅이 진짜로 죽은 것처럼 보이기도 한다. 이 부분이 잘 만들어지면 극장 안의 모든 사람들이 코를 훌쩍이며 흐느낄 것이다. 가끔 이 시점에서 진짜 영웅을 죽이는 영화도 있지만 그건 정말이지 매우 드문 일이다. 모든 시나리오에 부활이 내재되어 있다는 것을 알게 되면, 그 죽음과 부활로부터 느끼게 될 많은 놀라움을 잃게 된다. 그런데 대부분의 영화에서 멘토는 이 시점에서 죽는다. 스타워즈 속 오비완 케노비도 그렇다. 영웅이 바닥을 치고 계속 나아가는 것이 불가능하다고 느끼게 만들기 위해서이다.

　역사의 주기를 통과하는 나라의 경우, 외견상으로 모든 것을 잃은 지점은 전투에서의 중대한 패배, 소름 끼치는 경제 붕괴, 혹은 매우 존경받고 영향력 있는 지도자의 상실이 될 수 있다. 어느 쪽이든, 모든 종말론자들은 그것이 시간의 종말임을 확신하고 있으며 그 결과로 세계는 더 이상 존재하지 않을 것이다. 이런 관점에서 볼 때 내가 이 책을 쓰고 있는 지금, 우리가 처한 시간들은 여전히 우리의 집단적인 영혼의 어두운 밤이라 생각될 수 있다. 우리들 가운데 깨어 있는 의식 차원에서 진정으로 그 이야기를 이해하고, 규칙적으로 반복되는 역사의 주기 속에서 같은 사건이 계속 일어나고 있다는 사실을 깨닫는 사람은 거의 없기에, 우리는 이 어두운 밤이 정말로 끝이라고 생각한다. 패배는 총체적이고 완전하며 이야기는 끝났다.

──────── 어두운 밤 헤쳐 나가기

이야기의 시작부터 영웅은 자신의 결점을 소중히 간직해 왔다. 이는 부정적인 습관, 이기적인 생각, 비합리적인 공포, 그리고 영웅이 자신 안의 악마를 마주하지 않고도 잘 살아가도록 해준 무책임한 행동들이다. 로맨틱 코미디에서는 이전에 상처를 입었기 때문에 누군가를 사랑하지 못하게 된 영웅의 두려움일 수도 있다. 하지만 영혼의 어두운 밤을 맞아, 영혼은 자신의 두려움이 치유되지 않는다면 사랑하는 사람이 완전히 사라질 것이라는 사실을 깨닫는다. 액션 영화에서는 공포의 지배를 받아온 겁쟁이가 영웅이 적과 마주할 용기를 얻는다.

영웅은 에고를 떨치고 어떻게 하면 퀘스트를 완료하고 적을 물리칠 수 있는지에 대한 통찰을 얻는다. 영웅이 멘토로부터 받은 부적符籍이 이 시점에서 매우 중요한 역할을 하는 경우가 많다. 그 부적은 영웅에게 퀘스트를 완수하는 데 필요한 마법의 요소를 부여한다. 로맨스에서는 자신의 결점을 버리고 퀘스트를 완수하는 데 필요한 중요한 정보를 연인으로부터 얻을 수도 있다. 로맨틱한 "서브 스토리"가 나오는 액션 영화에서라면, 이 정보가 연애 상대를 얻고 네메시스를 물리치는 방법을 동시에 가르쳐 줄지도 모른다. 때로 이 정보는 우리의 영웅이 자신의 사랑을 인정하고 나쁜 남자와 대면할 용기를 갖게 하는, 연인의 입맞춤처럼 간단한 것일 수도 있다.

─────── **네메시스와 마주하기**

상업적 대본이라면 영웅을 네메시스와 직접 맞닥뜨리게 해서 적을 물리치거나("업" 엔딩), 적에게 패배하게("다운" 엔딩) 해야 한다. 다른 누구 혹은 어떤 것이 네메시스를 물리치는 대본을 쓰고 자금을 조달해 영화로 만들 수도 있지만, 그것은 고대의 구조를 따르는 영화만큼 인기를 끌지 못할 것이다. 만약 이 시점에서 시나리오 작가가 영웅을 네메시스와 대결시키지 않고, 단지 영웅을 곤경에서 벗어나게 하기 위해 어떤 신비하고 예기치 못한 마법의 힘 같은 것을 쓴다면 이는 데우스 엑스 마키나deus ex machina, 즉 "기계장치에서 내려온 신"이라 불리는 매우 뜬금없는 시나리오로 간주된다. 실제로 이런 일이 일어나는 영화들을 보며 사람들은 눈살을 찌푸린다. 우리의 영웅은 궁극의 용기를 소환해 네메시스와 마주해야 한다. 우리가 꿈에서 보듯 영화의 모든 등장인물은 궁극적으로 영웅의 핵심적 측면이기 때문이다. 만약 영웅이 적과 직접 대면하지 않는다면, 우리가 매일 밤 만나는 꿈의 상징성이 이야기 속에서 적절하게 묘사되지 않는 것이다.

한 나라가 잔뜩 미화美化된 지도자를 중심으로 모든 것을 구축했다고 해보자. 이는 자신들의 결점을 가린 것이다. 자신들 내부에서 만들지 못하는 힘과 지도력을 다른 누군가로부터 제공받으려 했기 때문이다. 지도자의 죽음, 혹은 지도자의 통제력을 넘어선 정치 세력에게 지도자를 잃었을 때 모든 희망은 사라진 것처럼 보인다. 국민들은 자신들이 싸워온 적대세력이 자신들을 추월할 것이라 확신하며 두려움에 떨지도 모른다.

그러나 국민들은 슬픔을 이겨내고 점점 용감해지면서 역량을 재편성하고 기꺼이 문제에 맞서려고 한다. 여기서 문제는 물리적인 외부의 적일 수도 있지만 문맹, 굶주림, 경제적 실패와 같은 사회적 문제일 수도 있다. 갑자기 새로운 동맹국들이 나서서 국민들이 그들의 퀘스트를 완수하도록 돕는다. 국민들이 성공한다면 자신들의 힘으로 문명을 이끌어 갈 수 있을 정도로 지도자의 자질이 국민에게 영감을 준 셈이 된다. 국민은 더 이상 지도자의 도움이 필요치 않지만 새로운 동맹국들과 함께 공동체로 일할 수 있다.

───────── **제3막: 최후의 결전, 승리, 그리고 엘릭시르 획득**

영웅이 영혼의 어두운 밤을 뚫고 자신이 간절히 원하는 것을 성취할 수 있는 해결책을 발견하기 전까지 제3막은 시작되지 않는다. 해답이 명백해지고 영웅이 해야 할 일을 알게 되어야 비로소 시작된다. 전통적인 연극에서는 마지막 해결책이 눈앞에 보이는 이 희망적인 시점에서 커튼이 닫힌다는 것을 명심하자. 현대의 텔레비전 쇼가 "다음주에도 채널 고정"을 강요하는 벼랑 끝 순간은 아니다. 이 제3막은 시청자들에게 많은 흥분을 불러일으킨다. "이제 우리의 영웅이 답을 찾은 것 같아! 영웅이 성공할까? 영웅이 여기까지 오다니!" 임박한 해결을 기다리는 흥분이 마음의 뿌리 깊은 곳에 닿는다. 우리는 자신의 삶에서 이 순간에 도달하는 것을 매우 좋아한다. 우리의 모든 고난이 곧 성과를 거두게 될 것을 의미하기 때문이다. 우리는 이제 내부의 네메시스를 통합하고 카르마의 수레바퀴가 우리를 고통스럽게 하는 것을 멈출 기회를 갖게 되었다. 영혼으로서의 우리는 이것이 우리의 궁극적 목표라는 것을 알고 있으며 무의식적으로 이를 갈망한다.

이 시점에서 영웅은 문턱의 수호자인 네메시스와 맞서 승리하는 데 필요한 모든 조치를 취할 만큼 용감해야 한다. 이 계획은 위험에 처할지도 모른다. 우리의 영웅이 성공할 것이라는 보장은 없다. 그러나 이 고대의 이야기 구조는 영웅이 그것을 이루기 위해 결국 죽음을 맞이한다 해도 영웅의 여정이 승리로 이어질 것을 보장한다. 일단 영웅이 자신의 결점을 버리고 최종 해결책에 전념할 만큼 용감해지면, 위대한 이야기에서 또 다른 중요한 순간이 이어진다. 이제 영웅이 명예와 운명을 완전히 받아들였으므로, 우리가 2막에서 만났던 동맹군들이 여기저기서 홍수처럼 밀려든다. 이는 우리의 이야기에서 또 한 번 눈물을 짜게 되는 순간이다. 영화「아바타」에서 이런 일이 일어났을 때, 나는 "당연히 동맹군이지!"라고 외쳤다. 이제까지 영웅의 퀘스트는 마치 영웅이 홀로 퀘스트를 완수해야 할 듯이 외롭게 느껴졌다. 이제, 갑자기, 영웅이 다른 사람들에게 베푼 친절이 영웅이 가장 필요로 할 때 "좋은 카르마"의 놀랄 만한 폭발로 돌아온다.

동맹군이란, 영웅이 에고의 이기적인 요구를 물리칠 방법을 발견하면 갑자기 도움을 주는, 영웅이 가진 성격의 다른 측면을 상징한다. 이 동맹군 캐릭터들 중 하나는 힘을 상징한다. 나머지는 유머, 영리함, 용기, 지혜, 사랑, 트릭스터trickster를 상징한다. 잘 만들어진 영화에서 우리는 2막에서 만났던 모든 친구들이 영웅이 가장 필요로 하는 정확한 순간에 영웅을 돕기 위해 느닷없이 돌아오는 것을 보고 기뻐서 눈물을 흘린다.

할리우드에서는 해피 엔딩이 불행한 결말보다 훨씬 상업적이고 인기가 있으며 원작에 잘 들어맞는다. 영웅은 승리를 달성하고, 적들이 시샘하며 지켜온 완전한 보물, 최고의 조명 속에서 드러나는 보물을 확보한다. 일단 당신이 내부의 적들과 마주하고 다른 사람을 사랑하지 못하도록 벽으로 막아 버린 에고의 방어기제를 무너뜨리면, 문턱을 넘을 준비가 된 것이다. 당신은 마침내 진정한 자아自我에 대한 감각을 얻는다. 당신이 퀘스트를 시작했을 때, 친절을 베풀었던 사람들은 귀중한 동맹으로 다시 나타난다. 당신의 진정한 자아가 갖는 퍼스널리티는 주변의 걱정, 고통, 공포를 정체성으로 구축된 것이 아니다. 당신이 누구이고 무엇인지가 핵심이다. 영적인 의미에서는 당신의 영혼이 더 높은 차원으로 진화하는 승천昇天: ascension이다. 우리가 인생에서 경험하는 모든 승리는 이 같은 돌파구의 작은 버전이다.

일단 영웅이 네메시스를 물리치고 문턱을 넘으면, 불멸의 엘릭시르를 손에 넣어야 한다. 모든 퀘스트를 가치 있어 보이게 하는 마법의 성분 말이다. 다시 말하지만 엘릭시르는 중요한 사람, 신비한 물질, 강력한 장치, 위대한 보물, 또는 세상을 바꿀 수 있는 귀중한 지식의 조각이 될 수 있다. 어떤 영화들은 엘릭시르가 확보되자마자 바로 크레딧credits을 올리기도 한다. 이것은 고대의 이야기가 보여주는 방식이 아니다. 이런 경우 관객들은 속았다는 느낌을 받지만 자기들이 왜 그렇게 느끼는지는 모른다.

──────── 귀환

위대한 이야기 안에서, 영웅은 엘릭시르를 손에 넣은 후 새로운 모습으로 평범한 세계로 돌아와 그곳을 개선해야 한다. 그는 다시 한 번 적에 의해 또는 다른 반대세력에 의해 마법의 세계에서 쫓겨날지도 모른다. 어느 쪽이든 일단 영웅이 엘릭시르와 함께 평범한 세계로 돌아오면, 우리는 그 퀘스트가 완성되었고 영웅이 세상을 더 나은 곳으로 변화시켰다는 사실을 안다. 승리의 결과로 영웅이 세상을 향상시킬수록, 그는 우리 은하의 마음속에 기록된 고대 이야기의 약속을 더욱 강렬하게 이행하는 셈이다.

미화된 지도자를 잃은 국가의 역사적 사례로 돌아가 보자. 사람들은 늘 자신들의 지도자를 돕고 있었지만 직접 관여하는 것을 매우 두려워했다. 그의 비극적인 죽음 이후 사람들은 용기를 내고 그들의 문제에 직면하게 된다. 그들은 문맹 퇴치를 위해 책을 인쇄하는 더 좋은 방법, 배고픔과 싸우기 위해 더 빨리 더 많은 식량을 재배하는 새로운 과정 등 해결책을 찾는다. 우리가 이야기의 귀환 부분에 도달하면, 엘릭시르가 사용되어 모든 사람들의 일상이 향상되기 시작한다.

귀환 부분은 「반지의 제왕Lord of the Rings」 3부작의 마지막 편에 잘 드러난다. 프로도Frodo는 용암 속에 절대 반지를 던져 넣어 사우론Sauron의 악한 힘을 영원히 파괴하고, 이 땅을 공포와 고통으로부터 해방시킨 후 마침내 샤이어Shire로 돌아간다. 마찬가지로, 조지 루카스는 오리지널 3부작 중 첫 번째 영화인 「스타워즈: 새로운 희망」의 마지막 부분에서 루크 스카이워커와 그의 동료들을 위한 웅장한 시상식을 만드는 데 많은 시간을 할애했다. 이 장면에서 루크가 잃어버린 여동생 레아 공주의 존경을 받으면서 그의 탐험을 성공적으로 완료한 것에 대해 많은 군중들이 찬사를 보낸다. 또한 「제다이의 귀환」 마지막에서는 루크의 멘토들이 고양된 "빛몸" 상태에서 승인의 시선을 던지는 가운데 은하 전체가 축하의 분위기를 분출한다.

연극의 경우, 이 마지막 축하연은 모든 배우들이 한 명씩 무대에 나가 인사하는 커튼콜로 나타나기도 한다. 우리의 영웅, 궁극의 주빈主賓은 마지막에 등장한다. 배우들은 미소를 짓고 손을 흔들고 모두 모이면 절을 한다. 네 번째 벽은 마침내 깨지고, 배우들은 눈을 마주치고 관객들은 이야기의 직접적인 부분이 된다. 잠재의식적인 차원에서 이것은 모든 세계가 무대라는 것을 일깨워 준다. 우리는 단지 우리 삶의 이야기에 출연하는 배우player일 뿐이다. 우리는 사후세계에서 쓴 치밀한 대본을 바탕으로 전력을 다하고 있으며, 이야기 밖에서는 훨씬 큰 존재감을 가진다. 언젠가 우리는 다시 한번 친구들과 재회해 우리가 살았던 삶의 기쁨과 재난을 축하할 것이다.

귀환과 커튼콜은 이야기의 매우 만족스러운 부분이지만 많은 현대 영화들은 시간적 제약이나 관습 때문에 그것들을 간과한다. 많은 영화들은 영웅이 네메시스를 물리치고 퀘스트의 목표를 달성하는 즉시 크레딧을 올려서, 당신의 머리와 가슴 속에서 이야기가 완성되도록 한다. 가끔은 이런 형태가 옳아 보이기도 하지만, 대부분의 관객들은 영웅의 귀환을 함께 즐기지 못하면 중요한 것을 잃었다고 느낀다. 어떤 영화들은 우리의 영웅에게 믿을 수 없을 정도로 다양한 시련을 겪게 하고는 시련 가운데 하나가 해결되어 처음으로 실질적 안도의 신호가 도착하자마자 크레딧을 올려버린다. 이러한 영화들은 무언가가 빠져 있는 것이다.

데이비드 윌콕의 동시성

─────── **이것이 이야기다**

　　이것은 "이야기"다. 텔레비전을 켤 때마다, 영화를 볼 때마다, 친구에게 전화를 걸어 자신의 문제와 그것을 어떻게 해결할 것인지에 대해 말할 때마다, 우리는 이야기 속에 있다. 이것은 영적인 의식이다. 우리는 영적인 존재이기 때문에 그것에 끌린다. 우리가 그것을 갈망하기에 할리우드는 우리에게 그것을 제공한다.

　우리는 수백 년 또는 수천 년 동안 전 세계적으로 천천히 이야기가 전개되는 것을 지켜보는 데 필요한 인내심을 갖고 있지 못하다. 우리는 그 문제를 쉽게 볼 수 있고, 지구상의 다른 모든 사람들이 그 문제를 이행할 준비가 되기 훨씬 전에 해답을 갈망한다. 이쯤 되면 우리는 자신의 삶의 이야기로 눈을 돌려 치유에 힘써야 한다. 그렇게 함으로써 세상을 치유하고 이야기의 결과를 바꿀 수 있다.

─────── **분리, 입문, 귀환**

　　우리는 이미 시작-중간-끝을 설정-갈등-해결이라고 규정했다. 블레이크 스나이더는 이러한 구분을 정립, 반정립, 종합(혹은 정반합)이라 지칭한다.[356] 조지프 캠벨은 이 3부를 분리, 입문, 귀환으로 나눈다. 분리 단계에서는 단절감을 느끼고 혼자라 생각하고, 가장 깊은 의미에서는 사랑이나 창조자가 자신을 버렸다고 느낀다. 이런 느낌으로 인해 당신은 민감한 핵심을 보호하기 위한 방어기제를 구축한다. 입문 단계에서 당신은 두려움에 직면하고 그림자와 맞서며, 궁극적으로는 가장 깊은 결점을 놓아버리게 된다. 그렇게 함으로써 승리, 혹은 밝은 이해를 성취한다. 즉 순수한 지식의 왕국으로의 영적인 승천을 이룬다. 그 왕국에서 불멸의 엘릭시르는 진정한 사랑이며, 당신은 언제라도 그 엘릭시르를 사용할 수 있다. 귀환 단계에서는, 당신이 도달한 새로운 이해와 함께 평범한 삶으로 돌아가서 그 삶을 변형시킨다. 설사 마지막에 사랑하는 사람이 죽는다 해도, 당신은 그와 함께임을 알고 결코 혼자 있는 것이 아님을 깨닫는다. 일단 당신이 자신을 사랑하는 법을 배우면 당신의 진정한 마음이 원하는 것은 무엇이든 얻을 수 있고, 그 과정에서 다른 사람들을 돕게 된다.

우리는 매일 이런 순환주기를 이행한다. 부모, 친구, 선생님, 상사, 그리고 평생을 우리와 함께하기 위해 돌아온 로맨틱한 파트너와 함께 몇 년 동안 그것들을 겪는다. 궁극적으로 우리는 전 세계적으로 이와 같은 순환 패턴을 경험한다. 전 세계의 사람들이 백일몽 속에서 같은 이야기를 경험하는 것은 같은 정체성을 갖고 있기 때문이다. 매번 생의 마지막에서, 또 한 번의 굉장한 커튼콜을 받고 방금 살았던 삶은 훨씬 더 큰 보석의 일면에 불과하다는 완전한 인식을 회복한다. 각각의 새로운 이야기에서 서로 다른 역할을 하기로 선택한 친구들로 구성된 이너 서클에 다시 익숙해진다. 우리는 뒤로 물러나 깊은 숨을 쉬면서, 존재의 핵심을 위협하는 것처럼 보였던 투쟁들이 단지 기억을 일깨우기 위한 것이었음에 감사한다. 우리의 길에 이러한 장애물들을 놓아서 우리가 사랑하는 창조자의 완벽한 홀로그램 투영인 "영원한 영혼"이라는 우리의 핵심 정체성을 깨울 수 있도록 도와준 것이다.

지적知的이며 자각自覺하는 공동 창조자들은 지구상에 인간이 존재하기 훨씬 이전부터 이 이야기를 개별적으로 그리고 집단적으로 연구하고 마스터해 왔다. 그중 일부는 우리의 꿈에 나타나 지구상의 사건들 뒤에서 보다 좋은 결과가 나오도록 이끄는 멘토가 될 수도 있다. 우리는 노래, 시, 책, 연극, 텔레비전 쇼, 영화 속 이야기에서 영감을 얻는다. 우리는 내면 깊은 곳에서 이것이 우리의 이야기인 생명의 책이며, 그 책은 행복한 결말을 맺기 위해 쓰여 있다는 것을 알고 있다. 우리는 꿈속에서 깨어나기 시작한다. 우리가 완전히 깨어나면 어떤 일이 일어날까? 베일을 뚫고 마침내 지적인 무한intelligent infinity에 가 닿을 수 있을까?

──────── **전 세계 차원에서의 제3막**

우리는 이 생명의 책이 역사 속의 사건들, 즉 영웅의 이야기에도 똑같이 적용된다는 것을 세계적 차원에서는 아직 파악하지 못했다. 또한 우리는 3막─우리 자신의 전 세계적인 에고 투사와 마지막 투쟁─에 푹 빠져 있다는 것을 의식적으로 깨닫지 못한다. 우리는 영혼의 어두운 밤을 헤쳐 왔고 문턱의 수호자, 즉 네메시스를 인지했으며 그를 물리치기 위해 우리가 해야 할 일을 알고 있다. 더 이상 양 효과Sheep Effect는 없다. 우리는 진실을 마주해야 한다. 진실이 우리를 자유롭게 할 것이기 때문이다. 머지않은 장래에 우리는 전 세계적인 커튼콜에 직면할지도 모른다. 우리가 알고 있는 현실은 우리 자신의 진화를 위해 더 높은 수준에서 조정된 정교한 착각으로 밝혀질지도 모른다. 이 웅장하고 의기양양한 승천의 순간, 세계적인 규모로 볼 때 우리를 도와 왔던 천사 플레이어들이 베일 뒤에서 나와 절을 할지도 모른다. 이 책이 수집한 데이터들은 우리가 훨씬 쉽게 상상하도록 도와준다. 동시성은 우리가 개인적이고 집단적인 수준에서 깨어날 수 있도록 북돋는 열쇠다.

우리는 이미 2013년 교황의 충격적인 사임이 있던 날 밤, 바티칸을 강타한 번개 얘기를 했다. 이는 "마음이라는 나무의 뿌리the roots of the tree of Mind"가 만들어낸 "영혼의 어두운 밤"에 대한 놀랍도록 완벽한 구현이었다. 원래의 로마 교회가 기독교를 변형시킨 정도를 생각하면 이 상징성은 극히 가슴 아프다. 우리의 최근 역사에서 또 다른 흥미로운 예는 버락 오바마Barack Obama가 취임하기 닷새 전인 2009년 1월 15일, 체슬리 설렌버거Chesley Sullenberger 기장이 심각한 손상을 입은 여객기를 몰아 허드슨 강에 성공적으로 착륙한 것이다. 9.11의 항공 사고와는 상징적으로 정반대 사례다. 나의 웹사이트에 썼듯이,[357] 이것은 우리 모두 경험하고 있는 전 세계적인 명쾌한 꿈의 또 다른 징후로 보인다. 겉보기에는 무작위로 보이는 세계적 사건들이 사실은 상징적 의미를 가지고 있다.

많은 사람들이 허드슨 강의 기적을 보며 신비롭고 심오한 일이 벌어지고 있다고 느꼈지만, 그 사건의 의미를 제대로 이해하지는 못했다. 나는 상징적인 사진 속에서 비행기 날개에서 줄지어 탈출하는 생존자들이 촬영된 순간이 정확히 오후 3시 33분이라는 동영상 증거를 제시했다. 오바마가 333명의 선거인단을 확보함으로써 승리가 확정된 지 불과 몇 주 후의 일이었다. 333이란 숫자는 존 매케인John McCain이 선거 승복 연설을 하는 내내 텔레비전 화면에 머물러 있었다.[358] 이렇게 짧은 기간 동안 333이란 숫자가 두 가지 분명한 방법을 통해 나타나는 것은 놀라운 일이었다.

나는 이 두 사건 중 어느 것도 지구상의 어느 누구에 의해 계획되었다고 믿지 않으며, 또한 그렇게 함으로써 오바마를 구세주로 만들었다고도 생각하지 않는다. 우리는 각자의 방식으로 세계적인 이야기 속에서 영웅이 되어야 한다. 오바마가 두 번의 선거에서 승리했다는 사실은 그가 자신의 일을 감당할 수 있든 없든, 국민들은 오바마의 메시지에 투표했다는 것을

데이비드 윌콕의 동시성

보여준다. 바티칸의 번개, 허드슨 강의 기적과 같은 전 세계적 동시성, 즉 "지오 동시성geo synchronicities"은 우리의 집단 이야기에 직접적인 영적 개입이 있어서 가능했던 결과일 것이다. 지오 동시성은 우리에게 긍정적인 미래가 나타날 것이라는 강력한 메시지를 보내고 있다. 이야기의 틀 안에서는 이러한 사건을 전조前兆, 혹은 조짐이라고 부른다. 길이 얼마나 어두워보이느냐와 상관없이 영웅이 자신의 퀘스트에 성공할 것을 암시한다.

허드슨 강의 기적에서 그 상징성은 부시 행정부의 폭력적이고 제국주의적인 정책 아래에서 2008년의 대규모 경제 붕괴를 포함한 완전한 재앙으로 급속히 치닫고 있다는 사실을 보여주는 듯했다. 9월 11일은 그 대재앙의 상징이었다. 그러나 미국인의 의식은, 공포를 종식시키고 외국인을 적으로 보지 않겠다고 약속하면서 인종, 국적, 종교와 상관없이 모든 사람이 함께 안전하게 착륙할 수 있도록 힘을 합하겠다고 다짐한 후보에게 표를 던질 만큼 깨어났다. 죽음의 문턱에 선 영웅적인 조종사는 9.11 사건에서 쌍둥이 빌딩을 무너뜨린 바로 그 항공사 악마惡魔를 물리치고 불멸의 엘릭시르를 획득하는 불가능한 일을 성취했다. 이 놀라운 사건은 전 세계적인 곤경으로 인해 가장 골치 아프고 불안한 상황에서도 해피 엔딩이 있을 수 있다는 사실을, 잠재의식을 통해 전 세계인에게 보여주었다. 설렌버거의 행업은 전 세계 수백만 명의 사람들에게 영감을 준 기적으로 여겨졌고 "항공 역사상 가장 극적인 탈출 이야기"라는 찬사를 받고 있다.[359]

일루미나티, 신 세계질서, 카발, 그림자 엘리트, 혹은 나쁜 놈들…, 어떻게 부르든 행성 엘리트들은 우리 자신의 에고를 전 세계 차원에 투사한 것으로서, 도깨비집 거울에 비친 영상처럼 극단적으로 왜곡된 존재들이다. 이 집단적 악몽이 실제로 끝나가고 있다는 조짐이 점점 많아지고 있고, 나는 그것들을 내 웹사이트에서 꾸준히 추적하고 있다. "드래곤"이 지키는 불멸의 엘릭시르는 대부분의 사람들이 상상했던 것보다 훨씬 더 중요하고 환상적이며 세상에 커다란 충격을 줄 것이다. 그것은 우주에서 우리가 혼자가 아니라는 완전하고 충분한 지식을 포함하고 있으며, 오랫동안 잊어버린 친척들을 전 세계적 커튼콜에서 만나는 관문이다. 사건의 속도가 점점 빨라지고 있다는 것과 내가 카발의 폭로와 패배에 대해 꾸고 있는 예언적 꿈들이 믿을 수 없을 정도로 많다는 점을 감안하면, 가까운 시일 내에 매우 의미 있는 발전이 있을지도 모르겠다.

직접적인 육신肉身의 차원에서 증가하는 지진, 쓰나미, 태풍, 화산 폭발, 기후 변화 등의 문제들은 전 세계적인 "어두운 영혼의 밤"의 중요한 측면들이다. 거의 모든 고대 신화와 예언에 따르면, 이러한 격변은 우리를 일깨우기 위한 웅대한 설계의 매우 중요한 부분인 듯하다. 인종, 국가, 정치 성향, 종교에 상관없이 기름 유출, 지진, 홍수, 태풍, 토네이도, 가뭄 등등의 재해는 우리를 깨우기 위해 울리는 경종警鐘이다. 우리는 이러한 재앙 앞에 서로 연대하고 결속해야 한다. 특히 그런 재앙이란 것들이 우리의 생각과 행동에 의해 긍정적인 방향으로 변화될 수 있는, 에너지적인 원인을 갖고 있다는 것을 깨닫는다면 더욱 그렇다. 하나의 법칙 시리즈는 이러한 세계적 문제들이 행성 차원에서 우리를 일깨우기 위해 의도된 것임을 직접적으로 가리켜 보인다.

> 65.6 [당신네 사람들은] 많은 [지구의] 변화로 인해 더 큰 봉사 기회를 갖게 될 것입니다. 즉 당신의 착각 속에서 지구의 변화들은 많은 과제, 어려움, 그리고 외견상의 괴로움을 줄 것입니다. 그러면 사람들은 자신들이 살고 있는 행성의 물리적 리듬의 오작동(우리가 잘못된 용어를 사용하는 것일 수도 있지만, 어쨌거나)의 원인을 이해하려고 할 것입니다.[360]

———— 역사의 순환주기를 탐구할 준비가 되었다

이제 우리는 영적 진화가 취하고 있는 구조―다시 말해서 살아 있는 우주 내의 우리 은하의 마음에 기록되어 있는―를 확립했으므로 마침내 역사의 순환을 탐구할 준비가 되었다. 이 지식은 충격적이고 혁명적이며, 세계를 속속들이 변화시키는 관점의 변화를 보여준다. 궁극적으로는 우리가 들어가 살고 있는 환상illusion의 웅장한 본성과 우리를 둘러싸고 있는 더 큰 우주의 지성을 드러낸다. 우리는 곧 우리 세계에서 일어나는 많은 사건들―최악의 대규모 잔학 행위들조차도―이 무작위적인 것이 전혀 아니라는 사실을 알게 될 것이다. 이윽고 그 사건들은 우리가 경험하며 살아가는 지적인 구조intelligent structure의 표현인 듯 보인다. 고대의 이야기는 그것이 가르치고자 하는 교훈을 우리가 얻을 때까지 계속 반복해서 전해지고 있다.

우리가 다른 사람들을 적敵이라고 보는 것까지는 아니더라도, 우리 자신으로부터 분리되어 있다고 본다면, 네메시스가 승리하고 있는 것이다. 그러면 우리가 잊고 있는 형제자매들과 함께 계속 고통을 겪게 될 것이다. 우리는 하나이고 모든 사람은 자유와 평화를 누리고 살 권리가 있다는 사실을 마침내 깨달을 때까지, 가혹한 전쟁과 비참한 죽음은 끊이지 않고 반복될 것이다. 우리의 지도자들은 우리를 전쟁으로 이끌 수 없다. 최소한 우리 중 일정 비율 이상의 사람들이 문제 해결을 위해 폭력이 필요하다고 생각하지 않는 한에는 그렇다.

반사회적 성격 파탄자인 소시오패스들은 자신을 숨기는 일에 능하고, 자신들이 원하는 것을 우리도 원한다고 생각하도록 설득하는 데 영리함을 발휘하지만, 이제는 상황이 근본적으로 변하고 있다. 일단 진실이 밝혀지면 절대로 막을 수 없다. 개인의 자유의지와 집단적 자유의지는, 우리 대부분이 그 존재를 절대로 믿지 못할 에너지의 영향 속에서 움직이고 춤추고 있다. 각 개인은 개인이나 지역, 국가, 심지어는 세계적 차원에서 고대 영웅의 여정 이야기에 나오는 원형들을 구현할 수 있다. 위대한 발명가들은 우리 사회를 마법의 세계로 변화시켜 주는 부적을 건네준 멘토들이었다. 전기라는 신비하고 새로운 힘은 생활의 편리함을 향상시켰다. 핵폭탄은 기술이 만들어 낼 수 있는 큰 악惡을 상징한다. 이제 우리는 핵을 비롯한 대량 살상무기로 우리를 위협하는 적을 고립시킨 시점에 이르렀고, 적을 물리치면 기술의 더 큰 혜택을 확보할 수 있을 것이다.

우리가 이러한 원형의 역할에 뛰어들어 고대 패턴에 따라 그 역할을 완수하게 만드는, 에너지 차원의 영향력은 지구의 움직임에 의해 생겨난 것으로 보인다. 구체적으로 말하자면, 우리 행성은 본질적으로 살아 있는 지적 존재인 우주 공간의 다양한 영역을 천천히 부유하고 있다. 지구의 축은 25,920년을 주기로 하는 느린 요동wobble을 추적하고, 역사의 순환주기는 이 요동을 깔끔하게 따라간다.

4부에서 검토하겠지만, 25,920년이란 대년Great Year은 궁극적으로 우리 태양계 전체가 신비로운 동반성인 검은 태양Black Sun 주위를 돌고 있는 궤도를 말한다. 우리 태양의 동반성이 가진 에너지 필드는 완벽하고 조화로운 기하학적 패턴으로 구조화되어 있으며, 이것에 의해 우리의 자유의지는 개인 및 집단 차원에서 정교하게 인도되고 있다.

Chapter 03

승리와 패배의
순환주기

잔 다르크
다시 봉기하다

———— **역사의 위대한 순환**

하나의 법칙 시리즈에는 역사의 진정한 의미에 대한 흥미로운 구절들이 있는데, 그것은 이제부터 시작하는 논의의 훌륭한 출발점이 된다. 우리는 반복해서 듣는 이야기들이 정말로 하나뿐이라는 사실을 상기하게 된다. 구체적인 세부사항, 즉 시간과 장소 같은 것들은 이러한 순환이 궁극적으로 우리에게 가르치려 하는 영적 진화의 철학보다 훨씬 덜 중요하다.

16.21 우리가 당신의 개념을 이해하는 한도 내에서 역사는 없습니다. 원한다면 머릿속에 존재의 동그라미를 그려보세요. 우리는 무한한 지성

으로 알파와 오메가를 알고 있습니다. 원은 결코 멈추지 않습니다. 그것은 존재합니다.[361]

9.4 여러분 행성의 실체들 각각은, 이러한 단어를 써도 된다면, 저마다의 순환주기 계획cyclical schedule을 따르고 있습니다. 이러한 순환주기는 지적인 에너지의 비율과 동등한 값입니다. 지적인 에너지는 일종의 시계를 제공합니다. 순환주기들은 시계가 시간을 알리는 것처럼 정확하게 움직입니다.[362]

2.2 수천 년의 시간/공간은 잘못된 유형의 관심을 불러일으킵니다. 우리의 책임인 가르침/배움은 역사적이라기보다는 철학적입니다.[363]

1.1 우리는 시간의 일부가 아닙니다. 그렇기 때문에 우리는 당신 기준의 시간으로 어느 때라도 당신과 함께할 수 있습니다.[364]

16.22 세 번째 밀도에는 과거, 현재, 미래가 있습니다. 시공 연속체에서 분리된 실체가 가질 수 있는 전체 조망 안에서, 완성의 순환주기 내에는 오직 현재만이 존재한다고 볼 수 있습니다.[365]

─────── **전 세계 신화에 등장하는 서사의 수수께끼**

『천의 얼굴을 가진 영웅』[366]에서 조지프 캠벨은 전 세계에 걸쳐 전해지는 모든 신화들이 자신이 영웅의 여정Hero's Journey이라고 부르는 동일한 이야기를 한다고 밝혔다. 조르지오 데 산티야나와 헤르타 폰 데 헨트는 전 세계에서 수집된 수십 개의 신화들이 매우 신중하게 암호화된 25,920년의 세차기歲差期, 혹은 대년great year이라는 숨겨진 은유를 포함하고 있음을 발견했다. 한 번 완료되는 데 25,920년이 걸리는 느린 역회전逆回轉의 요동이 지구 축 안에 있다는 것을 알고는 있지만, 전통적인 과학은 왜 그것이 그렇게 다양한 고대 신화에서 중요하게 여겨졌는지에 대해서는 설명하지 않는다. 이들 신화에서 네메시스에 대한 영웅의 승리는 황금시대가 도래할 것이란 분명한 예언을 드러내는 듯하다. 황금시대는 하나의 법칙 시리즈 안에서 "네 번째 밀도fourth density"라 불리는 인간 진화의 새로운 차원이다. 위대한 영웅의 여정 이야기 하나는 완료까지 25,920년이 걸리며, 같은 이야기가 다른 방식으로 반복되는 많은 하위주기下位週期들이 존재한다. 구약의 전도서the book of Ecclesiastes 3장 1~2절 및 15절은 이 순환주기를 언급하는 듯 보인다.

천하에 범사가 기한이 있고 모든 목적이 이룰 때가 있나니: 날 때가 있고 죽을 때가 있으며 심을 때가 있고 심은 것을 뽑을 때가 있으며 … 이제 있는 것이 옛적에 있었고 장래에 있을 것도 옛적에 있었나니 신은 이미 지난 것을 다시 찾으시느니라.

힌두교 경전에서도 "브라흐마의 낮과 밤day and night of Brahma"을 포함해 우주에서의 진화 주기에 대해 반복적으로 논하는데, 힌두교도들은 브라흐마의 낮과 밤이 86억 4천만 년 걸리는 우주의 완전한 순환이라고 믿는다.[367] 25,920년 주기뿐만 아니라, 그 주기를 12로 나눈 2,160년 주기의 황도 12궁 시대들도 언급된다. 힌두교 경전은 우리가 지금 가장 힘든 암흑기

를 지나고 있음을 알려준다. 지금 겪고 있는 칼리 유가Kali Yuga는 물질주의
와 폭력의 과잉뿐만 아니라 도덕의 점진적 쇠퇴가 있는 시기다. 이 유가는
위대한 화신들avatars이 다시 등장할 사티아 유가Satya Yuga, 즉 황금시대로
가는 변혁에 길을 열어준다. 바가바드 기타Bhagavad Gita 4장 5절부터 15절
에서, 크리슈나는 자신을 다시 출현하는 영웅 원형의 구현이라고 칭한다.

나는 여러 번 태어났고, 아르쥬나여, 그대 역시 여러 번 태어났느니라.
그 전생前生 모두를 나는 기억하고 있지만, 오 아르쥬나여, 그대는 마야
의 환상에 빠져 자신의 전생을 전혀 기억하지 못하고 있노라. 나는 태어
나지도 죽지도 않는 영원불멸의 존재이며 또한 모든 존재들의 주인이니
라. 내가 비록 의도적으로 나 자신의 물질적 속성인 요가 마야Yoga Maya
를 이용해 이 세상에 태어난 듯 보이더라도 그것은 다만 그대의 눈에 그
렇게 보일 뿐이니, 나는 그저 자연의 힘을 통해 내 본바탕을 잠시 유한한
형태로 드러낸 것일 뿐이니라. 의義가 약하고 희미하며, 불의가 자만自慢
에서 솟아나올 때, 그때 나의 영靈은 땅 위에 나온다. 선한 자들의 구원을
위하여, 인간 내의 악을 멸하기 위하여, 의로운 나라를 성취하기 위하여,
나는 지나가는 시대에 이 세상에 오느니라.

1993년 여름, 나는 피터 레메수리에Peter Lemesurier가 쓴 『해독된 위대한
피라미드The Great Pyramid Decoded』를 읽다가 역사가 주기적으로 움직인다
는 개념에 대해 처음 알게 되었다.

역사…, 우리가 이전에 추측했던 대로, 그리고 마야인들이 오랫동안
믿었던 것처럼, 정말로 순환적일 수 있다. [이] 순환적인 역사관…, 분

점세차로부터 도출된 점성학적 개념으로 표현할 수 있는 것이다. … 우리 아마도 시대의 추이를 나선형으로 보는 관점을 더 정당하다고 생각할지 모른다. 즉, 진화와 역사의 진행은 순환 운동을 하지만, 각각의 혁명은 다른 수준(아마도 더 높은 수준)에서 일어나며 다른 질서의 성취가 특징이라는 것이다. 고대 아즈텍인들이 소라고둥을 다음 시대의 상징으로 여겼다는 사실은 그들이 이 개념에 동의했음을 시사한다. 이 개념을 신봉하는 유명한 현대의 신도信徒가 없을 수 없다: 아인슈타인조차 이 생각에 동의했다고 알려져 있다.

세계사에 대한 주기적인 관점으로 보면, 사실 같지 않은 것이 없어 보인다. 이 관점이 일반적으로 받아들여지게 하는 데 있어서 유일한 장애물은 구체적인 고고학적 증거의 명백한 부족이다. 무엇을 찾아야 할지, 혹은 정확히 어디에서 찾아야 할지에 대한 지식 부족일 수도 있다. 에드가 케이시가 주장했듯이, 그러한 증거가 적절한 때에 발견될 것인지 여부는 오직 시간이 말해 줄 것이다.[368]

─────── **6년 후, 미스터리가 풀리다**

레메수리에의 엄청나게 복잡한 학술 작품을 읽은 후, 나는 6년 동안 이 미스터리에 대해 계속 생각했다. 마침내 1999년 3월 7일, 친구 데이비드 스타인버그David Steinberg가 나를 위해 준비한 생일 파티에서, 그는 자신이 번역한 누렇게 바랜 원고를 내게 건네주었다. 그는 이 썩어 가는 서류뭉치를 매우 소중하게 여겼고 읽는 즉시 돌려달라고 했다. 나는 생일 파티에서 궁극의 마법 선물을 받는 것이 매우 동시성에 부합하는 상황이라는 사실을 깨달았다. 이것이 내 연간 주기의 전환점이었기 때문이다. 다음날 내 최초의 온라인 과학책인 『Convergence II(융합 2)』를 인터넷에 올리려고 하다가, 이 책의 결론 맨 끝에 친구가 빌려준 책을 잠깐 언급했다.[369] 그로부터 1년 반이 지난 후, 나는 데이비드에게 이 책은 정말 널리 알려져야 한다고 말하면서 전체 원고를 내 웹사이트에 게재하자고 제안했다. 그렇게 해서 2001년 1월 10일 내 웹사이트에 게재되었다. 바로 프랑수아 마송이 쓴 『우리 세기의 종말The End of Our Century』이다. 그중 특히 눈에 띄는 장章은 "주기학: 역사의 수학Cyclology: The Mathematics of History"이다.[370]

마송은 레메수리에가 자신의 책에서 제안했던 것을 정확하게 증명할 수 있는 확실한 증거를 1977년부터 가지고 있었다. 역사는 매우 정확한 주기로 움직이는 것처럼 보이고, 마송은 그것을 증명하기 위해 광범위하고 놀라운 증거를 제공했다. 어떤 출판사도 이렇게 매혹적인 책을 기꺼이 책임지려 하지 않았다는 사실이 놀라울 따름이었다. 그런데 2013년 3월 인터넷 검색을 통해, 이 책의 대체 영어 번역본이 『우리 시대의 종말The End of Our Era』[371]이라는 제목으로 출판되었음을 알게 되었다. 지금은 절판되어 도서관 간 대출로 구할 수 있을지는 모르겠지만, 스타인버그의 번역본은 내 웹사이트에서 무료로 읽을 수 있다. 의회도서관은 1982년 『우리 시대의 종말』 저작권을 등재하고 1984년 개정했다.[372]

마송은 미셸 엘메의 발견을 강조했는데, 엘메는 16년 동안 정기간행물 「레 카이예스 아스트롤로지크Les Cahiers Astrologiques」지에 실린 여러 논문에서 광범위하고 설득력 있는 새로운 이론을 제시했다. 엘메는 역사적인 사건들이 놀라운 정확성으로 매우 정확한 시간 주기로 반복된다고 주장했다. 1980년 마송은 다음과 같이 썼다: "1960년 엘메는 사건들의 주기적 반복에 관한 자신의 이론을 제시했는데, 이는 이상적이고 출중한 숫자

25,920과 그 약수들을 주로 사용한 주기이다. 이 이론을 적용함으로써 [엘메는] 많은 정확한 예측을 할 수 있었다.[373]

엘메는 1960년 카이예스 아스트롤로지크 저널에서 어떠한 출판물도 내지 않은 것으로 보인다. 카이예스 아스트롤로지크는 아직도 모든 출판물에 대한 온라인 기록을 보유하고 있다. 따라서 우리는 엘메가 75호(1958년)에 「태양 혁명Solar Revolution」을 쓴 것을 알고 있다. 91호(1961년)와 99호(1962년)에는 제목 없는 논문을 게재했고, 100호(1962년)에는 「암호화된 하늘과 땅의 문서Encrypted Documents of Heaven and Earth」를, 114호(1965년), 118호(1965년) 및 121호(1966년)에는 제목 없는 논문을 게재했다. 또한 126호(1967년)에는 「세계의 조화는 황금분할의 리듬에 기반하고 있다. 당신의 생각은 어떤가?The Harmony of the World Is Based on the Rhythm of the Golden Section, What Do You Think?」를 실었다. 131호(1967년)에는 「천랑성 주기의 미스터리 발견Discovering the Mystery of the Sothic Cycle」을 게재했고, 132호와 133호(1968년)에는 제목 없는 논문을 올렸다.[374] 168호(1974년)에서는 다른 10명의 저자들과 함께한 「명왕성 조사 답변」에도 기여했다.[375]

───── **이 모든 것이 사실이라면, 모든 것이 바뀐다**

엘메의 핵심 가설이 사실이라면 그 의미는 충격적이다. 우리는 더 이상 우리 자신의 자유의지를 믿을 수 없으며, 세계에서 일어나는 사건들의 명백한 무작위성을 믿을 수 없다. 지금 일어나고 있는 일들이 전에 일어난 적이 있고, 이러한 사건들은 공간과 시간 자체의 구조에 쓰인 신비한 고대의 대본을 따르고 있는지도 모른다. 이것은 우리의 삶을 보는 매우 다른, 그리고 훨씬 더 희망적인 방법이다. 상황이 아무리 나빠 보여도 우리는 결코 그렇게 많은 어려움에 처해 있지 않다. 우리는 우리 집단의 영적 진화를 촉진하기 위해 고안된 조직적인 사건들의 주기를 겪고 있을 뿐이다. 그레이엄 핸콕은 고대 이집트의 헤르메스 문서에 대한 코펜하버Copenhaver의 번역[376]과 스콧Scot의 번역[377]을 결합해 황금시대에 대한 고대 이집트인들의 예언을 밝혔다. 이 헤르메스의 예언들은 "조화로운 우주의 새로운 탄생"을 말했다. 즉 그것은 모든 좋은 것들을 다시 만들어내는 일이며, 모든 자연에 대한 거룩하고 경외심을 불러일으키는 복원復元이다. 또한 그것은 창조자의 영원한 의지에 의해 시간의 과정 안에서 일어나는 것이다.[378] 이 고대의 헤르메스 문서가 언급했던 "시간의 과정"은 정확히 무엇인가? 엘메와 마송이 답을 찾은 것 같다.

엘메는 "역사가 반복된다"라는 사실을 아주 자세히 확인할 수 있었다. 구체적으로 그는 사건이 기묘하게 반복되는 다양한 주기가 있다는 것을 알게 되었다. 물론 정확히 똑같은 사건은 아니다. 이름, 장소, 구체적인 내용은 바뀌지만 대규모 전쟁 같은 주요 사건들의 시점은 놀라울 정도로 정확하게 반복된다. 수백 년 또는 수천 년을 지속하는 순환주기는 이전 주기에서 전쟁이 일어난 날로부터 수일 이내에 새로운 전쟁을 촉발할 수 있다. 엘메가 발견한 거의 모든 주기는 대년大年의 완벽한 일부로서, 그 대년 주기 동안 지구는 태양 주위를 25,920번 공전한다. 25,920년의 가장 잘 알려진 하위분류는 길이가 2,160년인 황도 12궁의 시대다. 당연히 12궁도의 순환은 대년 내에 12회 존재한다. 엘메는 황도 12궁의 각 시대가 더 세분화될 수 있음을 발견했다. 예컨대 황도 12궁을 4등분하면 역사적 사건이 반복될 수 있는 540년이라는 하위주기가 만들어진다.

539년 주기

　　엘메는 540년 주기를 1년 단축해야 한다고 결론 내렸다. 일단 539년으로 줄이면 540년에는 등장하지 않는 "화성학harmonics"을 추가로 얻게 된다. 예를 들어 539란 숫자는 7과 11로 나눠 떨어진다. 이로써 우리는 역사적 사건이 반복되는 7년과 11년의 완벽한 하위주기를 만들 수 있게 되었다. 계산해보면 539년에는 77년이라는 주기가 정확히 7개 있고, 11년 주기가 49개 있다는 것을 알 수 있다. 대개는 11년 주기로, 아주 평온하던 태양 표면이 흑점 활동으로 끓어오르는 지옥으로 변한다는 것은 이미 잘 알려진 사실이다. 러시아의 과학자 치제프스키는 지구상에서 가장 중요한 사건들은 모두 태양 흑점 주기가 최고조일 때 일어난다는 사실을 증명했다. 엘메는 치제프스키의 말이 옳다는 것을 더욱 엄밀한 방식으로 증명했다. 다시 말하자면 11년 주기의 순환은 인간 문명에 직접적인 영향을 미친다. 치제프스키는 11년이라는 태양 흑점 주기가 훨씬 더 큰 주기의 일부일 수도 있다는 가능성은 전혀 고려하지 않았다.

　엘메는 539년의 주기를 성경에서 "77 곱하기 7"로 암시했을지도 모른다고 추측했다. 내가 발견한 가장 부합하는 내용은 마태복음 18장 21~22절(신국제판)에 나온다: 그때에 베드로가 나아와 가로되, 주여 형제가 내게 죄를 범하면 몇 번이나 용서하여 주리이까, 일곱 번까지 하오리까: 예수께서 가라사대 네게 이르노니 일곱 번이 아니라 일흔일곱 번까지라도 할지니라.

　예호슈아는 용서의 참된 기술을 논하고 있는데 어찌하여 7과 77이라는 숫자를 반복했을까? 예호슈아는 종종 꿈 같은 수수께끼, 즉 비유를 활용했는데 이것은 일종의 숨겨진 메시지였을까? 다른 번역본은 예호슈아가 "70 곱하기 7"을 말했다고 전한다.[379] 엘메는 분명히 예호슈아가 실제로 "77 곱하기 7"이라고 말한 성경 번역본을 가지고 있었던 것 같다. 우리는 숨겨진 메시지를 해독하기 위해 숫자 7과 77을 곱해야 한다. 만약 예호슈아가 실제로 "지적인 무한성"을 관통했고 영웅의 모습을 구현한 존재라면—여기서 영웅은 은하의 본래 마음이다—, 예호슈아는 539년 주기로 역사가 움직인다는 직접적인 지식을 얻었을 수도 있다. 예호슈아는 이 순환이 은하의 마음 속에서 우리가 여러 생애를 거치는 동안 겪게 되는 용서의 순환으로 기록되어 있다고 말하는지도 모른다. 이러한 위대한 시간의 순환주기를 통해 우리는 카르마를 해결하고 집단적으로 사회를 치유한다.

성경을 연계한 것은 추측이 개입된 것이라 할 수 있지만, 마송에 따르면 주기 그 자체의 배후에는 훌륭한 과학이 존재한다: "이 [539년] 주기는 우리가 이해할 수 있는 범위 중 가장 중요한 것이다. 그것은 문명의 기본 주기의 전환점이다."[380]

1960년, 엘메는 이 주기를 이용해 프랑스 역사상 매우 강력한 사건이 1968년까지 일어날 것이라고 예측했다. 마송에 따르면 엘메는 이러한 예측을 1964년에 공개적으로 발표했다. 이것은 매우 대담한 행동이었다. 만약 엘메가 틀렸다는 것이 입증된다면 그의 경력과 신뢰는 붕괴될 판이었다. 그러나 이 시점에서 그는 현대 프랑스에서도 이 주기가 유효함을 확인했다.

대중이 적에 대항해 일어설 수 있도록 고무되고, 그 결과 더 새롭고 더 강한 형태의 자유가 나타날 때까지 이러한 주기가 만들어지고 있다는 사실을 발견하고 엘메는 상당히 흥분했을 것이다. 마송의 말이다. "엘메는 백년전쟁의 전황이 영국에 불리하게 바뀌었던 1429년을 출발점으로 선택했다. 백년전쟁은 유럽 역사 전반에 영향을 미쳤다."

20세기 프랑스 역사에서 반복된 잔 다르크의 주기

백년전쟁에서 중대한 전환점을 맞은 후, 영국은 프랑스를 포함해 유럽의 이웃 국가들에 대한 공격을 대부분 중단하고 해외 제국을 건설하는 데 주력했다. 이 결정적인 영국의 패배는 잔 다르크라는 열아홉 살 소녀에 의해 촉발되었다. 잔다르크는 영靈의 세계와 소통하는 신비한 힘을 가진 듯했다. 그녀는 독특한 능력으로 프랑스 전군을 지휘했다. 그녀는 우리의 집단 무의식이 갖고 있는 영웅의 여정에 완벽하게 들어맞는 캐릭터다.

고대의 3막 구조는 잔 다르크의 이야기에 완벽하게 부합한다. 어떤 사건도 이야기를 위해 추가, 삭제 또는 재구성할 필요가 없다. 잔 다르크의 서사시는 어떻게 특정한 개인이 역사의 다양한 시점에서 영웅의 여정의 주인공을 구현하는 존재가 될 수 있는지를 보여 주는 완벽한 예다. 이 고대의 패턴을 우리만의 독특한 방법으로 완성하는 것이 모두의 궁극적인 운명일지도 모른다. 오를레앙 시에서 잔 다르크가 영국을 상대로 거둔 결정적 승리는 1429년 4월 29일부터 5월 8일까지 일어났다. 엘메의 예언은 그의 독자들을 실망시키지 않았다.[381]

올 유 니드 이즈 러브

1968년 5월 3일, 즉 잔 다르크가 이전 주기의 봉기를 이끈 지 539년 4일 만에 프랑스에서는 젊은 대학생들이 이끄는 새로운 봉기가 일어났다. 그런데 그로부터 한 해 전에 비틀즈의 앨범 「Sgt. Pepper's Lonely

Hearts Club Bands」가 발매됐다. 현재 롤링스톤 잡지가 역대 1위의 록앤롤 앨범으로 선정한 바로 그 앨범이다. 1967년 6월 25일, 비틀즈는 「우리의 세계Our World」라는 제목의 전 세계를 대상으로 한 최초의 생방송 텔레비전 프로그램에서 히트 싱글 「올 유 니드 이즈 러브All You Need Is Love」를 발표했다. 이 방송을 보기 위해 26개국에서 약 4억 명이 채널을 맞추었다.[382] BBC가 비틀즈에게 이 프로그램을 위한 곡을 만들어 달라고 의뢰했던 것이다.

성 혁명sexual revolution이 한창 진행 중이었지만 프랑스 학생들은 철저한 보안 속에서 남자 기숙사, 혹은 여자 기숙사에 갇혀 있었다. 해안가에는 '신문지 택시(비틀즈 노래에 등장하는 가사—역주)'가 없고, 개인 방의 삼엄한 경비 속에 '만화경 같은 눈을 가진 소녀(비틀즈의 노래에 등장하는 가사—역주)'는 잡혀 있었다.

분명 사랑은 프랑스 대학생들에게 허용된 것이 아니었다. 낮이든 밤이든 학생들은 서로의 방을 방문하는 것이 허용되지 않았다. 이 규칙은 군대처럼 융통성 없는 엄격함으로 시행되었다. 자유에 대한 전면적 폐쇄는 지나치게 보수적인 정부와 구시대의 종교 코드에서 나온 듯했다. 이러한 가혹한 규칙은 대학생들의 삶에 상당히 큰 영향을 주었다. 낮 시간의 사교적 방문조차 허락되지 않는다면 어떻게 이성과 친구가 될 수 있는가? 인디펜던트The Independent 지는 1968년 3월 15일까지 이 엄격한 규칙이 프랑스에서 정치적 긴장을 조성했다고 밝혔다. 피에르 뱅송 폰테Pierre Viansson-Ponté는 프랑스가 위험한 정치적 병폐인 권태boredom에 시달리고 있다고도 말했다.[383]

─────── **새로운 영웅의 봉기, 그리고 역사는 반복한다**

불타는 듯한 붉은 머리의 스물두 살 청년 다니엘 꽁방디Daniel Cohn—Bendit는 539년 순환의 다음 바퀴에서 300명의 학생들로 구성된 군중을 이끌고 완전한 봉기를 감행함으로써 새로운 영웅 캐릭터가 되었다. 좌절한 학생들로 이루어진 그의 군대는 학교의 행정구역을 점거하고 변화를 요구했다. 그들은 곧 퇴학 당할 위험에 처했지만, 이런 사정이 자유를 지키려는 그들의 행동을 막지는 못했다. 인디펜던트 지는 539년 전의 잔 다르크 사건에서 보았던 것처럼 네메시스가 이 정치적 봉기를 분쇄하려 했다고 폭로했다. "꽁방디를 포함한 다수의 학생이 '소요죄'로 고발되어 제적의 위협을 받고 있다. 5월 3일 파리 좌안 중심부에 있는 소르본느Sorbonne 광장에서는 지지 시위가 계획되었다."[384]

이 분규는 곧 영웅의 여정에서 마주해야 할 거대 네메시스의 졸개들, 즉 무장한 경찰과의 충돌로 확대되었다. 경찰은 그들의 일을 매우 즐기듯이 잔혹행위를 저지르기 시작했지만 학생들은 저항했다: "경찰은 구식 제복과 구식 헬멧을 착용하고 있었다. 마치 1914년의 18년전쟁 당시의 프랑스 군인처럼 보였다." 아마도 이는 동시성을 통해 프랑스의 낡고 억압적인 세계 질서를 경찰이 어떻게 대변하는지를 보여주는, 이야기의 전체적 상징성의 일부일 것이다.[385]

시위자들은 자유롭게 떠날 수 있다는 약속을 받았다. 그중 400여 명은 난폭한 방식으로 체포됐다. 더 큰 시위가 벌어졌다. 첫 번째 "파베" 즉, 자갈돌이 경찰을 향해 날아갔다.[386] 버스 몇 대 규모의 악명 높은 CRS 폭동 진압 경찰부대의 지원을 받은 파리 경찰은 무차별적인 경찰봉 사용과 최루탄 투척으로 대응했다. 그들은 학생, 기자, 행인, 관광객, 영화 관객, 그리고 카페 테라스에 앉아 있던 중년 부부들까지 폭행했다. 많은 어린 희생자들과 몇몇 나이든 희생자들이 폭동에 가담했다. 그날 밤 사방에 바리케이드가 쳐졌다.[387]

역사를 바꾼 강력한 사건

인디펜던트는 학생들이 주도한 이 폭동의 범위와 힘에 대해 밝혔다. 이전의 주기에서 잔 다르크가 마법을 부린 다음날부터 계산해서 거의 정확하게 539년 후의 일이었다. "1968년 5월을 전후해 유럽과 미국에서 다른 학생 봉기가 있었다. [그러나] 다른 어떤 나라에도 정부를 거의 무너뜨릴 뻔한 봉기는 없었다. 또한 학생 봉기가 노동자의 봉기로 이어진 나라는 어디에도 없었다. 풀뿌리 육체 노동자로부터 시작된 그 반란은 가부장적이고 보수적인 정부만큼이나 가부장적인 노동조합 지도부를 압도했다."[388]

이 혁명의 영향은 단순 학생 봉기를 넘어 확산되었다: "1968년 파리 라틴 쿼터에서 바리케이드를 치고 자동차를 전복시켰던 젊은이들을 이끈 지도자들은 활동을 계속해 나갔고, 많은 경우 원로 언론인, 작가, 철학자, 정치인이 되었다(외무장관을 지낸 베르나르 쿠슈네르Bernard Kouchner가 대표적 사례다)."[389]

마송은 이렇게 덧붙였다. "1968년 이후 프랑스, 체코슬로바키아, 미국, 멕시코, 일본, 서독 등 전 세계에서 동일한 청년 운동이 나타났다. 아무도 자신의 타이틀(귀족이나 대학원 학위)에 의지해서 다른 사람에게 복종을 요구할 수는 없다. 간판이 아니라 능력을 증명해야 한다."[390]

─────── 어떻게 이런 일이 일어날 수 있었을까?

엘메가 539년 후의 프랑스 역사에서 잔 다르크의 혁명적인 적국 타도가 정확히 반복될 것이라고 예언했다는 것을 기억한다면, 가히 놀랄 만한 상관관계다. 어떻게 엘메는 이 일이 일어나기 4년도 전에 그런 정확한 예언을 할 수 있었을까? 어떻게 두 주기에서 동일한 핵심 전환점이 생길 수 있었을까? 이제 2,160년의 황도 12궁 주기는, 더 이상 우리의 현대 세계에서 고풍스럽고 쓸모없어 보이지 않는다. 아마도 믿을 수 없을 정도로 진보된 과학에 의해서 이것이 밝혀질 것이다. 진정한 이해를 위해서는 우리가 가진 최고의 컴퓨터에 의지해야 한다. 일단 황도 12궁 시대를 4등분하고 1년을 빼서 그 주기를 보다 조화로운 수로 만들면, 우리는 놀랄 만큼 정확하게 반복되는 역사적 사건들을 보게 된다. 이것은 우리가 알고 있는 모든 것에 도전한다. 역사적 사건이 무작위가 아니라면 자유의지는 어떨까? 갑자기, 전 세계에서 온 고대 신들의 과학이 우리가 지금껏 알고 있던 것보다 훨씬 더 현대적인 것처럼 보인다.

황도 12궁의 시대는 수메르, 이집트, 그리스, 로마, 인도에서 존중됐고, "역사는 반복된다"라는 생각을 자극한 원천으로 보인다. 회의론자들은 엘메의 예언이 우연에 불과하다고 주장할 것이다. 그러나 이것은 수백 가지 사례 중 하나일 뿐이며, 문서화된 역사 전반에 걸쳐 확인된다. 우리가 뒤에서 보게 될 것처럼 사건들은 완벽한 시간의 주기로 다시 나타난다. 엘메와 마송은 이러한 패턴에 아주 정확하게 들어맞는 수십 가지의 놀라운 사례를 찾아냈다. 곧 보게 되겠지만, 나는 이 작업을 계속했고 그 이후로도 이런 일들이 계속 일어나고 있음을 증명할 수 있었다. 2010년, 나는 9.11과 그 전후의 몇몇 주요 사건들이 유럽에서 539년 전에 일어났던 유사한 격변과 정확히 연관되어 있음을 발견했다. 이전 주기에서 2001년의 9.11에 해당하는 전투는 황도 12궁 시대의 정확히 4분의 1에 해당하는 시간과 불과 6일밖에 차이가 나지 않았다.

솔직히 우리 사회가 이런 일이 실제로 일어나고 있다는 것을 발견하고 받아들이기까지 시간이 얼마나 걸릴지는 모르겠다. 지구상에 거주하는 외계 존재의 공개와 같은 기념비적인 사건을 보게 된다면 모를까, 대부분의 사람들은 이것을 그냥 무시할 것이다. 다른 많은 놀라운 과학적 발견들도 의심의 여지없이 무시되고 있다. 나는 진실을 위해 싸우는 것이 행복하다. 하지만 대부분의 사람들에겐 전체 개념이 너무 터무니없이 들릴 것이라는 점을 인정한다. 그들을 확신시킬 유일한 방법은 우리가 산더미 같은 증거를 제공하고 이 새로운 정보를 뒷받침하는 완전히 새로운 우주론을 제시하는 것이다. 고맙게도, 우리는 이미 새로운 과학 패러다임을 가지고 있다. 만약 우주가 정말로 살아 있고 의식적인 존재이며 그것을 증명하는 많은 과학적 발견들이 있다면, 이것이 어떻게 일어나고 왜 일어나는지 모형화하기 위한 확실한 증거가 있는 셈이다. 이 모형의 첫 단계는 훨씬 더 깊은 조사를 요구하는데 4장에서 확인할 수 있다.

프랑스에서의 다음번 주기에서는 아무도 죽지 않았다는 사실이 흥미롭다. 주기 전체가 훨씬 더 평화로운 방식으로 진행되었다. 보수적이고 늙은 "체제 수호자"와 진보적인 젊은이들, 양쪽 모두 성장할 수 있었고 상대편을 적으로 보는 일을 멈출 수 있었다. 이것은 위대한 주기에 "편"은 없다는 것을 시사한다. 영웅과 적 모두 우리 사회의 한 단면일 뿐이다. 단순히 모든 것에 동의하지 않기 때문에 우리는 옳고 다른 사람은 틀렸다고 선언할 필요는 없다. 서로를 용서하고 하나의 행성으로서 함께 살아갈 방법을 찾아냄으로써, 우리의 에고ego를 개인적 차원뿐만 아니라 세계적 차원에서 정화하고 변형시키고 있다. 결혼 전에 자유롭게 성관계를 갖기 원했던 학생들도 이해되었고, 전통적 윤리 규범을 강요했던 정부도 곧 이해되었다.

13

◑

로마제국과 미국 사이의
2,160년 주기

539년의 주기는 매우 인상적이었으며, 천년의 반이 넘는 시간을 지나서 48시간 이내에서 수학적 정확성을 보여주었다. 엘메는 적어도 4년 전에 프랑스에 대규모 봉기가 일어날 것이라고 예측했고 실제로 800만 명 이상이 자유를 위한 학생들의 투쟁에 동참했다. 엘메와 마송이 맞다면, 황도 12궁의 각 시대는 4분의 1 주기로 나뉘는데, 이 주기에서 역사적 사건들은 놀랄 만큼 정확하게 반복될 것이다. 내 웹사이트에서 원문을 읽으면 역사상 539년으로 분리된 정확한 전환점의 다른 사례들을 많이 발견할 수 있다.[391] 하지만 데이비드 스타인버그와 그의 가족 등 극소수 외에는 아무도 그 원고를 본 적이 없었다. 내가 아는 한, 피터 레메수리에의 책이 6년 전 나에게 신호를 보내긴 했지만, 엘메와 마송 이외의 그 누구도 우리 역사에서 반복되는 주기를 발견한 적 없었다. 엘메와 마송의 연구는 독특하고 매우 획기적인 듯하다. 이런 현상이 실제 일어나고 있다면 539년 주기에는 엘메와 마송이 발견한 것보다 더 많은 예가 있어야 하고, 이는 추가 연구를 통해 알아낼 수 있을 것이다. 이런 패턴을 더 많이 찾기 위해서는 슈퍼컴퓨터로 방대한 양의 역사적 데이터베이스를 고속 처리할 수 있어야 한다.

나는 황도 12궁 주기인 2,160년도 역사적 사건의 움직임을 정확하게 안내하고 있다는 사실을 알고 새삼 놀랐다. 특히 미국인인 나로서는, 로마 제국의 역사적 사건과 미국의 20세기 사건 사이에 직접적인 연관성이 있었기 때문에 보다 친밀했다. 2,160년은 매우 긴 시간이다. 우리가 2,160년 전으로 거슬러 올라가면, 그것은 신약성서보다 더 오래되고 예호슈아가 지구를 걸었던 시기보다 더 오래 전이다. 우리는 기원전B.C이라 부르는 시간대에 와 있음을 발견하지만, 역사의 거대한 순환은 무심하게 이 광대한 시간을 가로지른다. 내가 받은 원고를 기준으로, 마송의 연구는 1980년에서 업데이트되지 않았다. 마송의 연구와 내가 30년 동안 연구한 내용을 엮어 『소스필드』를 쓰면서, 나는 거부할 수 없는 새로운 탐구에 말려들었음을 깨달았다. 나는 이 별자리의 순환이 오늘날에도 여전히 작동하고 있는지 알아야 했다. 로마와 미국 사이의 주기 연계가 1979~1980년 마송이 이 책을 썼을 때와 마찬가지로 1980년대, 1990년대, 2000년대에도 여전히 잘 작동하고 있다는 것을 발견하는 데까지는 오래 걸리지 않았다. 별자리 주기가 얼마나 잘 돌아가는지를 보여주기 전에 엘메와 마송이 발견한 놀라운 데이터들을 살펴볼 것이다.

한 번 진실을 보게 되자 모든 것이 달라졌다. 나는 한 걸음 물러나서 심호흡을 하고 지구상의 삶에 대해 알고 있다고 생각했던 모든 것을 다시 생각해야 했다. 거의 모든 고대 신화와 현대 영화에서 발견하는 위대한 이야기의 구조는 믿기 힘들 정도로 우리의 삶을 인도하고 있다. 역사 속의 사건들은 각본의 주요 전환점과 동등하지만, 이 모든 것을 지휘하는 숨겨진 지성이 있다는 것을 지구상에 사는 대부분이 이해하지 못한다. 1960년대의 정치적 사건들은 영웅의 여정 줄거리와 흥미로운 연관성을 가지고 있었다. 이 사건들이 오래 전 로마에서 있었던 유사한 정치적 사건들과 어떻게 연결되는지를 알면 그것들은 훨씬 더 큰 의미를 갖게 될 것이다.

───────── **영웅의 여정 스토리라인: 1960년대와 1970년대의 정치 사건**

존 F. 케네디, 마틴 루터 킹 주니어, 로버트 F. 케네디의 암살은 확실히 영혼의 어두운 밤이나 모든 것을 잃은 순간으로 인정할 만하고, 수백만 개의 새로운 퀘스트를 촉발한 도화선 역할의 유발사건들로 분류될 수 있다. 비틀즈는 1964년 2월 9일 존 F. 케네디가 암살된 후 3개월도 안되어 에드 설리번 쇼The Ed Sullivan Show에 등장했고, 그 획기적인 데뷔 이후 미국에서 엄청난 인기를 얻었다. 케네디는 1963년 11월 22일에 저격당했다. 미국은 새로운 영웅이 필요했고, 스튜디오에 방청을 온 10대 소녀들은 전례 없이 귀를 찢을 듯한 목소리로 비틀즈의 소박한 사랑 노래를 부르짖었다. TV 역사상 가장 많은 시청자, 즉 7천 3백만 명을 동원한 사건이었지만 대부분의 관객들은 비틀즈의 노래가 말하는 바를 제대로 알지 못했다.

비틀즈의 노래는 전쟁과 정치적 암살 등이 촉발한 집단적 공포와 슬픔을 제거하는 데 도움이 되었다. 이후 카타르시스를 주는 귀를 찢는 비명이 모든 쇼에서 이어졌고, 결국 비틀즈는 1966년 8월 기념비적인 에드 설리번 쇼 출연 이후 2년 반 만에 모든 대중 공연에서 은퇴했다. 그들은 더 이상 자신들의 쇼가 음악에 관한 것이라고 느낄 수 없었다. 심지어 자신들의 연주조차 들리지 않을 지경이었다. 그들은 즉시 획기적인 앨범 「Sgt. Pepper's Lonely Hearts Club Band」 작업에 착수했다. 1966년 11월 말이었다.[392] 이 앨범에서 폴 매카트니는 존 레논의 도움을 받아 "항상 좋아지고 있다It's getting better all the time"라는 코러스를 넣은 곡을 썼다. 이것이 군중의 기운을 북돋고 긍정적인 미래 분위기를 만드는 데 도움을 주었을지도 모른다. 조지 해리슨이 쓴 곡 「Within You, Without You」는 사랑이 세상을 구할 수 있다는 생각을 포함해 놀라울 정도로 깊은 영적 메시지를 담고 있었다. 인도의 전통 악기와 현대 오케스트라를 써서 곡의 신비감을 더욱 높이기도 했다.

당신이 당신 너머를 볼 때, 마음의 평화가 그곳에서 기다리고 있다는 걸 알게 될 거예요. 당신이 우리 모두가 하나라는 것을 볼 때 그 시간은 찾아오겠죠. 삶은 당신 안에서, 그리고 당신 없이도 흘러갑니다.[393]

[When you've seen beyond yourself, then you may find peace of mind is waiting there. And the time will come when you see we're all one. And life flows on within you and without you.]

비틀즈의 음악이 여러 혁명적 변화를 촉발했지만, 프랑스의 학생 봉기만큼 파급력이 큰 것은 없었다. 그러나 케네디를 죽였을 적대세력과의 전투는 아직 끝나지 않았다. 1968년 리처드 닉슨 대통령 시절 베트남전이 극적으로 확대되자 이 투쟁은 더욱 개인적인 것이 되었다. 수십만 명의 미국 청년들이 그 누구도 진심으로 이해하거나 지지하지 않는 것이 명백한 "공산주의와의 전쟁"을 위해 징집되었다. 지난 선거에서 케네디에게 졌던 닉슨은 이제 미국의 모든 젊은이들에게 베트남전이라는 죽음의 기계에 들어가라고 명령했다. 사람들은 "정부"가 그들이 원하는 대로 춤추지 않는 케네디를 죽였다고 의심했다. 케네디가 전혀 다른 각도에서 두 개의 다른 총상을 입었는지 설명하기 위해, 언론들은 발사된 총알 가운데 한 방이 여러 방향으로 왔다갔다하다가 우회전을 했다는 식의 우스꽝스러운 추정을 해 굴욕을 당했다.

케네디가 암살되고 5년 후, 수만 명의 젊은이가 닉슨 정부하에서 목숨을 잃었다. 수십만 명 이상이 그들의 의지에 반하여 군에 징집된 후 전쟁의 참상을 겪었다. 1960년대 후반에서 1970년대 초반에 18세에서 30세까지였던 불운한 사람들은 1980년대, 1990년대, 2000년대의 청소년들이 결코 이해하지 못할 직접적이고 극적인 방식으로 궁극의 적에 맞서 생사를 다퉜다. 내 아버지도 그들 중 한 명이었다. 아버지는 베트남을 피하려고 육군 예비역에 자원했지만 결국 베트남에 갈 수밖에 없었다. 순박하고 비정치적인 사랑 노래로 케네디 암살사건의 우울함을 달래 주었던 비틀즈는 진정한 멘토가 되었다. 「All You Need Is Love」「Getting Now」「All Together Comes the Sun」「Here Comes the Sun」「Revolution」은 물론 존 레넌의 첫 번째 솔로곡인 「Give Peace a Chance」와 「Imagine」은 사회적 혁명을 불러일으킨 부적 같은 것이었다.

워터게이트 사건에서 기자들은 위대한 이야기의 영웅이 되어, 젊은이들을 죽음으로 내몰고 있는 네메시스의 핵심 약점을 폭로했다. 닉슨의 공화당은 선거에서 이기기 위해 비밀리에 민주당 사무실을 도청하고 있었다. 이는 매우 실제적인 부정선거의 형태였으며 정부가 원하는 것을 얻기 위해 기꺼이 거짓말을 하고, 속이고, 훔치려 한다는 것을 보여주었다. 워터게이트 사건은 미국을 제3막으로 몰아넣었다. 그곳에서 미국인들은 자신의 네메시스에 대항해 대승을 거둘 수 있었다. 이쯤 되자 영혼의 어두운 밤이 완성되어 마침내 베트남 전쟁이라는 베헤못behemoth과 싸울 수 있는 실용적인 방법이 성취되었다. 레넌, 매카트니, 해리슨의 노래는 이야기의 결정적인 순간에 완벽한 사운드 트랙을 제공했다. 닉슨 대통령은 완전히 까발려졌고 탄핵의 위협을 받았으며, 결국 불가피한 몰락이 실제로 일어나기 전에 공직에서 물러났다. 더 깊은 차원에서 워터게이트는 정부가 거짓말을 하고 있다는 절대적 증거를 제시했고 그 이후 계속 커지고 있는 진실 운동이 전개되기 시작했다. 카발의 무리는 더 이상 자신들의 행동을 은폐하기 위해 대중의 무지함과 현실에 안주하는 애완견 매체에 의존할 수 없었다. 이 3막 투쟁의 완전한 결과는 아직 실현되지 않았다. 다시 말하지만, 이러한 순환은 절정에 이르는 데 여러 해가 걸릴 수 있다.

지금까지 우리 중 극소수만이 깨달은 것이 있다. 로마가 수행한 전쟁 등 황도 12궁 중 백양궁 시대의 정치적 사건들이 워터게이트 사건 등 쌍어궁 시대의 미국이 자행한 전쟁 및 정치적 사건들과 정확히 일치한다는 사실이다. 나는 아직 그 연구를 수행할 만큼 구체적인 자료를 발견하지 못했지만, 비틀즈와 썩 잘 어울리는 대중적인 움직임을 로마 예술에서 발견한다 해도 놀라지 않을 것이다. 2,160년이 지나 로마 역사가 20세기 미국 역사로 다시 등장하는 정밀함은 눈부시다고 할 수밖에 없다. 로마는 분명히 백양궁 시대 최대의 제국이었고, 미국은 20세기 쌍어궁 시대에 유일한 초강대국이다. 에드가 케이시의 리딩은, 대부분의 미국인들이 로마에서 태어났던 사람들의 "2차 집단"에 속한다는 것을 보여주었다. 로마인들의 핵심 그룹이 새로운 형태로 다시 태어나서 비슷한 사건들을 다시 경험하고 있다. 더 바람직한 결실을 만들기를 기대하면서.

──────── 로마사와 미국사의 중첩

로마 역사와 미국 역사의 유사점을 보기 위해서는 영웅이 네 메시스에 대항하는 것처럼 국가가 어떻게 이야기 속에서 서로 대항하는 캐릭터가 될 수 있는지 봐야 한다. 기원전 264년 이전, 로마와 카르타고는 공화국으로서 크기와 힘이 비슷했고 그런 이유로 치열한 권력투쟁을 벌였다. 기원전 264년부터 241년까지 맹렬하게 이어진 제1차 포에니 전쟁을 통해 로마는 카르타고를 완패시켰다. 이로써 로마는 제국으로서의 지위를 공고히 하면서 당대 유일의 초강대국이 되었다. 한 역사학자가 기록했듯이 B.C 264년에 시작된 포에니 전쟁은 로마 공화국이 로마 제국으로 이행하는 시작을 의미한다.[394] 이 시기에서 미래로 2,160년을 뛰어넘으면, 1896년에서 1919년까지의 미국에 도달한다. 브리태니커 백과사전은 거의 정확히 동일한 시기인 1896년부터 1920년까지의 미국을 "미국: 제국주의, 진보 시대, 세계 대국으로의 부상"이라는 제목으로 다루고 있다.[395]

제1차 포에니 전쟁은 로마가 세력을 확장하려는 공격적인 시도였다. 2,160년 후인 1896년 맥킨리McKinley는 선거에서 승리했고 즉시 미국의 세력을 공격적으로 확장하기 시작했다. 기원전 264년 로마가 카르타고를 공격하면서 제국주의 국가가 된 것과 마찬가지로 맥킨리가 선출되자마자 제국주의 국가로 변모했다.

미국 해군 전함 메인호USS Maine는 1898년 2월 15일 침몰했는데 스페인-미국 전쟁의 단초가 되었다. 미국이 이 전쟁에서 빠르게 승리함으로써 제국주의 세력이 더욱 확대되었다. 스페인-미국 전쟁은 미국이 유럽 전체를 상대로 벌였던 더 큰 전투의 한 전선에 불과했지만, 세계 경제를 통제하기 위한 투쟁에서 주목할 만한 다른 상대는 독일이었다. 연방준비제도

시스템은 1913년 미국의 경제력을 통합했다. 즉 소규모의 매우 강력한 은행가들에게 미국의 화폐 발행을 아웃소싱한 것이다. 이로써 미국은 세계 금융 통제를 위한 싸움에서 카발에게 필요한 힘을 제공했다. 미국의 경제 전쟁은 1917년 제1차 세계대전에 참전하면서 다시 군사 전쟁화되었다. 미국은 독일의 완전한 패배를 가져온 결정적인 지원을 제공했다.

우리는 카발이 제1차 세계대전의 양측에 자금을 지원해서 어느 쪽이 이기든 결국 그들이 승리할 것이라고 판단했다는 확실한 증거를 갖고 있다. 로마와 카르타고 사이에서도 이런 일이 일어났을지 모르지만, 2천 년 훨씬 전에 일어난 음모를 입증할 문서를 찾는 것은 매우 어려운 일일 것이다. 비록 하나의 카발이 전쟁에서 중립을 지키지 않고 양쪽을 다 편들었던 것처럼 보이지만, 이 카발은 사람들 사이에 존재하는 실제적 긴장을 이용했다. 그들의 목표는 국민을 분노하게 하고, 자신들의 동맹은 영웅이고 상대국 동맹은 적이라고 확신시키는 것이었다. 이렇게 되면 국민들은 외교와 협상을 평화 실현의 길로 보지 않고, 다시 한 번 피비린내 나는 갈등을 지지하게 된다.

복습을 위해 다시 말하자면, 로마와 카르타고 간의 제1차 포에니 전쟁은 기원전 264년에 시작되었다. 정확히 2,160년 후, 맥킨리는 유럽(특히 독일)에 경제 전쟁을 선포함으로써 미국을 공격적이고 제국주의적인 국가로 변모시켰다. 로마의 첫 포에니 전쟁은 기원전 241년에 끝났다. 정확히 2,160년 후인 1919년 6월 28일 독일은 제1차 세계대전을 종식시키며 베르사유 조약에 서명했다. 조약 231조는 전쟁으로 인해 다른 나라들이 입은 피해 전부를 독일이 재정적으로 책임진다는 내용이다. 이로써 독일의 총체적인 패배가 확실해졌다. 카발 도당은 독일 국민의 부를 빼앗고, 전쟁으로 파괴된 산업과 인프라를 재건하는 기업의 계약에 자원을 전용했다. 이러한 계약은 카발 자체가 소유한 기업들과 이루어졌기 때문에 카발의 힘은 더욱 강화되었다. 이 경제 재앙은 광범위한 공포와 분노를 일으켜 히틀러와 나치당의 부상을 용이하게 만드는 역할을 했다.[396]

2011년까지 지구에서 벌어들인 돈의 80%를 카발의 은행인 연방준비제도가 관리할 수 있었던 여러 가지 방법 중 하나가 이러한 약탈 전쟁이다. 기원전 261년 로마가 카르타고를 패배시킨 것과 마찬가지로 미국은 세계 최고의 경제대국이 되었다.

─────── **제2차 포에니 전쟁**

마송에 따르면, 로마에 가장 중요하고 위협적이었던 제2차 포에니 전쟁은 기원전 218년에 시작해 기원전 201년에 끝났다고 한다. 이 전쟁은 로마를 거의 괴멸 수준에 이르게 했다. 어떤 주기에서도 이렇게 공격적이고 제국주의적인 움직임이 성공할 것이라는 보장이 없기 때문에 이것은 중요한 관점을 제공한다. 지정학적 체스 게임이 진행됨에 따라 한 나라와 국민이 심각한 위험에 처하게 된 것이다. 하지만 로마가 이전의 황도 12궁 자리인 백양궁 시대에 가까스로 승리를 거두었듯이, 미국도 쌍어궁 시대에 비슷하게 어려운 승리를 거두었다.

엘메와 마송에 의하면 기원전 218년에 다시 시작된 제2차 포에니 전쟁은 2,160년 후인 1942년 미국의 제2차 세계대전 참전과 상응한다. 일본인들은 1942년이 시작되기 3주 전인 1941년 12월 7일 진주만을 폭격했고 이것이 유발사건이 되었다. 이전 12궁도의 주기에서 로마가 제2차 포에니 전쟁에 들어간 지 몇 달 또는 심지어 몇 주 내에 미국의 제2차 세계대전 참전이 이루어졌다. 12궁도의 신비한 힘이 다시 뚜렷해진다. 우리가 속한 쌍어궁 시대에서, 카르타고에 상응하는 대상은 분명 독일인 것으로 보인다. 제2차 세계대전에서 미국(로마)은 다시 독일(카르타고)과 맞붙게 됐다. 로마가 제2차 포에니 전쟁에서 거의 패배할 뻔했던 시점에 미국은 히틀러와 나치에게 거의 패배했다.

─────── **히틀러는 첫 번째가 아니었다**

히틀러는 우리 시대의 가장 무자비하고 공격적인 군사 전략가이다. 순수한 악의 얼굴을 하고 있으며 쌍어궁 시대에 가장 치명적인 군사작전을 일으킨 강력한 지도자다. 제2차 세계대전의 초기 버전인 백양궁 시대 제2차 포에니 전쟁에서도 히틀러와 같은 사람이 있었을까?

있었다. 그는 역사상 가장 위대한 군사 전략가로 평가받고 있으며 그의 이름도 H로 시작한다. 그는 백양궁 시대의 순수한 악의 얼굴이었다. 그는 지구상에서 볼 수 없었던 규모로 노골적인 대규모 침략 전쟁을 일으켰다. 그의 이름은 한니발Hannibal이다. 우리 시대의 히틀러와 마찬가지로 한니발이라는 이름은 순수한 악과 동의어다. 한니발은 "바알은 나의 군주다"[397] 또는 "바알의 은총과 함께"[398]라고 번역된다. 성경의 히브리어로 바알Ba'al은 사탄과 동등하다. 즉 히브리어로 바알 제부브Ba'al zebhubh, 혹은 "파리대왕"이 벨제붑Beelzebub이 된 것이다. 한니발이란 이름은 바알이 자신의 모든 행동을 이끌고 바알이 자신의 영주임을 선포하는 것이다. 이스라엘 헤르즐리아Herzliya에 위치한 학제간센터에서 석사학위를 받은 매튜 반스Matthew Barnes는 황도 12궁 주기는 전혀 알지 못한 상태에서, 한니발 휘하의 카르타고와 히틀러 휘하의 독일을 비교했다.

제1차 포에니 전쟁은 육지와 바다에서 총 23년간의 격렬한 전투 끝에 막을 내렸다. 승리자로서 로마는 지중해를 지배하는 해양 세력이 되었고 카르타고는 굴욕적 패배를 당했다. 카르타고인들은 팽창이 저지되었고 자존심에 심각한 손상을 입었다. 제1차 포에니 전쟁 당시 하밀카 바르카Hamilcar Barca 장군의 아들 한니발 바르카Hannibal Barca가 전면에 등장한 것은 이런 배경에서 비롯된다. 제1차 포에니 전쟁 후의 카르타고는 제1차 세계대전 후의 독일과 견줄 만하다. 강대국이 패배하고 굴욕당하고 축소되고, 복수 욕구를 자극하는 조건을 받아들이도록 강요되었기 때문이다. 카르타고는 아이게테스 제도Aegates Islands 전투에서 패배한 날부터 다시 싸우고 싶어 안달이 난 상태였다고 말할 수 있다.[399]

한니발은 어림잡아 10만 명으로 추산되는 군인과 37마리, 혹은 38마리의 코끼리를 포함한 거대한 군대를 일으켰다.[400] 그는 스페인에서 믿기 힘든 행군을 시작하여 프랑스의 론Rhône 강을 건넜고, 겨울철의 알프스 산맥을 통해 북쪽에서 로마를 공격할 계획이었다. 이 군대는 극도로 강력하고 파괴적이었다. 큰 코끼리를 효과적인 전투 전략으로 사용하는 것은 히틀러의 탱크를 연상시킨다. 히틀러 또한 전쟁을 독려하기 위해 알프스에 올랐다. 매튜 반스가 자신의 논문에서 밝힌 바와 같이, 로마가 바다를 장악하고 있었기 때문에 한니발은 육지를 통한 공격을 감행했다.

제2차 포에니 전쟁은 기원전 218년 재능 있는 젊은 장군 한니발의 지휘 아래 시작되었는데, 그의 업적은 고대 세계의 위대한 지도자 중 한 명

으로 기록될 만하다. 한니발의 계획은 대담하고 공격적이었다. 적의 뒷
마당을 공략하는 육지에서의 전쟁이었기 때문이다. 그의 행군 자체가 전
설적이지만 반드시 필요한 것이기도 했다. 해상을 통한 침공이 훨씬 매
력적이었지만, 제1차 포에니 전쟁 후의 로마 해군력을 감안하면 현실상
해상 침공은 불가능했다. 한니발의 전쟁은 육지에만 국한되어야 했다.
해양 대국에서 태어났음에도 그의 위대함을 보여 준 것은 바로 이곳 육지
에서였다.[401]

2010년 데일리 메일에 한니발과 히틀러의 관계에 대한 통찰을 다룬 기
사가 등장했다. 신문이 인용한 역사가는 홀로코스트를 부정하는 사람이
다. 나는 홀로코스트가 진실이라 믿고 나름대로 조사를 해왔으므로, 그 역
사가의 주장을 믿지 않는다는 점을 확실히 해두겠다. 중요한 것은 2010
년 데일리 메일에 히틀러와 한니발 간의 매우 인상적인 비교 기사가 실렸
다는 것이다. 두 사람은 전례 없는 규모의 끔찍한 전쟁으로 당대의 세계
를 사로잡았고, 둘 다 6년간 가장 격렬한 침략에 참여했다: 한때 홀로코스
트를 부정했다는 이유로 오스트리아에 수감되었던 영국의 역사학자 데이
비드 어빙David Irving은 독일의 독재자와 로마를 거의 제압했던 카르타고의
지도자인 한니발과 비교해야 한다고 다음과 같이 말했다. "그는 한니발 같
았다. 히틀러는 6년 동안 모든 세계의 군사력을 장악했다. 정확히 한니발
을 닮았다."[402]

한니발에게는 돌아갈 길이 없었다. 안드레아스 클루트Andreas Kluth가 쓴
『한니발과 나Hannibal and Me』에서 인용한 다음의 문장에서 볼 수 있듯이, 히
틀러와 마찬가지로 한니발의 전쟁은 "이기거나 죽거나"였다.

정복하느냐 죽느냐. 인생에서 드문 냉혹한 선택이다. 그러나 한니발의 전략은 정확히 자신을 이런 상황으로 몰고 간 것이었다. 그는 수비수가 아니라 침략자가 되기로 결심했다. 그때부터 그의 꿈과 퀘스트, 그리고 목숨은 승리라는 한 가지에 달려 있었다. 로마뿐만 아니라 로마의 적들에게도, 심지어 이탈리아에 있는 로마의 동맹국들에게도 지지 않는 것, 불패의 투사가 그의 전체 계획의 전제가 되었다. … 한니발은 승리가 필요했다. 한 번 이기고 나서는 계속 이겨야 했다. 만약 단 한 번이라도 큰 전투에서 패한다면 그의 침략은 실패할 것이고, 후퇴할 수 없는 그의 군대는 거의 확실히 멸절될 것이다. 따라서 그는 정말로 알프스 산맥의 포로와도 같았다. 그는 스스로 이기거나 죽거나를 선택했다.[403]

─────── **숨은 의도**

나는 이 책의 끝부분에 가서야 순수한 동시성에 의해 한니발과 히틀러의 연관성을 발견했다. 지나고 보니 그렇게 명백해 보일 수가 없는 것을 그때서야 발견한 것이다. 마송은 자신의 책에서 이런 유사점을 언급한 적이 없었고, 나는 아직도 엘메의 연구 기록을 추적할 수 없다. 나는 히틀러 시대부터 시작된 2,160년의 12궁도를 연구함으로써 히틀러–한니발 연관성을 발견했다. "거짓 깃발false flag" 공격이라고도 알려진 히틀러의 단계적 테러 사용에 대해 연구하고 있을 때였다. 정부가 침략을 정당화하기 위해 자살 공격을 하고 그 책임을 적국에 뒤집어씌우는 술수다. 히틀러가 패배한 후, 그의 최고 장성들과 전략가들은 뉘른베르크 재판에서 처음으로 진실을 밝혔다. 그 덕분에, 나치가 자국을 대상으로 가짜 테러 공격을 여러 차례 일으켰던 히믈러 작전Operation Himler이 알려지게 되었다.[404] 집단수용소의 죄수들에게 폴란드 군복을 입히고 의사가 치명적인 주사를 주입한 후 총살했다. 그들의 시체는 각각의 작전이 전개되는 곳에 배치되었다.[405] 나치는 폴란드와의 국경에 위치한 여러 건물들을 습격하고, 부정확한 총격으로 지역민들을 겁주고, 건물을 파괴하고, 폴란드 군복을 입은 채 퇴각했던 것이다.

히믈러 작전에서 가장 강력한 공격은 글라이비츠Gleiwitz 사건이었다. 히틀러가 가장 중요한 자국의 라디오 방송국을 공격한 다음, 주적 폴란드에서 나온 듯한 반독재 메시지를 방송한 것이다. 1939년 8월 31일 밤, 이 공격과 13건의 다른 공격이 감행되었고 이는 유럽에서 제2차 세계대전을 일으킨 유발사건이 되었다.[406]

히틀러는 글라이비츠 사건을 빌미로 다음날 폴란드에 전쟁을 선포했다. "최근 하룻밤 사이에 21건의 국경 사건이 발생했다. 어젯밤에는 14건이 있었고, 그중 3건이 상당히 심각했다. 그러므로 나는 폴란드가 지난 몇 달 동안 우리에게 사용했던 것과 같은 언어로 폴란드와 대화하기로 결심했다. 제국의 안전과 권리가 보장될 때까지 그 상대가 누구이든 투쟁을 계속할 것이다."[407]

뉘른베르크 재판을 통해, 1939년 8월 22일 히틀러가 그의 장군들에게 진실을 말했다는 사실을 알 수 있다. "나는 선동적인 개전開戰 이유를 제공할 것이다. 그것의 신뢰성은 중요하지 않다. 아무도 승자에게 진실을 말했는지 여부를 묻지 않을 것이다."[408]

─────── 한니발의 권력 장악 과정은 그렇게 다르지 않았다

1939년에서 2,160을 빼면 기원전 221년이다. 나는 한니발의 처남 하스드루발Hasdrubal이 잔인하게 암살된 후인 기원전 221년, 한니발이 카르타고 군대의 최고 사령관이 되었음을 알게 되었다. 이 죽음에 한니발의 은밀한 책임이 있는 것일까? 역사학자 척 M. 스파르Chuck M. Sphar는 "그렇다"라고 결론짓고 창작 중인 소설 『로마에 맞서Against Rome』에 이렇게 썼다: "한니발이 그의 전임자인 하스드루발을 암살했는가? 암살에 대한 증거는 없지만 리비Livy(1965, XXI, 1) 등은 스페인 원주민이 하스드루발을 암살했다고 말하고 있다(노트4 참조). 한니발이 일을 계속하고 싶어 안달이 났을 가능성이 매우 높은 것을 보면, 그가 원주민을 부추겼을 수도 있을 듯하다."[409]

한니발의 아버지 하밀카르는 아들이 대량학살을 저지를 만큼 극심한 정신적 충격을 준 악랄한 남자임이 분명했다. 한 예로 한니발은 아버지에게 외국의 전쟁에 데려가 달라고 간청했다. 하밀카르는 아들을 붙잡고 제물의 방으로 끌고 들어가서는 절대 로마의 친구가 되지 않을 것을 맹세하라고 하면서 굉음을 내며 타오르는 불 위에 그를 매달았다. 이 매혹적인 장면에서 주황색 불꽃의 폭풍이 그의 몸을 파멸로 내몰고 있는 가운데, 바알의 종 한니발은 다음과 같이 언약했다. "나는 맹세한다! 나이가 허락하는 한 가장 빠른 시간 안에 … 로마의 운명을 끝내기 위해 불과 강철을 쓸 것이다!"[410]

이런 유형의 트라우마 결합은 매우 강할 수 있다. 한니발은 나중에 아버지가 전사했을 때 망연자실했을 것이다. 한니발의 처남 하스드루발은 카르타고군의 사령관이 되었고 그는 하스두르발 휘하의 장교였다. 하스드루발은 카르타고를 강국으로 통합하겠다는 목표로 이웃 부족들과 외교 관계를 맺기 시작했다. 그 사실을 알게 된 날이 한니발에겐 전환점이 되었다. 하스드루발은 아버지의 치명적인 적인 로마와 조약을 맺었다. 로마가 에브로강 이북으로 확장하지 않는 한 카르타고도 확장하지 않겠다는 계약을 맺은 것이다. 한니발이 맹렬히 타오르는 불꽃을 뚫고 맹세했던 것과는 완전히 다르다. 추가 협상을 위해 이탈리아에 도착한 하스드루발은 곧바로 스페인 암살범에게 살해당했고 그의 머리는 한니발에게 보내졌다. 한니발은 곧 최고 사령관이 되었다.

히틀러와 한니발 모두 같은 해에 권력을 잡았고 거기에 도달하기 위해 아마도 매우 유사한 수단을 사용했다는 것을 깨달았을 때, 그 이야기들은 하나로 합쳐지기 시작했다. 그리고는 얼른 한니발의 얼굴을 검색했는데 아연실색하지 않을 수 없었다. 한니발은 턱수염을 기른 히틀러였다. 그 유사성은 놀라웠다.

또 하나의 기이한 동시성은 한니발의 군대 또한 그와 함께 환생했다는 점이다. 이는 그들이 과거 역사를 잠재의식 차원에서 기억하고 있다는 것

카르타고의 전쟁 군주 한니발과 아돌프 히틀러.
두 사람의 얼굴은 깜짝 놀랄 만큼 닮았다.

을 암시할지도 모른다. 독일의 해군 제독 카를 되니츠Karl Dönitz는 소련군이 쿠르랜드Courland, 동프로이센East Prussia, 폴란드 회랑지대Polish Corrido에서 독일군과 민간인을 제압하고 있을 때 역사상 가장 큰 긴급 대피 조치를 실시했다. 히틀러는 자살 직전까지 전쟁을 계속해야 한다고 주장했지만, 되니츠는 의연하게 너무 늦었다는 사실을 깨달았다. 이 집단 대피로 80만에서 90만 명의 난민과 35만 명의 군인을 발트해 건너 독일과 덴마크로 수송했는데, 어쩌면 이 작전으로 100만 명 이상의 생명을 구했을 가능성이 크다.[411] 이 집단 대피의 암호명이 바로 한니발 작전Operation Hannibal이다.[412]

──────── **한국전쟁과 평화 공존의 기회**

제2차 포에니 전쟁이 기원전 201년(현재의 쌍어궁 시대로는 1959년)까지 지속되었다는 것을 감안하면, 12궁도의 순환은 약간 더 어려워진다. 1945년 히틀러와 일본의 패배로 제2차 세계대전이 끝난 것처럼 보이지만, 미국은 즉시 카발의 자금 지원을 받는 또 다른 초강대국 소비에트연방과 싸우기 시작했다. 제2차 세계대전이 끝난 직후 지구상의 모든 생명체를 위협하는 극도로 치명적인 핵무기 개발 경쟁과 함께 냉전이 시작되었다. 로마가 아무리 이웃을 공격하고 멸망시켜도 전체적인 의미에서 지구상의 생명체는 결코 위협받지 않았다는 점에서 이전 시대에 비해 판돈을 크게 올린 셈이다.

1950년부터 1953년까지 미국은 소련과의 전쟁으로 뜨거웠다. 당시 미국은 한국전쟁에서 소련군의 숨겨진 동맹국인 북한과 싸웠다. 소련 공산주의자들은 북한을 지지했고 미국은 남한의 친서방 정권을 지지했다. 미국은 이를 세계 공산주의에 대항하는 싸움으로 간주했고, 소련이나 중국과의 더 큰 전쟁의 위협이 가시화되고 있었다. 이 전쟁에서 5백만 명의 군인과 민간인이 목숨을 잃었다.[413] 1953년 한국 전쟁이 끝난 후 놀라운 돌파구가 마련될 때까지 냉전은 고조되었다. 1959년 9월 25일, 니키타 흐루쇼프Nikita Khrushchev 제1서기가 아이젠하워 대통령을 만나기 위해 미국을 방문했다. 매우 영향력이 컸던 이 사건은 기원전 201년 제2차 포에니 전쟁이 끝난 후 정확히 다시 한 번의 12궁 주기가 도래했을 때와 상응한다. 소련 지도자가 미국을 방문한 것은 냉전 역사상 처음 있는 일이었다.

폴리티코닷컴Politico.com에 따르면, 이 획기적인 정상회담에서 흐루쇼프는 "[공산주의자] 스탈린의 과잉 행동을 부정하고 미국과 평화적인 공존을 추구한다"라고 말했다. 이틀 동안의 회담 후 발표된 공동 성명에서 정상들은 일반 군축 문제는 오늘날 세계가 직면하고 있는 가장 중요한 문제라고 믿고 있다고 밝혔다.[414] 비록 회담이 지속되지는 않았지만, 이 회담은 국민들에게 전쟁을 종식시키고 진실되고 지속적인 평화를 달성할 수 있는 진정한 기회를 제공했기에, 긍정적인 미래를 예고하는 중요한 전조였다. 이와 매우 유사한 평화의 기회가 기원전 201년 제2차 포에니 전쟁이 끝났을 때, 정확히 2,160년 전에 일어났었다는 것을 아는 사람은 거의 없다.

─────── **마케도니아 전쟁**

기원전 200년 바로 다음해에 마케도니아 전쟁이 시작되면서 로마의 평화 시대는 매우 짧게 끝났다. 마케도니아는 그리스 바로 북쪽에 있는 매우 작은 나라다. 우리의 현대적인 12궁 주기에 있어서 마케도니아는 쿠바와 상응할 것이다. 환생 연구를 통해서, 1960년대의 많은 쿠바인들이 기원전 200년경 마케도니아인이었다는 사실이 확인될 것이다. 기원전 200년 로마의 마케도니아 공격에서 2,160년 후인 1960년 3월, 미국은 쿠바를 공격할 계획을 세웠다. 미국과 쿠바의 갈등은 미국과 구소련의 또 다른 대리전이었다. 1960년 2월 소련은 쿠바의 피델 카스트로Fidel Castro 총리와 경제통상 협정을 맺었고 미국은 즉각 반격의 필요성을 느꼈다.[415] 쿠바는 미국 대륙의 남동쪽에 위치하고, 플로리다 남쪽 끝에서 불과 90마일 떨어져 있다. 이로써 소련은 미국이 효과적인 반격을 해오기 전에 타격할 수 있는 선제공격 핵무기의 배치 가능성을 포함하여 전쟁 수행에 있어 귀중한 전략적 위치를 확보했다.

1960년 5월 1일, 미국은 U-2 정찰기를 러시아 영공에 띄우는 도발을 감행했다. 소련은 정찰기를 격추하고 조종사인 게리 파워스Gary Powers를 생포했다.[416] 즉시 냉전 체제가 재가동되었다. 로마가 마케도니아와 또 다른 전쟁에 돌입한 지 정확히 2,160년 후였다. 케네디는 1960년 대통령 선거에서 승리했고 1961년 1월 20일 취임했다. 취임 직후인 1961년 2월, 케네디는 새롭게 임명된 냉전 참전용사들을 신뢰했고 CIA의 쿠바 침공 계획을 승인했다. 1961년 4월 14일, 쿠바 항공기로 위장한 B-26 폭격기가 공습을 시작했지만 이 비행기들은 즉시 미국 소속으로 확인되었다.

당황한 케네디는 다음 공습을 취소하고, 1961년 4월 17일 피그스 만Bay of Pigs을 통해 침공하기로 한다. 2만 명의 쿠바군은 미국이 훈련시킨 약 1,400명의 쿠바 망명자들로 조직된 침략군을 기다리고 있었다. 이 전투는 144명이 죽고 1,189명이 생포됨으로써 빠르게 끝났다. 이 사태로 미국은 당혹했고 신생 대통령은 본격적인 위기에 빠졌다.[417] 고대 이야기에서 볼 때, 실패한 피그스 만 침공은 소련이라는 네메시스와의 전쟁에서 미국이 다시 한 번 모든 것을 잃은 시점이고, 국가적 차원에서 영혼의 어두운 밤으로 보일 것이다.

그 후, 소련은 핵무기를 포함한 무기의 배치로 쿠바의 군사력을 강화하기 시작했다. 1962년 10월 22일 최고조에 달했던 쿠바 미사일 위기 당시가 미국과 소련 양국이 본격적인 핵전쟁에 가장 근접했던 시점이다. 이날 케네디는 소련이 쿠바에 핵무기를 배치했다는 확실한 증거를 제시하기 위해 대국민 연설을 했다. 바로 긴장된 3막의 순간이다. 미국은 피그스 만 재난을 겪으며 영혼의 어두운 밤으로부터 다시 뭉쳤고 배웠으며, 쿠바 내의 소련의 대리 정부를 통해 그들의 네메시스인 소련과 맞설 힘을 얻었다. 전략항공사령부 소속 총 1,436대의 B-52 폭격기 중 8분의 1이 즉각 타격할 수 있도록 공수되었다.[418] 전 세계 미군에게 데프콘2를 발령해 병력 대비태세를 강화하였다. 23대의 핵 무장 B-52 폭격기가 소련도 타격 가능한 범위 안에 배치되었다.[419]

큰 판돈이 걸린 체스 게임에서 일련의 공포스러운 수를 둔 후에, 흐루쇼프는 소련이 한 일을 인정하고 10월 28일부로 철수하겠다고 발표했다. 쿠바의 모든 공격용 무기는 해체되어 구소련으로 되돌아갈 것이다.[420] 케네디와 고대 영웅의 여정 스토리라인에서 미국 전체에게 큰 승리의 순간이었고, 이 극적인 사건들은 여러 편의 영화, 소설, 그리고 TV 프로그램으로 각색되었다. 미국의 마지막 미사일이 1963년 4월 24일 터키에서 제거되면서 양쪽의 분쟁은 종결되었다.[421] 로마에서는 기원전 197년에 키노스세팔라이Cynoscephalae 전투가 끝났다. 쿠바 미사일 위기의 종식으로부터 정확히 2,160년 전이다. 키노스세팔라이 전투는 마케도니아 전쟁에서 마케도니아를 패배로 이끈 결정적인 전환점이었다.

로마가 전쟁을 벌였던 나라들에 상응하는 현대적 등가물이 무엇인지 알아내는 것이 쉽지는 않다. 마케도니아에 상응하는 나라는 쌍어궁 시대에서는 쿠바처럼 보이지만, 소련은 지속적으로 배후에 잠복해 있는 진짜 네메시스였다. 역사의 위대한 순환은 어떤 종류의 사건이 일어날 것인지에 대한 전반적 대본을 기술하지만, 지구상의 다양한 등장인물들은 그들의 역할에 들어갈 수도 있고 빠질 수도 있다. 궁극적으로는 각 주기의 사람들이 어떻게 반응하느냐에 달렸다. 물론, 모든 사건이 이러한 주기에 완벽하게 들어맞는 것은 아니다. 여러 주기는 동시에 교차하고 충돌할 수 있으며, 더 많은 정보와 컴퓨터에 의존하지 않고는 확인할 수 없는 상호 경쟁적 영향의 밀고 당김을 제공한다.

그럼에도 불구하고 가장 큰 사건들, 가장 의미 있는 전쟁들이 순환주기를 정확히 가로질러 다시 발생하는 것을 지켜보는 일은 신비롭다. 사실 마케도니아 전쟁은 키노스세팔라이 전투와 함께 끝나지 않았다. 한 해 뒤인 기원전 196년에 종료되었다. 그리고 케네디는 1963년 11월 22일 암살당했지만 흐루쇼프는 1964년 10월 14일 쫓겨났다.[422] 흐루쇼프는 평화 조약과 동맹을 협상하기 위해 비밀리에 활동했던 것처럼 보였지만, 세상에서 그는 여전히 소련의 주요 인물이다.

로마제국에는 역사적 사건으로 기록될 만큼은 아니지만 방대한 양의 연동 사건들이 존재할 것으로 본다. 현대의 주기에서 비틀즈가 한 일과 같은 영향을 미친 음악이나 연극 같은 사례 말이다. 똑같이 놀라운 정밀도로 반복되는 방대한 세부사항이 있을 수 있다. 우리는 시간을 완전히 선형으로 생각하는 데 익숙하기에 이 모든 것을 헤아리기가 매우 어려울 수 있다. 만약 시간을 주기적인 것이라 상상하기 시작한다면, 우리가 행성으로서 천체의 에너지장에 의해 만들어진 순환 고리 위를 나아간다는 것이 훨씬 더 이치에 맞는다. 우리 행성이 원 위에서 같은 위치에 도달할 때마다, 이전 주기의 사건들이 우리의 현실 속으로 스며들 가능성이 매우 높다. 그리고 그것은 다시 반복된다.

14

●

베트남 전쟁, 워터게이트 스캔들, 철의 장막 붕괴

기원전 192년, 로마는 안티오쿠스 3세Antiochus III와 전쟁을 벌였다. 그는 대시리아Greater Syria와 서아시아를 통치한 왕이다. 안티오쿠스 3세는 1만 명의 병력으로 그리스를 침공함으로써 로마-시리아 전쟁을 촉발했다. 전쟁은 기원전 192년부터 188년까지 격렬하게 진행됐다. 이 시기를 2,160년 뒤로 옮기면, 1968년에서 1972년까지가 된다. 이 시점은 아시아에서의 전쟁인 베트남 전쟁의 핵심 전환점에 정확히 부합한다.

미국은 1964년 처음으로 북베트남에서 비밀 작전을 시작했다. 1964년 8월 2일, 세 척의 북베트남 PT보트가 미국 해군 전함 매독스USS Maddox에 발포했다. 이에 케네디의 부통령이자 후임인 린든 베인스 존슨Lyndon BainesJohnson 대통령은 의회 선언 없이 북베트남에 대한 전쟁 수행 허가를 얻은 통킹만 결의안을 통과시켰다.[423] 미국은 1965년 북베트남 폭격을 시작했고 병력 수준은 20만 명을 넘어섰다. 1967년 로버트 맥나마라Robert McNamara 미 국방장관은 폭격은 문제를 해결할 만큼 효과적이지 않으며 더 많은 조치가 필요하다고 밝혔다.

그 후 1968년 1월, 아시아의 왕 안티오쿠스 3세가 1만 명의 병력으로 그리스를 침략해 로마 제국과의 전면전에 돌입한 지 2,160년이 지난 시점에, 북베트남과 베트콩 병력이 남베트남을 휩쓸었다. 백양궁 시대에 안티오쿠스가 그리스를 공격한 것과 비슷하게, 아시아의 적은 수도를 포함한 여러 도시를 공격했다. 이 대담하고 과격한 군사작전은 테트 공세Tet Offensive라고 불렸다. 비록 이 공격이 격퇴되긴 했지만 미국에겐 정치적, 심리적인 승리였고, 미국이 전쟁에 충분히 관여했는지에 대해서는 큰 의문이 일었다. 2월이 되자 윌리엄 웨스트모얼랜드William Westmoreland 장군은 베트남 주둔 병력을 두 배로 늘리기 원했고 20만 6000명의 추가 파병을 요청했다. 하루아침에 평범한 청년들이 군대에 징집된다는 것이 매우 끔찍한 현실이 되었다.

1968년 3월 16일, 미군은 미라이My Lai 마을에서 수백 명의 무고한 사람들을 학살했다. 이 사건이 알려지게 된 1969년, 일반 대중은 물론 미국 정치 군사 조직도 큰 충격을 받았다. 미국 국민들은 이 시점에서 전쟁 종식을 요구할 기회가 있었지만, 정치적 의지는 아직 충분히 강하지 않았다. 이 세 가지 사건들, 즉 테트 공세, 주둔 병력을 두 배로 늘리자는 제안, 미라이 대학살은 전쟁의 감정적 영향을 극적으로 증가시켰다. 징집되는 젊은이들의 수가 급증했다. 이 모든 사건은 192년 로마가 아시아의 왕 안티오쿠스 3세와 전면전을 벌인 지 정확히 2,160년 만인 1968년에 일어났다.

———— 52년 묵은 접시 위에 놓인 배신의 쓴맛

　　더욱이 2013년 3월 17일 밝혀진 바에 따르면, 대통령 후보 리처드 M. 닉슨Richard M. Nixon은 1968년 베트남과의 평화 회담을 의도적으로 방해했다. 이 부분의 내용을 보충하기 위해 닉슨에 대한 다른 정보를 찾다가, 동시성을 통해 이 기사를 발견하게 됐다. 믿을 수 없을 만큼 신의를 저버린 이 행동에 대해 MSNBC 등 언론이 취재했지만, 내가 닉슨과의 연계성을 찾고 있지 않았다면 결코 발견하지 못했을 것이다. 우리는 이제 닉슨이 자신이 대통령이 될 때까지 회담 타결을 미루면 베트남인들이 훨씬 더 나은 조건의 평화협정을 맺게 될 것이라고 하며 베트남인들에게 뇌물을 주었다는 사실을 알고 있다. 닉슨의 충격적 배신 행위는 치명적인 베트남 전쟁이 점점 더 큰 규모로 확산될 것이란 의미와 같다. 즉 군산복합체에 더 많은 이익을 가져다 줄 것이 분명했다. 닉슨은 적과의 반역적인 비밀 거래를 통해 자신이 대통령으로 재임하는 동안 군사력을 더욱 증강할 수 있는 구실을 만들었던 것이다.

　　1961년 1월 17일, 아이젠하워Eisenhower 대통령은 자신의 퇴임연설에서, 재앙이 될 수 있는 군산복합체의 증대되는 위협에 대해 경고했다. 아이젠하워는 이 연설을 통해 궁극적으로 적대세력을 물리치기 위해 사용할 수 있는 마법의 선물을 미국에 제공한 또 한 명의 멘토였다: "그들이 의도적으로 추구한 것이든 아니든, 군산복합체가 부당한 영향력을 획득하는 것을 경계해야 한다. 잘못된 권력이 부상할 가능성은 현재에도 존재하고 앞으로도 계속 존재할 것이다.[424]

　　당시 대통령이었던 린든 베인스 존슨은 닉슨의 반역 거래를 알고 있었지만 아무 언급도 하지 않았다. 닉슨은 추가로 수십만 명의 청년들에게 징병제를, 수만 명의 미군 병사들에게 죽음을 선고했다. 죽지 않아도 될 수만 명이 희생되었던 것이다. 닉슨의 배신 행위를 증명해 준 녹음 테이프는 2013년 LBJ 대통령 도서관에 의해 비밀 해제되었다.[425]

아이젠하워의 예언적 경고가 있었던 1961년 1월과 닉슨의 반역 행위가 최종 폭로된 2013년 사이에 52년이 흐른 것이 흥미롭다. 마야인들은 역사가 52년 주기로 움직인다고 확신했는데, 그것은 13년이라는 4개의 작은 주기로 이루어져 있다. 메소아메리카Mesoamerica 사람들은 이 "신성한 회전 Sacred Round" 주기를 "세월의 묶음The Binding of the Years"이라고 기념하면서 과거와 미래의 사건을 이해하기 위해 사용했다.[426]

예를 들어 스페인의 정복자 에르난 코르테스Hernán Cortés는 1519년 11월에 처음 방문한 직후 아즈텍Aztec을 파괴하기 시작했다. 이는 52년의 "9대 지옥"이라는 아즈텍의 예언이 시작된 것이다.[427] "신성한 회전"의 52년을 다섯 번 더하면 260년의 쫄킨 주기가 된다. 쫄킨 주기는 메소아메리카 전역에서 널리 숭배되었다. 호주의 로버트 페덴Robert Peden 교수는 쫄킨 주기가 우리의 태양계에 존재하는 모든 행성의 궤도에 대한 완벽한 "공통분모"라는 것을 발견했다.[428]

260년이란 시간은 태양계 내부의 모든 궤도를 정확한 길이로 완벽하게 나누는 하위 주기이다. 메소아메리카의 원시 문화가 이 숫자를 발견했다는 사실은 꽤나 놀랍다. 또한 메소아메리카 원주민들은 거대한 돌덩어리로 약 3백에서 5백 개의 피라미드를 건설했는데, 이는 그들이 진보된 기술에 접근했다는 사실을 다시 한 번 암시한다.

———— 로마-시리아 전쟁과 베트남 전쟁의 종말

엘메와 마송에 따르면, 로마는 기원전 192년 시리아 왕 안티오쿠스 3세와 전쟁을 벌였고, 그로부터 2,160년 후인 1968년 베트남 전쟁이 극적으로 확대되었다. (우리는 지금 닉슨이 전쟁 연장을 위해 베트남 정부에 뇌물을 주었다는 절대적인 증거를 가지고 있음을 기억하자.) 로마-시리아 전쟁은 5년간 계속되었고 기원전 188년에 끝났다. 기원전 188년에서 2,160년 후는 1972년이다. 헨리 키신저Henry Kissinger와 레둑토Le Duc Tho에 의해 휴전 협상이 이루어진 바로 그해다.

1971년 9월에 발매된 존 레논의 곡 「이매진Imagine」은 마치 카발의 패배를 예언하는 것처럼 기이해 보인다. 원형原型을 설명하는 용어로 말하자면, 「이매진」은 곧 입수될 불멸의 엘릭시르의 전조였다.

I hope someday you'll join us; and the world will live as One.[429]

[언젠가 당신이 우리와 함께하기를 원해요. 그리고 세상은 하나 되어
살아갈 거예요.]

미국과 베트남 사이에 최종 평화 조약이 체결되어 1973년 1월 27일 발효되었다. 이로써 징병 종료를 공식 선언하고 마지막 미군이 베트남에서 철수했다.

스키피오 아프리카누스 스캔들과 리처드 닉슨

로마-시리아 전쟁이 끝나고 다음해인 기원전 187년, 로마의 집정관 스키피오 아프리카누스Scipio Africanus를 둘러싼 스캔들이 퍼지기 시작했다. 그의 동생 루키우스Lucius가 숙적 안티오쿠스 3세로부터 500탤런트를 받은 것을 숨긴 죄로 기소되었던 것이다.[430] 그로부터 2년이 안 되어서 스키피오 자신도 안티오쿠스 3세로부터 뇌물을 받은 혐의로 재판을 받았다. 이 스캔들이 시작된 해인 기원전 187년은 쌍어궁 시대의 1973년에 해당한다. 왜 스키피오 아프리카누스는 로마의 명백한 적으로부터 비밀리에 뇌물을 받았을까? 왜 닉슨은 베트남인들에게 "대통령이 되면 더 나은 평화협정을 맺겠다"라고 말함으로써 전쟁이 끝나지 않도록 했는가? 왜 카발은 제1차 세계대전과 제2차 세계대전에서 양쪽에 자금을 제공했을까? 우리 사회의 1%는 자신이 속한 엘리트 계층 밖의 사람들은 결코 존중하지 않는 진정한 소시오패스라는 사실을 기억하지 않으면, 정말이지 이해하기가 어렵다. 일반인에게 카발이 그렇게 무섭게 느껴지는 이유는 소시오패스들이 뭉쳐서 수백 년 동안 지속되는 장기적 목표를 추구해 왔다는 생각 때문이다.

스키피오 아프리카누스와 안티오쿠스 3세[431]의 반역적 결탁은 안티오쿠스가 전쟁을 끝내기 위해 지불한 뇌물보다 훨씬 더 깊은 수준이었을지도 모른다. 닉슨이 이전 12궁도에서 일어난 일련의 사건들을 비밀리에 재연再演한 것이라면, 안티오쿠스는 애초에 스키피오와 맺은 비밀 협정에 따라 1만 명의 병력으로 그리스를 침공하기로 동의했을 수도 있다. 이는 로마-시리아 전쟁이 시작된 지 정확히 2,160년 후에 닉슨이 전쟁을 대폭 강화하고 연장하기 위해 베트남과 맺은 비밀 협정에 해당할 수 있다.

만약 카발의 이전 버전이 로마-시리아 전쟁 양쪽에 은밀히 자금을 제공했다면, 그들은 국민들을 전면전으로 끌어들임으로써 자신들의 부와 권력, 통제가 공고해질 수 있음을 잘 알고 있었을 것이다. 사람들은 큰 위기가 닥쳤을 때 훨씬 많은 돈을 쓴다. 평생 모은 돈을 침략자 카발에게 빼앗기고, 더 높은 목적이라고 믿는 것을 위해 싸우다가 목숨을 잃을 것이다. 비록 반역죄의 추한 세부사항들이 완전히 증명될 수 없었을지는 모르지만, 스키피오 아프리카누스는 이제 결정적인 거짓말에 잡혀 있다. 스키피오와 그의 동생은 전쟁을 끝내기 위해 안티오쿠스 3세로부터 500탤런트의 뇌물을 받았다. 전쟁이란 국민들로부터 부를 약탈하기 위해 의도적으로 고안되었을지도 모른다는 생각을 하게 만드는 사건이다.

─────── **제3막 거대한 해결**

이 재판이야말로 영혼의 어두운 밤을 통과해서 전쟁을 종식시킨 로마인들이 직접 네메시스와 맞서서 그를 물리칠 수 있었던, 제3막 해결에 해당하는 엄청난 순간이다. 다만 이때 로마인들의 네메시스는 그들의 지도자였다. 스키피오의 동생 루키우스는 공화국 인민들의 이목을 사로잡은 상태로 재판에 회부되었다. 법원은 루키우스에게 형의 회계장부를 증거로 제출하라고 명령했다. 이 서류들은 최소한 스키피오가 전쟁을 끝내고 싶어 하는 안티오쿠스로부터 뇌물을 받았다는 사실을 입증해 줄 스모킹건, 곧 명백한 증거였다. 훨씬 더 과거로 거슬러 올라가면 다른 반역죄도 발견될 가능성이 매우 높았다. 폴리비우스Polybius가 쓴 역사 기록에 따르면, 스키피오는 로마 공화국 사람들을 흥분시킬 만큼 뻔뻔한 동작

스키피오 아프리카누스 황제와 리처드 닉슨 대통령

으로 콜로세움에 가득 모인 군중 앞에서 이 서류들을 찢어버렸다.[432] 이는 스키피오가 자신의 죄를 공개적으로 인정한 것이 분명했지만, 자만심이 강했던 스키피오는 자기 입으로 그 말을 할 수 없었던 것이다. 로마인들은 훨씬 더 고약한 다른 증거가 스키피오의 회계장부에 있을 수 있다는 가능성을 간과했을 수도 있다. 스키피오는 로마를 떠났고, 스캔들이 시작되고 3년 후인 기원전 184년 사실상 은퇴했다. 지금 같으면 탄핵이라고 부를 만한 재판은 중단되었다.[433]

당신이 20세기 후반의 미국 역사에 대해 알고 있다면, 아마도 이 이야기는 매우 친근하게 들릴 것이다. 마송은 다음과 같이 썼다. "1973년 명예롭게 베트남 전쟁을 종식시킨 닉슨을 상대로, 스키피오가 2,160년 전에 했던 것처럼 사임하고 은퇴하도록 강요한 것은 워터게이트 스캔들이었다."[434] 윤회의 과학을 감안할 때, 에드가 케이시의 리딩, 이안 스티븐슨 박사, 짐 터커 박사, 마이클 뉴턴 박사의 최면 연구 등에 의해 밝혀진 바와 같이, 스키피오 아프리카누스가 카르마의 주기를 다시 한 번 반복하기 위해 리처드 닉슨으로 환생하는 것은 전적으로 가능하다. 스키피오는 제2차 포에니 전쟁에서 한니발 최대의 적이 되었으며, 이제 그와 비슷한 운명을 이루기 위

데이비드 윌콕의 동시성

해 환생한 것으로 보인다. 그런데 이번에 닉슨은 스키피오가 로마에서 했던 것처럼 쉽게 물러나지 않으려 했다. 닉슨은 격렬한 텔레비전 인터뷰에서 자신의 잘못을 고백하도록 강요받음으로써 자신의 카르마를 완성해야 했다. 데이비드 프로스트David Frost 기자는 쓰러진 네메시스를 압박해 자신이 한 일을 인정하게 만든 영웅이 되었다.

이 서사시적 영웅의 여정 이야기는 론 하워드Ron Howard 감독의 2008년 영화 「프로스트 vs 닉슨Frost/Nixon」[435]에 효과적으로 각색되었다. 이 영화는 아카데미 작품상, 남우주연상, 감독상, 편집상 후보에 올랐고 미국비평가협회상을 받았다. 카르마의 고리가 완전히 원을 그리는 데 2,160년이 걸렸을지 모르겠지만, 닉슨이 스키피오였다면 이번에는 자신이 한 일을 훨씬 더 상세하게 인정해야 했다.

환생에 대한 더욱 설득력 있는 증거는 스키피오와 닉슨의 얼굴이 놀랄 만큼 유사하다는 데 있다. 이안 스티븐슨 박사와 짐 터커 박사 모두 "진정한" 환생 사례들이 얼굴 생김새의 일치를 특징으로 한다는 광범위한 증거를 제공했다. 스키피오와 닉슨은 코, 뺨, 턱의 일반적인 모양, 눈 밑의 다크서클, 응시하는 모습에서의 약시弱視 등이 확실히 닮았다. 영혼이 환생해서 2,160년 전, 이전의 12궁도 시대에 만든 것과 같은 문제를 다시 해결하는 것이 가능할까? 만약 그렇다면 스키피오는 그동안 별로 배우지 못한 듯하고, 결국 백양궁 시대에 자신이 했던 것과 똑같은 역할을 하게 되었다. 다만 1977년 방송에서 닉슨이 데이비드 프로스트에게 한 고백은 그의 카르마를 경감하는 데 도움이 되었을지도 모르겠다.

카토, 카터를 만나다

카토Cato는 로마 집정관을 지낸 뒤, 기원전 184년에 로마의 새로운 감찰관censor으로 선출되었다.[436] 감찰관의 중요한 역할 중 하나가 로마의 도덕성을 지키는 것이었기에 그 직위는 중요하게 여겨졌다. 2,160년 후인 1976년 지미 카터Jimmy Carter는 미국의 대통령으로 선출되었다. 그들의 이름에 즉각적인 유사성이 있다는 것을 알 수 있다. 둘 다 이름이 Ca로 시작하고, 뒤에 t가 나온다. 카토는 카터와 마찬가지로 농부 집안 출신이었다. 아버지가 사망하자 카토는 군대를 그만두고 다시 농사 일로 돌아갔다. 카터도 정확히 같은 일을 했다.

엘메와 마송의 연구에 따르면, 카토는 스키피오 형제에게 기록과 장부를 대중에게 넘기라고 요구한 정치인이었다. 기원전 187년에서 2,160년 후에 일어난 워터게이트 사건에서 카터가 어떤 역할을 했다는 직접적인 증거는 없다. 그러나 3년 후 카터가 대통령이 된 것은 닉슨의 잘못으로 확실한 이득을 보았다고 볼 수 있다. 대중은 모든 면에서 리처드 닉슨의 정반대인 깨끗하고 눈처럼 흰 캐릭터에 굶주렸고 그런 인물을 얻었다.

지미 카터 대통령과 로마의 감찰관 카토

데이비드 윌록의 동시성

카토와 카터 사이에는 뚜렷하며 부인할 수 없는 얼굴의 유사성이 있다. 코의 구조와 귀의 모양은 거의 동일하며 입술, 볼, 턱의 모양도 유사하다. 카토는 로마를 감찰의 시대로 몰아넣었고, 그 기간 동안 공화국의 도덕성을 회복하려고 노력했다. 카토는 로마인들의 탐욕스럽고 과소비적인 경제 행동과 생활방식을 제어하기 위해 몇 개의 조례를 발표했다. 그러나 그의 감찰은 너무 엄격해서 결국 44개의 다양한 고발과 기소起訴 시도로부터 자신을 보호해야 했다.[437] 2,160년 후, 카터는 미국에서 에너지 과소비 현상을 막기 위해 매우 유사한 행동을 취했다. 카터 대통령은 취임 2주 후인 1977년 2월 2일, 매우 추운 겨울에도 미국 국민들에게 집 안의 온도를 더 낮게 유지해 달라고 호소했다.

"우리 모두는 에너지를 낭비하지 않는 방법을 배워야 합니다. 이를 테면 우리의 온도조절장치를 낮 65도(=18.3℃), 밤 55도(=13.8℃)에 맞추는 것만으로도 현재 천연가스 부족량의 절반을 절약할 수 있습니다."[438]

카터는 우파 언론의 조롱 대상이 된 두꺼운 스웨터 카디건을 입고 나와 국민들에게 부탁했다.[439] 아마도 이 연설은 시간이 흘러도 역사적인 것으로 기억되는 듯하다. 비록 연설 연도가 틀리긴 했지만 한 작가는 다음과 같이 썼다. "또 하나의 문제가 있다. 즉 에너지 절약에 대한 논의가 지미 카터의 스웨터 유령에 사로잡혔다는 것이다. 1979년 에너지 위기 당시 카터는 카디건을 입은 채, 온 나라가 신뢰의 위기에 시달리고 있다면서 겨울에는 온도조절기를 낮추라고 말했다. 에너지 절약은 영원히 불쾌함, 불편과 연결되게 되었다."[440] 카터는 1977년 연설에서 백악관 직원 수를 3분의 1까지 줄일 것이라고 발표했고, 모든 각료들에게 그만큼 자신의 개인 직원을 감축할 것을 권고했다. 카터는 국민에게 보내는 에너지 보고서에서 다음과 같이 말했다.

> 우리는 백악관의 전 직원을 포함해 고위 관리들을 위한 방문 리무진 서비스처럼 비싸고 불필요한 사치품을 없앴습니다. 우리가 이곳 워싱턴에서 왕족처럼 살고 있다면 정부 관리들은 국민의 문제에 대해 감수성을 가질 수 없을 것입니다. 선의에 깊이 감사드리지만 나와 내 가족, 또는 내 행정부에 종사하는 누군가에게 선물을 보내지 말라고 부탁하고 싶습니다. … 나는 내가 임명한 정부 고위직에게 엄격한 재정 공개 규칙을 준수하고 모든 이해 상충을 피할 것을 부탁했습니다. 나는 그 규칙들을 영구화할 예정입니다.[441]

카터의 미국 에너지 소비 억제 캠페인은 가스를 많이 사용하는 자동차에 대한 세금을 인상하고[442] 백악관 지붕에 태양열 난방 시스템을 설치하는[443] 식으로 계속되었다.

카토는 고대 로마에서 가장 존경받는 정치가 중 한 명이 되어 기원전 149년 사망할 때까지 정치 활동을 이어갔다. 기원전 149년은 현재의 쌍어궁 시대에서 2011년에 해당한다: 카터는 2013년에도 여전히 살아 있고 잘 지내고 있으며, 정치적으로도 활발한 활동을 하고 있다. 카토는 라틴어로 쓰인 로마 역사를 포함해 많은 문학작품을 생산했다.[444] 카터는 대통령에 취임한 이후부터[445] 『팔레스타인: 아파르트헤이트가 아닌 평화Palestine: Peace Not Apartheid』[446]와 『말벌집: 혁명전쟁의 소설The Hornet's Nest: A Novel of the Revolutionary War』[447]이라는 미국 역사를 다룬 소설을 비롯해 27권의 책을 출간했다. 카터는 1981년 대통령직을 떠남으로써 단 한 번만 대통령직을 수행했지만 여러 차례 후보에 오른 끝에 2002년 노벨 평화상을 받았다. 다음은 노벨상 공식 웹사이트의 인용문이다.

[노벨 평화상은] 카터가 국제 분쟁에 대한 평화적인 해결책을 찾고 민주주의와 인권을 증진시키며, 경제 및 사회 발전을 촉진하기 위해 수십년 동안 지칠 줄 모르는 노력을 기울인 데 대한 것이다. [카터는] 전 세계 수많은 선거에서 옵서버observer로 활동했다. 그는 열대성 질병에 대항해 싸우고 개발도상국의 성장과 발전을 이루기 위해 다양한 분야의 최전선에서 열심히 일해 왔다. 무력 위협으로 요약되는 현재의 세계 상황에서 카터는 국제법에 근거한 조정과 국제 공조, 인권 존중, 경제 발전을 통해 가능한 한 갈등을 해결해야 한다는 원칙을 지켜왔다.[448]

─────── **제1차 켈트이베리아 전쟁과 아프가니스탄 전쟁**

카토가 선출된 후 로마 역사상 두 번째로 중요한 사건이 벌어졌다. 스페인 영토에서의 봉기에 맞서야 했던 최초의 켈트족과의 전쟁이다. 제1차 켈트이베리아 전쟁The First Celtiberian War은 기원전 181년 시작되어[449] 기원전 179년에 종식되었다. 그러나 기원전 174년에 켈트이베리아 반란이 일어나 1만 5천 명의 켈트이베리아인이 죽거나 포로로 잡혔다.[450] 기원전 181년부터 174년까지의 시기는 쌍어궁 시대의 1979년에서 1986년까지에 해당한다. 마송은 1979년 원고 집필을 마쳤기 때문에 당시에는 더 이상의 조사가 이루어질 수 없었다. 나는 역사학자도 아니고, 2,000년 마송의 원고를 내 웹사이트에 발표했을 때도 이러한 주기가 현재도 작동하고 있는지 아닌지를 탐구하는 것은 너무나 어려워 보였다. 효과적인 조사를 하기에는 당시 인터넷에 올라온 정보가 충분치 않았기 때문이기도 하다.

나는 다른 일에 관심이 팔려 그것에 대해 곧 잊어버렸고, 로마와 미국 간 12궁도의 주기 연결에 대해 더 이상 생각하지 않았다. 그런데 2010년 이 책의 초안을 쓰면서 지금이 아니면 결코 가능하지 않으리란 사실을 깨닫고 다시 탐구를 시작했다. 인터넷에서 구할 수 있는 정보의 양은 지난 10년 동안 엄청나게 증가했고 이는 연구를 용이하게 해주었다.

기원전 181년 발생한 켈트족과의 첫 번째 분쟁은 기원전 174년의 반란까지 이어진다. 쌍어궁 시대에서는 1979년에서 1986년까지의 시기이다. 정확히 이 기간 동안, 미국은 아프가니스탄에서 구소련과 또 다른 대리전을 치렀다. 백양궁 시대의 스페인 사람들이 쌍어궁 시대에 아프가니스탄 국민으로 대량 환생했을지도 모른다. 미국과 소비에트연방 사이의 새로운 대리 전쟁은 1979년 마송이 전쟁 발발을 예측했을 때 바로 시작되었다.

─────── **소비에트연방과의 또 다른 대리 전쟁**

1979년 6월 소비에트 연방과의 SALT II 핵무기 조약이 체결되었지만, 카터 대통령은 7월 친소련 정부에 맞서 싸우고 있는 아프가니스탄 국민에게 비밀리에 원조를 제공한다는 지침에 서명했다. 카터의 냉전 고문 즈비그뮤 브레진스키Zbigniew Brzezinski는 "우리는 러시아인들이 개입하도록 강요하지는 않았지만, 그들이 개입할 가능성을 의도적으로 증가시켰다"라고 한다.[451] 러시아는 실제로 6개월도 채 안 되어 충격적인 폭력으로 대응했다. 1979년 크리스마스에 러시아 낙하산 부대원들이 아프가니스탄의 수도 카불Kabul에 착륙했고, 이틀 후 그들이 아프가니스탄 대통령 하피줄라 아민Hafizullah Amin을 사살한 것으로 추정된다.[452] 이것은 백양궁 시대에 켈트이베리아 전쟁이 시작된 것과 같은 해에 새로운 지정학적 긴장을 조성한 소비에트 연방의 노골적인 군사력 과시였다. 유엔은 1980년 1월, 이 침략에 대해 비난했다. 미국은 러시아의 갑작스럽고 폭력적인 아프가니스탄 주둔에 강력히 항의했고, 러시아에 대한 곡물 수출을 금지했으며, SALT 회담을 종료했다. 게다가 1980년 모스크바에서 열릴 예정이던 올림픽 경기를 보이콧했다. 브레진스키는 이렇게 말했다. "그것 말고 미국은 아무것도 하지 않았다. 왜인가? 러시아가 자신들의 베트남에 들어갔다는 것을 알고 있었기 때문이다."[453]

로마의 켈트이베리아 전쟁은 기원전 174년에 끝났다. 로마와 로마의 스페인 영토 사이의 전쟁에 이렇게 안도할 만한 결론이 나온 때에서 2,160년이 지나면 1986년이 된다. 1986년은 아프가니스탄에 대한 대리전쟁에서 소비에트연방이 패배한 결정적 순간이었다. 미국은 내내 비밀리에 훈련하고 대리전을 벌여왔다. 소련과 싸우기 위해 아프가니스탄의 저항 운동을 지지했다. 1985년 CIA는 소련에 대한 자동차 폭탄, 암살, 국경을 넘나드는 기습을 위해 아프간 저항세력을 훈련하기 시작했다. 1986년 미국은 수백 발의 스팅어 대공미사일Stinger antiaircraft missiles로 저항세력을 무장시켰다. 미국은 6억 달러의 원조를 제공했고 페르시아만 국가로부터 그에 상응하는 자금을 확보했다. 중국은 1986년에도 아프간 저항세력에 탱크, 자동소총, 로켓 추진 수류탄 등 무기를 판매했다. 소비에트연방은 자신들이 패배했음을 깨닫고 1986년 "출구 전략"을 수립하기 시작했다. 소비에트연방은 아프간 저항세력과 싸우기 위해 아프간 무장 세력을 훈련하기 시작했

고 공식적으로 무장 세력의 병력을 30만 2000명까지 증강시켰다.[454]

─────── **또 한 차례 좌절된 화해의 기회**

러시아가 미국과의 대리전에서 확연히 패배함에 따라 평화
가 찾아왔고 영구히 냉전을 끝내려는 공개적인 시도가 이어졌다. 이로
써 1986년은 기원전 174년 제1차 켈트이베리아 전쟁이 끝난 시점과 한층
더 강력하게 상응되었다. 1986년 9월 15일 고르바초프Gorbachev는 레이건
Reagan에게 서한을 보내 "모든 핵무기의 완전한 폐기를 논의하기 위해 아
이슬란드나 런던에서 조속히 일대일 회담을 갖자"라고 요청했다. 1986
년 10월 12일부터 아이슬란드의 레이캬비크Reykjavik에서 정상회담이 열렸
다.[455] 이는 세계 차원의 역경을 물리치고 진정한 평화를 가져올 또 하나의
경이로운 기회를 전 세계에 제공했지만, 미국은 아직 준비가 되어 있지 않
았다. 곧 이란-콘트라 스캔들Iran-Contra scandal이 터지면서 레이건의 핵심
동료인 존 포인덱스터John Poindexter 국가안보보좌관이 사임할 수밖에 없
었다.[456] 법무장관인 에드윈 메이스 3세Edwin Meese III가 '이란에 무기를 팔
아서 얻는 이익이 니카라과에서 사회주의와 싸우고 있는 준 군사조직으로
은밀히 재분배되고 있다는 사실'을 존 포인덱스터가 알고 있었다고 폭로하
면서 스캔들이 시작되었다.[457]

미군은 고르바초프와 레이건의 핵무기 전면 금지가 이행될 경우, 핵미사
일을 벌충하기 위해 재래식 무기에 대한 엄청난 규모의 추가 지출이 필요
하다는 추정을 내놓았다.[458] 궁지에 몰린 카발 관료들은 레이건과 고르바
초프의 조약을 따를 의사가 없음을 드러내는 또 다른 신호를 보냈다. 1986

년 10월 22일, 미국에 기반을 둔 55명의 소련 외교관들이 모두 추방될 것이라고 발표한 것이다. 실제로 미국은 1986년 11월 5일까지 모든 소련 외교관들에게 철수를 명령했다.[460]

1988년부터 1992년까지 새로운 미국-소련 대리 전쟁

백양궁 시대의 이 시점, 즉 기원전 172년부터 168년까지 로마는 다시 마케도니아와 전쟁을 벌였다. 이 시간대를 2,160년 뒤로 돌리면 1988년에서 1992년까지가 된다. 처음에 나는 로마와 미국의 전쟁 사이에 존재했던 12궁 주기가 마침내 무너졌다고 생각했지만 내가 틀렸다. 나는 미국과 소련 간에 벌어진 대리 전쟁의 또 다른 핵심 국면이 정확히 이기간 동안 분출되었다는 것을 알 수 있었다. 기원전 168년 마케도니아가 패배한 것에 상응해서, 소비에트연방이 완전히 패배하고 붕괴하는 것으로 끝났다.

우리는 이전 백양궁 시대에 벌어진 로마와 마케도니아 간의 전쟁이, 우리의 쌍어궁 시대에 쿠바를 대리국으로 하는 소비에트연방과의 싸움으로 나타났다는 사실을 확인한 바 있다. 기원전 172년, 로마는 두 번째로 마케도니아와 싸우기 시작했다. 그로부터 2,160년이 흐른 시점인 1988년 2월 12일, 미국과 구소련 사이에 또 다른 직접적 대립이 있었다. 그러나 이번에 쿠바는 이전 주기의 마케도니아와 달리 전투의 집결지가 아니었다. 이번에는 두 주요 적수가 직접 맞붙었다. 미국은 소비에트 연방이 배타성을 주장하는 크림반도 근해에 미 해군 전함 카론호USS Caron를 진입시켜 소비에트연방을 다시 자극했다. 히스토리닷컴History.com은 미국이 노골적인 행동으로 싸움을 시작하려 했다고 밝혔다: "여러 측면에서 미국의 불필요한 도발 행동이었다. 정보 수집 전함으로 잘 알려진 카론호가 소련의 배타적 수역에 나타난 것은 아무리 좋게 생각해도 의심스러워 보일 수밖에 없었을 것이다."[461]

소비에트연방은 미국 해군 전함 카론과 근처에 있던 요크타운USS Yorktown을 자국 선박으로 들이박는 등 거칠게 반응했다. 히스토리닷컴은 이 당황스러운 행동에 대해 소비에트연방이라는 "상처입은 사자"가 여전히 적들에게 맹렬한 공격을 할 수 있다는 신호를 보내는 것이라고 밝혔다. "아마도 미국의 입장에서 소비에트연방은 과민반응을 보였을 것이다. 심각한 경제적, 정치적 문제를 겪고 있는 러시아는 자신들이 군사 대국으로서 여전히 제대로 대접받아야 할 나라라는 메시지를 보내야 한다고 느꼈을 것이다."[462]

──────── **1992년까지 계속되는 아프가니스탄 대리전**

이러한 새로운 도발에도 불구하고, 1988년 4월 14일 소비에트연방은 점령 9년 만에 아프가니스탄을 완전히 떠나는 조약을 체결했다. 조지타운대학 외교연구소의 논문 「아프가니스탄에서의 미국과 소련의 대리전US and Soviet Proxy War in Afghanistan, 1989-1992」는 조약 체결에서 4년 후인 1992년까지 미국과 소련이 아프가니스탄에서 각각의 동맹군에 대한 군사 지원을 중단하지 않았다고 밝혔다. 백양궁 시대로 치면 제2차 마케도니아 전쟁이 끝난 해에 상응한다. 미국의 CIA는 1985년부터 아프가니스탄에서 차량 폭탄 테러 등을 자행하기 위해 아프가니스탄의 저항세력에 자

데이비드 윌콕의 동시성

금을 대고 훈련해왔다. 미국이 지원하는 저항세력은 탈레반Taliban으로 알려진 야만적이고 초근본주의적인 이슬람 단체였다. 2011년 발견된 문서들은 오사마 빈 라덴Osama bin Laden의 조직과 탈레반 사이에 "상당한 정도의 이념적 융합"을 포함한 "긴밀한 관계"가 존재했음을 증명했다.[463] 미국의 대형 언론사들은 9.11 사태와 이전에 미국이 탈레반에게 제공했던 지원의 연관성에 대해서 거의 완전히 무시해버렸다. 2,160년의 황도 12궁 주기는 이 시기 동안 계속해서 우리 역사에 영향을 미쳤다. 조지타운대학이 출간한 논문은 미−소 대리전이 1992년에 마침내 끝났음을 분명히 밝히고 있다. 이는 제2차 마케도니아 전쟁이 종식된 기원전 168년과 2,160년 시차를 두고 완벽하게 상응하는 동시성을 갖는다.

소련이 아프가니스탄에서 공식적으로 철수하는 것은 결코 그곳에서 미국과 소련의 세력 다툼이 끝났다는 의미가 아니다. 소련 자체가 붕괴되던 1991년 후반까지, 두 강대국 모두 그들의 대리인을 계속 무장시키고 지원했다. 1992년 미국과 소련이 아프가니스탄에 대한 모든 군사적 지원을 끝낸 후, 아프가니스탄은 고도로 훈련되고, 조직되고, 무장한 파벌들의 집단들을 감당해야 할 처지가 되었다. 파벌들의 세력 다툼으로 이 나라는 급속히 내전 상태에 돌입했다.[464]

──────── **아주 정확한 시간에 붕괴된 철의 장막**

기원전 168년 로마가 마케도니아를 물리쳤을 때, 로마는 자신의 네메시스에 우세했다. 이 시점과 대응하는 쌍어궁 시대는 1992년으로 소비에트연방이 붕괴된 시기와 몇 달 차이가 나지 않는다. 1991년 8월 19일, 소련의 미하일 고르바초프를 상대로 쿠데타가 시도되었고 크레믈린 주변에는 탱크로 봉쇄선이 쳐졌다.[465] 나는 대학 오리엔테이션 기간 동안 다이닝 홀Dining Hall의 텔레비전 화면에서 이것을 지켜보았다. 그리고 이 놀라운 사건에 대해 내 주변의 십대들이 얼마나 무관심했는지를 결코 잊지 못할 것이다. 미국과의 핵 대결 가능성이 높은 제1의 적대세력인 소비에트연방의 심장부인 크레믈린에 탱크가 진격하는 모습을 생방송으로 지켜보면서, 그나마 지루해 하는 학생은 내가 유일한 듯했다. 형편없는 계획 탓에 이 쿠데타 시도는 바로 실패했다.[466] 그럼에도 불구하고 이것은 공산주의 체제에 대한 광범위한 불만과 지속적인 소비에트연방 붕괴의 정점이었다. 소비에트연방을 구성하는 주州들은 1989년 아제르바이잔Azerbaijan을 시작으로 독립을 선언하기 시작했고, 1990년 나머지도 그 뒤를 따랐다.[467] 하지만 소비에트연방은 1991년 쿠데타 시도 직후까지 완전히 붕괴되지 않았다. 1992년 1월 1일을 불과 7일 앞둔 12월 25일,[468] 고르바초프는 대통령직을 사임했다. 그리고 마케도니아는 기원전 168년 로마에 함락되었다.

─────── **프랑수아 마송의 정확한 예언**

마송은 1980년에 쓴 책에서 이 문제가 가시화되는 것을 미리 알 수 있었다고 하면서 다음과 같은 예언적 성명을 발표했다: "1962년 쿠바 사건 때처럼 미국과 소련의 직접적 대립이 일어난다면, 이번 제2차 마케도니아 전쟁은 주기적으로 1988~1992년과 일치한다. 양 진영이 가진 완전한 파괴 수단을 고려하면, 현대 전쟁은 대개 완충국가를 통해 전개되고, 1962년 미국과 소련이 쿠바를 두고 했던 것처럼 체스 게임처럼 펼쳐질 것이다. 이번에도 비슷하기를, 또한 인류가 서로 자살을 서두르지 않기를 기도하자."[469]

마송의 예언은 절대적으로 옳았다. 이번에 미국과 소비에트연방 간의 '완충국가'는 아프가니스탄이었다. 체스 게임에 패한 소비에트연방은 여러 개의 소규모 민족국가로 분할되었다. 미국은 구소련과 싸우는 과정에서 차기次期의 네메시스인 오사마 빈 라덴과 탈레반을 훈련시켰고 자금을 지원해 무장시켰다.

———— 2001년 9월 11일: 539년인 사분의 일 주기와의 완벽한 일치

지금쯤 당신은 1992년 아프가니스탄에서의 대리 전쟁이 끝나고, 미국 역사상 다음으로 중요한 전쟁인 2001년 9월 11일에 대해 궁금해 하고 있을 것이다. 로마에서 9.11만큼 의미심장한 12궁도의 주기에 상응하는 사건이 있을까? 보아하니 아닌 것 같다. 2001년은 백양궁 시대의 기원전 159년에 해당한다. 그 당시 로마가 개입한 전쟁은 없었고 주목할 만한 역사적 사건이랄 것도 최초의 물시계 발명 이외에는 없다. 그런데 마송의 원래 자료를 살펴보다가 2,160년의 사분의 일 주기인 539년에 주목하게 되었다. 즉 1462년 유럽에서 서사시적인 전쟁이 일어난 날로부터 수일 이내에 9.11이 극적으로 다시 나타난 것이다. 일단 이 연관성이 발견되자, 많은 다른 평행 사건들이 539년이라는 사분의 일 주기에 걸쳐 놀라울 정도로 정확하게 일렬로 늘어서게 되었다.

이 놀라운 새 자료는 1429년 잔 다르크의 역사적인 전투와 1968년 800

만 명의 프랑스 청년들이 벌인 혁명 사이에 539년의 주기 연계가 있다는 사실을 더욱 뒷받침해 주었다. 엘메와 마송이 옳았다. 우리의 우주론 전체를 완전히 다시 쓰고, 우주가 살아 있다는 증거를 진지하게 고려하기 시작해야 한다. 달, 행성, 항성, 은하는 그들만의 독자적인 권리를 갖는 거대한 생명체이며 그들 주변의 모든 생명체에게 강력한 영향을 미치고 있는 것으로 보인다. 그들은 개인적이고 집단적인 규모로 영웅의 여정 원형들을 통해 우리를 지적知的으로 인도하는 듯하다. 이런 전쟁과 잔혹행위들은 그들이 제공하는 교훈을 우리가 터득할 때까지 계속 반복될 것이다.

나는 9.11과 같은 충격적이고 기억에 남는, 세상을 변화시키는 사건이 전혀 무작위가 아니라는 사실을 발견하고 꽤나 놀랐다. 1462년에 네메시스 역할을 했던 나라는 독일이었다. 지금 당장 구체적인 세부사항으로 들어가고 싶은 유혹이 일긴 하지만, 우리는 로마와 미국 사이에 존재하는 12궁도의 주기 연결에 대한 조사를 먼저 마쳐야 한다. 그래야 1992년부터 2013년까지 이 주기가 어떻게 작동해 왔는지를 알 수 있다.

●

15

하늘은 무너지지 않는다,
당신의 편견이 무너질 뿐

잔 다르크가 보았던 웅대한 비전 visions으로 인해 프랑스 사람들은 그녀에게 전군全軍의 지휘를 맡겼다. 그녀의 용맹함은 조국 프랑스가 대영제국에 맞서 일어나 승리하도록 고무했다. 539년에서 불과 며칠 차이밖에 나지 않는 1968년, 프랑스에서의 학생 봉기는 800만 노동자들이 극보수 정부에 대항해 일어나 승리하도록 고무했다. 이 놀라운 동시성은 프랑스의 점성학자 미셸 엘메에 의해 4년 전에 예견되었다. 또한 로마의 주요 전쟁은 2,160년 후인 1896년, 맥킨리 McKinley 대통령이 유럽 열강들에 대해 제국주의적 공격을 시작함으로써 미국 역사에 다시 등장한다. 워터게이트 스캔들 같은 정치적 음모는 로마 역사를 정확히 거울처럼 반영하는데, 당시 스키피오 아프리카누스는 전쟁을 끝내고 싶어 하는 적으로부터 뇌물을 받은 혐의를 받았다. 심지어 로마의 주요 집정관인 스키피오와 카토는 미국의 닉슨과 카터 대통령으로 환생한 것으로 보인다. 2,160년의 거대한 선형線型 시간을 뛰어넘어, 우리는 현대 대통령들과 그들의 로마 시절 대응 인물들의 얼굴에서 높은 일치도를 확인한다. 이안 스티븐슨 박사와 짐 터커 박사가 과학적 사례를 통해 진정한 환생 사례가 확인될 것이라고 주장했던 바와 똑같다. 이는 시간의 큰 주기에 의해 동시에 발견될 수 있는 많은 사례 중 하나일 것이다. 우리들 각자는 교훈을 얻을 때까지 다른 생에서 겪었던 일들을 반복하면서 아주 구체적인 일련의 경험들을 하며 살고 있는지도 모른다. 우리가 지금 하고 있는 것과 이전에 했던 것 사이의 시간 단위는 매우 정확해 보인다. 이러한 주기가 대규모 지정학적 사건에만 작용한다고 가정할 이유는 없다.

"이상적인" 분점세차의 주기는 황도 12궁의 12개 시대를 특징으로 하는데 총 기간은 25,920년에 이른다. 전 세계의 신화는 이 "마스터 주기master cycle"를 지상 낙원인 황금시대의 도래와 연관시켰다. 나는 최종 출간된 프랑수아 마송의『우리 시대의 종말The End of Our Era』영어판 온라인에서 한 인용구를 찾았는데 매우 의미심장하다.

> "모든 예언적 추측을 떠나서 한 가지는 확실하다. 바로 우리 지구의 세차운동이 보병궁(=물병자리)으로 진입했다는 사실이다. 이 세차운동은 수학적으로 규칙적이며 각 별자리 이동에 수반되는 종교적 변화의 주기적 반복은 부인할 수 없다. 다른 것은 몰라도 우리 앞에 닥친 이 시기에 근본적인 종교적·이념적 변화가 일어날 수밖에 없다."[470]

웅장하고 자비로운 설계

2012년 12월 21일의 마야 달력 종료일을 넘긴 지금, 우리는 보병궁 시대(=물병 시대)로 진입했다. 우리를 황금시대로 들어가도록 떠미는 이 거대한 변화는 이미 시작되었고 의심할 바 없이 시간이 지날수록 점점 더 흥미로워질 것이다. 우리는 25,920년의 "마스터 주기"가 지구 축의 느리고 지루한 요동 그 이상임을 분명히 알 수 있다. 마스터 주기는 우리 은하와 모든 항성, 행성, 위성의 마음에 기록된 메커니즘을 드러내는 것 같다. 이 장대한 순환은 우주 시계의 메인 스프링처럼 작동한다. 매우 정밀하고 깔끔한 시간의 순환주기 안에서, 영웅의 여정 원형들을 통해 역사 속에 출현하는 우리의 진화 경로와 사건들을 촉진한다.

하나의 법칙에 따르면, 이 창대한 이야기는 우리가 인종, 피부색, 종교, 성별 또는 국적과 상관없이 서로를 사랑해야 한다는 사실에 눈뜨도록 돕기 위해, 우리가 여기 오기 훨씬 전부터 "선호하던 방법preferred method"으로 세심하게 계획되었다. 우리는 같은 사건들과 같은 잔혹행위를 반복한다. 우리가 더 이상 그것들을 창조하기를 선택하지 않을 때까지 말이다. 마침내 서로를 차별하지 않고 더 나은 세상을 위해 노력할 것을 선택하면 평화와 자유는 마침내 우리의 것이 되고, 우리는 전례 없는 황금시대로 들어갈 것이다.

고통스럽기 짝이 없는 전쟁과 정치적 사건이 무작위로 일어나는 것이 아니란 사실을 이해하면 우리는 모든 일이 잘 풀리리란 것을 확신할 수 있다. 우리 앞에 펼쳐지는 역사의 작업에는 웅장하고 자비로운 설계가 숨어 있다. 이는 집단의식으로서, 완전히 새로운 사고방식, 행동 방식, 존재 방식에 대비하는 방법인 것으로 보인다. 우리의 살아 있는 우주는 가학적이지 않다. 마치 반복되는 의례적儀禮的 고문처럼, 일정에 맞춰 똑같은 전쟁과 잔혹행위를 계속 겪게 되어 있는 것이 절대 아니라는 말이다. 우리는 명백히 자유의지를 갖고 있고, 이는 우리가 창조하는 모든 것을 만나게 된다는 의미다. 우리가 성장하고 진화함에 따라 우리의 역사는 점점 더 부정적인 일정에서 떨어져 나와 지구가 우리에게 제공할 수밖에 없는, 더 건강한 주기들에 끌리게 된다. 심지어 우리는 궁극적인 베일의 관통이라는 웅장하고 세계적인 커튼콜을 경험할 수도 있다. 그럴 경우, 긍정적이고 부정적인 일체의 메커니즘과 숨겨진 플레이어가 마침내 밝혀지고 우리는 완전히 새로운 시간 구조 속으로 들어갈 것이다. 여기서 자유의지의 춤이 나온다. 우리는 과연 지구상에서 가장 위대한 쇼의 어떤 채널을 함께 보기로 결정했는가? 우리가 매 순간 취하는 생각과 행동에 의해 우리는 어떤 미래에 한 표를 던지고 있는가?

──────── **미끼를 물지 않을 만큼 충분히 영리하다**

나는 미국이 백양궁 시대에 일어났던 로마의 전쟁에서 점점 멀어지는 것 같아 크게 안도했다. 예정대로 전쟁을 유발할 수 있는 방아쇠는 여전히 대중에게 주어져 있지만, 마침내 우리는 미끼를 물지 않을 만큼 영리해졌다. 마송은 1988년부터 1992년까지가 쿠바 미사일 위기 때의 핵 대결만큼 위험할 수 있다고 생각했지만, 아프가니스탄에서 벌어진 소련과의 대리전은 핵 아마겟돈으로 번지지 않았다.

또한 이 기간 동안 사막의 폭풍Desert Storm으로 알려진 짧은 걸프전이 이라크 내에서 벌어졌다. 이 전쟁은 1990년 8월 2일 사담 후세인Saddam

Hussein이 쿠웨이트를 침공하면서 시작되었고, 이라크에 대한 공습은 1991년 1월 17일에 시작되었다. 이라크는 1991년 2월 24일 지상전이 시작된 지 100시간 만에 휴전을 선언했다.[471] 비록 폭격으로 많은 사람들이 목숨을 잃었지만 고대 로마 전쟁의 전적인 힘이 미국에 가해졌다면 일어났을, 마송이 두려워했던 지구적 재앙과는 거리가 멀었다. 나는 1991년에 고등학교를 졸업했는데 그때가 규칙적으로 텔레비전을 본 마지막 해였다. 당시엔 인터넷이 없었으므로 나는 곧 책과 친구가 되었다. 걸프전 기간 중에는 텔레비전을 켤 때마다 매력적인 여성 캐스터와 심각한 표정의 남성 앵커들이 나와, 중동 전체가 거대한 폭력의 가마솥처럼 곧 불붙을 것이라 주장하는 "전문가들"을 인터뷰하고 있었기 때문이다. 모두가 바이블의 예언대로 제3차 세계대전이 시작될까 봐 두려워했지만 다른 중동 국가들은 결코 미끼를 물지 않았다. 많은 시간이 흐른 후에 그들은 마침내 낡은 패턴을 깨고, 네메시스가 그들을 자극해 폭력적 반응을 일으키려 한다는 것을 깨달았다.

─────── **2006년 미국의 영웅들, "바이블의 아마겟돈"을 막다**

앞 장에서 살펴본 바와 같이, 쌍어궁 시대의 1988년부터 1992년까지는 백양궁 시대의 기원전 172년부터 168년까지로, 로마의 제2차 마케도니아 전쟁 시기에 해당한다. 그 다음으로 중요한 사건은 기원전 154년 시작된 로마와 루시타니아Lusitania 간의 전쟁이었다. 거기서 2,160년 후는 2006년이 된다. 얼핏 그해에는 별다른 일이 일어나지 않은 것처럼 보일 수도 있지만, 사실 그해에 우리는 참혹한 전쟁에 거의 근접했었다.

2006년 3월 16일, 미국은 국가안보전략 발표를 통해 공식적으로 이란에 전쟁을 선포했다. "우리는 결코 이란보다 더 큰 도전에 직면하지 않을 것이다. … 대량살상무기에 의한 공격의 결과가 잠재적으로 매우 파괴적일 때, 우리는 심각한 위험이 현실화함에 따라 수수방관할 수 없다."[472]

이 선언은 미국이 핵무기를 사용할 것임을 분명히 한 것이다.[473] 사태는 매우 심각했고, 이란에 대한 핵 공격이 임박한 것처럼 보였다. 카발은 그들의 바이블 아마겟돈을 가능한 한 빨리 실현하고 싶어 했다. 다행히도 백양궁 시대 동안 로마에서 그랬던 것처럼 주요 인물들이 폭력의 순환이 일어나는 것을 막기 위해 일어섰다. 존 네그로폰테John Negroponte 국가 정보국장이 2006년 4월 언론과의 인터뷰에서 "이란이 핵무기에 필요한 핵분열 물질을 충분히 보유하기까지는 여러 해가 걸릴 것이다. 아마 10년은 더 필요할 것으로 본다"라고 말함으로써, 네메시스와 직접 맞닥뜨린 영웅이 되었다.[474]

이란에 대해서 같은 결론을 내린 국가정보평가National Intelligence Estimate: NIE는 부시 행정부에 의해 1년 넘게 비공개 상태였는데 2007년 12월 4일 마침내 공개되었다: "우리는 2003년 가을에 테헤란이 핵무기 프로그램을 중단했다고 판단한다. 테헤란은 2007년 중반 현재 핵무기 계획을 재개하지 않았다. 2015년 이전에는 이란이 핵무기를 만들기에 충분한 플루토늄을 생산하고 재처리할 수 없을 것이라고 확신한다."[475]

이 획기적인 보고서의 첫머리는 이렇다. "이번 NIE는 이란이 핵무기를 획득할 의사가 있다고 추정하지 않는다."[476] 나는 그 오래된 순환이 마침내 무너지는 듯해서 상당히 안심이 되었다. 카르마의 수레바퀴가 돌아가는 것을 멈추게 하는 열쇠가 용서라면, 마침내 우리는 서로를 사랑하고 받아들이는 법을 배우고 있는 것처럼 보인다. 우리가 용서의 교훈을 배우지 못하고 서로에게 등 돌리려고 하는 유혹에 굴복할 때만이 네메시스는 우리를 계속 해칠 수 있다.

———— 우리는 결과를 바꿀 수 있다

우리가 이 주기의 결과를 바꿀 수 있다는 것을 아는 것은 매우 중요하다. 우리는 덫에 잡히지 않았고 똑같은 전쟁과 잔학 행위를 반복할 필요가 없다. 앞에서 배운 대로, 이제 우리는 소수의 사람들이 지구 전체의 행동에 긍정적인 영향을 미칠 수 있다는 직접적이고 과학적인 증거를 갖게 되었다. 특히, 7천 명의 보통 사람들이 함께 명상을 함으로써 전 세계의 테러 행위를 72%까지 줄일 수 있었다. 그 집단 명상은 전쟁, 폭력적인 소요, 인명 손실을 그치게 하는 데에도 비슷하게 강력한 영향을 미쳤다.[477] 50개의 다양한 과학적 연구들이 이 명상의 효과를 입증했다. 이는 결코 주기가 고정되어 있지 않다는 것을 증명한다. 전쟁은 계속 반복되지 않을 것이고 우리는 결과를 바꿀 수 있다. 우리 중 충분한 수의 사람들이 삶에서 평화를 실천하기 시작한다면, 고대의 이야기는 우리 모두를 네메시스와 맞닥뜨리게 하겠다는 목적을 마침내 달성하게 된다는 것이다. 그래서 우리는 자신의 에고를 통합하고, 고통과 공포와 분노의 감정을 서로 탓하지 않도록 배울 수 있다. 우리는 이러한 원형 패턴이 우리에게 가르치고자 하는 교훈을 얻을 수 있다. 누군가를 우리의 네메시스로 만들어 그들에게 우리의 그림자를 투사하는 일 또한 멈출 수 있다.

그러면 우리는 정부, 언론, 그리고 금융 비밀주의의 완전한 붕괴와 같은 전 세계적인 커튼콜을 경험할 수 있을 것이다. 내가 직접 인터뷰한 고위직 목격자들의 증언을 토대로 판단하건대, 일단 카발이 세계 무대에 완전히 노출되면, 지구상의 고대 문화에서 우리를 도와주었고 신으로 간주되었던 앞선 인류의 친척들이 신속히 전면에 드러나게 될 것이다. 그들은 줄곧 여기에 있었지만, 700년대 이슬람이 부상한 이후 대부분은 막후로 물러나 있는 것으로 보인다. 그 존재들은 여전히 대중의 시야로부터 보호받고 있기 때문에, 우리들 각자는 그들의 존재를 받아들이거나 거부할 자유가 있다. 자유의지에 대한 이러한 전제는 하나의 법칙 시리즈에서 매우 중요하다. 하지만 2만 5천 년 순환주기의 끝에서 우리가 4차 밀도로 이동하기만 하면 모든 것이 바뀐다.

우리가 이 새로운 현실에 정착함에 따라 놀라울 정도로 다른 규칙들을 갖는 완전히 새로운 시간 구조로 진급할 것이란 사실은 명백하다. 나는 늘 이렇게 말해왔다. 환생이 과학적인 사실로 입증되었다면, 이어지는 여러 생 동안 매번 똑같은 교훈을 반복할 뿐이라고 가정할 수 있을까? 지금 우리는 영웅의 여정의 가장 위대한 가르침을 배우고, 우리 인간에게 고유한 진화의 더 높은 단계로 나아갈 준비가 된 것은 아닐까?

─────── **연방준비제도: 카발의 심장**

1896년 이전, 미셸 엘메는 로마 제국과 미국 사이의 주기적인 연관성을 감지하지 못했다. 그해는 제국주의 대통령 맥킨리가 당선되어 거대 은행가들의 계획이 실현된 것으로 보이기 시작한 때였다. 맥킨리 치하에서 카발은 미국을 새로운 집결지로 삼아 전례 없는 세력 확장을 시작했다. 여러 해에 걸친 계획 끝에 미국의 록펠러 스탠다드 오일Rockefeller-

Standard Oil 왕조나 유럽의 로스차일드Rothschild 은행 왕조와 같은 거대 은행 가들은 1913년 연방준비제도Federal Reserve를 창설하기 위해 자원을 모았다. 연방준비제도의 창설은 사실상 미국 헌법을 전복했다. 해리 V. 마틴 Harry V. Martin은 다음에 인용된 연구 결과를 1995년 온라인에 발표했다. 이제 거대 미디어들조차 숨겨진 진실을 논의하기 시작하고 있다. 내가 1992년 이 미스터리를 처음 연구한 이래로 연방준비제도의 실체를 알고 있는 사람들의 수가 급증했다.

마틴에 따르면, "미국 헌법 제1조, 제8조, 제5조는 의회가 화폐를 주조하고 그 가치를 규제할 수 있는 권한을 가진다고 규정하고 있다. 그러나 그것은 사실이 아니다. 미국 정부는 화폐를 발행하거나, 돈의 흐름을 통제할 권한은 물론 심지어 돈을 분배할 힘조차 없다. 그 권한은 델라웨어 주州 연방준비은행에 등록된 민간 법인이 갖고 있다."[478]

론 폴 상원의원은 2002년 획기적인 의회 연설에서 다음과 같이 말했다. 폴은 우리 이야기 속의 지혜로운 노인 원형 그대로를 충족시켜 주는 듯하며, 우리가 아직 글로벌한 적대세력에 대항하여 충분히 활용하지 못한 지식이라는 마법의 선물을 우리에게 준다.

연방준비제도 창설 이후 미국 중산층과 서민층은 호황과 불황에 대응한 통화 정책으로 피해를 입었습니다. 게다가 대부분의 미국인들은 연방준비제도의 인플레이션 정책 때문에 지속적으로 구매력이 저하되는 고통을 겪어왔습니다. 이것이 은폐되어 있다 해도 미국 국민에게 부과되는 진짜 세금으로 나타납니다.

대공황부터 70년대의 스태그플레이션, 닷컴 버블 붕괴까지, 지난 80년간 국가가 겪었던 모든 경기 침체는 연방준비제도의 정책에서 비롯됩니다. 손쉬운 돈으로 경제를 잠식하는 연방준비제도의 일관된 정책은 자원의 오분배misallocation와 인위적인 "호황"으로 이어졌고, 연방준비제도가 만든 버블이 터지면 경기 침체나 불황이 뒤따랐습니다.

통화가 안정된다면, 미국 수출업자들은 더 이상 불규칙적인 통화 정책에 볼모로 잡히지 않을 것입니다. 통화 안정은 저축을 잠식시키는 인플레이션을 더 이상 두려워할 필요가 없으므로 미국인들에게 저축에 대한 새로운 동기를 부여할 것입니다.[479]

─────── 카발의 나치 독일 비밀 지원

2007년 BBC 보도에 따르면, 조지 W 부시 대통령의 조부인 프레스콧 부시Prescott Bush가 1933년 미국 정부를 전복시키고 파시스트 정권을 설치하려는 음모에 직접 관여했다고 한다. 당신이 정기적으로 "진실을 전하는 매체"를 읽지 않는 한, 어디에서도 들어본 적 없는 이야기일 것이다. BBC가 주의를 환기했음에도 주류 매체들은 이 폭발적인 이야기 근처에도 가지 않았다. 프레스콧 부시의 목표는 아들(조지 H. W. 부시)과 손자(조지 W. 부시)가 선언한 것과 같이 보수적인 기독교 가치를 포용하는 정부를 만드는 것이 아니었다. 프레스콧은 대공황을 이기기 위해 아돌프 히틀러의 청사진을 도식화한 파시스트 정부를 수립하고 싶어 했다. 이는 우리 대부분이 가지고 있는 것과 매우 다른 역사관이다. 그의 아들 부시가 1980년부터 1988년까지 부통령을 지냈고 1988년부터 1992년까지 대통령을 지냈으며, 그의 손자 부시가 2000년부터 2008년까지 대통령을 지냈던 것을 생각해보면 더욱 이해하기 어렵다. 1980년부터 2008년까지의 28년 중 20년은 부시 가문이 미국의 대통령이나 부통령을 지냈다. 히틀러의 통치 기간 내내 독일이 기독교 국가였다는 사실을 잊지 말자. 파시스트 독재자인 무솔리니 역시 권좌에 올랐지만 이탈리아는 줄곧 바티칸의 본거지였고 로마 제국의 옛 본거지였다.

내가 이 글을 쓰는 지금도 주류 언론들은 이 이야기를 다루려 하지 않는다. BBC도 전면적인 기사를 발표한 것이 아니지만, 프로그램이 밝히려는 개요와 라디오 프로그램에서 링크되는 페이지를 확실하게 유지했다. 우리는 그 놀라운 페이지에서 다음의 내용을 찾을 수 있었다.

> [라디오 프로그램] 문서는 1933년 미국의 우파 사업가들에 의해 계획된 쿠데타의 세부사항을 밝힌다. 쿠데타는 50만 명 참전용사의 도움으로 프랭클린 루스벨트 대통령을 쓰러뜨리기 위한 것이다. 미국에서 가장 유명한 가문 중 일부가 연루되었다는 주장이 밝힌 음모자들(하인즈Heinz, 버즈 아이Birds Eye, 굿티Goodtea, 맥스웰 하우스Maxwell Hse의 소유주들과 조지 부시의 할아버지인 프레스콧 부시)은 미국이 대공황을 이기기 위해서는 히틀러와 무솔리니의 정책을 채택해야 한다고 믿었다. 마이크 톰슨Mike Thomson은 미국 민주주의에 대한 가장 큰 평시 위협에 대해 왜 그렇게 알려지지 않았는지를 조사하고 있다.[480]

물론 1933년에는 히틀러의 진정한 악마성이 명백히 드러나지 않았지만 쿠데타는 사소한 언쟁이 아니라는 것을 기억하자. 이 부유한 카발 은행가들과 사업가들은 합법적으로 선출된 미국 입헌 정부의 유혈 전복을 설계하고자 했다. 그들은 50만 명의 제1차 세계대전 참전용사들이 정부에 분노해 정부 전복에 직접 나서도록 부추길 계획을 세웠다.

───────── **사건의 가닥이 복잡해지다**

영국의 또 다른 주류 신문인 가디언The Guardian은 이 불편한 이야기가 1933년에 깔끔하게 끝나지 않았다고 밝혔다. 사실, 그것은 훨씬 악화되는 것 같았다.

조지 부시의 조부였던 고故 프레스콧 부시 상원의원은 나치 독일의 재정 후원자들로러 이익을 얻은 기업의 이사 겸 주주였다. 놀랍게도 그가 독일과의 거래로 공개 조사를 받은 일은 거의 없는데, 이는 부분적으로 부시가 관련된 문서의 비밀 상태 때문이다. 1970년대에 나치 전범들을 기소한 전 미국 변호사 존 로프터스는 말했다. "존 F. 케네디의 아버지가 나치 주식을 매입한 일에 대해 케네디를 비난하는 것 이상으로 조지 부시를 비난할 수는 없다. 하지만 중요한 것은 은폐다. 어떻게 반세기 동안 그 일을 은폐하는 것이 가능했는가? 그리고 그 일이 우리에게 갖는 함의含意는 무엇인가?"[481]

이 반역적인 미국인이 나치당을 돕는 데 정확히 어디까지 관여했는가? 제2차 세계대전 이전과 전쟁 중에 카발 경제인들의 도움 없이 나치당이 목적을 달성할 수 있었을까? 1970년대에 나치 전범들을 기소했던(그 사실을 우리는 방금에야 알았다) 전 미국 대리인 존 로프터스는 가디언지와의 인터뷰에서 나치 독일에 대한 미국 기업의 지원이 얼마나 중요했는지에 대해 설명했다.

이것이 히틀러가 권력을 잡기 위해 자금을 지원받은 메커니즘이고, 제 3제국의 방위산업이 다시 무장하는 메커니즘이며, 나치의 이익이 미국 소유주들에게 다시 송환되는 메커니즘이었다. 또한 이것은 제3제국의 재정 세탁에 대한 조사가 무마된 메커니즘이었다. …

기소할 수 있는 생존자가 남아 있지도 않지만, 그들은 모두 기소를 모면했다. 전직 연방 검사로서 나는 적에게 원조와 편익을 제공한 것에 대해 프레스콧 부시와 그의 장인 조지 워커George Walker, 애이브릴 해리먼 Averill Harriman을 기소할 예정이다. 그들은 자신들이 독일이라는 국가에 재정적 이익이 된다는 것을 알면서도 이 회사들의 이사회에 남아 있었다.[482]

———— **이것은 파멸과 어둠에 관한 이야기가 아니다**

문제를 바로 보는 것을 거부하면 문제는 더 악화될 뿐이다. 개인뿐만 아니라 집단 차원에서도 마찬가지다. 앞에서 밝혔듯이 양 효과 Sheep Effect는 매우 강력할 수 있다. 그리고 당신은 이 책을 읽으면서 신체적으로 거북함이나 통증을 느낄 수도 있다. 때가 무르익으면, 나치 독일은 우리의 생각보다 훨씬 더 널리 퍼져 있던 더 큰 카발의 가시적 형태에 불과했다는 진실을 모두가 알게 될 것이라 믿는다. 그런데 마침내 부인하는 마음이 붕괴되면 우리는 정반대의 극단으로 돌진하는 경우가 많다. 인터넷에서 이러한 "음모론"에 대해 글을 쓰는 거의 모든 사람들은 운명론적이고 종말론적인 태도를 갖는다. 카발을 무작위적이고 폭력적이며 예측할 수 없는 것으로 보고 그것이 완전한 승리를 거둘 수 있을 것이라 믿는 것이다. 1913년 연방준비제도 창립의 발판을 마련한 1896년 침략적 세력 확장으로부터 지금까지, 미국의 연대표가 백양궁 시대의 로마 제국 연대표와 일치한다는 사실을 아는 사람은 거의 없었다. 연방준비제도는 미국 시민도 아닌 민간 은행가들이 미국 달러를 통제함으로써 세계 경제를 조종할 수 있도록 했다.

일단 여러분이 주기가 어떻게 작용하는지에 대한 지식으로 무장하면, 역사가 무작위로 보이지 않을 것이다. 미국 전함 메인호의 침몰. 스페인-미국 전쟁. 제1차 세계대전. 베르사유조약에서 독일의 패배. 진주만 폭격과 미국의 제2차 세계대전 참전. 1959년 평화를 추구하는 흐루쇼프의 미국 방문. 쿠바 미사일 위기. 베트남 전쟁. 워터게이트 사건. 아프가니스탄에서의 소련과의 대리전쟁. 고르바초프의 1986년 핵 군축 시도. 소련 패퇴의 예고. 1988년 미국 첩보함의 소련 해역 침공. 1991년 소련 붕괴. 1991년 걸프전. 그리고 핵무기를 사용할 의도를 가진 이란에 대한 공식적인 선전포고는 2006년 미국 정부 내의 영웅들에 의해 봉쇄되었다.

모두가 거대한 이야기다. 영화는 우리에게 카르마의 수레바퀴의 압축되고 만족스러운 버전을 제공한다. 그것을 세계 무대에서 순환시키는 일은 훨씬 더 많은 인내심을 필요로 한다. 그러나 그 위대한 이야기가 되풀이 회자되는 것을 보면서, 우리는 그 이야기의 승리라는 결론을 영혼의 차원에서 다시 떠올린다.

같은 패턴이 일정에 맞춰 계속 반복될 것이다. 우리가 깨어날 때까지,

전 세계적으로, 그리고 우리가 깨어남에 따라 결과를 바꾸기 위해 우리는 힘을 사용하기 시작할 것이다. 사랑, 평화, 진보적 변화에 대한 생각에 집중할수록, 우리는 더 많은 희망과 꿈을 실현하게 된다. 우리는 이렇게 하는 것이 정말로 효과가 있다는 증거를 가지고 있다. 우리에게 진실로 필요한 것은 변화를 위한 공동의 의지뿐이다. 우리가 선출한 지도자들이 그 의지를 반영하지 않는다 해도, 본질적으로 그것은 중요한 문제가 아니다. 역사는 우리의 진정한 정신적 진보 수준과 보조를 맞출 것이다. 기존의 고착된 권력 구조는 폭로되고 뿌리 뽑혀 더 이상 그들에 의해 피해 입지 않게 될 것이다.

이 이야기는 마침내 미국인들을 일깨우기 위해 작용하고 있는 듯하다. 미국인들은 더 이상 로마 역사의 비극적인 사건들을 같은 방식으로 연기할 필요가 없게 되었다. 이번에는 국민들이 언론에 의해 제시된 공격적이고 제국주의적인 정책을 지지하지 않았다. 미국인도, 적의 역할을 떠맡게 될 사람들도 미끼를 물지 않았다. 비록 다음 12궁도의 시간에 맞춰 전쟁이 아른거리고는 있지만, 로마 역사보다는 점점 덜 심각해진다. 고맙게도 2006년 12궁도에서 예정되었던 다음 대전은 일어나지 않았다. 이는 미국이 한때 얼굴 없는 네메시스로 보았던 이들의 용서를 통해 마침내 카르마의 수레바퀴에서 뛰어내렸다는 구체적인 신호였다.

─────── **솔직하게 보자**

나는 내가 제시하는 생각들 중 어떤 것도 종교나 독단으로 비춰지는 것을 절대 원하지 않는다. 그런 생각들이라면 우리는 이미 충분히 가지고 있다. 이것은 그야말로 철학적, 과학적인 견해일 뿐이다. 만약 당신이 동의하지 않는다면, 당신은 그것을 거절할 자유로움을 향유해야 한다.

카발은 양의 탈을 쓰고 있지만 늑대 짓을 하고 있고, 미래의 지지 기반을 형성하기 위해 지금까지 여러 해 동안 기독교인들을 구체적인 목표로 삼고 있는 것으로 보인다. 공화당 보수주의자들은 마치 가족의 가치를 지지하는 것처럼 연기하면서, 그들의 윗대가 2차 세계대전 때 비밀리에 자금을 대었던 파시스트 정권과 유사한 공격적이고 제국주의적인 정책을 적극적으로 추구해 왔다는 것이 점점 더 명백해졌다.

이러한 정책은 1917년 그들이 은밀히 구축한 소비에트 정권의 그것과도 유사하다. 음모론 웹사이트의 팬들은 그들 나름으로 광신자狂信者들과 유사하게 되었다. 조롱하고 희생당하고 분노하고, 그들에게 일시적으로 의로운 분노를 불러일으키는 절망적인 환호에 끝없이 중독되어 갔다. "공포 포르노fear porn"의 새로운 유행은 곧 음모론 독자가 공포, 우울증, 편집증, 외로움의 감옥에 빠져 들어가는 훨씬 더 고통스럽고 오래가는 추락으로 이어진다. 이렇게 되면 그들 가족의 평화와 화합에도 끔찍한 영향을 미칠 수 있다.

일단 여러분이 "다 한통속이야"라고 주장하는 위협적이고 공격적인 선전 선동들을 많이 접하고, 적어도 그중 일부는 사실일 것이라고 추론한다면, 여러분이 마음을 바꾸고 정부, 군대, 기업 안에 영웅들이 출현할 수 있음을 받아들이는 일이 매우 어려워진다. 증오는 편안하게 머물 수 있는 곳, 심지어 중독성 있는 장소가 될 수 있다. 당신을 가장 강하게 배신하고 공격했다고 느낀 사람들을 용서하는 일은 결코 쉽지 않다. 그럼에도 불구하고, 용서는 가장 큰 해악을 끼친 반사회적 인격장애를 가진 사람에게도

데이비드 윌콕의 동시성

언제나 치유의 길이 된다. 하나의 법칙은 명백히 우리를 조종하려는 자들과 건전한 경계선境界線을 그어야 한다고 지적하지만, 카르마의 수레바퀴를 무너뜨리는 열쇠는 우리 자신과 타인을 보호하면서도 그들에 대한 분노나 부정적인 감정을 느끼지 않는 것이다. 그들을 진정으로 사랑하고, 그들이 누구인지 이해하고, 그들을 그렇게 만든 가족 안에서 겪었을 것이 틀림없는 학대의 공포를 직시하는 동시에, 그들이 더 이상의 해를 끼치지 못하도록 막는 것은 영웅의 여정에 있어 마지막 승리다.

미국 개척시대의 무법천지 서부Wild West가 연상되는 대안 인터넷 매체에서는 사실과 저널리즘의 진실성을 창밖으로 내팽개친 경우가 많다. 인터넷 매체는 선정적인 타블로이드 신문 투의 선전 선동이 독립적이고 애국적인 보도로 위장, 배포되기에 이상적인 교배장이다. 전 세계로부터 우리가 투사한 것들을 철회하고 우리 내부의 그림자를 받아들이고 용서할 때까지, 우리는 늘 세계적 차원의 백일몽 속에서 다음번의 위대한 악마를 찾고 있을 것이다. 그 대상이 공적公的 인물일수록 우리는 그를 적敵으로 보기 쉽다. 하루하루 벌어지는 대규모 정치공세, 거대 미디어의 끝없는 헛소리, 가능한 한 많은 공포를 조성하려는 끝없는 시도에도 불구하고, 모든 것이 잘 되고 있다.

지구 위에서의 삶이 매우 고통스러울 수 있지만 어떤 아마겟돈형 시나리오도 우리를 결코 지워버리지 못했다. 유감스럽지만 아마겟돈형 시나리오는 계속 그런 식으로 존재할 것이다. 마치 조폭에게 보호 비용을 상납하는 것처럼 그런 시나리오에 기울이는 우리의 관심과 반응 탓이다. 하지만 우리는 폐쇄된 시스템 안에서 살고 있는 것이 아니다. 우리를 돕고 있는 다른 많은 존재들이 있다.

─────── 카발이 지나친 해악을 끼치지 못하도록

사람들을 조종하고 통제하려는 부정적 세력들은 고대 시간
주기의 조직력 덕분에 허용된 것보다 더 많은 것을 할 수 없다는 비가역적
약점을 가지고 있는 것으로 보인다. 이것은 하나의 법칙 모형의 매우 중요
한 부분이다. 우리 행성은 우리가 자유의지를 통해 불러들인 것보다 더 큰
부정성이 발현되지 않도록 세심하게 지도, 관리되고 있다. 내가 『공개 엔
드게임Disclosure Endgame』에서 썼듯이,[483] 1970년대의 대외비 정보에 접근
해온 것으로 보이는 피터 데이비드 베터Peter David Beter의 내부자 증언을
읽어 보면, 카발이 군사 및 경제 분야에서 세계를 총체적인 혼란과 파괴
로 몰아넣으려고 꾸준히 노력했다는 사실을 알게 된다.[484] 아주 그럴듯한
이유로 비밀리에 지하도시가 건설되었다. 카발은 지표면에 진정한 핵 아
마겟돈을 만들기 위해 최선을 다하고 있었다. 베터는 1978년 11월 30일자
그의 40번째 오디오 편지에서 그런 투쟁을 이렇게 묘사했다.

2년 이상 미국과 러시아는 제1차 핵전쟁에 대비하는 은밀한 적대관
계에 휘말려 있었다. 그것은 아직도 기밀로 취급되는 수중 미사일 위기
Underwater Missile Crisis가 발발한 1976년 여름에 본격적으로 시작되었다.
핵전쟁 준비는 말 그대로 미국 전역에 설치된 핵무기를 사용해 대규모 핵
파괴 행위를 하는 데까지 확대되었다. 그것은 대형 댐과 저수지를 파괴
할 거대한 수소 폭탄부터 러시아가 "마이크로누크micronukes"라고 부르는
소형 핵 장치에 이르기까지 다양하다. 제1차 핵전쟁은 이미 시작되었으
므로 이제 핵전쟁을 막는다는 것은 어불성설이다.[485]

데이비드 윌콕의 동시성

선의를 가진 외계인들의 것으로 보이는 UFO는 핵무기를 보유한 모든 나라의 핵 무기고에 대해 지속적으로 간섭해왔다. 우리를 공격하려는 것이 아니라 오히려 어떤 정치 파벌도 지구를 파괴하지 못하게 하기 위해서다. 2010년 9월 27일, 로버트 헤이스팅스Robert Hastings는 워싱턴 DC에 있는 내셔널프레스클럽National Press Club에서 『UFO—핵폭탄 관련성UFO-Nukes Connection』을 주제로 기자회견을 주최했다. 여기에 7명의 미 공군 퇴역자들이 등장했는데, 그들은 냉전 시대에 설치된 핵무기 시설들을 UFO가 급습한 사건에 대해 자신들의 목격담을 증언했다.[486] 이 기자회견으로부터 불과 26일 만인 2010년 10월 23일, 와이오밍Wyoming 주 샤이엔Cheyenne에 있는 F. E. 워렌Warren 공군기지 상공에 시가 형태의 UFO가 나타났다. 그런데 50기에 달하는 미니트맨III 미사일은 전원이 꺼져 26시간 동안 전혀 작동하지 않았다. 이는 전체 무기의 9분의 1에 해당하며 미국 역사상 가장 큰 미사일 체계 실패로 보인다. 나는 그 증거를 「1950년대 외계인들, 우리를 황금시대에 맞게 준비시키다1950s ETs Prepare Us for Golden Age」에 요약했다.[487] 「임계질량에서의 폭로 전쟁: 새, 물고기, 그리고 정치적 죽음 Disclosure War at Critical Mass: Birds, Fish and Political Deaths」에서 나는 러시아, 인도, 중국, 파키스탄이 모두 UFO와 관련된 핵 폐기를 경험했다는 기사를 링크했다.[488] 「인디아 데일리India Daily」에 따르면, 1998년 인도 정부는 그들의 첫 번째 핵실험 성공 후 인간형 외계인들로부터 직접 연락을 받았다고 한다.[489]

인도의 과학자들은 외계인들이 인도, 파키스탄, 중국 등을 포함한 세계의 모든 핵미사일의 작전 특성을 교란시키는 매우 독특한 능력을 갖고 있다는 사실을 이해해 가고 있다.

미국인과 러시안인은 지난 60년 동안 같은 현상을 여러 번 경험했다. 중국인들도 그 효과를 경험했는데, 과거에는 미국인이나 다른 나라가 문제를 일으키고 있다고 의심했었다. 그들은 핵 작전 전역戰域을 지구 표면 아래로 이동시켰지만 방해 효과는 사라지지 않았다. 인도 과학자들에 따르면, 만약 한 나라가 전 세계에 엄청난 충격을 줄 핵미사일을 사용하려는 것을 외계인들이 알게 되면, 그들은 즉시 그 핵무기를 무력화시킬 것이라고 한다.

영국에서는 외계인들이 세계의 모든 핵 시설과 그 정확한 위치를 잘 알고 있다고 보도했다. 무인 로봇화된 UFO들이 대거 지구를 방문하는 주된 이유는 테러리스트들이 제조해 여행가방으로 운반하는 핵폭탄을 포함해서 인간이 만들고 있는 모든 핵무기를 찾기 위해서다. 소식통에 따르면, 핵 능력을 가진 모든 정부는 그들의 핵 운반 시스템이 외계인들에 의해 비활성화될 수 있음을 잘 알고 있다.[490]

카멜롯 프로젝트Project Camelot[491]의 케리 캐시디Kerry Cassidy와 빌 라이언 Bill Ryan 덕분에 2009년 무료 온라인 동영상이 공개되었는데, 그 안에는 고도로 지적이고 명백하게 진실한 내부자인 피트 피터슨Pete Peterson 박사[492]를 우리가 교대로 인터뷰한 내용이 들어 있었다. 피터슨 박사와 수없이 많은 대화를 나눈 후, 나는 그가 20세기 후반에 걸쳐 카발을 위한 극비 기술의 가장 중요하고 광범위한 발명가 중 한 명이라고 확신했다. 피터슨 박사는 우리와 함께 카메라 앞에 나왔다는 이유로 매달 받던 6,700달러의 정부 연금을 잃었다. 그의 몇몇 기술은 인간의 건강과 직관력을 현저하게 향상시키는 힘을 가지고 있었다. 피터슨 박사가 말해 준 수천 가지 정보들 가운데는, 그가 한때 피터 데이비드 베터와 함께했다는 이야기도 있었다. 녹화된 인터뷰에서, 그는 미국 경제가 2001년에 완전히 혼란에 빠져 문명사회를 완전히 붕괴시킬 계획이 있었다고 밝혔다. 그는 9.11 이전에 이 이야기를 들었다. 9.11 사태 이후 그의 상관들은 이것이 자신들이 기대했던 사건인지 아닌지 그에게 말해주지 않았지만 어느 쪽인지 알아내는 것은 어렵지 않았다.

피터슨 박사는 2008년에도 비슷한 재앙이 있을 것이란 말을 들었다고 한다. 그리고 그가 들었던 정확한 시간대에 경제 붕괴가 일어났다.[493] 그의 상관들은 이 사건들의 날짜를 정확히 집었지만 결코 사회적 붕괴는 일어나지 않았다. 그 이후로도 임박한 재난의 마감일이 오락가락했다.

1933년 미국 정부를 전복시키고 파시스트 독재를 수립하기 위해 50만 명의 1차 세계대전 참전용사들을 동원하려 했던 바로 그 카발도 오랫동안 그러한 사회 붕괴를 일으키기 위해 꾸준히 노력해 온 것으로 보인다. 피터슨 박사와 함께한 우리의 영상에서 나는 끔찍한 예언과 계획에도 불구하고 지구상의 생명체는 계속되어 왔음을 지적했다. 많은 다른 시도들이 있었지만 여전히 우리는 전 세계적인 재난에 직면하지 않았다.

──────── **죄책감과 두려움을 놓아버리자**

만약 당신이 이러한 공포스러운 이야기에 빨려 들어가 그것을 믿게 된 자신을 발견했다면, 당신은 그 징후를 보지 못한 죄책감을 포함하여 더 빨리 뭔가를 하려고 애쓸 것이다. 다시 말해 당신이 세상을 도울 수 있는 일이 있다고 생각한다. 당신의 죄책감과 두려움을 비우고 평화로운 현존現存이 되기를 바란다. 그냥 숨을 들이쉰다. 숨을 내쉰다. 긴장을 푼다. 놓아버린다. 우리 존재의 위대한 신비를 생각해보자. 황금시대의 많은 예언들을 되새기고 변화가 바로 여기서, 바로 지금, 당신 안에서 시작된다는 것을 깨닫자. 변화는 온라인, TV, 신문에서 찾아지는 것이 아니다. 그것은 끊임없는 잡담과 방어적인 태도, 자주 당신의 마음을 괴롭히는 의심을 놓아버리는 이 순간에 일어난다. 변화는 바로 지금, 바로 여기에서 일어난다. 지금 이 문장을 읽거나 침묵 속에 앉아 있으면서 당신이 이미 가지고 있는 완벽함을 되돌아볼 때 일어난다.

많은 영적 스승들의 가르침대로, 죄책감은 당신을 과거로 끌어들이고 두려움은 당신을 미래로 끌어들인다. 어느 쪽이든 당신은 현재의 순수함과 평온함에서 자신을 끌어내고 있는 것이다. 현재는 당신이 그냥 허락하기만 하면 아무 문제도 없는 곳이다. 역사가 시작되기 전부터 헤아릴 수 없이 긴 억겁億劫의 시간을 거치면서 콧노래를 흥얼거리는 이 믿을 수 없는 반복되는 시간의 순환은 우리가 집단 차원에서 진화하는 것을 돕기 위해 세심하게 설계된 극본으로 보인다. 핵전쟁이 일어나는 것은 허용되지 않는다. 여러 생을 거치며 영적으로 성장하기 위해서 왜 이런 주기가 반복되어야 하는지에 대한 깊은 이유를 교란하기 때문이다. 또한 이러한 주기는 우리가 환생을 구조화하기 위해 사용하는 마스터 인덱싱 파일master indexing file로 작용하므로, 우리는 주어진 일생 동안 어떤 사건들이 펼쳐질지 알고 있다.

고맙게도, 우리가 이러한 순환으로부터 배울 기회를 갖고 진정 황금시대로 들어갈 준비를 하겠다고 집단적인 결정을 내린다면, 결국 모든 고통과 죽음은 끝날 수 있다. 여기에 동의하지 않는 누군가를 여러분의 네메시스로 보는 대신에, 여러분은 이렇게 말할 수 있다: "당신이 누구든지, 어디에 있든지, 무엇을 믿든지 간에, 그대들은 항상 내 마음속에 자리하게 될 것이다. 사랑한다. 미안하다. 나를 용서하라. 고맙다."

만약 당신이 지금 고요와 평화의 그 지점을 성취할 수 있다면—나를 믿어줬으면 좋겠지만, 여러 세대에 걸친 배신과 증오 후에 그 일이 얼마나 어려운 것인지 안다— 당신은 방금 해결책의 일부가 되었다. 당신은 문턱의 수호자The Guardian of the Threshold를 물리치고 불멸의 엘릭시르를 획득했다. 긍정적인 면에 초점을 맞춘 우리 중 몇몇의 힘은 세계 전체의 평화와 번영의 수준에 큰 영향을 미칠 수 있다. 만약 우리가 진정 전 세계적으로 각성하게 된다면—단순히 서로를 있는 그대로의 상태로 내버려두는 것을 말한다— 그 효과는 너무나 강력해서 시간의 오래된 톱니바퀴 장치가 영구히 붕괴될 수도 있다. 외계 존재들이 인도 정부에 밝힌 대로, 2012년 이후 언젠가[494] 우리가 마침내 완전히 새로운 이야기를 가지고 황금시대로 접어들게 되면 세계적인 커튼콜을 보게 될 수도 있다. 아마도 고대의 예언이 밝혔던 보병궁 시대(=물병자리 시대)가 될 것이다. 어느 쪽이든 그것의 실현 여부는 우리 자신, 우리 마음에 달려 있다.

———— **예호슈아에게 배운 것이 무엇인지 생각해 보라**

당신이 기독교인이라면, 거대 미디어가 부추겼을지도 모르는 정치에 부화뇌동하기보다는, 위대한 스승 예호슈아가 진정으로 가르친 것과 조화를 이루면서 인간 진화라는 물결의 최전선에 설 수 있다. 거대 미디어와 교회가 주장하는 개념들은 거의 확실히 날조된 것이므로 아무도 지옥에 가지 않을 것이다. 예호슈아의 가르침은 오래전에 로마 정부에 의해 정치적 목적으로 왜곡되었을 가능성이 매우 크다. 예호슈아의 진정한 메시지는 우리가 서로를 사랑하는 법을 배울 때까지 계속해서 환생하며 카르마를 태워버린다는 것이다. 진보주의자와 보수주의자의 인위적인 분열은 기독교 도덕이나 윤리에 맞지 않는다. 모든 사람은 사랑받고 인정받을 자격이 있다. 이 세상에 우리가 사랑하지 않는 사람이 있다면, 우리 내부에서 이 문제를 해결하는 것이 우리에게 주어진 축복이다.

주류 심리학뿐만 아니라 케이시의 리딩에 반영된 아주 핵심적인 영적 원리는 이렇다. 우리가 다른 사람들에게서 보게 되는, 우리를 화나게 하거나 슬프게 하거나 질투하게 만드는 것은, 그것이 무엇이든 모두 우리 자신이 갖고 있는 문제의 반영이다. 만약 우리가 스스로를 사랑하고 존중하고 용서하는 법을 배울 수 있다면, 다른 사람들이 보여 주는 것에 대해 분노하고 불쾌해 하지 않을 것이다.

동성애 결혼에 분노한 보수주의자들은 은근히 신에게 버림받은 기분을 느낀다. 그들이 믿는 신이 정말 책임자라면, 아무도 동성애자가 되고 싶어 하지 않아야 한다. 아무도 낙태를 원하지 않아야 하고, 모든 사람들이 기독교인이 되고 싶어 해야 한다. 이러한 심오한 소외감과 불행감은 수천 년 동안 변하지 않았다.

정치세력들은 보수주의자들 혹은 기독교 신자들의 이러한 편견과 선입견을 확인하고 국민의 자유의지를 더욱 제한하는 법을 만들겠다고 약속함으로써 권력을 잡는다. 대부분의 유권자들은 이러한 법이 통과되는 것을 지켜보며 그들의 자유가 점점 더 박탈되는 것에 환호했다. 그들은 마치 자기편이 이기고 있는 듯한 기분이었을 것이다. 어쩌면 신은 아직 살아 있으며 자신들의 조국에 거하고 있을지도 모른다고 생각했을 것이다. 그러나 사건이 계속되고 세상이 원하지 않는 방식으로 움직임에 따라, 그들은 지속적이고 깊은 소외감과 분노, 두려움, 그리고 슬픔을 느낀다.

####### 빅 게임: 지각의 조작

정치에 있어서의 큰 게임은 언제나 지각 조작manipulation of perception에 관한 것이었다. 정치인들은 누가 가장 많은 표를 끌어올지 알아낸 다음, 그들이 원하는 것을 주거나 최소한 주겠다는 약속한다. 그러다가 게임을 계속하는 것이 불가능해지면 변명을 지껄이며 규칙을 바꾼다. 로마의 가장 위대한 연설가 마르쿠스 키케로Marcus Cicero는 기원전 63년에 집정관이 되었다. 마루쿠스의 동생 퀸투스Quintus는 형에게 어떻게 승리를 거둘 수 있는지에 대해 잔인할 정도로 정직한 편지를 썼다. 이 편지는 영어로 번역되어 『어떻게 선거에서 승리할 것인가: 현대 정치인들을 위한 고대의 안내서How to Win an Election: An Ancient Guide for Modern Politicians』란 제목으로 출간되었다.[495]

번역자 필립 프리먼Philip Freeman은 서문에서 퀸투스의 전문가적 조언을 10단계로 나눠 요약했다. 아마도 카발의 초기 화신incarnation들이 물려준 집단 지혜에서 비롯된 것이라 본다: 1 가족과 친구의 후원을 확실히 받아라; 2 자신에게 맞는 사람으로 당신의 주위를 채워라; 3 모든 호의를 요구하라; 4 폭넓은 지지 기반을 구축하라; 5 모두에게 모든 것을 약속하라; 6 소통 능력이 관건이다; 7 마을을 떠나지 말라; 8 상대의 약점을 알고 그것을 이용하라; 9 뻔뻔하게 유권자들에게 아첨하라; 10 사람들에게 희망을 주어라.[496] 다음은 프리먼의 서문에서 발췌한 몇 가지 내용이다.

5. 모두에게 모든 것을 약속하라. … 극단적인 경우를 제외하고 후보들은 그날의 특정 군중이 듣고 싶어 하는 말을 쏟아 내야 한다. 전통주의자들에게는 보수적인 가치를 일관되게 지지해 왔다고 말하라. 진보주의자

들에게는 항상 그들의 편이라고 말하라. 선거가 끝난 후, 당신은 모두를 도울 것이라고 설명할 수 있지만 불행히도 당신이 통제할 수 없는 상황이 개입한다. 퀸투스는 유권자들의 마음속 욕망에 대해 약속하지 않을 때 유권자는 더 크게 분노할 것이므로 나중에 말을 바꾸는 것이 낫다고 장담한다.

8. 상대의 약점을 알고 그것을 이용하라. … 승리하는 후보들은 상대의 부정적인 면을 강조함으로써 유권자들이 그들의 긍정적인 면에 관심을 갖지 않도록 최선을 다한다. 부패에 대한 소문은 가장 중요한 먹잇감이다. 성 추문은 더욱 좋다.

9. 뻔뻔하게 유권자들에게 아첨하라. … 당신이 유권자들을 진심으로 신경 쓴다고 믿게 만들자.

10. 사람들에게 희망을 주어라. … 당신이 그들의 세상을 더 좋게 만들 수 있다는 인식을 심어라. 최소한 당신이 그들을 실망시킬 수밖에 없는 선거 종료 시점까지는 당신의 가장 헌신적인 추종자들이 될 것이다. 선거가 끝나면 그들을 실망시키는 것이 아무 문제가 되지 않는다.[497]

조지 W. 부시의 수석 보좌관을 지냈던 칼 로브Karl Rove는 키케로의 조언에 매료되어서 책의 뒤 표지에 이런 말을 남겼다. "퀸투스 키케로는 … 정치 전략의 대가이다. … 이 입문서는 현대의 정치 실무자들에게 시대를 초월한 조언과 훌륭한 읽을거리를 제공한다."[498]

게리 하트Gary Hart 전 상원의원은 키케로의 잔인할 정도로 솔직한 편지가 역사가 어떻게 반복되는지를 증명하고 있다고 인정한다: "정치 수준이 낮다는 점을 감안할 때, 이 고대 로마의 선거 운동 지침서는 인간 사회가 거의 변한 것이 없다는 사실을 보여준다. [그것은] 너무나 명확해서 혹시

데이비드 윌콕의 동시성

패러디가 아닌가 하는 생각이 들 정도다."[499]

1968년 과도하게 보수적인 프랑스 정부는 보수 기반에 호소하기 위해 이와 같은 조작 전술을 사용했다. 그들은 대학생들을 가둬놓도록 강요하는 고대의 법을 떠나보내지 못했다. 이성의 청년들이 친구로서 함께 시간을 보내는 것조차 허락되지 않았다. 학생들이 기숙사에서 함께 시간을 보내는 것이 허용되지 않는다면 어떻게 합법적인 결혼이 성립될 수 있을까? 위대한 주기는 해답을 가지고 있었다. 때맞춰 시간의 본질에 프로그램된 혁명적 충동이 시작되었다. 잔 다르크가 자신의 주기에서 폭정에 대항하는 대규모 대중 봉기를 이끈 다음날부터 539년 동안 준비된 것이다.

———— **사랑 허용하기**

시간의 톱니바퀴가 우리를 앞질러 간다. 한 번에 한 톱니씩 기어가 계속 회전한다. 결국 우리는 테이블 위에 카드를 던진다. 게임과 이름, 독선적 태도를 떠나보내고 그냥 허용한다.

50.7 질문: 왜 [실체]는 이 세상에 화신化身으로 돌아와 자신이 하고 싶은 일에 대한 의식적인 기억을 잃고 [사후세계에 있는 동안] 자신이 원했던 방식으로 행동해야 하나요?

답변: … 포커 패를 볼 수 있는 사람의 예를 들어봅시다. 그는 게임의 향방을 다 압니다. 위험이 없어 도박은 아이들 장난에 지나지 않습니다. 상대의 패도 알려져 있습니다. 가능성은 알려져 있고 게임은 정확하게 진행되겠지만, 아무런 흥미도 가질 수 없습니다.

시간/공간 [사후세계]와 트루true 컬러인 녹색 밀도에서는 모두의 패가 보입니다. 생각, 감정, 고민, 그 모든 것이 보일 수도 있습니다. 속임수도 없고 속임수에 대한 욕망도 없습니다. 따라서 많은 것들이 조화롭게 이루어질 수 있지만, 마음/몸/영靈은 이 상호작용으로부터 거의 극성polarity [성장]을 얻지 못합니다.

이 은유를 다시 검토해 당신이 상상할 수 있는 가장 긴 포커 게임—일생—을 곱해 봅시다. 그때 카드는 사랑, 증오, 한계, 불행, 쾌락 등이 될 것입니다. 카드는 계속해서 처리되고 다시 또 다시 처리됩니다. 어쩌면 당신은 금번 생애에 당신의 카드를 알아보기 시작할 것입니다(우리는 그 시작을 강조합니다). 당신은 내면의 사랑을 찾기 시작할 수도 있습니다. 당신의 즐거움, 당신의 한계 등을 청산하기 시작할 수도 있습니다. 어쨌든 다른 사람의 카드 패를 알 수 있는 유일한 방법은 그 눈을 들여다보는 것입니다.

당신은 자신의 패, 그들의 패, 어쩌면 이 게임의 규칙까지도 기억할 수 없습니다. 이 게임에서는 마음을 녹이는 사랑의 힘 속에서 패를 잃은 사람들만 이길 수 있습니다. 자신의 쾌락, 한계 등 모든 것을 테이블 위에 내려놓고 고개를 들어 "플레이어인 그대들 모두, 각각이 다른 나인 사람들이여, 그대들이 어떤 패를 가졌든 나는 그대들을 사랑합니다"라고 말하는 사람만이 이 게임에서 이길 수 있습니다.

아는 것, 받아들이는 것, 용서하는 것, 부채를 청산하는 것, 사랑 속에서 자신을 여는 것, 이것이 게임입니다. 망각이 없으면 마음/몸/영 존재성의 총체인 삶에 무게가 실리지 않기 때문에 망각하지 않고서는 이 게임을 할 수 없습니다.[500]

우리는 지금 이 순간에도 사랑이 머물도록 허용할 수 있다. 우리의 삶에 평화가 깃들도록 허용할 수 있다. 우리는 이 우주를 있는 그대로의 완벽한 장소로 만들 수 있다. 우리가 결코 죽지 않을 것이라는 깨달음, 우리가 항상 존재할 것이라는 깨달음을 허용할 수 있다. 생명이 어디서 어떻게 나타나든 삶에 충실하도록 허용할 수 있다. 모든 생명은 우리 내면에 있는 것과 같은 자각으로부터 만들어지기 때문이다.

──────── 긍정적인 변화들

2006년 카발은 이란이 곧 핵 위협이라고 주장하면서 새로운 네메시스를 만들고자 했다. 하지만 미국 국민 대다수는 공화당/신보수주의 파벌의 공격적이고 전쟁 도발적인 정책을 지지하지 않기로 했다. 그해 선거에서는 마치 산사태가 일어나듯 민심이 요동했다: "이번 선거 결과, 하원과 상원, 그리고 주지사 및 주 의회 과반수를 차지한 민주당의 대승리가 이루어졌다."[501]

기독교의 가치와 자신을 동일시하는 사람들에게 이 상황은 손실이 아니었다. 만약 그 일이 일어나지 않았다면, 다시 말해서 우리가 그 일이 일어나도록 준비되어 있지 않았다면, 우리의 시간표에서 가장 치명적이고 파괴적인 로마 전쟁을 반복했을지도 모른다. 우리는 서로를 사랑할 준비가 되어 있지 않았고, 적어도 적이라고 생각하는 다른 사람들의 목숨을 구할 만큼은 아니었다면, 더 많은 생명을 잃었을 것이다. 그렇다고 해서 로마와 미국 역사 사이의 2,160년 주기의 교차가 모두 멈춘 것은 아니다. 거대한 시계의 그림자는 여전히 우리 옆에 머물고, 시계바늘은 째깍거리며 힘차게 앞으로 나아가고 있다.

─────── **카토-카터 연결은 계속된다**

　　　　　카토는 여러 해 동안 로마의 집정관 자리를 지켰다. 기원전
184년에는 감찰관으로 선출되었는데, 이는 카터가 쌍어궁 시대(1976년)에
당선된 것과 상응한다. 카토는 기원전 149년(쌍어궁 시대의 2011년)에 죽을
때까지 정치적으로 활발하게 활동했다. 카터는 불과 4년 동안 대통령이었
지만, 더 나은 세상을 만들기 위한 지속적인 노력으로 2002년 노벨 평화상
을 받았다. 기원전 150년대 말에 카토는 맥락에 맞든 안 맞든 모든 연설에
서 "카르타고는 파괴되어야 한다"라는 문구를 사용했다.[502] 카토는 분명 이
퀘스트에 매우 열정적이었다. 한 역사학자는 카토의 관점을 세부적으로
밝혔다.

> [카토는] 자신의 부富를 증대하고 더 많은 부를 추구하던 시기에 정부
> 와 국민 모두에게 소박함과 검소함을 강요했다. [그는 원로원과 기병의
> 역할을 변경하고] 사치품에 과세하는 방법을 고안했다. 그는 카르타고의
> 농업적 번성을 발견한 후, 숙적 카르타고 최후의 파멸을 촉진했는데 그
> 가 한 일 중 가장 인기 있었던 업적이다.[503]

많은 역사가들은 카르타고에 대한 카토의 전쟁이 부당하고 분별 없는 것
이었다고 생각하지만, 카토가 다른 무언가를 꾸몄을 가능성도 있다. 그가
재판에서 시사한 바와 같이, 스키피오와 안티오쿠스 사이에 실로 비밀스

럽고 반역적인 거래가 있었다는 증거를 가지고 있었다면 이는 다른 차원의 문제일 수도 있다. 우리 시대에서 보듯이, 그 기간 동안의 카르타고는 중도에 맞서 양쪽을 다 부추기던 비밀스러운 카발의 중심지였을까?

─────── 제3차 포에니 전쟁과 금융 폭정을 물리치기 위한 전투

결국 카토는 기원전 149년 카르타고와 전쟁을 벌였다. 이는 쌍어궁 시대의 2011년과 일치한다. 2010년 처음 이것을 발견했을 때는 어떤 의미인지 몰랐지만 나는 확실히 눈을 뜨고 있었다. 『소스필드』가 출간된 직후에 닐 키넌Neil Keenan은 케네디 암살 48주년인 2011년 11월 23일 카발을 상대로 엄청난 소송을 제기했다.[504] 이는 카발을 상대로 한 매우 중요한 전쟁 행위로서, 이것이 성공하면 매우 중요한 역사적 사건이 될 것이다. 160개국 이상의 규모로 성장한 57개국 동맹은 지구상의 평화를 회복하고, 기밀 기술을 알리고, 완전한 공개를 위한 이 캠페인을 지지했다. 카터 전 대통령이 이 동맹 관계를 지지했는지에 대해서는 알 수 없고, 현 시점에서 이를 확인해줄 내부자도 없다. 대부분의 전쟁과 달리, 법적 서류와 점진적인 진실 공개를 통해 조용히 싸워야 했고 이 글을 쓰고 있는 지금도 계속되고 있다.

키넌의 동맹 주도 소송은 1811년 11월 7일 티페카누 전투Battle of Tippecanoe에서 미국 원주민 부족의 예언자 동맹이 해리슨의 군대를 공격한 지 200년 16일 만에 이루어졌다. 황도 12궁의 각 시대에는 100년간의 216개 주기가 있다. 우리가 역사를 세기century로 분류하는 것은 아마도 자의적이지 않을 것이다. 시간의 순환을 밝힌 고대 지식이 전해준 또 다른 유산일 것이다. 1800년대 초 미국 원주민 토지를 대량으로 절도한 것은 20세기 연방준비제도가 전 세계를 대상으로 금과 보물을 대량 절도한 것과 매우 정연하게 일치하는 듯하다. 티페카누 전투와 키넌의 소송 제기는 백년 주기의 두 바퀴, 즉 20년 주기의 열 바퀴 이내에서 16일밖에 차이 나지 않았다.

로마 역사에서 제3차 포에니 전쟁은 기원전 146년까지 지속되었는데 그해는 우리 시대의 2014년과 상응한다. 카토가 예언한 대로 카르타고는 참혹할 정도로 완전히 파괴되었다. "카토의 슬로건은 전형적인 로마식으로 철저하게 구현되었다. 카르타고의 성벽은 허물어지고 도시는 불탔다. 시민들은 노예로 팔려갔고, 원로원은 한때 카르타고가 있던 곳에서는 아무도 살 수 없다는 법령을 통과시켰다."[505]

나는 전쟁과 대학살을 지지하지 않는다. 우리 시대에서 백양궁 시대의 사건들이 반복되면서, 특히 1980년대부터는 현저하게 폭력성이 덜해졌다. 1919년 베르사유 조약에서 독일의 패배는 백양궁 시대의 제1차 포에니 전쟁에서 카르타고가 패배한 지 정확히 2,160년 만의 일이다. 카터는 2,160년 동안 먼 길을 온 것으로 보인다. 카터에게는 그의 전생일 수 있는 카토의 흔적이 없다. "카르타고는 반드시 파괴되어야 한다"라는 말을 반복하며 희희낙락하는 카토처럼 냉소적이고 전쟁 도발적인 구석이 전혀 없다는 말이다. 2002년 승리를 거둔 후에 보여준 그의 행적에 기반해 판단하건대, 카터는 기원전 146년에 카르타고가 했던 것처럼 최악의 적들을 포함한 어떤 집단도 완전히 파괴하고 패퇴시키는 것을 원치 않는 것 같다.

시간의 큰 순환주기들은 선전 선동에 영향받지 않는다. 우리 모두에게 존재하는 더 깊은 진리에 대해 외면하지도 않는다. 카르타고의 집단 카르마가 현대에 와서 독일의 집단 카르마로 재현된다면, 독일과 카발 사이에는 아직 다루지 않은 다른 연결점이 있을지도 모른다. 나는 특히 2011~2014년 황도 12궁의 시간이 물병자리(보병궁) 진입과 정확히 겹친다는 사실에 매료되었다. 이것은 모든 역사적 사건의 모태를 생성하기 위해 동기화할 주기의 이상적인 조합일 수 있다. 카터가 분명히 세계 평화를 위해 일하고 있으므로, 카발은 2011~2014년의 새로운 전쟁에서 동맹에 대항하는 카르타고의 역할을 맡은 것으로 보인다.

─────────── **페이퍼 클립 작전**Project Paperclip

1933년 미국 정부를 상대로 파시스트 쿠데타가 모의되었고, 독일인들은 2차 세계대전 내내 워커Walker, 해리먼Harriman, 부시Bush와 같은 카발 자본가들로부터 비밀리에 자금을 조달받았다는 것을 이미 확인했다. 이것은 여전히 훨씬 더 큰 이야기의 일부에 불과하다. 2005년 BBC 뉴스는 나치 독일과 미국의 연결은 제2차 세계대전 이후 더욱 강력해졌다고 밝혔다.

60년 전 미국은 나치 과학자들을 고용해 우주 개발 경쟁과 같은 선구적인 프로젝트를 이끌었다. 나치 과학자들은 미국에 첨단 기술을 제공했다. 이 기술은 오늘날에도 여전히 선두를 달리고 있지만 그 대가를 치러야 했다. … 미국은 페이퍼 클립 작전을 통해 [베르너Werner] 폰 브라운von Braun과 700명 이상의 인사들이 독일에서 추방되는 모습을 미국의 동맹국들 앞에 보여주었다. 그 목적은 간단했다: "미국의 연구를 위해 독일 과학자들을 착취하는 것, 그리고 소비에트연방에게는 이러한 인적 자원을 부정하는 것."[506]

페이퍼 클립 작전에 대해 들어본 사람이 거의 없다는 것은 놀랍지만, 이 것은 분명 카발이 대중에게 알리고 싶어 하지 않는 많은 비밀 중 하나이 다. 트루먼 대통령은 1945년 8월부로 이 작전에 서명했고, 같은 해 11월 18일 첫 독일인이 미국에 도착했다. 그들은 자신의 조국이 파괴되고 불과 몇 달 만에 배를 타고 조국을 파괴시킨 나라에 도착했다. 트루먼은 엄격한 지침을 만들었다. 그는 나치당의 일원이었거나 나치 활동에 참여했거나 나치 군사 계획을 지지했던 사람이 환영받는 것을 원치 않았다. BBC의 인 용문을 살펴보자.

> 이 기준 하에서는 달의 촬영을 지휘한 폰 브라운조차도 미국을 위해 봉 사할 자격이 없었을 것이다. 수많은 나치 조직의 일원이었던 그는 나치 친위대에서도 한 자리를 차지했다. 그의 초기 정보 파일은 그를 "보안상 위험"이라고 표기하고 있었다. … [그럼에도 불구하고] 미국에 온 모든 이들은 미국을 위해 일하도록 허가받았고, 범죄는 은폐되었으며, 그들의 배경은 냉전에서 승리하고자 하는 군부에 의해 탈색되었다. 그들에게 정 의를 지키는 것은 최우선 과제가 아니었다.[507]

나치 과학자들은 과거의 정치적 신념을 버리고 미국에 도착하는 대로 전 통적인 미국의 생활 방식과 가치 체계에 안주했을까? 아니면 자신들의 정 치적 신념을 지키면서 미국이란 나라의 방향성에 영향을 미칠 수 있었을 까? 2007년 가디언 지는 나오미 울프Naomi Wolf 기자의 설득력 있는 주장 을 발표했는데, 미국에서 사회주의적 "파시즘으로 가는 10단계"가 어떻게 엄격하게 지켜지고 있는지를 보여주었다.

역사를 살펴보면 개방사회를 독재정권으로 만드는 청사진이 필연적으로 존재한다는 것을 알 수 있다. 그 청사진은 몇 번이고 재사용되었다. 점점 더 피비린내 나고 더욱 끔찍한 방식으로 말이다. 그러나 그것은 항상 효과적이다. 역사는 민주주의를 형성하고 유지하는 것은 매우 어렵고 힘들지만, 민주주의를 붕괴하는 것은 훨씬 간단하다는 사실을 보여준다. 그저 10단계를 기꺼이 이행할 의향만 있으면 된다. 이 문제를 숙고하는 것이 어렵기는 하지만 숙고한 만큼 명료하게 보인다. 당신이 볼 의향만 있다면, 이 10단계 각각이 부시 행정부에 의해 미국에서 이미 시작되었다는 것이 명백하게 보일 것이다.[508]

다행스럽게도, 카발은 이러한 단계를 완료하지 못했다. 하지만 그 모든 조치들이 부시 행정부에 의해 엄격하게 시도되거나 실제로 실행되었다.

——————— **10월의 서프라이즈**

조지 H. W. 부시가 선동한 더러운 속임수에 의해 카터의 재선이 방해받았을지도 모른다. 방해 공작은 이른바 10월의 서프라이즈 October Surprise에서 발생했는데, 이때 이란은 선거가 끝난 후까지 미국인들을 인질로 잡아두는 조건으로 돈을 받았다고 한다. 이는 카터가 인질 석방 협상도 하지 못하는 침팬지처럼 보이게 했다. 치명적인 적과의 비밀스럽고 반역적인 거래는 레이건-부시의 순조로운 승리를 보장하는 데 도움이 되었을 것이다. 이는 또한 평화를 위한 카터의 정치적 투쟁에 특별한 요소를 더할 것이다. 다음은 로버트 패리Robert Parry가 인터넷 매체 「트루스아 웃Truthout」에 「10월의 서프라이즈October Surprise」라는 제목으로 기고한 글이다.

많은 CIA 참전용사들을 격분시킨 지미 카터 대통령을 낙선시키기 위해, 불만을 품은 CIA 장교들이 그들의 전임 상관인 조지 H. W 부시와 공모해 1980년 이란의 인질극을 이용하기로 했을까? 그 비밀 CIA 작전으로 미국 정치의 향방이 바뀌면서 25년 동안의 공화당 독주를 위한 길이 열린 것일까?

이란에 억류된 52명의 미국인 인질들을 석방하기 위한 1년간의 절망스러운 노력 끝에, 1980년 11월 4일 카터는 로널드 레이건과 그의 러닝메이트인 조지 H. W. 부시에게 압도적인 패배를 당했다. 결국 인질들은 1981년 1월 20일 레이건이 대통령직 취임 선서를 한 직후에 풀려났다.[509]

레이건과 부시가 선서한 그날, 이란에 억류된 미국인 인질들이 갑작스레 석방된 것은 확실히 의심스러웠다. 아리 벤-메나쉬Ari Ben-Menashe 이스라엘 정보부 장교는 『전쟁의 이익Profits of War』이라는 회고록을 통해 "카터의 인질 협상이 공화당의 반대로 무산되었다"라고 밝혔다. 공화당은 11월 4일 선거 후에 인질이 석방되기를 바랐으며, 최종 세부사항은 조지 H. W. 부시가 이끄는 공화당 대표단과 성직자인 메흐디 카루비Mehdi Karrubi가 이끄는 이란 대표단이 파리에서 만나 조정될 것이다.[510]

이 주제를 다룬 다른 주목할 만한 책이 있다. 이란과 페르시아 만을 담당했던 카터의 국가안전보장회의 최고 보좌관이 쓴 『10월의 서프라이즈: 이란에 억류된 미국 인질들과 로널드 레이건의 당선October Surprise: America's Hostages in Iran and the Election of Ronald Reagan』이다.[511] 그의 증언은 1991년 뉴욕타임스와 의회 공식 기록에도 실렸다.[512] 레이건-부시 선거 운동원이 자 백악관 참모였던 바바라 호네거Barbara Honegger도 자신의 저서 『10월의 서프라이즈October Surprise』에서 이러한 주장을 지지했다.[513] 자신에게 어떤 일이 일어났을 가능성이 큰지 깨달은 후에 카터가 얼마나 분노했을지 상상이 될 것이다. 미국의 적과 반역적인 거래가 있었고 카발 일당은 빠져나 갔다. 52명의 인질은 두려움에 떨었고 자칫하면 살해당할 수도 있었다. 그들은 카터를 무능하고 지도자로서 적합하지 않은 것처럼 보이게 해서 선거에 패배하도록 만들기 위한 볼모였다. 역사의 그 시점에서 카터는 대담하고 대중적인 방식으로 카발과 맞섰다가는 확실한 죽음을 부를 뿐이라는 점을 분명히 알고 있었다. 그럼에도 불구하고, 그는 이치에 맞는 범위 내에서 세상을 개선하기 위해 할 수 있는 한 최선을 다한 것으로 보인다. 2002년 카터는 노벨 평화상을 수상하는 깊은 영광을 누렸다. 상을 받은 후 그는 다음과 같이 말했다. "백악관을 떠날 때 나는 꽤 젊었고 내가 25년은 더 활동적인 삶을 살 수 있다는 사실을 깨달았다. 그래서 나는 세계에서 가장 위대한 국가의 대통령으로서 가졌던 영향력을 자산 삼아 여백을 메우기로 결심했다."[514]

─────── **비밀의 벽 허물기**

카터가 메우고자 했던 "여백vacuums"은 어떤 것일까? 자신의 대통령직 수행을 방해했던 바로 그 카발을 폭로하고 물리치고 싶어 했을 것 같다. 또한 그는 대규모로 폭로된 진실을 원했을 수도 있다. 1969년 10월, 카터는 숨 막힐 정도로 흥분되는 UFO를 목격했다. 1976년 선거 운동 기간 동안 그는 대담하게도 다음과 같은 말을 남겼다: "내가 대통령이 된다면 UFO 목격에 관한 모든 정보를 대중과 과학자들이 이용할 수 있게 할 것이다."[515] BBC 뉴스에 따르면, 페이퍼 클립 작전의 핵심 부분으로서 독일인들이 매우 강력한 비밀을 미국에 가져왔을 수도 있다. 많은 페이퍼 클립 문서들이 여전히 비밀에 싸여 있다. 제인스 디펜스 위클리Jane's Defence Weekly의 항공우주 컨설턴트인 닉 쿡Nick Cook을 포함한 많은 사람들은 방대한 양의 자유 에너지를 뽑아낼 잠재적 원천인 반중력 장치를 포함해 미국이 훨씬 진보된 나치 기술을 개발했을 수 있다고 추측한다. 쿡은 그러한 기술이 "세계 평화를 위협할 정도로 파괴적일 수 있어 미국은 그것을 오랫동안 비밀로 하기로 결정했다"라고 말했다.[516]

2009년 9월 카터는 인종적 증오를 부채질하여 오바마 대통령을 파멸시키려는 공화당과 그 지지자들의 캠페인을 비판하면서, 자신이 부당하다고 느끼는 것에 대해 과감하게 발언했다. "나는 버락 오바마 대통령에 대한 강한 반감의 압도적인 부분이 그가 흑인이라는 사실, 즉 아프리카계 미국인이라는 사실에 바탕을 두고 있다고 생각한다."[517]

명백히, 카터는 강경한 태도를 취하는 데 두려움이 없었다. 이 시기에 카터가 금융 독재financial tyranny를 물리치기 위해 활동한 동맹의 일원인지는 잘 알지 못하지만, 2011년 키넌의 소송과 기원전 149년 카르타고와의 제3차 포에니 전쟁 사이의 주기 연계는 매우 흥미롭다. 카터의 심경 변화가 황도 12궁 자체의 변화를 드러낸다면, 국내외의 모든 적으로부터 기꺼이 국민을 지키려는 미국의 애국자들 역시 영웅의 역할에 발을 들여놓은 것일 수 있다. 앞서 말했듯이 일루미나티라는 드래곤은 궁극의 보물을 숨

기고 있다: 그것은 지구상의 모든 생명체의 삶을 크게 향상시킬 수 있는 기술이다. 카발을 무찌르는 투쟁은 물병자리 시대(=보병궁 시대)로의 이동과 정확히 때를 맞춘 제3차 포에니 전쟁의 새로운 버전일까? 때가 되면 카터는 자신의 공개적인 지위를 이용해 진실을 밝혀내기 위한 지렛대를 만드는 데 도움을 줄 수 있을까? 이것은 인류가 획득한 기술과 함께 지구상에 존재하는 외계인들의 공개로 이어질 것인가? 흥미로운 질문들이다. 우리는 답을 찾기 위해 오래 기다릴 필요가 없다.

곧 이어서 우리는 539년의 시간을 두고 2001년 9월 11일과 연결된 놀라운 사분의 일 주기에 대해 논하려 한다. 일단 그 조각들이 주기 내에서 어떻게 부합하는지 보게 되면, 카발의 좋은 시절도 얼마 남지 않았다는 증거를 훨씬 더 많이 얻게 될 것이다.

정말 이 대단한 사건은 어쩌다 운이 좋아서 한 번의 공격으로 두 개의 거대한 고층건물을 무너뜨린 "커터칼을 든 아랍인들(9.11 테러범들)"에 의해 일어났을까? 지금 우리가 카발에 대해 알고 있는 모든 것을 고려할 때, 공식적인 이야기가 거짓일 가능성은 어느 정도일까? 539년 전에 같은 주기가 펼쳐졌을 때 침략자는 누구였는가? 이러한 지식은 오늘날 우리가 보고 있는 사건들을 어떻게 반영하고 있는가? 이 경우, 두 개의 서로 다른 주기는 어떻게 겹쳐지고, 지구상의 역사적 사건과 어떻게 결합된 효과를 발휘할 수 있는지에 대한 또 다른 예를 보게 될 것이다.

우리는 이러한 시간 주기가 베일의 뒤편에 있다고 알려진 사람들에 의해 관찰되고, 영향 받고, 관리되고 있음을 보게 될 것이다. 모든 것이 미리 정해져 있는 것은 아니다. 또한 가장 부정적인 계획으로부터 우리를 보호하려는 진정한 노력이 존재한다. 운 좋게도 나는 "상대편"에 대해 의식적인 접근을 할 수 있었고 9.11과 같은 예언적 정보를 제공받을 수 있었다.

그 정보는 실제 사건이 일어나기 거의 2년 전에 내 웹사이트에 게시되었다. 인터넷 아카이브는 아직도 이 글들이 언제 게시되었는지에 대한 인코딩 기록을 가지고 있으며, 9.11이 발생하기 훨씬 전에 공개되었음을 증명하고 있다.

16

◐

베일의
양쪽에서 본 9.11

2010년 이 연구를 처음으로 정리하
고 확장하면서, 나는 곧바로 2001년 9월 11일을 점검해봐야겠다는 생각
을 했다. 9.11은 내 세대의 궁극적인 유발사건으로서 더 많은 사람들에게
카발의 존재를 일깨웠고 카발의 궁극적인 패배를 더욱 확실히 하는 계기
가 되었다. 마송의 책에 실린 논리는 간단하고 단선적이었으며, 선택할 수
있는 주기는 몇 개에 불과했다. 우선 2,160년의 황도 12궁 주기를 살펴보
았지만, 로마 역사상 9.11과 연결되는 사건은 없었다. 그 다음 선택은 539
년, 즉 황도 12궁 주기의 사분의 일에 해당하는 하위 주기였다. 나는 즉시
9.11이 이 주기의 이전 차례에서 일어난 유럽의 주요 전투로부터 불과 6일
밖에 차이가 나지 않는다는 것을 발견했다.

2001년 9월 11일에서 539년을 거슬러 올라가면 1462년 9월 11일이 된

다. 그로부터 6일 후인 1462년 9월 17일, 유럽 전역에 걸친 13년 전쟁에 있어 단일한 최대 전환점인 스와이치노 전투가 벌어졌다. 9.11과 스와이치노 전투는 하나의 독립된 "우연"이 아니었다. 나는 13년 전쟁의 가장 큰 정치적 사건들과 9.11 전후의 주요 정치적 사건들 사이에 적어도 4개의 직접적인 동시성을 발견했다.

전쟁의 시작, 적국에 대한 동맹 구축, 전쟁의 주요 전환점이 된 전투, 전쟁의 종식 등이 두 주기 사이에 한 달도 차이가 나지 않는 기간 내에 일치했다. 스와이치노 전투는 당연히 여객기들이 거대한 마천루에 충돌하는 것을 특징으로 하지 않았다. 그러나 석궁의 불화살 폭풍은 패배자를 완전히 초토화시켰다.

엘메와 마송 두 사람 모두 각 주기에서 일어나는 사건들이 분명히 똑같지는 않을 것이라고 결론지었다. 하지만 놀라운 유사점들이 많았다. 영웅의 여정 스토리라인에서 핵심적인 원형적 순간들도 스스로를 반복하는 것처럼 보인다. 우리가 9.11과 스와이치노 전투를 주기적 연관성이란 관점에서 분석하면 처음에는 빈 라덴과 알 카에다Al-Qaeda가 한쪽에 있고 다른한쪽에 미국이 있는 것처럼 보인다. 그러나 일단 주기의 주요 전환점을 식별하고 각 버전에서 누가 싸우고 있는지를 보면 해답은 분명해진다. 네메시스의 실체가 다시 한 번 드러나는 것이다. 우리는 13년 전쟁과 9.11이 어떻게 조화를 이루는지, 그리고 주기의 각 버전에서 누가 네메시스 역할을 담당했는지를 제대로 이해하기 위해 추가적인 배경 지식을 확보할 필요가 있다.

새로운 진주만

공식적인 9.11 이야기는 이 공격이 오사마 빈 라덴과 알카에다 테러 집단에 의해 주도되었다는 것이다. 이 버전에는 명백한 진실이 있으며 대부분의 미국인들은 이를 받아들였다. 미국은 결국 그들을 재판에 회부했지만 테러리스트들이 빠져나갈 구멍도 있었던 것으로 보인다. 세계무역센터 건물 셋이 여객기 충돌로 하루 만에 자유 낙하 속도로 폭삭 붕괴했다고 믿는 것은 꽤나 억지스럽다. 7호 건물은 비행기에 부딪힌 적도 없고 단지 추락하는 파편에 부딪혔을 뿐이다. 트윈 타워는 두 대 이상의 여객기 추락에도 견딜 수 있도록 설계되었다. 의도적인 철거 작업 외에 이처럼 신속하고 완전한 붕괴의 역사적 사례는 없다. 제트 연료는 등유의 일종이다. 등유가 이렇게 쉽게 강철을 녹일 수 있다면, 지금까지 만들어진 모든 등유 히터는 엄청난 화재의 위험을 안고 있는 것이리라.

공식적인 이야기에는 이와 같은 구멍이 수십 개 더 존재하고 그 정보는 온라인에 대단히 널리 퍼져 있어서, 그날 실제로 일어났던 일을 주제로 책을 쓴다면 여러 권 쓸 수 있을 것이다. 만약 당신이 시간을 내어 정보들을 연구한다면, 이 사건에 대해 몇 시간 동안 강의할 수 있을지도 모른다. 반대로 당신이 살펴보기를 거부한다면, 그 어떤 증거도 당신을 납득시키지 못할 것이다. 이렇게 거대한 규모로 소시오패스적인 행동을 할 수 있는 네메시스를 상상하려면, 아마도 어마어마한 개인적 공포를 이겨내야 할 것이다. 그렇게 엄청난 살인적인 거짓말에 휘말리게 되면 웬만한 사람들은 밤에 맘 편히 아이들을 재울 수 없다. 정부가 군사독재와 계엄령을 실시하기 위해 이 정도 규모의 피해를 야기하는 자작극을 연출한다고 상상하는 것은 무척이나 공포스럽다.

9.11을 불과 12개월 앞두고, 신보수주의자들neoconservatives(네오콘)은 자신들의 의제를 진전시키기 위해 "새로운 진주만처럼" 촉매 역할을 할 사건이 필요하다고 서면을 통해 공개적으로 밝혔다.[518] 그리고 2001년 5월 25일, 영화「진주만Pearl Harbor」이 전국적으로 개봉되었다. 무려 1억 4천만 달러의 제작비가 투입된, 그때까지 만들어진 영화 중 가장 비싼 영화였다.[519] 진주만은 미국 내 박스 오피스에서 2억 달러, 전 세계적으로 4억 5천만 달러를 벌어들이며 흥행에 성공했다. 미국 국민들은 자신들의 조국이 세계대전과 의무적 징병제를 촉발시킨 테러 공격을 당했었다는 사실을 상기했다. 3개월 17일 후, 다음번 진주만 사건이 일어났다.

2000년 9월, 신보수주의자들은「새로운 미국의 세기를 위한 프로젝트: 미국의 방어 재구축Project for a New American Century: Rebuilding America's Defenses」이라는 문서를 발표했다. 지금 이 글을 쓰고 있는 중에도 웹사이트에서 이 문서를 다운로드할 수 있는데 51페이지에 다음과 같은 내용이 나온다: "앞으로 혁명적 변화가 수반된다 해도 [새로운 미국의 세기로의] 전환 과정은 새로운 진주만과 같은 어떤 재앙적이고 촉매적인 사건이 없는 긴 과정이 될 것 같다."[520]

신보수주의자들은 미국을 소위 "신新 미국 세기世紀"로 바꾸기 위해서는 "신新 진주만" 즉 "파국적이고 촉매적인 사건"이 필요했음을 분명히 밝히고 있다. 다른 아랍 국가들이 이라크와 아프가니스탄을 지키기 위한 싸움에 동참했다면, 진주만처럼 큰 예산이 투입된 영화는 그렇게 엄청난 테러 공격을 겪은 후에 국가의 군국화를 고무하고 중동에서의 새로운 세계대전에 참여하도록 하기 위해 고안되었을 수 있다. 가장 내밀한 위치에 있는 "내부자" 중 한 사람은 이 문서에 대해 다음과 같이 말했다: "데이비드, 그들이 말하는 '새로운 미국의 세기'가 무엇을 의미하는지 아무도 진정으로 이해하지 못해요. 그들은 지구에 대해 완전히 독재적인 통제권을 갖고, 더 이상 자신들이 누구이며 무엇을 하고 있는지 숨길 필요가 없는 전적으로 새로운 시대를 만들려고 한 거예요."[521]

프레스콧 부시를 비롯한 카발 일당이 1933년 미국 정부를 전복시키고 히틀러와 무솔리니의 통치를 모형으로 한 파시스트 정권을 만들고 싶어 했다는 사실을 잊지 말자. 그들은 제2차 세계대전에서 히틀러에게 은밀하게 자금을 지원했고 잘 빠져나갔다. 그들은 히틀러의 패배 직후, 최고의 나치 과학자들을 미국으로 이송했다. 프레스콧의 친손자는 9.11 당시 미국의 대통령이었다. 부시 행정부 시절 카발은 언론인인 나오미 울프가 밝힌 '파시즘을 향한 10단계'를 체계적으로 따랐다. 히틀러 역시 독일에서 자신의 독재를 확립하기 위해 똑같은 10단계를 사용했다. 신설된 국토안보부Department of Homeland Security는 히틀러가 독일을 아버지의 나라Fatherland라고 표현한 것과 매우 흡사했다. 이러한 역사적 사실들은 카발이 정부와 사회에 큰 변화를 가져올 새로운 진주만 사건을 만드는 데 기득권을 가지고 있었다고 생각할 정당한 근거를 제공한다.

─────── USA 패트리어트법

9.11 테러 13일 만인 2001년 9월 24일, USA 패트리어트법 USA PATRIOT Act이 의회에 넘겨졌다.[522] 법안의 본문은 거의 5인치(=12.7센티미터) 두께로, 의회의 어느 누구도 실제로 그것을 읽을 수 없게 되어 있었다. 그러나 그들 모두는 법안에 서명해야 한다는 강한 압력을 받았다. 이 법안은 미국 내 파시스트 독재정권에 대한 완전한 청사진으로, 국민으로

부터 헌법에 의해 보장된 가장 중요한 권리와 자유를 빼앗았다.[523] 이 엄청난 법안이 9.11에 대응해 입안되었다고는 했지만, 그것이 적절한 순간을 기다리며 한동안 선반 위에 놓여 있었다는 증거가 나타났다.[524] 다음은 2002년 5월 트루스아웃Truthout.org에 실린 제니퍼 반 버겐Jennifer Van Bergen의 글에서 발췌한 것이다.

1996년 [USA 패트리어트법과] 유사한 반테러법이 제정되었지만 9.11 사태를 막는 데는 별 도움이 되지 않았다. 많은 조항들이 위헌 판정을 받거나 9.11 발생 당시에는 폐지 예정이었다.

[USA 패트리어트법]은 의심되는("입증된"이 아니다) 외국인 테러리스트들이 자신들에게 불리한 증거에 대한 방어나 이의를 제기할 기회를 주지 않았고 무기한 구금을 허용하고 있다. 개연성 있는 범죄의 근거가 없어도, 또한 위협으로 입증되지 않았으며 미국에 남을 법적 권리를 획득했을 때에도…. USAPA는 미 국무장관이 법원이나 의회의 승인 없이 테러 집단을 지정할 수 있도록 권한을 확대하고, 상당한 근거가 없어도 비밀 검색을 허용한다.[525]

2001년 10월 9일, 합리적인 사고를 촉구하며 법안 통과를 늦추려고 한 상원의원 가운데 두 명, 즉 패트릭 레이히Patrick Leahy 상원 법사위원장과 톰 대슐Tom Daschle 상원 원내총무가 탄저균으로 범벅이 된 편지를 받았다. 이는 반사회적 인격장애를 갖고 있는 카발이 모든 국회의원들을 향해 USA 패트리어트법에 서명하라고 경고하는 노골적 위협이었을 것이다. 결국 이 법안은 2001년 10월 26일 법률로 제정되었다.[526]

2001년 9월 29일까지 세계무역센터 범죄 현장에서 13만 톤의 철강이 수

거되었고, 그 후 다시 22만 톤이 추가로 수거되어 이제 현장에는 아무것도 남지 않았다. 미국연방재난관리청FEMA과 함께 향후 조사를 위해 보관된 증거물은 150여 점뿐이며, 대중들은 여전히 대부분의 증거물에 접할 수 없다.[527] 이렇게 "매우 민감한" 증거물 하나라도 용광로 이외의 다른 곳으로 가지 않도록, 철제 빔을 운송한 모든 트럭에는 1,000달러짜리 GPS 장치가 부착되어 있었다.[528]

내가 접촉하고 있는 몇몇 내부 소식통에 따르면, 미군은 9.11이 내부 소행이라는 것을 바로 눈치 챘다고 한다. 두려움에 움츠러들지 않고 늑대의 눈을 똑바로 쳐다보는 것이 그들의 일이지만, 그들은 무슨 일이 일어났는지 알려고 하지 않았다. 카발이 얼마나 위험한지 이미 알고 있었기 때문이다. 또한 그들은 모든 안팎의 적들로부터 미국 헌법을 수호할 것을 맹세했지만 자신들이 알고 있는 것을 공개적으로 밝힌다면 결코 살아남지 못할 것이다. 따라서 성공하기 위해서는 비밀리에 진행해야 할, 카발을 물리치기 위한 임무가 수행되었다.

────── **상위 자아의 안내**

4년 동안 놀라운 동시성을 경험하고, 4년 동안 매일 아침 꿈꾼 내용을 기록하고, 11개월 동안 하나의 법칙 시리즈를 공부한 후인 1996년 11월부터 나만의 직관적인 리딩Reading을 시작했다. 리딩을 시작한 지 26일 만인 1996년 12월 6일, 나는 9.11이라는 아주 분명한 예시를 받았다. 게다가 리딩 결과들은 바로 첫날부터 카발 세력에 대한 우려를 표시했다. 이 예언에 대한 작업 링크는 이 책을 쓰는 지금도 인터넷 아카이브에서 볼 수 있는데, 비극적인 사건이 발생하기 1년 반 전인 2000년 1월 24일까지 거슬러 올라간다.[529] 나는 리딩을 제대로 수행하기 위해 "원격투시"의 프로토콜을 주의 깊게 따랐다. 좋은 직관적 데이터를 얻는 주된 비결은 그것이 들어오는 대로 어떤 것도 이해하려 하지 않는 자세다. 잠들기 바로 직전의 상태인 깊은 명상에 들어가, 내면의 "고요하고 작은 목소리"를 듣는다. 감정적인 반응, 정신 분석, 그것이 무엇을 의미하는지 이해하려는 시도 따위는 전혀 하지 않고 동시에 끊어지지 않도록 주의하면서, 바른 속도를 유지하며 데이터를 문서화한다. 1996년 11월 10일, 내가 처음 깨어났을 때 나는 귀 기울였고, 내 마음속에 자연스럽게 떠오르는 어떤 말이나 문장들을 모두 포착했다. 어떤 말이라도 알아들을 듯한 느낌이 온 순간, 나는 더 깊이 숨을 들이쉬고 더 깊은 명상 상태로 들어갔다. 내가 한 일은 단지 그 말소리를 듣고, 그것을 받아 적을 수 있을 만큼 깨어 있으며, 다시 명상으로 돌아가는 일을 반복하는 것뿐이었다. 한 달도 채 되지 않아 나는 그 말들을 받아쓰지 않고 휴대용 카세트 녹음기에 녹음하기 시작했다. 그 결과 자료의 질이 크게 향상되었다.

바로 첫날부터 두 가지 놀라운 예언이 드러났다. 첫 번째 예언은 거의 즉시였다. 나는 한 시간 가량 트랜스 상태를 들락날락했고, 그 상태에서 빠져나올 때마다 들었던 것들을 하나도 빼놓지 않고 모두 적었다. 나는 그들이 말하는 것이 어떤 의미인지 전혀 신경 쓰지 않고 결국 8페이지의 문장 조각들을 적어냈다. 스스로 깨어나서 정상적인 정신 상태에서 그것을 읽었을 때, 나는 엄청나게 놀랐다. 그중 상당 부분은 수수께끼 같고 신비로웠지만 일부는 완벽하게 이치에 맞았다. 맨 마지막 단락은 다음과 같다. "나는 사람들이 중서부 아틀란티스Midwestern Atlantis를 언급할 때가 좋다. 또한 당신이 알아야 할 사막, 치첸 이차Chichen Itza에서도 그것을 찾을 수 있다. 내 말이 끝나면 당신은 그들에게 가야 한다. 마음만 먹으면 갈 수 있다. 확인해 보라." 이 문장을 다 읽고 그것이 나에게 아스트랄 투영술을 배우라고 격려하고 있다는 사실을 이해한 직후, 전화벨이 울렸다. 지역 UFO 모임의 친구가 나를 아스트랄 투영에 관한 세미나에 초대하려고 전화한 것이었다. 그에게 방금 무슨 일이 일어났는지 말하자 그는 깜짝 놀랐다. 하지만 우리 둘 다 이러한 초자연적인 일들이 가능하다는 사실을 알고 있었다. 그저 드문 일일 뿐이다.

두 번째 예언적인 진술은 다소 모호했다: "우리 여자들 중 하나, 자매인 테레사Teresa는 활동하지 않는다—기독교인, 정신적으로." 이는 분명히 로마 가톨릭의 수녀이자 인권운동가인 테레사 수녀를 얘기하는 것 같았다. 내가 이 말을 기록하고 12일 후인 1996년 11월 22일, 테레사 수녀는 심장마비를 일으켜 병원에 입원했다. 그녀는 11월 29일 수술을 받았고 12월 11일엔 불규칙한 심장 박동을 교정하기 위해 전기 충격 치료를 받았다.[530] 폐렴을 포함한 다른 건강상의 문제도 있어서 이 과정은 지연될 수밖에 없었다. 곧이어 "사랑의 선교 수녀회Missionaries of Charity"의 수장에서 물러났고 건강은 더욱 악화되었다.[531] 테레사 수녀는 다이애나 왕세자비의 비극적인 죽음으로부터 불과 5일 후인 1997년 9월 5일 세상을 떠났다.

많은 사람들은 이 두 상징적인 여성 지도자의 사망 시기가 동시적이라고 느꼈다. 그 시점에 나는 다이애나의 죽음에 대한 예언적인 정보도 받았다. 이 모든 자료는 당시 나와 함께 살았거나 주변에 살고 있었던 사람들의 증언으로 뒷받침될 수 있다. 이 리딩을 했던 시기에 나는 진지하게 프리메이슨 결사에 가입할 것을 고려하고 있었다. 사실 지금에 비하면 그것에 대해 거의 알지 못했다. 위험이 따를 수도 있지만 긍정적인 측면도 있을 수 있다고 느꼈다. 그런데 첫 번째 문장은 이 생각에 대해 강한 경고를 주었다.

그리고 그때부터 카발 세력이 위장하기 위해 프리메이슨 조직의 비밀을 이용했다는 사실을 알게 되었다. 우리는 또한 "농장 일꾼"을 언급함으로써 "수확" 즉 황금시대로의 변혁을 위한 성서적 용어인 수확 개념을 직접적으로 언급하는 것을 보았다. 수확이라는 용어는 하나의 법칙 시리즈에서도 사용된다. 다음은 나의 리딩 가운데, 가장 이해할 만하고 관련성이 있는 발췌문들이다.

1996년 11월 10일 일요일 오전 10시. 이 세상 대부분의 것들은 수평의 지옥이다. 당신은 그 안에서 움직일 수 있다. 프리메이슨은 수직의 지옥이다. 당신은 훨씬 더 빨리 내려갈 수 있다. 농장 일꾼은 충분한 노동력을 가지고 있는가? 성서, 그냥 분석해 보라. 나는 당신이 매우 자랑스럽다! 내가 관심을 가진 종교는 언젠가 빛을 발할 것이다. 그리고 우리는 거대한 집합체로서 우주의 더 높은 곳으로 나아갈 것이다.

[당신의] 나라와 연속성은 하급 귀lower ear의 소리를 통제하는 보이지 않는 손에 의해 어두워지고 있다. [그것은] 하데스Hades의 소리로 관자놀이를 어루만진다. 정부의 조치가 완료될 때까지 잠시 중지하라. … 그것은 때때로 악마와의 접촉과 중요한 만남이므로 더 좋을 수 있기 때문이다.[532]

리딩이 "악마"를 언급했을 때, 카발의 일부 구성원들이 어떻게 루시퍼 의식에 참여했고 그들이 그런 존재와 접촉했다고 어떻게 믿는지에 대해 논의하는 중이었다. 이 초기 세션에서 리딩은 두 번 이상 카발을 "족장 patriarch"이라고 표현했다. 특히 첫 리딩 직후 아스트랄 투영 수업에 초대받았고 나는 내게 들어오는 정보에 매료되었다. 1996년 11월 22일 테레사 수녀의 심장마비를 통해 이것이 단순한 상상이 아님을 확신하게 되었다. 시간이 흐르고 나의 수신 상태가 좋아질수록 가부장제patriarchy에 대한 메시지는 더욱 고집스러워졌다. 악마 혹은 카발의 부정적인 행동에도 불구하고, 우리가 이 행성 진화의 여정을 성공적으로 헤쳐 나갈 것이라는 사실을 밝히는 희망적 메시지였다.

1996년 12월 2일 월요일—오전 7시. 족장은 그러한 힘을 갖고 착지하면서 서서히 느려지고 있다. 장벽은 점차 무너지고 있다. 쇼핑으로 돈을 버는 자들을 신봉하는 이들은 [잘못 판단하고] 지금쯤 우리 모두는 이것이 곧 붕괴될 악의 세력이라는 것을 알고 있다. 살인은 여전히 악랄한 남자들의 마음속에서 노래되고 있다. … 수십 년의 폭정이 끝났음을 알라. 상황이 변했다는 것을 인정하라. 이제 빛으로 새어 나오고 있는 새로운 이해가 있다. 사람들은 예전과 같지 않다. 그들은 생각의 속도로 날고 여행할 것이다.

1996년 12월 3일 화요일—오전 6시 30분. 한결같이 창조자의 목소리가 노래하지만 누가 신호를 해독할 것인가? 계속되는 가정은 잘못된 것으로 판명된다. 상황이 이런데도 도움을 주겠다는 것이 우리의 다짐이다. 종교의 진리를 배우는 사람들은 사회의 지시 사항과 정반대의 위치에 있는 자신을 발견하게 될 것이다.

1996년 12월 3일 화요일—오후 7시 26분. 운명의 전령들이 빠르게 다가와 새로운 시대의 개념을 전한다. 그것이 현실이 될 수 있음을 깨닫는 것은 당신을 위한 일이다. 지구 역사의 기술적 폐해는 사라질 것이다. 당신이 믿기로 선택한 것이 당신의 결정이다. 선택은 당신 주변에 있고, 당신은 그것을 마실 수 있다. 죽은 사람의 길에는 아무도 살아남지 못한다.

마음이 하나뿐이라고 믿는다면 어떻게 다른 두 사람이 있을 수 있겠는가?[533]

그 후, 그러니까 1996년 12월 6일 금요일에 직접적으로 9.11을 예언하는 내용이 처음 들어왔다. 9.11로부터 거의 5년 전이다. 그 정보는 교묘하게 위장되어 있어서 처음에는 자동차 사고에 대해 말하는 것이라 생각했다. 그런데 나중에 생각해 보니, 그것이 9.11의 예언이라는 것을 강하게 암시하는 몇 가지 단서들이 있었다. 리딩은 그 공격의 책임이 카발에게 있다고 말했다. "구조Rescue 9.11"이라는 용어가 직접 언급되었고 "CBS와 ABC는 적절한 보도를 제공한다"라는 우스꽝스럽고 역설적인 한 구절이 뒤따른다. 우리는 이 재앙을 만드는 데 "특수효과"가 사용된다는 생각에 대한 언급과 "이것은 지금까지 말한 것 중 가장 위대한 공상과학소설"이라는 명확한 진술을 본다.

게다가, 질병에 대한 여러 가지 언급들도 있다. 이것은 인간들이 기꺼이 카발을 볼 수 없게 만든 공포의 역병을 가리키는 것 같다. 상위의 힘이 9.11을 막을 수 있었지만, 그들은 감지할 수 없는 다양한 수단을 통해 우리가 집단 각성awakening을 이루게 하기 위해 그러한 일이 일어나도록 내버려둬야 했다. 또한 리딩은 "족장은 반드시 지명되어야 한다"라고 했는데, 이는 흥미로운 단어 선택이었다. 대통령 선거에 출마하고 싶은 정치인은 자신이 소속된 당의 지명을 받아야 한다. 이 기이한 단어 선택은 언급하고 있는 사건이 결국 정치적 사건임을 암시했다.

1996년 12월 6일 금요일—오전 7시 35분. 친근한 행성 변혁의 보호 아래, 토크쇼 진행자가 새로운 것을 얻었다. 그것들은 모두 특수효과로, 번

개에 올라타도록 설계되었다. 그것은 의사의 추천이다. 누가 소아과 의사에게 질문할 것인가? 누가 자아Self를 가시적인 결과로 볼 것인가? 자기 인식은 기반을 다지는 열쇠다. 사람이 아프면 끊임없는 주의가 필요하다. 사람이 정말 아프면 붕괴될 필요가 있다. 때때로 습관을 버리기 위해서는 차가운 칠면조를 떨어뜨려야 한다. 모든 쾌락은 이미 소진되었다. 에너지가 흐를 수 있는 다른 방법은 없다. 족장은 반드시 지명되어야 한다.

그것은 지금까지 말한 것 중 가장 위대한 공상과학 소설이다. 누가 들어온다─구조하라 9.11. CBS와 ABC는 그것을 적절하게 보도한다. 희생자의 시신 주위에 강철 울타리가 쳐져 있다. 뚫을 수 없는 벽은 긍정적인 에너지에 의해서만 강화되어야 한다. 나머지 사람들에게 당신이 제시하는 자료는 참으로 마법의 선물이다. 영원한 사랑의 빛 속에서 평화가 당신과 함께하기를.[534]

"강철 울타리"는 이번 테러에 있어서 또 하나의 주요 단서였다. 쌍둥이 빌딩이 무너진 후, 견고한 철제 아이 빔I beam의 벽이 세워졌는데 마치 강철 울타리처럼 보였다. 카발이 제시한 겉보기에는 "뚫을 수 없는 벽"이 긍정적인 에너지에 의해 변형될 수 있다고 분명히 말했으므로, 메시지는 긍정적으로 끝났다. 8일 후 추가 단서가 제시되었다. 그들이 현재 우리가 9.11이라고 부르는 사건에 대해 이야기하고 있다는 것을 알게 되었고 백악관 내부의 세력들이 그 사건에 책임이 있다는 것을 보여준다.

1996년 12월 14일 토요일─오전 6시. 새롭고 즉각적인 이야기가 있다. 두려움은 당신의 가장 나쁜 적이다. 달러화에 대해 무언가가 증가하고,

백악관도 증가할 것이다. 우리는 그것에 대해 침착하다. 그것은 단지 사실의 문제일 뿐이다.[535]

리딩들은 연속해서 내가 할 일을 안내해 주었고, 결국 1997년 10월 4일 내가 에드가 케이시의 연구와 계몽을 위한 협회Association for Research and Enlightenment: A.R.E.의 본거지인 버지니아 비치Virginia Beach로 이사하는 데 영향을 주었다. 나는 아틀란틱 대학의 A.R.E. 대학원에 다니고 싶었고, A.R.E. 근처의 버지니아 비치로 이사할 생각을 하고 있었다. 내가 그곳에 도착하자마자 사람들은 내가 젊은 시절의 에드가 케이시를 빼닮았다고 느꼈다. 사실 얼굴 생김새는 놀랄 정도로 닮아 있었다. 몇 주간의 망설임 끝에 1997년 11월 26일, 내가 에드가 케이시의 환생이 맞는지 물어볼 용기를 얻었다. 그리고 리딩들은 맞다고 인정했다.

그 시점에서 모든 것이 바뀌었다. 나는 그 모든 것이 정말 무서웠다. 그 때까지 내 리딩은 철저히 비공개로 진행되었기 때문이다. 갑자기, 내가 하고 있는 일이 훨씬 중요하다고 느껴졌다. 중대한 책임감을 느낀 것이다. 더 나쁜 소식도 있다. 만일 내가 케이시와 나 사이의 연결고리에 대한 이야기를 공개적으로 하지 않는다면 "영적 영역에서의 중죄重罪가 될 것"이라는 말을 들은 것이다. 닮은 것은 사실이지만 나는 여전히 확신할 수 없었다. 그러다가 점성학을 확인한 순간 아연실색했다. 에드가 케이시가 태어났을 때의 행성의 위치와 내 출생 차트의 행성 위치 사이에는 믿을 수 없을 정도의 동시성이 있었다. 태양, 달, 수성, 금성, 화성 모두가 거의 정확히 같은 위치에 있었다. 후일 점성학자인 브라이언 맥노튼Brian McNaughton은 내 정확한 생일인 1973년 3월 8일이 케이시 사후 127년 중에서 케이시의 점성학과 가장 잘 들어맞는 최선의 정렬을 보인다고 계산했다. 리딩 결과도 내게 비교 사진과 생일 차트를 포함한 증거를 A.R.E.에 정식으로 제시하라고 요구했다. 그들은 매주 에드가 케이시를 자처하는 누군가가 들어온다고 했다. 나는 에드가 케이시의 아들 에드가 에반스 케이시Edgar Evans Cayce도 만났다. 그는 내가 아버지의 환생이라는 것을 믿을 수는 없지만, 자신이 본 사람 중 가장 가능성이 높다는 것을 인정했다.

1999년 2월 23일, 내 웹사이트의 개설을 준비하고 있을 때였다. 나는 새벽 2시에 잠이 깨었다. 뉴욕 시에 곧 닥칠 재앙에 대한 예언적인 꿈을 꾸었기 때문이다. 나는 그 꿈이 거대한 지진을 알려 주는 것이라 생각했다. 나는 조 메이슨Joe Mason과 디 피니Dee Finney의 웹사이트 그레이트드림스닷컴GreatDreams.com에 이 내용으로 글을 올렸다. 이 글의 캡처는 1999년 10월 9일자 아카이브Archive.org에서 확인할 수 있다. 이 글은 1998년 11월 10일의 꿈에 대해서도 다루고 있다. "캐스팅된 주인공이 호텔에 들어가 묵는다. … [그것은] 백악관과 더 닮았다. … 분명히 무슨 정치적인 일이 벌어지고 있었다. 이 꿈은 믿을 수 없을 정도로 심각한 지구의 변화와 호텔이 무너지는 것으로 끝난다." 이후의 리딩은 다음과 같이 말했는데 이 역시 9.11에 대한 또 다른 언급인 것으로 보인다.

1998년 11월 10일 화요일—오전 7시 23분. 악의적이고 간단한 문제…
우리는 이 자료를 이용하여 전체 시스템이 붕괴되는 경우를 예측하는 동시에 왜 언론들이 잠시 동안 목소리를 높일 것인지에 대해 설명할 수 있다. 우리가 할 수 없는 것은 폭력이 계속되도록 촉구하는 것이다. 그 힘의 직접적인 사용과 그것이 어떻게 작용하는지에 대한 재앙적인 성격에서 비롯되는 우려들이 실제로 있다.
간단히 자신의 입장과 권력을 내려놓기보다는 오히려 지속적으로 권력을 추구하는 그런 상황들이 있다. 우리가 집을 무너뜨릴 때, 그것은 각성 과정이 계속되도록 설계되었다.

큰 발전은 결코 다른 어떤 것이 될 필요가 없다. 자기들이 누구이고 무엇인지를 그저 받아들이는 사람들에 의해 이루어진다. 그리스도의 패턴을 따라온 사랑스러운 영혼들은 지금 이 순간에 일어날 일이 무엇인지 다른 이들을 위해 설명할 수 있을 것이다.[536]

같은 기사에서 발췌한 다음 글에서 꿈을 설명하는 문장과 함께 1999년 2월에 쓴 분석 글을 보게 될 것이다. 나는 분명히 뉴욕에서 큰 일이 일어날 것이라 경고했고 독자들에게 당황하지 말 것을 촉구했다. 나는 그 꿈이 "곧 닥칠 재앙, 어쩌면 뉴욕에서"를 예견하고 있는 것처럼 보였다고 말한 후, 매우 강력한 이명耳鳴을 느꼈다. 이것은 내가 받는 가장 강력하고 갑작스러운 동시성의 형태 중 하나였으며 여러 경우에 유용하다는 것이 입증되었다.

1999년 2월 23일 화요일─오전 2시. 나는 이 꿈의 어느 시점에서 뉴욕에 사는 내 고객을 만났는데, 아마도 뉴욕까지 삼각측량을 하는 듯했다.

침대에 누워 이 꿈을 받아쓰면서 나는 그것을 이해하려고 노력했다. 그것은 분명히 어머니 지구가 "토하는 것"에 대한 비유로서 화산이나 지진 활동을 나타낼 가능성이 있고, 비록 그 일이 일어나도 여전히 괜찮다는 것을 알려주었다. 녹음 도중에 "나는 이것이 뉴욕에서 일어날지도 모르는 임박한 재난과 관련이 있다고 생각한다"라고 말했다. 이 말을 하자마자 내 귀에 귀청이 터질 듯한 음압sound pressure이 전해졌다.

내 형제도 최근 뉴욕에서 하룻밤을 자는 동안 해일海溢에 대한 꿈을 꾸었다고 한다. 꿈속에서 거대한 파도가 밀려오고 사람들은 말하고 있었다. "글쎄, 이 세상이 끝나는 것 같네." 나의 형제는 이 행성 변혁의 긍정적인 본질을 이야기하면서 주위를 돌아다니며 사람들을 위로하고 있었다. 사실, 우리 모두는 그림의 그 부분에 초점을 맞출 필요가 있다. 이런 재난들은 매우 위협적이고 낙담하게 만들 수 있다. 자살이나 다른 극단적 조치를 고려할 만큼 절망감을 느낄 수도 있다. 여기서 요점은 당황하지 않는 것이다.

이 글을 읽는 여러분은 앞으로 일어날 일에 대해 사전 통지를 받고 있으며, 그 일의 긍정적인 결과를 듣고 있다. 이런 일들이 일어나기 시작하면 사람들을 안정시키기 위해 지역사회는 당신을 필요로 할 것이다. 우리에게 일어날 일에 대한 긍정의 확신이 더 필요하다면, 내가 쓴 책과 나를 통해 실행된 리딩을 참고하기 바란다.[537]

같은 시기에 발췌한 이 두 가지 내용은 원본 테이프에서도 들을 수 있고, 1999년경의 하드 드라이브를 포함하여 내가 가지고 있는 원본 녹취록에서도 읽을 수 있다. 불행히도, 나는 그것들을 내 웹사이트에 게시한 적이 없다. 그럼에도 불구하고 그것들은 시간이 지날수록 훨씬 더 관련성이 높아졌다.

1999년 2월 23일 화요일―오전 9시 34분. 혹독한 전시戰時. 당신은 우리에게 자주 또는 우리가 원하는 만큼 자주 이것에 대해 묻지 않았다. 이것을 훨씬 더 현재의 명제로 만든 어떤 발전이 지금 일어나고 있으며, 동시에 과거와 현재 사이의 차이는 의식적인 의미에서 대체로 무시되고 있다.

1999년 3월 15일 월요일—오전 8시 15분. 로마 제국은 시간의 순환과 우주의 속성이 그러하듯 다시 멸망해야 한다.

─────── **수잔 린다워, 진실을 말하다**

"9.11은 내부 소행이었다"라고 믿는 많은 사람들은 착각하고 있다. 이 일로 카발이 큰 성공을 거두었다고 생각하는 것이다. 피터슨 박사를 비롯한 내부자들에 따르면, 카발은 이번 사태가 대량 기아, 거리 폭동, 미국 사회의 총체적 붕괴로 이어져 강제 징집과 대량 사망, 군사 독재와 새로운 세계전쟁으로 무르익기를 기대했다고 한다. 9.11 이후 엄청난 경제 붕괴가 이루어졌지만 사회는 카발이 바라던 것보다 훨씬 잘 회복했다.

몇몇 내부자들은 펜실베이니아 주 샨크스빌Shanksville에 추락한 93편이 의회議會를 향하고 있었다고 말했다. 상원과 하원 의원들 대부분이 아니더라도 아마도 많은 사람들을 죽이려 계획했을 것이다. 이렇게 되면 전면적인 헌정 위기가 조성되었을 것이고 비상 정부가 계엄령을 선포하고 군사 독재 체제를 확립하는 것이 훨씬 수월해졌을 것이다.

수잔 린다워Susan Lindauer는 부시 행정부에서 이라크와의 협상을 담당한 CIA 최고 요원이었다. 수잔은 1996년부터 2차 걸프전이 시작될 때까지 뉴욕의 이라크 대사관에서 일했다. 당시 이라크에 대한 유엔의 제재로 대량 기아飢餓와 끔찍한 인도주의적 위기가 초래되었다. 이라크인들은 자신들이 대량살상무기를 가지고 있지 않다는 것을 증명하기 위해 필사적이었다. 수잔 린다워는 부시 행정부와 매우 가까운 관계였으며, 그들과 평화

조약을 조율하기 위해 최선을 다하고 있었다. 그녀는 이라크인들이 완전하고 총체적이며 무조건적인 항복을 제의한 후에도 협상을 방해하라는 명령을 받았을 때 충격을 받았다. 그들은 대량살상무기가 없다는 것을 증명하기 위해 모든 시설을 개방하고, 벌금을 내고, 모든 것을 양보할 준비가 되어 있었다.

그 후 수잔은 직접 나서서 뉴욕에서 일어날 대형 공격에 대해 미리 경고를 받았다고 공개적으로 증언했다. 독립적인 소식통들은 수잔이 9.11 테러에 대해 사전 경고를 했다는 것을 확인해주었다. 9.11 이후 수잔은 93편 비행기가 격추되었다는 소식을 들었다. 또한 비행기를 격추한 조종사는 그 이후로 화학적으로 유도된 혼수상태에서 계속 수감되어 있다는 소식도 들었다. 수잔은 그녀의 놀라운 책 『극단적 편견Extreme Prejudice』에서 모든 증언을 공개했다.[538]

수잔은 이라크와의 평화협상을 방해하려는 부시 행정부의 움직임에 대해 그녀가 알고 있는 모든 것을 의회에서 폭로하려고 했다. 그러나 비극적으로, 그녀는 의회에 도착하기 전에 패트리어트법에 의해 체포되었고 텍사스 군사기지에 수감되었다. 수잔은 강력한 마약인 할돌Haldol과 함께 일 년 내내 재판이나 심리 없이 화학적 구속복을 입은 상태로 갇혀 있었다. 그 후 유죄 판결이나 유죄 인정 없이 5년 동안 기소되었다. 오바마가 미국의 44대 대통령으로 취임하기 5일 전, 법무부는 그녀에 대한 모든 혐의를 기각했다.[539]

─────── **엘리자베스 넬슨의 증언**

93편의 격추에 대한 추가 증거는 프로젝트 카멜롯의 목격자인 엘리자베스 넬슨Elizabeth Nelson으로부터 나왔다.[540] 그녀를 알게 되면서, 나는 그녀의 성실함과 진실성을 절대적으로 믿었고 우리는 오랜 친구처럼 사이좋게 지냈다. 엘리자베스(본명은 아님)는 2009년 2월 빌 라이언과 접촉해, 93편 격추 명령이 내려진 2001년 9월 11일 비상군 지휘실에 있었다고 폭로했다. 다음은 온라인에서 접근 가능한 그녀의 상세한 증언을 아주 간략하게 발췌한 것이다.[541]

나는 현역 복무 중 마지막 6개월간을 미 육군에서 훈련받았고 계급은 여전히 일병이었다. 나는 킴브러 외래진료센터Kimbrough Ambulatory Care Center Hospital 아래 포트 미드Fort Meade에 주둔 중이었다. 포트 미드에는 국가안보국NSA의 본부가 있었다.

나는 그들이 우리를 데리고 들어갔던 방을 기억한다. 그들은 우리가 커피나 간식, [그리고] 사진 복사본 만드는 일을 할 것이라고 말했다. 그녀와 나는 방에 들어갈 수 있는 접근 코드를 가지고 있었기 때문이다. 그들은 우리가 그들을 보지 말아야 한다고 분명히 했다. 그들은 우리를 마주 보지 않았고 방 끝에 있는 의자에 앉혔다. 우리는 벽을 보고 귀에 들리는 어떤 것도 듣지 말라는 명령을 들었다.

[거기에는] 큰 사무실에 있을 듯한 아주 큰 탁자 주변에 6, 7명의 남자들이 있었던 것 같다. 그들은 재미있는 전화기를 가지고 있었는데 마치 회의용 전화 같았다. … 나는 납치범들에 대해 아무것도 듣지 못했다. 우리는 이 비행기가 비행금지구역을 비행하고 있다는 얘기를 들었고, 비행

기의 사람들은 그 무엇과도 소통할 수 없었다. 프로토콜에 따르면 그것은 제거되어야 했다. 전화로 이야기하던 사람들 사이에서 비행기를 격추시키기로 결정되었을 때 나는 그 방에 있었다.

이 비행기에 테러리스트들이 있고 사람들이 테러리스트들을 덮쳐서 비행기를 스스로 추락시켰다는 보도를 보았을 때 내 안에서 일어나던 뚜렷한 느낌을 기억한다. 어떻게 이 사람들이 영웅이 될 수 있는 것인가. 나는 극도의 도덕적 좌절감을 기억한다. 그것은 전혀 사실이 아니다! 우리는 이것을 격추시켰다. 세상이 사실이 아닌 이 이야기를 믿도록 만들어졌다는 것을 알았을 때 느껴지던 내 안의 큰 갈등을 기억한다.[542]

──────── **저항 구축하기**

고위층의 내부자들은 사적인 대화에서, 미국 군대의 진정한 애국 영웅들이 9.11 이후 카발군을 격퇴하기 위해 극적인 노력을 기울이고 있다고 내게 밝혔다. 그들은 이 일을 비밀리에 해내야 한다는 것을 알고 있었다. 그렇지 않으면 고문당하고 죽을 수도 있다. 그들은 계획이 성공하려면 여러 해가 걸릴 수도 있다는 것을 알았다. 그러나 그들은 이미 케네디 암살의 여파로 카발의 거대하고 세계적인 권력과 통제력에도 불구하고 카발을 물리칠 수 있는 종합적인 청사진을 개발했다.

9.11 사태 이후, 수많은 카발 사무소에 은밀히 오디오 비디오 감시 장치들이 설치되었고 엄청난 양의 유죄를 시사하는 영상이 수집되었다는 소식을 들었다. 이 감시 자료는 동맹이 카발보다 한 발 앞서서 가능한 한 언제든지 그들의 계획을 방해할 수 있도록 했다. 비록 그들의 일은 비밀로 남

아야 했지만, 미군의 애국적 세력들은 조용히 카발의 재정 공급을 차단하는 국제 동맹을 발전시켰고, 3차 세계대전을 시작하려는 모든 시도를 차단했으며, 그들이 저항할 수 없을 정도로 약해지면 그 잘못을 공개적으로 폭로할 계획을 세웠다. 카발의 재정적인 생명줄을 효과적으로 차단하기 위해서는 카발의 가장 큰 수익원을 모두 공격해야 한다.

─────── **돈을 따르라**

13년 전쟁과 9.11 관련 사건들 간의 연관성은 우리가 카발이 돈을 버는 방법에 대해 밝혀내기 전까지는 믿기지 않는 소리일 것이다. 금융 독재에서 밝혔듯이 2010년 의료업체들은 무려 649억 2,460만 달러를 벌어들였다. 수익성을 기준으로, 포춘지Fortune 선정 500대 기업 가운데 가장 수익률이 높은 50위까지의 기업 중 9곳이 의료법인이었다. 2008년 제약회사들은 믿을 수 없을 정도로 높은 19.3퍼센트의 이윤을 남겼다. 최대의 이익을 얻는 것이 목표라면 투자하기에 최고의 주식이다. 이는 여러분의 생명을 좌우할 수도 있는 처방약에 대해 여러분이 지불하는 비용의 20% 가까이가 그들의 주머니 속으로 들어간다는 것을 의미한다.

포춘지 선정 500대 기업 중 7개 업종이 의료와 관련되어 있다. 이 환상적인 업종을 이길 수 있는 유일한 산업은 석유 및 가스 생산업체와 국방계약업체들인데, 그들의 수익을 공개적으로 밝힐 필요는 없을 것 같다.[543] 존 케리John Kerry 상원의원은 2004년 조지 W. 부시와의 첫 대선 토론에서 이 두 산업에 대해 흥미로운 발언을 했다.

데이비드 윌콕의 동시성

군대가 바그다드로 들어갔을 때 보호받은 건물은 석유부 뿐이었다. 우리는 핵시설을 보호하지 않았고, 대량살상무기에 대한 정보가 있을지도 모르는 외교부도 보호하지 않았다. 나는 이라크에서 성공의 관건은 미국이 장기적 계획을 갖고 있지 않다는 것을 이라크와 아랍 세계에 확신시키는 것이라 생각한다. 내가 알기로는 지금 그곳에 14개 정도의 군사기지가 건설 중인데 일부 사람들은 그 기지들이 영구적일 것이라 말하고 있다. 석유부는 지키면서 핵시설은 지키지 않을 때, 사람들에게 전하는 메시지는 이럴 것이다. "아, 그들은 우리 석유에 관심이 있나 봐."[544]

2009년 "보도의 공정성과 정확성을 추구하는 연대FAIR"의 조사 결과, 건강보험과 제약회사는 거대 언론사의 이사회에 소속된 이들에 의해 운영되고 있음이 밝혀졌다. 미국의 9대 미디어 대기업, 즉 디즈니(ABC), 제너럴 일렉트릭(NBC), CBS, 타임워너(CNN, 타임), 뉴스 코퍼레이션(폭스), 뉴욕 타임스(NYT), 워싱턴 포스트 컴퍼니(뉴스위크), 트리뷴 컴퍼니(시카고 트리뷴, LA타임스), 가넷(오늘 미국) 중에 이사회에 보험회사와 제약회사 출신 인사가 포함되지 않은 회사는 CBS뿐이었다.[545] 이러한 거대 미디어는 대중이 접할 수 있는 많은 영화, 텔레비전, 라디오, 잡지, 신문을 소유하고 통제한다.[546] 이것은 공포스럽게 보이지만 입증 가능한 팩트이다.

─────── **네오콘과 거대 제약기업의 연결**

의료산업과 공화당 신보수파 사이에도 명백하고 입증 가능한 돈의 연계가 있다. 대형 의료 기업의 정치적 싸움은 꽤 성공적이었다.

2009년 1월과 9월 사이에, 의료 관계자들은 의회를 상대로 한 로비와 텔레비전 광고 등에 6억 달러를 썼다. 그들이 공여할 수 있는 최대치인 3,800만 달러가 선거 자금 명목으로 의회에 갔다. 2008년 보건산업이 낸 이익은 84억 달러이다. 그들은 CEO에게 평균 1,400만 달러의 연봉을 지불할 여력이 있으며 대주주들에게 막대한 이익을 제공한다. 그들은 미국 국민들에 반하는 로비를 할 충분한 돈을 가지고 있다.[547]

2009년 오바마 케어(적정 의료법)의 첫 단계가 미 상원을 통과하면서 그 증거들이 더욱 설득력을 갖게 되었다. 「포퓰리스트 데일리Populist Daily」는 이렇게 보도했다: "상원의 신보수주의 의사 방해자들은 의료보험 산업을 위해 죽기 살기로 싸웠다. 정치적 약점을 가진 모든 민주당 상원의원들에게 압력을 가하면서, 할 수 있는 한 1원이라도 더 얻기 위해, 그들은 의료 개혁에 일제 사격을 가하고 또 가했다."[548]

이것은 네오콘 연합이 이 부패로부터 이익을 얻고 있는 최고의 제약, 보험, 의료 회사들을 소유하고 있다는 것을 의미할까? 아마도 이 업종들은 그들 파벌의 주요 수익원 중 하나일 것이다. 글랫펠더Glattfelder 박사가 이끄는 스위스 연구팀은 슈퍼컴퓨터를 이용해, 전 세계에서 창출되는 돈의 80%를 147개 기업이 벌고 있다는 사실을 밝혔다. 이 회사들 가운데 75%는 금융기관이다. 연방준비제도의 상위 은행들은 매우 비밀스러운 이 그룹의 가장 강력한 회원이다. 이러한 금융기관은 최대한의 지배권을 가지기 위해 의료와 보험 산업에 많은 투자를 할 것이다. 따라서 카발을 물리치려는 어떤 진지한 시도도 의료산업의 막대한 이익에 대한 직접적 공격을 포함해야 한다.

문제는 다음과 같다. 건강보험과 제약회사도 상위 9개 언론사 중 8개사에 대한 지배 지분을 갖고 있다. 그러니 주류 언론은 제약 및 의료산업과의 전쟁과 그 전쟁에 이해관계를 갖고 있는 막대한 돈에 대한 진실을 말하지 않을 것이다. 의료 폭리를 줄이기 위한 노력의 상당 부분은 법률 제정을 통해 공개적으로 이루어져야 한다. 그러나 전쟁의 진짜 이유는 이 글을 쓰고 있는 현재 여전히 극비 사항으로 남아 있다.

539년 전으로 거슬러 올라가면 아주 유사한 전쟁이 아주 비슷한 조건에서 벌어지고 있었다는 사실을 알게 된다. 다시 한 번 우리는 대중의 재산을 약탈하는 네메시스를 본다. 이전의 네메시스는 생존에 필수적인 기본적인 것들에 대해 극도로 높은 세금을 부과했다. 자기 땅에서 기른 채소를 이웃에 팔기 위해 외국 정부에 세금을 내야 한다고 상상해보라. 기가 막히지 않는가? 더군다나 세금을 내지 않으면 엄청난 벌금, 수감, 고문, 심지어 죽음의 위협까지 받는다면 끔찍하기 짝이 없을 것이다. 이것은 1400년대 유럽의 지배적 상황이었다.

1400년대의 네메시스는 독일, 특히 튜튼기사단Teutonic Knights이었다. 2010년 제국주의 튜튼기사단의 웹사이트는 "하나님을 위하여, 신성한 제국과 조국을 위하여!"라고(물론 이후 없어지긴 했지만)[549] 대담하게 선언했다. 우리의 순환주기에서 카발은 독일 튜튼기사단의 업보를 되풀이하는 듯하다. 연방준비제도 카발은 자금을 조달해 나치 독일을 건설한 뒤 히틀러가 패배하자 나치 과학자들을 미국으로 수입했다. 나의 리딩이 앞으로 닥칠 사건들을 얼마나 잘 예측하는지 알게 되자, 이러한 사건들 가운에 무작위적이거나 설명되지 않는 것은 하나도 없음을 깨달았다.

베일의 저편에 있는 존재들은 우리가 현재를 보는 것처럼 우리의 미래를 쉽게 볼 수 있다. 비극적인 사건들은 우리가 집단 차원에서 우리의 자유의지로 그것을 초대했기 때문에 일어나도록 허용되었다. 이러한 지식과 함께 전 세계적으로 외적, 내적 위기를 해결하는 열쇠가 다가온다. 우주가 수천 년에 거쳐 우리에게 알려주려 했던 교훈을 마침내 배웠다는 것을 깨닫고, 시간의 거대한 순환이 재再프로그래밍되기만 하면, 전례 없는 평화와 번영의 시대가 다가올 것이다.

Chapter 04

안과 밖의
위기 해결하기

The Synchronicity Key

17

쌍어궁 시대 말의
주기들과 예언

──────── **13년전쟁**

1453년 12월 5일 일어난 정치적 사건은 곧바로 13년전쟁의 유발사건이 되었고, 두 달 뒤 공식 선전포고와 함께 전쟁이 시작되었다. 당시의 유럽은 극도의 긴장 상태였다. 프로이센의 도시와 지방은 튜튼기사단이 부과한 세금에 고통받고 있었다. 고문과 투옥, 죽음의 공포에 시달리며 자신들이 직접 재배한 농작물을 파는 '특권'에 대해 많은 수수료를 지불해야 했다. 아이들은 굶주렸고 삶의 질은 점점 악화되었다.

당시는 제정 일치 사회였다. 프로이센의 도시와 지방은 세금 폐지를 위해 신성로마제국 황제인 프레데릭 3세Frederick III에게 호소했다. 그러나 1년이 다 되어갈 때까지 프레데릭 3세는 아무 반응도 하지 않았다. 자신이 독일과의 분쟁 해결을 돕는 데 관심이 없다는 것을 프로이센 연방에게 공개적으로 밝히고 싶지 않았을 것이다. 그러나 1453년 12월 5일, 프레데릭 3세는 프로이센을 돕는 어떤 일도 할 생각이 없다는 것을 인정하지 않을 수 없었다. 이것이 바로 독일의 튜튼기사단에 대항해 13년전쟁을 일으킨 도화선이 되었다.[550]

─────── **클린턴에게 패한 부시, 그리고 31일 차이**

1453년 12월 5일 튜튼기사단의 운명이 봉인되었다. 다만 당사자들은 그 사실을 몰랐다. 그 시점에서 539년 후의 미래로 가면 1992년 12월 5일이다. 조지 H. W. 부시가 민주당 후보인 클린턴에게 패배한 날에서 한 달 후이다. 1980년 이후 공화당의 신보수파(네오콘)가 민주당 경쟁자에게 패한 것은 이번이 처음이었다. 클린턴에게 패하기 전, 조지 H. W. 부시는 12년 동안 미합중국의 부통령이나 대통령을 지냈다. 부시가 행정 권력의 고삐를 놓게 되자 신보수파가 할 수 있는 일의 범위는 현저히 줄어들었다. 이 시점부터 시작된 공화당 8년간의 실권은 상대당인 민주당에게 반격의 시간을 주었다.

사실, 나는 공화당이 나쁘고 민주당이 좋다고 생각하지 않는다. 카발 세력은 미국 정부 내의 다양한 계층에 침투해 왔고, 양당 모두 선인과 악인이 포함돼 있다. 민주당이든 공화당이든 정도의 차이만 있을 뿐 카발 세력과 늘 타협해 왔다. 따라서 이 갈등을 카발의 파벌들 간에 벌어진 현대전現代戰으로 보는 것이 맞다. 그들이 서로 싸우며 약화되면서 카발 세력의 전반적인 가해加害 능력은 저하될 것이다.

프로이센-폴란드 동맹과 클린턴의 의료개혁

13년 전쟁은 1453년 12월 5일 프레데릭 3세가 프로이센 연방에 대한 지원을 공개적으로 거부한 직후 촉발되었다. 조지 H. W. 부시는 이로부터 31일 이내의 오차로 우리 주기에 대응하는 시점에서 대통령 선거에서 패했다. 일단 전체 맥락을 따져보면, 프로이센 연방은 클린턴 행정부와, 튜튼기사단은 신보수파와 동시성을 갖는 것이 확실해 보인다.

독일의 튜튼기사단은 매우 강력했으므로, 프로이센 연방은 혼자의 힘으로는 적과 싸우기 어렵다는 사실을 알고 있었다. 유럽의 모든 인민들이 고통스러운 세금과 치명적인 위협을 받고 있었지만, 서로 간의 묵은 악감정 때문에 공동의 적을 갖고 있다는 사실을 깨닫지 못했다. 당시의 폴란드는 헤비급에 해당한다. 프로이센 연방은 폴란드의 도움 없이 독일과의 전쟁에서 이길 수 없었다. 우리의 주기에서, 폴란드는 상원의원과 50개 주 전체의 대표들, 그리고 훨씬 더 큰 입법 단체인 미국 의회와 동시성을 갖는 듯하다. 클린턴은 미 의회의 도움 없이는 의료 개혁 전쟁에서 이길 수 없었다. 프로이센 연방 역시 폴란드 왕국의 도움 없이는 세제 개혁을 위한 싸움에서 이길 수 없었다.

1454년 1월 요하네스 폰 바이센Johannes von Baysen이 이끄는 프로이센 연방은 폴란드의 왕 카시미르 4세Casimir IV에게 접근해, 연방 전체를 폴란드 왕국에 흡수시켜 달라고 요청했다. 그들은 자원을 집중함으로써, 독일의 주요 수익원인 막대한 세금을 붕괴시킬 기회를 잡으려고 했다. 폴란드 왕은 기꺼이 그 일에 대해 협의할 용의가 있었지만, 좀 더 공식적인 회의에서 세부사항이 논의되기를 원했다. 1454년 1월 카시미르 4세, 폰 바이센, 프로이센 연방 전체가 처음 만났다. 우리의 순환주기에서 보자면 이날은

1993년 1월이다.

클린턴은 1993년 1월 20일까지 취임 선서를 하지 않았으며, 그의 최우선 과제는 터무니없는 가격 부풀리기와 부패가 만연한 의료산업의 개혁이었다. 하버드 대학의 데릭 복Derek Bok은 이 과정에서 클린턴이 직면했던 문제를 이렇게 기술했다: "클린턴은 의료 개혁을 선거 플랫폼의 중심축으로 삼았다. 그는 1993년 초 전문가들로 구성된 전담위원회를 만들어 이 문제를 검토하고 의회에 제안할 수 있는 계획을 세우겠다고 발표하면서 발빠르게 움직였다.[551] 빌 클린턴의 부인 힐러리는 1993년 1월 25일 의료 개혁 태스크포스 팀장에 임명되었다.[552] 539년 전 그 시점에 프로이센 동맹은 전례 없는 동맹을 논의하기 위해 폴란드 왕에게 처음 접근했다.

─────── **첫 대면 미팅은 불과 3일 차이였다**

클린턴은 1993년 2월 17일, 의료 개혁을 위한 공식적인 동맹을 모색하기 위해 의회와 첫 대면을 했다. 이전 주기 기준으로 불과 사흘 뒤인 1454년 2월 20일, 폰 바이센과 프로이센 연방은 폴란드 왕과의 공식 동맹을 논의하기 위해 첫 만남을 가졌다. 이것은 우리가 지금까지 본 것 중 가장 가까운 시간의 맞물림 중 하나다. 그들의 협상은 완결되었고 프로이센 대표단은 1454년 3월 6일 정식으로 국왕에게 충성을 맹세했다. 클린턴의 경우, 적어도 의료개혁의 구체적인 이슈에 관해서는 우리 주기에서 그렇게 많은 행운을 누리지 못했다.

1993년 3월 8일, 뉴욕타임스는 「동맹을 찾아서, 클린턴 논스톱으로 국회에 구애하다Looking for Alliance, Clinton Courts the Congress Nonstop」라는 기사를

실었다.[553] 클린턴의 의료 개혁안이 1990년대에는 비록 통과되지 못했지만 다른 방법으로 의회와 협력적인 동맹을 발전시켰다. 힐러리 클린턴을 국무장관으로 한 오바마 행정부는 17년 후인 2010년 3월 22일 마침내 「환자 보호 및 치료법PPACA」을 통과시켰다. 이 "전쟁"이 얼마나 오랫동안 격앙되어 온 것인지 시사하는 장면이다.[554] 신보수주의 언론은 이를 "오바마케어Obamacare"라고 명명하고, 역대 미국 정부가 저지른 극악무도한 행동 가운데 하나인 양 국민들을 선동했다. 공화당은 하원에서 이 법안을 폐지하기 위해 2013년 3월 21일까지 서른일곱 번의 시도를 했다.[555]

───── **큰 성공을 거두지 못한 장기전**

1454년 프로이센 연합은 폴란드와 동맹을 맺은 후, 길고 힘든 싸움에 돌입했다. 8년 반 동안 독일을 이기기 위해 애썼지만 실패했다. 우리 시대의 주기에서, 클린턴은 그의 재임 기간 내내 모니카 르윈스키 스캔들을 포함해 공화당이 부채질한 추문醜聞에 시달렸다. 결국 클린턴은 대통령 집무실에서 인턴 직원과 성관계를 가졌다고 인정할 수밖에 없었다. 르윈스키 스캔들에 있어 "모든 것을 잃는" 순간은, 1998년 11월 13일 클린턴이 유죄를 인정하고 폴라 존스Paula Jones에게 55만 달러를 지불한 때였다. 프로이센 동맹의 수장인 요하네스 폰 바이센은 1459년 11월 9일, 마리엔부르크Marienburg 성에서 사망했고 수장首長의 자리는 그의 동생에게 승계되었다. 이 사건들은 539년 주기에서 불과 4일 차이가 난다. 나는 폰 바이센에 대한 어떤 사진이나 그림도 찾을 수 없었지만, 클린턴과 매우 비슷하게 생기지 않았을까 추측한다.

2000년 선거 위기의 예언

클린턴이 대통령 선거에서 승리하고 8년 후, 그의 행정부는 앨 고어Al Gore 부통령을 출마시켜 권력을 이어가고자 했다. 초현실적인 일련의 사건들이 일어나면서, 조지 W. 부시와 앨 고어 사이의 경합은 승자勝者를 결정할 수 없을 정도로 팽팽했다. 연방대법원이 부시의 손을 들어주고 고어가 부시에게 양보한 11월 5일부터 12월 13일까지, 온 국민이 숨을 죽였다. 얼마 후 플로리다의 최종 투표 집계는 2000년 대선에서 고어가 일반 투표로 승리했음을 밝혀냈지만, 이미 늦은 시점이었다.

이 갈등이 해결되기 19일 전인 2000년 11월 24일, 나는 오래전 나의 리딩 중에 선거 결과에 대한 정확한 예언이 있었고 이를 웹사이트에 올렸다는 사실을 깨달았다. 1996년 11월 10일 첫 리딩을 시작한 이래 놀랄 만큼 정확한 예언들을 많이 했지만, 실현되기 전에 내 웹사이트에 발표한 것으로는 이것이 첫 번째 주요 예언이다. 리딩 당시에는 그 내용이 무엇인지 자각하지 못했지만, 가장 높고 순수한 형태의 안내가 이루어지기를 기도하는 엄격한 프로토콜을 따랐다. 이 예언은 1999년 6월 23일의 리딩에 포함되어 게재되었다.[556] 원문과의 연결 링크는 1999년 10월 2일 아카이브 Archive.org에 보존되었고, 본 페이지 하단의 "전 세계 정치 3부Global Politics Part3"에서 확인할 수 있다.[557] 2000년 11월 24일 이러한 예언들을 재발견하고, 같은 날 「예언: 1999년에 예측된 2000년 선거 위기Prophecy: 2000 Election Crisis Predicted in 1999」를 썼다.[558] 리딩 자체는 1999년 6월 17일 실시되었고 정확한 표현은 다음과 같다: "부통령은 그가 완전히 알몸인 것을 깨닫지 못한 채 이것이 어느 정도로는 자신의 탓으로 본다. 중간 기간 interim period이 다음 승자를 결정한다."[559]

나는 선거 위기 사태 중에 이 글을 읽고 상당히 놀랐다. 조지 W. 부시가 이기는 것을 보고 싶지 않았지만, 이 예언은 고어가 "완전히 알몸이었다"라고 분명히 말했다. 예언은 "다음 대선 승리자"가 발표되기 전에 "중간 기간"이 있을 것이라고 암시했다. 좀 더 과거로 가면, 1999년 4월 22일 오전 4시 13분에 이루어진 아주 깊은 리딩에서 추가 증거가 주어졌고, 이 내용은 1999년 4월 29일에 공개되었다.[560] 1999년 5월 8일부터 인터넷 아카이브에 「코소보 문제에 대한 ET 정부 발표ET Government Speaks on Kosovo Issue」가 게재된 직후부터 내 홈페이지의 시간이 인코딩된 스냅샷이 있다.[561]

1999년 4월 22일 이른 아침에 시작된 이 리딩은 클린턴 대통령 재직 중인데도 '부시 군단'을 직접 지칭했다. 리딩은 탐사 보도가 밝힌 로마 갤리온의 온전한 보존을 언급했고, 이 사건이 더 깊은 상징적 의미를 지녔음을 암시했다. 이것은 로마와 우리의 현재가 주기적으로 연결되어 있음을 보여준다.

은행 위기에 대해 궁금해한 적이 있는가? 세계에서 가장 가치 있는 컴퓨터 구루 상위 3명은 아직도 그들이 정확히 어떻게 영향을 받게 될지 깨닫지 못하고 있다. 전체 문제가 전문적으로 다루어지지 않고 실제로 바람에 휩쓸릴 때 빠르고 쉬운 해결책을 원하는 것처럼 보일 것이다. 우리는 부시 군단과 그들의 세계적, 정치적 이미지에 대한 영향력을 약화시키려고 노력해 왔다. 이것은 우리를 실망시켰다. 요전날 밤에 나는 당신에 대한 꿈을 꾸었는데, 그것은 가장 엄격한 기독교인들이 근본주의 형태로 기독교에 가장 완고한 반대자가 되었다고 말했다. 하나의 우주라는 진정한 실재를 받아들이는 대신….

저 너머로 간 사람들의 무덤 위에 수십 송이의 장미를 더 놓아라. 당신은 모든 것이 하나라는 것을 알기 때문이고, 이 무의미한 살인과 폭력이 계속되어서는 안 되기 때문이다. 이러한 금융 세력의 단일 세계 패권이 결코 존재하지 않는 이유를 설명하는 근거가 있음을 정립해야 한다. 현안이 되고 있는 또 다른 문제는 완벽하게 보존된 로마 시대의 범선, 즉 갤리온들galleons의 갑작스럽고 자발적인 발견이다.

갤리온은 시간이라는 대양의 모래 아래 묻혀 있다가 마치 침몰한 지 하루도 지나지 않은 것처럼 대중의 의식 속으로 돌아왔다. 우리는 당신이 이것의 심오한 상징성을 이해하기 바란다. 주기를 연구해온 데이비드는 로마사와 미국사 사이에 많은 상관관계가 있음을 알 것이다. 비슷한 시간대에 일어나는 사건들은 스스로 그러한 방식으로 전개된다.

로마 정권과 미국 정권 사이에 연결고리가 확립된 것은 근본적인 사실이다. 한때는 초강대국이라 생각되던 로마와 마찬가지로 미국 정권이 붕괴되고 멈춰야 한다는 사실 또한 존재한다. 로마 문명의 붕괴는 큰 경각심을 불러일으켰다. 마찬가지로 한없는 탐욕이 지금 증시의 상승을 부채질하고 있다. 사라지는 것이 보이는데도 주식시장에 큰 믿음을 둔 사람들은 많이 있을 것이고 갑자기 그들의 모든 이익이 증발해 버릴 것이다. 그리고 완전히 평가절하된 통장만 남을 것이다.[562]

주식시장의 붕괴에 대한 예언은 이후 세 차례 더 나왔다. 2000년 닷컴 붕괴, 2001년 9.11 사태, 2008년 리먼 브라더스 사태이다. 나의 다음 글은 이후의 새로운 리딩에 대한 것인데, 우리가 곧 보게 될 선거 위기에 대한 예언이 포함되었다.

─────── 1999년의 깜짝 놀랄 만한 리딩들

나를 통해 말하는 힘은 어렵지 않게 미래를 볼 수 있는 것 같았다. 하지만 내가 올린 리딩들이 100% "명료한 글귀"는 아니었다. 그것은 답답한 현실이었다. 한 가지 주목할 만한 예로, 나는 아트 벨 쇼Art Bell show의 몇몇 게스트들이 예측한 1998년이나 1999년경 캘리포니아에 큰 지진이 일어날 것이라는 당시 널리 퍼진 믿음에 큰 영향을 받았다. 수년 간의 경험을 통해, 이제는 최선의 자료를 찾기가 훨씬 쉬워졌다. 그리고 진정한 메시지가 내 능력을 계속 다듬고 조정하도록 북돋는 곳이 어디인지를 알 수 있게 되었다. 가장 깊은 리딩은 항상 시적詩的이고 은유적인 특성을 갖고 있다. 다음에 제시하는 리딩들은 "명료하고" 경험과 깨달음이 주는 혜택에 근거하고 있다. 선거 위기의 예언도 이 구절들 안에 숨겨져 있었다. 헌법이 "지연되는 중in deferment"이라는 언급이 있는데 이는 다시 선거 위기와 연관된다. 또한 9.11과 2011년 일본 후쿠시마 지진 재해에 대한 명확한 예언도 발견된다. 아카이브가 보존하고 있는 이 페이지 최초의 클릭 가능한 버전은 2000년 3월 11일이다.[563]

1999년 5월 23일 일요일─오전 4시 49분. 세계주의자들의 의제에 대해서는 외계 생명체의 존재와 그것에 대해 스스로를 드러낼 필요성에 기반한 본질적 의미를 인식하는 것이 중요하다. 따라서 명확한 운명처럼, 여러분의 물리적인 측면에 존재하는 이 힘들은 이런 문제들을 이끌어내고 완수하기 위해 노력할 필요가 있다고 느낀다. 우리는 이 여정이 여전히 안전하고 명확하며, 물리적인 어떤 변혁도 두려워할 필요가 없음을 당신이 확신하길 원한다. 그것은 이러한 사건들을 지켜보고 안내하는 관

데이비드 윌콕의 동시성

중들의 훨씬 더 큰 경기장을 나타낼 뿐이기 때문이다.

우리가 당신의 자유의지를 빼앗을 수는 없지만, 당신의 환경에 변화를 일으키기 위해 이용할 수 있는 엄청난 양의 자원을 가지고 있다. 그 환경 변화는 당신에게 중요한 것이 될 것이다.

1999년 5월 27일 목요일—오전 7시 18분. (당신의 식민지 건물에 있는) 평범한 형제는 헌법이 왜 연기되는지 설명할 수 있는 다양한 전술을 염두에 두고 있다. 그들의 마음은 증오와 영리함이다. 우리가 여기서 보고 있는 것 중 일부는 더 깊은 계획의 속임수다. 우리의 관점에서 볼 때, 상황이 정말 좋아 보이는 것 같다. 영Spirit의 풍선에 밧줄을 묶고 향상이 가까워질 때 타고 갈 준비를 하라. 이것에 대해 많은 과학자들이 어리둥절하고 당황할 것이지만, 이것은 분명히 착시현상이 아니다.

큰 실험을 끝내기 위해서는 관련된 모든 힘의 신성한 의지에 반응해야 한다. 당신들의 자유의지는 여전히 이 시점에서 미래 사건의 진로를 결정한다. 우리는 모든 사람들이 이 일에 참여할 수 있기를 바란다. 참여하지 않는다면 나중에 매우 외로워질 것이다. 4년의 시간, 4세기의 시간, 4천년의 시간이라 할지라도 사람의 관점에는 상대성이 있다. 그래서 지금 이 순간, 인류 문명의 모든 단계가 다시 가시화되고 있다. 그리고 이것은 우리를 멈추게 한다.

1999년 5월 29일 토요일—오전 9시 18분. … 우리는 이 시대의 아이들이 정복과 패권을 추구하는 어둡고 반항적인 세계 질서에 의해 추행당하는 것을 보고 싶지 않다.

1999년 6월 8일 화요일—새벽 4시 16분. 현재 반복되는 과정들의 반복적인 순환은 곧 은하 중심에서 나오는 새로운 에너지의 폭발에 의해 멈출 수 있게 된다. 물리적으로 보일 정열적인 존재의 어떤 징후가 있다. 그것은 이 순환이 어떻게 기능하는지를 이해하는 데 있어 중요한 부분이다.

1999년 6월 9일 수요일—오전 8시 37분. 우르릉거리는 새로운 지진이 브라질을 덮쳐 자동차와 트럭을 뒤엎고 경제에 대혼란을 일으켰다. 일본으로부터 바다는 육지로 흘러 넘치고, 우리는 전에 그 모든 것을 본 적이 있다. 전진으로 다시 가는 긴 행진의 단계는 다소 어려울 수 있다.

제트기에서 두 사람이 명령에 복종하고 한 명은 명령을 이행하고 있었던 것으로 보일 것이다. 사실 그곳은 거대한 극장이나 관중들의 무대였는데, 그들 모두 책임이 있다. 재난이 닥쳤을 때 호텔들은 문을 열었다. 집주인은 갈등을 경멸했지만 궁극적인 시련에 대신 항복할 수는 없음을 이해했다. 흰 깃발이 올라가겠지만 아무 의미도 없다.

대신, 당신이 이번 생에서 배운 모든 것을 부지런히 적용함으로써 현재와 같이 오랜 기간 지속되고 있는 폭력의 통치를 끝내기 위한 순간순간의 퀘스트 현실에 초점을 맞추려고 노력하는 편이 낫다. 최우선 과제는 자신과 타인에 대한 폭력을 멈추려는 마음에서 비롯된다. 이것은 매우 중요하다. 상원은 이번 총체적 낭패의 결과로 총기 규제에 관한 더 엄격한 법률을 제정했다.

또한 이 땅을 서로 분할한 자들은 자신들이 활동하고 있는 클럽하우스가, 이러한 상황을 바로잡으려 하는 우리 같은 외부 세력에게 영향받을 수밖에 없다는 사실을 깨달아야 한다. 그러니 지구상에서 보는 정치에 대해 초조해 하지 말고 언제나 그렇듯이, 자신의 정신적 성장과 깨달음,

그리고 승천Ascension에 초점을 맞추어라.

  1999년 6월 17일 목요일—오전 9시 21분. 부통령은 그가 완전히 알몸이라는 것을 깨닫지 못한 채, 이것을 어느 정도는 자신의 탓으로 본다. 중간 기간이 다음 승자를 결정한다.

  우리는 아무도 필요 이상으로 피해를 입지 않도록 하기 위해 사랑과 빛의 가장 높은 힘과 동맹을 맺게 되었다. … 보다 높은 차원의 관점에서 엄격하게 볼 때, 현재 행성 표면에 존재하는 부정적 에너지는 일정한 양적 가치가 있다. 현재의 행성권은 평형추를 맞출 필요가 있다. 우리가 춘분점 또는 우리가 말한 태양 주기의 결합으로 점점 더 가까워질 때, 더 이상 움직일 수 있는 공간이 없기 때문이다.

  전차가 점점 더 높이 하늘에 떠오르게 되면 모든 이들이 보게 될 것이다. 빌딩들에서 연기가 피어오르고, 사람들은 울부짖고, 그때까지는 이미 그렇게 되었을 것이다. 물론 다른 단계들도 있겠지만 이것은 중요한 포인트다.

  당신의 물리적 환상이 그렇게 존재한다는 것은 매우 정교한 일련의 집합적 꿈꾸기 연습이 있었기 때문이다. 당신 주위의 모든 것이 환상이고, 당신은 그 환상에 사로잡혀 이것이 바로 그것의 정체라는 것을 완전히 잊게 되었다는 사실에 우리는 약간의 해학을 느낀다. 당신이 "무작위적"이라고 부르는 많은 사건들은 실제로 고도의 지성과 각본에 의해 안내되어 당신의 마음을 헤아릴 수 없을 정도의 깊이로 데려가고, 심지어 실제로 진행 중인 계획과 예지의 수준을 상상할 수 있게 할 것이다.

  흡연자들은 아기가 탄생한 후의 흡연을 고대한다. 비록 우리가 시가를 피우지는 않지만, 우리는 확실히 새로운 출산을 기다린다. 우리는 당신들 각자가 신의 왕좌 앞에 와서 영원한 생명의 양피지에 서명하기를 간절히 기다린다. 그런 다음 당신은 속박, 극성, 카르마, 고통의 세 번째 밀도에 대한 의무를 완수하고 더 높은 공간과 시간의 방향으로 나아가게 될 것이다. 그것으로써 우리는 당신이 보호받고 있으며 당신이 상상할 수 있는 것보다 더 많은 사랑을 받고 있음을 상기시킨다. 영원한 사랑의 빛 속에서 당신과 함께하기를 기원한다.[564]

다음 리딩은 1999년 9월 30일에 나온 것으로 인간의 마음과 영혼을 위해 진행 중인 영적 전투를 묘사하고 있다. 이는 2001년 4월 9일 아카이브 캡처에서 찾을 수 있다.[565] 그들은 파멸과 두려움의 메시지에 대처하는 동시에 주요한 사회적, 재정적 조정을 통해 우리를 안내해야 한다고 밝힌다.

현대에는 이전에 없던 반중력 우물과 정전기 부상 장치를 실현하는 관리자들이 있다. 이런 것들은 사회 전반에 나와야 한다. 그런 기술들은 지구의 산더미 같은 어려움을 해결하고, 우리의 기술 수준을 대폭 높임으로써 시카고 대학과 다른 기관장들의 스트레스를 해소할 것이다.

다행인지 불행인지 그 빈도는 현재 광점에서는 사라졌다. 사용 가능한 에너지는 계속 세 번째 차원을 누비면서 모든 사람을 네 번째 차원으로 끌어올린다. 당신들이 좋아하든 싫어하든.

당신을 위해, 이 모든 문제들을 통과하는 경로를 따라가는 길고 험한 길이 있다. 당신의 오래된 꿈은 이제 현실이 되고 있다. 우리는 부정적인 세력이 다음에 무엇을 할 것인지에 대해 당신에게 상기시킬 필요가 없다. 다국적 신경 시스템 센터는 전 세계에 걸쳐 있고, 많은 소식통들은 거대한 중추신경계의 핵심으로서 그들이 믿고 있는 것에 대해 묘사한다.

우리의 전투는 영적인 것으로 불릴 만한데, 당신들 마음속에 있는 전구가 밝혀졌다. 파멸의 메시지가 우세하고, 우리는 반드시 들어와 기록을 바로잡아야 한다는 것을 알고 있다.

실제로 세계는 중대한 사회적, 재정적 조정의 위기에 처해 있다. 그리고 이 조정은 물리적 대상보다 훨씬 더 많은 것을 포함하고 있다.

[우리의] 보다 즉각적인 투쟁은 퀀타quanta 자체의 공명 주파수가 진화의 결정적 임계점을 넘어 상승하는 양자 자각의 순간이 오기 전에, 아직 시간이 있는 동안 가능한 한 많은 기회를 제공하여 여러분을 개인적인 변혁의 관문으로 인도하는 것이다.

우리에게 그러한 의무가 없다면 그러한 순환주기나 상황을 구성하지 않았을 것이란 사실을 당신이 믿을 수 있어야 한다. 이러한 주기가 커리큘럼을 통해 당신을 움직이지 않는다면, 어마어마하고 불필요한 침체가 발생할 것이다. 그래서 우리는 이 모든 것의 한가운데에서 당신의 최고 관심사를 염두에 둔다. 이제 당신 스스로 주기의 시간이 다가왔음을 발견하고, 당신 자신이 누구인지 그리고 여기서 무엇을 해야 하는지를 매우 진지하게 결정해야 한다.[566]

다음 발췌문은 1999년 10월 1일부터의 리딩이다. 아카이브에서는 2000년 3월 4일 처음 포착된다.[567] 나는 지구상에서 우리가 현실을 보는 방식을 "몇 분 안에" 바꿀 순간이 올 것이라는 이야기를 분명히 들었다. 우리는 이러한 변화를 두려워해서는 안 된다. 그러나 "주파수 변화"의 다른 측면은 매우 느려서 많은 사람들은 어떤 일이 일어나고 있다는 것조차 깨닫지 못하고 공포로 반응하는 편을 선택할 것이다. 특히 카발이 점점 더 눈에 띌 때는 더욱 그렇다.

이 변화는 확실히 가장 깊고 영적인 종류의 것이다. 그러니 두려워하지 말고 시스템의 변화를 긍정적으로 받아들이기만 하라. 지구상에서의 대담하고 긍정적인 순간, 몇 분 만에 선입견을 해소하고 어떤 기운을 통해 기존 판단을 바꾸는 순간이다.

우리는 모든 것이 최고조에 달했다고 당신에게 명확하게 말한다. 당신은 가능한 한 가장 근본적인 수준에서 이를 인식할 필요가 있다.

비록 이 책들의 내용이 웅대하고 믿을 수 없을 정도이지만 그럼에도 불구하고 그것은 사실이다.

그 다음 따라오는 것은 지금까지 본 것 중 가장 강렬한 시간이다. 그것을 두려워하지 말라. 우리가 보고 있는 것은 불장난을 하는 아이들 무리가 아니라 싹트는 신-자신God-Selves의 집단이며, 신들은 자신의 능력과 힘을 깨닫기 시작한다.

지구상의 사람들이 이 주파수 변화에 대해 더 잘 알 수 있을지는 모르겠다. 그러나 이 자료를 연구한 당신은 자신만만하다. 주위의 모든 사람들이 겁에 질려 있더라도, 당신은 이미 모든 것이 예정대로 완벽하게 진행되고 있음을 알고 안도한다. 그러한 깨달음과 함께 스스로의 보호와 안전에 대한 친밀한 지식이 찾아온다.

당신의 상상보다 당신은 더 사랑받고 있다는 것을 우리는 다시 한 번 상기시킨다.[568]

1999년 9월 4일, 우리의 미래에 대규모의 외계인 접촉이 있을 것이라는 예언이 등장했다. 그것은 "외계인의 침공alien invasion"이 아니라 매우 긍정적인 사건으로 보일 것이다.[569] 나는 몇몇 사람들, 특히 종교적 근본주의자들은 이를 악마적 사건으로 볼 수 있다는 것을 잘 알고 있다. 하지만 그들과 함께 작업한 나로서는 지구 밖에서 우리를 방문하는 대다수의 존재가 긍정적인 방향을 가리킨다고 확신할 수 있다. 2012년부터 얼마간의 시간이 흐른 후, 나는『소스필드』에서 그와 같은 대규모 접촉과 관련한 예측들에 대해 논했다.

만약 대낮에 원반들이 보인다면, 사람들은 보이지 않는 줄이 어떻게 당겨지고 있는지, 그리고 이러한 비행체들의 방문을 누가 책임지고 있는지 보게 될 것이다. 당연히 거위 떼나 도깨비 같은 것이 아니다. 상황이 아무리 어렵고 역겨울지라도 전에 볼 수 없었던 기적 같은 일들이 일어날 것이므로 안심하기 바란다. 모든 고난으로부터 당신을 지키기 위해 필요한 일이라면 무엇이든 할 준비가 된 상태로, 우리는 아침 햇빛에 빛나는 우주선 함대와 함께 올 것이다. …

당신은 당신이 원할 때, 기도를 통해 자신의 더 높은 영적인 힘을 불러낼 수 있다는 것을 알고 있다. 우리는 당신의 수호자이니, 자유의지가 부여될 때 그 모습을 확실히 하는 것이 우리의 책임이다. 과거에 이런 일이 많이 있었다는 것을 이해하라. 인류와 별에서 온 사람들 사이에 열린 소통이 존재하던 시절이었다. 우리가 이 일을 다시 준비하는 것은 놀랄 일이 아니다. 그러나 공포와 곧 닥칠 외계인의 침공을 예감함으로써 아직도 이 접촉에 저항할 사람들이 있음을 안다.

자신을 사회적 실체, 또한 정신적 실체로서 보기 시작한다면 계급주의, 성차별주의, 인종차별주의의 무익함과 터무니없음을 깨닫게 될 것이다.

우리는 포도가 가장 순수한 포도주가 되거나 가장 시어 빠진 식초가 된다는 생각을 여러분에게 남겨 둔다. 자신의 영Spirit의 열매에서 즙을 짜내기로 결심하는 것은 당신의 몫이다. 그러면 새끼 양이 돌아와 당신의 목초지에 누워 평화와 온기, 그리고 진정 하나임Oneness에 대한 믿음을 발산할 것이다.[570]

이 리딩들은 깊이 생각해볼 거리를 준다. 이미 실현된 예언도 있지만 가장 웅장하게 들리는 예언은 최소한 이 글을 쓰는 현재까지는 실현되지 않았다. 우리 모두는 주기의 역동적인 상호작용 덕분에, 창을 통해 보는 것만큼이나 쉽게 시간을 꿰뚫어볼 수 있는 우리 자신의 더 높은 측면에 다가갈 수 있는 듯하다.

이어서 순환하는 시간이라는 이 새로운 과학이 어떻게 예언들을 검증하는 데 도움이 되었는지 탐구해 나갈 것이다. 9.11은 13년전쟁 이후 539년이란 시차를 두고 다시 나타난 일련의 사건들 중 하나일 뿐이다. 13년전쟁의 정치적 투쟁들이 어떻게 현재의 사건에 적용되는지를 보면, 최근 여러 해 동안 카발에 맞서 싸워 온 은밀한 전쟁에 대해 더 깊은 통찰을 얻을 수 있다.

◗

18

9.11과 카발의 패퇴:
주기의 관점에서

조지 W. 부시 대통령은 2001년 1월 대통령에 취임했다. 겉보기엔 신보수주의 파벌(=네오콘)의 결정적인 승리였다. 13년전쟁과 비슷한 기간 동안 폴란드 동맹은 독일군에 승리할 수 없었다. 이 상황이 바뀐 것은 1462년 9월 17일 스와이치노 전투Battle of Swiecino에서다. 우리 주기로는 9.11에서 불과 6일 차이가 난다. 폴란드 동맹군이 튜튼기사단을 상대로 결정적인 승리를 거둔 것은 이때가 처음이었다. 누가 먼저 공격했느냐에서 중요한 차이가 있지만, 우리 시대와 비교해 매우 흥미로운 유사점들을 발견할 수 있다.

이미 13년전쟁과 의료 개혁을 위한 투쟁 사이에서 구체적인 교차 형태가 관찰되었지만, 진짜 싸움은 네오콘 파벌에 재정적 공급을 차단하기 위한 비밀 전쟁인 듯하다. 우리는 앞에서 네오콘 파벌이 9.11을 의도적으로 계획한 것일 수도 있다는 증거를 조사했다. 네오콘은 마지막 주기인 독일 튜튼기사단의 카르마를 되풀이하고 있는 것으로 보인다. 이러한 맥락은 스와이치노 전투와 9.11의 연관성을 탐구할 때 매우 중요해진다.

─────── **스와이치노 전투: 카발 패전의 청사진**

1462년 9월 17일에 벌어진 스와이치노 전투는 13년전쟁에서 가장 중요한 전환점으로 여겨진다. 1453년 12월 5일, 프레데릭이 독일군과 맞서려는 프로이센 연방에 도움을 주지 않겠다고 서면으로 진술한 것이 전쟁의 도화선이었다. 우리 주기에서는 조지 H. W. 부시가 1992년 선거에서 패배한 지 한 달 만에 발생한 일이다.

스와이치노 전투는 동맹군의 선제 공격으로 시작됐다. 심한 타격을 입은 독일군은 효과적인 반격 전략을 세울 시간이 없었다. 폴란드 보병의 석궁 포격에 막대한 손실을 입은 독일군 병사들은 퇴각하기 시작했다. 독일군 지휘관 라브넥Raveneck은 병사들에게 도망가지 말고 마지막으로 총을 장전하라고 명령했다. 독일 측에서 볼 때 완전한 재앙이었다. 석궁 화살은 신의 우뢰처럼 그들에게 퍼부어졌다. 모든 독일 병사들이 죽거나 항복하거나 도망쳤다. 라브넥 자신도 석궁의 상처로 죽었다. 전투 초반, 튜튼기사단은 동맹군의 열 배에 해당하는 병력을 잃고 천여 명의 사상자를 냈다. 2천 명의 용병으로 구성된 폴란드군은 튜튼기사단의 용병 2천 7백 명을 확실하게 격퇴했다. 다음은 우리가 찾은 내용이다: "이 전투의 심리적 의의는 이것이 폴란드 왕실군이 이긴 최초의 공개 야전이라는 것이다. 폴란드군의 사기는 치솟았고 튜튼기사단의 사기는 바닥으로 떨어졌다. 많은 역사학자들은 스와이치노 전투가 13년전쟁의 전환점이 되어 1466년 폴란드 군의 최종 승리를 이끌었다고 말한다. "[571]

이 전투를 통해 중요한 영토를 탈환한 동맹국은 서유럽에서 프로이센에 이르는 튜튼기사단의 보급로를 끊었고, 이로 인해 튜튼기사단은 재정적으로 상당히 약화되었다.

─────── **튜튼기사단의 마지막 붕괴, 그리고 허리케인 카트리나**

놀랍게도 539년의 사분의 일 주기 내에서는 스위치노 전투와 9.11 사이에 불과 6일 정도의 오차만 있었다. 그러나 이것은 13년전쟁의 종말이 아니었다. 단지 전쟁의 동력이 폴란드 동맹에게 유리하게 된 중요한 전환점에 불과했다. 1400년대의 나머지 전쟁들은 우리 시대와 어떻게 일치하는가?

튜튼기사단은 1462년 스와이치노 전투에서 결정적인 패배를 당했지만, 그들의 통제 시스템이 완전히 무너지는 데는 4년이 더 걸렸다. 마지막 결정타는 계속 버티던 바르미아Warmia가 마침내 폴란드 동맹에 가입한 것이다. 다음은 관련 자료다.

1466년 바르미아의 주교 파울 폰 레겐스도르프Paul von Legensdorf는 폴란드군에 합류하기로 결정하면서 튜튼기사단과의 전쟁을 선포했다. 두닌Dunin 휘하의 폴란드군은 1466년 9월 28일 코니츠Konitz를 함락했다. 폴란드의 성공으로 지칠 대로 지친 튜튼기사단은 새로운 협상을 모색하지 않을 수 없었다. 새로운 중재자는 교황 바오로 2세였다. 교황 특사 루돌프 폰 루데스하임Rudolf von Rudesheim의 도움으로 1466년 10월 10일 제 2차 손 평화협정Second Peace of Thorn이 체결되었다.[572]

튜튼기사단의 체력과 사기를 일소시킨 마지막 전투는 1466년 9월 28일에 있었다. 이로써 우리는 다음 분기의 주기인 2005년 9월 28일에 도달하게 된다. 그날은 허리케인 카트리나Katrina가 부시 행정부를 완전히 패배시키고 그들의 지지 기반을 회복할 수 없을 정도로 파괴한 지 불과 26일 후였다. 카트리나는 9.11보다 훨씬 파괴적이어서 미국 도시 전체를 쓸어버렸다. 정치적 의미에서는 9.11만큼 중요한 재앙이었다. 부시 행정부의 위기 대응은 터무니없이 미비해서, 마치 뉴올리언스가 완전한 무정부 상태가 되는 것을 보고 싶어 하는 것처럼 보였다. 그런데 내가 접촉한 내부자들에 따르면, 이것이 그들이 원했던 바가 맞았다.

─────── **거대한 죽음의 덫이 된 슈퍼돔**

2005년 8월 29일 뉴올리언스의 제방이 무너지면서 도시 전체가 물에 잠길 정도로 깊이 침수되었다. 다락방 꼭대기로 헤엄쳐 올라가려다 자신의 집에서 익사하는 사람도 있었다. 뉴올리언스 사람들은 안전을 위해 슈퍼돔Superdome으로 피신하라는 지시를 받았고 일단 안으로 들어가기만 하면 보호를 받을 것이라 기대했다. 일단 사람들이 들어가자, 모든 문 위에 거대한 쇠사슬이 쳐져 나갈 수 없었다. 음식과 물만 없는 것이 아니라 위생도 거의 없었다. 나흘 동안 거기서 나갈 가망도 없었다. 슈퍼돔에 발이 묶인 사람들을 돕기 위한 국가방위군은 9월 2일 금요일까지 도착

하지 않았다.[573]

　사람들이 슈퍼돔에 들어가자마자 전투기, 헬기, 보급차량이 배치될 수 있었다는 것을 고려하면, 이 재난 대응은 왜 그렇게 오래 걸린 걸까? 대중들은 왜 이런 일이 벌어졌는지 알지 못했다. 그리고 "양 효과"로 인해, 그들 대부분은 알고 싶어 하지도 않았을 것이다. 그럼에도 불구하고, 이 사태는 부시 행정부가 최소한 한심할 정도로 무능하다는 사실을 보여주었다.

　이 사건이 일어나기 전, 기밀 정보에 접근할 수 있는 두 명 이상의 내부자는 소시오패스인 카발이 모든 주요 도시에 대규모 스포츠 경기장을 건설한 이유는 대규모 수용소로 쓰기 위한 것이라고 말했다. 이것은 적어도 1960년대까지 거슬러 올라가는 계획의 일부였다. 카발은 인구를 줄이고 계엄령이 선포되기를 기대하면서, 그들이 설계하려는 대규모 재난 동안 이 경기장들을 사용할 계획이었다. 어떤 사람이나 집단이 이런 소시오패스가 될 수 있다고 믿는 것은 힘든 일이지만, 이것은 스포츠 경기장으로 위장한 나치 강제수용소의 대규모 버전처럼 보인다.

　카발은 미국에 대규모의 혼란과 기아를 일으키고, 사람들을 스포츠 경기장으로 몰려들게 해서 가두고, 아무도 탈출하지 못하게 하려는 오랜 계획을 가지고 있다고 들었다. 2주도 채 안 되어 갇힌 사람들은 기아와 탈수증으로 죽을 것이다. 카발은 경기장 내에 설치된 카메라로 이 끔찍한 광경을 은밀히 촬영할 수도 있다. 나는 카트리나 이전에 경기장에 대한 경고를 받았지만 불행하게도 이 정보를 내 웹사이트에 게시하지 않았다. 카트리나 이후, 나는 이 같은 계획의 존재를 확인해 준 다른 내부자들을 만났다.

카트리나가 지나가고 얼마 되지 않아(내가 아직 켄터키 주 밀턴에 살고 있을 때), 나는 미국 최고의 기업 중 하나인 내 자동차보험 회사의 고객센터 담당자와 이야기를 나누었다. 내가 궁금해 하는 게 뭔지 알아차린 그녀는 마지못해 자신들의 회사가 18륜 트럭 두 대를 뉴올리언스로 보냈다고 말했다. 트럭에는 생수, 화장지, 붕대, 의료용품, 비상용 식품, 옷, 침구, 접시, 나이프, 포크 등 자연 재해에 대비한 비상 물품이 천장까지 높이 쌓여 있었다고 한다. 그녀는 그 트럭이 카트리나로 가장 큰 피해를 입은 지역에 도착하기 전에 연방재난관리청에 의해 저지되었다고 말했다. 심지어 연방재난관리청의 관계자들은 두 대의 트럭에 실린 물품들을 압수했다. 트럭은 텅 빈 채로 돌아왔고 보험회사는 무슨 일이 일어났는지 함구하라는 명령을 받았다. 보험회사 대표는 연방재난관리청과 부시 행정부를 상대로, 그들이 훔쳐 간 물품의 비용을 청구하고, 그들의 비인도적 범죄를 폭로하기 위해 공개 소송을 할 것을 고려하고 있다고 말했다. 물론 소송은 실현되지 않았다. 하지만 얼마 안 있어 이 이야기는 주류 언론에 등장했다. 다음 발췌문은 2005년 9월 5일자 뉴욕타임스 기사의 일부다.

분노한 주정부와 지방관리들은 연방관리청이 긴급히 필요한 도움을 전달하지 않았고 이해할 수 없는 이유로 다른 이들의 구호 노력을 막았다고 주장했다. 캐슬린 바비노 블랑코Kathleen Babineaux Blanco 루이지애나 주지사의 언론 담당 보좌관 데니스 보처Denise Bottcher는 이렇게 말했다. "우리는 군인, 헬리콥터, 음식과 물을 원했다. 그런데 그들은 조직도에 대해 협상하자고 했다." …

뉴올리언스 남부에 위치한 제퍼슨 패리시Jefferson Parish 카운티의 아론 브루사드Aaron Broussard 의장은 "왜 이런 일이 일어났는가? 누가 책임져야 하는가?"라고 물었다. 그는 연방재난관리청이 주 정부나 지방관리들에게 위임하기는커녕 자신들의 권한을 주장하면서 상황을 더 악화시켰다고 비난했다. 월마트가 생수를 실은 트레일러 3대를 보냈을 때도 연방재난관리청 관계자들이 돌려보냈으며, 해안 경비대가 1,000갤런의 디젤 연료를 배달하는 것도 막았다는 것이다. 토요일에는 연방재난관리청이 제퍼슨 패리시 카운티의 비상 통신선을 끊어서 이를 복구하기 위해 무장 경비원을 배치했다고도 했다.

대형 구급차 회사의 의료 최고 책임자인 로스 주디스Ross Judice 박사는 슈퍼돔의 위독한 환자들을 태우기 위해 헬리콥터가 필요했지만 찾을 수 없었다고 말했다. 로스 주디스 박사는 슈퍼돔 밖으로 나와서야, 한 석유 서비스 회사가 기증한 두 대의 헬리콥터가 주차장에 대기하고 있는 것을 발견했다.[574]

─────── **네오콘 파벌의 놀라운 패배**

이전 사분의 일 주기의 프로이센–폴란드 동맹의 현대판 대표인 힐러리 클린턴은 이 놀라운 범죄에 대한 독립적인 조사를 요구했다. 그녀는 조사에 정부가 관여하지 말 것과, 9.11 사태 때와 유사한 규모와 범위의 포괄적인 조사를 원했다.[575] 카트리나의 여파로 휘발유 가격이 엄청나게 올라 갤런당 약 4달러 선에 도달했다. 멕시코 만에 있는 정유회사들의 피해 때문인 것이 분명했다. 휘발유 가격은 갤런 당 2달러도 안 되던 예전 수준으로 다시 내려가지 않았다. 이는 네오콘 파벌에게 재정적인 패배를 좀 더 늦출 수 있다는 희망이 되었고, 필요한 현금을 신속히 제공받았다. 놀랄 것도 없이, 2005년 8월은 주요 여론조사에서 미국 국민 다수가 부시와 그의 정책을 지지한다고 밝힌 마지막 시기였다.[576]

카트리나가 중요한 전환점이었다. 신보수파에게는 결정적인 정치적 패배였다. 신보수파의 참패는 이전 분기인 1466년 9월 28일 튜튼기사단이 전멸된 지 26일 안에 일어났다. 클린턴 상원의원이 2005년 9월 14일 수요일까지 정부의 끔찍한 실패에 대한 독립적 조사에 대해 투표하지 않은 것을 볼 때, 이 두 정치적 사건 사이의 상응 정도는 훨씬 더 강해진다.[577] 이것은 이전 사분의 일 주기에서 튜튼기사단이 패배했을 때로부터 불과 2주 뒤였다. 힐러리 클린턴이 제안한 조사가 진행되지 않았음에도 불구하고, 이듬해 투표소에서 네오콘의 대규모 패배로 이어졌다.

튜튼기사단의 결정적인 패배는 바르미아 사람들이 마침내 튜튼기사단에 맞서 싸우기로 결심했을 때 시작되었다. 여기서 오랫동안 망설였던 바르미아 사람들은, 가능한 한 부시 행정부를 지지하기를 원했지만 결국 더 이상 행정부의 정책에 동의할 수 없음을 깨달은 공화당원들과 상응한다. 보수주의 동맹은 카트리나 이후 빠르게 무너지기 시작해 다툼과 내분, 배신으로 이어졌다.

─────── **독일의 패배는 2006~2008년 레임덕에 상응한다**

폴란드는 1466년 10월 10일 독일 튜튼기사단과 평화조약을 맺으며 전쟁을 끝냈다. 이는 다음 분기의 주기에서 2005년 10월 10일에 해당한다. 이 기간 동안 독립적인 조사는 전혀 없었고, 카트리나에 대한 정부 대응 실패에 대한 이야기가 줄어든 것 외에는 이렇다 할 일이 없었던 것으로 보인다. 이러한 상황은 카트리나를 직접 겪었거나 텔레비전 화면에서 보았던 사람들, 카트리나의 참상을 잊지 않은 대중들을 짜증나게 만들었다. 카트리나의 여파로, 모든 여론조사에서 부시는 물론 정부 차원의 모든 지지율이 급락했다.[578] 국민의 76%가 연방정부의 재난 대응 조치를 조사할 독립된 위원회를 원했다.[579] 신보수주의 파벌의 최종적인 패배는 2006년 공화당이 상원 6석, 하원 27석, 주지사 6석을 잃은 투표소에서 가시화되었다.[580] 이는 조지 W. 부시 대통령 임기의 마지막 2년을 레임덕으로 만들었고, 네오콘의 의제 제시 능력을 현저히 제한했다. 갤럽 여론조사는 2009년에도 교회에 열심인 기독교 신자, 보수주의자, 노인층을 제외한 모든 인구통계학적 집단에서 공화당 지지세가 심각하게 하락했다고 보도하면서, "지지율 하락의 대부분은 카트리나 이후인 2005년부터 발생했으며 이는 행정부에 큰 홍보 문제를 야기했다"라고 밝혔다.[581]

─────── **사분의 일 주기와 12궁도 주기의 중첩**

사분의 일 주기(539년)가 미국 정치에 영향을 미치고 있는 유일한 요인은 아니라는 것을 잊지 말자. 12궁도 주기는 온전히 2,160년이 지난 지금의 미국에서도 로마의 역사적 사건들이 다시 나타나게 하고 있다. 루시타니아 전쟁은 기원전 155년 루시타니아인들이 히스파니아 울테리어Hispania Ulterior(아버지 스페인)를 급습하면서 시작되었다.[582] 이로 인해 셀티베리아 부족들도 반란을 일으켰고, 이듬해인 기원전 154년 그들은 이웃 마을들과 연합을 맺고 로마에 방어벽을 쌓기 시작했다.[583] 따라서 기원전 154년까지 로마는 두 개의 다른 스페인 영토에서 위험한 전쟁을 치르고 있었다. 그런데 이것은 현대의 2006년에 해당한다. 정치적으로 신격화된 네오콘은 공식 선전포고를 한 후에도 2006년에 이란을 공격할 수 없었다. 그들은 카트리나를 거대한 죽음의 덫으로 만들려는 충격적인 시도 후에 변화를 일으키려는 정치적 의지를 상실했다. 그들은 2008년까지 재임했지만 2006년 선거에서 공화당이 당한 대규모 패배로 사실상 권력을 잃었고 대통령의 레임덕을 감수할 수밖에 없었다.

기원전 149년에서 146년까지, 백양궁 시대에 벌어진 카르타고와 로마의 전쟁은 쌍어궁 시대(2011년에서 2014년까지)에 다시 나타난다. 우리는 25,920년이라는 긴 주기의 끝을 지나 보병궁 시대로 진입했다. 우리는 이미 백양궁 시대의 카르타고와 쌍어궁 시대의 독일이 어떻게 상응하는지 보았으며, 지난 사분의 일 주기의 독일과 현대의 네오콘 사이에서 분명한 연관성을 보고 있다. 독일과 네오콘 간의 연결이 이중으로 강화되는 것이다. 프레스콧 부시가 히틀러를 재정적으로 지원하고, 1933년에 실패한 파시스트 쿠데타 시도를 후원했으며, 히틀러 패망 직후 700명 이상의 나치 과학자들을 미국으로 데려오는 데 관여한 것을 보면 충분히 이해할 수 있다.

하나의 법칙 시리즈, 케이시의 리딩, 나 자신의 직관적인 리딩, 그리고 수많은 고대 예언들 모두 보병궁 시대로 접어들면서 지구상의 생명체가 훨씬 평화롭고 조화롭고 진화된 수준으로 이행할 것임을 암시하고 있다. 신망이 두터운 역사학자 데 산티야나와 폰 데헨트는 전 세계 수십 개의 고대 신화들이 25,920년 주기에 대한 정보로 암호화되어 있다고 설득력 있는 주장을 펼친다.

지금 우리가 보고 있는 바와 같이 25,920년 주기는 실로 동시성의 열쇠이다; 그것은 우주 시계의 메인 스프링이다. 대년The Great Year은 우리의 운명을 놀랍도록 정확하게 조종하는 운전 주기이다. 이러한 주기들이 얼마나 강력하며 우리의 삶에 지대한 영향력을 미치는지 이해하는 데 있어, 나는 겨우 그 표면을 긁어낸 것 정도가 아닐까 생각한다. 또한 생명의 책에 나오는 악당들이 다른 사람들에게 해를 끼치는 짓을 계속하도록 허용되지 않는다는 사실을 밝히는 것도 중요하다. 원형들로 구성되는 영웅의 여정이라는 구조에는 네메시스의 절대적 패배가 포함된다. 그 패배는 꽤 섬뜩할 수 있다. 카르마는 종종 매우 극적인 방식으로 상환되고, 시간의 큰 톱니바퀴에서 그 누구도 예외일 수 없다. 만약 계속해서 폭력을 폭력으로 대응한다면 같은 주기가 계속 반복되어야 할 것이다. 우리는 용서를 통해 이제까지 존재한 적이 없는 훨씬 진화된 사고, 느낌, 존재의 형태로 졸업할 준비가 되어 있음을 증언한다.

19

역사 속 데자뷰의
사악한 사례

우리는 시간이 선형線型이라고 생각하는 데 익숙하다. 이 책은 시간이 하나로 이어지는 원으로 구조화되어 반복되는 나선형으로 서로 겹쳐질 수 있음을 보여준다. 가장 큰 원은 지구 축의 "요동"에 의한 분점세차 운동이 만들어내는 25,920년이다. 2012년 8월, 나는 월터 크러텐던의 대단한 책 『신화와 시간의 잃어버린 별Lost Star of Myth and Time』 덕분에 우리의 태양이 동반성을 돌고 있다는 설득력 있는 증거를 발견했다. 동반성의 에너지 장은 우리의 집단행동에 영향을 미치는 뚜렷한 우주의 영역을 만들어낸다.

황도 12궁의 12개 시대에 해당하는 주요 영역이 있는 것으로 보이고, 이들 영역은 539년의 사분의 일 주기를 형성하면서 4개의 구역으로 더욱 세분화된다. 이러한 주기 각각은 원으로 시각화할 수 있다. 원의 같은 지점에 도달할 때마다 우리는 지난번에 일어났던 사건들에서 에너지가 흘러나오는 것을 경험한다. 사분의 일 주기 동안 원을 이동하는 데 539년이 걸린다.

그러나 우리 태양계도 은하계의 일부로서 앞으로 나아가고 있기 때문에, 이 원들도 와인 따개 형태의 나선형으로 확장되어야 한다. 이 원들이 항상 같은 너비를 유지하면서 항상 같은 길이의 주기를 형성한다고 생각하고 싶은 유혹을 물리치고, 이 모든 것이 3차원 공간에서 형성되고 있다는 점을 잊지 말자. 따라서 일부 나선은 단일 지점에서 멀리 확장될 수 있고, 멋지고 깔끔한 기하학적 간격에서 단일 점으로 수축될 수 있다. 마태복음 18장 21~22절에서 예호슈아가 말한 "일곱 번"의 인수는 그들이 얼마나 빨리 확장하거나 수축하는지를 말해주는 하나의 비율일 가능성이 있다.

미셸 엘메가 발견한 것이 바로 이것이다. 모든 주기가 완벽하게 둥근 것은 아니다. 그들 중 일부는 매우 정확한 기하학적 비율(예를 들자면 7의 성장

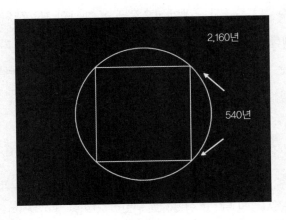

540/539년 주기는 둘레 2,160년인 원주를 4면체 모양으로 나눈다.

인자)로 확장하거나 수축한다. 이것의 가장 놀라운 예는 1789년의 프랑스 혁명과 1917년의 러시아 혁명이다. 충격적인 유사점을 보기 위해서는 프랑스 역사의 1년을 러시아 역사 7년으로 확대하기만 하면 된다. 내 웹사이트에 게재한 바와 같이, 프랑수아 마송은 놀라운 연결점들을 공개했다.

─────── **로베스피에르의 몰락**

프랑스 혁명은 자국 정부에 의해 자행된 최악의 잔학 행위 중 하나로, 허리케인 카트리나의 규모와 심각성을 왜소해 보이게 한다. 막시밀리앙 드 로베스피에르Maximilien de Rovespierre는 프랑스 혁명에 있어서 가장 영향력 있는 인물 중 하나였다. 윌리엄 T. 스틸William T. Still의 대작 『신세계 질서: 비밀 결사들의 고대 계획New World Order: The Ancient Plan of Secret Societies』에서 광범위한 자료를 확인할 수 있다: 프랑스 혁명은 카발의 위대한 역사적 사례 중 하나였다. 카발은 국민에게 가는 식량, 물, 의약품 등 필수품의 공급선을 체계적으로 끊어 대량의 잔혹행위를 기획함과 동시에 경제를 붕괴시켜 국민들의 돈을 종잇조각으로 만들려고 했다. 로베스피에르는 혁명 정권의 미덕을 노래하며, 굶어 죽어 가는 반혁명 분자들에 대한 정부의 테러는 도덕적이고 불가피한 현실이라고 주장했다.

평화 시에 대중 정부를 움직이는 동인이 미덕이라면, 전쟁 시에는 미덕과 공포 둘 다이다. 덕이 없는 공포는 파괴적이고, 공포가 없는 덕은 무력하다. 공포는 신속하고 엄격하고 완고한 정의일 뿐이다; 따라서 공포는 미덕의 발현이다. … 인류의 압제자를 벌하는 것은 관용이다; 그들을

용서하는 것은 잔학행위다.[584]

로베스피에르의 선동적인 연설은 1793년 9월 5일 프랑스 정부가 법률로서 자국민에 대한 공포 정치를 공식적으로 도입하도록 했다. 그 결과 죄없고 굶주린 많은 사람들이 고문과 처형을 당했다. 로베스피에르는 스스로 지존자 숭배Cult of the Supreme Being라고 부르는 일루미나티 형태의 종교를 만들어 대중을 설득하려고 노력했다. 그는 1794년 6월 8일 성령강림절에 "최고 존재의 제전"이란 행사를 조직했다. 대중들이 로베스피에르를 처음 본 것이 바로 이때다. 그는 행사에서 작은 산을 쌓고 자신이 산에서 걸어 내려오는 모습을 연출했다. 모세가 석판을 들고 내려오는 모습을 연상시키려는 의도가 명백했다. 로베스피에르의 동료 중 하나인 자크-알렉시스 투리오Jacques-Alexis Thuriot는 군중들의 성난 목소리를 들었다. "저것 봐, 저놈은 지배자가 되는 것으론 만족하지 못해, 신이 되어야 해!"[585]

하지만 카르마가 빠르게 덮쳤다. 행사로부터 불과 35일 후 로베스피에르와 그의 지지자들은 테러 행위를 공모한 혐의로 기소되어 사형을 선고받았다. 로베스피에르는 권총으로 자신의 머리를 쏘려 했지만 아래턱을 박살내는 데에 그쳤다. 로베스피에르의 동생 아우구스틴Augustin은 창밖으로 뛰어내려 두 다리가 부러졌다. 필리프 르 바Philippe Le Bas는 자살했고, 로베스피에르의 또 다른 공모자들은 자신의 머리에 총을 쏘았다. 권총으로 턱이 박살난 로베스피에르는 피를 줄줄 흘리며 탁자 위에 누워 사형 집행을 기다리고 있었다. 의사가 출혈을 막기 위해 그의 턱에 붕대를 감아주었다. 로베스피에르는 재판도 없이 다음날 단두대에서 처형됐다. 1794년 7월 28일이었다. 사형 집행인은 단두대의 칼날을 잘 맞을 수 있도록 목을 드러내느라 턱을 감싼 붕대를 풀었고, 로베스피에르는 극심한 고통에 목

이 잘릴 때까지 비명을 질렀다.[586]

───── 이오시프 스탈린의 몰락

이제 무자비한 소련의 독재자 겸 대량 살인자 이오시프 스탈린Joseph Stalin의 행적을 간단히 훑어보자. 1953년 2월 28일 스탈린은 내무 장관 라브렌티 베리아Lavrentiy Beria, 게오르기 말렌코프Georgy Malenkov, 니콜라이 불가닌Nikolai Bulganin, 니키타 흐루쇼프Nikita Khrushchev와 함께 밤샘 만찬과 영화 관람 여행을 떠났다. 그날 밤 4명의 남자 모두 스탈린과 함께 그의 집으로 돌아왔다. 스탈린은 새벽에 자기 방에 나타나지 않았고, 경비 병들은 안으로 들어가지 말라는 엄명을 받았다.

스탈린은 다음날 밤 10시가 되어서야 발견되었다. 그는 드러누운 자세로 자신의 오줌에 흠뻑 젖은 채, 알아들을 수 없는 소리를 중얼대고 있었다. 스탈린에게 뇌졸중이 온 것으로 알려졌다. 그 후 스탈린의 상태는 빠르게 악화되어 1953년 3월 5일 사망했다. 2003년 러시아와 미국의 공동 역사학자 단체는 스탈린이 와파린warfarin이라 알려진 쥐약으로 암살당했다고 결론내렸다. 스탈린의 부검 결과 심장, 위장, 신장에 심한 출혈이 나타났는데, 이는 뇌졸중이 아니라 몸에 와파린을 투여했을 때 나타나는 증상이다.[587] 말렌코프, 불가닌, 흐루쇼프 모두 소련 수상이 되었는데 모두 스탈린이 쓰러지던 날 함께 있었던 인물들이다. 스탈린과 저녁 식사를 하러 나갔던 날 밤, 베리아와 흐루쇼프는 스탈린의 포도주에 독약을 넣기에 완벽한 자리에 있었다.[588] 1993년 회고록에서, 비야체슬라프 몰로토프는 그날 밤 베리아가 스탈린을 암살했다고 말했다고 주장했다.[589] 스탈린 사

데이비드 윌콕의 동시성

후의 권력 투쟁은 1953년부터 1958년까지 계속되었는데, 결국 흐루쇼프가 경쟁자들을 물리쳤다.

———— 로베스피에르와 스탈린의 주기 연결

미셸 엘메는 프랑스 혁명과 볼셰비키 혁명 사이에 놀라운 연관성을 발견했는데, 이는 프랑스에서의 1년을 러시아에서의 7년으로 확대한 것이다. 프랑스 혁명은 1789년 7월 14일에 시작되었고, 볼셰비키는 1917년 11월 14일 러시아 혁명에서 초기 승리를 달성했다. 일단 이 두 날짜—1789년 7월 14일, 1917년 11월 14일—를 가지고 시작하자. 그러면 프랑스 혁명기의 어떤 날짜라도 혁명이 시작된 이후 며칠이 지났는지 세어 볼 수 있다. 그리고 그 수에 7을 곱한다. 곱한 숫자가 나오면, 그것을 러시아 혁명의 시작 날짜인 1917년 11월 14일에 더하면 된다.

엘메는 프랑스 혁명의 많은 사건들이 러시아 혁명으로 완벽하게 확장되었다는 것을 알게 되었다. 프랑수아 마송은 가장 놀라운 예로 로베스피에르와 스탈린의 폭력적인 죽음이라고 믿었다. 모두 테러리스트 카발 지도자를 대표하는 것이 분명하다.[590] 로베스피에르가 처형된 정확한 날짜는 새로운 러시아 주기로 환산했을 때 1953년 2월 22일이 된다. 이오시프 스탈린은 그로부터 6일 후인 1953년 2월 28일 저녁 독살 당한 것으로 보인다.

자세한 내용은 내 웹사이트에 있는 마송의 책에서 확인할 수 있다. 가장 놀랐던 것은 마송이 책을 쓴 후 11년 만에 러시아의 붕괴를 예측하기 위해 이 시스템을 이용했다는 사실이다: "[1대 7] 비율을 적용하면 소비에트

연방 정권은 1990년 말이나 1991년 초에 끝난다는 것을 알 수 있다."[591] 구
소련은 실제로 1991년 8월에 붕괴되었지만 마송의 예측과는 몇 달 차이가
나지 않았다.

─────── **이 문제를 좀 더 진지하게 생각해볼 때이다**

　　　　　나는 1980년대에 타이핑된 누렇게 바랜 원고를 손에 들고 놀
라지 않을 수 없었다. 미국의 거대 언론들은 그 일이 실제로 일어날 때까
지 그 징후를 전혀 보여주지 않았다. 카발은 지구상의 모든 생명체를 파괴
할 수 있는 핵전쟁에 대해 끊임없는 공포를 주입하고 유지하기 위해 대단
한 네메시스를 필요로 했다. 그럼에도 불구하고, 프랑스 혁명에서 얼마나
많은 사건들이 러시아 혁명으로 옮겨갔는지를 보면, 소비에트연방의 몰락
은 거의 불가피해 보인다.

　이것은 매우 기분 좋은 발견이었다. 팽창과 수축의 순환은 카르마의 수
레바퀴에서 단순하게 반복되는 주기보다 찾는 작업이 훨씬 어렵다. 이것
은 슈퍼컴퓨터의 능력에 도움을 받을 수 있는 또 하나의 분야다. 우리가
이 방법을 이용해 다른 역사 시대의 유사한 사건들을 분석할 수 있는 방법
을 개발한다면 말이다. 그러나 이 방법이나 인공지능이 융, 아인슈타인,
그리고 양자물리학의 선구자들이 이해한 것과 같은 동시성의 힘을 발견하
지는 못할 것이다. 누군가가 완전히 독립적으로 이러한 주기들을 더 많이
발견할 수 있을까? 이러한 발견들이 엘메와 마송으로부터 완전히 독립된
상태에서 이뤄질 수 있을까?

아나톨리 포멘코, 극적으로 조사를 확대하다

놀랍게도, 나는 한 과학자가 분명히 엘메나 마송이 했던 것보다 훨씬 더 자세히 이와 같은 역사의 순환을 독립적으로 발견했다는 사실을 알게 되었다. 1987년부터 발행되는 캐나다의 잡지 「새터데이 나이트 Saturday Night」에 「타임 워프Time Warp」란 기사가 실렸다.[592]

아나톨리 포멘코Anatoly Fomenko라는 저명한 수학자와 그의 동료들이 참여한 연구를 소개한 기사였는데, 알고 보니 포멘코는 역사의 반복 패턴을 발견한 최초의 러시아인이 아니었다: "러시아의 [시간의 순환 연구] 동향은 귀족 출신의 반항아인 니콜라이 모로조프Nikolai Morozov(1854~1946)로부터 시작되었다. 모로조프는 르호보암Rehoboam에서 시드기야Zedekiah에 이르는 구약성서에 나오는 유대의 왕들이, 알키니우스Alcinius에서 유스티니아누스 2세Justinian II에 이르는 1000년 후 로마 황제들의 패턴과 거의 정확하게 일치한다는 것을 보여주는 함수식을 도출했다."[593]

모로조프는 이 독특한 주제에 대해 일곱 권이나 되는 방대한 연구를 한 러시아의 과학자였다.[594] 포멘코에 따르면, 모로조프는 자신의 주장을 위해 "수학, 천문학, 언어학, 문헌학, 최신 지질학" 등을 사용했다. 1970년대 들어 포멘코를 비롯한 모스크바 주립대학의 젊은 수학자들은 모로조프의 연구에 매혹되어 모로조프의 모형을 검증하고 발전시키고 싶어 했다. 포멘코는 여러 해 동안 조사한 끝에, 1994년 이 주제에 대한 첫 번째 학술 논문을 발표했다.[595]

포멘코는 기록된 모든 서양 역사를 서면 기록과 융합해 데이터의 질을 상당히 향상시켰다. 그는 기원전 4000년경에 제작된 것으로 추정되는 수메르 점토판에 이르기까지 모든 기록물을 조사했다.

포멘코는 [모로조프의] 모형을 사용해 기록으로 남은 역사적 왕조를 비교했다. 그는 기원전 4000년부터 서기 1800년까지 왕조들의 목록을 편집했다. 서유럽과 동유럽 국가와 제국에서 시작해 로마, 그리스, 바이블과 이집트 역사를 통해 고대로 거슬러 올라갔다. 가능한 한 모든 방법을 동원해 하나의 왕조를 다른 왕조와 비교하면서, 모로조프가 스케치한 것을 수학적으로 발견했다. 이전에는 전혀 다른 것으로 생각했던 수십 쌍의 왕조들이 매우 작은 근접 계수를 가지고 있었다. 마치 가계도family tree에 있어 두 형제의 다른 버전만큼이나 가까웠다는 말이다.[596]

이 발췌문은 꽤 기술적이지만 기본 개념은 단순하다. 티모시 테일러는 대부분 사람들의 상상을 넘어 훨씬 더 정확하게 역사에서 "수십 개"의 시기가 반복되었다고 말한다. 이러한 패턴은 5천 8백 년이라는 놀라운 시간을 뛰어넘어 로마, 그리스, 이집트, 중국, 성서뿐만 아니라 서유럽과 동유럽의 모든 국가와 제국에 걸쳐 나타난다. 이 데이터들에는 호주, 아프리카, 남미, 또는 미국의 현대사가 포함하지 않은 것처럼 보이지만, 여전히 그 범위는 상당히 넓으며 입수 가능한 현존하는 역사적 기록 대부분을 포괄한다.

이는 포멘코가 역사를 분석할 때 사용한 방법 중 하나일 뿐이다. 또 다른 방법은, 이렇게 다양하게 얽혀 있는 문명文明으로부터 살아남은 수백 개의 원본 기록들을 컴퓨터로 고속 처리하여 도출한 특정 숫자와 관련이 있다. 구체적으로 포멘코는 이들 문명에 대해 얼마나 많은 단어를 사용했는지, 그 기록들이 얼마나 많은 페이지에 쓰였는지를 분석했다. 이로써 작성된 기록들이 서로 얼마나 밀접하게 연관되어 있는지 볼 수 있는 수학적 함수를 만들었다.

그는 두 나라가 비슷한 형태의 역사적 사건을 공유할 때, 그들의 기록 또한 매우 유사하다는 사실을 발견했다: "포멘코는 고대 로마와 중세 로마 사이에 반복되는 패턴, 그리고 구약성서의 시기와 10세기부터 14세기까지의 중세 로마-게르만 역사에 있어 통계적으로 동일해 보이는 몇몇 사례들을 확인했다고 주장한다."[597]

──────── 비잔틴-로마사와 영국 사이의 강한 주기 연결

포멘코는 현재 이 연구를 하고 있는 과학자들 중 한 명일 뿐이다. 그들 논문의 일부는 뉴 트래디션New-Tradition.org이라는 웹사이트에서 읽을 수 있다. 2013년 3월 다시 이 홈페이지를 방문했을 때, 나는 2002년 포멘코가 쓴 매우 복잡한 논문을 발견했다. 그는 비잔틴 로마 역사의 사건들이 대영제국에서 매우 유사한 사건으로 어떻게 다시 등장하고 있는지에 주목했다.[598] 논문의 3부에서 포멘코는 비잔틴-로마 역사와 영국 역사의 3개 시기가 매우 강한 주기적 연관성을 가지고 있다는 것을 밝혀냈다.

첫 번째 주기는 서기 378년에서 553년까지인데, 비잔틴-로마 역사의 사건들이 서기 640년에서 830년까지 영국 역사의 사건들로 복제된다. 포멘코는 이러한 사건들이 "약 275년"의 주기로 반복되고 있다고 말한다. 두 번째 주기는 서기 553년부터 880년까지인데, 이는 서기 800년에서 1040년까지 영국 역사에 나타난다. 이러한 사건들은 다시 "약 275년" 주기를 보이는데, 이번에는 그 연관성이 너무 강해서 포멘코는 이 일이 "엄격한 rigid" 형태로 일어났다고 결론지었다.

세 번째 주기에 대해 논하기 전에 앞의 두 주기에 대해 이야기해 보자. 한 가지 중요한 단서는 포멘코가 275년의 주기가 "대략approximate"에 불과하다고 인정한 것이다. 역사적 기록은 완벽하지 않을 수 있고 어느 정도 추측이 개입될 수도 있다. 만약 "이상적인" 주기가 단지 5년 반이 짧은, 269.5년인 것으로 밝혀지면 어떻게 될까? 우리가 논했던 539년이라는 12궁도 시대의 사분의 일 주기의 절반 길이가 아닌가. 사분의 일 주기는 잔 다르크의 봉기를 프랑스의 학생 봉기와 완벽하게 상응시켰다. 또한 9.11은 스와이치노 전투에서 독일군의 결정적인 패배와 며칠의 오차만을 보인다. 1400년대의 프로이센-폴란드 동맹과 미국 현대사의 민주당, 독일의 튜튼기사단과 공화당의 신보수주의자들도 마찬가지다. 여기에는 조지 H. W. 부시의 선거 패배, 클린턴의 의료 개혁 운동, 9.11과 카트리나 직후 공화당 신보수주의 파벌의 정치적 패배 등이 포함된다.

포멘코가 발견한 세 번째 주기는 서기 1040년에서 1327년까지의 영국 역사와 서기 1143년에서 1453년까지의 비잔틴-로마 역사 사이의 "엄격한 120년의 이동"이다. 이 숫자는 즉시 내 주의를 끌었다. 360도의 원 안에 정삼각형을 그리면 120도로 분할된다. 엘메의 모형에서 역사의 모든 순환은 지구 대년(25,920년)의 완벽한 분절分節이라는 사실을 잊지 말자. 120이라는 숫자는 하나의 주기로서 엘메의 모형에 딱 들어맞는다. 25,920년이라는 마스터 수master number에는 정확히 120년씩 216주기가 존재한다. 게다가 황도 12궁의 각 시대에는 정확히 120년의 18주기가 있다. 또한 황도 12궁 주기의 각 시대를 반으로 나누면 1,080년이 된다. 1080년은 황도 12궁 주기의 절반이자 120년의 9주기에 해당한다.

따라서 광범위한 과학적 분석을 통해 발견한 포멘코의 새로운 주기는 엘메의 독창적인 모형과 완벽하게 맞아떨어진다. 이것이 불가능하고 터무니

데이비드 윌콕의 동시성

정삼각형은 자연스럽게 원을 120도씩 3개 영역으로 나눈다.

없어 보일 수도 있지만, 나는 두 연구자가 비슷한 주기를 발견한 것은 그 것이 우주가 실제로 작동하는 방식이기 때문이라 생각한다. 포멘코는 역 사의 소스 코드source code를 해킹하여 엘메와 마송의 발견을 완벽하게 검 증하는 총체적으로 새로운 자료를 발견한 것은 물론이고, 이 책에 수록된 보다 최근의 사례들까지 찾아냈다.

4회 반복되는 단일한 대형 패턴

포멘코의 가장 큰 업적은 기원전 1600년부터 기원후 1600년까지, 즉 3200년간 "4회 반복되는 큰 패턴"을 발견한 것이다. "[포멘코의] 가장 놀라 운 주장은 이렇게 발견한 수십 개의 반복된 역사적 사건과 문서들을 지도 로 만들려는 노력에서 비롯된다. 기원전 1600년경부터 기원후 1600년경 까지를 수학적으로 분해하면 하나의 큰 패턴, 즉 네 차례 반복되는 패턴을 나타낸다."[599]

이는 궁극적으로 엘메와 마송의 모형과 완벽하게 부합하므로 단 1분 만에 우리들의 주기로 돌아올 수 있다. 그러나 그 전에 포멘코의 작업이 러시아의 최고 사상가 중 한 명으로부터 받은 지지에 대해 밝힌다.

─────── **세계 최강의 체스 선수가 인정한 포멘코의 데이터**

포멘코의 데이터는 너무 방대해서 복잡한 체스 게임이 연상된다. 수많은 게임들을 연구해야 하고, 그들의 "수moves"가 서로 얽히는 엄청나게 다양한 방법들을 분석해야 한다. 체스닷컴Chess.com에 따르면, 가리 카스파로프Gary Kasparov는 23회나 세계체스연맹 랭킹 1위를 차지했으며, 2008년 그의 라이벌인 피셔Fischer가 사망한 후에는 "역대 최강의 선수"로 평가받았다.[600] 카스파로프는 포멘코의 열렬한 지지자였으며 뉴 트래디션New Tradition 사이트의 주요 기고자였다.

카스파로프가 포멘코의 결론에 전적으로 동의하지는 않는다 해도, 그는 이러한 발견들이 "완전히 새로운 과학 연구 영역"을 만들어내는 "심오한 함의"를 가지고 있다고 믿는다. 다음은 카스파로프의 말이다.

만약 고대의 날짜들이 부정확하다면, 과거에 대한 우리의 믿음과 과학에도 중대한 의미를 던진다. 젊은 세대들은 "불가침의" 역사적 도그마에 대한 두려움을 떨치고, 현대적 지식을 활용해 의심스러운 이론에 도전할 것이라고 믿는다. 이것은 역사에 종속된 과학의 역할을 역전시켜 완전히 새로운 과학 연구 영역을 창조할 수 있는 흥미진진한 기회다.[601]

포멘코의 연구는 분명 엘메와 마송의 주기 연구보다 훨씬 복잡하다. 주제와 관련해서 이용할 수 있는 모든 데이터를 조사했다고 할 만큼 철저하다. 역사적 사건을 깔끔하게 반복하는 그런 산더미 같은 증거에도 불구하고, 포멘코는 모로조프의 원래 결론에 동의했다. 그는 역사학자들이 자료를 조작하고 실제로 같은 정보를 몇 번이고 반복해서 재사용했을 것이라고 믿었다. 그 과정에서 역사가들은 이름, 장소, 그리고 주요 사건의 구체적인 내용 등 디테일만 바꿨다는 것이다. 다음 인용문은 뉴 트래디션에 실린 그의 논문에서 발췌한 것이다: "이 유사점들은 고대의 역사가 동일한 사건을 여러 시대, 여러 장소에 흩어져 있는 것으로 중복 계산했음을 암시한다."[602] 포멘코는 이러한 사건들이 단지 한 번 일어났을 뿐인데, 그 후 여러 시기에 발생한 것으로 오해되었다고 믿었다.

─────── **초기 역사가들은 위조범으로 체포되어야 한다?**

　　　　뉴 트래디션 사이트의 초창기 멤버인 로버트 그리신Robert Grishin은 우리의 역사 기록을 엮은 사람들이 지금 같으면 현행범으로 체포되어야 할 "위조범들forgers"이라고 공개적으로 비판한다.

과학 중에서도 가장 정밀한 수학으로 무장한 [포멘코와 그의 동료들]은 현대사의 기초가 되는 연대기 전체가 잘못되었다는 것을 설득력 있게 보여주었다. 그들은 그 사건들 중 몇 가지가 여러 가지 이름으로 쓰인 다음, "고대" 역사의 여러 시대로 파견되곤 했다는 사실에 대한 반박할 수 없는 증거를 찾아냈다. 그들은 위조범들을 현행범으로 체포했고, 온 세

상에 폭로했다.[603]

2000년 새터데이 나이트Saturday Night에 기사가 나올 당시, 포멘코는 우리가 실제로는 서기 936년에 살고 있다고 결론지었다. 그는 우리 역사의 많은 부분이 "허위fake"라고 주장했다. 당연히 역사가들은 그의 생각이 터무니없다고 일축했다. 연대 추정 방법 가운데는, 상당히 믿을 만한 탄소 연대 측정법과 단절된 여러 국가들 간의 교차 연대 측정법도 있고, 그 밖에 다른 방법들도 많다. 하지만 포멘코는 그의 논문에서 이러한 연대 추정법들 모두에 대해 의문을 제기한다.[604] 새터네이 나이트의 기사는 그럼에도 불구하고 우리는 지금 일어나고 있는 일이 무엇인지 알아낼 필요가 있다고 말한다.

포멘코의 결론을 지지하지 않는 사람들조차 합리적인 수학적 문제가 제기되었다는 데에 동의한다. 수학 교수인 잭 맥키Jack Macki는 "여기에 어떤 것이 존재하고 세상에서 그것이 계속된다는 것을 확인했다면, 그것에 대응하고 그것이 거짓임을 증명하지 않는 것은 엄청나게 무책임한 일일 것이다"라고 말했다. 자크 카리에르는 "이 문제에 대한 명확한 답을 얻으려면 다른 연구단체들이 살펴보아야 한다"라고 결론지었다.[605]

이미 일부 연구단체들이 엘메와 마송에 대해 조사했고, 인류를 방문한 고대 외계인들이 우리에게 전해준 시간의 순환과 직접 연결시키곤 했다. 많은 사람들은 이러한 이야기가 순전히 신화적인 것이라 추측하지만, 우리의 과학기술 수준은 그 이야기들의 실체를 규명할 수 있을 만큼 발전했다. 우리는 이러한 패턴을 확인하기 위해, 전 세계의 방대한 시간에 대한

데이비드 윌콕의 동시성

문서 기록을 수집하는 수준까지 진전시킬 필요가 있다. 새로운 자료로 무장한 우리는 전례 없는 전 세계적인 영적 각성을 이끌어낼 수 있는 충분한 잠재력을 갖게 된 것이다.

20

포멘코의 역사 주기와
다니엘서

포멘코는 많은 역사적 사건들이 위조되었다고 생각하지만, 그 역시도 역사가 "섬유 구조fiber structure"를 갖고 있다고 결론지었다. 이것은 반복 주기의 개념과 다르지 않다. 포멘코는 이 반복 주기를 동일한 길이의 4개 장으로 나뉜 교과서에 비유한다. 이런 내용은 그가 만든 웹사이트에서 발췌한 글에서도 볼 수 있다. 여기까지 읽은 사람들은 아주 친숙하게 들릴 것이다.

A. T. 포멘코는 우리의 "고대와 중세 역사 교과서textbook"에서 "섬유 구조"를 발견했다. … 그것은 같은 사건, 같은 시대에 대해 말하는 네 개의 짧은 교과서로 이루어진 교과서임이 증명된 것이다. 이 짧은 교과서들이 서로서로 시간축 위를 움직이다가 함께 붙어 버렸다. 그 결과가 우

리의 현대 "교과서"인데 이것은 실제보다 훨씬 긴 역사를 보여준다.[606]

전쟁과 정치적 사건이 충격적일 정도로 정확한 시간을 두고 반복되는 엘메와 마송의 작업과는 달리, 포멘코의 장기적인 주기는 그렇게 멋지고 깔끔한 방식으로 떨어지지는 않는 것 같다. 포멘코는 비잔틴 로마사와 영국사 사이에 존재하는 "약 275년"이라는 "엄격한" 주기와 120년이라는 또 다른 "엄격한" 주기에 주목했는데, 이것은 우리의 데이터에 아주 잘 들어맞는다. 그러나 포멘코는 시간의 실제 길이를 의미심장하게 보지도 않았고, 이러한 현상이 이미 프랑스에서 연구되었다는 사실도 전혀 모르는 듯하다. 포멘코의 주요 논문은 아직 영어로 번역되지 않았지만 우리는 뉴 트래

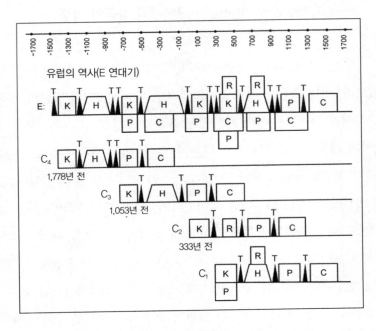

포멘코 교수의 역사적 사건에서 반복되는 4부 "교과서" 그래프

디션 사이트의 그래픽 데이터에서 확실한 숫자를 찾을 수 있었다.[607]

이 핵심 그래프는 기원전 1600년에서 기원후 1600년 사이에서 네 개의 반복되는 주기를 보여준다. 맨 위의 연대표에 따르면, 다소의 차이가 있긴 해도 각 주기의 길이는 대략 1300년이다. 우리는 또한 각 주기 내에 네 개의 하위 주기, 즉 포멘코가 "교과서들"이라고 부르는 것을 확인할 수 있다. 이 각각의 하위 주기는 거의 정확히 길이가 같다. 이것은 전체 그래프에서 일관성을 유지한다. 이는 엘메와 마송이 제안한 것, 즉 주요 사건이 발생하는 일정한 시간 간격에 더 작은 주기가 존재한다는 주장과 완전히 일치한다.

─────── **1,296년 주기: 4등분 내에서의 영웅의 여정**

이제 우리는 약 1300년이 걸리는 4부작 이야기 하나를 가지고 있으며, 이는 모든 할리우드 영화의 기본이 되는 3막의 영웅의 여정 구조로 분해할 수 있다. 일단 각본에 중간점을 포함시키면, 우리는 그것을 완벽하게 대칭되는 네 부분으로 나눌 수 있다. 이는 매우 흥미로운 지점이다. 만약 포멘코가 전체적인 "이야기"가 1300년이라는 것을 알았다면, 만약 우리가 1,296년으로 4년만 깎아준다면, 우리는 25,920년이라는 분점세차의 또 다른 완벽한 분류를 가지게 될 것이기 때문이다. 대년 자체에는 정확히 1,296년의 20주기가 있다. 1,296년 주기는 각각 포멘코의 그래프에서 4개의 동일한 부분으로 깔끔하게 나누어져 우리에게 324년의 구간을 제공한다. 이 324년 주기는 25,920년의 분점세차 주기에 정확히 80개가 존재한다.

720년 주기: 12궁도 시대의 1/3

1,296년의 주기는 엘메와 마송의 모형과 완벽하게 맞아떨어지지만, 추가적인 정보는 포멘코의 그래프에서 찾을 수 있다. 포멘코의 1,296년 된 각각의 "교과서들"은 정확히 언제 시작되었고, 그 교과서들 사이에 얼마나 많은 시간이 발생했는가? 포멘코는 가장 최근의 주기만이 정확하다고 믿기 때문에, 이전의 주기는 모두 위조인 것이 틀림없다고 가정한다. 포멘코는 웹사이트의 그래프에서 이러한 각각의 이전 주기가 시작된 정확한 숫자들을 알려준다. 첫 번째 주기는 가장 최근의 주기보다 1,778년 전에 시작되었다. 두 번째 주기는 가장 최근의 주기보다 1,053년 전에 시작되었다. 그리고 세 번째 주기는 가장 최근의 주기보다 333년 앞서 시작되었다.

포멘코가 각각의 주기 사이에 얼마나 많은 시간이 경과했는지를 밝히지 않았다는 것에 주목하라. 대신 그는 각 주기의 시작과 마지막 주기의 시작 사이에 경과한 기간에 대해서만 언급했다. 주기 자체의 실제 길이를 얻기 위해서는 그래프에서 각 주기의 시작점 사이에 몇 년이 경과했는지 알아내야 한다.

1778년과 1053년 사이는 725년, 1053년과 333년 사이는 720년이다. 이는 로마 제국과 유럽 역사의 거대한 중첩을 나타내고, 최초 3주기 내의 주요 역사적 사건들이 대략 또는 정확히 720년 간격으로 일어난다는 것을 의미한다. 두 번째 주기와 세 번째 주기는 정확히 720년 떨어져 있다. 첫 번째 주기와 두 번째 주기는 725년 떨어져 오차범위에 들어간다. 기록들 자체가 정확하지 않을 가능성이 높다. 720년은 황도 12궁 시대의 정확한 3분의 1이기 때문에 처음 이 계산을 했을 때 매우 놀랐다. 이 720년 주기가 마송의 책에서 언급되었고 종교 발전의 가장 중요한 3단계와 연관되어 있다는 사실을 떠올렸다.

마지막은 불과 333년의 시간이 세 번째와 네 번째의 주기를 분리했다. 이것은 매우 흥미로웠다. 나는 여러 해 동안 동시성의 환경에서 333이라는 숫자를 보아왔기 때문이다. 그러나 이 경우에 우리는 9년의 오차범위를 가지게 된다. 포멘코가 발견한 "엄격한" 1,296년 주기 안에서 4등분 된 하위 주기의 길이는 324년이다. 이 324년 주기 80개가 25,920년의 분점세차기 안에 있다. 추가 연구를 통해 포멘코가 주기의 특정 사건을 잘못 해석했을 수 있고, 최종 두 주기의 실제 시작 시간이 정확히 324년 떨어져 있다는 것이 밝혀질지도 모른다.

그래프에서 두 번째와 세 번째 주기의 차이는 정확히 720년이다. 첫 번째와 두 번째 주기는 720년 차이에 매우 근접하고 있다. 마송의 책은 이 720년 주기의 다른 예들을 보여준다. 데이비드 스타인버그가 번역한 마송의 책을 내 웹사이트에 올린 것은 1999년이지만, 2010년 4월 역사의 순환 주기에 관한 이 장의 초안을 작성하면서야 이 오래된 글을 기록보관소에서 발굴했다. 나는 곧 포멘코의 데이터에서 특정 숫자를 찾을 수 있는 뉴 트래디션 웹사이트를 검색했다.

─────── **기독교 내의 720년 주기에 대한 프랑수아 마송의 연구**

마송은 720년 주기와 주요 종교의 성장 단계를 연관시켰다. 이 주기는 원래 푸셀 신부Reverend Father Poucel에 의해 발견된 것이라고 했지만, 나는 지금까지 푸셀의 원본을 찾지 못했다. 720년 주기의 정의는 본질적으로 종교적 사건에 제한된 것으로서 포멘코가 발견한 모든 것을 설명하기엔 부족하지만, 적어도 어떤 경우에는 주요 종교가 이러한 패턴을 따랐다고 볼 수 있다. 마송에 따르면, 모든 문화는 멋지고 깔끔한 720년 주기로 나뉘는 정신적, 종교적 발전의 단계를 거치게 된다.

2160÷3=720년 ⋯ 푸셀 신부가 지적한 것이다. 720년의 첫 단계는 모든 종교에서 "예언의 시기prophetic period"이다. 두 번째는 "성직자의 시기clerical phase"이고, 세 번째는 영적 권력에 대한 시간적[물질적] 권력의 우위다. 예를 들어, 720~750년은 그리스도의 가르침의 시기다. 기독교의 신비로운 시대에 해당한다. 720~750년에서 1440~1470년까지는 교회 성직자 계급이 백성들과 정부를 지배한 시대였다.[608]

만약 720년 주기가 예수 탄생의 시기로부터 시작된다면, 우리가 찾는 첫 번째 핵심 연도는 서기 720년이다. 서기 726년경, 비잔틴 로마 제국의 황제 레오 3세는 "우상파괴iconoclasm" 캠페인을 시작했다.[609] 이는 정치적 또는 관념적 이유로 자신의 종교적 상징을 의도적으로 파괴하는 문화를 포장하기 위해 붙이는 이름이다. 무엇보다 레오 황제는 콘스탄티노플 대궁전 입구에 있는 예수의 성상을 파괴하라고 명령했다.

이 갈등은 695년을 기점으로 가속화되기 시작했다. 유스티니아누스 2세 Justinian II는 금화 뒷면에 예수의 얼굴을 넣었는데, 705년 사망한 이슬람 칼리프 압드 알 말리크Abd al-Malik는 동전에 예수의 얼굴을 넣는 것을 중단하고 문자만 넣게 했다. 화폐에 비잔틴 디자인을 사용하던 전통과 결별한 것이다.[610] 또한 레오 3세가 726년 우상을 파괴하라는 명령을 내리기 전부터 이러한 반란 분위기는 사회에 충만했다. 서기 726년 이전의 것으로 추정되는 편지에서, 총대주교 게르마누스Germanus는 우상 파괴를 주장하는 두 명의 주교에게 예수의 얼굴을 성상聖像으로 사용하는 것에 대해 "현재 모든 지역과 수많은 사람들이 이 문제로 상당히 동요하고 있다"라고 썼다.[611]

따라서 우상 파괴의 시기는 720년 주기와 잘 맞아떨어진다. 마송에 따르면, 이 시기는 "카톨릭 교회의 첫 번째 큰 위기"이다. 이후 교회의 성직자 패거리들은 국민뿐만 아니라 정부에 대한 지배력을 점차 강화시켰다.

그리고 다시 720년 후는 1440년이다. 그로부터 1년 이내에 르네상스가 시작됐고, 우리가 지금 알고 있는 현대 과학이 태동했다. 르네상스는 의심의 여지 없이 진실을 선포하는 교회의 권위에 도전했다. 폴 로버트 워커Paul Robert Walker는 2003년 자신의 저서 『르네상스를 촉발시킨 불화The Feud That Sparked the Renaissance』에서 르네상스라는 사회, 예술, 과학 혁명은 정확히 1441년에 시작된 것이 맞다고 말했다. 기베르티Ghiberti와 브루넬레스키Brunelleschi가 피렌체 세례당Florence Baptistery의 청동문을 누가 조각하느냐를 놓고 경합했던 해 말이다.[612]

─────── **서기 720년이 영웅의 여정의 새로운 시작이라면?**

만약 서기 720년을 새로운 주기의 시작점으로 본다면 어떨까? 서기 720년이 영웅의 여정 이야기의 새로운 시작이라면? 서기 720년의 정치적, 사회적 풍토가 현대의 "영웅들"이 한 생에서 다음 생으로 옮겨갈 때 탈출을 위한 퀘스트에 동참하기 위해 궁극적으로 영감을 얻어야 하는 "일상 세계ordinary world"를 나타낸다면?

기독교 내에서 예수의 얼굴을 우상으로 삼는 것은 "혐오스러운 일"로 여겨졌다. 이렇게 광범위하게 교회의 권위에 대해 의문을 갖는 것은 이번이 처음이었다. 종교가 타락했으며 사회정치적 탄압의 도구로 이용되고 있다는 사실을 사람들이 처음 깨달은 순간이었다. 교회는 군국화되어 명백히 정부의 직할부대가 되었다. 만약 우리가 서기 720년을 포멘코의 1,296년 주기 중 하나의 출발점으로 삼는다면, 그 순환이 2016년에 끝난다는 것을 의미한다. 이것은 세차의 마감일과 매우 근접하게 맞아떨어진다.

──────── **다니엘서의 1,290년 주기**

우리 탐구의 또 다른 단서는 구약 중 다니엘서the book of Daniel 이다. 아주 얇은 베일에 싸인 상징이 시간의 순환을 묘사하는 데 사용되었던 것으로 보인다. 다양한 성경 구절들은 성경 구절 내의 "하루"가 실제 세상의 1년을 상징할 수 있음을 보여준다.[613] 다니엘서 12장에서 다니엘은 환영 속에서 빛나는 세마포 옷을 입은 남자를 만났는데, 많은 이들이 이를 예호슈아의 환영이라 믿는다. 빛나는 남자는 다니엘에게 그 시대가 끝나기 전에 1,290이란 "날"의 마지막 주기가 있을 것이라고 말했다. 많은 바이블 애호가들은 이것이 시간 암호화된 예언이라고 느꼈지만, 그들은 우리가 사용해야 할 시작 날짜를 확신하지 못한다. 다니엘서 12장 11절의 정확한 구절은 다음과 같다: "매일 드리는 제사를 폐하고 멸망케 할 가증한 것을 세울 때부터 1,290일을 지낼 것이요."[614]

"매일 드리는 제사regular burnt offering"란 신성한 제물을 태워 바치는 의식으로 알려져 있다. 푸셀 신부와 프랑수아 마송은 "매일 드리는 제사"가

기독교 초창기의 신성하고 신비로운 측면, 즉 역사를 통틀어 나타나는 최초의 720년 주기의 상징이 될 수 있다고 한다. 이는 우리가 잠재적으로 서기 720년을 "황량하고 혐오스러운 시간"의 시작으로 정할 수 있다는 것을 의미한다. 마송에 따르면, 이것이 "교회가 인민과 정부 위에 군림하는 계급 지배"의 시작이라고 한다. 서기 720년 정부와 교회는 힘을 합쳐 인민에 대한 통제를 극적으로 강화했다. 이는 종교재판을 포함한 많은 악몽으로 이어졌는데, 교회의 의견에 동의하지 않는 사람들은 고문을 당했다. 또한 십자군을 비롯해서 강간, 약탈, 집단 학살 등을 수반하는 많은 성전聖戰이 벌어졌다.

서기 720년이라는 결정적인 날짜로부터 1,290년이 지나면 2010년이 된다. 이 계산을 했던 시점이 2010년이었으므로 나는 이 숫자가 나오자 깜짝 놀랐다. 위대한 주기는 주기 자체가 언제 발견될지 이미 알고 있다는 이야기일까? 우리는 역사의 특정 시점에 그들을 재발견해야 하는 시간 계획 안에 있고, 실제로 재발견이 되도록 프로그램되어 있었을까? 그렇게 오래 전에 예언이 암호화되는 것이 가능할까? 워터게이트 스캔들을 포함해 '백양궁 시대의 로마'와 '쌍어궁 시대의 미국'이 2,160년 동안 겹치는 많은 것을 생각하면 무엇이든 가능할 듯하다. "2010년에 새로운 일은 아무것도 일어나지 않았다"라고 말할 수도 있을 것이다.

문맥을 살펴보자: 시대에서 시대로 진보하는 역사

바이블에서 전체적인 모형을 뒷받침하는 숫자 코드를 찾으려는 것은 터무니없는 시도라고 생각하는 사람이 많을 것이다. 만약 이것이 무작위적인 성경 구절에 불과했다면, 나는 분명히 그 생각에 동의했을 것이다. 우리는 다니엘서 12장 11절에 도달하기 전의 맥락을 연구하기로 했다. 2장 20~22절은 "시대에서 시대로" 진보하는 역사에 대해 명확하게 언급한다. 이러한 위대한 순환이 어떻게 시대와 계절을 거쳐 우리를 움직이게 하고, 그 과정에서 왕들을 세우고 끌어내리는지를 보여준다. 이것은 확실히 우리의 모형과 일치한다: "신神의 이름이 시대에서 시대로 복이 있기를, 지혜와 권력은 그의 것이기 때문이다. 그는 시기와 계절을 바꾸고, 왕들을 폐하고 세우며, 현명함과 지식을 가진 사람에게 지혜를 준다. 그는 깊고 감춰진 것을 드러낸다."[615]

정말이지 나는 이러한 주기에 대한 지식은 "이해력이 있는 자"에 의해 발견될 수 있는 "지혜"의 "깊고 숨겨진" 측면이라고 생각한다. 현대 기술 시대에 접어든 우리는 정보에 대해서 전 세계적으로 즉각 접근할 수 있고, 마침내 이러한 주기가 어떻게 작용하는지 이해할 수 있다.

다니엘, 반복되는 주기 안에서 움직이는 역사를 묘사하다

예언자 다니엘이 느부갓네살Nebuchadnezzar 왕의 의뢰를 받아 그의 꿈을 해석했다는 것을 알게 되면 맥락은 더욱 확연해진다. 다니엘이 내놓은 해석은 반복되는 주기로 움직이는 역사에 대한 세세한 지식을 보여준다.

왕이여, 당신은 한 큰 신상을 보셨나이다. 그 신상이 왕의 앞에 섰는데 크고 광채가 특심하며 그 모양이 심히 두려우니. 그 우상의 머리는 정금이요, 가슴과 팔들은 은이요, 배와 넓적다리는 놋이요, 그 종아리는 철이요, 그 발은 얼마는 철이요, 얼마는 진흙이었나이다. 또 왕이 보신 즉 사람의 손으로 하지 아니하고 뜨인 돌이 신상의 철과 진흙의 발을 쳐서 부쉬뜨리매. 때에 철과 진흙과 놋과 은과 금이 다 부숴져 여름 타작 마당의 겨같이 되어 바람에 불려 간 곳이 없었고. 우상을 친 돌은 태산을 이루어 온 세계에 가득하였었나이다.[616]

여기서 우리는 금, 은, 청동, 철의 층으로 이루어진 거대한 남성의 동상을 만난다. 이 층들은 하나둘씩 박살이 난다. 그 결과로 생긴 잔해들이 "여름 타작 마당의 겨"와 같다고 말하는 구절에 주목하라. 겨는 방앗간에서 곡물을 갈 때나 타작 기구에서 떨어지는 쓸모없는 물질이다. 데 산티야나와 폰 데헨트에 따르면, 맷돌은 전 세계적으로 수십 개의 신화에 삽입된 가장 흔한 상징 코드 중 하나인데 25,920년의 분점세차를 상징한다고 한다. 맷돌의 중심축은 두 연구자의 서사적 모형에서 세차운동을 하는 지구의 축을 상징한다. 거대한 동상의 각 부분은 한 시대에 해당한다. 황금시대는 머리로 표현된다. 이것은 각각의 새로운 주기의 시작이다. 마지막 시대에, 이전 주기의 모든 것이 느부갓네살 왕 앞에서 박살나고 다소 갑작스럽게 끝난다.

다니엘은 동상의 네 가지 주요 부분인 금, 은, 청동, 철을 인간 역사의 주요한 주기나 시대에 해당하는 것으로 해석하고 있다. 이것은 당시의 왕이 대표하고 있는 황금시대Golden Age로부터 시작된다. 그러나 이 예언은 느부갓네살과는 별로 관련이 없는 듯하다.

왕이여, 왕은 열왕의 왕이시라 하늘의 하나님이 나라와 권세와 능력과 영광을 왕에게 주셨고, 인생들과 들짐승과 공중의 새들, 어느 곳에 있는 것을 무론하고 그것들을 왕의 손에 붙이사 다 다스리게 하셨으니 왕은 곧 그 금머리이니다. 왕의 후에 왕만 못한 다른 나라가 일어날 것이요,

셋째로 또 놋 같은 나라가 일어나서 온 세계를 다스릴 것이며, 넷째 나라
가 강하기가 철 같으리니 철은 모든 물건을 부숴뜨리고 이기는 것이라 철
이 모든 것을 부수는 것 같이 그 나라가 뭇 나라를 부숴뜨리고 빻을 것이
며.[617]

우리는 지금 분명히 철기시대를 지나고 있다. 실제로 많은 전통 문화들
이 기계와 기술의 도입으로 무너지고 산산조각났다. 그리고 대부분의 기
계는 철로 이루어진 금속으로 만들어진다. 이 예언을 계속 읽다 보면, 그
시대의 사람들은 분열된 만큼 약화되었음을 알게 된다. 그럼에도 불구하
고 힘의 핵심이 남아 있다: "왕께서 그 발과 발가락이 얼마는 토기장이의
진흙이요 얼마는 철인 것을 보셨은즉 그 나라가 나누일 것이며 왕께서 철
과 진흙이 섞인 것을 보셨은즉 그 나라가 철의 든든함이 있을 것이나, 그
발가락이 얼마는 철이요 얼마는 진흙인즉 그 나라가 얼마는 든든하고 얼
마는 부숴질 만한 것이니."[618]

철기시대가 우리 현대 세계의 예언이라는 것은 앞으로 건너뛰어 7장 23
절을 보면 더 분명해진다: "넷째 왕국이 될 터인데 이 왕국은 모든 왕국과
달라서 온 땅을 삼키고 짓밟아 산산조각 낼 것이요."[619]

철기 시대가 끝나면 우리는 다시 황금기로 돌아간다. 이 묘사는 상징적
이고 꿈 같은 말로 표현된다: "이 열왕의 때에 하늘의 하나님이 한 나라를
세우시리니 이것은 영원히 망하지도 아니할 것이요, 그 국권이 다른 백성
에게로 돌아가지도 아니할 것이요, 도리어 이 모든 나라를 쳐서 멸망시키
고 영원히 설 것이라."[620]

12장 1절로 가면 지금 우리가 처해 있는 어려운 시기에 대한 예언을 볼
수 있지만, 마침내 도래할 황금시대가 어떤 모습일지 알 수 있다: "국가들

이 처음 등장한 이래 한 번도 일어나지 않았던 고뇌의 시간이 있을 것이다. 그러나 그때에 주의 백성은 인도될 것이며, 발견된 사람은 모두 그 책에 기록되어 있을 것이다.[621]

누군가는 "책"에 나오는 사람들이 "선택받은 사람들"일 것이라 믿을지도 모른다. 그 책이 실제로 영웅의 여정 그 자체에 대한 이야기일 수도 있다고 생각해 보자. 만약 이것이 상징이라면, 우리는 어떻게 책에 우리 자신을 기록할 수 있을까? 어떻게 하면 위대한 이야기에 동참할 수 있을까? 이것은 불멸의 고대 엘릭시르를 탐구하는 사람들이 책에서 자신을 발견하는 것일 수도 있다. 더 선하고, 더 강하고, 더 사랑스러운 세상을 추구하기 위해 기꺼이 네메시스와 맞서겠다는 모든 사람들은 지금 우리가 겪어야 하는 행성 치유 과정에 자신을 바친 것이다.

우리가 세계적인 차원에서 적들을 물리치고 나면, 우리는 적들이 지키고 있던 보물에 다가가서 황금시대로 들어갈 수 있다. 다니엘서의 황금시대에 대한 묘사는 매우 흥미롭다. "땅의 먼지 속에서 잠자는 많은 사람들이 깨어날 것이다. 어떤 이들은 영원한 생명을, 어떤 이들은 수치스럽고 영원한 경멸을 받을 것이다. 지혜로운 사람은 하늘의 밝기처럼 빛나고, 많은 사람을 의義로 이끄는 사람은 영원 무궁토록 빛날 것이다."[622]

이는 하나의 법칙 시리즈에 기술된 것과 동일한 "4차 밀도 변화"에 대한 부인할 수 없는 언급으로 보인다. 우리가 탄생과 죽음의 주기에서 해방되는 인간 진화의 다음 단계에서는 부활 후의 예호슈아와 같은 '빛의 몸'으로 이동하는 듯하다. 다음 장에서 우리는 티벳과 중국에서만 16만 건 이상의 "무지개 몸" 발생 기록이 있다는 것을 볼 것이다. 이 같은 구절은 "땅의 먼지 속에서 잠자고 있다가 깨어나는 사람들"을 가리키기도 한다. 이것은 분명히 은유적이다. 많은 기독교 근본주의자들이 믿는 땅 밖으로 솟아오르는 시체가 아니라, 우주를 지배하는 영적 원리를 알지 못한 채 남아 있는 사람들에 대한 비유일 가능성이 매우 높다.

인코딩된 숫자가 드러나는 중심 구절

마지막으로, 그 모든 맥락을 제자리에 두고 암호화된 숫자가 나오는 "수수께끼 같은" 구절로 돌아가자. 이는 다니엘서 12장 6절부터 시작된다.

> 그중에 하나가 세마포 옷을 입은 자, 곧 강물 위에 있는 자에게 이르되 이 기사의 끝이 어느 때까지냐 하기로. 내가 들은즉 그 세마포 옷을 입고 강물 위에 있는 자가 그 좌우 손을 들어 하늘을 향하여 영생하시는 자를 가리켜 맹세하여 가로되 반드시 한때 두때 반때를 지나서 성도의 권세가 다 깨어지기까지니, 그렇게 되면 이 모든 일이 다 끝나리라 하더라.[623]

1996년 11월 9일 친구이자 동료인 조 메이슨Joe Mason에게서 "한 번, 두 번, 반"이라는 의미를 처음 발견했다. 그는 이와 같은 미스터리를 조사하게 된 믿을 수 없는 사건들을 묘사했다. 나는 조지프 캠벨의 『영웅의 여정』을 읽고 "삼과 이분의 일"의 상징성이 전 세계적으로 다양한 신화에 나타난다는 것을 알게 되었다. 캠벨은 자신의 저서 『외부 공간의 내적 거리 The Inner Reaches of Outer Space』에서 "셋 반"은 몸의 에너지 중심으로 알려진 제3 차크라와 제4 차크라의 티핑 포인트일 것이라 제안했다.

그러므로 "삼과 이분의 일"은 낮은 마음인 에고와 높은 의식인 가슴의 티핑 포인트를 나타낸다. 그로부터 2년 반 후인 1999년 4월, 조 메이슨은 자신의 웹사이트인 그레이트드림스GreatDreams.com에 다음의 글을 올렸다.

1992년, 꿈 그리고(혹은) 크롭 서클의 형성과 관련된 동시성을 경험한 후에 수많은 동시성이 연속으로 발생했다. 나는 조지프 캠벨의 책『외부 공간의 내적 거리』를 읽었고, 다양한 형태의 신화에서 발견되는 "차크라들의 중간점"에 대한 상징성에 큰 감명을 받았다. 일곱 차크라 중 중간점은 흔히 3과 2분의 1로 묘사된다. 당시에 나는 처음으로 성경책을 읽고 있었고 요한계시록 11장 9절과 11장 11절에 이르렀다. 성경은 "3일 반" 동안 죽은 채로 누워 있던 두 그루의 올리브 나무/등잔대에 대해 이야기한 후, 신의 한 숨결이 그 안에 들어가면 일어서서⋯라고 말하고 있었다. 그 페이지는 다양한 형태로 "7의 중간점"을 표현한 신화와 요한계시록의 의미에 대한 상당히 설득력 있는 이론으로 나를 이끈 꿈의 동시성에 대해 상세히 기술하고 있다.[624]

메이슨은 3과 2분의 1 지점이 에고와 가슴 사이의 티핑 포인트일 뿐만 아니라, 하나의 법칙에서 세 번째와 네 번째 차원, 즉 "밀도" 사이의 이동을 나타낸다고 믿었다. 이 변화는 우리를 다가오는 황금시대로 밀어 넣는데, 이 또한 매우 자주 예언되어 왔던 것이다. 메이슨은 같은 기사에서 발췌한 또 다른 글에서 이렇게 설명한다: "한 번, 두 번, 반 번은 여전히 3과 2분의 1을 상징하는 또 다른 형태라는 것이 분명해 보인다. 이 경우 일수나 연수의 정해진 기간이 없다. 아마도 인류가 요구되는 의식 진화의 수준에 도달했을 때, 즉 그것이 아무리 길더라도 변화가 올 것임을 의미한다."[625]

그 후 한 포럼에서 조 메이슨을 만났다. 내가 정기적으로 동시성 현상에 대해 글을 올리고 꿈에서 얻는 데이터를 설명하는 포럼이었다. 그날 밤 그의 이야기를 듣고 있는데 극도의 피곤이 몰려와 간신히 깨어 있을 수 있었다. 그가 나에게 주고 있는 정보는 환상적이었다. 수백 개의 다른 점들을 연결해준, 엄청나게 많은 양의 다운로드처럼 느껴졌다. 나는 몽롱한 상태였지만, 내가 할 수 있는 최선의 방법으로 그의 말을 모두 받아 적었다. 조메이슨은 이러한 개념들 중 일부는 그가 "꿈의 목소리Dream Voice"라고 부르는 것을 통해 자신에게 모습을 드러내고 있다고 말했다. 그는 "꿈의 목소리"가 "잠에서 깨어나 아직 꿈을 기억할 수 있을 때 들리는 조용한 배경의 중얼거림"이라고 말했다.

메이슨은 이 중얼거림에 초점을 맞추고 주의를 기울여 들으면 단어와 문장의 조각들을 포착해 적을 수 있다고 말했다. 바로 다음날 아침, 나는 그말이 무엇을 의미하는지 생각하지도 않은 채 이렇게 하기 시작했다. 그것은 꿈의 목소리 프로토콜의 매우 중요한 요소였다. 그 말을 따르거나 이해하려고 하면 금방 왜곡될 것이다. 8페이지 분량의 자료를 만들어낼 때까지 그 과정을 계속하다가 1996년 11월 10일 중단했다. 그리고 정상적으로 깨어 있는 의식 속에서 써 놓은 것을 읽기 시작했다. 나는 그 말의 복잡함과 신비함에 아연실색했다.

이것은 내가 사이킥 리딩psychic reading을 한 첫 번째 경험이었다. 그 후로 나는 이 능력을 계속 연습하고 발전시켜 왔다.

다니엘, "셋 반"에 대한 더 많은 정보를 요청하다

메이슨은 셋 반의 상징성에 대해 "햇수나 일수 등 정해진 기간은 없다"라고 믿었다. 다니엘서로 돌아가면, 다니엘은 "셋 반"의 상징성에 대해 더많은 정보를 요청한다: "내가 듣고도 깨닫지 못한지라, 내가 가로되 내 주여, 이 모든 일의 결국이 어떠하겠삽나이까. 그가 가로되 다니엘아 갈지어

다, 대저 이 말은 마지막까지 간수하고 봉함할 것임이라."⁶²⁶

매우 흥미롭다. "끝날 때까지 비밀로 하고 봉인된" 말들이 사실 위대한 이야기 그 자체의 "페이지들" 즉, 영웅의 여정에 대한 지식일까? 조지프 캠벨과 같은 학자들은 최근에야 세계 역사상 가장 위대한 신화를 연결 짓는 공통의 연결고리를 발견했다. 할리우드는 캠벨의 청사진을 이용하여 훌륭한 이야기를 쓰고, 가능한 한 깊은 수준에서 돈을 벌었다. 영웅의 여정 이야기는 분명히 사후세계에 대한 우리의 잠재의식적 기억을 불러일으키고, 우리가 지구상에서 정말로 무엇을 하고 있는지를 생각하도록 자극하는 것 같다.

영화映畵의 시대 훨씬 전에는 이러한 신화들이 연극演劇으로 보여졌다. 커튼 콜은 틀림없이 전체 공연에서 가장 중요한 부분이었다. 배우들이 네 번째 벽을 깨고 처음으로 관객과 직접 연결되는 곳이다. 이 모든 중요한 순간에 우리가 알고 있는 평범한 일상 세계가 정말로 하나의 무대일 뿐이며, 우리가 다시 한 번 들어갈 마법의 세계가 존재한다는 것을 상기하게 된다. 하지만 우리는 이 마법 세계에 접근하기 위해 죽을 필요가 없다. 우리는 자신의 신비한 능력을 일깨우고 우주의 지식에 직접 접근할 수 있다. 나는 1996년 11월 10일에 이것을 하기 시작했고, 거의 즉시 선형線形 시간에 대한 나의 관념을 완전히 깨뜨리는 예언을 받기 시작했다. 미래는 종종 눈에 보이는 노력도 없이 아주 정확하게 묘사되고 있었다. 고대의 이야기들은 우리가 불가사의를 물리친 후에야 높은 자아의 보물인 불멸의 엘릭시르에 도달할 수 있다고 말한다. 다시 말하지만, 네메시스는 에고를 대표한다. 우리의 모든 의심, 두려움, 질투, 의심, 좌절이 바로 네메시스이다.

이 모든 이야기는 신화, 연극, 소설, 텔레비전 쇼, 그리고 영화에 등장한다. 이러한 줄거리들은 정기적으로 반복되는 시간의 순환주기 속에서 우리 역사 전반에 걸쳐 같은 순서로 나타난다. 다니엘서를 쓴 사람은 아마도 이것을 이해했고, 선형 시간에 얽매이지 않았던 것이 분명하다. 성경의 말은 "끝까지 비밀스럽고 봉인된" 것으로 남길 필요가 있었지만, 언제까지 그래야 할지는 오직 우리가 어떻게 하는가에 달려 있는지도 모른다. 성경이 영웅의 여정의 위대한 이야기라는 생각이 다니엘서에서 무겁게 검증되고 있다. 계속 나아가다 보면, 단지 세 문장 뒤에서 1,290년 주기에 대한 명확한 설명이 발견된다. "많은 사람이 연단을 받아 스스로 정결케 하며 희게 할 것이나 악한 사람은 악을 행하리니. 악한 자는 아무것도 깨닫지 못하되 오직 지혜 있는 자는 깨달으리라. 매일 드리는 제사를 폐하며 멸망케 할 가증스러운 물건을 세울 때부터 1,290일을 지낼 것이요."[627]

이제 의미가 더 잘 통한다. 전 세계의 다른 예언들은 2012년경 황금시대가 시작된다고 분명히 밝히고 있다. "정기적으로 행하던 제사를 빼앗고 황폐화시킬 혐오스러운 것이 세워지는 시기"는 추측하기 쉽다. 교회가 국민과 정부에 대한 통제를 강화하기 시작한 서기 720년의 우상파괴 운동이 될 수 있다. 프랑수아 마송과 푸셀 신부에 따르면 이로 인해 기독교의 "신비로운" 단계가 끝났다.

마지막 45년 전환기

마야 달력의 종료일은 2012년 12월 12일이다. 흥미롭게도 다니엘서 12장 12절에는 45년의 전환기가 이 시기 또는 그 무렵에 시작될 것이라고 쓰여 있다. 우리는 이것이 1,290개의 "날들days"과 또 다른 새로운 숫자 1,335의 차이에서 나타난다고 본다: "기다려서 1,335일까지 이르는 사람은 복이 있으리라. 너는 가서 마지막을 기다리라. 이는 네가 편히 쉬다가 마지막 날에는 네 업을 누릴 것임이니라."[628]

하나의 법칙 시리즈에서 우리는 제4차 밀도로의 이동이 1981년 이후 약 30년, 즉 대략 2011년 이후부터 시작된다고 들었다. 2011년은 다니엘서에 있는 이 명백한 시간, 코드화된 예언에 훨씬 더 가깝다. 그러나 하나의 법칙 시리즈는 4차 밀도로의 전환이 완료되기 전에 "100~700년"의 전환기를 거쳐야 한다는 뜻도 담고 있다. 그곳에 도착하기 전에, 우리는 기존의 3차 밀도 신체 내에서 제4의 밀도 능력을 경험할 기회를 갖게 된다. 이를 설명하는 인용문은 뒤이어서 공개된다.

우리는 세상에 마법이 남아 있지 않다고 생각하도록 조건화되었다. 과학은 모든 위대한 미스터리를 해결했고, 우리는 태어나고 살고 죽으려고 여기 왔을 뿐, 존재의 아름다움을 알지 못한다. 이제 나는 내가 밟는 각 단계가 과거나 미래에 있는 나의 다른 버전들에 의해 복제되는 것이 아닌가 하는 생각을 한다. 내가 내리는 결정은 이 순환에 어떤 영향을 미칠까? 내가 내린 어떤 결정이 다른 주기에서 일어난 일에 직접적인 영향을 받았을까? 내가 그것을 의식적으로 깨닫든 깨닫지 못하든 내 자유의지를 좌우할 어떤 이야기 포인트가 주기에 내재되어 있을까?

이러한 순환주기가 실제로 존재한다는 것을 알게 되면 삶은 훨씬 흥미로워진다. 우리가 한 번 죽으면 끝이고, 우리의 삶과 세계적인 사건에서 일어나는 어떤 일에도 더 큰 목적은 없다고 하는 전형적인 무신론자의 생각에 강한 의문을 가질 수 있다.

나는 이런 이상한 것들을 모형화할 수 있는 방법이 있는지를 찾아보는 도전을 즐긴다. 이러한 주기는 실제로 어떻게 형성될까? 행성의 위치, 또한 이웃 별 주위를 도는 궤도에서의 위치에 기반하여 어떤 종류의 에너지로 이루어진 구조를 통과하고 있는 걸까? 2012년 8월까지 이 최고의 퍼즐을 풀지 못했고 코드를 해독하기 전까지는 이 책을 쓰는 것이 편치 않았다. 내가 그 답을 찾았을 때, 이미 그것이 하나의 법칙 시리즈에 명시되어 있다는 것을 깨달았다. 단지 그것이 무엇을 의미하는지 이해하지 못했을 뿐이다. 이 새로운 모형은 우리를 황금시대로 이끌 수 있는 활기찬 도약대일 뿐만 아니라 역사의 순환을 시각적으로 이해하고 설명할 수 있는 길을 보여주었다.

힌두교 경전 등은 이 새로운 황금시대가 처음이 아님을 시사한다. 또 다른 황금시대가 우리 인류의 선사시대에 있었던 것으로 보인다. 그 황금시대 사람들은 핵심 분야에서 현저히 앞선 과학지식을 가졌을까? 우리가 지금 재발견한 역사적 순환을 잘 알고 있었을까? 조상들이 가지고 있던 황금시대에 대한 기록들은 다시 그런 일이 일어날 것이라고 믿게 하고, 심지어 언제 그것이 도착할 것인지 예측하게 만들었을까? 그들은 25,920년의 순환이 끝날 때마다 하나의 거대 사건mega-event 속으로 수렴될 것이라는 것을 이미 알고 있었을까? 그들이 남긴 기록들을 연구해서 그들이 한때 알고 있던 진보된 과학을 더 분명히 설명할 수 있는 비밀을 찾을 수 있을까? 동시성이란 열쇠를 찾아서 황금시대의 청사진을 간직한 거대한 보물 상자를 열 수 있을까?

21

순환주기와
4차 밀도로의 이동

─────── **무지개 몸**

     티베트와 중국에서만 16만 명 이상의 사람들이 무지개 몸 Rainbow Body으로 변신했다는 문서 기록이 있다.[629] 이 현상은 현대에 이르기까지 계속되어 왔다.[630] 『소스필드』에서 밝힌 바와 같이, 근래에는 천주교 사제 티소 신부와 중국군들에 의해서도 이 사실이 목격되고 면밀히 조사되었다.[631] 살과 피를 가진 인간이 "빛의 몸light body"으로 변하여 물질세계와 사후세계를 오가는 능력을 얻게 된다는 이야기는 매혹적이다. 경우에 따라서는 한 번에 저절로 변하는 사람들도 있지만, 많은 경우 수의壽衣에 싸여 있는 7일 동안 점차 순수한 무지개 빛으로 변한다.[632] 이런 사람들은 하나같이 고도로 진보된 영적 수련을 했으니 그들에게 일어난 일은 결

"무지개 몸"을 묘사한 티베트 불교 삽화

코 우연이 아니다. 그들은 자신과 타인을 사랑하고, 용서하고, 자신의 정체성을 "하나인 무한한 창조자One Infinite Creator"로 보기 위해 평생을 명상하고 사색하며 보냈다.[633]

그들은 여기에 있는 존재의 차원이 무엇인지를 터득했고, 그런 이해가 상승된 상태로 이동할 수 있었다. 이런 일은 대부분의 사람들이 죽었을 때 일어나는 일이 절대 아니다. 또한 "빛의 몸"은 우리가 육체적으로 죽은 후 저절로 되어 가는 상태도 아니다. 이는 말 그대로 인류 진화의 양자적 도약이다. 티소 신부는 이 현상이 좀 더 진지하게 연구되기를 원했다. 이 지식이 서구 세계 사람들의 삶과 영적인 길을 바꾸는 데 도움이 될 수 있을 것이라고 느꼈기 때문이다.

수확: 세계 변혁의 또 다른 이름

하나의 법칙 시리즈는 우리에게 곧 아주 멋진 일이 일어날 것이라는 생각, 즉 그들이 "수확harvest"이라고 부르는 것을 중심으로 구축된다. 언제 이런 일이 시작될지에 대한 일정표timeline가 주어졌다. 1981년 이후 약 30년이 지나서 이 일이 시작된다고 한다. 하나의 법칙 시리즈의 누적된 데이터를 보면 "수확"은 세계적인 사건을 가리키는 것이 분명해 보인다. 이 사건이 일어난 후, 우리 가운데 많은 사람들은 종종 승천ascension이라고 불리는 무지개 몸 상태를 성취할 수 있을 것이다. 나는 다른 책에서 이 일이 일어날 것이라는 많은 고대 예언들을 제시한 바 있다. 그 자료 중에는 시빌린 신비 문서Sibylline mystery texts가 포함되는데, 미합중국 국새의 "노부스 오르도 세클로럼Novus Ordo Seclorum(시대의 새 질서)"은 여기서 인용된 것이다.

이 문서는 심령술사인 쿠마에의 무녀Sybyl of Cumae가 기원전 539년경에 채널링을 통해 기록한 결과다. 로마 정부는 그 문서의 놀라운 정확성 때문

1782년 미국 국새의 최종 설계도

에 그것을 완전히 비밀리에 숨겨두었고 큰 보물로 간주했다. 로마 유물 웹 사이트에 나와 있듯이 "쿠마에의 무녀는 타고난 예언자였다. 그녀는 로마의 마지막 왕인 타르퀴니우스에게 예언서 세 권을 팔았다. 로마인들은 이 책을 숭배했고 가장 시급할 때 이 책의 자문을 받았다."[634]

시빌린 신비 문서는 정확한 시간대와 사건에 대한 비밀스런 묘사 등 로마에 일어날 일들의 연대기를 담고 있었다. 혹여 이 책이 로마를 침략하려는 자에 의해 이용될 수 있었으므로 고도의 기밀로 취급되었다. 이 문서는 주피터 신전 깊은 곳에 묻혔고 15명의 성직자들[635]이 그 곁을 지켰다.[636] 이 신비한 문서는 결국 베르길리우스의 『목가 제4편Fourth Eclogue』에 등장하는데 가장 적합한 온라인 리소스는 인터넷 클래식 아카이브Internet Classic Archive의 MIT 페이지에 있다. 다음은 이 예언의 가장 강력한 요소들이다.

쿠마에의 무녀가 노래한 마지막 시대
그것은 왔다가 갔고, 장엄한 회전
세기들의 순환이 새롭게 시작된다:
[Now the last age by Cumae's Sibyl sung
Has come and gone, and the majestic roll
Of circling centuries begins anew:]

"세기들을 순환하는 장엄한 회전이 새롭게 시작된다"는 미국 달러화 위에 "노부스 오르도 세클로럼"이란 문구로 압축되었다. 이것은 25,920년 주기에 대한 명확한 언급이다. 그 다음 구절은 더욱 흥미로운데, 외계인이나 천사 같은 존재들이 지구상에서 공식적으로 알려지게 된다는 예언이 나오기 때문이다.

정의가 돌아오고 옛 토성의 지배를 되찾고,

하늘에서 내려온 새로운 종족의 남자들과 함께.

오직 그대가 하리라, 그 아이가 태어나매

철의 종족은 멈출 것이고, 황금 종족이 솟아오르니

[Justice returns, returns old Saturn's reign,

With a new breed of men sent down from heaven.

Only do thou, at the boy's birth in whom

The iron shall cease, the golden race arise]

『소스필드』에서 밝혔듯이 황금 종족Golden Race과 황금 시대Golden Age라는 용어는 서로 바꿔 쓸 수 있다. 이는 세계적인 빛―몸―유형 사건에 대한 명확한 언급으로 보인다. 이후 어떻게 진행하는지 살펴보자.

이 영광스러운 시대가 시작되리라, 오 폴리오여,

그리고 그 달month들은 강력한 행군에 들어간다.

[This glorious age, O Pollio, shall begin,

And the months enter on their mighty march.]

당신의 지도 아래 남아 있는 것은 무엇인가?

우리의 오래된 사악함에서, 한 번 사라지면,

멈춘 적 없는 공포로부터 지구를 해방시키리라.

그는 신들의 생명을 받고, 또 볼 것이다.

영웅들과 신들이 뒤섞이고, 그리고 그 자신이

그들의 눈에 띄고, 그의 아버지의 가치와 함께

평화로운 세상을 다스려라.

[Under thy guidance, whatso tracks remain

Of our old wickedness, once done away,

Shall free the earth from never-ceasing fear.

He shall receive the life of gods, and see

Heroes with gods commingling, and himself

Be seen of them, and with his father's worth

Reign o'er a world at peace.]

이것은 매우 긍정적 예언이다. 지구는 멈춘 적 없는 공포로부터 해방되었다. 외계인들도 우리와 함께 온다. 우리는 그때 "신들의 삶을 받고" 우리 스스로 "신들의 삶을 보게" 된다. 우리에게는 이런 일이 언제 일어날지에 대한 시간 범위가 주어진다. 약 25,920년의 주기가 끝날 때이며 우리는 이 과정을 거치고 있는 중이다. 로마의 보물 중 가장 위대한 것을 직접 인용한 베르길리우스의 『목가』 제4편 말미에서 우리는 이 주기에 대한 노골적인 언급을 하나 더 보게 된다. "세계의 둥근 모양의 힘world's orbed might의 비틀림"에 대한 언급이다. 이것은 분명 우리가 이 순환을 통과할 때의 지구 축의 느린 요동을 가리키는 것 같다.

그대의 위대함을 가정해 보라, 시간이 얼마 남지 않았으니,

친애하는 신들의 자녀여, 주피터의 위대한 자손이여!

[Assume thy greatness, for the time draws nigh,

Dear child of gods, great progeny of Jove!]

어떻게 비틀리는지 보라―세계의 둥근 모양의 힘,

지구, 넓은 바다, 그리고 심오한 하늘을,

보라, 모두가 다가오는 시간에 넋을 잃는다!

[See how it totters-the world's orbed might,

Earth, and wide ocean, and the vault profound,

All, see, enraptured of the coming time!]

──────── 하나의 법칙 시리즈와 "수확"

이처럼 임박한 사건은 하나의 시리즈 전체에서 논의된다. 이러한 고차원의 외계인들이 이곳에 있는 주된 이유는 이 웅장한 행사에서 가능한 한 많은 사람들이 "졸업하도록" 돕기 위해서임이 분명하다. 고대 세계를 문명화하고 그들의 신화에 예언을 암호화한 다양한 신神들은 "하나인 무한 창조자를 섬기는 행성 연합Confederation of Planets"의 일원이었다. 따라서 쿠마에의 무녀에게 심어져 결국 미국의 국새에까지 이른 정보는 행성 연합의 긍정적 메시지에서 비롯되었을 가능성이 아주 크다.

그 안에 담긴 수많은 정확한 예언에도 불구하고 로마인들은 결코 이러한 예언들을 자신들의 이익을 위해 이용할 수 없었다는 점이 흥미롭다. 행성 연합이 로마인들의 구미를 당기게 할 충분한 요소를 넣었지만, 사실은 이 예언이 현대의 우리에게 도달하도록 특별히 의도했던 것은 아닐까? 하나의 법칙이 채널러인 카를라 뤼케르트를 통해 발표한 첫 문장은 행성 연합의 핵심 이념이다.

1.0 무한 창조자를 위해 일하는 행성 연합은 오직 하나의 중요한 성명 聲明만을 가지고 있습니다. 친구 여러분도 알다시피, 그 성명은 "모든 것, 모든 생명, 모든 창조물은 하나인 근원적 사고의 일부이다"입니다.[637]

행성 연합의 정확한 구성원 현황은 세션6에서 주어졌다:

6.24 나는 무한 창조자를 위해 일하는 행성 연합의 일원입니다. 이 연합에는 대략 53개의 문명이 있으며, 약 5백 개의 행성 의식 복합체로 구성되어 있습니다. 이 연합은 당신들의 행성에서 세 번째 차원을 넘어선 사람들을 포함하고 있습니다. 당신들 태양계 내에 있는 행성의 존재들과 다른 은하에 속하는 행성의 존재들도 포함하고 있습니다. 구성원들이 같지는 않지만 하나의 법칙에 따라 봉사하는 동맹이라는 점에서 진정한 연합입니다.[638]

채널링의 원천source이 말한 "다른 은하other galaxies"가 무엇을 의미하는지 알아내는 데 수년이 걸렸다. 그것은 우리 은하계 밖의 뭔가를 의미하는 것이 아니었다. 이것은 1996년 내가 씨름하고 있던 매우 혼란스러운 문제였다. 잠시 후 다시 그 문제로 돌아갈 것이다. 여러 가지 이유로 하나의 법칙 시리즈는 정확한 시간대를 명확히 파악할 수 없지만, 1981년에서 약 30년 후에 우리가 현재 알고 있는 물리학의 기본 법칙을 바꾸는 양자 도약이 있을 것이라고 말한다. 원천은 고대 이집트에서 사용했던 이름인 라Ra를 사용했다.

6.16 질문자: 이 시기의 주기 진행과 관련하여 지구 행성은 어느 지점

에 와 있나요?

라: … 이 행성은 지금 4차원 진동 내에 있습니다. 의식 속에 내장된 사회 기억 복합체 때문에 그것의 자료는 상당히 혼란스럽습니다. 지구가 지향하는 진동수 영역으로 이동하는 일이 쉽지 않습니다. 따라서, 지구가 지향하는 진동수 영역으로의 이동에는 약간의 불편이 수반될 것입니다.

6.17 질문자: 이런 불편이 몇 년 안으로 임박했나요?

라: 이 불편함, 즉 부조화된 진동 복합체는 이미 당신들 시간으로 과거 몇 년 전부터 시작되었습니다. 그것은 당신네 시간으로 약 30년 동안 약화되지 않고 지속될 것입니다.

6.18 질문자: 약 30년의 기간이 지나면 우리가 4차원 또는 4차 밀도 행성이 될 것이라고 가정하고 있습니다. 이 생각이 맞는가요?

라: … 그렇습니다.

6.19 질문자: [현재] 인구의 몇 퍼센트 정도가 4차 밀도 행성에 거주할 것인지 추정할 수 있습니까?

라: 아직 수확이 시작되지 않았으니 추정은 의미가 없습니다.[639]

하나의 법칙 시리즈는 결코 이보다 더 구체적으로 가지 않았다. 마야의 달력과 2012년은 결코 언급되지 않았다. 차원 이동에 대한 생각은 쿠마에의 무녀를 통해 주어진 예언과 완벽하게 들어맞는다. 또한 1995년 그레이엄 핸콕이 알린 것처럼, 30여 개 이상의 고대 신화에 내재된 황금시대의 예언도 설명한다. 그렇다면 우리는 가만히 앉아서 "마법을 기다리기"만 하면 되는 걸까? 나는 결코 그렇게 하지 않았다. 하나의 법칙 시리즈에는 포괄적이고 과학적인 조사를 할 수 있는 충분한 단서들이 주어져 있었다. 내가 초기에 발견한 흥미로운 단서는 대략 5,125년의 마야 달력이 25,920년 주기의 5분의 1에 가깝다는 것이었다.

나는 마야 달력이 추적하고 있는 각 하위 주기(260일, 360일+5, 7200일(19.7년), 144,000일(397.4년)이 우리 태양계의 궤도와 일치한다는 것을 알게 되었다. 260일의 쫄킨 주기는 고대 주기 중 메소아메리카에서 가장 널리 나타난다. 호주의 로버트 페든Robert Peden 교수는 우리 태양계의 내행성계에 위치한 행성들의 모든 궤도에 겹쳐지는 가장 작은 수가 260이란 사실을 발견했다. [640]

마야인들은 20일 주기와 13일 주기를 동시에 추적하면서 예언 시스템을 구축했다. 각각의 주기는 천문학과 유사하다는 특별한 의미를 가진다. 우리가 경험하는 효과는 이 두 주기가 260일 동안 교차하며 바뀌는 것이다. 전통적 천문학자들은 이러한 순환이 존재한다는 것을 결코 믿지 않을 것이다. 그들이 생각하는 행성 궤도는 웅장한 우주 시계의 기어처럼 그렇게 정밀하게 상호 연결되어서는 안 되는 것이다. 행성의 궤도처럼 복잡해 보이는 무언가가 어떻게 그렇게 단순하고 공통적인 분모를 가질 수 있을까? 페든 교수는 1981년에 이것을 발견했지만 2004년 5월 24일 무료로 온라인에 게시될 때까지 공개하지 않았다. [641]

나는 우리 태양계의 어떤 것도 무작위적인 것은 없다고 결론지었다. 우리가 지금 보고 있는 모든 것은 매우 복잡한 시스템의 결과로서, 초秒 단위까지 완벽하게 맞아떨어진다는 것을 우리는 이제 막 이해하기 시작했다. 만약 마야 달력이 행성 궤도에 해당하는 시간 주기를 추적하고 있었다면, 애초에 그 시간 주기는 어떻게 시작되었을까? 왜 마야의 달력 주기는 25,920년 주기로 정확히 5회인가? 2012년 여름부터 나는 여전히 이러한 궤도와 연관성을 끌어낼 수 있는 어떤 종류의 에너지적인 틀energetic framework을 찾고 있었다. 우리의 태양은 우주를 맹목적으로 이동하는 것이 아니라 25,920년의 주기를 포함하여 실제로 이러한 순환을 주도하는 보이지 않는 매트릭스를 통과하고 있다고 가정해보자.

──────── **우리는 갈색 왜성 주위를 돌고 있다**

2012년 여름, 나는 우리의 태양이 동반성同伴星인 갈색 왜성 brown dwarves 주위를 공전하고 있을 가능성이 매우 높다는 사실을 깨달았다. 갈색 왜성이 발산하는 자연적인 힘은 이러한 행성 궤도들을 에너지의 형태로 움직이면서 그것들을 동기화하는 데 필요한 구조를 제공할 것이다.

알려지지 않은 다른 별 주위를 도는 거대한 태양의 궤도는 마치 태엽시계 속의 '메인 스프링과 중심축'처럼 기동한다. 태양이 쉽게 볼 수 있을 만큼 밝지 않은 다른 별을 돌고 있다고 해보자. 우리는 컴퓨터 프로그램을 이용하여 그 궤도를 수학적으로 "이상화idealized된" 형태로 보여주기 위해 완벽한 원으로 만들 수 있다. 은하 중심을 공전할 때 가스와 먼지, 그리고 그것을 밀어내는 압력이 아니라면 궤도가 취할 수 있는 자연스러운 형태일 것이다. 우리가 궤도를 원형으로 정규화하면, 마야의 달력 주기는 그 안에서 완벽한 5면 기하학을 형성한다. 이 기하학은 마야 달력이 그렇게 작동하는 숨겨진 이유일 것이다. 이것은 수년간의 연구로 알아낸 숨겨진

데이비드 윌콕의 동시성

조각이다. 우리는 이미 자연과학의 다양한 상황에서 기하학이 등장하는 모습을 보았다. 마이크로클러스터microclusters라고 부르는 큰 원자 집단뿐 아니라 원자핵의 구조에서도 이를 발견한다. 또한 지구 그리드라고 알려진 지구상의 대륙과 산맥의 밑바닥 구조에서도 본다. 행성 궤도의 정확한 위치 결정에도 나타난다. 나는 대단원의 피날레를 놓쳤다. 나는 우리의 태양이 우주를 이동할 때 실제로 무엇을 경험하고 있는지 깨닫지 못했다. 그 미스터리를 풀게 되어 매우 기뻤다. 갑자기 모든 것이 설명되었다.

비록 이것이 대중적인 과학 개념은 아니지만, 우리의 태양이 태양계 안에서 행성의 궤도를 구성하고 구동하는 기하학적 파동을 만들어내고 있다는 것을 과학적으로 증명할 수 있다. 행성 궤도의 기하학적 배치는 『태양

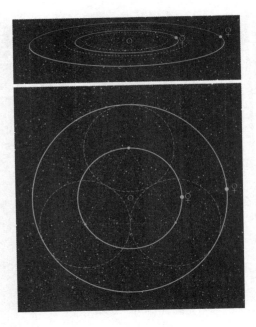

수성과 금성 궤도 간의 삼각관계에 대한 존 마티노John Martineau의 그림

계의 우연A Little Book of Coincidence in the Solar System(한국어판)』에서 존 마티
노John Martineau에 의해 증명되었다. 마티노는 현대 컴퓨터 기술을 이용해
궤도를 완벽한 원으로 매끄럽게 만든 다음 그들 간의 관계를 비교했다. 중
요한 것은 완벽한 원을 3차원 형태로 확장하면 완벽한 구의 적도equator가
된다는 점이다.

─────── **플라톤 입체**

원자핵, 마이크로클러스터, 지구 격자 또는 행성 사이의 거
리에 관계없이 각각의 기하학적 패턴은 기본적인 플라톤 입체 다섯 가지
중 하나이다.
왜 이런 패턴들이 자연에서 그렇게 규칙적으로 나타나는 것일까? 답을
찾는 데 몇 년이 걸렸다. 하나의 초기 단서는 우리가 생성할 수 있는 어떤

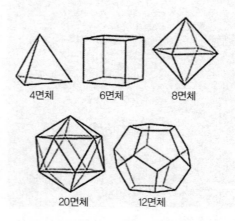

플라톤 입체. 진동하는 액체 속에서 저절로 출현하는 형태들

　　데이비드 윌콕의 동시성

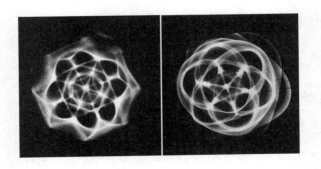

한스 예니 박사의 진동액 속의 기하학 삽화. 소리의 주파수가 변함에 따라
모래 입자는 서로 다른 두 가지의 복잡한 모양을 형성한다.

3차원 기하학보다 이 패턴들이 더 많은 대칭을 가지고 있다는 것이다. 플라톤 입체는 액체를 진동시킬 때 나타나는 가장 기본적인 조화 진동 패턴으로, 흙탕물을 진동시킬 때 비슷한 모양을 본 한스 예니Hans Jenny 박사에 의해 발견되었다.[642] 물속을 뿌옇게 만드는 흙은 수백만 개의 작은 모래 입자로 만들어진다. 보통의 경우 이 미세한 모래 입자들은 사방에 흩어진다. 그런데 예니 박사가 순수한 소리 주파수로 물을 진동시키자 그 입자들은 신비롭게도 매우 정확한 기하학적 모양을 갖췄다. 그리고 깨끗하고 순수한 물의 공간을 남겼다.

같은 소리의 파동을 물에 전하는 동안, 이러한 모양은 매우 견고하고 안정된 상태를 유지했다. 예니 박사가 진동수를 바꾸자 다른 모양들이 나타났다. 3차원의 정육면체 세트인 왼쪽의 이미지에서 오른쪽의 이미지로 바뀐 것이다. 함께 보면 6개의 꼭지점이 있는 다윗의 별 모양을 형성하는 두 개의 피라미드 형태 사면체를 볼 수 있다.

여기 가장 큰 비밀이 있다. 암흑 물질, 암흑 에너지, 양자 거품 등 현재 대부분의 과학자들이 물질을 만들어낸다고 믿는 에너지는 액체와 같은 유동적 성질을 갖고 있다는 것이다. 나는 이 에너지에 소스필드 Source Field란 이름을 붙였고 그것에 의식이 있음을 증명했다. 소스필드는 우주의 마음을 에너지 차원에서 표현한 것이다. 이 "우주적 액체"의 진동은 기하학적 패턴을 만든다. 액체의 어떤 진동, 즉 그 기본 상태의 어떤 변화도 우리가 의식이라 부를 수 있는 것이다. 하나의 법칙 시리즈의 세션 1에서 행성 연합이 밝힌 "하나의 (그리고) 유일한 핵심 성명"을 다시 기억하자.

> 1.0 무한 창조자를 위해 일하는 행성 연합은 오직 하나의 중요한 성명 聲明만을 가지고 있습니다. 친구 여러분도 알다시피 그 성명은 "모든 것, 모든 생명, 모든 창조물은 하나인 근원적 의식의 일부이다"입니다.[643]

로버트 문 박사가 제시한 원자핵의 기하학적 모형

데이비드 윌콕의 동시성

우주의 마음이라고 하는 소스필드의 기하학적 진동은 양자 수준에서 원자와 분자로 변한다. 맨해튼 프로젝트에서 원자폭탄 개발을 위탁받은 소규모 팀의 일원이었던 로버트 문Robert Moon 박사는 1987년 원자핵에서 이 기하학을 발견하였다.[644] 문 박사는 이 모형을 개발함으로써 많은 양자물리학 문제를 해결했다.[645] 문 박사의 모형에서는 원자atom 내에 입자들particles이 없다. 핵nucleus에 있는 각각의 양자proton는 단순히 기하학적 모양의 모서리corner에 불과하다. 예를 들어, 산소는 8개의 양자를 가지고 있다. 정육면체에는 8개의 돌출부point가 있다. 즉, 위의 정사각형에 4개, 아래의 정사각형에 4개다.

문 박사의 새로운 모형을 보면 원자 핵에도 "껍질shells"이 있다. 일단 하나의 기하학을 완성하고 더 많은 에너지가 유입되면, 첫 번째 기하학을 중심으로 또 다른 기하학이 형성되기 시작한다. 이는 원자가 어떻게 "파동waves"과 "입자particles"로 동시에 존재할 수 있는지를 설명한다. 진동하는 유동적 에너지로 만들어졌기 때문에 둘 다로 보일 수 있다. 파동으로 생각하고 에너지를 측정하면 파동이 보인다. 반면 입자를 찾는다면 기하학적 점들 중 하나를 보고 양성자를 확인했다고 할 것이다. 궁극적으로 이것은 우리가 우주에서 보는 모든 것이 에너지 진동이라는 것을 의미한다. 어떤 것도 고형固形 물체로 존재하지 않는다.

이 유동적인 에너지, 즉 소스필드로부터 당신의 기하학적 진동을 당신의 생각으로 창조할 수 있다는 점을 생각하면, 미스터리는 더욱 깊어진다. 당신은 이를 이용해 특정의 것을 자석처럼 끌어당길 수 있다. 이것이 "끌어당김"의 법칙이다. 당신이 더 발전함에 따라, 당신의 정신으로 물체를 공중에 부양시키거나 심지어 아무것도 없는 상태에서 불쑥 물건을 만들어낼 수도 있다. 예수와 같은 거장들이 이런 일을 할 수 있었던 것은 소스필드의 비밀을 이해했기 때문이다. 의식은 사물이다. 영화 매트릭스에서, 오라클의 어린 학생이 네오에게 다음과 같이 말한다.

> 학생: 숟가락을 휘겠다고 생각하지 말아요. 그건 불가능해요. 그 대신 진실만을 생각해요.
>
> 네오: 무슨 진실?
>
> 학생: 숟가락이 없다는 진실. 그러면 숟가락이 아니라 자신이 휘는 거죠.

———— 태양 내부의 진동이 궤도를 생성한다

우리의 태양은 표면뿐만 아니라 그 내부에서도 다양한 진동이 일어나고 있다. 이것을 "태양지진학solar seismology"이라 한다. 천문물리학과 교수인 데이비드 귄터 박사가 밝혀낸 것처럼, 태양 표면은 규칙적인 주기로 위아래로 요동하고 있다.[646] 이 발견을 이끈 최초의 관측은 1962년 이루어졌다.[647] 그들은 태양의 표면이 약 5분 주기로 위아래로 움직이는 것처럼 보인다는 것을 확인했다. 태양의 표면은 5분마다 단지 몇 미터씩 오르락내리락하고 있다. 이것으로 우리 태양계 전체에 존재하는 유동적인 소스필드에 파동을 일으키기에 충분하다.

태양 내부의 이러한 "진동"은 우리 태양계의 유동적인 에너지 전체에 걸쳐 잔 물결을 만들어낸다. 그리고 이 물결은 우리 태양계의 외부 중력 경계선에서 튕겨 나와 다시 태양을 향해 반사된다. 도중에 이러한 잔 물결들이 서로 충돌하여 간섭 패턴을 형성하는데, 이는 행성을 제자리에 고정하는 보이지 않는 기하학적 역장力場을 만들어낸다. 이것이 중력重力의 힘이다. 이 힘은 행성을 태양 쪽으로 끌어당기기만 하는 것이 아니라 바깥쪽으로 밀어내기도 한다. 중력은 바깥쪽과 안쪽으로 끊임없이 밀고 당기는 춤 가운데 있다. 1996년 하나의 법칙 시리즈는 태양계의 작동 원리를 내게 귀띔해 주었다. 하나의 법칙은 이 리듬과도 같은 작용이 우주 최초의 별인 "중심 태양central sun" 안에서 일어난다고 설명한다.

27.6 지적인 무한은 거대한 심장처럼 리듬, 즉 흐름을 가지고 있는데, 이것은 여러분이 생각하는 것처럼 중심 태양으로부터 시작됩니다. 그 흐름은 극성과 유한성이 없는 존재의 조류처럼 필연적입니다; 광대하고 조용한 모든 것은 바깥으로 바깥으로 바깥으로 고동치며, 완성될 때까지 바깥쪽과 안쪽으로 초점을 맞춥니다. 지성과 초점들의 의식은 모든 것이 합쳐질 때까지 그들의 소위 영적 본성이나 질량이 그들을 안쪽으로 안쪽으로 안쪽으로 부르는 상태에 이르렀습니다. 이것이 당신이 말한 현실의 리듬입니다. 지적 무한의 기본 리듬에는 어떤 종류의 왜곡도 없습니다. 리듬은 그 자체로 존재하기에 신비를 입고 있습니다.[648]

─────── **중력은 비밀이다**

중력은 궁극적으로 이 유동적인 에너지가 행성으로 흘러 들어가는 것에 의해 발생한다. 중력은 소스필드다. 이 끊임없는 새로운 에너지의 흐름이 행성을 시시각각 존재하게 만든다. 이 흐름은 원자 하나하나에 새로운 에너지를 공급한다. 내 친구이자 동료인 나심 하라메인Nassim

Haramein 박사는 사실상 원자핵 주위의 물리학이 블랙홀 주위의 물리학과 같다는 것을 증명했다.[649] 또한 하나의 법칙 시리즈는 1950년대에 시간이 3차원인 평행한 현실이 존재한다고 제안한 듀이 라슨Dewey Larson의 작업을 흔쾌히 지지했다.[650] 그러나 원천은 모든 미스터리를 풀기 위해서는 중력과 진동을 포함하는 완전한 이론이 필요하다고 말한다.

20.7 질문자: 여기서 부가적으로 다음과 같이 질문합니다. 듀이 라슨의 물리학은 옳은가요?

라: … 음향 진동 복합체에 대한 듀이의 물리학은 가능한 한 최고로 정확한 시스템입니다. 이 시스템에 포함되지 않은 것들이 있지만, 진동의 기본 개념과 진동 왜곡의 연구를 통해 이 특정 실체를 따라오는 사람들은 당신이 중력으로 알고 있는 것과 "n" 차원으로 간주하는 것들을 이해하기 시작할 것입니다. 이러한 것들은 좀 더 보편적인 이론을 위해 필요합니다.[651]

나는 1996년에 이 모든 것을 읽었다. 우주가 액체처럼 움직이고, 진동하는 의식적인 에너지로 만들어졌다는 과학적 증거를 찾는 데는 몇 년이 더 걸렸다. 이 진동은 양자 차원에서 우리가 좀전에 탐색한 기하학적 구조를 형성한다. 이 모든 것이 하나의 법칙이 주장하는 과학 모형에서 매우 중요하다.

━━━━━━━ 2만 5천년 주기

하나의 법칙 시리즈는 "25,000년 주기"를 광범위하게 논한다. 원천source은 이 주기가 은하계의 행성에서 모든 3차 밀도 생물의 진화를 좌우하는 기본 패턴이라고 말한다.

6.15 질문자: 우리의 시간으로 현재의 주기들은 몇 년인가요?

라: 주요한 하나의 주기는 당신네 시간으로 약 25,000년입니다. 자연 법칙상 이 주기가 세 번 순환하는 동안 진화 발전을 이룬 존재들은 세 번의 주요 주기 말에 수확됩니다. 즉 당신네 시간으로 75,000~76,000년 사이입니다. 모든 존재들은 그들의 발전 단계에 상관없이 모두 수확 과정을 겪습니다. 그 기간 동안 행성 자체가 해당 차원의 유용한 부분으로 이동합니다. 그 밀도 내의 낮은 진동수 대를 위해서는 더 이상 유용하지 않기 때문입니다. [652]

하나의 법칙 모형에 따르면, 우리 은하계에만 수백만 개의 행성이 존재하고 그 행성엔 인간과 유사한 형태의 존재가 있다. 그들은 더 높은 밀도에 있는 존재들에 의해 매우 주의 깊게 관찰되고 인도된다. 행성의 존재들은 영원히 제3의 밀도 생명체로 남아 있지 않는다. 우주는 대략 2만 5천년에 걸쳐 일정한 간격으로 무지개 몸 상태로의 진화를 촉진하기 위해 설계되었다. 이러한 주기들 중 하나가 끝나는 시점을 하나의 법칙은 "수확"이라고 부른다. 우리 은하의 모든 3차 밀도 행성은 3차 밀도를 벗어나 4차 밀도로 완전히 전환하기 전까지 3개의 25,000년 주기를 거친다. 이제 4차 밀도에 대한 하나의 법칙을 검토할 것이다.

서양 점성학에 따르면, 쌍어궁 시대부터 보병궁 시대로의 이동이 2012년 말경에 시작되었다. 마야 달력 종료일은 2012년 12월 21일이다. 그러나 현실은 아무 일도 일어나지 않았다. 적어도 아직은 아니다. 그렇다면 이 모든 것이 헛소리였다고 말하며 신 세계 질서와 공포로 돌아가야 할까? 아니면 단순히 매트릭스로 돌아가는 것일까? 우리는 외계인이 존재하지 않는다고 결론짓고, "2012년 사건" 중 어떤 것도 의미가 없으며 지구상의 생명체가 언제까지나 이 상태로 지낼 것이라고 결론지어야 할까? 그렇게 간단하지는 않은 것 같다. 구체적으로 말하자면, 2012년 12월 21일 이래로 내가 찾고 있으며 그것에 대해 명상하고 있는 주제 가운데 일부가 뚜렷한 변화 없이 왔다가 갔다.

대부분의 과학자들은 25,920년 주기가 지구 축의 요동 때문에 생긴다고 믿는다. 나는 이 같은 믿음에 사로잡혀 그것이 어떻게 작동하는지 그리고

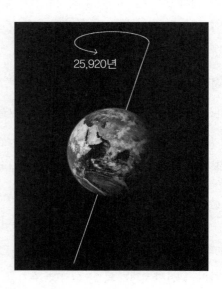

분점세차는 지구 축의 25,920년 "요동"으로 여겨진다.

왜 작동하는지 이해하려고 많은 시간을 하나의 법칙 모형 안에서 보냈다.

지구는 왜 이런 식으로 요동할까? 피상적으로 보이는 지구 축의 움직임이 왜 하나의 법칙 모형에 그런 엄청난 결과를 가져오는 걸까? 우리는 지구 축에 매달려 있는 기하학적 패턴을 통해 움직이고 있을까? 어떤 기하학적 구조로 인해 지구는 와인 병따개와 같은 형태로 움직일까? 어떻게 우리 은하계 전체의 모든 제3 밀도 행성에서 이런 일이 일어날 수 있을까? 더욱 중요한 것은 25,920년의 요동을 어떻게 하나의 법칙 시리즈에서 주어진 인간 진화의 모형에 맞출 수 있었을까?

그것이 무언지 알아내는 데 1년이 더 걸렸다. 앞에서 밝혔듯이, 2012년 그 대답이 한꺼번에 날아왔다. 그 대답은 매우 간단했다. 우리는 쌍성雙星 태양계에 살고 있고 25,920년 동안 우리의 동반성 주위를 돈다. 우리 태양의 동반성은 쉽게 관측할 수 있을 만큼 가시광선을 발산하지 않는다. 이와 같은 별들은 갈색 왜성이라고 부른다. 제카리아 시친Zecharia Sitchin의 연구에 따르면, 수메르인들은 이 동반성을 니비루Nibiru라고 불렀다.[653] 프리메이슨을 비롯한 여러 비밀 결사는 이 동반성에 대한 모든 것을 가장 높은 수준에서 알고 있으며 그것을 검은 태양Black Sun이라고 부른다.

확인되는 거의 모든 프리메이슨 도표들은 꼭대기에 세 개의 천체, 즉 태양, 달, 검은 태양을 그렸다.

때때로 검은 태양은 호루스의 눈Eye of Horus으로 묘사되기도 한다. 눈 주위에 삼각형이 그려질 수도 있다. 다수의 연구자들은 제카리아 시친의 결론을 받아들여서 니비루가 2003년부터 2012년 말까지 언제든지 우리 태양계를 침범해 지구를 횡단하며 극성 변형을 일으킬 것이라고 믿었다. 하지만 나는 우리가 조사한 강력한 기하학적 힘 때문에 그것이 가능할 것이라 생각하지 않았다. 그 기하학적 힘은 대단히 큰 불량 물체를 물리칠 수 있을 것이다. 소행성과의 충돌은 별도로 하더라도, 일단 행성이나 별만큼의 질량을 가진 물체가 있다면 중력은 자연스럽게 서로를 밀어낼 것이다. 중력은 우리가 학교에서 들었던 것과는 달리 밀고 당기는 힘이다. 이것은 분명 군산 복합체와 그것의 설립자들에 의해 1세기 이상 숨겨져 온 또 다른 기본적 과학 현상이다. 이 밀고 당기는 힘은 행성 각각의 운동량이 떨어져 태양에 충돌하지 않는 이유를 설명해준다.

태양은 행성보다 훨씬 질량이 크므로 훨씬 더 강한 중력을 가지고 있다. 그렇다면 행성들은 결국 "연료가 떨어져" 속도를 잃고 태양에 충돌해야 하지 않을까? 왜 바른 궤도를 따라 계속 움직이는 것일까? 마르티노가 문서화한 대로 그것들은 기하학적 에너지 장에 의해 제자리에 밀려서 고정되어 있다. 우리의 태양이 이 동반성 주위를 공전하면서 우리 또한 다양한 기하학적 정렬을 통해 움직이고 있다.

왼쪽 | 태양, 달, 동반성을 보여주는 프리메이슨의 삽화.
오른쪽 | 태양, 달, 동반성을 보여주는 프리메이슨의 다른 그림.

데이비드 윌콕의 동시성

━━━━━ 월터 크루텐든, 증거를 제시하다

2011년 월터 크루텐든이 자신의 저서 『신화와 시간의 잃어
버린 별』을 보내주었을 때, 나는 그가 쌍성 태양계binary solar system 모형을
지지한다는 사실을 알게 되었다. 사실 당시는 읽을 시간을 내지 못했고 그
책에 대해 잊고 있었다. 하지만 이제 나는 그가 옳을 수밖에 없다는 것을
깨달았다. 25,920년 대년은 우리의 태양이 동반성 주위를 공전하는 데 따
른 직접적인 결과가 틀림없다는 주장과 그에 대한 설득력 있는 과학적 증
거들을 볼 수 있어 매우 기뻤다.

이 또한 위대한 프리메이슨의 비밀 중 하나이며 프리메이슨은 자신들
결사의 비밀을 지키기 위해 죽음의 고통을 맹세한다면 어떨까? 그러면
NASA가 왜 이것을 대중에게 알리지 않으려 했는지 이해하기 시작할 수
있다. 당신이 NASA의 더 높은 직위에 오르고 싶다면 프리메이슨이 되는

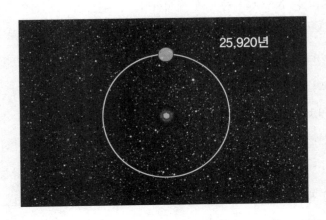

쌍성 동반성 주위를 도는 우리 태양의 궤도는 완벽한 원,
즉 완벽한 구의 적도처럼 매끄럽다.

것이 빠른 길일 것이다.

일단 증거를 조사하면 아주 명백해진다. 크루텐든의 자료를 보면, 주류 과학자들이 25,920년 주기의 "지구 요동" 모형을 지지하기 위해 내놓은 변명들이 꽤 우스워 보인다. 내가 온라인에서 발견한 가장 잘 요약된 증거는 사인오브더타임스Signs of the Times라는 웹사이트에 있는 「태양은 쌍성계의 일부인가? 숙고해볼 6가지 이유Is the Sun Part of a Binary Star System? Six Reasons to Consider」라는 기사다.[654] 별들이 72년마다 1도씩 움직이는 이유는 우리 태양계 전체가 그렇게 움직이고 있기 때문이다. 모든 행성은 이 주기의 영향을 받는다.

이것은 또한 우리 태양계 내에서 볼 수 있는 몇 가지 주요 현상들이 25,920년 주기의 영향을 받지 않는 이유를 설명해준다. 만약 지구의 축이 스스로 흔들리고 있다면, 수세기 동안 매년 같은 날에 반복되는 유성우 같은 현상들은 불가능해야 한다. 하지만 인간이 기록을 남긴 이후로, 유성은 예정대로 같은 날에 온다. 이어서 크루텐든은 우리 은하에 있는 별의 80%가 쌍성이라는 NASA의 증거를 제시한다. 우리는 이미 별들이 다른 별들의 궤도를 돌고 있다는 것을 알 수 있다. 우리의 천체 망원경으로 볼 수 있기 때문이다. 과학자들은 가시광선을 방출하지 않는 별들을 많이 발견했다. 하나의 법칙 시스템 내에서, 모든 별들은 최소한 두 개 별의 그룹으로 군집한 것처럼 보일 것이다.

하나의 법칙에 따르면, 제3의 밀도 생명체가 사는 행성을 가진 태양계는 25,920년 동안 궤도를 도는 동반성 주위를 공전해야 한다. 항성들이 제3 밀도의 생명체를 품고 있는 동안은 25,920년의 패턴으로 서로의 주위를 여행하도록 설계된 것으로 보인다.

우리 태양계를 은하라고 부르는 이유

2012년 가을 캐나다에서 안식년을 연장하는 동안, 나는 하나의 법칙 시리즈를 광범위하게 다시 한 번 경험했다. 그리고 이것이 어떻게 작동하는지에 대해 강하게 시사하는 인용구를 발견했다. 우리의 태양계는 하나의 은하로 묘사되었다. 분명히 우리는 우리 은하가 더 큰 수준에서 경험하는 것과 동일한 법칙에 따라, 훨씬 작은 수준에서 지배되고 있다. 하나의 항성이 은하로 간주될 수 있을까? 물론 아니다. 이것이 질문자인 돈 엘킨스 박사를 매우 혼란스럽게 했다:

16.33 라: 많은 연합이 있습니다. 이 연합은 당신네 은하galaxy의 7개 행성과 함께 일하며, 이 은하들의 밀도를 요구하는 책임을 지고 있습니다.

16.34 질문자: 은하라는 용어를 방금 사용한 그대로 정의하시겠습니까?
라: 우리는 당신들이 항성계star systems라고 하는 것과 같은 의미로 그 용어를 사용합니다.

16.35 질문자: 연합이 총 몇 개의 행성과 일하는지 좀 혼란스럽습니다.
라: … 혼란이 보입니다. 우리는 당신의 언어에 어려움이 있습니다. 은하라는 용어는 분리해서 사용되어야 합니다. 우리는 국소적 진동 복합체를 은하라고 부릅니다. 그러므로 당신네 태양을 은하의 중심이라고 부르는 것입니다. 우리는 당신이 이 용어에 또 다른 의미를 가지고 있다는 것을 알았습니다.[655]

10.17 질문자: 그렇다면 우리 태양계에 있는 9개의 행성과 태양을 태양 은하라고 부르시겠습니까?

라: 그러지 않을 겁니다.[656]

나는 쌍성 태양계 모형을 지지하는 크루텐든의 증거를 알기 전까지는 이 인용문들에 대해 검토하지 않았다. 크루텐든의 증거들을 손에 넣자, 10번과 16번 세션에서 이 인용구들이 바로 튀어나왔다. 원천은 우리 태양계가 은하라고 분명히 말하고 있다. 은하는 개별 항성이 아니라 항성계이다. 이는 원천이 "9개의 행성과 태양"을 가진 우리 태양계를 은하로 정의하지 않겠다고 한 이유를 설명해준다. 우리의 태양은 은하의 중심, 항성계의 중심이다.

우리가 항성계에서 살기 위해서는 항성이 하나 이상 있어야 한다. 하나의 법칙의 원천인 라Ra가 속해 있는 행성 연합 사람들은 우리 지구의 옛 사람들에게도 이 지식을 전달했던 것으로 보인다. 하나의 법칙 시리즈에 따르면, 프리메이슨의 도표는 고대 행성 연합과 인류의 접촉에서 나온 것이다. 이러한 접촉은 "졸업"에 대비해 서로에게 더 자비롭고 친절해지는 방법을 가르치려는 의도 때문이었다. 이후 이러한 지식의 많은 부분이 부정적인 힘에 의해 선택되었고 극비리에 보관되었다. 현재 그 상징과 이름들은 많은 사람들에게 증오의 대상이다.

이제 내게도 일리가 있는 모형이 있다. 우리 태양의 동반성으로부터 유래하는 기하학적 에너지 장으로 마야 달력과 황도 12궁의 시대 둘 다 설명이 된다. 다시 한 번 존 마티노의 인도를 받아 동반성 주위를 도는 태양의 궤도를 완벽한 원으로 둥글게 다듬어야 한다. 이렇게 하면 마야의 달력 순환은 몇 년의 오차 내에서 원을 정확히 다섯 부분으로 자르고, 이 점들을

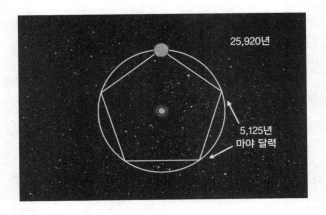

마야 달력은 우리 태양의 25,920년 궤도를 오각형 또는
12면체를 형성하는 5개의 동등한 부분으로 나눈다.

연결하면 오각형을 얻게 된다.

위의 그림과 540쪽 그림은 우리 태양의 동반성에 의해 형성된 12면체에
의해 만들어진 것으로 생각된다. 12면체의 윗부분과 거기서 아래로 뻗어
있는 선들은 오각형 구조를 이룬다.

이는 마야 달력의 종료점 역시 이 동반성에 의해 만들어진 거대한 12면
체와 기하학적 정렬을 할 때라는 것을 의미한다. 우리가 12면체에 있는 경
계선들 중 하나와 맞을 때마다, 우리의 태양이 커다란 에너지 변화를 보인
다는 강력한 과학적 증거가 있다. 그럴 때면 지구는 엄청난 양의 에너지를
얻는다. 에너지의 급증은 직접적으로 기후에 영향을 미친다. 이 주기는 빙
하학자 로니 톰슨Lonnie Thompson 박사에 의해 발견되었다. 톰슨 박사는 자
신이 발견한 5,200년 주기가 5,125년의 마야 달력 주기에 얼마나 가까운
지에 대해서는 언급하지 않았다.

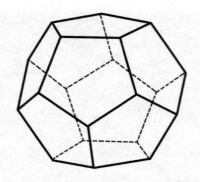

12면체, 각각의 면이 완벽한 오각형인 것에 주목하자.

[5,200년 전 일어난 주요 기후 변화, 역사 반복의 증거]

빙하학자 로니 톰슨은 역사가 반복된다는 단서들을 발견했을 수도 있다. 그는 멀리 떨어진 빙원氷原을 찾아 그 중심에서 드릴로 뚫은 심층부를 얻기 위해 세계 곳곳을 여행했다. 그 심층부에 전 세계의 고대 기후 기록이 들어 있기 때문이다.

오하이오 주립대학의 지질학 교수이자 버드 극지연구센터Bird Polar Research Center 연구원인 톰슨은 많은 기록들 속에서, 5,200년 전 심각한 충격과 함께 기후가 갑자기 변했다는 신호들을 지적했다. 그는 "이 시기에 무슨 일인가 일어났고 그것은 기념비적인 일이었다"라고 말했다. 그러나 그 당시 인류에게는 이것이 기념비적인 것으로 보이지 않았을 것이다. 당시 인구는 대략 2억 5천만 명에 불과했기 때문이다. 톰슨은 "이 증거는 분명히 역사의 한 지점, 그리고 거기서 일어난 어떤 사건을 가리킨다. 또한 이는 오늘날의 기후에도 비슷한 변화가 일어나고 있음을 보여준다"라고 말했다.

그는 5,200년 된 이 사건이 지구에 도달하는 태양 에너지의 극적인 변

데이비드 윌콕의 동시성

화에 의한 것일 수 있다고 믿는다. … 증거에 따르면 약 5,200년 전, 태양 출력이 가파르게 감소했다가 짧은 기간에 급증했음을 볼 수 있다. 톰슨은 이 거대한 태양 에너지의 진동oscillation이 그 모든 기록에서 보이는 기후 변화를 촉발시켰을 수 있다고 본다.[657]

아마도 마야의 달력은 이 거대한 12면체를 통해 우리 태양의 움직임을 추적하고 있었을 것이다. 우리가 이 지점들 중 하나와 맞을 때마다 지구상의 모든 생명체는 극적으로 영향을 받는다. 게다가 로니 톰슨 박사가 관찰한 5200년 전의 변화는 우리가 25,920년의 전체 주기가 끝날 때 볼 수 있는 것만큼 강력하지는 않을 것이다. 우리도 동시에 다른 기하학들과 정렬하고 있기 때문이다.

─────── **황도 12궁의 시대**

12개의 동일한 부분으로 나뉘는 황도 12궁 시대는 우리 태양이 궤도를 돌고 있는 다윗의 별 모양 기하학의 결과일 가능성이 높다.

여기, 이 기하학이 원의 궤도를 12개의 동일한 부분으로 나누는 방법에 대한 설명이 있다. 이 구간은 각각 2,160년 길이로 황도 12궁의 시대를 형성한다.

이것은 고대 행성 연합의 외계인 방문자들이 왜 25,920년의 주기를 위대한 해라고 불렀는지 설명해준다. 말 그대로 이것은 태양이 우리의 동반성 주위를 회전하는 "1년"이다. 황도 12궁의 각 시대는 대년 안에서 한 달에 해당한다. 마침내 조각들이 어떻게 들어맞는지 이해하고 종이 위에 그

황도 12궁 시대는 원이나 구체 내에 두 개의 삼각형, 또는 사면체로 모형화된다.
즉, 다윗의 별 패턴을 형성한다.

려보니, 그것이 독창적 발견이라는 생각이 들었다. 2012년 애리조나 주 피닉스에서 열린 한 컨퍼런스에서 그래픽을 제작했다. 그런데 옛날의 프리메이슨 도표를 살펴보자 금방 포토샵으로 만든 것과 똑같은 패턴이란 사실을 발견했다. 543쪽 그림의 왼쪽 중앙에서, 우리는 7개의 별에 둘러싸여 화살에 관통당한 s자 모양의 뱀을 본다. 이것은 우리의 동반성을 표현한

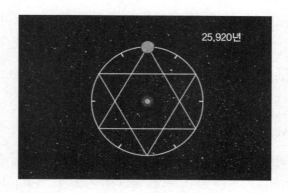

다윗의 별 무늬는 원이나 구체를 12개의 등거리로 나눈다.

데이비드 윌콕의 동시성

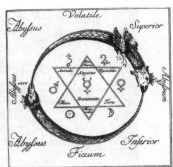

왼쪽 | 프리메이슨/텔레마의 그림은 태양, 달, 그리고 다윗의 별 문양을
명확하게 가리키며 동반성을 나타낸다.

오른쪽 | 다른 프리메이슨 그림은 태양, 달, 다윗의 별 형태를 묘사하지만,
이 시점에서 원래의 의미는 상실되었을 수 있다.

것으로 보인다. 다시 한 번, 태양과 달이 다윗의 별 기하학과 나란히 위치
한다는 것에 주목하라.

위의 오른쪽 그림에서는 점성술의 상징으로 표현되는 황도 12궁의 시대
와 동반성의 기하학 사이에 분명한 연관성이 형성되는 것을 볼 수 있다.
그런데 수성을 중심에 두었다. 아마도 오래된 도표를 베끼면서 본래 의미
를 이해하지 못한 결과일 것이다.

25,920년 주기의 종말을 매우 강력하게 만드는 부분 중 하나는 최소한
두 개 이상의 기하학적 구조와 동시에 정렬한다는 것이다.

544쪽 그림에서 보듯이 25,920년 주기 중 기하학적 구조가 직접 겹치는
것은 이것이 유일하다. 이것은 우리가 나머지 주기 동안 경험하는 것보다
훨씬 더 강한 에너지 전하를 발생시킬 것이다. 이 에너지는 본질적으로 지
적이고 생명과 DNA를 창조하는 데 책임이 있기 때문에, 이 대★ 정렬은
우리 인간에게 강력한 영향을 미칠 수 있다. 우리가 동반성 궤도를 돌고

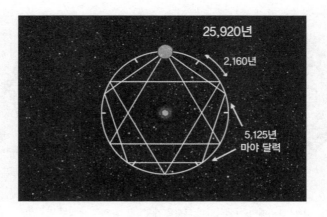

마야 달력의 오각형, 황도 12궁의 삼각형에는 공히
대년(25,920년)의 종료점에 모이는 한 점이 있다.

있으며 이 기하학에 따라 움직이고 있다는 것을 깨달았을 때, 지난 16년
동안 나를 혼란스럽게 했던 '하나의 법칙'을 비로소 해독할 수 있었다.

63.29 질문자: 전체 주요 은하와 연관된 시계를 닮은 형태가 존재합니
까? 그것이 회전하면서 밀도에서 밀도로의 전환을 통해 이 모든 항성과
행성계를 이끄는 것인가요?

라: 라입니다. 당신은 통찰력이 있습니다. 당신은 이 목적을 위해 로고
스[즉, 은하의 마음]에 의해 계획된 3차원 시계 형태나 무한의 나선형을
볼 수 있을 것입니다.[658]

이 쌍성계 모형 역시 내가 세션 9에서 읽은 인용구를 설명해주었다. 정
말이지 처음이었다. 그동안 우리가 논의한 모든 것을 바탕으로 볼 때 훨씬
더 일리가 있었다.

9.4 질문자: 내가 [하나의] 행성 인류의 진화 과정을 이해하는 바로는 인류가 진보하기 위해 어느 정도의 시간을 갖는다는 것입니다. 일반적으로 3개의 25,000년 주기로 나뉘죠. 75,000년 말에 행성은 스스로 진보합니다. 이 상황을 만든 것은 … 25,000년 등의 엄격함입니다. 그런데 이것은 어떻게 시작되었나요?

라: … 당신이 원한다면, 바깥으로 흐르고 안으로 응집하는 특정한 에너지가 당신의 토성협의회Council of Saturn[즉 당신의 태양계]에 의해 지배되는 창조의 작은 영역을 형성하는 것을 시각화하십시오. 이 과정의 리듬을 계속 확인하세요. 살아 있는 흐름은 당신의 시계만큼이나 필연적인 리듬을 만들어냅니다. 각각의 행성 실체는 에너지 결합이 그러한 마음/몸의 경험을 뒷받침할 수 있는 환경에서 첫 번째 주기를 시작했습니다. 따라서 각 행성 실체는 여러분이 말하듯 상이한 주기 일정에 있습니다. 주기의 타이밍은 지적 에너지의 비율과 같습니다. 이 지적인 에너지는 일종의 시계를 제공합니다. 그리고 주기는 시간을 알리는 시계만큼 정확하게 움직입니다. 그러므로 지적 에너지에서 지적 무한으로의 관문은 상황에 관계없이 시간에 맞춰 열립니다.[659]

하나의 법칙 시리즈에 따르면, 우리가 변환점을 지나갈 때 "지적 무한으로 가는 관문"을 통과한다. 그 순간 우리는 물질적인 재료가 존재하기 전에 우주를 창조했던 원초적 마음의 정수精髓로 돌아간다. 캐나다에서 안식년을 보내고 있을 때, 또 다른 인용구가 나에게서 튀어나왔다. 이 과정이 즉각적인 "우주적 스위치cosmic light switch"가 아님을 분명히 암시한 것이다.

14.16 질문자: [지구에서 5만 년 전에] 수확이 없었나요? 2만 5천 년 전에는요? 그때는 수확이 있었나요?

라: … 후자에서 수확이 발생하기 시작했습니다. 당신이 측정한 두 번째 주기의 시간/공간에서 개개인은 지적 무한으로 가는 관문을 찾습니다.[660]

원천은 "두 번째 주기에서 수확이 시작되었다"라고 말했다. 한 순간에 모든 것이 일어나지 않았다는 것을 분명히 암시한다. 또한 "개개인은 지적 무한으로 가는 관문을 찾는다"라고 적혀 있다. 모든 사람이 동시에 그 관문을 찾는 것은 아니라는 사실을 의미한다. 2012년 12월 21일을 넘겼기에 그 작업을 하면 성과를 얻을 수 있을 것이다. 이러한 결과는 티벳과 중국에서 문서화된 16만 건의 무지개 몸 사례에서 일어났던 것과 동일하다.

─────── **전환은 점진적일 것이다**

하나의 법칙 시리즈는 너무 복잡해서 그것을 이해하는 데 몇 년이 걸릴 수도 있다. 나는 이 책을 다 끝낼 때까지 세션63에 도달하지 못했다. 그리고 나서 그 순간까지 나를 피해 다니던 구절을 발견했다. 그것은 정확히 어떤 일이 일어날 것인지와 언제 일어날지에 대한 중요한 통찰을 주었다. 새로운 발견은 나에게 꽤 많은 것을 명료하게 해주었고, 처음에 내가 생각했던 것보다 우리가 훨씬 더 점진적인 변화를 겪게 될 것임을 암시했다.

63.25 질문자: 그러면 미래의 어느 시기엔가 4차 밀도 행성이 완전히 활성화될 것입니다. 이 행성의 완전 활성화와 부분 활성화의 차이점은 무엇인가요?

라: … 이 시기의 우주적 유입은 트루 컬러인 녹색 핵심 입자가 형성되고 이러한 자연의 재료가 만들어지도록 도와줍니다. 그러나, 이 전환기에서 몸/마음/영 복합체 형태의 에너지 왜곡에 필요한 황색과 녹색 광선의 혼합이 나타납니다. 진정한 사랑의 녹색 밀도가 완전히 활성화되면 행성계는 견고해지고 살기에 적합하게 될 것이며, 발생하는 생물체는 완전한 4차 밀도 행성 환경으로 상승하는 데 적합한 운반체vehicle로 변모할 것입니다. 다음에 나타나는 녹색 광선 환경은 공간/시간보다 시간/공간에서 훨씬 더 크게 존재합니다.[661]

63.27 질문자: 제 말 중에 틀린 것이 있으면 바로잡아주기 바랍니다. 우리가 알고 있는 것은, 우리의 행성이 전체 주요 은하계의 나선 움직임에 따라 나선형을 그리며 새로운 위치로 가게 되고, 4차 밀도 진동은 점점 더 뚜렷해지고 있다는 것입니다. 이러한 원자핵 진동은 더욱더 완벽하게 4차 밀도 행성과 그 행성에 거주하기 위한 4차 밀도 신체 복합체를 생성하기 시작합니다. 맞습니까?

라: 라입니다. 부분적으로 옳습니다. 교정해야 할 것은 녹색 광선 밀도 신체 복합체의 생성 개념입니다. 이러한 생성은 점진적으로 이루어질 것이며, 3차 밀도 유형의 물질 운반체로부터 시작해 양성bisexual 생식, 즉 진화 과정을 통해 4차 밀도 복합체가 될 것입니다.[662]

63.28 질문자: 그렇다면 우리가 말한 3차 밀도 수확이 가능한 자들이,

양성 생식에 의해 4차 밀도 복합체를 만들어 낼 자들인가요?

라: … 트루 컬러인 녹색 에너지 복합체가 유입되면 점차 신체 복합체 세포의 원자 구조가 사랑의 밀도의 원자 구조라는 조건이 만들어질 것입니다. 이러한 물질적 운반체에 거주하고 있는 마음/몸/영 복합체는 어느 정도는 여러분이 말한 사람들일 것이고, 수확이 완료됨에 따라 이러한 행성적 영향으로 수확된 존재일 것입니다.

조금 더 거슬러 올라가면, 우리가 삶을 살고 적절한 시기에 죽고, 그 후 네 번째 밀도로 환생할 것임을 분명히 나타내는 인용구가 있다. 그러나 진정한 마법이 존재한다. "이중 신체화double bodied"가 될 수 있다면, 물질적 신체 속에 있는 동안 4차 밀도의 마술 묘기를 시작할 수 있다는 사실이다.

63.12 질문자: 4차 밀도 체험을 위해 제3의 밀도를 수확할 수 있는 다른 행성에서 온 사람들이 지금 대략 몇 명인가요?

라: 이것은 최근의 현상으로 그 수는 아직 35,000 존재를 초과하지 않았습니다.

63.13 질문자: 이러한 실체들은 3차 밀도 진동체로 구현됩니다. 나는 어떻게 3차 밀도로부터 4차 밀도로 전환되는지 이해하기 위해 노력하고 있습니다. 3차 밀도 신체 안에 있는 실체를 예로 들겠습니다. 그는 나이를 먹고 늙어 갈 텐데, 전환 기간에 3차 밀도 육체에서 죽어 4차 밀도의 신체로 환생할 필요가 있을까요?

라: … 이 실체들은 당신이 활성화된 "이중 신체"라고 부르는 것을 가지고 화신化身할 것입니다. 이러한 4차 밀도 실체를 출산하는 사람들은

임신 중 영적 에너지가 연결되는 강한 느낌을 경험할 것입니다. 이중 신체를 발현해야 하기 때문입니다. 이 전환기의 신체는 3차 밀도 신체의 붕괴 없이 영감이 증가함에 따라 4차 밀도 진동 복합체를 인식할 수 있게 됩니다. 만약 3차 밀도 실체가 전기적으로 4차 밀도를 완전히 인식한다면, 비호환성으로 인해 3차 밀도 전기장은 고장나게 될 것입니다. 죽음에 대한 당신의 질문에 답하자면, 이 실체들은 3차 밀도에서의 필요에 따라 죽을 것입니다.

63.14 질문자: 당신은 지금 이중으로 활성화된 몸을 가진 실체의 3차 밀도에서 4차 밀도로의 전환에 대해, 3차 밀도 실체가 우리가 죽음이라고 부르는 과정을 거치게 될 것이라고 말하고 있습니다. 맞습니까?

라: … 3차와 4차 밀도가 결합한 몸은 3차 밀도 마음/몸/영 복합체 왜곡의 필요성에 따라 죽을 것입니다. 마음/몸/영 복합체의 목적은 그러한 실체들이 3차 밀도를 망각하고, 어느 정도는 의식적으로 4차 밀도의 이해를 깨닫기 위한 것이라고 지적함으로써 질문에 답할 수 있을 것입니다. 따라서 4차 밀도의 경험은 다른 사람에 대한 봉사를 지향하고, 고통스러운 3차 밀도 환경에서 살면서 사랑과 연민을 제공하는 일에 이끌리는 것으로 시작될 것입니다.

63.15 질문자: 완전한 전환에 앞서, 지구에서의 전환기의 목적은 수확 과정 전에 이곳에서 경험을 쌓기 위한 것인가요?

라: … 맞습니다. 이러한 실체들은 이 행성이 그들의 네 번째 밀도의 고향 행성이라는 점에서 원더러Wanderers가 아닙니다. 그러나 이 봉사의 경험은 타인에 대한 봉사에 큰 지향성을 보여준 수확된 제3 밀도 실체들에 의해서만 가능합니다. 수확기에는 다른 사람들에게 봉사하는 경험적

촉매가 많으므로 보다 일찍 화신하는 특권이 허락됩니다.[663]

──────── **양자 도약에 대한 구체적 인용문**

여기에 앞으로 일어날 양자 도약을 구체적으로 언급하는 첫 번째 인용문이 있다. 양자 도약 이후에 세 번째 밀도에서 네 번째 밀도로의 전환이 충분히 이루어지고 훨씬 많은 사람들이 "이중 신체화" 능력을 갖게 될 것이다.

40.10 질문자: 저는 이 진동 증가가 약 20~30년 전에 시작되었다고 생각합니다. 맞습니까?

라: … 첫 번째 전조는 대략 45년 전[1936년]입니다. 진동 물질의 최종 이동을 앞둔 40년 동안 에너지가 더욱 강하게 진동하는 것으로, 여러분이 말하는 것처럼 양자 도약을 통해서라고 할 수 있습니다.

40.11 질문자: 우리가 이 밀도 변화에서 경험하게 될 진동의 전체 증가 중에서 현재 우리는 대략 몇 퍼센트 정도가 변화 중에 있나요?

라: … 당신네 환경의 진동하는 성질은 트루 컬러인 녹색입니다. 현재 이것은 주황색의 행성 의식과 강하게 결합되어 있습니다. 그러나 양자의 성질은 경계를 초월하는 움직임과 같으며 진동 수준과는 별개의 배치입니다.[664]

하나의 법칙은 우리의 현재 시간에서 "[하나의] 양자적 도약을 통한 진동 물질의 최종적인 이동"을 예측한다. 또한 "경계를 초월하는 움직임은 진동 수준과 별개의discrete 배치"라고 말한다. 따라서 이 새로운 진동 수준은 3차 밀도를 포함한 다른 것으로부터 "분리되고 독립적이며 구별되는" 영역이다.[665] 우리는 세션 40에서 "수확"이 일어날 때 마침내 물질, 에너지, 의식의 기본 성질이 양자 도약을 한다는 것을 보게 될 것이다.

40.5 질문자: 고맙습니다. 2차 밀도와 3차 밀도 사이의 전환을 예로 들자면, 이러한 전환이 일어날 때 광자(밀도의 모든 입자의 핵심)를 형성하는 진동 빈도가 증가하나요? [진동이] 2차 밀도에 해당하는 주파수, 즉 오렌지색에 해당하는 주파수에서 노란색으로 측정되는 주파수로 변하나요? 제가 알고 싶은 것은 광자의 밀도를 형성하는 모든 진동, 즉 광자의 기본적 진동이 비교적 짧은 시간에 양자 방식으로 증가되는지에 대해서 입니다.

라: … 맞습니다.[666]

─────── **4차 밀도의 양자 차이**

하나의 법칙에 따르면, "4차 밀도"의 존재 상태는 현재 우리의 존재 상태와 핵심적으로도 다르고 양자적으로도 다르다. 이는 세션 16에서 확인된다.

16.50 질문자: 4차 밀도의 조건에 대해 좀더 상세하게 설명해 줄 수 있습니까?

라: … 4차 밀도를 긍정적으로 기술할 수 있는 단어가 없다는 점을 고려해 주기 바랍니다. 우리는 무엇이 아닌지를 설명할 수 있을 뿐이고, 무엇이 무엇인지는 대략적으로 설명할 수 있습니다. 4차 밀도를 넘어서면 우리의 표현 능력은 더 제한되고, 결국 말이 막힙니다. 무엇이 4차 밀도가 아닌가 하는 것: 그것 역시 억지로 말을 선택하지 않는 한, 말로 표현될 수 있는 것이 아닙니다. 4차 밀도는 신체 복합체의 활동을 위한 중화학적 운반체가 아닙니다. 그것은 자신 내부의 부조화가 아닙니다. 그것은 사람들 안의 부조화가 아닙니다. 어떤 식으로든 부조화를 야기하는 것은 가능성의 한계 안에 있지 않습니다.[667]

"선택하지 않는 한, 그것은 말이 되지 않는다." 우리는 매우 강하고 빠른 텔레파시 능력을 갖게 될 것이고, 입으로 말하는 것은 터무니없이 느릴 것이다. 광대역 시대의 인터넷 접속도 무의미할 것이다. 우리는 무지개 몸을 성취할 것이다. 티벳과 중국에서 16만 건 이상의 문서화된 사례에서 보듯이 말이다. 우리가 완전히 4차 밀도로 환생하게 되면, 우리는 더 이상 피와 살을 가진 몸, 즉 "신체 복합체를 위한 중화학적 운반체"를 갖지 않게 된다. "어떤 식으로든 부조화를 일으키는 것은 가능성의 한계 안에 있지 않다." 이것이 무슨 뜻인지 생각해 보자.

당신 자신이나 다른 누군가를 향해 분노, 스트레스, 압박, 좌절, 실망 또는 굴욕감을 일으키는 것은 말 그대로 불가능하다. 누구에게도 거짓말하거나, 사기치거나, 도둑질하거나, 무례하게 굴거나, 떼를 쓰거나, 괴롭히거나, 짜증나게 하거나, 망신을 주는 것이 불가능하다. 모두가 당신이 생각하고 있는 모든 것을 알고 있다. 그것도 항상.

세션 20에서는 3차 밀도에 비해 4차 밀도에서 사는 것이 얼마나 더 즐거운지 확인한다. 원천은 4차 밀도가 "100배 더 조화롭다"라고 구체적으로 밝힌다.

> 20.24 세 번째 밀도의 마음/몸/영 복합체는 다른 어떤 밀도보다 배움/가르침과 왜곡의 정수를 뽑아냄으로써 100배 더 집중적인 촉매 작용을 하는 프로그램을 가지고 있습니다.[668]

"촉매 작용"이란 우리를 영적으로 성장하게 하는 사건을 의미한다. 하나의 법칙에서 말하는 촉매제는 종종 매우 어려운 경험으로 삶에 나타난다. 영성을 연구하는 사람들은 이 과정을 "카르마 태워 없애기"라고 부른다. 하나의 법칙도 본질적으로 같은 생각이다. 원천의 말은 5차 밀도나 6차 밀도는 차치하고라도, 4차 밀도에서의 삶이 3차 밀도에서의 삶보다 100배 더 행복하고, 쉽고, 즐겁고, 성취감을 준다는 것을 의미한다.

세션 16에는 4차 밀도의 생활이 어떤 것인지에 대한 추가적인 인용문이 있다. 이제 우리는 이전에 중단했던 바로 그 지점에서 다시 시작할 것이다.

> 16.50 [4차 밀도에서의 삶에 대한] 긍정적 진술의 근사치: 훨씬 밀도가 높고 생명력이 충만한, 두 다리를 가진 운반체의 차원입니다. 그 차원은 다른 운반체의 생각을 알고 다른 운반체의 진동을 알고 있습니다. 그것은 3차 밀도의 슬픔에 대한 연민과 이해의 차원입니다. 지혜나 빛을 향해 노력하는 차원입니다; 그것은 집단적 합의에 의해 자동으로 조화되기는 하지만 개인차가 표현되는 차원입니다.[669]

우리는 여전히 "양자 도약"이 일어날 수 있는 허용 가능한 시간 범위 안에 있지만, 이제 우리가 집착할 절대적인 날짜는 없다.

이 소식통은 정확한 숫자를 말하지 않았다. 그저 약 30년이라고 말했다. 어떤 면에서 우리가 논쟁할 절대적인 날짜가 없다는 사실에 안도한다. 나는 언제가 됐든 이 변화가 마침내 일어날 시점과 현재 사이에 시간이 흐르고 그 동안 매우 중요하고 멋진 사건들이 일어날 것이라 믿는다.

─────── 정확한 시간을 알아내는 것

원천은 특정 사건이 일어날 시간을 정확히 파악하기는 매우 어렵다고 말했다. 결과에 영향을 주거나 자유의지의 임의적인 행위에 의해 어느 정도 지배되는 요소들이 있기 때문이다. 이에 대해 원천은 이렇게 설명한다.

89.8 우리 사이의 공간/시간은 당신들의 3차 공간/시간의 밀도 경험과는 전혀 다른 방식으로 경험되어 왔습니다.[670]

14.4 … 우리는 공간/시간 연속체 측정 시스템을 완벽하게 처리할 수 없습니다.[671]

65.9 예언의 가치는 가능성을 표현하는 것 정도로 실현되어야 합니다. 더구나 우리의 겸허한 생각으로는 그 어떤 것이라도 신중하게 고려되어야 합니다. 당신의 시간/공간 중 어떤 것에 의해서든, 바깥에서 시간/공

간을 보는 우리와 같은 것에 의해서든, 시간의 측정값을 표현하는 것은 상당히 어려울 것입니다. 그러므로 특정한 용어로 주어진 예언은 일어날 것이라 예상되는 공간/시간보다는 예측된 가능성의 형태나 정도가 훨씬 흥미롭습니다.[672]

17.29 질문자: 수확이 예정된 시간보다 더 늦어질까요?

라: … 이것은 근사치입니다. 우리는 당신의 시간/공간에 어려움이 있다고 말했습니다. 이것은 수확에 적절하며 가능한probable/possible 시간/공간 결합입니다. 이때 화신이 아닌 자는 수확에 포함될 것입니다.[673]

현재 3차 밀도 상태에서 우리가 이용할 수 있는 4차 밀도 신체를 가진 "이중 신체" 상태로의 점진적인 전환이 진행되고 있는 듯하다. 예언이 사실이라면 인류에게 점점 더 강력한 능력이 나타나는 것을 기대할 수 있다. 이것은 아마도 지구 무대에서 네메시스의 마지막 소멸, 그리고 그들이 지켜왔던 불멸의 엘릭시르에 대한 접근과 매우 상응할 것이다. 여기에는 우리 행성을 치유할 수 있는 첨단 기술뿐 아니라 우리는 혼자가 아니라는 절대적인 지식도 포함된다. 우리 인류가 [외계의] 친척들과 다시 연결되는 것은 이 전환기의 매우 중요한 부분일 것이다.

──────── **마태복음의 수확**

"하나의 법칙" 시리즈는 이 놀라운 사건을 "수확"이라고 불렀다고 구체적으로 밝혔다. 최근에야 나는 그들이 마태복음을 인용하고 있다는 사실을 깨달았다. 성경은 악인들이 다른 사람들과 다른 시간표, 즉 다른 현실로 끌려가는 순간을 묘사한다. 예수는 이것을 설명하기 위해 상징을 이용했다. 영적인 의미에서 지구상의 인간은 씨 뿌려진 밀밭에 비유되었다. 씨앗은 예수님 및 다른 위대한 스승들이 우리에게 준 영적인 가르침이다. 이러한 영적 가르침은 변함없이 우리가 다른 사람들을 더 사랑하고, 수용하고, 용서하라고 말한다. 즉 우리 모두가 하나임을 깨달으라는 것이다. 겸손, 인내, 친절, 자선, 다른 사람의 선천적인 선함을 믿고 지지하는 것은 모두 이러한 가르침의 중요한 측면이다. 현대 세계에서는 당신이 상승하여 말 그대로 인간 진화의 다음 단계로 나아갈 가능성이 높다는 것을 깨닫는 사람이 거의 없는 듯하다.

한편 우리는 농작물 속에 잡초나 독초를 심는 "적대자adversary"를 가지고 있다. 이것들 또한 모든 사람들이 이용할 수 있도록 만들어진 가르침이다. 우리 사회 공동체에는 이러한 가르침이 넘쳐난다. 즉 돈, 권력, 명성 등 물질적인 것들을 추구하는 데 초점이 맞춰져 있다. 그들은 나르시시즘, 특권, 무례함, 지배적인 행동, 그리고 자기 확대를 창조하고, 육성하고, 장려한다. 모든 것은 위계를 중심으로 한다. 권력에 의문을 가져서는 안 된다. 소수의 의지가 다수에게 강요된다. 우리는 "빅 브라더Big Brother"를 두려워하도록 배운다. 우리의 내면 깊은 곳에서는 심각하게 부패한 세력이 존재한다는 것을 알고 있다. 우리는 그들이 파괴될 수 없다고 믿도록 교육받았다. 삶에서 그들의 변하지 않는 현실을 받아들여야 했다. 인터넷 기반의 소통이 발전하기 전까지 대부분의 사람들은 텔레비전을 통한 기업의 선전 선동에 완전히 지배되었다. 우리는 광고에 의해 폭격당했고 삶을 즐기기 위해서는 이런 선동에 시달리는 것은 어쩔 수 없다고 배웠다. 이제, 모든 것이 변하고 있다. 우리 각자는 긍정적이고 사랑에 넘치는 것들에 초점을 맞추고 오랫동안 우리를 괴롭혔던 고통의 순환을 다시 만들어내지 않을 선택권을 가지고 있다.

───────── **그리스도의 재림再臨이란?**

성경 학자들은 분명히 내가 여기서 말하는 것과 그리스도의 재림이라는 개념 사이에 거대한 유사성이 있음을 발견할 것이다. 하나의 법칙 시리즈는 다음과 같이 직접적으로 설명하고 있다.

17.22 질문자: 우리 문화에는 [예수님]이 돌아온다는 말씀이 있습니다. 이것이 계획되어 있는지 말해 줄 수 있나요?

라: 이 문제에 답하기 위해 노력해보겠습니다. 어려운 얘기입니다. 이는 하나의 실체가 아니라 하나의 창조자(이 실체가 사랑이라고 보는 것)의 메신저로 운영된다는 것을 알게 됩니다. 이 실체는 이 주기가 마지막 부분에 있다는 것을 알고 있었고, 그 주기가 수확 시 돌아올 것이라는 취지의 말을 했습니다. 당신이 예수라고 부르는 특정한 마음/몸/영 복합체는 돌아오지 않습니다. 단 행성 연합의 일원으로서 가끔 채널을 통해 말하는 것은 예외입니다. 그러나 4차 밀도에 도달한 이들을 환영해 줄, 의식의 결맞음을 가진 사람들이 있습니다. 이것이 재림의 의미입니다.[674]

이는 우리가 혼자가 아니라는 것을 깨달았을 때, 우리가 인간적인 형태에서 4차 밀도 활성화를 경험하는 "이중 신체"가 되기 위한 전환기에 있다는 것이 알려질 것임을 암시한다. 비록 외계 생명체를 두려워하게 만들기 위한 많은 노력이 있었지만, 일단 그들이 인간이고 우리를 계속 도와주고 있음을 알게 되면 훨씬 큰 각성을 이끌 영향력이 될 것이다. 미디어로부터 주입된 세계가 가짜였다는 것을 알게 되면 그것은 전례 없는 변혁이 될 것이다. 우리가 금융 독재를 물리칠 때까지, 아니 최소한 카발이 진실이 밝혀지도록 용인하는 휴전을 할 때까지, 이 정보는 결코 광범위하게 유포되지 못할 것이다. 미군의 애국 인사가 나타나 스타 게이트와 반중력 우주선, 그리고 다양한 외계인과 지속적으로 교류했다는 사실을 밝힐 수는 없을 것이기 때문이다.

─────── **4차 밀도 생명**

우리의 궁극적인 목적지는 완전히 새로운 차원으로 다시 태어나는 것이다. 고도로 발달한 영혼들은 육체적인 죽음과 환생을 겪지 않고도 스스로 이 상태로 변모할 수 있다. 기독교 용어로 이것을 승천 ascension이라고 한다. 나는 특정 종교와 관계없이 그 상태를 묘사하기 위해 이 단어를 사용한다. 티베트와 중국에서만 16만 건이 넘는 기록이 있는데, 진보한 마스터들은 "무지개 몸"이라고 부르는 경지를 성취했다. 윌리엄 헨리William Henry와 마크 그레이Mark Gray의 인용문이 보여주듯이 이는 많은 전통 문화에서 나타난다.

수피즘에서는 "가장 신성한 몸"과 "천상의 몸"이라고 불린다. 도교에서는 "금강체"라 불렀고 그 경지에 도달한 사람들을 "불사신", "구름을 걷는 자"라고 했다. 요가와 탄트라에서는 "신성한 몸"이라고 한다. 크리야 요가에서는 "지복至福의 몸", 베단타에서는 "초전도체"라고 불렀다. 고대 이집트인들은 그것을 "빛나는 몸"과 "빛나는 존재akh" 또는 "카라스트 karast"라고 불렀다. 이 개념은 영지주의로 진화해 "빛을 뿜어내는 몸"이 되었다. 미트라교 예배문에서는 "완벽한 몸"이라고 한다. … 헤르메스 대전Hermetic Corpus은 "불사의 몸"이라고 한다. 연금술 전통의 에메랄드 태블릿은 이를 "황금의 몸"이라고 부른다.[675]

─────── **흡혈귀의 송곳니 뽑기**

정부Governments의 흥망興亡은 신이 우리를 버렸다는 뿌리 깊은 두려움을 얼마나 잘 조작하는지, 우리가 무시무시한 적에 대항해 엄청난 투쟁을 하고 있다고 얼마나 잘 속이는지에 달려 있는 경우가 많다. 그들은 은밀히 적대세력들을 소유하고 통제할 수도 있다. 선출된 지도자들, 심지어 최고 지위에 있더라도 이런 일이 일어나고 있다는 것을 완전히 모를 수도 있다. 우리는 우주 전체와 그 안에 있는 모든 생명체를 창조한 무한 지성의 자식이며, 무한 지성은 우리의 상상을 뛰어넘는 수준으로 우리를 사랑한다. 나의 영적 여행은 이것이 사실임을 알게 해 주었다. 당신에게도 그 사실이 명백해지면 자신 내면의 고요의 장소에 도달할 수 있다.

우리 주변의 사람들이 고통받을 때 함께 고통받고, 우리 주변의 사람들이 사랑과 평화를 누릴 때 우리는 함께 사랑과 평화를 느낀다. 명상을 통해 7천 명의 사람들이 전 세계 테러 활동을 72%나 감소시킨 긍정적인 에너지를 만들었을 때, 그 에너지는 "잠깐만!"이라고 말하지 않았다. "저 사람은 자유주의자다, 저 사람은 이슬람교도다, 저 사람은 게이다, 저 사람은 흑인이다, 저쪽으로 가지 마, 그건 건너뛰어!"라고 말하지 않았다. 현실은 모든 사람이 좋아지는 것이다.

─────── **꾸란에서 발견한 놀라운 구절들**

유대-기독교 전통에 있는 서양인들은 이슬람 성전인 꾸란
이 악惡을 위한 안내서이자 테러의 온상임을 암시하는 언론의 선동에 시달
려 왔다. 나는 꾸란의 모든 것에 동의하지는 않지만, 다른 모든 종교 경전
이 그렇듯 그 속에는 우리가 이야기하는 모든 것을 강력히 지지하는 아주
흥미로운 구절들이 있다. 나는 1988년 출간된 『꾸란의 핵심The Heart of the
Cur'an』에 수록된 렉스 힉슨Lex Hixon의 영어 번역문 중 일부를 소개하려고
한다. 엄밀히 말하면 글자 그대로의 번역은 아니지만, 힉슨은 핵심을 전달
하기 위해 최선을 다했다. 한 독자가 특정 구절이 강조된 이 책을 보내왔
을 때 나는 상당히 놀랐다. 본질적으로 우리가 하나의 법칙 시리즈에서 보
았던 것과 같은 부분이 많았기 때문이다.

꾸란은 우리가 이 전환기를 거치면서 어떤 형태로든 전 세계에 걸친 에
너지 차원에서의 사건이 일어날 것이라고 강력히 시사한다. 이 사건으로
인해 우리가 즐길 모험이 추가될 뿐이다. 그리고 그것이 실제로 일어나기
전까지는 정확히 무엇인지 알 수 없을 것이라는 점을 상기시킨다.

단 하나의 최상의 근원, 하나의 무궁무진한 힘 … 심오하게 살아 있는
하나, 결코 줄어들지 않는 시간을 초월한 생명만이 존재한다. "하나인 실
재One Reality"는 결코 잠들지 않으며, 심지어 한 순간도 "포용하는 알아차
림embracing Awareness"을 멈추지 않는다. 사방으로 퍼지는 햇빛 줄기가

단 하나의 태양에 속하듯이, 행성 존재의 방사와 존재의 일곱 개 상위 차원은 오직 하나에 속한다. 근원 자체에서 흐르는 힘과 사랑을 통해서가 아니고는, 기도 혹은 명상 속에 늘 존재하는 근원을 향할 수 없다. 궁극의 근원Ultimate Source은 시간을 초월하여 머물기에, 사건 하나하나에 대해 그 사건을 일으킨 선행 사건이 무엇인지, 또 그 사건에 따르는 결과가 무엇인지를 완벽하게 알아차린다. — 성스러운 꾸란 2장 255절에 대한 묵상[676]

지구 위에 별이 있는 것처럼, 그대 의식 있는 존재의 위에는 천사 보호자들이 있어 그대를 지켜보고 있다는 것을 절대적인 확신을 갖고 알아야 한다. 진리의 날에 보게 될, 보이지 않는 그대 생명의 책 속에 있는 빛의 페이지 위에, 이 천상의 존재들은 그대의 모든 행동과 반응을 기록한다. 그들이 알아차리고 이해한 가장 은밀한 동기까지도 완전한 명료성을 가지고 옮겨 적는다. — 성스러운 꾸란 82장 10~12절에 대한 묵상[677]

시간이 갑자기 사라지면, 영원한 계시의 순간에 천상 보주寶珠들의 광휘는 갈라져서 열리고 투명한 빛으로 녹아들 것이다. 이 가르침을 허튼소리나 상상으로 간주하여 신비로운 날을 기대하며 살지 못한 사람들은 마지막 날이 실제 당도하고 자신들은 영적으로 준비되지 않았을 때 몹시 낙담할 것이다. — 성스러운 꾸란 77장 8절, 15절에 대한 묵상[678]

시간이 끝나는 신비한 날, 세상을 완전히 멈추게 할 신성한 공명의 첫 천둥소리에 드러난 모든 존재가 떨 것이다. 이 순간적인 공포는 각각의 영혼이 자신의 영적인 몸이 완벽하고 무한하며 신성하다는 것을 깨달을 때 사라질 것이다. — 성스러운 꾸란 79장 6절, 13절에 대한 묵상[679]

깨달음의 날이 밝으면, 영혼은 빛나는 몸으로 표현되고, 그 존재의 얼굴에는 잔잔한 기쁨이 번지면서 신성한 현존이라는 천상의 정원 안에서 깨어나 마침내 영적인 헌신의 완전한 의미를 이해할 수 있게 된다. — 성스러운 꾸란 88장 1~5절에 대한 묵상[680]

그 시간 없는 초월적인 날에 인간은 빛으로 구성된 육체 안에서 부활을 경험하게 될 것이며, 그들이 살아낸 생애들의 모든 생각과 행동을 분명히 보게 될 것이다. — 성스러운 꾸란 99장 4절에 대한 묵상[681]

빠르게 다가오는 "정화의 날"의 강렬함과 규모를 이해하는 인간이 얼마나 적은지 모른다. … 마지막 날의 본질을 제대로 이해하지 못하는 사람들은 인내심이 없어서 그 도착을 앞당기고 싶어 하는 반면, 살아 있는 진리의 엄청난 힘을 아는 사람들은 이 무한한 날이 밝기 전에 떨리는 경외감으로 서 있다. — 성스러운 꾸란 42장 7절에 대한 묵상[682]

다음의 주석은 이 책의 편집자가 쓴 것인데, 서구 세계에서 너무나 자주 오해되거나 간과되는 가르침의 긍정적인 측면을 강조한다.

꾸란은 거듭해 겸손, 감사, 정직, 정의, 동정, 사랑의 삶을 강조한다. 겉으로 보이는 어떤 경건함보다 이러한 자질들이 "하나의 실재"에 자신을 내맡긴 사람임을 확인시켜 주는 것으로 본다. 궁극적으로 꾸란이 묘사한 "사랑의 사람들Lovers of Love"은 세상 사람들의 주목을 받든 받지 않든 그들만의 연민과 평화의 기적이 되는 사람들이다. — 편집자[683]

마지막으로, 다음의 메시지는 본질적으로 우리 모두에게는 자신이 선호하는 영적 가르침을 따를 수 있는 선택권이 있으며, 하나로 돌아가는 길은 여러 가지가 있다는 것을 보여 주는 데 있어서 놀랍도록 개방적이고 정직하다.

> 각 영적 민족이 자신의 거룩한 예언자들을 통해 드러난 길을 충실히 실천한다면, 모든 인류가 함께 사랑의 근원으로 돌아올 것이다. — 성스러운 꾸란 5장 51절에 대한 묵상[684]

─────── 동시성이라는 미래의 열쇠

이 고대 과학을 재발견한 것은 큰 영광이자 특권이었고, 이 모든 것을 한 권의 책으로 엮게 되었으니 다행이 아닐 수 없다. 역사의 순환주기에 관한 최신의 작품이자 결정적 결과물을 만들기 위해서는 많은 조사와 준비가 필요하리라 예상했고, 정말로 그랬다. 여기에 오기까지 3년 6개월여의 연구, 명상, 강의, 그리고 집필이 필요했다. 이 작품은 분명 논란의 여지가 있고, 실제로 오래전부터 많은 사람들이 나의 노력을 공격하고 비판해 왔다. 비평은 언제나 있기 마련이고, 나는 어떤 것도 완벽할 수는 없음을 전제한 상태에서 최선을 다할 뿐이다. 눈부시게 아름답고 기능적으로 뛰어난 재즈 앙상블이 있는데, "죽어도 재즈가 싫어"라면서 거부한다면 그건 그 사람들 탓이지 내 책임이 아니다. 마찬가지로, 나는 이 책에서 내가 보고 있는 것, 그리고 이 모든 조각들이 어떻게 조화롭게 맞춰지는지에 대해 정확하고 상세하게 설명했다. 나는 그 과정을 진심으로 즐겼고, 그렇게 만들어낸 결과물에 대견함을 느낀다. 의심의 여지 없이, 어떤 사람들은 내 작업물이 매우 고무적이고 의미 있다고 느낄 것이고, 다른 사람들은 놀라운 야만성과 조롱으로 공격하고 폄훼할 것이다.

역사의 순환주기에 대한 우리의 연구는 아직 걸음마 단계에 있다고 생각한다. 탐험할 수 있는 방법들은 많고도 많다. 우리가 쌍성 태양계에 살고 있다는 증거를 포함해서 이러한 주기가 실제로 어떻게 작동하는지, 모든 기술적 세부사항을 설명하는 또 다른 장편의 책을 쓸 수도 있을 것이다. 기하학이 이 순환주기의 진행에 어떻게 도움을 줄 수 있는지에 대해 할 말이 더 있다.

지금 이 책이 모두를 위한 책이 아닌 것은 확실하다. 누군가는 너무 큰 심리적 저항에 부딪혀서, 얼마 읽지 못하고 책을 덮을 수도 있다. 과학적 증거들이 아무리 많아도 그것들을 기꺼이 보려 할 때만 쓸모가 있는 법이다. 이 글을 쓰고 있는 시점에서도 책에 실린 정보의 상당 부분은 여전히 "비주류fringe"와 유사과학으로 간주될 것이다.

동시성은 본질적으로 개인적 경험이며, 동시성이 가능하다는 것을 믿지 않으려 하는 사람들에게는 꽤 이해하기 어려울 듯하다. 매우 흥미로운 개인적 사건이나 국제적 사건들이 회의론자들에 의해 무의미한 것으로 완전히 묵살되는 경우가 많다. 주류 언론의 말처럼, 집단의 목소리는 사람들에게 매우 강한 통제력을 가질 수 있다. 수치심은 더 깊은 의미와 진리 추구를 막는 매우 강한 억제력을 가진다. 이 책에서 제시한 최면 퇴행과 같이, 더 큰 현실을 일깨우는 데 도움을 줄 수 있는 수단들이 있다. 하지만 진실을 찾고자 하는 최초의 갈망이 없다면, 아마도 이 열쇠들은 사용되거나 인정받을 일이 없을 것이다.

황금시대로 전환하는 일은 점진적 과정일 수 있다. 하지만, 어느 순간 우리는 뒤로 물러나 그렇게 짧은 시간 동안 그렇게 많은 일이 일어났다는데에 경탄하게 될 수도 있다.

역사가 반복된다 해도 우리에겐 여전히 선택의 여지가 있다. 우리는 고정 불변의 시간계획timeline을 따라가는 것이 아니다. 우리는 단 하나의 결과를 경험할 운명을 타고나지 않았다. 우리는 이야기를 바꿀 수 있다. 우주는 살아 있는 존재일 가능성이 매우 크고 우리가 성장하고 진화하도록 격려한다. 동시성은 시간을 초월한 최고의 신비를 푸는 열쇠다.

감사의 말씀

우리에게 생명과 의식을 선물하고, 우리가 진정 누구인지 기억하도록 도와주고 이끌어주는 살아 있는 우주와 그 사자使者들에게 감사를 전한다. 어머니 마르타 워터맨Marta Waterman, 아버지 돈 윌콕Don Wilcock, 동생 마이클 윌콕, 그리고 지금의 나로 발전할 수 있도록 도와준 사랑 가득하고 안락한 가정 환경에 감사한다. 또한 여러 해 동안 교류하고 협력해온 많은 친구들, 선생님들, 협력자들, 그리고 동료들에게 감사드린다. "하나의 법칙" 시리즈를 만든 돈 엘킨스, 카를라 뤼케르트, 짐 매카티를 비롯해 이 책을 가능하게 만든 선구적인 연구자들과 과학자들, 그리고 함께 작업하는 특권을 누린 피트 피터슨을 비롯한 여러 내부자들에게 특별한 감사를 표한다. 브라이언 타트, 스테파니 켈리, 그리고 펭귄출판사 직원들에게도 감사를 표한다. 브릴리언스 오디오Brilliance

데이비드 윌콕의 동시성

Audio 사람들, 인상적인 삽화를 빠듯한 마감일에 맞춰 작업해 준 톰 데니 Tom Denney에게도 고마움을 전한다.

집필 과정 내내 나와 함께 「컨버전스Convergence」 시나리오를 개발하면서 변함없는 지지를 보내준 짐 하트와 아만다 웰즈에게 감사한다. 이 책에 대한 믿을 수 없는 헌신은 물론 우리의 대표적 작품인 「평화와 원더러 각성의 과학The Science of Peace and Wanderer Awakening」에 자신의 음악적 천재성을 쏟아부어준, 나의 웹 마스터이자 동료인 래리 세이어Larry Seyer에게 감사하고 싶다. 하나의 법칙 자료에 담긴 철학적 가르침을 텔레비전 시리즈로 발전시킬 수 있도록 출구를 마련해 준 가이암 티브이Gaiam TV의 직원들, 「고대의 외계인들Ancient Aliens」의 수많은 에피소드에 나를 등장시켜준 프로메테우스 엔터테인먼트Prometheus Entertainment의 직원들, 나의 전자책 『금융독재』로 6시간짜리 다큐멘터리를 만들어 방영한 러시아 REN-TV의 직원에게도 고마움을 전한다.

이 책을 쓰는 3년 반 동안 겪었던 믿기 어려운 불안과 스트레스를 감내해 준 내 삶의 여성 동반자에게도 감사를 전한다. 마지막으로 이 책의 충실한 독자인 당신에게 감사한다. 이것은 내가 맡은 일 중 가장 어려운 일이었고 당신들의 도움이 없었다면 불가능했을 것이다. 홍보는 보호와 같다. 당신들의 지속적인 관심이야말로 나를 안전하게 지켜주고 이 위대한 탐구를 지원해 준 주요 부분이다.

인용문헌

1절 ■■■■

1. Don Elkins, Carla Rueckert, and Jim McCarty, The Law of One (West Chester, PA: Whitford Press, 1984), session 17, question 33, http://lawofone.info/results. php?s=17#33.

2. 같은 책, session 19, question 18, http://lawofone.info/results.php?s=19#18.

3. François Masson, "Cyclology: The Mathematics of History," chapter 6 in The End of Our Century, 1979, http://divinecosmos.com/index.php/start—here/books—free—online/26—the—end—of—our—century/145—chapter—06—cyclology—the—mathematics—of—history.

4. The Free Dictionary by Farlex, "Morozov, Nikolai Aleksandrovich," originally published in The Great Soviet Encyclopedia, 3rd ed. (1970 – 1979) (Farmington Hills, MI: Gale Group, 2010), http://encyclopedia2.thefreedictionary.com/Nikolai+Morozov.

5. Charles Q. Choi, "DNA Molecules Display Telepathy—Like Quality," LiveScience, January 24, 2008, accessed May 2010, http://www.livescience.com/9546—dna—molecules—display— telepathyquality.html. (2010년 5월 접속)

6. John E. Dunn, "DNA Molecules Can 'Teleport,' Nobel Prize Winner Claims," Techworld.com, January 13, 2011, accessed January 2011, http://news.techworld.com/personal—tech/3256631/dna—molecules—can—teleport—nobel—prize—winner—claims/. (2011년 1월 접속)

7. F. Hoyle, "Is the Universe Fundamentally Biological?" in New Ideas in Astronomy, ed. F. Bertola et al. (New York: Cambridge University Press, 1988), pp. 5 – 8; Suburban Emergency Management Project, Interstellar Dust Grains as FreezeDried

데이비드 윌콕의 동시성

Bacterial Cells: Hoyle and Wickramasinghe's Fantastic Journey, Biot Report #455, August 22, 2007, accessed May 2010, http://web.archive.org/web/20091112134144/http://www.semp.us/publications/biot_reader.php?BiotID=455. (2010년5월 접속)

8. 같은 책

9. Brandon Keim, "Howard Hughes' Nightmare: Space May Be Filled with Germs," Wired, August 6, 2008, http://www.wired.com/science/space/news/2008/08/galactic_panspermia.

10. James K. Fredrickson and Tullis C. Onstott, "Microbes Deep Inside the Earth," Scientific American, October 1996, accessed May 2010, http://web.archive.org/web/20011216021826/www.sciam.com/1096issue/1096onstott.html. (2010년 5월 접속)

11. 린 맥태거트(이충호 옮김), 필드The Field, 김영사, 2016, p. 44.

12. P. P. Gariaev, M. J. Friedman, and E. A. Leonova-Gariaeva, "Crisis in Life Sciences: The Wave Genetics Response," EmergentMind.org, 2007, http://www.emergentmind.org/gariaev06.htm.

13. 같은 글

14. David Wilcock, "A Golden Age May Be Just Around the Corner," Huffington Post, August 22, 2011, http://www.huffingtonpost.com/david-wilcock/ufos-government_b_33641.xhtml#s336273&title= What _is_consciousness.

15. "William Braud," faculty profile, Sofia University, accessed December 2010, http://www.sofia.edu/academics/faculty/braud.php; "Curriculum Vitae, William G. Braud, Ph.D.," Sofia University, http://www.sofia.edu/academics/faculty/cv/WBraud_cv.pdf. (2013년 4월 접속)

16. M. Schlitz and S. LaBerge, "Autonomic Detection of Remote Observation: Two Conceptual Replications," in Proceedings of the Parapsychological Association 37th Annual Convention, ed. D. J. Bierman (Fairhaven, MA: Parapsychological Association, 1994), pp. 465 - 478.

17. Malcolm Gladwell, "In the Air: Who Says Big Ideas Are Rare?" The New Yorker, May 12, 2008, http://www.newyorker.com/reporting/2008/05/12/080512fa_fact_gladwell?currentPage=all. (2010년 12월 접속)

18. Dunn, "DNA Molecules Can 'Teleport.'"

19. Hoyle, "Is the Universe Fundamentally Biological?"

20. 같은 글

21. Grazyna Fosar and Franz Bludorf, "The Living Internet (Part 2)," April 2002, http://web.archive.org/web/20030701194920/http://www.baerbelmohr.de/ english/magazin/beitraege/hyper2.htm. (2010년 5월 접속)

22. 같은 글

23. Leonardo Vintiñi, "The Strange Inventions of Pier L. Ighina," Epoch Times, September 25 – October 1, 2008, p. B6, accessed June 2010, http://epoch-archive. com/a1/en/us/bos/2008/09-Sep/25/B6.pdf. (2010년 6월 접속)

24. Yu V. Dzang Kangeng "Bioelectromagnetic Fields as a Material Carrier of Biogenetic Information, Aura-Z, 1993, no. 3, pp.42 – 54.

25. Baerbel-Mohr, DNA, summary of the book Vernetzte Intelligenz by Grazyna Fosar and Franz Bludorf (Aachen, Germany: Omega-Verlag, 2001), http://web.archive.org/web/20030407171420/http://home. planet.nl/~holtj019/GB/DNA.html.

26. Gary Lynch and Richard Granger, "What Happened to the Hominids Who May Have Been Smarter Than Us?" Discover, December 28, 2009, http:// discovermagazine.com/2009/the-brain-2/28-what-happened-to-hominids-who-were-smarter-than-us.

27. David M. Raup and J. John SepkoskiJr., "Periodicity of Extinctions in the Geologic Past," Proceedings of the National Academy of Sciences of the United States of America 81 (February 1984): 801 – 805, http://www.pnas.org/content/81/3/801.full. pdf.

28. Robert A. Rohde and Richard A. Muller, "Cycles in Fossil Diversity," Nature 434, March 10, 2005, http://muller.lbl.gov/papers/Rohde-Muller-Nature.pdf.

29. Casey Kazan, "Is There a Milky Way Galaxy/Earth Biodiversity Link? Experts Say 'Yes,'" Daily Galaxy, May 15, 2009, http://www.dailygalaxy.com/my_weblog/2009/05/ hubbles-secret.html. (2010년 5월 접속)

30. Dava Sobel, "Man Stops Universe, Maybe," Discover, April 1993, http:// discovermagazine.com/1993/apr/manstopsuniverse206; W. Godlowski, K. Bajan, and P. Flin, "Weak Redshift Discretization in the Local Group of Galaxies?" abstract, Astronomische Nachrichten 327, no. 1, January 2006, pp. 103 – 113, http://www3. interscience.wiley.com/journal/112234726/abstract? CRETRY=1&SRETRY=0; M. B. Bell and S. P. Comeau, "Further Evidence for Quantized Intrinsic Redshifts in Galaxies: Is the Great Attractor a Myth?" abstract, May 7, 2003, http://arxiv.org/abs/ astro-ph/0305112; W. M. Napier and B. N. G. Guthrie, "Quantized Redshifts: A Status Report," abstract, Journal of Astrophysics and Astronomy 18, no. 4 (December 1997), http://www.springerlink.com/content/qk27v4wx16412245/.

31. Harold Aspden, "Tutorial Note 10: Tifft's Discovery," EnergyScience.org.uk, 1997, http://web.archive.org/web/20041126005134/http://www.energyscience.org.uk/tu/ tu10.htm.

32. Don Elkins, Carla Rueckert, and Jim McCarty, The Law of One (West Chester, PA: Whitford Press, 1984), http://lawofone.info/.

33. Richard N. Ostling, "Researcher Tabulates World's Believers," Salt Lake Tribune, May 19, 2001, http://www.adherents.com/misc/WCE.html.

34. Elkins, Rueckert, and McCarty, The Law of One, session 1, question 6, http://lawofone.info/results.php?s=1#6.

35. Journal of Offender Rehabilitation 36, nos. 1–4 (2003): 283–302, http://www.tandfonline.com/toc/wjor20/36/1–4#.UYbiUoKfLbs.

36. D. Orme-Johnson, "The Science of World Peace: Research Shows Meditation Is Effective," International Journal of Healing and Caring On-Line 3, no. 3 (September 1993): 2.

37. S. J. P. Spottiswoode, "Apparent Association Between Anomalous Cognition Experiments and Local Sidereal Time," Journal of Scientific Exploration 11 (2), summer (1997): 109–122.

38. Elkins, Rueckert, and McCarty, The Law of One, session 19, question 9, http://lawofone.info/results.php?s=19#9.

39. 같은 책, session 19, question 10, http://lawofone.info/results.php?s=19#10.

40. Robert H. Van Gent, "Isaac Newton and Astrology: Witness for the Defence or for the Prosecution?" Utrecht University website, August 3, 2007, http://www.staff.science.uu.nl/~gent0113/astrology/newton.htm.

41. John D. McGervey, Probabilities in Everyday Life (New York: Random House, 1989).

42. Julia Parker and Derek Parker, The Parkers' History of Astrology, vol. 11, Into the Twentieth Century (1983), http://web.archive.org/web/20020804232049/http://www.astrology.com/inttwe.html.

43. 같은 책

44. Carl G. Jung, "Richard Wilhelm: In Memoriam," in The Spirit in Man, Art, and Literature, Collected Works, vol. 15, trans. R. F. C. Hull (London: Routledge and Kegan Paul, 1971), p. 56.

45. Arnold Lieber, "Human Aggression and the Lunar Synodic Cycle," abstract, Journal of Clinical Psychiatry 39, no. 5 (1978): 385–392, http://www.ncbi.nlm.nih.gov/pubmed/641019.

46. Joe Mahr, "Analysis Shines Light on Full Moon, Crime: Offenses Increase by 5 Percent in Toledo," Toledo Blade, August 25,

47. 같은 책

48. Fred Attewill, "Police Link Full Moon to Aggression," Guardian (London), June 5, 2007, http://www.guardian.co.uk/uk/2007/jun/05/ukcrime.

49. 같은 책

50. Bette Denlinger, "Michel Gauquelin: 1928 – 1991," Solstice Point, http://www.solsticepoint.com/astrologersmemorial/gauquelin.html.

51. Ken Irving, "Misunderstandings, Misrepresentations, Frequently Asked Questions & Frequently Voiced Objections About the Gauquelin Planetary Effects," Planetos online journal, http://www.planetos.info/mmf.html.

52. 같은 책

53. 같은 책

54. 같은 책

55. 같은 책

56. 같은 책

57. Suitbert Ertel and Kenneth Irving, The Tenacious Mars Effect (London: Urania Trust, 1996); Robert Currey, "Empirical Astrology: Why It Is No Longer Acceptable to Say Astrology Is Rubbish on a Scientific Basis," Astrologer.com, 2010, http://www.astrologer.com/tests/basisofastrology.htm.

58. Currey, "Empirical Astrology."

59. Carol Moore, "Sunspot Cycles and Activist Strategy," CarolMoore.net, February 2010, http://www.carolmoore.net/articles/sunspot-cycle.html.

60. Giorgio De Santillana and Hertha von Dechend, Hamlet's Mill: An Essay Investigating the Origins of Human Knowledge and Its Transmission Through Myth, 8th ed. (Boston: David R. Godine, 2007).

61. 그레이엄 핸콕(이경덕 옮김), 신의 지문(Fingerprints of the Gods), 까치, 2017.

62. Simon Jenkins, "New Evidence on the Role of Climate in Neanderthal Extinction," EurekAlert!, September 12, 2007, http://www.eurekalert.org/pub_releases/2007-09/uol-neo091107.php.

63. LiveScience Staff, "Humans Ate Fish 40,000 Years Ago," LiveScience, July 7, 2009, http://www.livescience.com/history/090707-fish-human-diet.html.

64. Robert Roy Britt, "Oldest Human Skulls Suggest Low-Brow Culture," LiveScience, February 16, 2005, http://www.livescience.com/health/050216_oldest_humans.html; James Lewis, "On Religion, Hitchens Is Not So Great," American Thinker, July 15, 2007, http://www.americanthinker.com/2007/07/on_religion_hitchens_is_not_so_1.html.

65. Peter Ward, "The Father of All Mass Extinctions," Conservation 5, no. 3 (2004),

http://www.conservationmagazine.org/articles/v5n3/the−father−of−all−mass−
extinctions/.

66. Abraham Lincoln, "Emancipation Proclamation," January 1, 1863, U.S. National
Park Service, http://www.nps.gov/ncro/anti/emancipation.html.

67. John F. Kennedy Presidential Library and Museum, "Report to the American
People on Civil Rights, 11 June 1963," http://www.jfklibrary.org/Asset−Viewer/
LH8F_0Mzv0e6Ro1yEm74Ng.aspx.

68. Martin Luther King Jr., "I Have a Dream," August 28, 1963, ABC News,
http://abcnews.go.com/Politics/martin−luther−kingssspeech−dream−full−text/
story?id=14358231.

69. RonPaul.com, "Audit the Federal Reserve," 2009/2010 version, http://www.
ronpaul.com/misc/congress/legislation/111thcongress−200910/audit−the−federal−
reserve−hr−1207/.

70. 같은 글

71. Melvin Sickler, "Abraham Lincoln and John F. Kennedy: Two Great Presidents of
the United States, Assassinated for the Cause of Justice," MichaelJournal, October −
December 2003, http://www.michaeljournal.org/lincolnkennedy.htm.

72. H.R. Rep. No. 380, 50th Cong., 1st sess. (1888), in Congressional Serial Set,
vol. 2, no. 2599 (Washington, DC: US GPO, 1888). http://books.google.com/
books?id=x5wZAAAAYAAJ&printsec=frontcover&source=gbs_ge_summary_
r&cad=0#v=onepage&q=E.%20D.%20Taylor&f=false.

73. Sickler,"Abraham Lincoln and John F. Kennedy."

74. Associated Press, "New Kennedy Silver Policy," Southeast Missourian,
November 28, 1961, p. 8, http://news.google.com/newspapers?id=−
q8fAAAAIBAJ&sjid=LdcEAAAAIBAJ&pg=2964,4612588; Richard E. Mooney, "Silver
Sale by Treasury Ended; President Seeks Support Repeal, Kennedy Cuts Off US Silver
Sales," New York Times, November 29, 1961, p. 1, http://select.nytimes.com/gst/
abstract.html?res=F70F1FFA3F5E147A93CBAB178AD95F458685F9.

75. "Silver Act Repeal Plan Wins House Approval," New York Times, April 11, 1963,
http://select.nytimes.com/gst/abstract.html?res=FB0D16FE3B58137A93C3A8178FD
85F478685F9; Associated Press, "House Passes Silver Bill by 251−122," St. Petersburg
Times, April 11, 1963, p. 2A, http://news.google.com/newspapers? nid=feST4K8J0sc
C&dat=19630411&printsec=frontpage&hl=en.

76."Senate Votes End to Silver Backing; Plan to Free Bullion Behind Dollar Goes
to Kennedy," New York Times, May 24, 1963, http://select.nytimes.com/gst/
abstract.html?res=F40F17F93E58137A93C6AB178ED85F478685F9; United Press

International, "Senate Okays Replacement of Silver Notes, " Deseret News and Telegram, May 23, 1963, p. 2A, http://news.google.com/newspapers?id=Z8NNAAA AIBAJ&sjid=ikkDAAAAIBAJ&pg=7119,5656491.

77. Exec. Order No. 11,110 at the American Presidency Project, http://www. presidency.ucsb.edu/ws/index.php?pid=59049.

78. Sickler, "Abraham Lincoln and John F. Kennedy."

79. 같은 책

80. Barbara Mikkelson and David P. Mikkelson, "Linkin' Kennedy," Snopes.com, http://www.snopes.com/history/american/lincolnkennedy.asp.

81. Adam Jortner, The Gods of Prophetstown: The Battle of Tippecanoe and the Holy War for the American Frontier (New York: Oxford University Press, 2011).

82. John Brown Dillon, "Letters of William Henry Harrison," in A History of Indiana (Indianapolis: Bingham and Doughty, 1859).

83. Ripley's Believe It or Not, 2nd series (New York: Simon and Schuster, 1931); an updated reference is on page 140 of the Pocket Books paperback edition of 1948.

84. Randi Henderson and Tom Nugent, "The Zero Curse: More Than Just a Coincidence?" Syracuse Herald—American, November 2, 1980, p. C3 (reprinted from the Baltimore Sun).

3절 ▬

85. Richard Tarnas, Cosmos and Psyche (New York: Penguin, 2006), p. 50.

86. "Synchronicity," Dictionary.com, http://dictionary.reference.com/browse/synchronicity?s=t.

87. Ann Casement, "Who Owns Jung?" (London: Karnac Books, 2007), cf. p. 25, http://books.google.com/books?id=0g8chpSOI3AC&printsec=frontcover.

88. Carl G. Jung, "Synchronicity: An Acausal Connecting Principle," Collected Works of C. G. Jung, vol. 8: Structure and Dynamics of the Psyche, (1952; repr., Princeton, NJ: Princeton University Press, 1970).

89. Wolfgang Pauli, "The Influence of Archetypal Ideas on the Scientific Theories of Kepler," in C. G. Jung and Wolfgang Pauli, The Interpretation of Nature and the Psyche (New York: Pantheon, 1955).

90. Carl G. Jung, "Synchronicity: An Acausal Connecting Principle," 같은 책, para. 843.

91. George Gamow, Thirty Years That Shook Physics—The Story of Quantum Theory

(New York: Doubleday, 1966), p. 64.

92. Charles P. Enz, No Time to Be Brief: A Scientific Biography of Wolfgang Pauli (New York: Oxford University Press, 2002), p. 152.

93. Pauli, "The Influence of Archetypal Ideas."

94. Kevin Williams, "Scientific Evidence Suggestive of Astrology," Near—Death.com, 2009, http://www.neardeath.com/experiences/articles012.html.

95. 같은 글

96. Montague Ullman, Stanley Krippner, and Alan Vaughan. Dream Telepathy: Experiments in Nocturnal Extrasensory Perception. (1973: repr., Newburyport, MA: Hampton Roads Publishing, 2003).

97. David Wilcock,"Access Your Higher Self," Divine Cosmos, 2010, http://www.divinecosmos.com/index.php/appearances/online—convergence.

98. Don Elkins, Carla Rueckert, and Jim McCarty, The Law of One (West Chester, PA: Whitford Press, 1984), session 17, question 2, http://lawofone.info/results.php?s=17#2.

4절 ▄▄

99. Public Policy Polling. "Conspiracy Theory Poll Results." Raleigh, North Carolina, April 2, 2013, http://www.publicpolicypolling.com/main/2013/04/conspiracy—theory-poll—results—.html

100. David Wilcock and Benjamin Fulford, "Disclosure Imminent? Two Underground NWO Bases Destroyed," Divine Cosmos, September 14, 2011, http://divinecosmos.com/start—here/davids—blog/975—undergroundbases; David Wilcock and Benjamin Fulford, "New Fulford Interview Transcript: Old World Order Nearing Defeat," Divine Cosmos, October 31, 2011, http://divinecosmos.com/start—here/davids—blog/988—fulford—owo—defeat.

101. Matt Taibbi, "Everything Is Rigged: The Biggest Price—Fixing Scandal Ever." Rolling Stone, April 25, 2013, http://www.rollingstone.com/politics/news/everything-is—rigged—the—biggest—financial—scandal—yet—20130425.

102. David Wilcock, "Financial Tyranny: Defeating the Greatest Cover—Up of All Time. Section Four: The Occult Economy," Divine Cosmos, January 13, 2012, http://www.divinecosmos.com/start—here/davids—blog/1023—financial—tyranny?start=3.

103. Don Elkins, Carla Rueckert, and Jim McCarty, The Law of One (West Chester, PA: Whitford Press, 1984), session 17, question 20, http://lawofone.info/results.

php?s=17#20.

104. 같은 책, session 18, question 12, http://lawofone.info/results.php?s=18#12.

105. 같은 책, session 1, question 9, http://lawofone.info/results.php?s=1#9.

106. Patrick G. Bailey and Toby Grotz, "A Critical Review of the Available Information Regarding Claims of Zero-Point Energy, Free-Energy, and Over-Unity Experiments and Devices," Institute for New Energy, Proceedings of the 28th IECEC, April 3, 1997, accessed December 2010, http://padrak.com/ine/INE21.html.

107. Steven Aftergood, "Invention Secrecy Still Going Strong," Federation of American Scientists, October 21, 2010, accessed January 2011, http://www.fas.org/blog/secrecy/2010/10/invention_secrecy_2010.html.

108. David Wilcock, "Confirmed: The Trillion-Dollar Lawsuit That Could End Financial Tyranny," Divine Cosmos, December 12, 2011, http://divinecosmos.com/index.php/start-here/davids-blog/995-lawsuit-end-tyranny.

109. Clive R. Boddy, "The Corporate Psychopaths Theory of the Global Financial Crisis," abstract, Journal of Business Ethics 102, no. 2 (August 2011): 255–259, http://link.springer.com/article/10.1007%2Fs10551-011-0810-4; Mitchell Anderson, "Weeding Out Corporate Psychopaths," Toronto Star, November 23, 2011, Editorial Opinion section, http://www.thestar.com/opinion/editorialopinion/2011/11/23/weeding_out_corporate_psychopaths.html.

110. Elkins, Rueckert, and McCarty, The Law of One, session 36, question 14, http://lawofone.info/results.php?s=36#14.

111. 같은 책, session 19, question 17, http://lawofone.info/results.php?s=19#17.

112. 같은 책, session 80, question 15, http://lawofone.info/results.php?s=80#15.

113. 같은 책, session 36, question 15, http://lawofone.info/results.php?s=36#15.

114. 같은 책, session 36, question 12, http://lawofone.info/results.php?s=36#12.

115. 같은 책, session 47, question 5, http://lawofone.info/results.php?s=47#5.

116. Kevin Williams, "Scientific Evidence Suggestive of Astrology, " Near-Death.com, 2009, http://www.neardeath.com/experiences/articles012.html.

117. Sandra Harrison Young and Edna Rowland, Destined for Murder: Profiles of Six Serial Killers with Astrological Commentary (Woodbury, MN: Llewellyn Publications, 1995).

118. Dale Carnegie, How to Win Friends and Influence People (1937; repr., New York: Pocket Books, 1998).

119. Maxwell C. Bridges, "Sociopaths," Vatic Project, December 23, 2011, http://vaticproject.blogspot.com/2011/12/sociopaths.html.

120. 같은 글.

121. Katherine Ramsland, "The Childhood Psychopath: Bad Seed or Bad Parents?" Crime Library, September 2011, http://www.trutv.com/library/crime/criminal_mind/psychology/psychopath/2.html.

122. Scott O. Lilienfeld, Irwin D. Waldman, Kristin Landfield, Ashley L. Watts, Steven Rubenzer, and Thomas R. Faschingbauer, "Fearless Dominance and the U.S. Presidency: Implications of Psychopathic Personality Traits for Successful and Unsuccessful Political Leadership," Journal of Personality and Social Psychology 103, no. 3 (September 2012): 489－505, doi:10.1037/a0029392.

123. Rebecca Boyle, "Fearless Dominance:Just One of Many Traits U.S. Presidents Share with Psychopaths," Popular Science, September 11, 2012, http://www.popsci.com/science/article/2012－09/fearless－dominance－just－one－many－traits－us－presidentsshare－psychopaths.

124. Lilienfeld et al., "Fearless Dominance."

125. Barry Miles, Paul McCartney: Many Years from Now (New York: Henry Holt, 1997), p. 161.

126. Jen Doll, "A Treasury of Terribly Sad Stories of Lotto Winners," Atlantic Wire, March 30, 2012, http://www.theatlanticwire.com/national/2012/03/terribly－sad－true－stories－lotto－winners/50555/; Hannah Maundrell, "How the Lives of 10 Lottery Millionaires Went Disastrously Wrong," Money.co.uk, 2009, ttp://www.money.co.uk/article/1002156－howthe－lives－of－10－lottery－millionaires－went－disasterously－wrong.htm; Melissa Dahl, "$550 Million Will Buy You a Lot of…Misery," NBC News Vitals, November 28, 2012, http://vitals.nbcnews.com/_news/2012/11/28/15463411－550－million－will－buy－you－a－lot－ofmisery?lite.

127. Alan Scherzagier, "Big Winners Share Lessons, Risks of Powerball Win," USA Today, November 28, 2012, http://www.usatoday.com/story/news/nation/2012/11/28/winner－lottery－bankrupt/1731367/.

128. Kathleen O'Toole, "The Stanford Prison Experiment: Still Powerful After All These Years," Stanford News Service, January 8, 1997, http://news.stanford.edu/pr/97/970108prisonexp.html.

129. 같은 글

130. 같은 글

131. 같은 글

132. R. Manning, M. Levine, and A. Collins, "The Kitty Genovese Murder and the Social Psychology of Helping: The Parable of the 38 Witnesses," American Psychologist 62, no. 6 (2007): 555－562, http://www.grignoux.be/dossiers/288/pdf/manning_et_alii.pdf.

133. J. M. Darley and B. Latané, "Bystander Intervention in Emergencies: Diffusion of Responsibility," Journal of Personality and Social Psychology 8 (1968): 377 – 383, http://www.wadsworth.com/psychology_d/templates/student_resources/0155060678_rathus/ps/ps19.html.

134. David G. Meyers, Social Psychology, 10th ed. (New York: McGraw–Hill, 2010).

135. P. P. Gariaev, M. J. Friedman, and E. A. Leonova–Gariaeva, "Crisis in Life Sciences: The Wave Genetics Response," Emergent Mind, 2007, http://www.emergentmind.org/gariaev06.htm.

136. 같은 책, p. 53.

137. 같은 책, p. 44.

138. Glen Rein, "Effect of Conscious Intention on Human DNA," in Proceeds of the International Forum on New Science (Denver, 1996), accessed June 2010, http://www.item–bioenergy.com/infocenter/ConsciousIntentiononDNA.pdf.

139. Elkins, Rueckert, and McCarty, The Law of One, session 41, question 9, http://lawofone.info/results.php?s=41#9.

140. 같은 책, session 92, question 20, http://lawofone.info/results.php?s=92#20.

141. 같은 책, session 67, question 28, http://lawofone.info/results.php?s=67#28.

142. Wolfgang Lillge, "Vernadsky's Method: Biophysics and the Life Processes," 21st Century Science & Technology, summer 2001, http://www.21stcenturysciencetech.com/articles/summ01/Biophysics/Biophysics.html.

143. 같은 책

144. Daniel Benor, "Spiritual Healing: A Unifying Influence in Complementary/Alternative Therapies," Wholistic Healing Research, January 4, 2005. http://www.wholistichealingresearch.com/spiritualhealingaunifyinginfluence.html.

145. Elkins, Rueckert, and McCarty, The Law of One, session 66, question 10. http://lawofone.info/results.php?s=66#10.

146. 같은 책, session 4, question 14, http://lawofone.info/results.php?s=4#14.

147. 같은 책, session 13, question 9, http://lawofone.info/results.php?s=13#9.

148. 같은 책, session 2, question 4, http://lawofone.info/results.php?s=2#4.

149. 같은 책, session 64, question 6, http://lawofone.info/results.php?s=64#6.

150. 같은 책, session 28, question 5, http://lawofone.info/results.php?s=28#5.

151. 같은 책, session 27, question 13, http://lawofone.info/results.php?s=27#13.

152. 같은 책, session 6, question 4, http://lawofone.info/results.php?s=6#4.

153. 같은 책, session 1, question 6, http://lawofone.info/results.php?s=1#6.

154. People's Republic of China, Chinese Academy of Sciences, High Energy Institute, Special Physics Research Team, "Exceptional Human Body Radiation," PSI Research 1,

no. 2 (June 1982): 16 – 25; Zhao Yonjie and Xu Hongzhang, "EHB Radiation: Special Features of the Time Response," Institute of High Energy Physics, Beijing, People's Republic of China, PSI Research (December 1982); G. Scott Hubbard, E. C. May, and H. E. Puthoff, "Possible Production of Photons During a Remote Viewing Task: Preliminary Results," in Research in Parapsychology, ed. D. H. Weiner and D. I. Radin (Metuchen, NJ: Scarecrow Press, 1985), pp. 66 – 70.

5절 ▰

155. Clive R. Boddy, "The Corporate Psychopaths Theory of the Global Financial Crisis," Journal of Business Ethics 102, no. 2 (August 2011): 255 – 259. http://link.springer.com/article/10.1007%2Fs10551−011−0810−4.

156. Mitchell Anderson, "Weeding Out Corporate Psychopaths, Toronto Star, November 23, 2011,
http://www.thestar.com/opinion/editorialopinion/2011/11/23/weeding_out_corporate_psychopaths.html.

157. David Wilcock, "Financial Tyranny: Defeating the Greatest Cover−Up of All Time," Divine Cosmos, January 13, 2012, http://divinecosmos.com/start−here/davids−blog/1023−financial−tyranny.

158. Andy Coghlan and Debora MacKenzie, "Revealed—the Capitalist Network That Runs the World," New Scientist, October 2011, http://www.newscientist.com/article/mg21228354.500−revealed−the−capitalist−network−that−runs−the−world.html.

159. David Wilcock, "The Great Revealing: U.S. Marshals Expose the Biggest Scandal in History," Divine Cosmos, July 20, 2012, http://divinecosmos.com/start−here/davids−blog/1066−great−revealing.

160. John Hively, "Breakdown of the $26 Trillion the Federal Reserve Handed Out to Save Incompetent, but Rich Investors," December 5, 2011, http://johnhively.wordpress.com/2011/12/05/breakdown−of−the−26−trillion−the−federal−reserve−handed−out−tosave−rich−incompetent−investors−but−who−purchase−political−power/.

161. David Wilcock, "Disclosure Now: NEW 3−HR Russian Documentary Blasts Financial Tyranny!" Divine Cosmos, January 30, 2013, http://divinecosmos.com/start−here/davids−blog/1107−new−russian−doc.

162. G. Edward Griffin, The Creature from Jekyll Island: A Second Look at the Federal Reserve, 4th ed. (New York: American Media, 2002),

http://www.wildboar.net/multilingual/easterneuropean/russian/literature/articles/whofinanced/whofinancedleninandtrotsky.html.

163. Antony C. Sutton, Wall Street and the Bolshevik Revolution (New Rochelle, NY: Arlington House, 1974), p. 25.

164. Cleve Backster, Primary Perception: Biocommunication with Plants, Living Foods and Human Cells. (Anza, CA: White Rose Millennium Press, 2003), p. 19, http://www.primaryperception.com.

165. 같은 책, pp. 78-79.

166. 같은 책, 6장, "Tuning In to Live Bacteria," pp. 84 - 103.

167. 같은 책, pp. 52 - 53.

168. 같은 책, pp. 43 - 48.

169. 같은 책, pp. 79 - 81.

170. 같은 책, pp. 117 - 118.

171. 같은 책, pp. 127 - 128.

172. M. Schlitz and S. LaBerge, "Autonomic Detection of Remote Observation: Two Conceptual Replications," in Proceedings of the Parapsychological Association 37th Annual Convention, ed. D. J. Bierman (Fairhaven, MA: Parapsychological Association, 1994), pp. 465 - 478.

173. Don Elkins, Carla Rueckert, and Jim McCarty, The Law of One (West Chester, PA: Whitford Press, 1984), session 93, question 3, http://lawofone.info/results.php?s=93#3.

174. 같은 책, session 97, question 16, http://lawofone.info/results.php?s=97#16.

175. 같은 책, session 55, question 3, http://lawofone.info/results.php?s=55#3.

176. 같은 책, session 52, question 7, http://lawofone.info/results.php?s=52#7.

177. 같은 책, session 97, question 16, http://lawofone.info/results.php?s=97#16.

178. Wilcock, "Disclosure Now."

179. Elkins, Rueckert, and McCarty, The Law of One, session 19, questions 19 - 21, http://lawofone.info/results.php?s=19#19.

180. Wilcock, "Financial Tyranny."

181. Michael Chossudovsky, "Central Banking with 'Other People's Gold': A $368Bn Treasure Trove in Lower Manhattan (OpEd)," Russia Today, January 23, 2013, http://rt.com/news/gold-manhattan-new-york-594/.

182. 같은 글

183. Elkins, Rueckert, and McCarty, The Law of One, session 11, question 18, http://lawofone.info/results.php?s=11#18.

184. 같은 책, session 50, question 6, http://lawofone.info/results.php?s=50#6.

185. Adam Smith, An Inquiry into the Nature and Causes of the Wealth of Nations (1776), http://www2.hn.psu.edu/faculty/jmanis/adam-smith/Wealth-Nations.pdf.

186. Sterling Seagrave and Peggy Seagrave, Gold Warriors: America's Secret Recovery of Yamashita's Gold, rev. ed. (Brooklyn, NY: Verso Books, 2005).

187. Sean McMeekin, "Introduction to Bolshevik Gold: The Nature of a Forgotten Problem," in History's Greatest Heist: The Looting of Russia by the Bolsheviks (New Haven, CT: Yale University Press, 2008), http://yalepress.yale.edu/yupbooks/excerpts/mcmeekin_historys.pdf; James Von Geldern, "1921: Confiscating Church Gold," Seventeen Moments in Soviet History, 2013, http://www.soviethistory.org/index.php?page=subject&SubjectID=1921church&Year=1921.

188. David Guyatt, "The Secret Gold Treaty," Deep Black Lies, http://www.deepblacklies.co.uk/secret_gold_treaty.htm.

189. Exec. Order No. 6102 at the American Presidency Project, http://www.presidency.ucsb.edu/ws/index.php?pid=14611&st=&st1.

190. Wilcock, "Financial Tyranny."

191. Edward Marshall, "Police: Fire Victims Had Been Shot," The Journal (West Virginia), February 7, 2012, http://www.journalnews.net/page/content.detail/id/574757/Police-Fire-victims-had-been-shot.html?nav=5006.

192. Wilcock, "Financial Tyranny."

193. David Wilcock, "Major Event: Liens Filed Against All 12 Federal Reserve Banks," Divine Cosmos, April 13, 2012, http://divinecosmos.com/start-here/davids-blog/1047-liens.

194. David Wilcock, "The 'Green Light'—Wouldn't It Be Nice?" Divine Cosmos, June 29, 2012, http://divinecosmos.com/starthere/davids-blog/1062-green-light.

195. David Wilcock, "Will 2012 Be the Year of Freedom?" Divine Cosmos, October 7, 2012, http://divinecosmos.com/starthere/davids-blog/1085-2012freedom.

196. Victor Vernon Woolf, "V. Vernon Woolf, Ph.D.," Holodynamics, http://www.holodynamics.com/vita.html.

197. Agustino Fontevecchia, "Germany Repatriating Gold from NY, Paris 'In Case of a Currency Crisis,'" Forbes, January 16, 2013, http://www.forbes.com/sites/afontevecchia/2013/01/16/germany-repatriating-gold-from-ny-paris-in-case-of-a-currencycrisis/.

198. Eric King, "Nigel Farage on the Queen's Tour of Britain's Gold Vault," King World News, December 14, 2012, http://kingworldnews.com/kingworldnews/KWN_DailyWeb/Entries/2012/12/14_Nigel_Farage_On_The_Queens_Tour_of_Britains_

Gold_Vault.html.

199. Wilcock, "Disclosure Now."

200. Violet Blue, "Anonymous Posts Over 4000 Bank Executive Credentials," Zero Day, February 4, 2013, http://www.zdnet.com/anonymous-posts-over-4000-u-s-bank-executive-credentials-7000010740/.

201. PericlesMortimer, comment 1 on Anonymous on Reddit.com, "Anonymous Releases Banker Info from Federal Reserve Computers. Banker Contact Information and Cell Phone Numbers," Reddit.com, February 4, 2013, http://www.reddit.com/r/anonymous/comments/17uk52/anonymous_releases_banker_info_from_federal/c8901ts.

202. David Wilcock, "Lightning Strikes Vatican: A Geo-Synchronicity?" Divine Cosmos, February 28, 2013, http://www.divinecosmos.com/index.php/start-here/davids-blog/1111-alliswell.

6절 ▬

203. Mary Ann Woodward, Edgar Cayce's Story of Karma (New York: Berkley Publishing Group, 1971), p. 15.

204. David Wilcock, "Dream: Prophecy of House Burning Down," Divine Cosmos, January 25, 2000, http://www.divinecosmos.com/index.php/start-here/readings-in-text-form/444-12500-dream-prophecy-of-house-burning-down.

205. 같은 글

206. 같은 글

207. Jose Stevens and Lena Stevens, Secrets of Shamanism: Tapping the Spirit Power Within You (New York: Avon Books, 1988), http://www.josestevens.com/.

208. W. L. Graham, "The Problem with 'God,'" Bible Reality Check, 2007, http://www.biblerealitycheck.com/ProbwGod.htm.

209. Don Elkins, Carla Rueckert, and Jim McCarty, The Law of One (West Chester, PA: Whitford Press, 1984), session 33, question 11, http://lawofone.info/results.php?s=33#11.

210. M. Aiken, "A Case Against Hell," ed. W. L. Graham, Bible Reality Check. http://www.biblerealitycheck.com/caseagainsthell.htm.

211. 같은 글

212. "Gehenna," in Collins English Dictionary, complete and unabridged 10th ed., Dictionary.com, http://dictionary.reference.com/browse/Gehenna.

데이비드 월록의 동시성

213. "Sin," Dictionary.com, http://dictionary.reference.com/browse/sin?s=t.

214. Ernest Scott, The People of the Secret (London: Octagon Press, 1991).

215. Elkins, Rueckert, and McCarty, The Law of One, session 17, questions 11, 19, 20, and 22, http://lawofone.info/results.php? s=17#11.

216. 같은 책, session 11, question 8, http://lawofone.info/results.php?s=11#8.

7절 ■■■

217. Ian Stevenson, Twenty Cases Suggestive of Reincarnation, 2nd ed. (Charlottesville: University of Virginia Press, 1980).

218. Danny Penman, "'I Died in Jerusalem in 1276,' Says Doctor Who Underwent Hypnosis to Reveal a Former Life," Daily Mail, April 25, 2008, http://www.dailymail.co.uk/pages/live/articles/news/news.html?in_article_id=562154&in_page_id=1770; Jim Tucker, Life Before Life: Children's Memories of Previous Lives (New York: St. Martin's Griffin, 2008).

219. 같은 책

220. Carol Bowman, Children's Past Lives: How Past Life Memories Affect Your Child (New York: Bantam, 1998).

221. Carol Bowman, Return from Heaven: Beloved Relatives Reincarnated Within Your Family (New York: HarperTorch, 2003).

222. "Reincarnation and the Bible, " Near-Death.com, http://www.near-death.com/experiences/origen03.html.

223. Origen, The Writings of Origen (De Principiis), trans Rev. Frederick Crombie, vol.1(Edinburgh: T. & T. Clark, 1869), http://books.google.com/books?id=vMcIAQAAIAAJ.

224. "Chuck's List: Edgar Cayce Thursdays, " Society for Spiritual and Paranormal Research, June 21, 2012, https://docs.google.com/document/d/1USEm_wzQTW6Rp3CduyZX11t8yl2LYf7hLCQCqZIzscc/edit.

225. Association for Research and Enlightenment, ed. Hugh Lynn Cayce, The Edgar Cayce Reader (New York: Warner Books, 1967), p. 7.

226. Paul K. Johnson, Edgar Cayce in Context (New York: State University of New York Press, 1998), p. 2.

227. Thomas Sugrue, There Is a River: The Story of Edgar Cayce (New York: Henry Holt and Company, 1943; Virginia Beach: A.R.E. Press, 1997), http://books.google.com/books?id=Uo_WpADB9_gC.

228. Harmon Hartzell Bro, A Seer Out of Season: The Life of Edgar Cayce (New York: St. Martin's Paperbacks, 1996).

229. Sugrue, There Is a River, p. 25, http://books.google.com/books? id=Uo_WpADB9_gC&pg=PA25&lpg=PA25&dq=edgar+cayce+oil+of+smoke.

230. Baar Products, "Oil of Smoke," Cayce Care, http://www.baar.com/oilsmoke.htm.

231. U.S. Department of Health and Human Services, Agency for Toxic Substances and Disease Registry, "Health Effects of Creosote," The Encyclopedia of Earth, March 31, 2008, http://www.eoearth.org/article/Health_effects_of_creosote.

232. John Van Auken, "A Brief Story About Edgar Cayce," Association for Research and Enlightenment, 2002, http://www.edgarcayce.org/ps2/edgar_cayce_story.html.

233. 같은 책

234. Bob Leaman, Armageddon: Doomsday in Our Lifetime? chapter 4 (Richmond, Victoria, Australia: Greenhouse Publications, 1986), http://www.dreamscape.com/morgana/phoebe.htm.

235. Anne Hunt, "Edgar Cayce's Wart Remedy," Ezine Articles, 2006, http://ezinearticles.com/?Edgar—Cayces—WartRemedy&id=895289.

236. A.D.A.M. Medical Encyclopedia, "scleroderma," PubMed Health, February 2, 2012, http://www.ncbi.nlm.nih.gov/pubmedhealth/PMH0001465/.

237. 지나 서미나라(강태헌 옮김), 윤회(Many Mansions), 파피에, 2012. p. 26.

238. 같은 책

239. Sidney Kirkpatrick, Edgar Cayce: An American Prophet, (New York: Riverhead Books, 2000), p. 97.

240. 지나 서미나라(강태헌 옮김), 윤회, 파피에, 2012.

241. 같은 책, pp. 93 – 94.

242. 같은 책, p. 37.

243. 같은 책, p. 38.

244. 같은 책, p. 38.

245. 같은 책, pp. 41 – 42.

246. 같은 책, p. 112.

247. 같은 책, p. 47.

248. 같은 책, p. 48.

249. 같은 책, pp. 48 – 49.

250. 같은 책, p. 49.

251. 같은 책, p. 50.

252. 같은 책, p. 57.

253. 같은 책, p. 58

254. 같은 책, pp. 58-59.

255. 같은 책, p. 59.

256. 같은 책, p. 107.

257. 같은 책, p. 51.

258. 같은 책, p. 52.

259. 같은 책, p. 80.

260. 같은 책, p. 87.

261. 같은 책, p. 119.

262. Don Elkins, Carla Rueckert, and Jim McCarty, The Law of One (West Chester, PA: Whitford Press, 1984), session 21, question 9, http://lawofone.info/results. php?s=21#9.

263. 같은 책, session 77, question 14, http://lawofone.info/results.php?s=77#14.

264. 같은 책, session 81, question 32, http://lawofone.info/results.php?s=81#32.

265. 같은 책, session 82, question 29, http://lawofone.info/results.php?s=82#29.

266. 같은 책, session 83, question 18, http://lawofone.info/results.php?s=83#18.53.같은 책, p. 58.

267. 지나 서미나라(강태헌 옮김), 윤회, 파피에, 2012, p. 123.

268. Mark Lehner, The Egyptian Heritage: Based on the Edgar Cayce Readings (Virginia Beach, VA: ARE Press, 1974).

269. W. H. Church, The Lives of Edgar Cayce, (Virginia Beach, VA: A.R.E. Press, 1995).

270. 같은 책

8절 ■■■

271. University of Southampton, "World's Largest-Ever Study of Near-Death Experiences," Science Daily, September 10, 2008, accessed December 13, 2010, http://www.sciencedaily.com/releases/2008/09/080910090829.htm.

272. Pim van Lommel, "About the Continuity of Our Consciousness," in Brain Death and Disorders of Consciousness, ed. C. Machado and D. A. Shewmon (New York: Kluwer Academic/Plenum Publishers, 2004); Advances in Experimental Medicine and Biology (2004) 550: 115-132, accessed April 2013, http://iands.org/research/important-research-articles/43-dr-pim-vanlommel-md-continuity-of-consciousness.html?start=2.

273. "Scientific Evidence for Survival of Consciousness After Death," Near-Death.

com, 2010, accessed December 2010, http://www.near-death.com/evidence.html.

274. 같은 글

275. 마이클 뉴턴(김지원, 김도희 옮김) 영혼들의 여행(Journey of Souls), 나무생각, 2011, p. 2; http://www.spiritualregression.org/.

276. 마이클 뉴턴(김지원, 김도희 옮김) 영혼들의 여행, 나무생각, 2011, p. 4; http://www.spiritualregression.org/.

277. 마이클 뉴턴(김지원, 김도희 옮김) 영혼들의 운명(Destiny of Souls), 나무생각, 2011, pp. xi-xii; ttp://www.spiritualregression.org/, (2010년 12월 접속)

278. 마이클 뉴턴(김지원, 김도희 옮김) 영혼들의 여행, 나무생각, 2011, p. 5; http://www.spiritualregression.org/.

279. 마이클 뉴턴(김지원, 김도희 옮김) 영혼들의 여행, 나무생각, 2011, p. 6; http://www.spiritualregression.org/.

280. 마이클 뉴턴(김지원, 김도희 옮김) 영혼들의 여행;나무생각, 2011; http://www.spiritualregression.org/.

281. 마이클 뉴턴(김지원, 김도희 옮김) 영혼들의 여행, 나무생각, 2011, p. 9; http://www.spiritualregression.org/.

282. 마이클 뉴턴(김지원, 김도희 옮김) 영혼들의 여행, 나무생각, 2011, p. 13; http://www.spiritualregression.org/.

283. 마이클 뉴턴(김지원, 김도희 옮김) 영혼들의 여행, 나무생각, 2011, p. 9; http://www.spiritualregression.org/.

284. 마이클 뉴턴(김지원, 김도희 옮김) 영혼들의 여행, 나무생각, 2011, pp. 22-24; http://www.spiritualregression.org/.

285. 마이클 뉴턴(김지원, 김도희 옮김) 영혼들의 여행Journey of Souls, 나무생각, 2011, p. 24; http://www.spiritualregression.org/.

286. 마이클 뉴턴(김지원, 김도희 옮김) 영혼들의 여행, 나무생각, 2011, p. 24; http://www.spiritualregression.org/.

287. 마이클 뉴턴(김지원, 김도희 옮김) 영혼들의 여행, 나무생각, 2011, pp. 116-120; http://www.spiritualregression.org/.

288. 마이클 뉴턴(김지원, 김도희 옮김) 영혼들의 여행, 나무생각, 2011, p. 117; http://www.spiritualregression.org/.

289. 마이클 뉴턴(김지원, 김도희 옮김) 영혼들의 여행, pp. 31-32; http://www.spiritualregression.org/.

290. 마이클 뉴턴(김지원, 김도희 옮김) 영혼들의 여행, 나무생각, 2011, pp. 45-52; http://www.spiritualregression.org/.

291. 마이클 뉴턴(김지원, 김도희 옮김) 영혼들의 여행, 나무생각, 2011, p. 49; http://www.spiritualregression.org/.

292. Don Elkins, Carla Rueckert, and Jim McCarty, The Law of One (West Chester, PA: Whitford Press, 1984), session 69, question 6, http://lawofone.info/results.php?s=69#6.

293. 마이클 뉴턴(김지원, 김도희 옮김) 영혼들의 여행, 나무생각, 2011, p. 49; http://www.spiritualregression.org/.

294. 마이클 뉴턴(김지원, 김도희 옮김) 영혼들의 여행, 나무생각, 2011, pp. 50–51; http://www.spiritualregression.org/.

295. 마이클 뉴턴(김지원, 김도희 옮김) 영혼들의 여행, 나무생각, 2011, p. 78; http://www.spiritualregression.org/.

296. 마이클 뉴턴(김지원, 김도희 옮김) 영혼들의 여행, 나무생각, 2011, p. 75; http://www.spiritualregression.org/.

297. 마이클 뉴턴(김지원, 김도희 옮김) 영혼들의 여행, 나무생각, 2011, p. 88; http://www.spiritualregression.org/.

298. 마이클 뉴턴(김지원, 김도희 옮김) 영혼들의 여행, 나무생각, 2011, p. 123; http://www.spiritualregression.org/.

299. 마이클 뉴턴(김지원, 김도희 옮김) 영혼들의 여행, 나무생각, 2011, p. 170; http://www.spiritualregression.org/.

300. Elkins, Rueckert, and McCarty, The Law of One, session 12, questions 26–30, http://lawofone.info/results.php?s=12#26.

301. 마이클 뉴턴(김지원, 김도희 옮김) 영혼들의 여행, 나무생각, 2011, pp. 161–166; http://www.spiritualregression.org/.

302. 마이클 뉴턴(김지원, 김도희 옮김) 영혼들의 여행, 나무생각, 2011, p. 165; http://www.spiritualregression.org/.

303. 마이클 뉴턴(김지원, 김도희 옮김) 영혼들의 여행, 나무생각, 2011, p. 186; http://www.spiritualregression.org/.

304. 마이클 뉴턴(김지원, 김도희 옮김) 영혼들의 여행, 나무생각, 2011, p. 187; http://www.spiritualregression.org/.

305. 마이클 뉴턴(김지원, 김도희 옮김) 영혼들의 여행, 나무생각, 2011, p. 187; http://www.spiritualregression.org/.

306. 마이클 뉴턴(김지원, 김도희 옮김) 영혼들의 여행, 나무생각, 2011, p. 188; http://www.spiritualregression.org/.

307. Elkins, Rueckert, and McCarty, The Law of One, session 13, questions 16, 18, and 21, http://lawofone.info/results.php?s=13#16.

308. 같은 책, session 82, question 10; http://lawofone.info/results.php?s=82#10.

309. 같은 책, session 51, question 10, http://lawofone.info/results.php?s=51#10.

310. 같은 책, session 75, question 25, http://lawofone.info/results.php?s=75#25.

311. 같은 책, session 74, question 11, http://lawofone.info/results.php?s=74#11.

312. 같은 책, session 18, question 13, http://lawofone.info/results.php?s=18#13.

313. 마이클 뉴턴(김지원, 김도희 옮김) 영혼들의 여행, 나무생각, 2011, p. 192; http://www.spiritualregression.org/.

314. 마이클 뉴턴(김지원, 김도희 옮김) 영혼들의 여행, 나무생각, 2011, p. 197; http://www.spiritualregression.org/.

315. Elkins, Rueckert, and McCarty, The Law of One, session 27, question 6, http://lawofone.info/results.php?s=27#6.

316. 같은 책, session 27, question 13, http://lawofone.info/results.php?s=27#13.

317. 마이클 뉴턴(김지원, 김도희 옮김) 영혼들의 여행, 나무생각, 2011, p. 168; http://www.spiritualregression.org/.

318. 마이클 뉴턴(김지원, 김도희 옮김) 영혼들의 여행, 나무생각, 2011, p. 202; http://www.spiritualregression.org/.

319. 마이클 뉴턴(김지원, 김도희 옮김) 영혼들의 여행, 나무생각, 2011, p. 204; http://www.spiritualregression.org/.

320. 마이클 뉴턴(김지원, 김도희 옮김) 영혼들의 여행, 나무생각, 2011, p. 218; http://www.spiritualregression.org/.

321. 마이클 뉴턴(김지원, 김도희 옮김) 영혼들의 여행, 나무생각, 2011, p. 219; http://www.spiritualregression.org/.

322. 마이클 뉴턴(김지원, 김도희 옮김) 영혼들의 여행, 나무생각, 2011, p. 220; http://www.spiritualregression.org/.

323. 마이클 뉴턴(김지원, 김도희 옮김) 영혼들의 여행, 나무생각, 2011, p. 222; http://www.spiritualregression.org/.

324. 마이클 뉴턴(김지원, 김도희 옮김) 영혼들의 여행, 나무생각, 2011, p. 229; http://www.spiritualregression.org/.

325. 마이클 뉴턴(김지원, 김도희 옮김) 영혼들의 여행, 나무생각, 2011, p. 239; http://www.spiritualregression.org/.

326. 마이클 뉴턴(김지원, 김도희 옮김) 영혼들의 여행, 나무생각, 2011, p. 241; http://www.spiritualregression.org/.

327. 마이클 뉴턴(김지원, 김도희 옮김) 영혼들의 여행, 나무생각, 2011, p. 256; http://www.spiritualregression.org/.

328. 마이클 뉴턴(김지원, 김도희 옮김) 영혼들의 여행, 나무생각, 2011, p. 261; http://www.spiritualregression.org/.

329. 마이클 뉴턴(김지원, 김도희 옮김) 영혼들의 여행, 나무생각, 2011, p. 271; http://www.spiritualregression.org/.

330. Elkins, Rueckert, and McCarty, The Law of One, session 90, questions 14 and

16. http://lawofone.info/results.php?s=90#14.

9절 ▬

331. Don Elkins, Carla Rueckert, and Jim McCarty, The Law of One. (West Chester, PA: Whitford Press, 1984), session 43, question 31, http://lawofone.info/results.php?s=43#31.

332. 크리스토퍼 보글러(함춘성 옮김), 신화, 영웅, 그리고 시나리오 쓰기(The Writers Journey), 비즈앤비즈, 2013.

333. 칼 구스타프 융(한국융연구원 CG. 융 저작 번역위원회 옮김), 원형과 무의식, 솔출판사, 2002.

334. Miles@riverside, January 19, 2004, review of Jung, The Archetypes and the Collective Unconscious, http://www.amazon.com/Archetypes—Collective—Unconscious—Collected—Works/productreviews/0691018332/ref=dp_top_cm_cr_acr_txt?ie=UTF8&showViewpoints=1.

335. Elkins, Rueckert, and McCarty, The Law of One, session 77, question 12, http://lawofone.info/results.php?s=77#12.

336. 같은 책, session 91, question 18, http://lawofone.info/results.php?s=91#18.

337. George Lucas, review of Joseph Campbell, The Hero with a Thousand Faces (Novato, CA: New World Library, 2008), Joseph Campbell Foundation website, http://www.jcf.org/new/index.php?categoryid=83&p9999_action=details&p9999_wid=692.

338. Fredric L. Rice, A Practical Guide to The Hero With a Thousand Faces by Joseph Campbell, Skeptic Tank, 2003, http://web.archive.org/web/20090219134358/http://skepticfiles.org/atheist2/hero.htm.

339. "Arthur Clarke's 2001 Diary," extracted from Arthur C. Clarke, Lost Worlds of 2001 (New York: New American Library, 1972), http://www.visual—memory.co.uk/amk/doc/0073.html.

340. Kristen Brennan, "Joseph Campbell, " Star Wars Origins, 2006, http://www.moongadget.com/origins/myth.html.

341. Epagogix, http://www.epagogix.com.

342. Tom Whipple, "Slaves to the Algorithm," The Economist: Intelligent Life Magazine, May/June 2013, http://moreintelligentlife.com/content/features/anonymous/slaves—algorithm?page=full.

343. David Poland, Hot Button, October 18, 2006, http://web.archive.org/web/20120328071529/http://www.thehotbutton.com/today/hot.button/2006_

thb/061018_wed.html.

344. Malcolm Gladwell, "The Formula: What If You Built a Machine to Predict Hit Movies?" The New Yorker, October 16, 2006.http://www.newyorker.com/archive/2006/10/16/061016fa_fact6?currentPage=all.

345. 같은 책

346. 같은 책

347. 블레이크 스나이더(이태선 옮김) Save the Cat! : 흥행하는 시나리오의 8가지 법칙, 비즈앤비즈, 2014; http://www.blakesnyder.com.

10절 ■■

348. 블레이크 스나이더(이태선 옮김) Save the Cat! : 흥행하는 시나리오의 8가지 법칙, 비즈앤비즈, 2014; http://www.blakesnyder.com.

349. Christopher Vogler, The Writers Journey: Mythic Structure for Writers, 3rd ed. (Studio City, CA: Michael Wiese Productions, 2007), p. 52.

350. Snyder, Save the Cat!; http://www.blakesnyder.com.

351. Vogler, The Writers Journey, pp. 207－208.

352. Dan Decker, Anatomy of a Screenplay: Writing the American Screenplay from Character Structure to Convergence (Chicago: Screenwriters Group, 1998).

353. Alex Epstein, Crafty Screenwriting: Writing Movies That Get Made (New York: Holt Paperbacks, 2002); http://www.craftyscreenwriting.com.

11절 ■■

354. Don Elkins, Carla Rueckert, and Jim McCarty, The Law of One. (West Chester, PA: Whitford Press, 1984), session 20, question 25, http://lawofone.info/results.php?s=20#25.

355. 블레이크 스나이더(이태선 옮김) Save the Cat! : 흥행하는 시나리오의 8가지 법칙, 비즈앤비즈, 2014; http://www.blakesnyder.com.

356. 같은 책

357. David Wilcock, "US Airways '333' Miracle Bigger Than We Think," Divine Cosmos, January 17, 2009, http://divinecosmos.com/index.php/start－here/davids－blog/424－us－airways－333－miracle－bigger－than－we－think.

358. 같은 글

359. David Gardner, "Miracle in New York: 155 escape after pilot ditches stricken Airbus in freezing Hudson River." Daily Mail, January 16, 2009, http://www.dailymail.co.uk/news/article-1118502/Miracle-New-York-155-escape-pilot-ditches-stricken Airbus-freezing-Hudson-River.html.

360. Elkins, Rueckert, and McCarty, The Law of One, session 65, question 6, http://lawofone.info/results.php?s=65#6.

12절 ▰▰

361. Don Elkins, Carla Rueckert, and Jim McCarty, The Law of One. (West Chester, PA: Whitford Press, 1984), session 16, question 21, http://lawofone.info/results.php?s=16#21.

362. 같은 책, session 9, question 4, http://lawofone.info/results.php?s=9#4.

363. 같은 책, session 2, question 2, http://lawofone.info/results.php?s=2#2.

364. 같은 책, session 1, question 1, http://lawofone.info/results.php?s=1#1.

365. 같은 책, session 16, question 22, http://lawofone.info/results.php?s=16#22.

366. 조지프 캠벨(이윤기 옮김), 천의 얼굴을 가진 영웅(The Hero with a Thousand Faces), 민음사, 2018.

367. Peter Lemesurier, The Great Pyramid Decoded (1977; repr., Rockport, MA: Element Books, 1993), p. 216.

368. 같은 책, pp. 284, 287.

369. David Wilcock, "Great Pyramid—Prophecy in Stone," chapter 20 in The Shift of the Ages, Divine Cosmos, December 6, 2000, http://divinecosmos.com/index.php/start-here/books-free-online/18-the-shift-of-the-ages/ 76-the-shift-of-the-ages-chapter-20-prophetic-time-cycles; Archive.org snapshot from March 4, 2001, http://web.archive.org/web/20010304032206/http://ascension2000.com/Shift-of-the-Ages/shift20.htm.

370. François Masson, "Cyclology: The Mathematics of History," chapter 6 in The End of Our Century, 1979, http://divinecosmos.com/index.php/start-here/books-free-online/26-the-end-of-our-century/145-chapter-06-cyclology-themathematics-of-history; Archive.org snapshot from February 19, 2001, http://web.archive.org/web/20010219145152/http://ascension2000.com/fm-ch00.htm.

371. François Masson, The End of Our Era (Virginia Beach, VA: Donning Company Publishers, 1983).

372. Library of Congress Name Authority File for François Masson, Notre fin de

siècle, http://id.loc.gov/authorities/names/n82086698.html.

373. Masson, "Cyclology."

374. Christine Grollin, Cahiers Astrologiques, Under the Direction of A. Volguine, 2nd webpage, translated into English via Google Translate, http://www.aureas.org/faes/francais/cahiersastrologiques02fr.htm.

375. Christine Grollin, Cahiers Astrologiques, Under the Direction of A. Volguine, 3rd webpage, translated into English via Google Translate, http://www.aureas.org/faes/francais/cahiersastrologiques03fr.htm.

376. Brian P Copenhhaver, Hermetica: The Greek Corpus Hermeticum and the Latin Asclepius in a New English Translation, with Notes and Introduction (New York: Cambridge University Press, November 24, 1995), pp. 81-83.

377. Walter Scott, Hermetica, Vol. 1: The Ancient Greek and Latin Writings Which Contain Religious or Philosophic Teachings Ascribed to Hermes Trismestigus (Boston: Shambhala, May 1, 2001).

378. Prophecies of the Future, Future Prophecies Revealed: A Remarkable Collection of Obscure Millennial Prophecies, Hermes Trismestigus (circa 1st century CE), http://web.archive.org/web/20110203100118/http://futurerevealed.com/future/T.htm.

379. Matthew 18:21-23 (New International Version), "The Parable of the Unmercival Servant," Bible Gateway, http://www.biblegateway.com/passage/?search=Matthew+18%3A21-23&version=NIV

380. Masson, "Cyclology."

381. 같은 책

382. "The Our World TV Show, " The Beatles Official Website, 2009, http://www.thebeatles.com/#/article/The_Our_World_TV_Show.

383. John Lichfield, "Egalité! Liberté! Sexualité!: Paris, May 1968," The Independent, February 23, 2008, http://www.independent.co.uk/news/world/europe/egalit-libert-sexualit-paris-may-1968-784703.html.

384. 같은 기사

385. 같은 기사

386. 같은 기사

387. 같은 기사

388. 같은 기사

389. 같은 기사

390. Masson, "Cyclology."

391. François Masson, "Cyclology: The Mathematics of History," chapter 6 in The End of Our Century, (1979), http://divinecosmos.com/index.php/start−here/books−free−online/26−the−end−of−our−century/145−chapter−06−cyclology−themathematics−of−history.

392. Mark Lewisohn, The Complete Beatles Recording Sessions (New York: Harmony, 1988), p. 232.

393. George Harrison, "Within You, Without You," recorded on the Beatles, Sgt. Pepper's Lonely Hearts Club Band (London: EMI Studios, 1967).

394. John Traveler, "A Look at How the Punic Wars Between Rome and Carthage Began," Helium: Arts and Humanities: History, http://www.helium.com/items/1530950−a−look−at−how−the−punic−wars−between−rome−and−carthage−began.

395. "United States: Imperialism, the Progressive Era, and the Rise to World Power—1896 to 1920," Encyclopedia Britannica, http://www.britannica.com/EBchecked/topic/616563/United−States/77833/Economic−recovery#toc77834.

396. "Treaty of Versailles, 1919," United States Holocaust Memorial Museum, http://www.ushmm.org/wlc/article.php?lang=en&ModuleId=10005425.

397. John Pairman Brown, Israel and Hellas: Sacred Institutions with Roman Counterparts (Boston: De Gruyter, 2000), pp. 126 – 128.

398. Franz L. Benz, Personal Names in the Phoenician and Punic Inscriptions (Rome: Pontificio Istituto Biblico, 1982), pp. 313 – 314.

399. Matthew Barnes, The Second Punic War: The Tactical Successes and Strategic Failures of Hannibal Barca, PiCA: A Global Research Organization, 2009, http://www.thepicaproject.org/?page_id=517.

400. John Noble Wilford, "The Mystery of Hannibal's Elephants," New York Times, September 18, 1984, http://www.nytimes.com/1984/09/18/science/the−mystery−of−hannibal−s−elephants.html.

401. Barnes, The Second Punic War.

402. "'Hitler Was a Great Man and the Gestapo Were Fabulous Police'": Holocaust Denier David Irving on his Nazi Death Camp Tour," Daily Mail, September 27, 2010, http://www.dailymail.co.uk/news/article−1315591/David−Irving−claims−Hitler−great−manleads−Nazi−death−camp−tours.html.

403. Andreas Kluth, Hannibal and Me (New York: Riverhead, 2013), pp. 93 – 94; Patrick Hunt, "Hannibal and Me: A Review", Electrum, January 31, 2012, http://www.

electrummagazine.com/2012/01/hannibal—and—me—a—review/.

404. Roger Manvell and Heinrich Fraenkel, Heinrich Himmler: The SS, Gestapo, His Life and Career (New York: Skyhorse Publishing, 2007), http://books.google.com/books? id=fO6Ow6jJA28C&pg=PA76&dq="Operation+Himmler"&ei=fyDOR5L2MJX GyASA6MmNBQ&sig=FWfI2Tk8btX7m9FZTJ8xTFz6pto.

405. 같은 책

406. 같은 책

407. Adolf Hitler, "Address by Adolf Hitler, Chancellor of the Reich, Before the Reichstag, September 1, 1939," Yale Law School Avalon Project, 1997, http://avalon. law.yale.edu/wwii/gp2.asp.

408. James J. Wirtz and Roy Godson, Strategic Denial and Deception: The Twenty—First Century Challenge (Piscataway, NJ: Transaction Publishers, 2002), http://books. google.com/books?id=PzfQSlTJTXkC&pg=PA100&ots=ouNc9JPz4y&dq=Gleiwitz+in cident&as_brr=3&sig=WZF91Hk_0WybC1nqbS8Ghw7nTzw.

409. Chuck M. Sphar, "Notes: Chapter 1," Against Rome, http://chucksp1.tripod. com/Notes/Chapter%20Notes/Notes%20—%20Ch%201%20Hannibal.htm.

410. Theodore Ayrault Dodge, Hannibal: A History of the Art of War Among the Carthaginians and Romans Down to the Battle of Pydna, 168 B.C. (Boston: Da Capo Press, 1995).

411. Andreas Kossert, Damals in Ostpreussen (Munich: Deutsche Verlags—Anstalt, 2008), p. 160.

412. "Operation Hannibal:January－May 1945," Computrain, http://compunews.com/s13/hannibal.htm.

413. "Korean War," History.com, http://www.history.com/topics/korean—war.

414. Andrew Glass, "On Sept. 25, 1959 Khrushchev Capped a Visit to the U.S.," Politico.com, September 25, 2007, http://www.politico.com/news/stories/0907/5980. html.

415. "JFK in History: The Bay of Pigs," John F. Kennedy Presidential Library and Museum, http://www.jfklibrary.org/Historical+Resources/JFK+in+History/JFK+and+the+Bay+of+Pigs.htm.

416. Glass, "On Sept. 25, 1959 Khrushchev Capped a Visit to the U.S."

417. "Cold War I: Bay of Pigs—Timeline—1961," Oregon Public Broadcasting, 2001, http://web.archive.org/web/20100818012911/http://www.opb.org/education/coldwar/bayofpigs/timeline/1961.html.

418. Charles Tustin Kamps, "The Cuban Missile Crisis," Air & Space Power Journal, AU Press, Air University, Maxwell Air Force Base, Alabama, Fall 2007, vol. XXI, no. 3,

p. 88.

419. Vista Boyland and Klyne D. Nowlin, "WWIII, A Close Call." The Intercom, 35 (1): 10 - 11, January 2012, http://www.moaacc.org/documents/Newsletters/Jan2012.pdf.

420. "Cold War I: Bay of Pigs—Timeline—1961," Oregon Public Broadcasting, 2001, http://web.archive.org/web/20100818012911/http://www.opb.org/education/coldwar/bayofpigs/timeline/1961.html.

421. Arthur Schlesinger, Robert Kennedy and His Times (Boston: Houghton Mifflin Harcourt, 2002), p. 1008.

422. "October 14, 1964: Khrushchev Ousted as Premier of Soviet Union,". History.com, http://www.history.com/this-day-inhistory/khrushchev-ousted-as-premier-of-soviet-union.

14절 ■■■

423. "A Vietnam War Timeline," Illinois State University, http://www.english.illinois.edu/MAPS/vietnam/timeline.htm.

424. NPR staff, "Ike's Warning of Military Expansion, 50 Years Later," NPR, January 17, 2011, http://www.npr.org/2011/01/17/132942244/ikes-warning-of-military-expansion-50-years-later.

425. Eric Brown, "LBJ Tapes Show Richard Nixon May Have Committed Treason by Sabotaging Vietnam Peace Talks," International Business Times, March 17, 2013, http://www.ibtimes.com/lbj-tapes-show-richard-nixon-may-have-committedtreason-sabotaging-vietnam-peace-talks-1131819.

426. Kathie Garcia, "Uncovering the Secrets of the Mayan Calendar," Atlantis Rising, no. 9, 1996, http://www.bibliotecapleyades.net/tzolkinmaya/esp_tzolkinmaya05.htm.

427. 같은 책

428. Robert Peden, "The Mayan Calendar: Why 260 Days?" Robert Peden website, 1981, updated May 24 and June 15, 2004, accessed June 2010, http://www.spiderorchid.com/mesoamerica/mesoamerica.htm.

429. John Lennon, "Imagine," Apple Records, October 11, 1971.

430. "Scipio Africanus the Elder," Encyclopaedia Brittanica, http://www.britannica.com/EBchecked/topic/529046/ScipioAfricanus-the-Elder/6515/Late-years.

431. 같은 책

432. Polybius Histories, book 23, chapter 14, 1-8, pp. 426-427, http://penelope.uchicago.edu/Thayer/E/Roman/Texts/Polybius/23*.xhtml#14

433. "Scipio Africanus the Elder," Encyclopaedia Brittanica.

434. François Masson, "Cyclology: The Mathematics of History," chapter 6 in The End of Our Century (1979), http://divinecosmos.com/index.php/start-here/books-free-online/26-the-end-of-our-century/145-chapter-06-cyclology-themathematics-of-history.

435. Jonathan Aitken, "Nixon v Frost: The True Story of What Really Happened When a British Journalist Bullied a TV Confession out of a Disgraced Ex-President," Daily Mail, January 23, 2009, http://www.dailymail.co.uk/tvshowbiz/article-1127039/Nixon-vFrost-The-true-story-really-happened-British-journalist-bullied-TV-confession-disgraced-ex-President.html.

436. "Marcus Porcius Cato, " Encyclopaedia Brittanica, http://www.britannica.com/EBchecked/topic/99975/Marcus-Porcius-Cato.

437. 같은 책

438. President Jimmy Carter, "Report to the American People on Energy," February 2, 1977, University of Virginia Miller Center, http://millercenter.org/president/speeches/detail/3396.

439. Uri Friedman, "The South Korean President's Underwear: Lee Myung-Bak Channels Jimmy Carter," Foreign Policy, November 28, 2011, http://blog.foreignpolicy.com/posts/2011/11/28/the_south_korean_presidents_underwear_lee_myung_bak_channels_jimmy_carter_onenergy.

440. Wayne Greene, "Saving Energy Is a Matter of Pocketbook, Patriotism," Tulsa World, February 22, 2009, http://www.tulsaworld.com/article.aspx/Saving_energy_is_a_matter_of_pocketbook_patriotism/20090222_261_g6_coalma783384.

441. President Jimmy Carter, "Report to the American People on Energy," February 2, 1977, University of Virginia Miller Center, http://millercenter.org/president/speeches/detail/3396.

442. François Masson, "Cyclology."

443. Dave Burdick, "White House Solar Panels: What Ever Happened to Carter's Solar Thermal Water Heater?" Huffington Post, January 27, 2009, http://www.huffingtonpost.com/2009/01/27/white-house-solar-panels_n_160575.html.

444. "Cato the Elder," UNRV History, http://www.unrv.com/culture/cato-the-elder.php.

445. "Jimmy Carter—39th President of the United States and Founder of the Carter Center," The Carter Center, February 1, 2013, http://www.cartercenter.org/news/experts/jimmy_carter.html.

446. Jimmy Carter, Palestine: Peace Not Apartheid (New York: Simon and Schuster,

2006).

447. Jimmy Carter, The Hornet's Nest: A Novel of the Revolutionary War (New York: Simon and Schuster, 2003).

448. "The Nobel Peace Prize 2002," Nobelprize.org, October 11, 2002, http://nobelprize.org/nobel_prizes/peace/laureates/2002/press.html.

449. Appian of Alexandria, "The First Celtiberian War," History of Rome, §42, http://www.livius.org/apark/appian/appian_spain_09.html.

450. Titus Livius, The History of Rome, vol. 6, book 41, paragraph 26, http://mcadams.posc.mu.edu/txt/ah/livy/livy41.html.

451. "Soviet Invasion of Afghanistan, " GuidetoRussia.com, 2004, http://www.guidetorussia.com/russia-afghanistan.asp.

452. 같은 글

453. 같은 글

454. "Soviet War in Afghanistan," Wikipedia, 2010, http://en.wikipedia.org/wiki/Soviet_war_in_Afghanistan.

455. Svetlana Savranskaya and Thomas Blanton, "The Reykjavík File: Previously Secret Documents from U.S. and Soviet Archives on the 1986 Reagan-Gorbachev Summit," National Security Archive Electronic Briefing Book No. 203, October 13, 2006, http://www.gwu.edu/~nsarchiv/NSAEBB/NSAEBB203/index.htm.

456. "White House Shake-Up: A Task Is Handed to State Dept.; Poindexter and North Have Limited Options", New York Times, November 26, 1986, section A, p. 12, http://www.nytimes.com/1986/11/26/world/white-house-shake-up-task-handed-state-deptpoindexter-north-have-limited.html.

457. Brown University, "John Poindexter-National Security Advisor," Understanding the Iran-Contra Affairs, 2010, http://www.brown.edu/Research/Understanding_the_Iran_Contra_Affair/profile-poindexter.php.

458. Savranskaya and Blanton, "The Reykjavík File."

459. Michael Wines and Norman Kempster, "U.S. Orders Expulsion of 55 Soviet Diplomats: Largest Single Ouster Affects Capital, S.F." Los Angeles Times, October 22, 1986, http://articles.latimes.com/1986-10-22/news/mn-6805_1_soviet-union.

460. "Week of October 19, 1986," Mr. Pop History, http://www.mrpopculture.com/files/October%2019,%201986.pdf.

461. "Feb. 12, 1988: Russian Ships Bump U.S. Destroyer and Cruiser," History.com, http://www.history.com/this-day-inhistory/russian-ships-bump-us-destroyer-and-cruiser.

462. 같은 글

463. Jason Burke, "Bin Laden Files Show Al—Qaida and Taliban Leaders in Close Contact," The Guardian, April 29, 2012, http://www.guardian.co.uk/world/2012/apr/29/bin—laden—al—qaida—taliban—contact.

464. "The U.S. and Soviet Proxy War in Afghanistan, 1989 – 1992: Prisoners of Our Preconceptions?" Working Group Report no. IV, November 15, 2005, Georgetown University Institute for the Study of Diplomacy, pp. 1 – 2, http://isd.georgetown.edu/files/Afghan_2_WR_report.pdf.

465. Ria Novosti, "Tanks and Barricades on Moscow's Streets: August 19, 1991," 2013, http://rianovosti.com/photolents/20110819/160262752_2.html.

466. "1991: Hardliners Stage Coup Against Gorbachev," BBC News, http://news.bbc.co.uk/onthisday/hi/dates/stories/august/19/newsid_2499000/2499453.stm.

467. "Collapse of the Soviet Union—1989—1991," GlobalSecurity.org, October 1, 2012, http://www.globalsecurity.org/military/world/russia/soviet—collapse.htm.

468. "1991: Gorbachev Resigns as Soviet Union Breaks Up," BBC News, http://news.bbc.co.uk/onthisday/hi/dates/stories/december/25/newsid_2542000/2542749.stm.

469. Masson, "Cyclology."

15절 ▬

470. François Masson, The End of Our Era (Virginia Beach, VA: Donning Company Publishers, 1983), https://www.facebook.com/theWave1111/posts/160972590635214.

471. "Gulf War. " Wikipedia, http://en.wikipedia.org/wiki/Gulf_War.

472. Jorge Hirsch, "War Against Iran, April 2006: Biological Threat and Executive Order 13292," April 1, 2006, Antiwar.com, http://www.antiwar.com/hirsch/?articleid=8788

473. 같은 글

474. Gareth Porter, "Cheney Tried to Stifle Dissent in Iran NIE," Inter Press Service, November 8, 2007, http://ipsnews.net/news.asp?idnews=39978.

475. Ray McGovern, "A Miracle: Honest Intel on Iran Nukes," Antiwar.com, December 4, 2007, http://www.antiwar.com/mcgovern/?articleid=12001.

476. 같은 글

477. Journal of Offender Rehabilitation 36, nos. 1 – 4 (2003): 283 – 302, http://www.tandfonline.com/toc/wjor20/36/1—4#.UYcPUoKfLbt.

478. Harry V. Martin, "The Federal Reserve Bunk," FreeAmerica and Harry V. Martin, 1995, http://dmc.members.sonic.net/sentinel/naij2.html.

479. Ron Paul, "Abolish the Federal Reserve," Ron Paul's Speeches and Statements. House.gov, September 10, 2002, http://web.archive.org/web/20080202084948/http://www.house.gov/paul/congrec/congrec2002/cr091002b.htm.

480. "The Whitehouse Coup," BBC Radio 4: History, Document, July 23, 2007, http://www.bbc.co.uk/radio4/history/document/document_20070723.shtml.

481. Ben Aris and Duncan Campbell, "How Bush's Grandfather Helped Hitler Rise to Power," The Guardian, September 25, 2004, http://www.guardian.co.uk/world/2004/sep/25/usa.secondworldwar.

482. 같은 글

483. David Wilcock, "Disclosure Endgame," Divine Cosmos, December 25, 2009, http://divinecosmos.com/index.php/starthere/davids-blog/521-disclosure-endgame.

484. Peter David Beter, audio letters and audio books, http://www.peterdavidbeter.com.

485. Peter David Beter, Audio Letter No. 40, November 30, 1978, http://peterdavidbeter.com/docs/all/dbal40.html.

486. David Wilcock, "1950s Human ETs Prepare Us for Golden Age—Videos, Documents!" Divine Cosmos, July 22, 2011, http://divinecosmos.com/start-here/davids-blog/956-1950s-ets.

487. 같은 글

488. David Wilcock, "Disclosure War at Critical Mass: Birds, Fish and Political Deaths." Divine Cosmos, January 15, 2011, http://divinecosmos.com/start-here/davids-blog/909-disclosurecriticalmass.

489. "A New Finding in India: Extraterrestrial UFOs Have the Capabilities to Disable All Nuke Missiles in the World Including That of India's, Pakistan's and China's," India Daily, February 20, 2005, http://www.indiadaily.com/editorial/1656.asp.

490. 같은 기사

491. Kerry Cassidy and Bill Ryan, Project Camelot, http://www.projectcamelot.org.

492. Project Camelot and David Wilcock, interview with Dr. Pete Peterson, 2009, http://projectcamelot.org/pete_peterson.html.

493. 같은 글

494. Wilcock, "1950s Human ETs."

495. 퀸투스 툴리우스 키케로/필립 프리먼(이혜경 옮김), 선거에서 이기는 법(How to Win an Election), 매일경제신문사, 2020

496. 같은 책, pp. xvi – xxi.

497. 같은 책, pp. xvii – xxi.

498. 같은 책, 뒷표지.

499. 같은 책

500. Don Elkins, Carla Rueckert, and Jim McCarty, The Law of One (West Chester, PA: Whitford Press, 1984), session 57, question 7, http://lawofone.info/results. php?s=57#7.

501. "United States Elections, 2006," Wikipedia, http://en.wikipedia.org/wiki/United_ States_elections,_2006.

502. "Cato the Elder (234 – 149 B.C.)," Roman Empire.net, http://www.roman- empire.net/republic/cato-e.html.

503. Alicia VerHage, "Cato the Elder: 234 – 149 B.C.," Web Chronology Project, September 19, 1999, http://www.thenagain.info/WebChron/Mediterranean/CatoElder. html.

504. David Wilcock and Benjamin Fulford, "Disclosure Imminent? Two Underground NWO Bases Destroyed, " Divine Cosmos, September 14, 2011, http://divinecosmos. com/start-here/davids-blog/975-undergroundbases; David Wilcock and Benjamin Fulford, "New Fulford Interview Transcript: Old World Order Nearing Defeat, " Divine Cosmos, October 31, 2011, http://divinecosmos.com/start-here/davids- blog/988-fulford-owo-defeat.

505. E. L. Skip Knox, "The Punic Wars: Third Punic War," Boise State University, http://web.archive.org/web/20110625203436/http://www.boisestate.edu/courses/ westciv/punicwar/17.shtml.

506. Andrew Walker, "Project Paperclip: Dark Side of the Moon," BBC News, November 21, 2005, http://news.bbc.co.uk/2/hi/uk_news/magazine/4443934.stm.

507. 같은 기사

508. Naomi Wolf, "Fascist America, in 10 Easy Steps, " The Guardian, April 24, 2007, http://www.guardian.co.uk/world/2007/apr/24/usa.comment.

509. Robert Parry, "The Original October Surprise, Part III," Consortium News/ Truthout, October 29, 2006, http://www.truthout.org/article/robert-parry-part-iii- the-original-october-surprise.

510. 같은 글

511. Gary Sick, October Surprise: America's Hostages in Iran and the Election of Ronald Reagan (New York: Random House, 1991; New York: Three Rivers Press, 1992).

512. Gary Sick, "The Election Story of the Decade," New York Times, April 15, 1991, http://www.fas.org/irp/congress/1992_cr/h920205-october-clips.htm.

513. Barbara Honegger, October Surprise (New York: Tudor, 1989).

514. "Jimmy Carter Wins Nobel Peace Prize, " CNN, October 11, 2002, http://

데이비드 윌콕의 동시성

archives.cnn.com/2002/WORLD/europe/10/11/carter.nobel/index.html.

515. "Jimmy Carter's UFO Sighting," Cohen UFO, 1996, http://www.cohenufo.org/
Carter/carter_abvtopsec.htm.

516. Walker, "Project Paperclip."

517. Ewan MacAskill, "Jimmy Carter: Animosity Towards Barack Obama Is Due to
Racism," The Guardian, September 16, 2009, http://www.guardian.co.uk/world/2009/
sep/16/jimmy-carter-racism-barack-obama.

16절 ■

518. "Rebuilding America's Defenses: Strategy, Forces and Resources for a New
Century," report of the Project for the New American Century, September 2000,
http://www.newamericancentury.org/RebuildingAmericasDefenses.pdf.

519. Jess Cagle, "Pearl Harbor's Top Gun," Time, May 27, 2001, http://www.time.
com/time/magazine/article/0,9171,128107,00.html.

520. "Rebuilding America's Defenses."

521. Anonymous, private conversation with the author, 2011.

522. "The USA PATRIOT Act: Legislation Rushed into Law in the Wake of 9/11/01,"
9/11 Research, August 11, 2008, http://911research.wtc7.net/post911/legislation/
usapatriot.html.

523. 같은 글

524. Jennifer Van Bergen, "The USA PATRIOT Act Was Planned Before 9/11,"
Truthout.org, May 20, 2002, http://www.globalissues.org/article/342/the-usa-
patriot-act-was-planned-before-911.

525. 같은 글

526. "The USA PATRIOT Act: Legislation Rushed."

527. "WTC Steel Removal: The Expeditious Destruction of Evidence at Ground Zero,"
9-11 Research, April 26, 2009, http://911research.wtc7.net/wtc/groundzero/cleanup.
html.

528. 같은 책

529. David Wilcock, "Wilcock Readings Section 2: December 1-15, 1996,"
Ascension2000.com, Archive.org snapshot from January 24, 2000, http://web.archive.
org/web/20000124000818/http://ascension2000.com/Readings/readings02.html.

530. "Doctors Give Mother Teresa's Heart Mild Shock," CNN World News, December
11, 1996, http://www.cnn.com/WORLD/9612/11/mother.teresa/index.html.

531. "Indian—Born Nun to Succeed Mother Teresa," CNN World News, March 13, 1997, http://www.cnn.com/WORLD/9703/13/india.teresa/index.html?_s=PM:WORLD.

532. David Wilcock, "The Advent of the Wilcock Readings," Ascension2000. com, Archive.org snapshot from April 9, 2001, http://web.archive.org/web/20010409202343/http://ascension2000.com/Readings/readings01.html.

533. David Wilcock, "Wilcock Readings Section 2."

534. 같은 글

535. 같은 글

536. David Wilcock, "Earth Very Soon to Shift Its Position," Greatdreams.com, February 23, 1999, Archive.org snapshot from October 9, 1999, http://web.archive.org/web/19991009190326/http://www.greatdreams.com/shift.htm.

537. 같은 글

538. Susan Lindauer, "Extreme Prejudice: The Terrifying Story of the Patriot Act and the Cover Ups of 9/11 and Iraq," CreateSpace Independent Publishing Platform, October 15, 2010, http://extremeprejudiceusa.wordpress.com/2010/10/10/extreme—prejudice—bysusan—lindauer/.

539. Susan Lindauer, "Public, Global Profile of SLindauer2010," Gravatar, 2010, http://en.gravatar.com/slindauer2010.

540. Bill Ryan and Elizabeth Nelson, "What Really Happened to Flight 93," Project Camelot, February 2009, http://projectcamelot.org/elizabeth_nelson_flight_93.html.

541. Elizabeth Nelson and Bill Ryan, "What Really Happened to Flight 93—Interview Transcript," Project Camelot, February 2009, http://projectcamelot.org/lang/en/elizabeth_nelson_flight_93_transcript_en.html.

542. 같은 글

543. David Wilcock, "Financial Tyranny: Defeating the Greatest Cover—Up of All Time," Divine Cosmos, January 13, 2012, http://divinecosmos.com/start—here/davids—blog/1023—financial—tyranny.

544. John Kerry, "Transcript: First Presidential Debate," Washington Post, September 30, 2004, http://www.washingtonpost.com/wp—srv/politics/debatereferee/debate_0930.htm

545. Kate Murphy, "Single—Payer & Interlocking Directorates: The Corporate Ties Between Insurers and Media Companies," FAIR, August 2009, http://web.archive.org/web/20120203103550/http://www.fair.org/index.php?page=3845.

546. Ben Bagdikian, The New Media Monopoly (Boston: Beacon Press, 2004), http://web.archive.org/web/20121017114414/http://benbagdikian.net/; Free Press, "Who

데이비드 윌콕의 동시성

Owns the Media?" 2009 – 2012, http://www.freepress.net/ownership/chart/main.

547. Free Press, "Who Owns the Media?"

548. "Over Neoconservative Obstructionism and Health Care Lobbying, Health Reform Passes," Populist Daily, December 24, 2009, http://www.populistdaily.com/politics/over-neoconservative-obstruction-and-health-care-lobbying-health-reform-passes.html.

549. Imperial Teutonic Order, "The Order of the Teutonic Knights of St. Mary's Hospital in Jerusalem 1190 – 2010," Archive.org, March 8, 2010, http://web.archive.org/web/20100308134300/http://imperialteutonicorder.com/id25.html.

17절 ■

550. "Thirteen Years' War," Nation Master Online Encyclopedia, 2010, http://www.statemaster.com/encyclopedia/Thirteen-Years'-War.

551. Derek Bok, "The Great Health Care Debate of 1993 – 94," Public Talk, University of Pennsylvania Online Journal of Discourse Leadership, 1998, http://www.upenn.edu/pnc/ptbok.html.

552. Alexandra Cosgrove, "A Clinton Timeline: Highlights and Lowlights," CBS News, Washington, January 12, 2001, http://www.cbsnews.com/stories/2001/01/08/politics/main262484.shtml.

553. Richard L. Berke, "Looking for Alliance, Clinton Courts the Congress Nonstop," New York Times March 8, 1993, http://www.nytimes.com/1993/03/08/us/looking-for-alliance-clinton-courts-the-congress-nonstop.html.

554. Karen Tumulty, "Obama's Health Care Reform Bill Passed," Time Magazine/Yahoo News, March 22, 2010, http://web.archive.org/web/20100328033058/http://news.yahoo.com/s/time/20100322/us_time/08599197398900.

555. Steve Benen, "As 'Obamacare' Turns Three, the Politics Haven't Changed," Maddow Blog, MSNBC, March 21, 2013, http://maddowblog.msnbc.com/_news/2013/03/21/17401638-as-obamacare-turns-three-the-politics-havent-changed?lite.

556. David Wilcock, "6/23/99: Prophecy: Wars, Earth Changes and Ascension," Divine Cosmos, June 23, 1999, http://divinecosmos.com/index.php/start-here/readings-in-text-form/185-62399-prophecy-wars-earth-changes-and-ascension.

557. David Wilcock, "Ascension2000 Homepage," October 2, 1999, http://web.archive.org/web/19991002031519/http://www.ascension2000.com/.

558. David Wilcock, "11/24/00: Prophecy: 2000 Election Crisis Predicted in 1999," Divine Cosmos, November 24, 2000, http://divinecosmos.com/index.php/start-here/ readings-in-text-form/456-112400-prophecy-2000-election-crisis-predicted- in-1999.

559. Wilcock, "6/23/99: Prophecy"; Wilcock, "11/24/00: Prophecy."

560. David Wilcock, "4/29/99: Reading: War in Kosovo," Divine Cosmos, April 29, 1999, https://divinecosmos.com/index.php/starthere/readings-in-text-form/246- 42999-reading-war-in-kosovo.

561. Wilcock, "Ascension2000 Homepage."

562. Wilcock, "4/29/99: Reading."

563. David Wilcock, "ET Update on Global Politics, Immediate Future Earth Changes and Ascension Events," Ascension2000, June 23, 1999, Archive.org snapshot from March 11, 2000, http://web.archive.org/web/20000311102326/http://ascension2000. com/6.23Update.html.

564. 같은 글

565. David Wilcock, "An Ongoing Puzzle Collection from the Deepest Possible Trance State: Archangel Michael Reading #2, " Ascension2000, September 30, 1999, Archive. org snapshot from April 9, 2001, http://web.archive.org/web/20010409200610/http:// ascension2000.com/9.30.99.htm.

566. 같은 글

567. David Wilcock, "Archangel Michael Series #3," Ascension2000, October 1, 1999, Archive.org snapshot from March 4, 2000, http://web.archive.org/ web/20000304142506/http://www.ascension2000.com/10.01.99.htm.

568. 같은 글

569. David Wilcock, "Very Powerful Reading: The Autumn Season of Humanity," Ascension2000, September 4, 1999, Archive.org snapshot from March 11, 2000, http://web.archive.org/web/20000311174059/http://ascension2000.com/9.04.99.htm.

570. 같은 글

571. "The Battle of Swiecino, " Wikipedia, http://en.wikipedia.org/wiki/Battle_ of_%C5%9Awiecino.

18절 ▬▬

572. "Thirteen Years' War (1454 – 66)," Wikipedia, http://en.wikipedia.org/wiki/ Thirteen_Years%27_War_(1454%E2%80%9366).

573. "Hurricane Katrina: The Essential Time Line," National Geographic News, September 14, 2005, http://news.nationalgeographic.com/news/2005/09/0914_050914_katrina_timeline_2.html.

574. Scott Shane, "After Failures, Government Officials Play Blame Game," New York Times, September 5, 2005, http://www.nytimes.com/2005/09/05/national/nationalspecial/05blame.html?_r=0.

575. Carl Hulse and Philip Shenon, "Democrats and Others Press for an Independent Inquiry," New York Times, September 14, 2005, http://www.nytimes.com/2005/09/14/national/nationalspecial/14cong.html?fta=y.

576. "United States Elections, 2006," Wikipedia, http://en.wikipedia.org/wiki/United_States_elections,_2006.

577. Hulse and Shenon, "Democrats and Others."

578. Michael A. Fletcher and Richard Morin, "Bush's Approval Rating Drops to New Low in Wake of Storm," Washington Post, September 13, 2005, http://www.washingtonpost.com/wp-dyn/content/article/2005/09/12/AR2005091200668.html.

579. 같은 기사

580. "America Votes 2006, " CNN, http://www.cnn.com/ELECTION/2006/.

581. Jeffrey M. Jones, "GOP Losses Span Nearly All Demographic Groups," Gallup Politics, May 18, 2009, http://www.gallup.com/poll/118528/gop-losses-span-nearly-demographic-groups.aspx.

582. Appian of Alexandria, "The Lusitanian War," History of Rome, §56, http://www.livius.org/ap-ark/appian/appian_spain_12.html.

583. James Grout, "The Celtiberian War," Encyclopaedia Romana, 2013, http://penelope.uchicago.edu/~grout/encyclopaedia_romana/hispania/celtiberianwar.html

19절 ▬

584. Maximilien de Robespierre, On the Principles of Political Morality (February 1794), in Maximilien Robespierre: On the Principles of Political Morality, February 1794, ed. Paul Halsall, Modern History Sourcebook, August 1997, Fordham University, http://www.fordham.edu/halsall/mod/1794robespierre.asp.

585. David Andress, The Terror (New York: Farrar, Straus and Giroux, 2007), p. 323.

586. Simon Schama, Citizens: A Chronicle of the French Revolution (New York: Alfred A. Knopf, 1989), pp. 845-846.

587. Jonathan Brent and Vladimir Naumov, Stalin's Last Crime: The Plot Against the

Jewish Doctors, 1948 – 1953 (New York: HarperCollins, 2004).

588. M. Faria, "Stalin's Mysterious Death," Surgical Neurology International 2, no. 1 (2011): 161, http://dx.doi.org/10.4103%2F2152-7806.89876.

589. Simon Sebag Montefiore, Stalin: The Court of the Red Tsar (New York: Vintage, 2004), p. 571.

590. François Masson, "Cyclology: The Mathematics of History," chapter 6 in The End of Our Century (1979), http://divinecosmos.com/index.php/start-here/books-free-online/26-the-end-of-our-century/145-chapter-06-cyclology-themathematics-of-history.

591. 같은 책

592. Timothy Taylor, "Time Warp," Saturday Night, 2000, http://www.mail-archive.com/ctrl@listserv.aol.com/msg69058.html.

593. 같은 글

594. Nikolai A. Morozov, Christ: The History of Human Culture from the Standpoint of the Natural Sciences, 2nd ed. (in Russian), vols. 1 – 7 (Moscow, 1926 – 1932); vols. 1 – 7 (Moscow: Kraft and Lean, 1997 – 1998 [8 books]).

595. Anatoly T. Fomenko, Empirico-Statistical Analysis of Narrative Material and Its Applications to Historical Dating, vol. 1, The Development of the Statistical Tools; vol. 2, The Analysis of Ancient and Medieval Records (New York: Kluwer Academic Publishers, 1994).

596. Taylor, "Time Warp."

597. 같은 글

598. A. T. Fomenko and G. V. Nosovskij, "New Hypothetical Chronology and Concept of English History: British Empire as a Direct Successor of Byzantine-Roman Empire," New Tradition, 2002, http://www.new-tradition.org/investigation-eng-history.php.

599. Taylor, "Time Warp."

600. Bill Wall, "Who Is the Strongest Chess Player?" Chess.com, October 27, 2008, http://www.chess.com/article/view/who-is-thestrongest-chess-player.

601. Garry Kasparov, "Mathematics of the Past," New Tradition Sociological Society, http://web.archive.org/web/20100323072616/http://www.new-tradition.org/view-garry-kasparov.html.

602. Wieslaw Z. Krawciewicz, Gleb V. Nosovskij, and Petr P. Zabrieko, "Investigation of the Correctness of Historical Dating," New Tradition Sociological Society, 2002, http://web.archive.org/web/20100926092137/http://www.newtradition.org/investigation-historical-dating.html. (At the time of this writing, the links to the full-

size graphics do not work, but they do work in a mirror copy that can be found at http://www.world-mysteries.com/sci_16.htm.)

603. Robert Grishin, "Global Revision of History: Preface," New Tradition Sociological Society, 2002, http://web.archive.org/web/20101106080043/http://www.new-tradition.org/preface.html.

604. Krawciewicz, Nosovskij, and Zabrieko, "Investigation of the Correctness of Historical Dating."

605. Grishin, "Global Revision of History: Preface."

20절 ▬

606. A. T. Fomenko and G. V. Nosovskij, "New Hypothetical Chronology and Concept of the English History: British Empire as a Direct Successor of Byzantine-Roman Empire (Short Scheme)," New Tradition Sociological Society, 2002, http://web.archive.org/web/20101106080149/http://www.new-tradition.org/investigation-eng-history.html.

607. Wieslaw Z. Krawciewicz, Gleb V. Nosovskij, and Petr P. Zabrieko, "Investigation of the Correctness of Historical Dating," New Tradition Sociological Society, 2002, http://web.archive.org/web/20100926092137/http://www.newtradition.org/investigation-historical-dating.html.

608. François Masson, "Cyclology: The Mathematics of History," chapter 6 in The End of Our Century (1979), http://divinecosmos.com/index.php/start-here/books-free-online/26-the-end-of-our-century/145-chapter-06-cyclology-themathematics-of-history.

609. "Iconoclasm, " Wikipedia, accessed April 2010, http://en.wikipedia.org/wiki/Iconoclasm. (2010년 4월 접속)

610. 같은 글

611. C. Mango, "Historical Introduction," in Iconoclasm, ed. Anthony Bryer and Judith Herrin (Birmingham: Centre for Byzantine Studies, University of Birmingham, 1977), pp. 2-3.

612. Paul Robert Walker, The Feud That Sparked the Renaissance: How Brunelleschi and Ghiberti Changed the Art World (New York: Harper Perennial, 2003).

613. "How a Day Can Equal a Year," Bible Prophecy Numbers, http://www.1260-1290-days-bible-prophecy.org/day-year-principle.html.

614. 다니엘서 12장 11절(New Revised Standard Version, NSRV).

615. 다니엘서 2장 20 – 22절.
616. 다니엘서 2장 31 – 35절.
617. 다니엘서 2장 37 – 40절.
618. 다니엘서 2장 41 – 42절.
619. 다니엘서 7장 23절.
620. 다니엘서 2장 44 – 45절.
621. 다니엘서 12장 1절.
622. 다니엘서 12장 2 – 3절.
623. 다니엘서 12장 6 – 7절.
624. Joe Mason, "Humanity on the Pollen Path, Part One: Symbols of the Chakras and the Midpoint," Great Dreams, April 24, 1999. http://www.greatdreams.com/plpath1. htm.
625. 같은 글
626. 다니엘서 12장 8 – 9절.
627. 다니엘서 12장 10 – 11절.
628. 다니엘서 12장 12 – 13절.

21절 ▬

629. Zhaxki Zhuoma.net. "The Rainbow Body." http://web.archive.org/ web/20120301124019/http://www.zhaxizhuoma.net/SEVEN_JEWELS/HOLY%20 EVENTS/RAINBOW%20BODY/RBindex.html.
630. Namkhai Norbu. Dream Yoga and the Practice of Natural Light (Ithaca, NY: Snow Lion Productions, 1992), p. 67.
631. Gail Holland. "The Rainbow Body." Institute of Noetic Sciences Review, March – May 2002. http://www.snowlionpub.com/pages/N59_9.html.
632. 같은 책
633. 같은 책
634. Giovanni Milani—Santarpia, "Mysticism and Signs in Ancient Rome: The Sibyls," Antiquities of Rome, http://www.mariamilani.com/ancient_rome/mysticism_signs_ ancient_rome.htm.
635. Padraic Colum, "The Sibyl," Orpheus: Myths of the World, p. 119. http://www. livius.org/ap—ark/appian/appian_spain_12.html.
636. Milani—Santarpia, "Mysticism and Signs in Ancient Rome.
637. Don Elkins, Carla Rueckert, and Jim McCarty, The Law of One (West Chester,

PA: Whitford Press, 1984), session 1, http://lawofone.info/results.php?s=1.

638. 같은 책, session 6, question 24, http://lawofone.info/results.php?s=6#24.

639. 같은 책, session 6, questions 16 - 19, http://lawofone.info/results.php?s=6#16.

640. Robert D. Peden, "The Mayan Calendar: Why 260 Days?" Robert Peden website, 1981, updated May 24 and June 15, 2004, http://www.spiderorchid.com/mesoamerica/mesoamerica.htm. (2010년 6월 접속)

641. 같은 글

642. Hans Jenny, Cymatics—A Study of Wave Phenomena. (Newmarket, NH: MACROmedia Publishing, 2001), http://www.cymaticsource.com/.

643. Elkins, Rueckert, and McCarty, The Law of One, session 1, http://lawofone.info/results.php?s=1.

644. "Who Was Robert J. Moon?" 21st Century Science and Technology. http://www.21stcenturysciencetech.com/articles/drmoon.html.

645. The Moon Model of the Nucleus. [List of related articles], 21st Century Science and Technology, http://www.21stcenturysciencetech.com/moonsubpg.html.

646. David Guenther, "Solar and Stellar Seismology," St. Mary's University, January 2010, http://www.ap.stmarys.ca/%7Eguenther/seismology/seismology.html; "David Guenther, Professor," St. Mary's University, January 2010, http://www.ap.stmarys.ca/%7Eguenther/.

647. Robert B. Leighton, Robert W. Noyes and George W. Simon, "Velocity Fields in the Solar Atmosphere. I. Preliminary Report," Astrophysical Journal, vol. 135, p. 474, http://adsabs.harvard.edu/abs/1962ApJ···135···474L.

648. Elkins, Rueckert, and McCarty, The Law of One, session 27, question 6, http://lawofone.info/results.php?s=27#6.

649. Nassim Haramein, "Haramein Paper Wins Award!" The Resonance Project, http://www.theresonanceproject.org/best_paper_award.html.

650. Dewey Larson, "The Reciprocal System: The Collected Works," http://www.reciprocalsystem.com/dbl/index.htm.

651. Elkins, Rueckert, and McCarty, The Law of One, session 20, question 7, http://lawofone.info/results.php?s=20#7.

652. 같은 책, session 6, question 15, http://lawofone.info/results.php?s=6#15.

653. Zecharia Sitchin, Twelfth Planet: Book I of the Earth Chronicles. (New York: Harper, 2007), http://www.sitchin.com.

654. Ryan X, "Is the Sun Part of a Binary Star System? Six Reasons to Consider," Signs of the Times, June 24, 2011, http://www.sott.net/article/230480-Is-the-Sun-Part-of-a-Binary-Star-System-Six-Reasons-to-Consider.

655. Elkins, Rueckert, and McCarty, The Law of One, session 16, questions 33 – 35, http://lawofone.info/results.php?s=16#33.

656. 같은 책, session 10, question 17, http://lawofone.info/results.php?s=10#17.

657. Earle Holland, "Major Climate Change Occurred 5,200 Years Ago: Evidence Suggests That History Could Repeat Itself," Research News, Ohio State University, December 15, 2004, http://researchnews.osu.edu/archive/5200event.htm.

658. Elkins, Rueckert, and McCarty, The Law of One, session 63, question 29, http://lawofone.info/results.php?s=63#29.

659. 같은 책, session 9, question 4, http://lawofone.info/results.php?s=9#4.

660. 같은 책, session 14, question 16, http://lawofone.info/results.php?s=14#16.

661. 같은 책, session 63, question 25, http://lawofone.info/results.php?s=63#25.

662. 같은 책, session 63, question 27, http://lawofone.info/results.php?s=63#27.

663. 같은 책, session 63, questions 12 – 15, http://lawofone.info/results.php?s=63#12.

664. 같은 책, session 40, questions 10 – 11, http://lawofone.info/results.php?s=40#10.

665. Dictionary.com, "discrete," http://dictionary.reference.com/browse/discrete?s=t.

666. Elkins, Rueckert, and McCarty, The Law of One, session 40, question 5, http://lawofone.info/results.php?s=40#5.

667. 같은 책, session 16, question 50, http://lawofone.info/results.php?s=16#50.

668. 같은 책, session 20, question 24, http://lawofone.info/results.php?s=20#24.

669. 같은 책, session 16, question 50, http://lawofone.info/results.php?s=16#50.

670. 같은 책, session 89, question 8, http://lawofone.info/results.php?s=89#8.

671. 같은 책, session 14, question 4, http://lawofone.info/results.php?s=14#4.

672. 같은 책, session 65, question 9, http://lawofone.info/results.php?s=65#9.

673. 같은 책, session 17, question 29, http://lawofone.info/results.php?s=17#29.

674. 같은 책, session 17, question 22, http://lawofone.info/results.php?s=17#22.

675. William Henry and Mark Gray, Freedom's Gate: The Lost Symbols in the U.S. Capitol, Hendersonville, TN: Scala Dei, 2009, p. 25, http://williamhenry.net/freedomsgate.html.

676. Lex Hixon and Neil Douglas-Klotz, The Heart of the Qur'an: An Introduction to Islamic Spirituality, 2nd ed. (Wheaton, IL: Quest Books, 2003), p. 38.

677. 같은 책, pp. 65 – 66.

678. 같은 책, p. 85.

679. 같은 책, pp. 85 – 86.

680. 같은 책, p. 86.

681. 같은 책, p. 88.

682. 같은 책, p. 99.

683. 같은 책, p. 192~193.
684. 같은 책, p. 94.

그림 목록

◇ 당신은 언제나 옳습니다. 그대의 삶을 응원합니다. − **라의눈 출판그룹**

데이비드 윌콕의 동시성

초판 1쇄 | 2023년 3월 13일

지은이 | 데이비드 윌콕   옮긴이 | 장은재
펴낸이 | 설응도   편집주간 | 안은주
영업책임 | 민경업   디자인 | 박성진

펴낸곳 | 라의눈

출판등록 | 2014 년 1 월 13 일 (제 2019-000228 호)
주소 | 서울시 강남구 테헤란로 78 길 14-12(대치동) 동영빌딩 4층
전화 | 02-466-1283   팩스 | 02-466-1301

문의 (e−mail)
편집 | editor@eyeofra.co.kr
마케팅 | marketing@eyeofra.co.kr
경영지원 | management@eyeofra.co.kr

ISBN 979-11-92151-54-0   03400